Roloff/Matek Maschinenelemente

Herbert Wittel · Dieter Jannasch ·
Joachim Voßiek · Christian Spura

# Roloff/Matek Maschinenelemente

Tabellenbuch

24., überarbeitete und aktualisierte Auflage

Mit 296 Tabellen

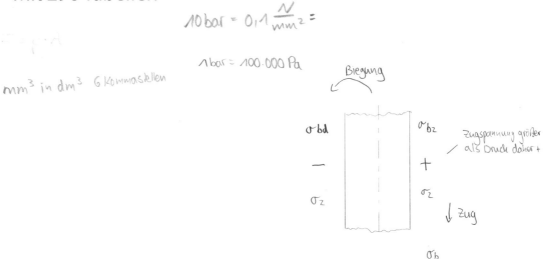

Herbert Wittel  
Reutlingen, Deutschland

Dieter Jannasch  
Wertingen, Deutschland

Joachim Voßiek  
Fakultät Maschinenbau und Verfahrenstechnik  
Hochschule Augsburg  
Augsburg, Deutschland

Christian Spura  
Department 2 – Hamm  
Hochschule Hamm-Lippstadt  
Hamm, Deutschland

Die Originalversion von Kapitel 3 des Tabellenbuchs wurde revidiert. Ein Erratum ist verfügbar unter: https://doi.org/10.1007/978-3-658-26280-8_49

Besuchen Sie auch unsere Homepage www.roloff-matek.de

ISBN 978-3-658-26279-2     ISBN 978-3-658-26280-8 (eBook)  
https://doi.org/10.1007/978-3-658-26280-8

Die Deutsche Nationalbibliothek verzeichnet diese Publikation in der Deutschen Nationalbibliografie; detaillierte bibliografische Daten sind im Internet über http://dnb.d-nb.de abrufbar.

© Springer Fachmedien Wiesbaden GmbH 1963, 1966, 1968, 1970, 1972, 1974, 1976, 1983, 1984, 1986, 1987, 1992, 1994, 2000, 2001, 2003, 2005, 2007, 2009, 2011, 2013, 2015, 2017, 2019, korrigierte Publikation 2019  
Das Werk einschließlich aller seiner Teile ist urheberrechtlich geschützt. Jede Verwertung, die nicht ausdrücklich vom Urheberrechtsgesetz zugelassen ist, bedarf der vorherigen Zustimmung des Verlags. Das gilt insbesondere für Vervielfältigungen, Bearbeitungen, Übersetzungen, Mikroverfilmungen und die Einspeicherung und Verarbeitung in elektronischen Systemen.  
Die Wiedergabe von Gebrauchsnamen, Handelsnamen, Warenbezeichnungen usw. in diesem Werk berechtigt auch ohne besondere Kennzeichnung nicht zu der Annahme, dass solche Namen im Sinne der Warenzeichen- und Markenschutz-Gesetzgebung als frei zu betrachten wären und daher von jedermann benutzt werden dürften.  
Der Verlag, die Autoren und die Herausgeber gehen davon aus, dass die Angaben und Informationen in diesem Werk zum Zeitpunkt der Veröffentlichung vollständig und korrekt sind. Weder der Verlag noch die Autoren oder die Herausgeber übernehmen, ausdrücklich oder implizit, Gewähr für den Inhalt des Werkes, etwaige Fehler oder Äußerungen. Der Verlag bleibt im Hinblick auf geografische Zuordnungen und Gebietsbezeichnungen in veröffentlichten Karten und Institutionsadressen neutral.

Lektorat: Thomas Zipsner  
Bilder: Graphik & Text Studio, Dr. Wolfgang Zettlmeier, Barbing

Springer Vieweg ist ein Imprint der eingetragenen Gesellschaft Springer Fachmedien Wiesbaden GmbH und ist Teil von Springer Nature  
Die Anschrift der Gesellschaft ist: Abraham-Lincoln-Str. 46, 65189 Wiesbaden, Germany

# Inhaltsverzeichnis

## 1 Allgemeine und konstruktive Grundlagen ... 1

| | | |
|---|---|---|
| TB 1-1 | Stahlauswahl für den allgemeinen Maschinenbau | 2 |
| TB 1-2 | Eisenkohlenstoff-Gusswerkstoffe | 10 |
| TB 1-3 | Nichteisenmetalle | 17 |
| TB 1-4 | Kunststoffe | 29 |
| TB 1-5 | Warmgewalzte Flachstäbe aus Stahl für allgemeine Verwendung nach DIN EN 10 058 | 33 |
| TB 1-6 | Rundstäbe | 33 |
| TB 1-7 | Flacherzeugnisse aus Stahl (Auszug) | 34 |
| TB 1-8 | Warmgewalzte gleichschenklige Winkel aus Stahl nach EN 10056-1 | 36 |
| TB 1-9 | Warmgewalzte ungleichschenklige Winkel aus Stahl nach EN 10 056-1 | 38 |
| TB 1-10 | Warmgewalzter U-Profilstahl mit geneigten Flanschflächen nach DIN 1026-1 | 40 |
| TB 1-11 | Warmgewalzte I-Träger nach DIN 1025 (Auszug) | 42 |
| TB 1-12 | Warmgewalzter gleichschenkliger T-Stahl mit gerundeten Kanten und Übergängen nach DIN EN 10 055 | 44 |
| TB 1-13 | Hohlprofile, Rohre | 45 |
| TB 1-14 | Flächenmomente 2. Grades und Widerstandsmomente | 51 |
| TB 1-15 | Maßstäbe in Abhängigkeit vom Längenmaßstab, Stufensprünge und Reihen zur Typung | 53 |
| TB 1-16 | Normzahlen nach DIN 323 | 54 |

## 2 Toleranzen, Passungen, Oberfächenbeschaffenheit ... 55

| | | |
|---|---|---|
| TB 2-1 | Grundtoleranzen IT in Anlehnung an DIN EN ISO 286-1 | 55 |
| TB 2-2 | Zahlenwerte der Grundabmaße von Außenflächen (Wellen) in µm nach DIN EN ISO 286-1 (Auszug) | 56 |
| TB 2-3 | Zahlenwerte der Grundabmaße von Innenpassflächen (Bohrungen) in µm nach DIN EN ISO 286-1 (Auszug) | 57 |
| TB 2-4 | Passungen für das System Einheitsbohrung nach DIN EN ISO 286-2 (Auszug) Abmaße in µm | 59 |
| TB 2-5 | Passungen für das System Einheitswelle nach DIN EN ISO 286-2 (Auszug) Grenzabmaße in µm | 61 |
| TB 2-6 | Allgemeintoleranzen | 63 |
| TB 2-7 | Formtoleranzen nach DIN EN ISO 1101 (Auszug) | 64 |
| TB 2-8 | Lagetoleranzen nach DIN EN ISO 1101 (Auszug) | 65 |
| TB 2-9 | Anwendungsbeispiele für Passungen | 66 |
| TB 2-10 | Zuordnung der Rauheitswerte Rz und Ra in µm für spanende gefertigte Oberflächen zu ISO-Toleranzgraden IT (Richtwerte nach Industrieangaben bzw. DIN 5425) | 67 |
| TB 2-11 | Empfehlung für gemittelte Rautiefe Rz in Abhängigkeit von Nennmaß, Toleranzklasse und Flächenfunktion (nach Rochusch) | 67 |
| TB 2-12 | Rauheit von Oberflächen in Abhängigkeit vom Fertigungsverfahren (Auszug aus zurückgezogener DIN 4766-1) | 68 |

## 3 Festigkeitsberechnung ... 69

| | | |
|---|---|---|
| TB 3-1 | Dauerfestigkeitsschaubilder | 69 |
| TB 3-2 | Umrechnungsfaktoren zur Berechnung der Werkstoff-Festigkeitswerte (nach FKM-Richtlinie) | 72 |

| | | |
|---|---|---|
| TB 3-3 | Plastische Formzahlen αp für den statischen Festigkeitsnachweis | 72 |
| TB 3-4 | Charakteristische Werte der 0,2%-Dehngrenze Rp0,2 und der Zugfestigkeit Rm für tragende Bauteile aus Aluminium-Knetlegierungen im Aluminiumbau nach DIN EN 1999-1-1 (Auswahl) | 72 |
| TB 3-5 | Anhaltswerte für Anwendungs- bzw. Betriebsfaktor KA | 75 |
| TB 3-6 | Kerbformzahlen αk | 77 |
| TB 3-7 | Stützzahl | 79 |
| TB 3-8 | Kerbwirkungszahlen (Anhaltswerte) | 81 |
| TB 3-9 | Kerbwirkungszahlen für | 81 |
| TB 3-10 | Einflussfaktor der Oberflächenrauheit KO, | 83 |
| TB 3-11 | Faktoren K für den Größeneinfluss | 83 |
| TB 3-12 | Einflussfaktor der Oberflächenverfestigung KV; Richtwerte für Stahl | 85 |
| TB 3-13 | Faktoren zur Berechnung der Mittelspannungsempfindlichkeit | 85 |
| TB 3-14 | Sicherheiten, Mindestwerte | 86 |

## 4 Tribologie .......... 87

| | | |
|---|---|---|
| TB 4-1 | Reibungszahlen | 87 |
| TB 4-2 | Effektive dynamische Viskosität ηeff in Abhängigkeit von der effektiven Schmierfilmtemperatur ϑeff für Normöle (Dichte ρ = 900 kg/m3) | 88 |
| TB 4-3 | Druckviskositätskoeffizient α für verschiedene Schmieröle | 89 |
| TB 4-4 | Spezifische Wärmekapazität c von Mineralölen (Mittelwerte) in Abhängigkeit von Temperatur und Dichte | 89 |
| TB 4-5 | Eigenschaften und Anwendungen wichtiger synthetischer Schmieröle | 89 |
| TB 4-6 | Klassifikation für Kfz-Getriebeöle nach API (American Petroleum Institute) | 91 |
| TB 4-7 | Eigenschaften von Lager-Schmierstoffen (Auswahl). Schmieröle | 91 |
| TB 4-8 | Eigenschaften der Schmierfette | 92 |
| TB 4-9 | Klassifikation für Schmierfette nach NLGI (National Lubricating Grease Institut) | 94 |
| TB 4-10 | Kriterien für die Auswahl von Zentralschmieranlagen | 94 |
| TB 4-11 | Elektrochemische Spannungsreihe (Elektrodenpotential in Volt von Metallen in wässriger Lösung gegen Wasserstoffelektrode) | 94 |

## 5 Kleb- und Lötverbindungen .......... 95

| | | |
|---|---|---|
| TB 5-1 | Oberflächenbehandlungsverfahren für Klebverbindungen | 95 |
| TB 5-2 | Klebstoffe zum Verbinden von Metallen nach Richtlinie VDI 2229: 1979-06 | 96 |
| TB 5-3 | Festigkeitswerte für kaltaushärtende Zweikomponentenklebstoffe (nach Herstellerangaben) | 97 |
| TB 5-4 | Hartlote nach DIN EN ISO 17672 und ihre Anwendung (Auswahl) | 98 |
| TB 5-5 | Weichlote nach DIN EN ISO 9453 und ihre Anwendung (Auswahl) | 100 |
| TB 5-6 | Flussmittel zum Hartlöten nach DIN EN 1045 | 101 |
| TB 5-7 | Einteilung der Flussmittel zum Weichlöten nach DIN EN 29454-1 | 102 |
| TB 5-8 | Gegenüberstellung der Typ-Kurzzeichen von Flussmitteln zum Weichlöten (DIN EN 29454-1 zu DIN 8511-2) | 102 |
| TB 5-9 | Richtwerte für Lötspaltbreiten | 103 |
| TB 5-10 | Zug- und Scherfestigkeit von Hartlötverbindungen (nach BrazeTec – Umicore, ehem. Degussa) | 103 |

Inhaltsverzeichnis VII

| | | |
|---|---|---|
| **6** | **Schweißverbindungen** | 105 |
| TB 6-1 | Symbolische Darstellung von Schweiß- und Lötnähten nach DIN EN ISO 2553 | 105 |
| TB 6-2 | Bewertungsgruppen für Unregelmäßigkeiten für Schweißverbindungen aus Stahl nach DIN EN ISO 5817 (Auswahl) | 108 |
| TB 6-3 | Allgemeintoleranzen für Schweißkonstruktionen nach DIN EN ISO 13 920 | 110 |
| TB 6-4 | Zulässige Abstände von Schweißpunkten im Stahlbau (DIN EN 1993-1-3) | 110 |
| TB 6-5 | Nennwerte der Streckgrenze Re und der Zugfestigkeit Rm für warmgewalzten Baustahl nach DIN EN 1993-1-1 | 111 |
| TB 6-6 | Nennwerte der Streckgrenze Re und der Zugfestigkeit Rm für Gusswerkstoffe nach DIN EN 1993-1-8/NA.B.3 | 112 |
| TB 6-7 | Korrelationsbeiwert βw für Kehlnähte nach DIN EN 1993-1-8 | 112 |
| TB 6-8 | Maximales c/t-Verhältnis von ein- und beidseitig gelagerten Plattenstreifen für volles Mittragen unter Druckspannungen nach DIN EN 1993-1-1 (Auszug) | 113 |
| TB 6-9 | Zuordnung der Druckstabquerschnitte zu den Knicklinien nach TB 6-10 (DIN EN 1993-1-1) | 114 |
| TB 6-10 | Knicklinien | 115 |
| TB 6-11 | Bauformenkatalog für die Ausführung und Dauerfestigkeitsbewertung von Schweißverbindungen an Stählen im Maschinenbau nach DVS-Richtlinie 1612 (Auszug) | 115 |
| TB 6-12 | Zulässige Dauerfestigkeitswerte (Oberspannungen) für Schweißverbindungen im Maschinenbau nach Richtlinie DVS 1612 (Gültig für Bauteildicke 2 mm ≤ t ≤ 10 mm, > 2 · 10$^6$ Lastwechsel, SD = 1,5) | 120 |
| TB 6-13 | Dickenbeiwert für geschweißte Bauteile im Maschinenbau nach DVS 1612 | 121 |
| TB 6-14 | Festigkeitskennwerte K im Druckbehälterbau bei erhöhten Temperaturen | 122 |
| TB 6-15 | Berechnungstemperatur für Druckbehälter nach AD 2000-Merkblatt B0 | 126 |
| TB 6-16 | Sicherheitsbeiwerte für Druckbehälter nach AD 2000-Merkblatt B0 (Auszug) | 126 |
| TB 6-17 | Berechnungsbeiwerte C für ebene Platten und Böden nach AD 2000-Merkblatt B5 (Auszug) | 127 |
| **7** | **Nietverbindungen** | 129 |
| TB 7-1 | Vereinfachte Darstellung von Verbindungselementen für den Zusammenbau nach DIN ISO 5845-1 | 129 |
| TB 7-2 | Grenzwerte für Rand- und Lochabstände für Schrauben und Nieten an Stahl- und Aluminiumbauten nach EC 3 und EC 9 (Bezeichnungen nach Bild 7.15) | 130 |
| TB 7-3 | Genormte Blindniete mit Sollbruchdorn (Übersicht) | 130 |
| TB 7-4 | Nietverbindungen im Stahlbau mit Halbrundnieten nach DIN 124, s. Maßbild 7.11 Lehrbuch (Auszug) | 131 |
| TB 7-5 | Mindestwerte der 0,2%-Dehngrenze Rp0,2 und der Zugfestigkeit Rm für Aluminium-Vollniete nach DIN EN 1999-1-1 | 132 |
| TB 7-6 | Zulässige Wechselspannungen σW zul in N/mm$^2$ für gelochte Bauteile aus S235 (S355) nach DIN 15018-1 | 132 |
| TB 7-7 | Zulässige Spannungen in N/mm$^2$ für Nietverbindungen aus thermoplastischen Kunststoffen (nach Erhard/Strickle) | 132 |
| TB 7-8 | Statische Scherbruch- und Zugbruchkräfte von genormten Blindnieten in N je Nietquerschnitt | 133 |
| TB 7-9 | Anhaltswerte für die Gestaltung geclinchter Verbindungen aus Stahlblech. Bezeichnung s. Bild 7.22. | 133 |
| TB 7-10 | Von runden Clinchverbindungen max. übertragbare Scherzugkräfte je Punkt | 134 |

## 8 Schraubenverbindungen ... 135

| | | |
|---|---|---|
| TB 8-1 | Metrisches ISO-Gewinde (Regelgewinde) nach DIN 13 T1 (Auszug) | 135 |
| TB 8-2 | Metrisches ISO-Feingewinde nach DIN 13 T5…T10 (Auszug) | 136 |
| TB 8-3 | Metrisches ISO-Trapezgewinde nach DIN 103 (Auszug) | 137 |
| TB 8-4 | Festigkeitsklassen, Werkzeuge und mechanische Eigenschaften von Schrauben nach DIN EN ISO 898-1 (Auszug) | 138 |
| TB 8-5 | Genormte Schrauben (Auswahl). Einteilung nach DIN ISO 1891 (zu den Bildern sind die Nummern der betreffenden DIN-Normen gesetzt) | 138 |
| TB 8-6 | Genormte Muttern (Auswahl). Einteilung nach DIN ISO 1891 (zu den Bildern sind die Nummern der betreffenden DIN-Normen gesetzt) | 140 |
| TB 8-7 | Mitverspannte Zubehörteile für Schraubenverbindunge nach DIN (Auswahl). Einteilung nach DIN ISO 1891 (zu den Bildern sind die Nummern der betreffenden DIN-Normen gesetzt) | 141 |
| TB 8-8 | Konstruktionsmaße für Verbindungen mit Sechskantschrauben (Auswahl aus DIN-Normen) Gewindemaße s. TB 8-1 | 142 |
| TB 8-9 | Konstruktionsmaße für Verbindungen mit Zylinder- und Senkschrauben (Auswahl aus DIN-Normen) Gewindemaße s. TB 8-1 | 144 |
| TB 8-10 | Richtwerte für Setzbetrag und Grenzflächenpressung (nach VDI 2230) | 146 |
| TB 8-11 | Richtwerte für den Anziehfaktor kA (Auswahl nach VDI 2230) | 147 |
| TB 8-12 | Reibungszahlen für Schraubenverbindungen bei verschiedenen Oberflächen- und Schmierzuständen | 148 |
| TB 8-13 | Richtwerte zur Vorwahl der Schrauben | 150 |
| TB 8-14 | Spannkräfte Fsp und Spannmomente Msp für Schaft- und Dehnschrauben bei verschiedenen Gesamtreibungszahlen μges | 151 |
| TB 8-15 | Einschraublängen le für Grundlochgewinde – Anhaltswerte nach Schraubenvademecum | 152 |
| TB 8-16 | Funktion/Wirksamkeit von Schraubensicherungen bei hochfesten Schrauben (nach VDI 2230) | 153 |
| TB 8-17 | Beiwerte αb und k1 zur Ermittlung der Lochleibungstragfähigkeit im Stahl- und Aluminiumbau (EC3 und EC9) | 154 |
| TB 8-18 | Richtwerte für die zulässige Flächenpressung pzul bei Bewegungsschrauben | 154 |

## 9 Bolzen-, Stiftverbindungen und Sicherungselemente ... 155

| | | |
|---|---|---|
| TB 9-1 | Richtwerte für die zulässige mittlere Flächenpressung (Lagerdruck) pzul bei niedrigen Gleitgeschwindigkeiten (z. B. Gelenke, Drehpunkte) | 155 |
| TB 9-2 | Bolzen nach DIN EN 22340 (ISO 2340), DIN EN 22341 (ISO 2341) und DIN 1445, Lehrbuch Bild 9.1 (Auswahl) | 156 |
| TB 9-3 | Abmessungen in mm von ungehärteten Zylinderstiften DIN EN ISO 2338 (Auswahl) | 157 |
| TB 9-4 | Mindest-Abscherkraft in kN für zweischnittige Stiftverbindungen (Scherversuch nach DIN EN 28749, Höchstbelastung bis zum Bruch) | 157 |
| TB 9-5 | Pass- und Stützscheiben DIN 988 (Auswahl) | 157 |
| TB 9-6 | Achshalter nach DIN 15058 (Auswahl) | 158 |
| TB 9-7 | Sicherungsringe und -scheiben für Wellen und Bohrungen (Auswahl) | 158 |

## 10 Elastische Federn ... 161

| | | |
|---|---|---|
| TB 10-1 | Festigkeitswerte von Federwerkstoffen in N/mm2 (Auswahl) . . . . . . . . . . . . . . . . | 161 |
| TB 10-2 | Runder Federstahldraht . . . . . . . . . . . . . . . . . . . . . . . . . . . . . . . . . . . . . . . . . . . . . | 162 |
| TB 10-3 | Zugfestigkeitswerte für Federstahldraht nach DIN EN 10270-1 bis DIN EN 10270-3 bei statischer Beanspruchung. . . . . . . . . . . . . . . . . . . . . . . . . . . | 163 |
| TB 10-4 | Kaltgewalzte Stahlbänder aus Federstählen nach DIN EN 10132-4 und nach DIN EN 10151 (Auszug) . . . . . . . . . . . . . . . . . . . . . . . . . . . . . . . . . . . . . . . . . . . . . | 164 |
| TB 10-5 | Warmgewalzte Stähle für vergütbare Federn nach DIN EN 10089 (Auszug). . . . . . | 165 |
| TB 10-6 | Drähte aus Kupferlegierungen nach DIN EN 12 166 (Auszug) . . . . . . . . . . . . . . . . | 165 |
| TB 10-7 | Spannungsbeiwert q für Drehfedern. . . . . . . . . . . . . . . . . . . . . . . . . . . . . . . . . . . . | 166 |
| TB 10-8 | Dauerfestigkeitsschaubild für zylindrische Drehfedern aus Federdraht DH (Grenzlastspielzahl $N \geq 10^7$) . . . . . . . . . . . . . . . . . . . . . . . . . . . . . . . . . . . . . . . . . | 166 |
| TB 10-9 | Tellerfedern nach DIN 2093 (Auszug). . . . . . . . . . . . . . . . . . . . . . . . . . . . . . . . . . . | 166 |
| TB 10-10 | Empfohlenes Spiel zwischen Bolzen bzw. Hülse und Tellerfeder nach DIN 2093 . . | 168 |
| TB 10-11 | Tellerfedern; Kennwerte und Bezugsgrößen . . . . . . . . . . . . . . . . . . . . . . . . . . . . . | 169 |
| TB 10-12 | Dauer – und Zeitfestigkeitsschaubilder für nicht kugelgestrahlte Tellerfedern nach DIN 2093 . . . . . . . . . . . . . . . . . . . . . . . . . . . . . . . . . . . . . . . . . . . . . . . . . . . | 170 |
| TB 10-13 | Reibungsfaktor $w_M$ ($w_R$) zur Abschätzung der Paketfederkräfte (Randreibung) in $1 \cdot 10^{-3}$ . . . . . . . . . . . . . . . . . . . . . . . . . . . . . . . . . . . . . . . . . . . . . . . . . . . . . . . | 170 |
| TB 10-14 | Drehstabfedern mit Kreisquerschnitt . . . . . . . . . . . . . . . . . . . . . . . . . . . . . . . . . . . | 171 |
| TB 10-15 | Druckfedern. . . . . . . . . . . . . . . . . . . . . . . . . . . . . . . . . . . . . . . . . . . . . . . . . . . . . . . | 171 |
| TB 10-16 | Dauerfestigkeitsschaubilder nach DIN EN 13906-1 für kaltgeformte Schraubendruckfedern aus patentiert-gezogenem Federstahldraht der Sorten DH oder SH; Grenzlastspielzahl $N = 10^7$ . . . . . . . . . . . . . . . . . . . . . . . . . | 172 |
| TB 10-17 | Dauerfestigkeitsschaubilder nach DIN EN 13906-1 für kaltgeformte Schraubendruckfedern aus vergütetem Federstahldraht der Sorten FD oder TD; Grenzlastspielzahl $N = 10^7$ . . . . . . . . . . . . . . . . . . . . . . . . . . . . . . . . . . . . . . . . . | 172 |
| TB 10-18 | Dauerfestigkeitsschaubilder nach DIN EN 13906-1 für kaltgeformte Schraubendruckfedern aus vergütetem Federstahldraht der Sorte VD; Grenzlastspielzahl $N = 10^7$ . . . . . . . . . . . . . . . . . . . . . . . . . . . . . . . . . . . . . . . . . | 173 |
| TB 10-19 | Dauerfestigkeitsschaubilder nach DIN EN 13906-1 für kalt- bzw. warmgeformte Schraubendruckfedern . . . . . . . . . . . . . . . . . . . . . . . . . . . . . . . . . . . . . . . . . . . . . | 173 |
| TB 10-20 | Theoretische Knicklänge von Schraubendruckfedern nach DIN EN 13906-1 . . . . | 174 |
| TB 10-21 | Korrekturfaktoren zur Ermittlung der inneren Schubspannung bei Zugfedern nach DIN EN 13906-2 bei statischer Beanspruchung. . . . . . . . . . . . . . . . . . . . . . | 174 |

## 11 Achsen, Wellen und Zapfen ... 175

| | | |
|---|---|---|
| TB 11-1 | Zylindrische Wellenenden nach DIN 748-1 (Auszug) . . . . . . . . . . . . . . . . . . . . . . | 175 |
| TB 11-2 | Kegelige Wellenenden mit Außengewinde nach DIN 1448-1 (Auszug). . . . . . . . . | 176 |
| TB 11-3 | Flächenmomente 2. Grades und Widerstandsmomente für häufig vorkommende Wellenquerschnitte (ca.-Werte) . . . . . . . . . . . . . . . . . . . . . . . . . . . . . . . . . . . . . . . | 177 |
| TB 11-4 | Freistiche nach DIN 509 (Auszug). . . . . . . . . . . . . . . . . . . . . . . . . . . . . . . . . . . . . . | 178 |
| TB 11-5 | Richtwerte für zulässige Verformungen . . . . . . . . . . . . . . . . . . . . . . . . . . . . . . . . | 179 |
| TB 11-6 | Stützkräfte und Durchbiegung bei Achsen und Wellen von gleichbleibendem Querschnitt. . . . . . . . . . . . . . . . . . . . . . . . . . . . . . . . . . . . . . . . . . . . . . . . . . . . . . . | 180 |
| TB 11-7 | Kenngrößen für die Verformungsberechnung für Achsen und Wellen mit Querschnittsveränderung bei Belastungen links (a) bzw. rechts (b) von der Lagerstelle . | 182 |

## 12 Elemente zum Verbinden von Wellen und Naben ... 183

| | | |
|---|---|---|
| TB 12-1 | Welle-Nabe-Verbindungen (Richtwerte für den Entwurf) ... | 183 |
| TB 12-2 | Angaben für Passfederverbindungen ... | 184 |
| TB 12-3 | Keilwellen-Verbindungen ... | 186 |
| TB 12-4 | Zahnwellenverbindungen ... | 187 |
| TB 12-5 | Abmessungen der Polygonprofile in mm ... | 188 |
| TB 12-6 | Haftbeiwert, Querdehnzahl und Längenausdehnungskoeffizient, max. Fügetemperatur ... | 189 |
| TB 12-7 | Bestimmung der Hilfsgröße K für Vollwellen aus Stahl ... | 190 |
| TB 12-8 | Kegel (in Anlehnung an DIN EN ISO 1119) ... | 190 |
| TB 12-9 | Kegel-Spannsysteme (Auszüge aus Werksnormen) ... | 191 |

## 13 Kupplungen und Bremsen ... 193

| | | |
|---|---|---|
| TB 13-1 | Scheibenkupplungen nach DIN 116, Lehrbuch Bild 13-9, Formen A, B und C ... | 193 |
| TB 13-2 | Biegenachgiebige Ganzmetallkupplung, Lehrbuch Bild 13-14b (Thomas-Kupplung, Bauform 923, nach Werknorm) ... | 194 |
| TB 13-3 | Elastische Klauenkupplung, Lehrbuch Bild 13-26 (N-Eupex-Kupplung, Bauform B, nach Werknorm) ... | 195 |
| TB 13-4 | Elastische Klauenkupplung, Lehrbuch Bild 13-27 (Hadeflex-Kupplung, Bauform XW1, nach Werknorm) ... | 196 |
| TB 13-5 | Hochelastische Wulstkupplung, Lehrbuch Bild 13-29 (Radaflex-Kupplung, Bauform 300, nach Werknorm) ... | 197 |
| TB 13-6 | Mechanisch betätigte BSD-Lamellenkupplungen, Lehrbuch Bild 13-37a und b (Bauformen 493 und 491, nach Werknorm) ... | 198 |
| TB 13-7 | Elektromagnetisch betätigte BSD-Lamellenkupplung, Lehrbuch Bild 13-41 (Bauform 100, nach Werknorm) ... | 199 |
| TB 13-8 | Faktoren zur Auslegung drehnachgiebiger Kupplungen nach DIN 740 T2 ... | 200 |
| TB 13-9 | Positionierbremse ROBA-stopp, Lehrbuch Bild 13-64b (nach Werknorm) ... | 201 |

## 14 Wälzlager ... 203

| | | |
|---|---|---|
| TB 14-1 | Maßpläne für Wälzlager ... | 203 |
| TB 14-2 | Dynamische Tragzahlen C, statische Tragzahlen C0 und Ermüdungsgrenzbelastung Cu in kN (nach FAG-Angaben Ausg. 2006) ... | 207 |
| TB 14-3 | Richtwerte für Radial- und Axialfaktoren X, Y bzw. X0, Y0 ... | 214 |
| TB 14-4 | Drehzahlfaktor fn für Wälzlager ... | 216 |
| TB 14-5 | Lebensdauerfaktor fL für Wälzlager ... | 216 |
| TB 14-6 | Härteeinflussfaktor fH ... | 216 |
| TB 14-7 | Richtwerte für anzustrebende nominelle Lebensdauerwerte L10h für Wälzlagerungen (nach Schaeffler-AG) ... | 217 |
| TB 14-8 | Toleranzklassen für Wellen und Gehäuse bei Wälzlagerungen – allgemeine Richtlinien n. DIN 5425 (Auszug) ... | 218 |
| TB 14-9 | Wälzlager-Anschlussmaße, Auszug aus DIN 5418 ... | 220 |
| TB 14-10 | Viskositätsverhältnis $\kappa = \nu/\nu 1$ ... | 222 |
| TB 14-11 | Verunreinigungsbeiwert ec ... | 223 |
| TB 14-12 | Lebensdauerbeiwert aISO ... | 224 |
| TB 14-13 | Richtwerte für Belastungsverhältnisse bei Führungen (nach Rexroth) ... | 224 |

## 15 Gleitlager ... 225

| | | |
|---|---|---|
| TB 15-1 | Genormte Radial-Gleitlager (Auszüge) | 225 |
| TB 15-2 | Buchsen für Gleitlager (Auszüge) | 228 |
| TB 15-3 | Lagerschalen DIN 7473, 7474, mit Schmiertaschen DIN 7477 (Auszug) | 230 |
| TB 15-4 | Abmessungen für lose Schmierringe in mm nach DIN 322 (Auszug) | 231 |
| TB 15-5 | Schmierlöcher, Schmiernuten, Schmiertaschen nach DIN ISO 12 128 (Auszug) | 231 |
| TB 15-6 | Lagerwerkstoffe (Auswahl) | 233 |
| TB 15-7 | Höchstzulässige spezifische Lagerbelastung nach DIN 31652-3 (Norm zurückgezogen) (Erfahrungsrichtwerte) | 235 |
| TB 15-8 | Relative Lagerspiele §E bzw. §B in ‰ | 236 |
| TB 15-9 | Passungen für Gleitlager nach DIN 31698 (Auswahl) | 237 |
| TB 15-10 | Streuungen von Toleranzklassen für ISO-Passungen bei relativen Einbau-Lagerspielen §E in ‰ abhängig von dL (nach VDI 2201) | 238 |
| TB 15-11 | Sommerfeld-Zahl So = f ($\varepsilon$, b/dL) bei reiner Drehung | 239 |
| TB 15-12 | Reibungskennzahl $\mu$/§B = f($\varepsilon$, b/dL) bei reiner Drehung | 240 |
| TB 15-13 | Verlagerungswinkel $\beta$ = f($\varepsilon$, b/dL) bei reiner Drehung | 241 |
| TB 15-14 | Erfahrungswerte für die zulässige kleinste Spalthöhe h0 zul nach DIN 31652-3 (Norm zurückgezogen), wenn Wellen-RzW ≤ 4 µm und Lagergleitflächen-RzL ≤ 1 µm | 242 |
| TB 15-15 | Grenzrichtwerte für die maximal zulässige Lagertemperatur $\vartheta$L zul nach DIN 31652-3 (Norm zurückgezogen) | 242 |
| TB 15-16 | Bezogener bzw. relativer Schmierstoffdurchsatz | 242 |
| TB 15-17 | Belastungs- und Reibungskennzahlen für den Schmierkeil ohne Rastfläche bei Einscheiben- und Segment-Spurlagern | 244 |

## 16 Riemengetriebe ... 245

| | | |
|---|---|---|
| TB 16-1 | Mechanische und physikalische Kennwerte von Flachriemen-Werkstoffen (Auswahl) | 245 |
| TB 16-2 | Keilriemen, Eigenschaften und Anwendungsbeispiele | 246 |
| TB 16-3 | Synchronriemen, Eigenschaften und Anwendungen | 247 |
| TB 16-4 | Trumkraftverhältnis m; Ausbeute $\kappa$ (bei Keil- und Keilrippenriemen gilt $\mu$ = $\mu$') | 247 |
| TB 16-5 | Faktor k zur Ermittlung der Wellenbelastung für Flachriemengetriebe Gilt näherungsweise auch für Keil- und Keilrippenriemen ($\mu$ entspricht dann $\mu$') | 247 |
| TB 16-6 | Ausführungen und Eigenschaften der Mehrschichtflachriemen Extremultus (Bauart 80/85*, nach Werknorm) | 248 |
| TB 16-7 | Ermittlung des kleinsten Scheibendurchmesser (nach Fa. Siegling, Hannover) | 249 |
| TB 16-8 | Diagramme zur Ermittlung F't, $\varepsilon$1, Riementyp für Extremultus-Riemen (nach Fa. Siegling, Hannover) | 249 |
| TB 16-9 | Flachriemenscheiben, Hauptmaße, nach DIN 111 (Auszug) | 250 |
| TB 16-10 | Fliehkraft-Dehnung $\varepsilon$2 in % für Extremultus-Mehrschichtriemen (nach Fa. Siegling, Hannover) | 251 |
| TB 16-11 | Wahl des Profils der Keil- und Keilrippenriemen | 252 |
| TB 16-12 | Keilriemenabmessungen (in Anlehnung an DIN 2215, ISO 4184, DIN 7753 sowie Werksangaben; Auszug) | 253 |
| TB 16-13 | Abmessungen der Keilriemenscheiben (nach DIN 2211; Auszug) | 254 |
| TB 16-14 | Keilrippenriemen und Keilrippenscheiben nach DIN 7867 | 255 |
| TB 16-15 | Nennleistung der Keil- und Keilrippenriemen | 256 |
| TB 16-16 | Leistungs-Übersetzungszuschlag Üz in kW (bei i < 1 wird Üz = 1) | 259 |

| | | |
|---|---|---|
| TB 16-17 | Korrekturfaktoren zur Berechnung der Keil- und Keilrippenriemen | 260 |
| TB 16-18 | Wahl des Profils von Synchronriemen | 261 |
| TB 16-19 | Daten von Synchroflex-Zahnriemen nach Werknorm | 262 |
| TB 16-20 | Zahntragfähigkeit – spezifische Riemenzahnbelastbarkeit von Synchroflex-Zahnriemen (nach Werknorm) | 263 |
| TB 16-21 | Oberflächengekühlte Drehstromasynchronmotoren mit Käfigläufer nach DIN EN 50347 | 264 |

## 17 Kettengetriebe ... 267

| | | |
|---|---|---|
| TB 17-1 | Rollenketten nach DIN 8187 (Auszug) | 267 |
| TB 17-2 | Haupt-Profilabmessungen der Kettenräder nach DIN 8196 (Auszug) | 269 |
| TB 17-3 | Leistungsdiagramm nach DIN ISO 10823 für die Auswahl von Einfach-Rollenketten Typ B nach DIN 8187-1 | 270 |
| TB 17-4 | Spezifischer Stützzug | 271 |
| TB 17-5 | Faktor f1 zur Berücksichtigung der Zähnezahl des kleinen Rades nach DIN ISO 10823 | 271 |
| TB 17-6 | Achsabstandsfaktor f2 | 271 |
| TB 17-7 | Umweltfaktor f6 (nach Niemann) | 271 |
| TB 17-8 | Schmierbereiche nach DIN ISO 10823 | 272 |

## 18 Elemente zur Führung von Fluiden (Rohrleitungen) ... 273

| | | |
|---|---|---|
| TB 18-1 | Rohrarten – Übersicht | 273 |
| TB 18-2 | Anschlussmaße für runde Flansche PN 6, PN 40 und PN 63 nach DIN EN 1092-2 | 276 |
| TB 18-3 | Auswahl von PN nach DIN EN 1333 (bisher „Nenndruckstufen") | 276 |
| TB 18-4 | Bevorzugte DN-Stufen (Nennweiten) nach DIN EN ISO 6708 | 277 |
| TB 18-5 | Wirtschaftliche Strömungsgeschwindigkeiten in Rohrleitungen für verschiedene Medien (Richtwerte) bezogen auf den Zustand in der Leitung | 277 |
| TB 18-6 | Mittlere Rauigkeitshöhe k von Rohren (Anhaltswerte) | 278 |
| TB 18-7 | Widerstandszahl $\zeta$ von Rohrleitungselementen (Richtwerte) | 279 |
| TB 18-8 | Rohrreibungszahl $\lambda$ | 280 |
| TB 18-9 | Dichte und Viskosität verschiedener Flüssigkeiten und Gase | 281 |
| TB 18-10 | Festigkeitskennwerte zur Wanddickenberechnung von Stahlrohren (Auswahl) | 282 |
| TB 18-11 | Rohrleitungen und Rohrverschraubungen für hydraulische Anlagen | 283 |
| TB 18-12 | Zulässige Stützweiten für Stahlrohre nach AD2000-Merkblatt HP100R (Auszug) | 284 |
| TB 18-13 | Zeitstandfestigkeit von Rohren aus Polypropylen (PP, Typ1) nach DIN 8078 | 284 |

## 19 Dichtungen ... 285

| | | |
|---|---|---|
| TB 19-1 | Dichtungskennwerte für vorgeformte Feststoffdichtungen | 285 |
| TB 19-2 | O-Ringe nach DIN ISO 3601 (Auswahl) und Ringnutabmessungen | 286 |
| TB 19-3 | Maximales Spaltmaß g für O-Ringe (Erfahrungswerte) | 287 |
| TB 19-4 | Radial-Wellendichtringe nach DIN 3760 (Auszug) | 288 |
| TB 19-5 | Filzringe und Ringnuten nach DIN 5419 (Auszug) | 289 |
| TB 19-6 | V-Ringdichtung (Auszug aus Werksnorm) | 290 |
| TB 19-7 | Nilos-Ringe (Auszug aus Werksnorm) | 291 |
| TB 19-8 | Stopfbuchsen | 292 |
| TB 19-9 | Dichtungswerkstoff (Auswahl) | 292 |
| TB 19-10 | Konstruktionsrichtlinien für Lagerdichtungen (nach Halliger) | 293 |

Inhaltsverzeichnis XIII

## 20 Zahnräder und Zahnradgetriebe (Grundlagen) .......................... 297

TB 20-1 Zahnflankendauerfestigkeit σH lim und Zahnfußdauerfestigkeit σF lim in N/mm2 der üblichen Zahnradwerkstoffe für die Werkstoff-Qualitätsanforderungen ME (obere Werte) und ML (untere Werte); Einzelheiten siehe DIN 3990-5 und ISO 6336-5. .................................................................. 297
TB 20-2 Übersicht zur Dauerfestigkeit für Zahnfußbeanspruchung der Prüfräder nach DIN 3990 ..................................................... 299
TB 20-3 Werkstoffauswahl für Schneckengetriebe ............................ 300
TB 20-4 Festigkeitswerte für Schneckenradwerkstoffe (in Anlehnung an Niemann u. DIN 3996)................................. 301
TB 20-5 Schmierölauswahl für Zahnradgetriebe (nach DIN 51509) ................ 301
TB 20-6 Richtwerte für den Einsatz von Schmierstoffarten und Art der Schmierung, abhängig von der Umfangsgeschwindigkeit bei Wälz- und Schraubwälzgetrieben . 302
TB 20-7 Viskositätsauswahl von Getriebeölen (DIN 51509) gültig für eine Umgebungstemperatur von etwa 20 °C .............................. 302
TB 20-8 Reibungswerte bei Schneckenradsätzen (Schnecke aus St, Radkranz aus Bronze, gefräst)............................. 303
TB 20-9 Wirkungsgrade für Schneckengetriebe, Richtwerte für Überschlagsrechnungen ... 303
TB 20-10 Zeichnungsangaben für Stirnräder nach DIN 3966-1 ....................... 304
TB 20-11 Zeichnungsangaben für Kegelräder nach DIN 3966-2 ....................... 305
TB 20-12 Zeichnungsangaben für Schnecken nach DIN 3966-3 ....................... 306
TB 20-13 Zeichnungsangaben für Schneckenräder nach DIN 3966-3 ................... 307

## 21 Außenverzahnte Stirnräder ............................................. 309

TB 21-1 Modulreihe für Zahnräder nach DIN 780 (Auszug)......................... 309
TB 21-2a Profilüberdeckung εα bei Null- und V-Null-Getrieben (überschlägige Ermittlung) . 309
TB 21-2b Profilüberdeckung εα bei V-Getrieben (überschlägige Ermittlung) ............. 309
TB 21-3 Bereich der ausführbaren Evolventenverzahnungen mit Bezugsprofil nach DIN 867 für Außen- und Innenräder nach DIN 3960...................... 310
TB 21-4 Wahl der Summe der Profilverschiebungsfaktoren Σx = (x1 + x2)............. 310
TB 21-5 Betriebseingriffswinkel αw (überschlägige Ermittlung)..................... 311
TB 21-6 Aufteilung von Σx = (x1 + x2) mit Ablesebeispiel ......................... 311
TB 21-7 Verzahnungsqualität (Anhaltswerte) ................................... 312
TB 21-8 Zahndickenabmaße, Zahndickentoleranzen ............................. 312
TB 21-9 Achsabstandsabmaße Aae, Aai in μm von Gehäusen für Stirnradgetriebe nach DIN 3964 (Auszug)............................................. 314
TB 21-10 Messzähnezahl k für Stirnräder ...................................... 315
TB 21-12 Ritzelzähnezahl z1 (Richtwerte) ...................................... 315
TB 21-11 Empfehlungen zur Aufteilung von i für zwei- und dreistufige Stirnradgetriebe.... 315
TB 21-13 Ritzelbreite, Verhältniszahlen (Richtwerte) ............................. 316
TB 21-14 Berechnungsfaktoren ............................................... 316
TB 21-15 Breitenfaktor KHβ, KFβ, Anhaltswerte (nach DIN 3990) ................... 317
TB 21-16 Flankenlinienabweichung ........................................... 318
TB 21-17 Einlaufbeträge für Flankenlinien yβ in μm (nach DIN 3990)................. 319
TB 21-18 Stirnfaktoren KFα, KHα............................................. 320
TB 21-19 Korrekturfaktoren zur Ermittlung der Zahnfußspannung für Außenverzahnung (nach DIN 3990) ................................................... 322

| | | |
|---|---|---|
| TB 21-20 | Korrekturfaktoren zur Ermittlung der zulässigen Zahnfußspannung für Außenverzahnung (nach DIN 3990) | 323 |
| TB 21-21 | Korrekturfaktoren zur Ermittlung der Flankenpressung für Außenverzahnung (nach DIN 3990) | 324 |
| TB 21-22 | Korrekturfaktoren zur Ermittlung der zulässigen Flankenpressung für Außenverzahnung (nach DIN 3990); gerasterter Bereich = Streubereich | 326 |

## 22 Kegelräder und Kegelradgetriebe . . . . . . . . . . . . . . . . . . . . . . . . . . . . . . . . . . . . 329

| | | |
|---|---|---|
| TB 22-1 | Richtwerte zur Vorwahl der Abmessungen (Kegelräder) | 329 |
| TB 22-2 | Werte zur Ermittlung des Dynamikfaktors $K_v$ für Kegelräder (nach DIN 3991-1) | 329 |
| TB 22-3 | Überdeckungsfaktor (Zahnfuß) $Y_\varepsilon$ für $\alpha_n = 20°$ (nach DIN 3991-3) | 329 |

## 23 Schraubrad- und Schneckengetriebe . . . . . . . . . . . . . . . . . . . . . . . . . . . . . . . . 331

| | | |
|---|---|---|
| TB 23-1 | Richtwerte zur Bemessung von Schraubradgetrieben | 331 |
| TB 23-2 | Belastungskennwerte für Schraubradgetriebe | 331 |
| TB 23-3 | Richtwerte für die Zähnezahl der Schnecke | 331 |
| TB 23-4 | Moduln für Zylinderschneckengetriebe nach DIN 780 T2 (Auszug) | 331 |
| TB 23-5 | Festigkeitskennwerte der Schneckenradwerkstoffe nach DIN 3996: 2005 | 331 |
| TB 23-6 | Schmierstofffaktor $Z_{oil}$, Druckviskositätskoeffizient $c\alpha$ und max. Ölsumpftemperatur $\vartheta_S$ lim | 331 |
| TB 23-7 | Lebensdauerfaktor $Y_{NL}$ | 332 |
| TB 23-8 | Beiwerte $c_0$, $c_1$, $c_2$ zur Bestimmung der Ölsumpftemperatur | 332 |
| TB 23-9 | Grenzwerte des Flankenabtrags im Normalschnitt $\delta_w$ lim n | 332 |
| TB 23-10 | Bezugsverschleißintensität $J_{0T}$ | 333 |
| TB 23-11 | Grenzwerte des Flankenabtrags im Normalschnitt $\delta_w$ lim n | 335 |
| TB 23-12 | Schmierstoff-Strukturfaktor $W_S$ | 335 |
| TB 23-13 | Pressungsfaktor $W_H$ | 335 |

## 24 Umlaufgetriebe . . . . . . . . . . . . . . . . . . . . . . . . . . . . . . . . . . . . . . . . . . . . . . . . . . . . . 337

| | | |
|---|---|---|
| TB 24-1 | Gegenseitige Zuordnung der Übersetzungen $i_{xy}$ als Funktion f(...) der möglichen anderen Übersetzungen bei Zweiwellengetrieben | 337 |
| TB 24-2 | Umlaufwirkungsgrade für Zweiwellengetriebe in Abhängigkeit der Standübersetzung $i_{12}$ und des Leistungsflusses | 338 |
| TB 24-3 | Zusammenstellung der Berechnungsgleichungen für Zweiwellengetriebe | 339 |

## 25 Erratum zu: Festigkeitsberechnung . . . . . . . . . . . . . . . . . . . . . . . . . . . . . . . . . . E1

## Sachwortverzeichnis . . . . . . . . . . . . . . . . . . . . . . . . . . . . . . . . . . . . . . . . . . . . . . . . . . . . . 341

# Allgemeine und konstruktive Grundlagen 1

$$\sigma_{max} = 210.000 \frac{N}{mm^2} \cdot \frac{\frac{S_u}{2}}{N}$$

$$\sigma_{min} = 210.000 \frac{N}{mm^2} \cdot \frac{\frac{S_o}{2}}{N}$$

$$F_p = \sigma \cdot A_p \qquad (\pi \cdot d \cdot h)$$

$S_u = G_{uB} - G_{ow}$

$S_o = G_{oB} - G_{uw}$

$G_{oB} = N + ES$
$G_{uB} = N + EI$

$G_{ow} = N + es$
$G_{uw} = N + ei$

$30,000 mm \,\hat{=}\, 100\%$
$30,025 mm \,\hat{=}\, ?$

$30,025 \times 100 : 30,000 = 100,083\%$
$\Rightarrow 0,083\%$

**TB 1-1** Stahlauswahl für den allgemeinen Maschinenbau
Festigkeitskennwerte in N/mm² für die Normabmessung $d_N$

a) Unlegierte Baustähle, warmgewalzt, nach DIN EN 10 025-2
Lieferzustand: +N oder +AR
Normabmessung $d_N = 16$ mm

| Stahlsorte Kurzname | Werkstoff-nummer | $A$ % min. | $R_{mN}$ min. | $R_{eN}$ $R_{p0,2N}$ min. | $\sigma_{zdWN}$ ($\sigma_{zdSchN}$) | $\sigma_{bWN}$ ($\sigma_{bSchN}$) | $\tau_{tWN}$ ($\tau_{tSchN}$) | relative Werkstoff-kosten[2] | Eigenschaften und Verwendungsbeispiele |
|---|---|---|---|---|---|---|---|---|---|
| S235JR S235J0 S235J2 | 1.0038 1.0114 1.0117 | 26 | 360 | 235 | 140 (235) | 180 (280) | 105 (165) | [1] | Warmgewalzte, unlegierte Qualitätsstähle ohne Eignung zur Wärmebehandlung, die durch Zugfestigkeit und Streckgrenze gekennzeichnet und für die Verwendung bei Umgebungstemperatur in geschweißten, genieteten und geschraubten Bauteilen bestimmt sind, unberuhigter Stahl nicht zulässig **Stahlsorten mit Werten für die Kerbschlagarbeit (z. B. J2: Kerbschlagarbeit 27J bei −20°C)** Standardwerkstoff im Maschinen- und Stahlbau, bei mäßiger Beanspruchung; Flach- und Langerzeugnisse; gut bearbeitbar, Schweißeignung verbessert sich bei jeder Sorte von Gütegruppe JR bis K2 |
| S275JR S275J0 S275J2 | 1.0044 1.0143 1.0145 | 23 | 410 | 275 | 170 (275) | 215 (330) | 125 (190) | | Bei mittlerer Beanspruchung; gut bearbeitbar und umformbar, gute Schweißeignung; z. B. Wellen, Achsen, Hebel, Schweißteile |
| S355JR S355J0 S355J2 S355K2 | 1.0045 1.0553 1.0577 1.0596 | 22 | 470 | 355 | 205 (355) | 255 (425) | 150 (245) | 1,05 | Standardwerkstoff für hoch beanspruchte Tragwerke im Stahl-, Kran- und Brückenbau; hohe Streckgrenze, beste Schweißeignung; hoch beanspruchte Schweißteile im Maschinenbau |
| S450J0 | 1.0590 | 17 | 550 | 450 | 220 (400) | 275 (505) | 165 (310) | | nur für Langerzeugnisse (Profile, Stäbe, Rohre) **Stahlsorten ohne Werte für die Kerbschlagarbeit** (Erzeugnisse aus diesen Stählen dürfen nicht mit CE gekennzeichnet werden) |
| S185 | 1.0035 | 18 | 290 | 185 | — | — | — | | untergeordnete Maschinenteile bei geringer Beanspruchung, pressschweißbar; z. B. Geländer, Treppen |
| E295 | 1.0050 | 20 | 470 | 295 | 195 (295) | 245 (355) | 145 (205) | 1,1 | gut bearbeitbar; meist verwendeter Maschinenbaustahl bei mittlerer Beanspruchung, pressschweißbar; z. B. Wellen, Achsen, Bolzen |
| E335 | 1.0060 | 16 | 570 | 335 | 235 (335) | 290 (400) | 180 (230) | 1,7 | für höher beanspruchte verschleißfeste Maschinenteile, pressschweißbar; z. B. Wellen, Ritzel, Spindeln |
| E360 | 1.0070 | 11 | 670 | 360 | 275 (360) | 345 (430) | 205 (250) | | höchst beanspruchte verschleißfeste Maschinenteile in naturhartem Zustand, pressschweißbar; z. B. Nocken, Walzen, Gesenke, Steuerungsteile |

# Allgemeine und konstruktive Grundlagen

**b) Schweißgeeignete Feinkornbaustähle, warm gewalzt, nach DIN EN 10025-3, -4 und -6**
T3: normalgeglüht/normalisierend gewalzt (N)
T4: thermomechanisch gewalzt (M)
T6: mit höherer Streckgrenze im vergüteten Zustand (Q)

Normabmessungen: $d_N = 16$ mm

| Stahl | Nr. | | | | | | | Anwendung |
|---|---|---|---|---|---|---|---|---|
| S275N (NL) | 1.0490 | 24 | 370 | 275 | 150 (275) | 185 (330) | 110 (190) | Zähe, sprödbruch- und alterungsunempfindliche legierte Edelstähle mit geringem C-Gehalt und feinkörnigem Gefüge, gekennzeichnet durch höhere Streckgrenze und gute Schweißbarkeit. |
| S275M (ML) | 1.8818 | | | | | | | |
| S355N (NL) | 1.0545 | 22 | 470 | 355 | 190 (355) | 235 (425) | 140 (245) | 1,8 — Für hochbeanspruchte geschweißte Bauteile bei Umgebungstemperatur und niedrigen Temperaturen; kein Vorwärmen erforderlich, hohe Schweißgeschwindigkeit möglich; z. B. Kran- und Fahrzeugbau, Hochdruckleitungen und -behälter, Brückenteile, Schleusentore, Maschinen- und Anlagenbau. Garantierte Kerbschlagarbeit bis –20 °C bei Gütegruppen N, M und Q, bis –50 °C bei NL und ML, –40 °C bei QL und –60 °C bei QL1. |
| S355M (ML) | 1.8823 | | | | | | | |
| S420N (NL) | 1.8902 | 19 | 520 | 420 | 210 (390) | 260 (480) | 155 (295) | |
| S420M (ML) | 1.8825 | | | | | | | |
| S460N (NL) | 1.8901 | 17 | 550 | 460 | 215 (395) | 270 (495) | 160 (305) | 2,0 |
| S460M (ML) | 1.8827 | | | | | | | |
| S550Q (QL, QL1) | 1.8904 | 16 | 640 | 550 | 255 (410) | 320 (570) | 190 (355) | |
| S690Q (QL, QL1) | 1.8931 | 14 | 770 | 690 | 305 (520) | 385 (655) | 230 (415) | 2,2 |
| S960Q (QL) | 1.8941 | 10 | 980 | 960 | 390 (625) | 490 (785) | 290 (505) | |

**c) Vergütungsstähle, unlegiert nach DIN EN 10 083-2 und legiert nach DIN EN 10 083-3, im vergüteten Zustand (+ QT).[3)]**
Eignung zum Flamm- und Induktionshärten.
9 weitere Sorten unter f

Normabmessung $d_N = 16$ mm

| Stahl | Nr. | | | | | | | Anwendung |
|---|---|---|---|---|---|---|---|---|
| C22E | 1.1151 | 20 | 500 | 340 | 200 (340) | 250 (405) | 150 (235) | 1,6 — unlegierte oder legierte Maschinenbaustähle, die sich auf Grund ihrer chemischen Zusammensetzung zum Härten eignen und die in vergütetem Zustand hohe Festigkeit bei gleichzeitig guter Zähigkeit aufweisen; zum Schweißen Vorwärmen erforderlich. gering beanspruchte Teile mit gleichmäßigem Gefüge und guter Oberflächenqualität; Hebel, Flansche, Scheiben, Wellen, Treibstangen; Oberflächenhärtung möglich |
| C40E | 1.1186 | 16 | 650 | 460 | 260 (460) | 325 (550) | 200 (320) | 1,7 — Triebwerksteile mit besonderer Gleichmäßigkeit und Reinheit; auf Verschleiß beanspruchte Teile; Oberflächenhärtung; Getriebewellen, Zahnräder, Radreifen, Kurbelwellen, Kurbelzapfen |
| C60E | 1.1221 | 11 | 850 | 580 | 340 (570) | 425 (695) | 255 (400) | |
| 28Mn6 | 1.1170 | 13 | 800 | 590 | 320 (540) | 400 (680) | 240 (410) | geringer beanspruchte Bauteile mit kleinen Vergütungsdurchmessern (< 100 mm) |

**TB 1-1** (Fortsetzung)

| Stahlsorte Kurzname | Werkstoff-nummer | A % min. | $R_{mN}$ min. | $R_{eN}$ $R_{p0,2N}$ min. | $\sigma_{zd\,WN}$ ($\sigma_{zd\,SchN}$) | $\sigma_{bWN}$ ($\sigma_{bSchN}$) | $\tau_{tWN}$ ($\tau_{tSchN}$) | relative Werkstoff-kosten[2] | Eigenschaften und Verwendungsbeispiele |
|---|---|---|---|---|---|---|---|---|---|
| 38Cr2   | 1.7003 | 14 | 800  | 550  | 320 (540) | 400 (660) | 240 (380) | 1,7 | höher beanspruchte Bauteile mit größeren Vergütungsdurchmessern: Hebel, Wellen, Bolzen, Zahnräder, Schrauben, Schnecken, Schmiedeteile |
| 34Cr4   | 1.7033 | 12 | 900  | 700  | 360 (590) | 450 (740) | 270 (480) |     | |
| 25CrMo4 | 1.7218 | 12 | 900  | 700  | 360 (590) | 450 (740) | 270 (480) |     | Einlassventile, Wellen, Fräsdorne, Keilwellen, Kurbelwellen, Kurbelbolzen, große Getriebewellen |
| 34CrMo4 | 1.7220 | 11 | 1000 | 800  | 400 (640) | 500 (800) | 300 (525) |     | |
| 34CrNiMo6  | 1.6582 | 9 | 1200 | 1000 | 480 (725) | 600 (910) | 360 (605) | 2,4 | Bauteile mit höchster Beanspruchung; große Vergütungsdurchmesser: höchstbeanspruchte Bauteile im Fahrzeug- und Maschinenbau; große Getriebewellen, Turbinenläufer, Zahnräder |
| 30CrNiMo8  | 1.6580 | 9 | 1250 | 1050 | 500 (750) | 625 (935) | 375 (625) | 2,7 | |
| 36NiCrMo16 | 1.6773 | 9 | 1250 | 1050 | 500 (750) | 625 (935) | 375 (625) |     | |
| 51CrV4     | 1.8159 | 9 | 1100 | 900  | 440 (685) | 550 (855) | 330 (565) |     | |

d) Einsatzstähle nach DIN EN 10 084 im blind gehärteten Zustand (Kernfestigkeitswerte)[4]

Normabmessung $d_N = 16$ mm

| Stahlsorte Kurzname | Werkstoff-nummer | A % min. | $R_{mN}$ min. | $R_{eN}$ $R_{p0,2N}$ min. | $\sigma_{zd\,WN}$ ($\sigma_{zd\,SchN}$) | $\sigma_{bWN}$ ($\sigma_{bSchN}$) | $\tau_{tWN}$ ($\tau_{tSchN}$) | relative Werkstoff-kosten[2] | Eigenschaften und Verwendungsbeispiele |
|---|---|---|---|---|---|---|---|---|---|
| C10E | 1.1121 | 16 | 500  | 310 | 200 (310) | 250 (370) | 150 (215) | 1,1 | direkt härtbare kleine Teile mit niedriger Kernfestigkeit; Bolzen, Buchsen, Zapfen, Hebel, Gelenke, Spindeln |
| C15E | 1.1141 | 14 | 800  | 545 | 320 (540) | 400 (655) | 240 (380) |     | |
| 17Cr3   | 1.7016 | 11 | 800  | 545 | 320 (540) | 400 (655) | 240 (380) | 1,7 | Teile mit hoher Beanspruchung; kleinere Zahnräder und Wellen, Bolzen, Nockenwellen, Rollen, Spindeln, Messzeuge |
| 28Cr4   | 1.7030 | 10 | 900  | 620 | 360 (590) | 450 (740) | 270 (430) |     | |
| 16MnCr5 | 1.7131 | 10 | 1000 | 695 | 400 (640) | 500 (800) | 300 (480) |     | |
| 20MnCr5 | 1.7147 | 8  | 1200 | 850 | 480 (725) | 600 (910) | 360 (590) |     | direkt härtbare Teile mit hoher Kernfestigkeit; mittlere Zahnräder und Wellen im Getriebe- und Fahrzeugbau |
| 20MoCr4 | 1.7321 | 10 | 900  | 620 | 360 (590) | 450 (740) | 270 (430) |     | |
| 22CrMoS3-5  | 1.7333 | 8  | 1100 | 775 | 440 (685) | 550 (855) | 330 (535) |     | hoch beanspruchte Getriebeteile mit sehr guter Zähigkeit; Direkthärtung |
| 20NiCrMo2-2 | 1.6523 | 10 | 1100 | 775 | 440 (685) | 550 (855) | 330 (535) |     | |
| 17CrNi6-6   | 1.5918 | 9  | 1200 | 850 | 480 (725) | 600 (910) | 360 (590) | 2,1 | Teile mit höchster Beanspruchung; Ritzel, Nocken, Wellen, Kegel-Tellerräder, Kettenglieder |
| 18CrNiMo7-6 | 1.6587 | 8  | 1200 | 850 | 480 (725) | 600 (910) | 360 (590) |     | |

# Allgemeine und konstruktive Grundlagen

e) Nitrierstähle nach DIN EN 10 085 im vergüteten Zustand (+ QT)

Normabmessung $d_N$ = 100 mm

| | | | | | | | | Oberflächenhärte HRC min. | |
|---|---|---|---|---|---|---|---|---|---|
| 31CrMo12 | 1.8515 | 10 | 1030 | 835 | 410 (650) | 515 (815) | 310 (540) | | verschleißbeanspruchte Bauteile mit hohem Reinheitsgrad bis 250 mm Dicke; schwere Kurbelwellen, Kalanderwalzen, Feingussteile |
| 31CrMoV9 | 1.8519 | 9 | 1100 | 900 | 440 (685) | 550 (855) | 330 (565) | | warmfeste Verschleißteile bis 100 mm Dicke; Ventilspindeln, Schleifmaschinenspindeln |
| 33CrMoV12-9 | 1.8522 | 11 | 1150 | 950 | 460 (705) | 575 (880) | 345 (585) | 2,6 | verschleißbeanspruchte Teile bis 250 mm Dicke; Bolzen, Spindeln |
| 34CrAlMo5-10 | 1.8507 | 14 | 800 | 600 | 320 (540) | 400 (680) | 240 (415) | | dauerstandfeste Verschleißteile bis über 450 °C und 70 mm Dicke; Heißdampfarmaturenteile |
| 34CrAlNi7-10 | 1.8550 | 10 | 900 | 680 | 360 (590) | 450 (740) | 270 (470) | | für große verschleißbeanspruchte Bauteile; schwere Tauchkolben, Kolbenstangen |

f) Besonders für das Flamm- und Induktionshärten geeignete Vergütungsstähle nach DIN EN 10 083-2 und -3 in vergütetem Zustand (+ QT)

die Stähle sind im Allgemeinen zur Herstellung vergüteter, flamm- oder induktionsgehärteter Maschinenteile vorgesehen; sie lassen sich durch örtliches Erhitzen und Abschrecken in der Randzone härten, ohne dass die Festigkeit und die Zähigkeit des Kerns beeinflusst werden.

Normabmessung $d_N$ = 16 mm

| | | | | | | | | Oberflächenhärte HRC min. | |
|---|---|---|---|---|---|---|---|---|---|
| C35E | 1.1181 | 17 | 630 | 430 | 250 (430) | 315 (515) | 190 (300) | 48 | geringer beanspruchte Bauteile mit besonderer Gleichmäßigkeit und Reinheit |
| C45E | 1.1191 | 14 | 700 | 490 | 280 (490) | 350 (590) | 210 (340) | 55 | Triebwerksteile mit besonderer Gleichmäßigkeit und Reinheit |
| C50E | 1.1206 | 13 | 750 | 520 | 300 (515) | 375 (625) | 225 (360) | 56 | Triebwerksteile mit hoher Gleichmäßigkeit, besserer Zerspanbarkeit |
| C55E | 1.1203 | 12 | 800 | 550 | 320 (540) | 400 (660) | 240 (380) | 58 | Kolbenbolzen, Getriebe- und Nockenwellen mit hoher Gleichmäßigkeit und Reinheit |
| 46Cr2 | 1.7006 | 12 | 900 | 650 | 360 (590) | 450 (740) | 270 (450) | 54 | Kugelbolzen, Keilwellen, Hinterachswellen |
| 37Cr4 | 1.7034 | 11 | 950 | 750 | 380 (615) | 475 (770) | 285 (500) | 51 | |
| 41Cr4 | 1.7035 | 11 | 1000 | 800 | 400 (640) | 500 (800) | 300 (525) | 53 | |
| 42CrMo4 | 1.7225 | 10 | 1100 | 900 | 440 (685) | 550 (855) | 330 (565) | 53 | für größere Querschnitte des Maschinen- und Fahrzeugbaus mit hoher Kernfestigkeit; Getriebewellen, Keilwellen |
| 50CrMo4 | 1.7228 | 9 | 1100 | 900 | 440 (685) | 550 (855) | 330 (565) | 58 | |

**TB 1-1** (Fortsetzung)

| Stahlsorte Kurzname | Werkstoff-nummer | A % min. | $R_{mN}$ min. | $R_{eN}$ $R_{p0,2N}$ min. | $\sigma_{zdWN}$ ($\sigma_{zdSchN}$) | $\sigma_{bWN}$ ($\sigma_{bSchN}$) | $\tau_{tWN}$ ($\tau_{tSchN}$) | relative Werkstoff-kosten[2] | Eigenschaften und Verwendungsbeispiele |
|---|---|---|---|---|---|---|---|---|---|
| g) Automatenstähle nach DIN EN 10 087 (Die Stähle werden auch mit einem Zusatz von Blei (Pb) für verbesserte Zerspanung geliefert). ||||||||||
| Normabmessung $d_N$ = 16 mm ||||||||||
| 11SMn30 | 1.0715 | | 380 | | | | | | unlegierte Stähle mit guter Zerspanbarkeit und Sprödbrüchigkeit durch Schwefelzusatz; bleilegierte Sorten ermöglichen höhere Schnittgeschwindigkeit, doppelte Standzeit und verbesserte Oberfläche; durch hohen S- und P-Gehalt nur bedingt schweißgeeignet |
| 11SMn37 | 1.0736 | | 380 | | | | | 1,8 | zur Wärmebehandlung nicht geeignet; Kleinteile mit geringer Beanspruchung; Bolzen, Wellen, Stifte, Schrauben |
| 10S20 | 1.0721 | | 360 | | | | | | zum Einsatzhärten geeignet; verschleißfeste Kleinteile, Wellen, Bolzen, Stifte Festigkeitswerte in **unbehandeltem Zustand** |
| 15SMn13 | 1.0725 | | 430 | | | | | 1,9 | |
| 35S20 | 1.0726 | 15 | 630 | 430 | 250 (430) | 315 (515) | 190 (300) | | direkt härtender Automatenstahl; große Teile mit hoher Beanspruchung; Wellen, Gewindeteile, Spindeln; Festigkeitswerte im **vergüteten Zustand** (+ QT) |
| 36SMn14 | 1.0764 | 14 | 700 | 460 | 280 (460) | 350 (550) | 210 (320) | | |
| 38SMn28 | 1.0760 | 15 | 700 | 460 | 280 (460) | 350 (550) | 210 (320) | 2,0 | |
| 44SMn28 | 1.0762 | 16 | 700 | 480 | 280 (480) | 350 (575) | 210 (330) | | |
| 46S20 | 1.0727 | 12 | 700 | 490 | 280 (490) | 350 (590) | 210 (340) | | |
| h) Blankstähle nach DIN EN 10 277-2, -3 in kaltgezogenem Zustand (+ C) ||||||||||
| Normabmessung $d_N$ = 16 mm ||||||||||
| S235JRC | 1.0122 | 9 | 420 | 300 | 165 (300) | 210 (360) | 125 (210) | 1,6 | kaltverfestigter Stabstahl mit blanker, glatter Oberfläche und großer Maßgenauigkeit; hergestellt durch Ziehen, Schälen und Druckpolieren und gegebenenfalls zusätzliches Schleifen Blankstahl aus Baustählen; Achsen, Bolzen, Stifte, Befestigungselemente, Aufspannplatten |
| S355J2C | 1.0579 | 7 | 580 | 450 | 230 (415) | 290 (525) | 175 (310) | | |
| E295GC | 1.0533 | 7 | 600 | 420 | 240 (420) | 300 (505) | 180 (290) | 1,7 | |
| E335GC | 1.0543 | 6 | 680 | 480 | 270 (475) | 340 (575) | 205 (330) | | kostenreduzierte Herstellung von Maschinenteilen ohne weitere Oberflächenbearbeitung |
| 35S20 | 1.0726 | 7 | 590 | 400 | 235 (400) | 295 (480) | 175 (275) | | |
| 44SMn28 | 1.0762 | 5 | 710 | 530 | 285 (495) | 355 (620) | 210 (365) | | |

# Allgemeine und konstruktive Grundlagen

| Kurzname | Werkstoffnr. | | | | | | | | Anwendung | Bemerkungen |
|---|---|---|---|---|---|---|---|---|---|---|
| C10 | 1.0301 | 9 | 430 | 300 | 170 (300) | 215 (360) | 130 (210) | | Blankstahl aus Einsatzstählen; Bolzen, Spindeln, Kleinteile | |
| C15 | 1.0401 | 8 | 480 | 340 | 190 (340) | 240 (410) | 145 (235) | | | |
| C35 | 1.0501 | 7 | 600 | 420 | 240 (420) | 300 (505) | 180 (290) | 1,7 | Blankstahl aus Vergütungsstählen; Wellen, Stangen, Schienen, Hebel, Druckstücke, Grundplatten | |
| C45 | 1.0503 | 6 | 710 | 500 | 285 (495) | 355 (600) | 210 (345) | 1,8 | | |
| C60 | 1.0601 | 5 | 780 | 550 | 310 (530) | 390 (660) | 235 (380) | | | |

Nichtrostende Stähle nach DIN EN 10 088-3 (Halbzeuge, Stäbe und Profile) Behandlungszustand: ferritische Stähle: geglüht (+A); martensitische Stähle: vergütet (+QT, z. B. QT700); austenitische und austenitisch-ferritische Stähle: lösungsgeglüht (+AT). Praktisch kein technologischer Größeneinfluss

| Kurzname | Werkstoffnr. | | | | | | | | Anwendung | Bemerkungen |
|---|---|---|---|---|---|---|---|---|---|---|
| X2CrMoTiS18-2 | 1.4523 | 15 | 430 | 280 | 170 (280) | 215 (335) | 130 (195) | | säurebeständige Teile in der Textilindustrie | **Ferritische Stähle** mäßige Schweißeignung, warmfest, besondere magnetische Eigenschaften, schlecht zerspanbar, kaltumformbar, nicht beständig gegen interkristalline Korrosion $E = 220\,000$ N/mm² |
| X6CrMoS17 | 1.4105 | 20 | 430 | 250 | 170 (250) | 215 (300) | 130 (175) | | Automatenstahl; Bolzen, Befestigungselemente | |
| X6Cr13 | 1.4000 | 20 | 400 | 230 | 160 (230) | 200 (275) | 120 (160) | | Chipträger, Bestecke, Innenausbau | |
| X6Cr17 | 1.4016 | 20 | 400 | 240 | 160 (240) | 200 (285) | 120 (165) | | Verbindungselemente, tiefgezogene Formteile | |
| X20Cr13 | 1.4021 | 13 | 700 | 500 | 280 (490) | 350 (600) | 210 (350) | 3,2 | Armaturen, Flansche, Federn, Turbinenteile | **Martensitische Stähle** härtbar, gut zerspanbar, hohe Festigkeit, magnetisch, bedingt schweißbar $E = 216\,000$ N/mm² |
| X39CrMo17-1 | 1.4122 | 12 | 750 | 550 | 300 (515) | 375 (645) | 225 (380) | | Rohre, Wellen, Spindeln, Verschleißteile | |
| X14CrMoS17 | 1.4104 | 12 | 650 | 500 | 260 (460) | 325 (575) | 195 (345) | | Automatenstahl; Drehteile, Apparatebau | |
| X12CrS13 | 1.4005 | 12 | 650 | 450 | 260 (450) | 325 (540) | 195 (310) | | Verbindungselemente, Schneidwerkzeuge, verschleißbeanspruchte Bauteile | |
| X3CrNiMo13-4 | 1.4313 | 15 | 780 | 620 | 310 (530) | 390 (665) | 235 (425) | | | |
| X17CrNi16-2 | 1.4057 | 14 | 800 | 600 | 320 (540) | 400 (680) | 240 (415) | 4,0 | | |

**TB 1-1** (Fortsetzung)

| Stahlsorte Kurzname | Werkstoffnummer | A % min. | $R_{mN}$ min. | $R_{eN}$ $R_{p0,2N}$ min. | $\sigma_{zd\,WN}$ ($\sigma_{zd\,SchN}$) | $\sigma_{bWN}$ ($\sigma_{bSchN}$) | $\tau_{tWN}$ ($\tau_{tSchN}$) | relative Werkstoffkosten[2] | Eigenschaften und Verwendungsbeispiele |
|---|---|---|---|---|---|---|---|---|---|
| X5CrNi18-10 | 1.4301 | 45 | 500 | 190 | 200 | 250 | 150 | | universeller Einsatz; Bauwesen, Fahrzeugbau, Lebensmittelindustrie | 
| X8CrNiS18-9 | 1.4305 | 35 | 500 | 190 | 200 | 250 | 150 | | Automatenstahl; Maschinen- und Verbindungselemente |
| X6CrNiTi18-10 | 1.4541 | 40 | 500 | 190 | 200 | 250 | 150 | | Haushaltswaren, Fotoindustrie, Sanitär |
| X2CrNiMo17-12-2 | 1.4404 | 40 | 500 | 200 | 200 | 250 | 150 | | Offshore-Technik, Druckbehälter, geschweißte Konstruktionsteile; Achsen, Wellen |
| X2CrNiMoN17-13-3 | 1.4429 | 40 | 580 | 280 | 230 | 290 | 175 | 5,8 | |
| X5CrNiMo17-12-2 | 1.4401 | 40 | 500 | 200 | 200 | 250 | 150 | | Bleichereien, Lebensmittel-, Öl- und Farbenindustrie |
| X6CrNiMoTi17-12-2 | 1.4571 | 40 | 500 | 200 | 200 | 250 | 150 | | Behälter (Tankwagen), Heizkessel, Kunstharz- und Gummiindustrie tragende Bauteile |
| **Alle austenitischen Sorten kalt verfestigt** | | | | | | | | | |
| Zugfestigkeitsstufe | C700 C800 | 20 12 | 700 800 | 350 500 | 280 (350) 320 (500) | 350 (420) 400 (600) | 210 (240) 240 (345) | | |
| X2CrNiMoN22-5-3 | 1.4462 | 25 | 650 | 450 | 260 (450) | 325 (540) | 195 (310) | | Bauteile für hohe chemische und mechanische Beanspruchung; Wasser- und Abwassertechnik, Offshoretechnik, Zellstoff- und chemische Industrie, Tankbau, Zentrifugen, Fördertechnik |
| X2CrNiN23-4 | 1.4362 | 25 | 600 | 400 | 240 (400) | 300 (480) | 180 (275) | | |
| X2CrNiMoCuWN25-7-4 | 1.4501 | 25 | 730 | 530 | 290 (500) | 365 (630) | 220 (365) | | |

**Austenitische Stähle** gute Schweißeignung, gut kaltumformbar, schwer zerspanbar, unmagnetisch $E = 200\,000$ N/mm²

**Austenitisch-ferritische Stähle** (Duplex-Stähle) beständig gegen Spannungsrisskorrosion, hohe Erossionsbeständigkeit und Ermüdungsfestigkeit $E = 200\,000$ N/mm²

# Allgemeine und konstruktive Grundlagen

Schwingfestigkeitswerte nach DIN 743-3[1)2)] (Richtwerte); Elastizitätsmodul E = 210 000 N/mm², Schubmodul G = 81 000 N/mm²

1) Schwingfestigkeitswerte nach DIN 743-3; Richtwerte: $\sigma_{bW} \approx 0{,}5 \cdot R_m$, $\sigma_{zdW} \approx 0{,}4 \cdot R_m$, $\tau_{tW} \approx 0{,}3 \cdot R_m$, $\sigma_{Sch} = 2 \cdot \sigma_W/(\psi_\sigma + 1)$.
$A$ Bruchdehnung; $d_N$ Bezugsabmessung (Durchmesser, Dicke) des Halbzeugs nach der jeweiligen Werkstoffnorm; $R_{mN}$ Normwert der Zugfestigkeit für $d_N$; $R_{eN}$ Normwert der Streckgrenze für $d_N$; $R_{p0{,}2N}$ Normwert der 0,2 %-Dehngrenze für $d_N$; $\sigma_{zdWN}$ Wechselfestigkeit Zug/Druck für $d_N$; $\sigma_{bWN}$ Biegewechselfestigkeit für $d_N$; $\tau_{tWN}$ Torsionswechselfestigkeit für $d_N$; $\sigma_{zdSchN}$ Schwellfestigkeit Zug/Druck für $d_N$; $\sigma_{bSchN}$ Biegeschwellfestigkeit für $d_N$; $\tau_{tSchN}$ Torsionsschwellfestigkeit für $d_N$. Die Schwellfestigkeit $\sigma_{Sch}$ wird nach oben begrenzt durch die Fließgrenzen $R_e$, $\sigma_{bF} \approx 1{,}2 \cdot R_e$ und $\tau_{tF} \approx 1{,}2 \cdot R_e/\sqrt{3}$. Die Gleichung gilt für Zug/Druck und Biegung, aber auch für Torsion, wenn $\sigma$ durch $\tau$ und $\psi_\sigma$ durch $\psi_\tau$ ersetzt wird. Bestimmung der Mittelspannungsempfindlichkeit $\psi$ nach Gl. (3.19).

2) Sie sind auf das Volumen bezogen und geben an, um wieviel ein Werkstoff (Rundstahl mittlerer Abmessung bei Bezug von 1000 kg ab Werk) teurer ist als ein gewalzter Rundstahl aus S235JR. Bei Bezug kleiner Mengen und kleiner Abmessungen muss mit höheren Kosten gerechnet werden (siehe auch VDI-Richtlinie 2225-2).

3) Bei den unlegierten Vergütungsstählen weisen die Edelstähle (z. B. C45E) bzw. vorgeschriebenem Bereich des S-Gehaltes (z. B. C45R) und die entsprechenden Qualitätsstähle (z. B. C45) die gleichen Festigkeitseigenschaften auf.

4) Festigkeitswerte nur zur Information. DIN EN 10 084: 1998-06 gibt im Anhang F lediglich die Mindestzugfestigkeit nach dem Vergüten an.

**TB 1-2** Eisenkohlenstoff-Gusswerkstoffe
Festigkeitskennwerte in N/mm²

| Werkstoffbezeichnung | | $R_{mN}$ [2)] | $R_{p0,2N}$ | $\sigma_{bWN}$ | $E$ | relative Werkstoff- kosten[1)] | Eigenschaften und Verwendungsbeispiele |
|---|---|---|---|---|---|---|---|
| Kurzzeichen | Nummer | min. | min. | | kN/mm² | | |
| a) Gusseisen mit Lamellengraphit nach DIN EN 1561 [2)] Zugfestigkeit als kennzeichnende Eigenschaft | | $A$ %  min. | | | | | am meisten verwendeter Gusswerkstoff mit gutem Formfül- lungsvermögen; für verwickelte und relativ dünnwandige Teile; spröde, hohe Druckfestigkeit [ca. (3...4) $R_m$], günstige Gleit- eigenschaften, große innere Dämpfung, kerbunempfindlich, sehr gut zerspanbar, bedingt schweißgeeignet |
| Normabmessung des Probestückes (gleichwertiger Rohgussdurchmesser): $d_N = 20$ mm | | | | | | | |
| EN-GJL-100 | 5.1100 | | 100 | – | – | – | nicht für tragende Teile; bei besonderen Anforderungen an Wärmeleitfähigkeit, Dämpfung und Bearbeitbarkeit; Bauguss, Handelsguss |
| EN-GJL-150 | 5.1200 | | 150 | – | 70 | 78 bis 103 | für höher beanspruchte dünnwandige Teile; leichter Maschi- nenguss; Gehäuse, Ständer, Steuerscheiben |
| EN-GJL-200 | 5.1300 | 0,8 bis | 200 | – | 90 | 88 bis 113 | 3 | übliche Sorte im Maschinenbau; mittlerer Maschinenguss: Lagerböcke, Hebel, Riemenscheiben |
| EN-GJL-250 | 5.1301 | 0,3 | 250 | – | 120 | 103 bis 118 | | druckdichter und wärmebeständiger Guss (bis ca.400 °C); Zylinder, Armaturen, Pumpengehäuse |
| EN-GJL-300 | 5.1302 | | 300 | – | 140 | 108 bis 137 | | für hochbeanspruchte Teile; Motorständer, Lagerschalen, Bremsscheiben |
| EN-GJL-350 | 5.1303 | | 350 | – | 145 | 123 bis 143 | | für Ausnahmefälle (bei höchster Beanspruchung), Teile mit gleichmäßiger Wanddicke; Turbinengehäuse, Pressenständer |

Allgemeine und konstruktive Grundlagen

b) Gusseisen mit Kugelgraphit nach DIN EN 1563

Normabmessung des Probestückes (gleichwertiger Rohgussdurchmesser): $d_N = 60$ mm

hochwertiger Gusswerkstoff, welcher die jeweiligen Vorteile von Stahlguss und GJL auf sich vereinigt; stahlähnliche Eigenschaften, gut gieß- und bearbeitbar, hohe Festigkeit, oberflächenhärtbar

| | | | | | | |
|---|---|---|---|---|---|---|
| EN-GJS-350-22-LT | 5.3100 | 22 | 350 | 220 | 180 | **ferritisches bis perlitisches Gusseisen** Gefüge vorwiegend Ferrit; gut bearbeitbar, hohe Zähigkeit, geringe Verschleißfestigkeit; Pumpen- und Getriebegehäuse, Achsschenkel, Absperrklappen, Schwenklager (LT: für tiefe Temp., RT: für Raumtemperatur) |
| EN-GJS-350-22-RT | 5.3101 | 22 | 350 | 250 | 220 | |
| EN-GJS-350-22 | 5.3102 | 22 | 350 | 220 | 220 | |
| EN-GJS-400-18-LT | 5.3103 | 18 | 400 | 240 | 240 | |
| EN-GJS-400-18-RT | 5.3104 | 15 | 400 | 250 | 195 | |
| EN-GJS-400-18 | 5.3105 | 18 | 400 | 250 | 169 | |
| EN-GJS-400-15 | 5.3106 | 15 | 400 | 250 | 169 | |
| EN-GJS-450-10 | 5.3107 | 10 | 450 | 310 | 210 | Gefüge vorwiegend Ferrit; kostengünstige Sorte; Schleuderguss |
| EN-GJS-500-7 | 5.3200 | 7 | 500 | 320 | 224 | Gefüge vorwiegend Ferrit-Perlit bzw. Perlit-Ferrit; gut bearbeitbar, mittlere Verschleißfestigkeit, mittlere Festigkeit und Zähigkeit; Bremsenteile, Lagerböcke, Pleuelstangen, Pressenständer |
| EN-GJS-600-3 | 5.3201 | 3 | 600 | 370 | 248 | |
| EN-GJS-700-2 | 5.3300 | 2 | 700 | 420 | 280 | Gefüge vorwiegend Perlit; hohe Verschleißfestigkeit; Seiltrommeln, Zahnkränze, Turbinenschaufeln |
| EN-GJS-800-2 | 5.3301 | 2 | 800 | 480 | 304 | Gefüge Perlit bzw. wärmebehandelter Martensit; gute Oberflächenhärtbarkeit und Verschleißfestigkeit; dickwandige Gussstücke |
| EN-GJS-900-2 | 5.3302 | 2 | 900 | 600 | 317 | Gefüge meist wärmebehandelter Martensit; sehr gute Verschleißfestigkeit, ausreichende Bearbeitbarkeit; Zahnkränze, Umformwerkzeuge |
| EN-GJS-450-18 | 5.3108 | 18 | 450 | 350 | 210 | **mischkristallverfestigtes ferritisches Gusseisen** höhere Dehngrenze und Dehnung, verringerte Schwankung der Härte, verbesserte Bearbeitbarkeit; Windkraftanlagen |
| EN-GJS-500-14 | 5.3109 | 14 | 500 | 400 | 224 | |
| EN-GJS-600-10 | 5.3110 | 10 | 600 | 470 | 248 | |

4,5

**TB 1-2** (Fortsetzung)

| Werkstoffbezeichnung | Nummer | $A$ % min. | $R_{mN}$ min. | $R_{p0,2N}$ min. | $\sigma_{bWN}$ | $E$ kN/mm² | relative Werkstoffkosten[1] | Eigenschaften und Verwendungsbeispiele |
|---|---|---|---|---|---|---|---|---|
| c) Bainitisches Gusseisen nach DIN EN 1564 | | | | | | | | bainitisches Gusseisen mit Kugelgraphit ADI (Austempered Ductile Iron) wird durch eine Vergütungsbehandlung von Gussstücken aus GJS hergestellt, es entsteht ein Mikrogefüge aus nadligem Ferrit und Restaustenit ohne Karbide; hochfester Konstruktionswerkstoff mit hoher Plastizität und Zähigkeit ermöglicht Leichtbau insbesondere von Fahrzeugteilen durch Fähigkeit zur Kaltverfestigung, große Gestaltungsfreiheit, geringe Geräuschemission von Konstruktionselementen und gute Dämpfungseigenschaften; Zahnkränze, Radnaben, Achsgehäuse, Gleitplatten, Federsättel, Blattfederlagerungen, Pickelarme für Gleisbaumaschinen |
| Normabmessung des Probestückes (gleichwertiger Rohgussdurchmesser): $d_N = 60$ mm | | | | | | | | |
| EN-GJS-800-8 | EN-JS1100 | 8 | 800 | 500 | 450 | 163 | | |
| EN-GJS-1000-5 | EN-JS1110 | 5 | 1000 | 700 | 485 | 160 | | |
| EN-GJS-1200-2 | EN-JS1120 | 2 | 1200 | 850 | 415 | 158 | | |
| EN-GJS-1400-1 | EN-JS1130 | 1 | 1400 | 1100 | | 156 | (7) | |
| d) Gusseisen mit Vermiculargraphit (nach VDG-Merkblatt W 50) | | | | | | | | Gusseisen mit wurmförmigem Graphit, dessen Eigenschaften zwischen GJL und GJS liegen; bessere Festigkeit, Zähigkeit, Steifigkeit, Oxidations- und Temperaturwechselbeständigkeit als GJL; bessere Gießeigenschaften, Bearbeitbarkeit und Dämpfungsfähigkeit als GJS |
| Normabmessung des Probestückes (gleichwertiger Rohgussdurchmesser): $d_N = 20$ mm | | | | | | | | |
| GJV-300 | | 1,5 | 300 | 240 | 150 | | | Gefüge vorwiegend Ferrit bzw. Perlit; für durch erhöhte Temperatur und Temperaturwechsel beanspruchte Bauteile; Zylinderköpfe, Zylinderkurbelgehäuse, Turboladergehäuse, Abgasdome und -krümmer, Bremsscheiben, Schwungräder, Stahlwerkskokillen |
| GJV-350 | | 1,5 | 350 | 260 | 180 | | | |
| GJV-400 | | 1,0 | 400 | 300 | 200 | 120 bis 160 | (4) | |
| GJV-450 | | 1,0 | 450 | 340 | 220 | | | |
| GJV-500 | | 0,5 | 500 | 380 | 250 | | | |

# Allgemeine und konstruktive Grundlagen

e) Temperguss nach DIN EN 1562[3)]

Normabmessung des Probestückes (gleichwertiger Rohgussdurchmesser): $d_N = 15$ mm (175 bis 195: $d_N = 5$)

| Bezeichnung | Werkstoffnr. | A (%) | $R_m$ | $R_{p0,2}$ | $R_{p0,2}$ ($d_N=15$) | Anwendung |
|---|---|---|---|---|---|---|
| EN-GJMW-350-4 | 5.4200 | 4 | 350 | – | 150 | **entkohlend geglühter (weißer) Temperguss für dünnwandige Gussstücke (≤8 mm)**<br>gering beanspruchte Teile, kostengünstig; Beschlagteile, Fittings, Förderkettenglieder |
| EN-GJMW-360-12 | 5.4201 | 12 | 360 | 190 | 155 | für Festigkeitsschweißung geeignet; Ventil- und Lenkgehäuse, Flansche, Verbundkonstruktionen mit Walzstahl |
| EN-GJMW-400-5 | 5.4202 | 5 | 400 | 220 | 170 | Standardsorte, gut schweißbar, für dünnwandige Teile; Tretlagergehäuse, Fittings, Gerüstteile, Griffe, Keilschlösser |
| EN-GJMW-450-7 | 5.4203 | 7 | 450 | 260 | 190 | gut zerspanbar, schlagfest; Rohrleitungsarmaturen, Trägerklemmen, Gerüstteile, Schalungsteile, Isolatorenkappen, Fahrwerksteile |
| EN-GJMW-550-4 | 5.4204 | 4 | 550 | 340 | 230 | |
| EN-GJMB-300-6 | 5.4100 | 6 | 300 | – | 130 | **nicht entkohlend geglühter (schwarzer) Temperguss** für druckdichte Teile; Hydraulikguss, Steuerblöcke, Ventilkörper |
| EN-GJMB-350-10 | 5.4101 | 10 | 350 | 200 | 150 | gut zerspanbar, zäh; Kettenglieder, Gehäuse, Beschläge, Fittings, Lkw-Bremsträger, Kupplungsteile, Klemmbacken, Steckschlüssel |
| EN-GJMB-450-6 | 5.4205 | 6 | 450 | 270 | 190 | |
| EN-GJMB-500-5 | 5.4206 | 5 | 500 | 300 | 210 | |
| EN-GJMB-550-4 | 5.4207 | 4 | 550 | 340 | 230 | Alternative zu Schmiedeteilen, ideal für Randschichthärtung; Kurbelwellen, Bremsträger, Gehäuse, Nockenwellen, Hebel, Radnaben, Gelenkgabeln, Schaltgabeln |
| EN-GJMB-600-3 | 5.4208 | 3 | 600 | 390 | 250 | |
| EN-GJMB-650-2 | 5.4300 | 2 | 650 | 430 | 265 | hohe Festigkeit bei ausreichender Zerspanbarkeit, gute Alternativen zu Schmiedestählen; Kreiskolben, Gabelköpfe, Pleuel, Schaltgabeln, Tellerräder, Geräteträger |
| EN-GJMB-700-2 | 5.4301 | 2 | 700 | 530 | 285 | |
| EN-GJMB-800-1 | 5.4302 | 1 | 800 | 600 | 320 | |

erhält durch Glühen stahlähnliche Eigenschaften; für Stückgewichte bis 100 kg in der Serienfertigung sehr wirtschaftlich; gut zerspanbar, Fertigungs- und Konstruktionsschweißung möglich, geeignet zum Randschichthärten; oft im Wettbewerb mit GJS und Schmiedeteilen

**TB 1-2** (Fortsetzung)

| Werkstoffbezeichnung Kurzzeichen | Nummer | $A$ % min. | $R_{mN}$ min. | $R_{p0,2N}$ min. | $\sigma_{bWN}$ | $E$ kN/mm² | relative Werkstoffkosten[1] | Eigenschaften und Verwendungsbeispiele |
|---|---|---|---|---|---|---|---|---|
| f) Austenitisches Gusseisen nach DIN EN 13 835 (Handelsname Ni-Resist) | | | | | | | | vielseitig verwendbarer hoch legierter Gusseisenwerkstoff mit 12 bis 36 % Nickelgehalt; die genormten Sorten – zwei mit Lamellen – und zehn mit Kugelgraphit – sind gut gieß- und bearbeitbar; je nach Zusammensetzung und Graphitausbildung weisen sie eine Vielzahl häufig geforderter Eigenschaften auf |
| kein technologischer Größeneinfluss innerhalb der Abmessungsbereiche der Norm | | | | | | | | |
| EN-GJLA-XNiCuCr15-6-2 | EN-JL3011 | 2 | 170 | – | 75 | 85 bis 105 | | korrosionsbeständig gegen Alkalien, verdünnte Säuren und Seewasser, gute Gleiteigenschaften, geringe Festigkeit und Zähigkeit, hohe Dämpfungsfähigkeit, preiswert; für Kolbenringträger, gering mechanisch beanspruchte Bauteile, Laufbuchsen |
| EN-GJSA-XNiCr20-2 | EN-JS3011 | 7 bis 20 | 370 | 210 | 160 | 112 bis 130 | | ähnlich wie GJLA-XNiCuCr15-6-2, jedoch bessere mechanische Eigenschaften; für Pumpen, Ventile, Kompressoren, Turboladergehäuse, nicht magnetisierbare Gussstücke |
| EN-GJSA-XNiSiCr35-5-2 | EN-JS3061 | 10 bis 20 | 380 | 210 | 160 | 130 bis 150 | (6) | höchste Hitze- und Temperaturbeständigkeit, besonders hohe Zunderbeständigkeit, erhöhte Warmfestigkeit, niedriger Ausdehnungskoeffizient; für Abgaskrümmer, Turboladergehäuse und Gasturbinengehäuseteile |
| EN-GJSA-XNiCr30-3 | EN-JS3081 | 7 bis 18 | 370 | 210 | 160 | 92 bis 105 | | höhere Korrosions-, Hitze- und Temperaturwechselbeständigkeit, magnetisierbar, Anwendung wie GJSA-XNiCr20-2, bei erhöhten Anforderungen an die Korrosionsbeständigkeit |
| EN-GJSA-XNiSiCr30-5-5 | EN-JS3091 | 1 bis 4 | 390 | 240 | 160 | 90 | | hohe Korrosions-, Hitze- und Temperaturwechselbeständigkeit, besonders hohe Zunderbeständigkeit, gute Verschleißbeständigkeit, magnetisierbar, für Bauteile mit erhöhten Anforderungen an die Hitze- und Verschleißbeständigkeit, Ofenbauteile |

Allgemeine und konstruktive Grundlagen

g) Stahlguss für allgemeine Anwendung nach DIN EN 10293
(Es bedeuten: +N → Normalglühen, +QT oder +QT1 oder +QT2 → Vergüten (Härten in Luft oder Flüssigkeit + Anlassen))
Normabmessung des Probestückes (gleichwertiger Rohgussdurchmesser) $d_N = 100$ mm
Bei hochlegierten Sorten kein Größeneinfluss.

| Sorte | Werkstoff-Nr. | | | | | |
|---|---|---|---|---|---|---|
| GE 200 +N | 1.0420 | 25 | 380 | 200 | 190 | |
| GS 200 +N | 1.0449 | 25 | 380 | 200 | 190 | |
| GE 240 +N | 1.0456 | 22 | 450 | 240 | 225 | 210 |
| GS 240 +N | 1.0455 | 22 | 450 | 240 | 225 | |
| GE 300 +N | 1.0558 | 18 | 520 | 300 | 260 | (6) |
| G17Mn5 +QT | 1.1131 | 24 | 450 | 240 | 225 | |
| G20Mn5 +QT | 1.1120 | 22 | 500 | 300 | 250 | |
| G28Mn6 +QT1 | 1.1165 | 14 | 600 | 450 | 300 | |
| G10MnMoV6-3 +QT2 | 1.5410 | 18 | 500 | 380 | 250 | |
| G26CrMo4 +QT2 | 1.7221 | 10 | 700 | 550 | 350 | 210 |
| G42CrMo4 +QT2 | 1.7231 | 10 | 850 | 700 | 425 | |
| G35CrNiMo6-6 +QT2 | 1.6579 | 10 | 900 | 800 | 450 | |
| G32NiCrMo8-5-4 +QT2 | 1.6570 | 10 | 1050 | 950 | 525 | |
| G30NiCrMo14 +QT2 | 1.6771 | 7 | 1100 | 1000 | 550 | (8) |
| GX3CrNi13-4 +QT | 1.6982 | 15 | 700 | 500 | 350 | |
| GX4CrNi16-4 +QT1 | 1.4421 | 15 | 780 | 540 | 390 | 200 |
| GX4CrNi13-4 +QT2 | 1.4421 | 10 | 1000 | 830 | 500 | |
| GX4CrNiMo16-5-1 +QT | 1.4405 | 15 | 760 | 540 | 380 | |
| GX23CrMoV12-1 +QT | 1.4931 | 15 | 740 | 540 | 370 | (9) |

Stahlguss für allgemeine Anwendung nach DIN EN 10293, direkt in Formen vergossener Stahl, je nach verwendeter Stahlsorte und Wärmebehandlung optimal einstellbare Eigenschaften hinsichtlich Festigkeit, Verschleiß- und Korrosionsbeständigkeit und Einsatztemperaturen, idealer Konstruktionswerkstoff durch sehr gute Schweißbarkeit, mechanische Eigenschaften weitgehend richtungsunabhängig.

**unlegierter Stahlguss** (0,1 bis 0,5 % C), wird im Temperaturbereich zwischen –10 °C und +300 °C für Bauteile mit mittlerer Beanspruchung eingesetzt; Maschinenständer, Hebel, Zahnräder, Pleuelstangen, Bremsscheiben

**niedrig legierter Stahlguss** in vergütetem Zustand; Einsatz bis +300 °C für dynamisch hoch beanspruchte Bauteile; Produktions- und Konstruktionsschweißen möglich; Zahnkränze, Walzenständer, Turbinenteile, Gelenkteile, Ventil- und Schiebergehäuse, Offshore-Elemente

**nichtrostender Stahlguss**, weist durch einen Cr-Gehalt von mindestens 12 % eine besondere Beständigkeit gegenüber chemischer Beanspruchung auf, druckwasserbeständig; Turbinen- und Ventilgehäuse, Pumpen, Laufräder, Apparateteile, Wellen

**TB 1-2** (Fortsetzung)

| Werkstoffbezeichnung Kurzzeichen | Nummer | $A$ % min. | $R_{mN}$ min. | $R_{p0,2N}$ min. | $\sigma_{bWN}$ | $E$ kN/mm² | relative Werkstoffkosten[1] | Eigenschaften und Verwendungsbeispiele |
|---|---|---|---|---|---|---|---|---|
| h) Korrosionsbeständiger Stahlguss nach DIN EN 10283 ||||||||Weist durch einen Chromgehalt von mindestens 12 % eine besondere Beständigkeit gegenüber chemischer Beanspruchung auf; geliefert werden die martensitischen Sorten im vergüteten (+QT) und die austenitischen Sorten im abgeschreckten Zustand (+AT) |
| Kein technologischer Größeneinfluss innerhalb der Abmessungsbereiche der Norm |||||||||
| GX12Cr12 | 1.4011 | 15 | 620 | 450 | 310 | | | **martensitischer Stahlguss** mit erhöhtem Korrosionswiderstand gegen Süßwasser |
| GX7CrNiMo12-1 | 1.4008 | 15 | 590 | 440 | 295 | | | ohne besondere Anforderungen an die Zähigkeit, nicht geeignet für das Konstruktions- und Instandsetzungsschweißen; Turbinen, Verdichter |
| GX4CrNi13-4 (+QT1) (+QT2) | 1.4317 | 15 12 | 760 900 | 550 830 | 380 450 | | | bestes Festigkeits-Zähigkeitsverhältnis, hoher Kavitations-/Erosionswiderstand, beste Schweißbarkeit und Zähigkeit; Wasserturbinen, hochfeste Gebläse- und Pumpenräder |
| GX4CrNiMo16-5-1 | 1.4405 | 15 | 760 | 540 | 380 | | | Korrosionsbeständig auch in chlorhaltigen Medien, verbesserte Kaltzähigkeit; Wellen, Laufräder, Pumpen |
| GX4CrNiMo16-5-2 | 1.4411 | 15 | 760 | 540 | 380 | | | |
| GX2CrNi19-11 | 1.4309 | 30 | 440 | 185 | 220 | 200 | (9) | **austenitischer Stahlguss**, gute Beständigkeit, Schweißbarkeit und Zähigkeit; korrosionsbeständige Gussstücke für die chemische Industrie; Flügel für Mischanlagen, Lüfterräder, Pumpenteile |
| GX5CrNiNb19-11 | 1.4552 | 25 | 440 | 175 | 220 | | | |
| GXCrNiMo19-11-2 | 1.4408 | 30 | 440 | 185 | 220 | | | |
| GX5CrNiMoNb19-11-2 | 1.4581 | 25 | 440 | 185 | 220 | | | |
| GX2NiCrMo28-20-20 | 1.4458 | 30 | 430 | 165 | 215 | | | **voll austenitischer Stahlguss**, mit verbesserter Korrosionsbeständigkeit durch höheren Mo- und Ni-Gehalt; Gussstücke mit hoher Beständigkeit gegen Lochfraß- und Spaltkorrosion, sowie interkristalline Korrosion; chemische Verfahrenstechnik, Abwasserförderung, Umweltschutz |
| GX2NiCrMoCu25-20-5 | 1.4584 | 30 | 450 | 185 | 225 | | | |
| GX2NiCrMoN25-20-5 | 1.4416 | 30 | 450 | 185 | 225 | | | |
| GX2NiCrMoCuN25-20-6 | 1.4588 | 30 | 480 | 210 | 240 | | | |
| GX6CrNiN26-7 | 1.4347 | 20 | 590 | 420 | 295 | | | **austenitisch-ferritischer Stahlguss** (Duplex-Stahlguss), hohe Streckgrenze bei guter Lochfraßbeständigkeit; auf Erosionsverschleiß und Kavitation beanspruchte Bauteile im Meerwasser- und REA-Bereich; Pumpen, Schiffpropeller |
| GX2CrNiMoN25-7-3 | 1.4417 | 22 | 650 | 480 | 325 | | | |
| GX2CrNiMoCuN25-6-3-3 | 1.4517 | 22 | 650 | 480 | 325 | | | |

[1] Siehe Fußnote 2) zu TB 1-1.
  Bei Gussstücken gelten die angegebenen Vergleichswerte unter folgenden Voraussetzungen: Hohlguss (Kernguss) mit einfachen Rippen und Aussparungen, Richtstückzahl etwa 50, Stückgewichte 5 bis 10 kg.
[2] Weitere 6 Sorten werden nach der Brinellhärte benannt: EN-GJL-HB 155, -HB 175, -HB 195, -HB 215, -HB 235, -HB 255.
[3] Für die Sorten EN-GJMB-350-10, -450-6 und -650-2 ist eine Mindest-Schlagenergie festgelegt (14J, 10J und 5J). Die Sorte EN-GJMB-300-6 darf für keinerlei Druckanwendungen verwendet werden.

**TB 1-3** Nichteisenmetalle
Auswahl für den allgemeinen Maschinenbau
Festigkeitskennwerte in N/mm² [1])

| Werkstoffbezeichnung | | Zustand[4]) | Dicke Durchm. mm | $A$ % min. | $R_m$ min. | $R_{p0,2}$ min. | $E$ kN/mm² | relative Werkstoffkosten[2]) | Eigenschaften und Verwendungsbeispiele |
|---|---|---|---|---|---|---|---|---|---|
| Kurzzeichen | Nummer | | | | | | | | |
| a) Kupferlegierungen[3]) | | | | | | | | | zeichnen sich durch hohe Korrosionsbeständigkeit, beste Gleiteigenschaften und hohe Verschleißfestigkeit, hohe elektrische und thermische Leitfähigkeit und gute Bearbeitbarkeit aus, wirken bakterizid |
| | | | Rundstangen | | | | | | 1. Kupfer-Zink-Knetlegierungen nach DIN EN 12 163 |
| CuBe2 | CW101C | R420 | 2...80 | 35 | 420 | 140 | 122 | | für höchste Ansprüche an Härte, Elastizität und Verschleiß, gut lötbar; optimale Aushärtungszeit; Federn aller Art, Membranen, Spannbänder, unmagnetische Konstruktionsteile, Lagersteine, Schnecken- und Stirnräder, Uhrendrehteile, Spritzgießformen, funkensichere Werkzeuge |
| | | R600 | 25...80 | 10 | 600 | 480 | | | |
| | | R1150 | 2...80 | 2 | 1150 | 1000 | | | |
| CuNi2Si | CW111C | R450 | 4 | 10 | 450 | 390 | 143 | 8 | gute Leitfähigkeit und Korrosionsbeständigkeit, hohe Verschleißbeständigkeit, gute Gleiteigenschaften, hohe Wechsel- und Zeitstandfestigkeit, aushärtbar; höchstbeanspruchte Buchsen, Druckscheiben und Gleitbahnen, Wälzlagerkäfige, Freileitungsmaterial, Befestigungsteile im Schiffsbau, Drahtseile, hochfeste Schrauben |
| | | R690 | 2...80 | 10 | 690 | 570 | | | |
| | | R800 | 2...30 | 10 | 800 | 780 | | | |
| CuCr1Zr | CW106C | R200 | 8...80 | 30 | 200 | 60 | 120 | | hohe elektrische Leitfähigkeit, hohe Entfestigungstemperatur und Zeitstandfestigkeit, kaum schweiß- und lötbar, hohe Temperaturbeständigkeit, aushärtbar; Stranggusskokillen, stromführende Federn und Kontakte, Elektroden für Widerstandsschweißen, Strangpressprofile |
| CuCr1 | CW105C | R400 | 50...80 | 12 | 400 | 310 | | | |
| | | R470 | 4...25 | 7 | 470 | 380 | | | |

**TB 1-3** (Fortsetzung)

| Werkstoffbezeichnung | | Zustand[4] | Dicke Durchm. mm | A % min. | $R_m$ min. | $R_{p0,2}$ min. | E kN/mm² | relative Werkstoffkosten[2] | Eigenschaften und Verwendungsbeispiele |
|---|---|---|---|---|---|---|---|---|---|
| Kurzzeichen | Nummer | | | | | | | | |
| | | | Rundstangen | | | | | | 2. Kupfer-Zink-Mehrstoff-Knetlegierungen nach DIN EN 12163 |
| CuZn37 | CW508L | R310<br>R370<br>R440 | 2…80<br>2…40<br>2…10 | 30<br>12<br>2 | 310<br>370<br>440 | 120<br>300<br>400 | 110 | | sehr gut kalt formbar, gute Löt- und Schweißeignung, korrosionsbeständig gegen Süßwasser, polierbar; Tiefzieh-, Druck- und Prägeteile, Kontaktfedern, Schrauben, Blattfedern, Kühlerbänder |
| CuZn31Si1 | CW708R | R460<br>R530 | 5…40<br>5…14 | 22<br>12 | 460<br>530 | 250<br>330 | 109 | 8 | gute Gleiteigenschaften auch bei hohen Belastungen, kaltformbar, bedingt löt- und schweißbar; Lagerbuchsen, Gleitelemente, Führungen, Gesenkschmiedeteile |
| CuZn38Mn1Al | CW716R | R460<br>R550 | 5…40<br>5…14 | 18<br>10 | 460<br>540 | 210<br>280 | 93 | | mittlere Festigkeit, gute Beständigkeit gegen Witterungseinflüsse, gut kalt umformbar; Gleitlager, Gleitelemente, Strangpressprofile |
| CuZn40Mn2Fe1 | CW723R | R460<br>R540 | 5…40<br>5…14 | 20<br>8 | 460<br>540 | 270<br>320 | 100 | | mittlere Festigkeit, witterungsbeständig, gut lötbar, kalt und warm umformbar; Apparatebau, allgemeiner Maschinenbau, Bauwesen, Armaturen, Kälteapparate |
| | | | Rundstangen | | | | | | 3. Kupfer-Zinn-Knetlegierungen nach DIN EN 12163 |
| CuSn6 | CW452K | R340<br>R400<br>R470<br>R550 | 2…60<br>2…40<br>2…12<br>2… 6 | 45<br>26<br>15<br>8 | 340<br>400<br>470<br>550 | 230<br>250<br>350<br>500 | 118 | 14 | sehr gut kalt umformbar, gut schweiß- und lötbar, beständig gegen Seewasser und Industrieatmosphäre; Federn aller Art, Schlauch- und Federrohre, Membranen, Gewebe- und Siebdrähte, Zahnräder, Buchsen, Teile für die chemische Industrie |
| CuSn8<br>CuSn8P | CW453K<br>CW459K | R390<br>R450<br>R550<br>R620 | 2…60<br>2…40<br>2…12<br>2… 6 | 45<br>26<br>15<br>– | 390<br>450<br>550<br>620 | 260<br>280<br>430<br>550 | 115 | | wie CuSn6, erhöhte Abriebfestigkeit und Korrosionsbeständigkeit; dünnwandige Gleitlagerbuchsen und Gleitleisten, Holländermesser; CuSn8P als Lagermetall für gehärtete Wellen bei hoher stoßartiger Belastung (z. B. Carobronze) |

# Allgemeine und konstruktive Grundlagen

| | | | | | | | | |
|---|---|---|---|---|---|---|---|---|
| CuZn36Pb3 | CW603N | Rundstangen | 6...40 | 20 | 360 | 180 | 102 | **4. Kupfer-Zink-Blei-Knetlegierungen nach DIN EN 12164** |
| | | | 40...80 | 20 | 340 | 160 | | sehr gut spanbar und warm umformbar; Automatendrehteile, dünnwandige Strangpressprofile (Bauprofile) |
| | | | 2...25 | 12 | 400 | 250 | | |
| | | | 2...12 | 8 | 480 | 380 | | |
| CuZn37Mn3Al2PbSi | CW713R | | 6...80 | 15 | 540 | 280 | 7 | hohe Festigkeit, hoher Verschleißwiderstand, gut beständig gegen atmosphärische Korrosion, unempfindlich gegen Ölkorrosion; Konstruktionsteile im Maschinenbau, Gleitlager, Ventilführungen, Getriebeteile, Kolbenringe |
| | | | 6...50 | 12 | 590 | 320 | | |
| | | | 15...50 | 8 | 620 | 350 | | |
| CuZn39Pb2 | CW612N | | 6...40 | 20 | 380 | 160 | 120 | sehr gut spanbar, gut warm und begrenzt kalt umformbar, Bohr- und Fräsqualität; Teile für die Feinmechanik, den Maschinen- und Apparatebau |
| | | | 40...80 | 25 | 360 | 150 | | |
| | | | 2...40 | 15 | 410 | 250 | | |
| | | | 6...14 | – | 490 | 370 | | |
| | | Rundstangen | | | | | | **5. Kupfer-Aluminium-Knetlegierungen nach DIN EN 12163** |
| CuAl10Fe3Mn2 | CW306G | | 10...80 | 12 | 590 | 330 | 14 | hohe Dauerwechselfestigkeit auch bei Korrosionsbeanspruchung, gute Korrosionsbeständigkeit, meerwasserbeständig, beständig gegen Verzundern, Erosion und Kavitation, warmfest; Konstruktionsteile für den chemischen Apparatebau, zunderbeständige Teile, Schrauben, Wellen, Zahnräder, Ventilsitze |
| | | | 10...50 | 6 | 690 | 510 | | |
| CuAl10Ni5Fe4 | CW307G | | 10...80 | 10 | 680 | 480 | 120 | ähnlich CW306G; Kondensatorböden, Verschleißteile, Steuerteile für Hydraulik, Papierindustrie, Wellen, Schrauben, Gesenkschmiedestücke |
| | | | 10...80 | 8 | 740 | 530 | | |
| CuAl11Fe6Ni6 | CW308G | | 10...80 | 10 | 750 | 450 | | ähnlich CW306G; höchstbelastete Konstruktionsteile: Lagerteile, Ventilsitze, Druckplatten, Verschleißteile |
| | | | 10...80 | – | 830 | 680 | | |

**TB 1-3** (Fortsetzung)

| Werkstoffbezeichnung | | Zustand[4] | Dicke Durchm. mm | A % min. | $R_m$ min. | $R_{p0,2}$ min. | E kN/mm² | relative Werkstoffkosten[2] | Eigenschaften und Verwendungsbeispiele |
|---|---|---|---|---|---|---|---|---|---|
| Kurzzeichen | Nummer | | | | | | | | |
| | | | | | | | | | 6. Kupfer-Nickel-Knetlegierungen nach DIN EN 12163 |
| CuNi10Fe1Mn | CW352H | R280<br>R350 | Rundstangen<br>10…80<br>2…20 | 30<br>10 | 280<br>350 | 90<br>150 | 134 | | ausgezeichneter Widerstand gegen Erosion, Kavitation und Korrosion, unempfindlich gegen Spannungsrisskorrosion, Lochfraßneigung unter Fremdablagerungen, gut kalt umformbar und lötbar; Rohrleitungen, Bremsleitungen, Platten und Böden für Wärmetauscher, Kondensatoren, Apparatebau, Süßwasserbereiter |
| CuNi30Mn1Fe | CW354H | R340<br>R420 | 10…80<br>2…20 | 30<br>14 | 340<br>420 | 120<br>180 | 152 | 18 | ähnlich CW352H, jedoch noch höhere Beständigkeit gegen Erosionskorrosion; Ölkühler, Entsalzungsanlagen, Schiffskondensatoren |
| CuNi12Zn24 | CW430J | R380<br>R450<br>R540 | 2…50<br>2…40<br>2…10 | 38<br>11<br>5 | 380<br>450<br>540 | 270<br>300<br>450 | 125 | | „Neusilber", gut beständig gegen atmosphärische Einflüsse, organische Verbindungen, neutrale und alkalische Salzlösungen, sehr gut kalt umformbar, löt- und polierbar; Teile für Optik und Feinmechanik, Tiefzieh- und Prägeteile, Tafelgeräte, Kontaktfedern, Bauwesen |
| | | | | | | | | | 7. Kupfer-Zinn-Gusslegierungen nach DIN EN 1982 (Guss-Zinnbronze) |
| CuSn10-C | CC480K | GS<br>GM<br>GC<br>GZ | | 18<br>10<br>10<br>10 | 250<br>270<br>280<br>280 | 130<br>160<br>170<br>160 | 94…98 | 13 | korrosions- und kavitationsbeständig, meerwasserbeständig; hochbeanspruchte und korrosionsbeständige Pumpengehäuse und Armaturen, schnelllaufende Schnecken- und Zahnräder mit Stoßbeanspruchung, Ventilsitze |
| CuSn11Pb2-C | CC482K | GS<br>GZ<br>GC | | 5<br>5<br>5 | 240<br>280<br>280 | 130<br>150<br>150 | | | gute Verschleißfestigkeit; hochbeanspruchte Gleitelemente, unter Last bewegte Spindelmuttern, Schnecken- und Schraubenradkränze, Gleitlager mit hohen Lastspitzen |

# Allgemeine und konstruktive Grundlagen

| Werkstoff | Kurzz. | Gussart | A (%) | $R_m$ | $R_{p0,2}$ | HB | Anwendung |
|---|---|---|---|---|---|---|---|
| CuSn12-C | CC483K | GS | 7 | 260 | 140 | | Standardlegierung mit guten Gleit- und Verschleißeigenschaften bei guter Korrosionsbeständigkeit, beste Notlaufeigenschaften; Buchsen, Gleitelemente, Gleitleisten, Lagerschalen |
| | | GM | 5 | 270 | 150 | | |
| | | GC | 6 | 300 | 150 | | |
| | | GZ | 5 | 280 | 150 | | |
| CuSn12Ni2-C | CC484K | GS | 12 | 280 | 160 | 94...98 | höhere 0,2 %-Dehngrenze und Dauerfestigkeit, abblättern von Metallteilchen an den Zahnflanken von Kegel- und Schneckenrädern wird vermieden (pitting); schnelllaufende Schnecken- und Schraubenradkränze, hochbeanspruchte Pumpen- und Armaturenteile, Spindelmuttern |
| | | GZ | 8 | 300 | 180 | 13 | |
| | | GC | 10 | 300 | 180 | | |
| 8. Kupfer-Zink-Gusslegierungen nach DIN EN 1982 | | | | | | | |
| CuZn33Pb2-C | CC750S | GS, GZ | 12 | 180 | 70 | 98 | kostengünstig, gute Spanbarkeit, schleif- und polierbar, mittlere Leitfähigkeit, gute Beständigkeit gegen Brauchwässer; bevorzugt für Sandgussteile, Gas- und Wasserarmaturen, Gehäuse, Konstruktionsteile |
| CuZn37Pb2Ni1AlFe-C | CC753S | GM | 15 | 300 | 150 | 100 | bevorzugt für Serienteile im kostengünstigen Kokillenguss; Wasser-, Sanitär- und Heizungsinstallation |
| CuZn33Pb2Si-C | CC751S | GP | 5 | 400 | 280 | 105 | Druckgusslegierung für entzinkungsbeständige Gussteile, beständig gegen chlorhaltige Wässer |
| CuZn34Mn3Al2Fe1-C | CC764S | GS | 15 | 600 | 250 | 110 | hohe Festigkeit und Härte; für statisch hoch beanspruchte Konstruktionsteile, Ventil- und Steuerteile, Kegel, Sitze |
| | | GM | 10 | 600 | 260 | 11 | |
| | | GZ | 14 | 620 | 260 | | |
| CuZn37Al1-C | CC766S | GM | 25 | 450 | 170 | 100 | mittlere Festigkeit; Konstruktion- und Leitwerkstoff in Maschinenbau und Feinwerktechnik, Kokillengussteile für Maschinenbau und Elektrotechnik |

**TB 1-3** (Fortsetzung)

| Werkstoffbezeichnung Kurzzeichen | Nummer | Zustand[4] | Dicke Durchm. mm | A % min. | $R_\text{m}$ min. | $R_\text{p0,2}$ min. | E kN/mm² | relative Werkstoffkosten[2] | Eigenschaften und Verwendungsbeispiele |
|---|---|---|---|---|---|---|---|---|---|
| | | | | | | | | | 9. Kupfer-Zinn-Zink-(Blei-)Gusslegierungen (Rotguss) und Kupfer-Zinn-Blei-Gusslegierungen (Guss-Zinn-Bleibronze) nach DIN EN 1982 |
| CuSn5Zn5Pb5-C | CC491K | GS<br>GM<br>GZ<br>GC | | 13<br>6<br>13<br>13 | 200<br>220<br>250<br>250 | 90<br>110<br>110<br>110 | | | Stammlegierung, nicht für Gleitzwecke, ausgezeichnete Korrosionsbeständigkeit, gute Festigkeits-, Bearbeitungs- und Gießeigenschaften; hochwertige Ventile, Armaturen, Wasserpumpengehäuse, Zahnräder, druckdichte Gussstücke |
| CuSn7Zn4Pb7-C | CC493K | GS<br>GM<br>GC, GZ | | 15<br>12<br>12 | 230<br>230<br>260 | 120<br>120<br>120 | | | Standardgleitwerkstoff mit ausgezeichneten Notlaufeigenschaften, mittlere Festigkeit und Härte; Gleitlager für gehärtete und ungehärtete Wellen, Gleitplatten und -leisten, Druckwalzen, Schiffswellenbezüge |
| CuSn7Zn2Pb3-C | CC492K | GS<br>GM<br>GZ<br>GC | | 14<br>12<br>12<br>12 | 230<br>230<br>260<br>270 | 130<br>130<br>130<br>130 | 95 | 12 | Konstruktionswerkstoff mit hoher Festigkeit und Dehnung, geringe Wanddickenempfindlichkeit und Gasdurchlässigkeit, druckdicht |
| CuSn10Pb10-C | CC495K | GS<br>GM<br>GZ<br>GC | | 8<br>3<br>6<br>8 | 180<br>220<br>220<br>220 | 80<br>110<br>110<br>110 | | | sehr gute Gleiteigenschaften, gute Korrosionsbeständigkeit, gute Verschleißfestigkeit; Gleitlager für hohe Flächenpressung, hoch beanspruchte Fahrzeuglager und Kalanderwalzen, Lager für Warmwalzwerke |
| CuSn5Pb20-C | CC497K | GS<br>GC<br>GZ | | 5<br>7<br>6 | 150<br>180<br>170 | 70<br>90<br>80 | | | hervorragende Gleit- und Notlaufeigenschaften, gießtechnisch problematisch (Verbundguss), beständig gegen Schwefelsäure, für Lager mit hoher Pressung und geringer Gleitgeschwindigkeit; Pleuellager in Verbrennungsmotoren, Lager für Wasserpumpen, Kaltwalzwerke und Landmaschinen, korrosionsbeständige Armaturen und Gehäuse |

# Allgemeine und konstruktive Grundlagen

| | | | | | | | | |
|---|---|---|---|---|---|---|---|---|
| CuAl9-C | CC330G | GM | | 20 | 500 | 180 | | 10. Kupfer-Aluminium-Gusslegierungen (Guss-Aluminiumbronze) nach DIN EN 1982 |
| | | GZ | | 15 | 450 | 160 | | meerwasserbeständig und korrosionsbeständig gegenüber Schwefel- und Essigsäure; Schiffsbau, Apparatebau, Ventilsitze, Armaturen, Beizanlagen |
| CuAl10Fe2-C | CC331G | GS | | 18 | 500 | 180 | | meerwasser- und korrosionsbeständig, verschleißfest, geringe Temperaturabhängigkeit der Festigkeitswerte, statisch und schwingend hoch beanspruchbar, nicht für chlorhaltige Medien; Schraubenwellen, Zahnkränze, Schneckenräder, Heißdampfarmaturen, Steuerteile |
| | | GM | | 20 | 600 | 250 | 14 | |
| | | GZ | | 18 | 550 | 200 | | |
| | | GC | | 15 | 550 | 200 | | |
| CuAl10Fe5Ni5-C | CC333G | GS | | 13 | 600 | 250 | | sehr gute Wechselfestigkeit auch bei Korrosionsbeanspruchung (Meerwasser), hoher Widerstand gegen Kavitation und Erosion, Langzeitbeanspruchung bis 250 °C, mit S235 verschweißbar; Schiffspropeller, Stevenrohre, Laufräder, Pumpengehäuse |
| | | GM | | 7 | 650 | 280 | | |
| | | GZ | | 13 | 650 | 280 | | |
| | | GC | | 13 | 650 | 280 | | |

**b) Aluminiumlegierungen**

$K_t = 1$ für Al-Knetleg. und für Al-Gussleg. nur bei $d \leq 12$ mm
$K_t = 1{,}1 \cdot (d/7{,}5 \text{ mm})^{-0{,}2}$ für Al-Gussleg. bei $12 \text{ mm} < d < 150 \text{ mm}$
$K_t = 0{,}6$ für Al-Gussleg. bei $d \geq 150$ mm
Normabmessung des Probestabes: $d_N = 12$ mm

lassen sich oft technisch und wirtschaftlich vorteilhaft einsetzen, da durch Variieren der Legierungszusätze (Cu, Si, Mg, Zn, Mn) fast jede gewünschte Kombination von mechanischen, physikalischen und chemischen Eigenschaften („leicht, fest, beständig") erreichbar ist

| | | | Bleche | | | | | |
|---|---|---|---|---|---|---|---|---|
| ENAW-(Al99,5) | ENAW-1050A | O/H111 | ≤50 | >20 | 65 | 20 | 2,1 | 1. Aluminium und Aluminium-Knetlegierungen, nicht ausgehärtet (DIN EN 485-2, 754-2, 755-2) |
| | | H14 | ≤25 | 2...6 | 105 | 85 | | gute Korrosionsbeständigkeit, gut kalt und warm umformbar, gut schweiß- und lötbar, schlecht spanbar, Oberflächenschutz durch Anodisieren; Apparate, Behälter, Rohrleitungen für Lebensmittel und Getränke, Tiefzieh-, Drück- und Blechformteile, Stromschienen, Freileitungen, Verpackungen |
| | | H18 | ≤3 | 2 | 140 | 120 | | |
| | | | Bleche | | | | | |
| ENAW-AlMn1Cu | ENAW-3003 | O/H111 | ≤50 | >15 | 95 | 35 | 2,1 | höhere Festigkeit als Rein-Al, gute Beständigkeit gegen Alkalien, gut löt-, schweiß- und kaltumformbar, gute Warmfestigkeit; Dachdeckungen, Wärmeaustauscher, Kochgeschirre, Grillpfannen, Verschlüsse, Dosenunterteile, Fahrzeugaufbauten |
| | | H14 | ≤25 | 2...5 | 145 | 125 | | |
| | | H18 | ≤3 | 2 | 190 | 170 | | |

**TB 1-3** (Fortsetzung)

| Werkstoffbezeichnung Kurzzeichen | Nummer | Zustand[4] | Dicke Durchm. mm | A % min. | $R_m$ min. | $R_{p0,2}$ min. | E kN/mm² | relative Werkstoff-kosten[2] | Eigenschaften und Verwendungsbeispiele |
|---|---|---|---|---|---|---|---|---|---|
| ENAW-AlMg5 | ENAW-5019 | F, H112<br>O, H111<br>H12, H22<br>H14, H24 | Rundstangen<br>≤200<br>≤80<br>≤40<br>≤25 | 14<br>16<br>8<br>4 | 250<br>250<br>270<br>300 | 110<br>110<br>180<br>210 | | 2,5 | erhöhte Korrosionsbeständigkeit gegen Seewasser, schlecht löt- und schweißbar, gut kalt umformbar; Automatendrehteile, vorwiegend anodisiert und eingefärbt oder hartanodisiert, Schrauben, Stifte, Schraubnägel, Drahtwaren |
| ENAW-AlMg2Mn0,8 | ENAW-5049 | O, H111<br>H14<br>H18 | Bleche<br>≤100<br>≤25<br>≤3 | 12...18<br>3...5<br>2 | 190<br>240<br>290 | 80<br>190<br>250 | 70 | 2,3 | Eigenschaften der Reihe 5000, aber schwer warm umformbar und schlecht lötbar; Tragwerkkonstruktionen, Nutzfahrzeugaufbauten, Wagenkästen, Druckbehälter, Apparate und Behälter für Getränke und Lebensmittel, Schrauben, Niete |
| ENAW-AlMg4,5Mn0,7 | ENAW-5083 | O, H111<br>H14<br>H16 | Bleche<br>≤50<br>≤25<br>≤4 | ≥11<br>2...4<br>2 | 275<br>340<br>360 | 125<br>280<br>300 | | 2,1 | Eigenschaften der Reihe 5000, aber zusätzlich hohe chemische Beständigkeit und Tieftemperatureigenschaften (bis 4 K), Betriebstemperaturen zwischen 80 und 200 °C bei gleichzeitiger mechanischer Beanspruchung vermeiden; Druckbehälter, Tragwerke (auch ohne Oberflächenschutz), selbsttragende Sattel- und Tankfahrzeuge, Schweißkonstruktionen, Panzerplatten, Maschinengestelle, Luftzerlegungs- und Gasverflüssigungsanlagen, Methantanker |
| ENAW-AlMg4 | ENAW-5086 | O, H111<br>H14<br>H18 | Bleche<br>≤150<br>≤25<br>≤3 | ≥11<br>2...4<br>1 | 240<br>300<br>345 | 100<br>240<br>290 | | 3 | Eigenschaften der Reihe 5000, nicht für Langzeittemperaturen über 65 °C geeignet, anfällig gegen interkristalline Korrosion- und Spannungsrisskorrosion nach unsachgemäßer Wärmebehandlung; Schweißkonstruktionen, Maschinenbau, Schiffsindustrie, Apparate, Behälter, Rohrleitungen für Lebensmittel und Getränke |
| ENAW-AlMg3 | ENAW-5754 | O, H111<br>H14<br>H18 | Bleche<br>≤100<br>≤25<br>≤3 | ≥12<br>3...5<br>2 | 190<br>240<br>290 | 80<br>190<br>250 | | 3 | Eigenschaften und Verwendung ähnlich AlMg2Mn0,8 |

# Allgemeine und konstruktive Grundlagen

2. Aluminium-Knetlegierungen, aushärtbar
   (DIN EN 485-2, 754-2 und 755-2)

| | | | | | | | | |
|---|---|---|---|---|---|---|---|---|
| ENAW-AlCu4PbMgMn | ENAW-2007 | T3<br>T3<br>T351 | Rundstangen<br>≤30<br>30...80<br>≤80 | 7<br>6<br>5 | 370<br>340<br>370 | 240<br>220<br>240 | 70 | 2,5 | Automatenlegierung, nur im Zustand kalt ausgehärtet in Form von Stangen und Rohren lieferbar, nicht schweißgeeignet, geringe chemische Beständigkeit und Leitfähigkeit; Dreh- und Frästeile |
| ENAW-AlCu4SiMg | ENAW-2014 | O, H111<br>T3<br>T4<br>T6 | Rundstangen<br>≤80<br>≤80<br>≤80<br>≤80 | 10<br>8<br>12<br>8 | <240<br>380<br>380<br>450 | <125<br>290<br>220<br>380 | | 2,5 | in warm ausgehärtetem Zustand ausreichende Korrosionsbeständigkeit, bedingt kalt umformbar und spanbar, keine Eignung zum Schweißen und zur anodischen Oxidation; Gesenk- und Freiformschmiedeteile für hohe Beanspruchung, Teile in Hydraulik und Pneumatik, Pleuel, Schrauben, Zahnräder, Konstruktionen im Maschinen-, Hoch- und Flugzeugbau |
| ENAW-AlMgSi | ENAW-6060 | T4<br>T5<br><br>T66 | Profile<br>≤25<br>≤5<br>>5 ≤25<br>≤3<br>>3 ≤25 | 16<br>8<br>8<br>8<br>8 | 120<br>160<br>140<br>215<br>195 | 60<br>120<br>100<br>160<br>150 | | 3 | die Sorten der Reihe 6000 sind kalt und warm aushärtbar, schweißbar, korrosionsbeständig, nicht dekorativ anodisierbar, die Sorte 6060 ist darüber hinaus besonders gut strangpressbar, auch ist ein Aushärten nach dem Schweißen möglich; Profile für Tragkonstruktionen, Fenster-, Tür-, Abdeck- und Abschlussprofile, Rollladenstäbe, Heizkörper, Maschinentische, Elektromotorengehäuse, Pneumatikzylinder, Aufbauten, Container, Einrichtungen von Schiffen und Schienenfahrzeugen |
| ENAW-AlSi1MgMn | ENAW-6082 | O, H111<br>T4<br>T5<br>T6<br>T6 | Profile<br>alle<br>≤25<br>≤5<br>≤5<br>>5 ≤25 | 14<br>14<br>8<br>8<br>10 | <160<br>205<br>270<br>290<br>310 | <110<br>110<br>230<br>250<br>260 | | 3,2 | wie Sorte 6060, weist die höchste Festigkeit, Zähigkeit und Korrosionsbeständigkeit auf, lässt sich aber schwer pressen; Profile und Schmiedestücke für Tragwerke, den Fahrzeug- und Maschinenbau, Blechformteile, Bierfässer, Schrauben, Niete |

**TB 1-3** (Fortsetzung)

| Werkstoffbezeichnung Kurzzeichen | Nummer | Zustand[4] | Dicke Durchm. mm | A % min. | $R_m$ min. | $R_{p0,2}$ min. | E kN/mm² | relative Werkstoffkosten[2] | Eigenschaften und Verwendungsbeispiele |
|---|---|---|---|---|---|---|---|---|---|
| ENAW-AlZn4,5Mg1 | ENAW-7020 | T6 | Profile ≤40 | 10 | 350 | 290 | | 3,2 | Konstruktionslegierungen der Reihe 7000 mit höchster Festigkeit bei geringer Beständigkeit, gute Kaltumformbarkeit in weichem Zustand (O), härtet nach dem Schmelzschweißen selbsttätig aus ist aber kerbempfindlich und alterungsanfällig; Profile, Rohre und Bleche für geschweißte Tragwerke im Hoch-, Fahrzeug- und Maschinenbau |
| | | | | | | | | | 3. Aluminium-Gusslegierungen nach DIN EN 1706 |
| ENAC-AlCu4MgTi | ENAC-21000 | S T4<br>K T4<br>L T4 | | 5<br>8<br>5 | 300<br>320<br>300 | 200<br>200<br>220 | 72 | | einfachere Gussstücke mit höchster Festigkeit (warm ausgehärtet) oder höchster Zähigkeit (kalt ausgehärtet), gut spanbar, bedingt schweißbar; als Feinguss (L) auch für verwickelte dünnwandige Gussstücke für den Maschinen- und Fahrzeugbau |
| ENAC-AlSi7Mg0,3 | ENAC-42100 | S T6<br>K T6<br>L T6 | | 2<br>4<br>3 | 230<br>290<br>260 | 190<br>210<br>200 | 73 | | für Gussstücke mittlerer bis größerer Wanddicke, hohe Festigkeit und Zähigkeit, korrosionsbeständig, als Feinguss überwiegend für dünnwandige Gussstücke für den Fahrzeug- und Flugzeugbau; aushärtbar; Hinterachsenker, Bremssättel, Radträger |
| ENAC-AlSi9Mg | ENAC-43300 | S T6<br>K T6 | | 2<br>4 | 230<br>290 | 190<br>210 | 75 | 3,5 | für verwickelte, dünnwandige Gussstücke mit hoher Festigkeit, guter Zähigkeit und sehr guter Witterungsbeständigkeit, aushärtbar, gut schweiß- und lötbar, gut spanbar; Motorblöcke, Getriebe- und Wandlergehäuse |
| ENAC-AlSi8Cu3 | ENAC-46200 | S F<br>K F<br>D F | | 1<br>1<br>1 | 150<br>170<br>240 | 90<br>100<br>140 | 75 | | für verwickelte, dünnwandige Sand- und Kokillengussstücke, nicht aushärtbar, sehr gutes Formfüllungsvermögen, geringe Neigung zu Innenlunker und Einfallstellen, gute Warmfestigkeit bis 200 °C, geringe Zähigkeit und Beständigkeit, Fertigungsschweißung möglich (WIG); Gehäuse für Maschinen-, Geräte- und Fahrzeugbau |

# Allgemeine und konstruktive Grundlagen

| Bezeichnung | Werkstoff-Nr. | Gussart | | Bruchdehnung | $R_m$ | $R_{p0,2}$ | Eigenschaften, Verwendung |
|---|---|---|---|---|---|---|---|
| ENAC-AlMg5 | ENAC-51300 | S<br>K<br>L | F<br>F<br>F | 3<br>4<br>3 | 160<br>180<br>170 | 90<br>100<br>95 | für korrosionsbeständige Gussstücke, auch für Beanspruchung durch schwach alkalische Medien und für Gussstücke mit dekorativer Oberfläche, nicht aushärtbar, sehr gut spanbar, anodisch oxidierbar; Beschlagteile, Haushaltsgeräte, Armaturen, Maschinen für Lebensmittel- und Getränkeindustrie, Schiffsbau |
| **c) Magnesiumlegierungen** | | | | | | | geringste Dichte aller metallischen Werkstoffe bei mittlerer Festigkeit, hervorragend spanbar, kerbempfindlich, durch niedrigen E-Modul schlagfest und geräuschdämpfend, besondere Schutzmaßnahmen gegen Selbstentzündung (beim Schmelzen, Gießen, Zerspanen) und Korrosion erforderlich, Superleichtbau durch mit Fasern und Partikeln (z. B. SiC) verstärkten Verbundstoff (MMC)<br>1. Magnesium-Knetlegierungen nach DIN 1729 und DIN 9715 |
| MgMn2 | 3.5200.08 | F20<br>F22 | >2<br><2 | 1,5<br>2 | 200<br>220 | 145<br>165 | Korrosionsbeständig, leicht umformbar, gut schweißbar (WIG); Blechprofile, Verkleidungen, Pressteile, Kraftstoffbehälter |
| MgAl3Zn | 3.5312.08 | F20<br>F24<br>F27 | –<br>≤10<br>– | 1,5<br>10<br>8 | 200<br>240<br>270 | 145<br>155<br>155 | 43…45 mittlere Festigkeit, umformbar, gute chemische Beständigkeit, schweißbar; Bauteile mittlerer mechanischer Beanspruchung |
| MgAl6Zn | 3.5612.08 | F27 | ≤10 | 10 | 270 | 175 | hohe Festigkeit, schwingungsfest, bedingt schweißbar; Karosserieteile, Leichtbauteile |
| MgAl8Zn | 3.5812.08 | F27<br>F29<br>F31 | –<br>≤10<br>≤10 | 8<br>10<br>6 | 270<br>290<br>310 | 195<br>205<br>215 | Höchste Festigkeit, schwingungsfest, nicht schweißbar; schwingungs- und stoßbeanspruchte Bauteile |

**TB 1-3** (Fortsetzung)

| Werkstoffbezeichnung | | Zustand[4] | | Dicke Durchm. mm | $A$ % min. | $R_m$ min. | $R_{p0,2}$ min. | $E$ kN/mm² | relative Werkstoffkosten[2] | Eigenschaften und Verwendungsbeispiele |
|---|---|---|---|---|---|---|---|---|---|---|
| Kurzzeichen | Nummer | | | | | | | | | |
| | | | | | | | | | | 2. Magnesium-Gusslegierungen nach DIN EN1753 |
| EN-MCMgAl8Zn1 | EN-MC 21110 | S, K | F | | 2 | 160 | 90 | | 3 | gut gießbar, schweißbar, gute Gleiteigenschaften, dynamisch beansprucht; schwingungs- und stoßbeanspruchte Teile, Getriebe- und Motorengehäuse, Ölwannen |
| | | S, K | T4 | | 8 | 240 | 90 | | | |
| | | D | F | 1...7 | | 200 (250) | 140 (170) | 41...45 | | |
| EN-MCMgAl9Zn1 | EN-MC 21120 | S, K | F | | 2 | 160 | 90/110 | | 3,5 | gut gießbar, schweißbar, hohe Festigkeit, dynamisch belastbar; schwingungs- und stoßbeanspruchte Teile, Fahrzeug- und Flugzeugbau, Armaturen |
| | | S, K | T4 | | 6 | 240 | 110/120 | | | |
| | | S, K | T6 | | 2 | 240 | 150 | | | |
| | | D | F | 1...6 | | 200 (260) | 140 (170) | | | |

[1] Die mechanischen und physikalischen Eigenschaften der Werkstoffe werden stark beeinflusst von Schwankungen in der Legierungszusammensetzung und vom Gefügezustand. Die angegebenen Festigkeitskennwerte sind nur für bestimmte Abmessungsbereiche gewährleistet.
[2] Siehe auch Fußnote 2) zu TB 1-1.
Die angegebenen relativen Werkstoffkosten gelten bei Sandguss im Gewichtsbereich von 1 bis 5 kg, mittlerem Schwierigkeitsgrad und mindestens 10 Abgüssen; Kokillen- und Druckguss im Gewichtsbereich 0,25 bis 0,5 kg, mittlerem Schwierigkeitsgrad und mindestens 5000 Stück.
[3] Weitere Werkstoffdaten über Kupferlegierungen siehe unter Gleitlager, TB 15-6.
[4] Zustandsbezeichnungen und Gießverfahren:
Festigkeit bei Cu-Leg.: z. B. R600 → Mindestzugfestigkeit $R_m$ = 600 N/mm²;
Gießverfahren bei Cu-Leg.: GS Sandguss  GM Kokillenguss  GZ Schleuderguss  GC Strangguss  GP Druckguss;
Aluminium-Knetlegierungen, nicht aushärtbar: O = weichgeglüht; F = Gusszustand; H111 = geglüht mit nachfolgender geringer Kaltverfestigung; H12 = kalt verfestigt, H14 = kalt verfestigt, 1/2-hart; H16 = kalt verfestigt, 3/4-hart; H18 = kalt verfestigt, 4/4-hart; H22 = kalt verfestigt und rückgeglüht, 1/4-hart; H24 = kalt verfestigt und rückgeglüht, 1/2-hart;
Aluminium-Knetlegierungen, aushärtbar: T3 = lösungsgeglüht, kalt umgeformt und kalt ausgelagert; T351 = lösungsgeglüht, durch kontrolliertes Recken entspannt und kalt ausgelagert; T4 = lösungsgeglüht und kalt ausgelagert; T5 = abgeschreckt und warm ausgelagert; T6 = lösungsgeglüht und vollständig warm ausgelagert;
Aluminium- und Magnesium-Gusslegierungen: S Sandguss  K Kokillenguss  D Druckguss  L Feinguss;
Festigkeit bei Mg-Knetlegierung: z. B. F22 → $R_m$ = 10 · 22 = 220 N/mm².

# Allgemeine und konstruktive Grundlagen

**TB 1-4** Kunststoffe
Auswahl für den allgemeinen Maschinenbau
Festigkeitskennwerte bei Raumtemperatur in $N/mm^2$
Allgemeine Kenndaten: Relativ niedrige Festigkeit, geringe Steifigkeit durch niedrigen Elastizitätsmodul, mechanische Eigenschaften stark zeit- und temperaturabhängig, geringe Wärmeleitfähigkeit, gute elektrische Isoliereigenschaften, gute Beständigkeit, große Typenvielfalt

| Werkstoff Kurzzeichen Handelsnamen | Dichte $\rho$ g/cm³ | Dehnung[1] $\varepsilon_M$ ($\varepsilon_B$) % min. | Festigkeit[2] $\sigma_M$ ($\sigma_b W$) min. | Zeitdehnspannung $\sigma_{1/1000}$ min. | Elastizitätsmodul $E$ mittel | Gebrauchstemperatur dauernd °C max. min. | | relative Werkstoffkosten[3] | Eigenschaften und Verwendungsbeispiele |
|---|---|---|---|---|---|---|---|---|---|
| a) Thermoplaste | | | | | | | | | lassen sich ohne chemische Veränderung reversibel zu einem plastischen Zustand erwärmen und dann leicht verformen; sie sind schmelzbar, schweißbar, quellbar und löslich; je nach Molekülanordnung sind sie spröde und glasklar (amorph) oder trübe, zäh und fest (teilkristallin) |
| Polyethylen PE-HD PE-LD Hostalen, Vestolen, Baylon | 0,96 0,92 | 12 (400) 8 (600) | 20 (16) 8 | 2 1 | 1000 300 | 80 60 | −50 −50 | 0,6 (0,3) (0,25) | PE mit hoher Dichte (PE-HD) mit höherer Festigkeit als PE mit niedriger Dichte (PE-LD), hohe Zähigkeit und Reißdehnung, sehr geringe Wasseraufnahme, hohe chem. Beständigkeit; Wasserrohre, Fittinge, Flaschenkästen, Kraftstofftanks, Folien, Dichtungen, Mülltonnen |
| Polypropylen PP (isotaktisch) Novolen, Ultralen, Vestolen P | 0,9 | 10 (800) | 35 (20) | 6 | 1200 | 100 | 0 | 0,6 (0,35) | günstigere mechanische und thermische Eigenschaften gegenüber PE, geringe Zähigkeit in der Kälte, neigt kaum zur Bildung von Spannungsrissen; Formteile mit Filmscharnieren, Innenausstattung von Pkw's, Gehäuse von Haushaltsmaschinen, Scheinwerfer- und Pumpengehäuse |
| Polystyrol PS Vestyron, Styron, Polystyrol | 1,05 | 3 | 45 (20) | 18 | 3300 | 60 | −10 | 0,6 (0,35) | amorphes Gefüge, glasklar; steif, hart und spröde; brillante Oberfläche, hohe Maßbeständigkeit, sehr gute elektrische Eigenschaften, Neigung zur Spannungsrissbildung, geringe Beständigkeit gegenüber organischen Produkten; Einwegverpackungen, Schaugläser, Zeichengeräte, Geschirr, Formteile für Fernsehgeräte |

**TB 1-4** (Fortsetzung)

| Werkstoff Kurzzeichen Handelsnamen | Dichte $\rho$ g/cm³ | Dehnung[1] $\varepsilon_M$ ($\varepsilon_B$) % min. | Festigkeit[2] $\sigma_M$ ($\sigma_bW$) min. | Zeitdehnspannung $\sigma_{1/1000}$ min. | Elastizitätsmodul $E$ mittel | Gebrauchstemperatur dauernd °C max. min. | | relative Werkstoffkosten[3] | Eigenschaften und Verwendungsbeispiele |
|---|---|---|---|---|---|---|---|---|---|
| Acrylnitril-Polybutadien-Styrol-Pfropfpolymere ABS Novodur, Terluran, Cycolac | 1,05 | 2 (20) | 32 (15) | 9 | 2300 | 75 | −40 | | schlagzäh, kratzfest, hohe Formbeständigkeit und Temperaturwechselfestigkeit, hohe Chemikalienbeständigkeit, nicht witterungsbeständig, galvanisierbar, Gehäuse, Möbelteile und Behälter aller Art, Ausstattungsteile für Kfz und Flugzeuge, Sicherheitshelme, Sanitärinstallationsteile |
| Polyvinylchlorid hart PVC-U Hostalit, Mipolam, Trovidur | 1,38 | 4 (10) | 50 | 20 | 3000 | 65 | −5 | | amorphes Gefüge, durchscheinend bis transparent, steif, hart, schlagempfindlich in der Kälte, gute chemische Widerstandsfähigkeit, hohe dielektrische Verluste, schwer entflammbar; Behälter in Chemie und Galvanik, säurefeste Gehäuse- und Apparateteile, Rohre, Tonbandträger, Fensterrahmen |
| Polytetraflourethylen PTFE Hostaflon TF, Teflon, Fluon | 2,15 | 10 (350) | 12 (30) | 1 | 410 | 250 | −200 | 15,5 | flexibel, starkes Kriechen, geringes Adhäsionsvermögen, niedrigste Reibungszahl aller festen Stoffe, nahezu universelle Chemikalienbeständigkeit, sehr gute elektrische Isoliereigenschaften, hohe Thermostabilität, teuer; Antihaftbeschichtungen, Transportbänder (kein Kleben), Gleitlager, Schläuche, Dichtungen, plattenförmige Auflager, Kolbenringe |
| Polyoxymethylen POM Delrin, Hostaform, Ultraform | 1,41 | 8 (25) | 65 (27) | 12 | 2800 | 90 | −60 | | zähhart, steif, gute Federungseigenschaften, günstiges Gleit- und Verschleißverhalten, beständig gegen Lösungsmittel und Chemikalien, keine Wasseraufnahme; bevorzugter Konstruktionswerkstoff: Gleitlager, Gehäuse, Beschläge, Schnapp- und Federelemente, Zahnräder |

Allgemeine und konstruktive Grundlagen

| Material | | | | | | | | Eigenschaften / Anwendung |
|---|---|---|---|---|---|---|---|---|
| Polyamid PA66 Durethan A, Ultramid A, Minlon  obere Werte: trocken  untere Werte: konditioniert (feucht) | 1,13 1,14 | 5 (20) 15 (150) | 80 (30) 55 (30) | 7 6 | 2800 1600 | 100 100 | −30 −30 | 2,2 (1,2) | PA-Typ mit der größten Härte, Steifigkeit, Abriebfestigkeit und Formbeständigkeit in der Wärme; mechanische Eigenschaften, Formteilabmessungen und elektrische Isoliereigenschaften hängen stark vom Feuchtegehalt ab, meist Anreichern mit Wasser erforderlich (Konditionieren), gute Gleit- und Notlaufeigenschaften, beständig gegen Kraftstoffe und Öle; Gleitelemente, Zahnräder, Laufrollen, Gehäuse, Seile, Lagerbuchsen, Dübel |
| b) Duroplaste | | | | | | | | | engmaschig räumlich vernetzte Polymer-Werkstoffe, die nach der Formgebung (Härtung) nur noch spanend bearbeitet werden können; nicht schmelzbar, nicht schweißbar, unlöslich und nur schwach quellbar, werden meist mit Verstärkungsstoffen verarbeitet |
| Phenolharz-Hartgewebe DIN 7735 Hgw 2081 (Füllstoff: Baumwollgewebe) Resofil, Resitex, Novotex | 1,3 | – | 50 (25) | 7 | 7000 | 110 | | | hohe Zähigkeit, Festigkeit, Steifheit und Härte, unbeständig gegen starke Säuren und Laugen; mechanisch hoch beanspruchbare Schichtpressstoffe für Zahnräder (geräuscharm), Lagerbuchsen, Gleitbahnen, Laufrollen, Ziehwerkzeuge |
| Polyesterharz UP DIN 16 946 Typ 1110 Vestopal, Palatal | 1,2 | (0,6) | 40 | | 3500 | 100 | | | hart, spröde, transparent; meist als Gießharz für die Herstellung verstärkter Formteile, Vergussmassen, Überzüge, Beschichtungen |
| GFK-Laminate UP-Harz – Glasfasergewebe 55% – Glas-Rovinggewebe 65% Alpolit, Leguval, Sonoglas | 1,65 1,8 | – (2) | 250 (50) 650 | 50 | 16 000 35 000 | 100 100 | | 6 | sehr hohe Festigkeit, gute chemische Beständigkeit, auch für Außenanwendungen, günstige elektrische Isoliereigenschaften, durchscheinend, laden sich elektrostatisch auf; Laminate für großflächige Konstruktionsteile wie Maschinengehäuse, Karosserien, Behälter, Lüfter, Rohrleitungen, Lichtdächer |
| PUR-Integral-Hartschaumstoff | 0,40 | (7) | 8 | | 350 | 100 | | | gute mechanische Steifigkeit bei geringem Gewicht; Gehäuse für Kopier- und Rechengeräte, Möbel, Ladeneinrichtungen, Karosserieteile, Schuhsohlen |
| RIM-Verfahren Baypreg, Elastopor, Elastolit | 0,60 | (7) | 18 (8) | 3 | 600 | 100 | | | |

**TB 1-4** (Fortsetzung)

| Werkstoff Kurzzeichen Handelsnamen | Dichte $\rho$ g/cm³ | Dehnung[1] $\varepsilon_M$ ($\varepsilon_B$) % min. | Festigkeit[2] $\sigma_M$ ($\sigma_bW$) min. | Zeitdehnspannung $\sigma_{1/1000}$ min. | Elastizitätsmodul $E$ | Gebrauchstemperatur dauernd °C max.   min. | relative Werkstoffkosten[3] | Eigenschaften und Verwendungsbeispiele |
|---|---|---|---|---|---|---|---|---|
| **c) Elastomere** | | | | | mittel | | | lassen sich reversibel mindestens auf das Doppelte bis Mehrfache ihrer Ausgangslänge dehnen, kleiner Elastizitätsmodul, flexibel |
| Thermoplastische Polyurethan-Elastomere TPU Typ 385 Desmopan, Caprolan, Cytor | 1,20 | (400) | 35 (6) | | 50 | 80  – 60 | | hohe Reißdehnung, günstiges Reibungs- und Verschleißverhalten, hohe Beständigkeit, hohes Dämpfungsvermögen; Lager, Dämpfungselemente, Membranen, Zahnriemen, Dichtungen, Herzklappen, Infusionsschläuche, Schlauchpumpen, Kupplungselemente |
| Acrylnitril-Butadien-Kautschuk (Nitrilkautschuk) NBR Perbunan N, Europrene N, Butacril | 1,0 | (450) | 6 | | 50 | 100  – 30 | | beständig gegen Öle, Fette und Kraftstoffe, alterungsbeständig, abriebfest, wenig kälteflexibel, geringe Gasdurchlässigkeit; Standard-Dichtungswerkstoff, O-Ringe, Nutringe, Wellendichtringe, Benzinschläuche, Membranen |
| Ethylen-Propylen-Kautschuk EPDM Buna AP, Vistalon, Keltan | 0,86 | (500) | 4 | | 200 | 120  – 50 | | gute Witterungs-, Ozon- und Chemikalienbeständigkeit (außer gegen Öl und Kraftstoff), heißwasserbeständig (Waschlaugen), gute elektrische Isoliereigenschaften; energieabsorbierende Kfz-Außenteile (Spoiler, Stoßfänger), Dichtungen, Kühlwasserschläuche, Kabelummantelungen |
| Silikonkautschuk MVQ Silopren, Silastic, Elastosil | 1,25 | (250) | 1 | | 200 | 180  – 80 | | schwer benetzbar, ausgezeichnete Wärme-, Kälte-, Licht- und Ozonbeständigkeit, sehr gute elektrische Isoliereigenschaften, unbeständig gegen Kraftstoff und Wasserdampf, physiologisch unbedenklich; ruhende und bewegte Dichtungen, dauerelastische Fugendichtungen, Vergussmassen, Transportbänder (nicht haftend bzw. heißes Gut), Schläuche |

[1] Dehnung bei der Zugfestigkeit. Klammerwerte gelten für die Bruchdehnung.
[2] Maximalspannung (Zugfestigkeit), die ein Probekörper während eines Zugversuchs trägt. Klammerwerte gelten für die Biegewechselfestigkeit.
[3] Siehe Fußnote 2) zu TB 1-1.
Die relativen Werkstoffkosten gelten für mittlere Abmessungen von Kunststoff-Halbzeugen. Die Klammerwerte erfassen nur die reinen Werkstoffkosten (Granulat).

**TB 1-5** Warmgewalzte Flachstäbe aus Stahl für allgemeine Verwendung nach DIN EN 10 058

**Bezeichnung** eines warmgewalzten Flachstabes aus S235JR der Breite $b = 60$ mm, der Dicke $t = 12$ mm, in Festlänge (F) $L = 5000$ mm:
Flachstab EN 10 058 – 60 × 12 × 5000 F
Stahl EN 10 025-S235JR

Dicke $t$: 5 6 8 10 12 15 20 25 30 35 40 50 60 80

Breite **b** und Bereich der zugeordneten Dicken $t$:

**10** × 5; **12** × 5 6; **15** × 5 6 8 10; **16** × 5 6 8 10; **20** × 5 6 8 10 12 15; **25** × 5 6 8 10 12 15; **30** × 5 6 8 10 12 15 20; **35** × 5 6 8 10 12 15 20; **40** × 5 6 8 10 12 15 20 25 30; **45** × 5 6 8 10 12 15 20 25 30; **50** × 5 6 8 10 12 15 20 25 30; **60** × 5 6 8 10 12 15 20 25 30 35 40; **70** × 5 6 8 10 12 15 20 25 30 35 40; **80** × 5 6 8 10 12 15 20 25 30 35 40 50 60; **90** × 5 6 8 10 12 15 20 25 30 35 40 50 60; **100** × 5 6 8 10 12 15 20 25 30 35 40 50 60; **120** × 6 8 10 12 15 20 25 30 35 40 50 60; **150** × 6 8 10 12 15 20 25 30 35 40 50 60 80

**Längenart:** Herstelllänge (M) 3000 bis 13 000 mm; Festlänge (F) 3000 bis 13 000 mm ± 100 mm; Genaulänge (E) < 6000 mm ± 25 mm, ≥ 6000 mm bis 13 000 mm ± 50 mm.

**TB 1-6**  Rundstäbe

| Art (übliche Ausführung) | zulässige Abweichung in mm | Nenndurchmesser $d$ in mm |
|---|---|---|
| warmgewalzte Rundstäbe aus Stahl nach DIN EN 10 060 | ±0,4 : $d$ = 10…15<br>±0,5 : $d$ = 16…25<br>±0,6 : $d$ = 26…35<br>±0,8 : $d$ = 36…50<br>±1,0 : $d$ = 52…80<br>±1,3 : $d$ = 85…100<br>±1,5 : $d$ = 105…120<br>±2,0 : $d$ = 125…160<br>±2,5 : $d$ = 165…200<br>±3,0 : $d$ = 220<br>±4,0 : $d$ = 250 | 10 12 13 14 15 16 18 19<br>20 22 24 25 26 27 28 30<br>32 35 36 38 40 42 45 48<br>50 52 55 60 63 65 70 73<br>75 80 85 90 95 100 105<br>110 115 120 125 130 135<br>140 145 150 155 160 165<br>170 175 180 190 200 220<br>250 |
| blanke Rundstäbe nach DIN EN 10 278 [1)]<br>Fertigzustand:<br>a) gezogen (+C)<br>b) geschält (+SH)<br>c) geschliffen (+SL)<br>d) poliert (+PL)<br>Oberflächengüteklassen 1 bis 4 | gezogen/geschält:<br>h9 **h10** h11 h12<br>geschliffen/poliert:<br>h6 h7 h8 **h9** h10 h11 h12 | nicht festgelegt |

[1)] Ersatz für DIN 668, DIN 670 und DIN 671: Blanker Rundstahl, DIN 669: Blanke Stahlwellen, DIN 59 360 bzw. DIN 59 361: Geschliffen-polierter blanker Rundstahl.
Längenart für warmgewalzte Rundstäbe: Herstelllänge (M) 3000 bis 13 000 mm; Festlänge (F) 3000 bis 13 000 mm ± 100 mm; Genaulänge (E) <6000 mm ± 25 mm, ≥6000 bis 13 000 mm ± 50 mm.
Längenart für blanke Rundstäbe: Herstelllänge 3000 bis 9000 mm ± 500 mm; Lagerlänge 3000 oder 6000 mm + 200 mm; Genaulänge bis zu 9000 mm ± 5 mm (mindestens).
**Bezeichnungsbeispiel:** Blanker Rundstab nach DIN EN 10 278, Durchmesser 40 mm, Genaulänge 2500 ± 10 mm, Toleranzfeld h10, Werkstoffnorm DIN EN 10 084, Kurzname 16MnCr5, Fertigzustand gezogen (+C), Oberflächengüteklasse 3:
Rund EN 10 278 – 40h10 × 2500 ± 10;
EN 10084-16MnCr5 + C-Klasse 3.

**TB 1-7** Flacherzeugnisse aus Stahl (Auszug)
Bleche und Bänder – mechanische Eigenschaften und Lieferbedingungen

| Stahlsorte Kurzname | Werkstoffnummer | $A$ % min. | $R_m$ N/mm² | $R_e$ $R_{p0,2}$ N/mm² | Lieferbare Oberflächenart und -ausführung | Grenzabmaße der Dicke |
|---|---|---|---|---|---|---|
| **Kaltgewalzte Flacherzeugnisse aus weichen Stählen zum Kaltumformen nach DIN EN 10130**[1) |||||||
| DC01 | 1.0330 | 28 | 270…410 | 140 / 280 | **Oberflächenart A:** Poren, Riefen und Warzen zulässig, solange Eignung zum Umformen und für Oberflächenüberzüge nicht beeinträchtigt wird.  **Oberflächenart B:** bessere Blechseite muss Qualitätslackierung zulassen, die andere Seite mindestens der Oberflächenart A entsprechen.  **Oberflächenausführungen** b: besonders glatt ($Ra \leq 0,4$ μm) g: glatt ($Ra \leq 0,9$ μm) m: matt ($Ra = 0,6…1,9$ μm) r: rau ($Ra \geq 1,6$ μm) | Entsprechend DIN EN 10131 abhängig von Nenndicke und Nennbreite (±0,04…±0,17) |
| DC03 | 1.0347 | 34 | 270…370 | 140 / 240 | | |
| DC04 | 1.0338 | 38 | 270…350 | 140 / 210 | | |
| DC05 | 1.0312 | 40 | 270…330 | 140 / 180 | | |
| DC06 | 1.0873 | 38 | 270…350 | 120 / 170 | | |
| DC07 | 1.0898 | 44 | 250…310 | 100 / 150 | | |

Lieferform, Hinweise:
[1) Dickenbereich: 0,35…3,0 mm; Blech, Breitband, längsgeteiltes Band oder Stäbe; Lieferung erfolgt in kalt nachgewalztem Zustand, geölt; **Der kleinere $R_e$-Wert gilt für Konstruktionszwecke;** Freiheit von Fließfiguren: DC01: 3 Monate; DC03, DC04, DC05: 6 Monate; DC06 und DC07: unbegrenzt; die mechanischen Eigenschaften sind für DC01 nicht und für DC03 bis DC07 für 6 Monate garantiert.

**TB 1-7** (Fortsetzung)

**Warmgewalzte Flacherzeugnisse aus Stählen mit höherer Streckgrenze im vergüteten Zustand nach DIN EN 10025-6**[2)]

| Stahlsorte Kurzname | Werkstoffnummer | $A$ % min. | $R_m$ N/mm² | $R_e$ $R_{p0,2}$ N/mm² | Lieferbare Oberflächenart und -ausführung | Grenzabmaße der Dicke |
|---|---|---|---|---|---|---|
| S460Q | 1.8908 | 17 | (3 ≤ t ≤ 50) 550…720 | (3 ≤ t ≤ 50) 460 | Für die zulässigen Oberflächenungänzen und das Ausbessern von Oberflächenfehlern durch Schleifen oder Schweißen gilt Klasse A bzw. B nach EN 10163-1 und -2 | siehe EN 10029 Klasse A |
| S500Q | 1.8924 | 17 | 590…770 | 500 | | |
| S550Q | 1.8904 | 16 | 640…820 | 550 | | |
| S620Q | 1.8914 | 15 | 700…890 | 620 | | |
| S690Q | 1.8931 | 14 | 770…940 | 690 | | |
| S890Q | 1.8940 | 11 | 940…1100 | 890 | | |
| S960Q | 1.8941 | 10 | 980…1150 | 960 | | |

**Lieferform, Hinweise:**
[2)] Verwendung in Nenndicken von 3 mm bis 150 mm bei den Sorten S460, S500, S550, S620 und S690, maximal 100 mm bei S890 und max. 50 mm bei S960. Schweißeignung grundsätzlich vorhanden.
Warmgewalztes Stahlblech von 3 mm an und kontinuierlich warmgewalztes Band s. DIN EN 10029 und DIN EN 10051.

**Bezeichnungsbeispiel**
Bezeichnung von Breitband aus der Stahlsorte DC06 nach EN 10130, Oberflächenart B, Oberflächenausführung matt (m) :
Blech EN 10130 – DC06 – B – m

**TB 1-8** Warmgewalzte gleichschenklige Winkel aus Stahl nach EN 10056-1

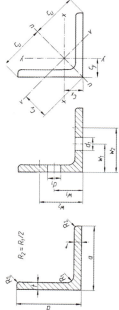

**Bezeichnung** eines warmgewalzten gleichschenkligen Winkels mit Schenkelbreite $a = 80$ mm und Schenkeldicke $t = 10$ mm:
L EN 10056-1-80 × 80 × 10

$$\sigma_b = \frac{M_b}{W_b}$$

| Kurzzeichen | Maße | | | | längenbezogene Masse | Querschnitt | Abstände der Achsen | | | statische Werte für die Biegeachse | | | | | | | | Schenkellöcher nach DIN 997 | | |
|---|---|---|---|---|---|---|---|---|---|---|---|---|---|---|---|---|---|---|---|---|
| | $a$ | $t$ | $R_1$ | | $m'$ | $A$ | $c_x = c_y$ | $c_u$ | $c_v$ | $x-x = y-y$ | | | $u-u$ | | | $v-v$ | | $d_1$ max[1] | $w_1$ | $w_2$ |
| | | | | | | | | | | $I_x = I_y$ | $i_x = i_y$ | $W_x = W_y$ | $I_u$ | $i_u$ | $I_v$ | $i_v$ | $W_v$ | | | |
| | mm | mm | mm | | kg/m | cm² | cm | cm | cm | cm⁴ | cm | cm³ | cm⁴ | cm | cm⁴ | cm | cm³ | mm | mm | mm |
| 20 × 20 × 3 | 20 | 3 | 3,5 | | 0,882 | 1,12 | 0,598 | 1,41 | 0,846 | 0,392 | 0,59 | 0,279 | 0,618 | 0,742 | 0,165 | 0,383 | 0,195 | 4,3 | 12 | |
| 25 × 25 × 3 | 25 | 3 | 3,5 | | 1,12 | 1,42 | 0,723 | 1,77 | 1,02 | 0,803 | 0,751 | 0,452 | 1,27 | 0,945 | 0,334 | 0,484 | 0,326 | 6,4 | 15 | |
| 25 × 25 × 4 | 25 | 4 | 3,5 | | 1,45 | 1,85 | 0,762 | 1,77 | 1,08 | 1,02 | 0,741 | 0,586 | 1,61 | 0,931 | 0,430 | 0,482 | 0,399 | 6,4 | 15 | |
| 30 × 30 × 3 | 30 | 3 | 5 | | 1,36 | 1,74 | 0,835 | 2,12 | 1,18 | 1,40 | 0,899 | 0,649 | 2,22 | 1,13 | 0,585 | 0,581 | 0,496 | 8,4 | 17 | |
| 30 × 30 × 4 | 30 | 4 | 5 | | 1,78 | 2,27 | 0,878 | 2,12 | 1,24 | 1,80 | 0,892 | 0,850 | 2,85 | 1,12 | 0,754 | 0,577 | 0,607 | 8,4 | 17 | |
| 35 × 35 × 4 | 35 | 4 | 5 | | 2,09 | 2,67 | 1,00 | 2,47 | 1,42 | 2,95 | 1,05 | 1,18 | 4,86 | 1,32 | 1,23 | 0,678 | 0,865 | 11 | 18 | |
| 40 × 40 × 4 | 40 | 4 | 6 | | 2,42 | 3,08 | 1,12 | 2,83 | 1,58 | 4,47 | 1,21 | 1,55 | 7,09 | 1,52 | 1,86 | 0,777 | 1,17 | 11 | 22 | |
| 40 × 40 × 5 | 40 | 5 | 6 | | 2,97 | 3,79 | 1,16 | 2,83 | 1,64 | 5,43 | 1,20 | 1,91 | 8,60 | 1,51 | 2,26 | 0,773 | 1,38 | 11 | 22 | |
| 45 × 45 × 4,5 | 45 | 4,5 | 7 | | 3,06 | 3,90 | 1,25 | 3,18 | 1,78 | 7,14 | 1,35 | 2,20 | 11,4 | 1,71 | 2,94 | 0,870 | 1,65 | 13 | 25 | |
| 50 × 50 × 4 | 50 | 4 | 7 | | 3,06 | 3,89 | 1,36 | 3,54 | 1,92 | 8,97 | 1,52 | 2,46 | 14,2 | 1,91 | 3,73 | 0,979 | 1,94 | 13 | 30 | |
| 50 × 50 × 5 | 50 | 5 | 7 | | 3,77 | 4,80 | 1,40 | 3,54 | 1,99 | 11,0 | 1,51 | 3,05 | 17,4 | 1,90 | 4,55 | 0,973 | 2,29 | 13 | 30 | |
| 50 × 50 × 6 | 50 | 6 | 7 | | 4,47 | 5,69 | 1,45 | 3,54 | 2,04 | 12,8 | 1,50 | 3,61 | 20,3 | 1,89 | 5,34 | 0,968 | 2,61 | 13 | 30 | |
| 60 × 60 × 5 | 60 | 5 | 8 | | 4,57 | 5,82 | 1,64 | 4,24 | 2,32 | 19,4 | 1,82 | 4,45 | 30,7 | 2,30 | 8,03 | 1,17 | 3,46 | 17 | 35 | |
| 60 × 60 × 6 | 60 | 6 | 8 | | 5,42 | 6,91 | 1,69 | 4,24 | 2,39 | 22,8 | 1,82 | 5,29 | 36,1 | 2,29 | 9,44 | 1,17 | 3,96 | 17 | 35 | |
| 60 × 60 × 8 | 60 | 8 | 8 | | 7,09 | 9,03 | 1,77 | 4,24 | 2,50 | 29,2 | 1,80 | 6,89 | 46,1 | 2,26 | 12,2 | 1,16 | 4,86 | 17 | 35 | |
| 65 × 65 × 7 | 65 | 7 | 9 | | 6,83 | 8,70 | 1,85 | 4,60 | 2,62 | 33,4 | 1,96 | 7,18 | 53,0 | 2,47 | 13,8 | 1,26 | 5,27 | 21 | 35 | |
| 70 × 70 × 6 | 70 | 6 | 9 | | 6,38 | 8,13 | 1,93 | 4,95 | 2,73 | 36,9 | 2,13 | 7,27 | 58,5 | 2,68 | 15,3 | 1,37 | 5,60 | 21 | 40 | |
| 70 × 70 × 7 | 70 | 7 | 9 | | 7,38 | 9,40 | 1,97 | 4,95 | 2,79 | 42,3 | 2,12 | 8,41 | 67,1 | 2,67 | 17,5 | 1,36 | 6,28 | 21 | 40 | |
| 75 × 75 × 6 | 75 | 6 | 9 | | 6,85 | 8,73 | 2,05 | 5,30 | 2,90 | 45,8 | 2,29 | 8,41 | 72,7 | 2,89 | 18,9 | 1,47 | 6,53 | 23 | 40 | |
| 75 × 75 × 8 | 75 | 8 | 9 | | 8,99 | 11,4 | 2,14 | 5,30 | 3,02 | 59,1 | 2,27 | 11,0 | 93,8 | 2,86 | 24,5 | 1,46 | 8,09 | 23 | 40 | |

# Allgemeine und konstruktive Grundlagen

| Bezeichnung | | | | | | | | | | | | | | | | | | | |
|---|---|---|---|---|---|---|---|---|---|---|---|---|---|---|---|---|---|---|---|
| 80 × 80 × 8 | 80 | 8 | 10 | 9,63 | 12,3 | 2,26 | 5,66 | 3,19 | 72,2 | 2,43 | 12,6 | 115 | 3,06 | 29,9 | 1,56 | 9,37 | 23 | 45 | |
| 80 × 80 × 10 | 80 | 10 | 10 | 11,9 | 15,1 | 2,34 | 5,66 | 3,30 | 87,5 | 2,41 | 15,4 | 139 | 3,03 | 36,4 | 1,55 | 11,0 | 23 | 45 | |
| 90 × 90 × 7 | 90 | 7 | 11 | 9,61 | 12,2 | 2,45 | 6,36 | 3,47 | 92,6 | 2,75 | 14,1 | 147 | 3,46 | 38,3 | 1,77 | 11,0 | 25 | 50 | |
| 90 × 90 × 8 | 90 | 8 | 11 | 10,9 | 13,9 | 2,50 | 6,36 | 3,53 | 104 | 2,74 | 16,1 | 166 | 3,45 | 43,1 | 1,76 | 12,2 | 25 | 50 | |
| 90 × 90 × 9 | 90 | 9 | 11 | 12,2 | 15,5 | 2,54 | 6,36 | 3,59 | 116 | 2,73 | 17,9 | 184 | 3,44 | 47,9 | 1,76 | 13,3 | 25 | 50 | |
| 90 × 90 × 10 | 90 | 10 | 11 | 13,4 | 17,1 | 2,58 | 6,36 | 3,65 | 127 | 2,72 | 19,8 | 201 | 3,42 | 52,6 | 1,75 | 14,4 | 25 | 50 | |
| 100 × 100 × 8 | 100 | 8 | 12 | 12,2 | 15,5 | 2,74 | 7,07 | 3,87 | 145 | 3,06 | 19,9 | 230 | 3,85 | 59,9 | 1,96 | 15,5 | 25 | 55 | |
| 100 × 100 × 10 | 100 | 10 | 12 | 15,0 | 19,2 | 2,82 | 7,07 | 3,99 | 177 | 3,04 | 24,6 | 280 | 3,83 | 73,0 | 1,95 | 18,3 | 25 | 55 | |
| 100 × 100 × 12 | 100 | 12 | 12 | 17,8 | 22,7 | 2,90 | 7,07 | 4,11 | 207 | 3,02 | 29,1 | 328 | 3,80 | 85,7 | 1,94 | 20,9 | 25 | 55 | |
| 120 × 120 × 10 | 120 | 10 | 13 | 18,2 | 23,2 | 3,31 | 8,49 | 4,69 | 313 | 3,67 | 36,0 | 497 | 4,63 | 129 | 2,36 | 27,5 | 25 | 50 | 80 |
| 120 × 120 × 12 | 120 | 12 | 13 | 21,6 | 27,5 | 3,40 | 8,49 | 4,80 | 368 | 3,65 | 42,7 | 584 | 4,60 | 152 | 2,35 | 31,6 | 25 | 50 | 80 |
| 130 × 130 × 12 | 130 | 12 | 14 | 23,6 | 30,0 | 3,64 | 9,19 | 5,15 | 472 | 3,97 | 50,4 | 750 | 5,00 | 194 | 2,54 | 37,7 | 25 | 50 | 90 |
| 150 × 150 × 10 | 150 | 10 | 16 | 23,0 | 29,3 | 4,03 | 10,6 | 5,71 | 624 | 4,62 | 56,9 | 990 | 5,82 | 258 | 2,97 | 45,1 | 28 | 60 | 105 |
| 150 × 150 × 12 | 150 | 12 | 16 | 27,3 | 34,8 | 4,12 | 10,6 | 5,83 | 737 | 4,60 | 67,7 | 1170 | 5,80 | 303 | 2,95 | 52,0 | 28 | 60 | 105 |
| 150 × 150 × 15 | 150 | 15 | 16 | 33,8 | 43,0 | 4,25 | 10,6 | 6,01 | 898 | 4,57 | 83,5 | 1430 | 5,76 | 370 | 2,93 | 61,6 | 28 | 60 | 105 |
| 160 × 160 × 15 | 160 | 15 | 17 | 36,2 | 46,1 | 4,49 | 11,3 | 6,35 | 1100 | 4,88 | 95,6 | 1750 | 6,15 | 453 | 3,14 | 71,3 | 28 | 60 | 115 |
| 180 × 180 × 16 | 180 | 16 | 18 | 43,5 | 55,4 | 5,02 | 12,7 | 7,11 | 1680 | 5,51 | 130 | 2690 | 6,96 | 679 | 3,50 | 95,5 | 28 | 60 | 135 |
| 180 × 180 × 18 | 180 | 18 | 18 | 48,6 | 61,9 | 5,10 | 12,7 | 7,22 | 1870 | 5,49 | 145 | 2960 | 6,92 | 768 | 3,52 | 106 | 28 | 60 | 135 |
| 200 × 200 × 16 | 200 | 16 | 18 | 48,5 | 61,8 | 5,52 | 14,1 | 7,81 | 2340 | 6,16 | 162 | 3720 | 7,76 | 960 | 3,94 | 123 | 28 | 65 | 150 |
| 200 × 200 × 18 | 200 | 18 | 18 | 54,3 | 69,1 | 5,60 | 14,1 | 7,92 | 2600 | 6,13 | 181 | 4150 | 7,75 | 1050 | 3,90 | 133 | 28 | 65 | 150 |
| 200 × 200 × 20 | 200 | 20 | 18 | 59,9 | 76,3 | 5,68 | 14,1 | 8,04 | 2850 | 6,11 | 199 | 4530 | 7,70 | 1170 | 3,92 | 146 | 28 | 65 | 150 |
| 200 × 200 × 24 | 200 | 24 | 18 | 71,1 | 90,6 | 5,84 | 14,1 | 8,26 | 3330 | 6,06 | 235 | 5280 | 7,64 | 1380 | 3,90 | 167 | 28 | 70 | 150 |
| 250 × 250 × 28 | 250 | 28 | 18 | 104 | 133 | 7,24 | 17,7 | 10,2 | 7700 | 7,62 | 433 | 12200 | 9,61 | 3170 | 4,89 | 309 | 28 | 75 | 200 |
| 250 × 250 × 35 | 250 | 35 | 18 | 128 | 163 | 7,50 | 17,7 | 10,6 | 9260 | 7,54 | 529 | 14700 | 9,48 | 3860 | 4,87 | 364 | 28 | 80 | 200 |

[1]) Für Nieten und Schrauben von kleineren als den hier angegebenen Größtdurchmessern können die gleichen Anreißmaße angewendet werden.

## TB 1-9 Warmgewalzte ungleichschenklige Winkel aus Stahl nach EN 10 056-1

**Bezeichnung** eines warmgewalzten ungleichschenkligen Winkels mit Schenkelbreite $a = 100$ mm und $b = 50$ mm, Schenkeldicke $t = 8$ mm:
L EN 10056-1-100 × 50 × 8

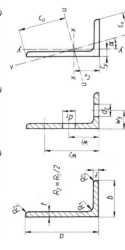

| Kurzzeichen | Maße | | | | | längenbezogene Masse | Querschnitt | Abstände der Achsen | | | | | Neigung der Achse | statische Werte für die Biegeachse[1] | | | | | | | Schenkellöcher nach DIN 997 | | | | |
|---|---|---|---|---|---|---|---|---|---|---|---|---|---|---|---|---|---|---|---|---|---|---|---|---|---|
| | | | | | | | | | | | | | | $x-x$ | | $y-y$ | | $u-u$ | $v-v$ | | | [2] | [2] | | | |
| | $a$ mm | $b$ mm | $t$ mm | $R_1$ mm | | $m'$ kg/m | $A$ cm² | $c_x$ cm | $c_y$ cm | $c_u$ cm | $c_v$ cm | | $v-v$ $\tan\alpha$ | $I_x$ cm⁴ | $W_x$ cm³ | $I_y$ cm⁴ | $W_y$ cm³ | $I_u$ cm⁴ | $I_v$ cm⁴ | $d_1$ max mm | $d_2$ max mm | $w_1$ mm | $w_2$ mm | $w_3$ mm |
| 30 × 20 × 3 | 30 | 20 | 3 | 4 | | 1,12 | 1,43 | 0,990 | 0,502 | 2,05 | 1,04 | 0,427 | 1,25 | 0,621 | 0,437 | 0,292 | 1,43 | 0,256 | 8,4 | 4,3 | 17 | | 12 |
| 30 × 20 × 4 | 30 | 20 | 4 | 4 | | 1,46 | 1,86 | 1,03 | 0,541 | 2,02 | 1,04 | 0,421 | 1,59 | 0,807 | 0,553 | 0,379 | 1,81 | 0,330 | 8,4 | 4,3 | 17 | | 12 |
| 40 × 20 × 4 | 40 | 20 | 4 | 4 | | 1,77 | 2,26 | 1,47 | 0,48 | 2,58 | 1,17 | 0,252 | 3,59 | 1,42 | 0,600 | 0,393 | 3,80 | 0,393 | 11 | 4,3 | 22 | | 12 |
| 40 × 25 × 4 | 40 | 25 | 4 | 4 | | 1,93 | 2,46 | 1,36 | 0,623 | 2,69 | 1,35 | 0,380 | 3,89 | 1,47 | 1,16 | 0,619 | 4,35 | 0,700 | 11 | 6,4 | 22 | | 15 |
| 45 × 30 × 4 | 45 | 30 | 4 | 4,5 | | 2,25 | 2,87 | 1,48 | 0,74 | 3,07 | 1,58 | 0,436 | 5,78 | 1,91 | 2,05 | 0,91 | 6,65 | 1,18 | 13 | 8,4 | 25 | | 17 |
| 50 × 30 × 5 | 50 | 30 | 5 | 5 | | 2,96 | 3,78 | 1,73 | 0,741 | 3,33 | 1,65 | 0,352 | 9,36 | 2,86 | 2,51 | 1,11 | 10,3 | 1,54 | 13 | 8,4 | 30 | | 17 |
| 60 × 30 × 5 | 60 | 30 | 5 | 5 | | 3,36 | 4,28 | 2,17 | 0,684 | 3,88 | 1,77 | 0,257 | 15,6 | 4,07 | 2,63 | 1,14 | 16,5 | 1,71 | 17 | 8,4 | 35 | | 17 |
| 60 × 40 × 5 | 60 | 40 | 5 | 6 | | 3,76 | 4,79 | 1,96 | 0,972 | 4,10 | 2,11 | 0,434 | 17,2 | 4,25 | 6,11 | 2,02 | 19,7 | 3,54 | 17 | 11 | 35 | | 22 |
| 60 × 40 × 6 | 60 | 40 | 6 | 6 | | 4,46 | 5,68 | 2,00 | 1,01 | 4,08 | 2,10 | 0,431 | 20,1 | 5,03 | 7,12 | 2,38 | 23,1 | 4,16 | 17 | 11 | 35 | | 22 |
| 65 × 50 × 5 | 65 | 50 | 5 | 6 | | 4,35 | 5,54 | 1,99 | 1,25 | 4,53 | 2,39 | 0,577 | 23,2 | 5,14 | 11,9 | 3,19 | 28,8 | 6,32 | 21 | 13 | 35 | | 30 |
| 70 × 50 × 6 | 70 | 50 | 6 | 7 | | 5,41 | 6,89 | 2,23 | 1,25 | 4,83 | 2,52 | 0,500 | 33,4 | 7,01 | 14,2 | 3,78 | 39,7 | 7,92 | 21 | 13 | 40 | | 30 |
| 75 × 50 × 6 | 75 | 50 | 6 | 7 | | 5,65 | 7,19 | 2,44 | 1,21 | 5,12 | 2,64 | 0,435 | 40,5 | 8,01 | 14,4 | 3,81 | 46,6 | 8,36 | 23 | 13 | 40 | | 30 |
| 75 × 50 × 8 | 75 | 50 | 8 | 7 | | 7,39 | 9,41 | 2,52 | 1,29 | 5,08 | 2,62 | 0,430 | 52,0 | 10,4 | 18,4 | 4,95 | 59,6 | 10,8 | 23 | 13 | 40 | | 30 |
| 80 × 40 × 6 | 80 | 40 | 6 | 7 | | 5,41 | 6,89 | 2,85 | 0,884 | 5,20 | 2,38 | 0,258 | 44,9 | 8,73 | 7,59 | 2,44 | 47,6 | 4,93 | 23 | 11 | 45 | | 22 |
| 80 × 40 × 8 | 80 | 40 | 8 | 7 | | 7,07 | 9,01 | 2,94 | 0,963 | 5,14 | 2,34 | 0,253 | 57,6 | 11,4 | 9,61 | 3,16 | 60,9 | 6,34 | 23 | 11 | 45 | | 22 |
| 80 × 60 × 7 | 80 | 60 | 7 | 8 | | 7,36 | 9,38 | 2,51 | 1,52 | 5,55 | 2,92 | 0,546 | 59,0 | 10,7 | 28,4 | 6,34 | 72,0 | 15,4 | 23 | 17 | 45 | | 35 |
| 100 × 50 × 6 | 100 | 50 | 6 | 8 | | 6,84 | 8,71 | 3,51 | 1,05 | 6,55 | 3,00 | 0,262 | 89,9 | 13,8 | 15,4 | 3,89 | 95,4 | 9,92 | 25 | 13 | 55 | | 30 |
| 100 × 50 × 8 | 100 | 50 | 8 | 8 | | 8,97 | 11,4 | 3,60 | 1,13 | 6,48 | 2,96 | 0,258 | 116 | 18,2 | 19,7 | 5,08 | 123 | 12,8 | 25 | 13 | 55 | | 30 |

| | | | | | | | | | | | | | | | | | | |
|---|---|---|---|---|---|---|---|---|---|---|---|---|---|---|---|---|---|---|
| 100 × 65 × 7 | 100 | 65 | 7 | 10 | 8,77 | 11,2 | 3,23 | 1,51 | 6,83 | 3,49 | 0,415 | 113 | 16,6 | 37,6 | 7,53 | 128 | 22,0 | 25 | 21 | 55 | 35 |
| 100 × 65 × 8 | 100 | 65 | 8 | 10 | 9,94 | 12,7 | 3,27 | 1,55 | 6,81 | 3,47 | 0,413 | 127 | 18,9 | 42,2 | 8,54 | 144 | 24,8 | 25 | 21 | 55 | 35 |
| 100 × 65 × 10 | 100 | 65 | 10 | 10 | 12,3 | 15,6 | 3,36 | 1,63 | 6,76 | 3,45 | 0,410 | 154 | 23,2 | 51,0 | 10,5 | 175 | 30,1 | 25 | 21 | 55 | 35 |
| 100 × 75 × 8 | 100 | 75 | 8 | 10 | 10,6 | 13,5 | 3,10 | 1,87 | 6,95 | 3,65 | 0,547 | 133 | 19,3 | 64,1 | 11,4 | 162 | 34,6 | 25 | 23 | 55 | 40 |
| 100 × 75 × 10 | 100 | 75 | 10 | 10 | 13,0 | 16,6 | 3,19 | 1,95 | 6,92 | 3,65 | 0,544 | 162 | 23,8 | 77,6 | 14,0 | 197 | 42,2 | 25 | 23 | 55 | 40 |
| 100 × 75 × 12 | 100 | 75 | 12 | 10 | 15,4 | 19,7 | 3,27 | 2,03 | 6,89 | 3,65 | 0,540 | 189 | 28,0 | 90,2 | 16,5 | 230 | 49,5 | 25 | 23 | 55 | 40 |
| 120 × 80 × 8 | 120 | 80 | 8 | 11 | 12,2 | 15,5 | 3,83 | 1,87 | 8,23 | 4,23 | 0,437 | 226 | 27,6 | 80,8 | 13,2 | 260 | 46,6 | 25 | 23 | 50 | 80 | 45 |
| 120 × 80 × 10 | 120 | 80 | 10 | 11 | 15,0 | 19,1 | 3,92 | 1,95 | 8,19 | 4,21 | 0,435 | 276 | 34,1 | 98,1 | 16,2 | 317 | 58,8 | 25 | 23 | 50 | 80 | 45 |
| 120 × 80 × 12 | 120 | 80 | 12 | 11 | 17,8 | 22,7 | 4,00 | 2,03 | 8,15 | 4,20 | 0,431 | 323 | 40,4 | 114 | 19,1 | 371 | 66,7 | 25 | 23 | 50 | 80 | 45 |
| 125 × 75 × 8 | 125 | 75 | 8 | 11 | 12,2 | 15,5 | 4,14 | 1,68 | 8,44 | 4,20 | 0,360 | 247 | 29,6 | 67,6 | 11,6 | 274 | 40,9 | 25 | 23 | 50 | 85 | 40 |
| 125 × 75 × 10 | 125 | 75 | 10 | 11 | 15,0 | 19,1 | 4,23 | 1,76 | 8,39 | 4,17 | 0,357 | 302 | 36,5 | 82,1 | 14,3 | 334 | 49,9 | 25 | 23 | 50 | 85 | 40 |
| 125 × 75 × 12 | 125 | 75 | 12 | 11 | 17,8 | 22,7 | 4,31 | 1,84 | 8,33 | 4,15 | 0,354 | 354 | 43,2 | 95,5 | 16,9 | 391 | 58,5 | 25 | 23 | 50 | 85 | 40 |
| 135 × 65 × 8 | 135 | 65 | 8 | 11 | 12,2 | 15,5 | 4,78 | 1,34 | 8,79 | 3,95 | 0,245 | 291 | 33,4 | 45,2 | 8,75 | 307 | 29,4 | 25 | 21 | 50 | 85 | 35 |
| 135 × 65 × 10 | 135 | 65 | 10 | 11 | 15,0 | 19,1 | 4,88 | 1,42 | 8,72 | 3,91 | 0,243 | 356 | 41,3 | 54,7 | 10,8 | 375 | 35,9 | 25 | 21 | 50 | 85 | 35 |
| 150 × 75 × 9 | 150 | 75 | 9 | 12 | 15,4 | 19,6 | 5,26 | 1,57 | 9,82 | 4,50 | 0,261 | 455 | 46,7 | 77,9 | 13,1 | 483 | 50,2 | 28 | 23 | 60 | 105 | 40 |
| 150 × 75 × 10 | 150 | 75 | 10 | 12 | 17,0 | 21,7 | 5,31 | 1,61 | 9,79 | 4,48 | 0,261 | 501 | 51,6 | 85,6 | 14,5 | 531 | 55,1 | 28 | 23 | 60 | 105 | 40 |
| 150 × 75 × 12 | 150 | 75 | 12 | 12 | 20,2 | 25,7 | 5,40 | 1,69 | 9,72 | 4,44 | 0,258 | 588 | 61,3 | 99,6 | 17,1 | 623 | 64,7 | 28 | 23 | 60 | 105 | 40 |
| 150 × 75 × 15 | 150 | 75 | 15 | 12 | 24,8 | 31,7 | 5,52 | 1,81 | 9,63 | 4,40 | 0,253 | 713 | 75,2 | 119 | 21,0 | 753 | 78,6 | 28 | 23 | 60 | 105 | 40 |
| 150 × 90 × 10 | 150 | 90 | 10 | 12 | 18,2 | 23,2 | 5,00 | 2,04 | 10,1 | 5,03 | 0,360 | 533 | 53,3 | 146 | 21,0 | 591 | 88,3 | 28 | 25 | 60 | 105 | 45 |
| 150 × 90 × 12 | 150 | 90 | 12 | 12 | 21,6 | 27,5 | 5,08 | 2,12 | 10,1 | 5,00 | 0,358 | 627 | 63,3 | 171 | 24,8 | 694 | 104 | 28 | 25 | 60 | 105 | 45 |
| 150 × 90 × 15 | 150 | 90 | 15 | 12 | 26,6 | 33,9 | 5,21 | 2,23 | 9,98 | 4,98 | 0,354 | 761 | 77,7 | 205 | 30,4 | 841 | 126 | 28 | 25 | 60 | 105 | 45 |
| 150 × 100 × 10 | 150 | 100 | 10 | 12 | 19,0 | 24,2 | 4,81 | 2,34 | 10,3 | 5,29 | 0,438 | 553 | 54,2 | 199 | 25,9 | 637 | 114 | 28 | 25 | 60 | 105 | 55 |
| 150 × 100 × 12 | 150 | 100 | 12 | 12 | 22,5 | 28,7 | 4,89 | 2,42 | 10,2 | 5,28 | 0,436 | 651 | 64,4 | 233 | 30,7 | 749 | 134 | 28 | 25 | 60 | 105 | 55 |
| 200 × 100 × 10 | 200 | 100 | 10 | 15 | 23,0 | 29,2 | 6,93 | 2,01 | 13,2 | 6,05 | 0,263 | 1220 | 93,2 | 210 | 26,3 | 1290 | 135 | 28 | 25 | 60 | 150 | 55 |
| 200 × 100 × 12 | 200 | 100 | 12 | 15 | 27,3 | 34,8 | 7,03 | 2,10 | 13,1 | 6,00 | 0,262 | 1440 | 111 | 247 | 31,3 | 1530 | 159 | 28 | 25 | 60 | 150 | 55 |
| 200 × 100 × 15 | 200 | 100 | 15 | 15 | 33,75 | 43,0 | 7,16 | 2,22 | 13,0 | 5,84 | 0,260 | 1758 | 137 | 299 | 38,5 | 1864 | 193 | 28 | 25 | 60 | 150 | 55 |
| 200 × 150 × 12 | 200 | 150 | 12 | 15 | 32,0 | 40,8 | 6,08 | 3,61 | 13,9 | 7,34 | 0,552 | 1650 | 119 | 803 | 70,5 | 2030 | 430 | 28 | 28 | 60 | 150 | 60/ |
| 200 × 150 × 15 | 200 | 150 | 15 | 15 | 39,6 | 50,5 | 6,21 | 3,73 | 13,9 | 7,33 | 0,551 | 2022 | 147 | 979 | 86,9 | 2476 | 526 | 28 | 28 | 60 | 150 | 105 |

[1] Trägheitsradius $i = \sqrt{\dfrac{I}{A}}$.

[2] Für Nieten und Schrauben von kleineren als den hier angegebenen Größtdurchmessern können die gleichen Anreißmaße angewendet werden.

**TB 1-10** Warmgewalzter U-Profilstahl mit geneigten Flanschflächen nach DIN 1026-1

**Bestellbeispiel:** 30 warmgewalzte U-Profile mit geneigten Flanschflächen (U) mit einer Höhe $h = 300$ mm und der Länge 5000 mm aus Stahl DIN EN 10025-4 mit dem Kurznamen S420M bzw. der Werkstoffnummer 1.8825:

30 U-Profile DIN 1026-1–U300–5000
DIN EN 10025-4–S420M

oder

30 U-Profile DIN 1026-1–U300–5000
DIN EN 10025-4–1.8825

| Kurz-zeichen U | Maße für | | | | Quer-schnitt | längen-bezogene Masse | für die Biegeachse | | | | | | Abstand der Achse | | | Flanschen-löcher nach DIN 997 | | |
|---|---|---|---|---|---|---|---|---|---|---|---|---|---|---|---|---|---|---|
| | | | | | | | $x-x$ | | | $y-y$ | | | $y-y$ | | | max | | |
| | $h$ | $b$ | $s$ | $t = R_1$ | $A$ | $m'$ | $I_x$ | $W_x$ | $i_x$ | $I_y$ | $W_y$ | $i_y$ | $e_y$ | $x_M$[3] | $d_1$[4)5)6] | $w_1$ |
| | mm | mm | mm | mm | cm² | kg/m | cm⁴ | cm³ | cm | cm⁴ | cm³ | cm | cm | cm | mm | mm |
| 30×15 | 30 | 15 | 4 | 4,5 | 2,21 | 1,74 | 2,53 | 1,69 | 1,07 | 0,38 | 0,39 | 0,42 | 0,52 | 0,74 | 4,3 | 10 |
| 30 | 30 | 33 | 5 | 7 | 5,44 | 4,27 | 6,39 | 4,26 | 1,08 | 5,33 | 2,68 | 0,99 | 1,31 | 2,22 | 8,4 | 20 |
| 40×20 | 40 | 20 | 5 | 5,5 | 3,66 | 2,87 | 7,58 | 3,79 | 1,44 | 1,14 | 0,86 | 0,56 | 0,67 | 1,01 | 6,4 | 11 |
| 40 | 40 | 35 | 5 | 7 | 6,21 | 4,87 | 14,1 | 7,05 | 1,50 | 6,68 | 3,08 | 1,04 | 1,33 | 2,32 | 8,4 | 20 |
| 50×25 | 50 | 25 | 5 | 6 | 4,92 | 3,86 | 16,8 | 6,73 | 1,85 | 2,49 | 1,48 | 0,71 | 0,81 | 1,34 | 8,4 | 16 |
| 50 | 50 | 38 | 5 | 7 | 7,12 | 5,59 | 26,4 | 10,6 | 1,92 | 9,12 | 3,75 | 1,13 | 1,37 | 2,47 | 11 | 20 |
| 60 | 60 | 30 | 6 | 6 | 6,46 | 5,07 | 31,6 | 10,5 | 2,21 | 4,51 | 2,16 | 0,84 | 0,91 | 1,50 | 8,4 | 18 |
| 65 | 65 | 42 | 5,5 | 7,5 | 9,03 | 7,09 | 57,5 | 17,7 | 2,52 | 14,1 | 5,07 | 1,25 | 1,42 | 2,60 | 11 | 25 |
| 80 | 80 | 45 | 6 | 8 | 11,0 | 8,64 | 106 | 26,5 | 3,10 | 19,4 | 6,36 | 1,33 | 1,45 | 2,67 | 13 | 25 |
| 100 | 100 | 50 | 6 | 8,5 | 13,5 | 10,6 | 206 | 41,2 | 3,91 | 29,3 | 8,49 | 1,47 | 1,55 | 2,93 | 13 | 30 |
| 120 | 120 | 55 | 7 | 9 | 17,0 | 13,4 | 364 | 60,7 | 4,62 | 43,2 | 11,1 | 1,59 | 1,60 | 3,03 | 17 | 30 |
| 140 | 140 | 60 | 7 | 10 | 20,4 | 16,0 | 605 | 86,4 | 5,45 | 62,7 | 14,8 | 1,75 | 1,75 | 3,37 | 17 | 35 |
| 160 | 160 | 65 | 7,5 | 10,5 | 24,0 | 18,8 | 925 | 116 | 6,21 | 85,3 | 18,3 | 1,89 | 1,84 | 3,56 | 21 | 35 |
| 180 | 180 | 70 | 8 | 11 | 28,0 | 22,0 | 1350 | 150 | 6,95 | 114 | 22,4 | 2,02 | 1,92 | 3,75 | 21 | 40 |
| 200 | 200 | 75 | 8,5 | 11,5 | 32,2 | 25,3 | 1910 | 191 | 7,70 | 148 | 27,0 | 2,14 | 2,01 | 3,94 | 23 | 40 |
| 220 | 220 | 80 | 9 | 12,5 | 37,4 | 29,4 | 2690 | 245 | 8,48 | 197 | 33,6 | 2,30 | 2,14 | 4,20 | 23 | 45 |
| 240 | 240 | 85 | 9,5 | 13 | 42,3 | 33,2 | 3600 | 300 | 9,22 | 248 | 29,6 | 2,42 | 2,23 | 4,39 | 25 | 45 |

# Allgemeine und konstruktive Grundlagen

| | | | | | | | | | | | | | | |
|---|---|---|---|---|---|---|---|---|---|---|---|---|---|---|
| 260 | 90  | 10   | 14   | 48,3 | 37,9 | 4820  | 371  | 9,99 | 317 | 47,7 | 2,56 | 2,36 | 4,66 | 25 | 50 |
| 280 | 95  | 10   | 15   | 53,3 | 41,8 | 6280  | 448  | 10,9 | 399 | 57,2 | 2,74 | 2,53 | 5,02 | 25 | 50 |
| 300 | 100 | 10   | 16   | 58,8 | 46,2 | 8030  | 535  | 11,7 | 495 | 67,8 | 2,90 | 2,70 | 5,41 | 28 | 55 |
| 320 | 100 | 14   | 17,5 | 75,8 | 59,5 | 10870 | 679  | 12,1 | 597 | 80,6 | 2,81 | 2,60 | 4,82 | 28 | 58 |
| 350 | 100 | 14   | 16   | 77,3 | 60,6 | 12840 | 734  | 12,9 | 570 | 75,0 | 2,72 | 2,40 | 4,45 | 28 | 58 |
| 380 | 102 | 13,5 | 16   | 80,4 | 63,1 | 15760 | 829  | 14,0 | 615 | 78,7 | 2,77 | 2,38 | 4,58 | 28 | 60 |
| 400 | 110 | 14   | 18   | 91,5 | 71,8 | 20350 | 1020 | 14,9 | 846 | 102  | 3,04 | 2,65 | 5,11 | 28 | 60 |

1) $h > 300$ mm: 5 %.
2) $h \leq 300$ mm: $c = 0{,}5b$, $h > 300$ mm: $c = 0{,}5(b-s)$.
3) $x_M$ = Abstand des Schubmittelpunktes $M$ von der $y$-$y$-Achse.
4) Für hochfeste Schrauben (DIN EN 14399) gilt bei U120, U160, U200 und U240 der nächst kleinere Lochdurchmesser.
5) Abweichend hiervon gelten nach DIN 101 für Nietverbindungen folgende Lochdurchmesser $d_0$: 4,2  6,3  10,5
6) Für Nieten und Schrauben von kleineren als den hier angegebenen Größtdurchmessern können die gleichen Anreißmaße angewendet werden.

*Beachte:* Bei der lotrechten Belastung eines U-Trägers (unsymmetrisches Profil) gilt die Spannungsformel $\sigma = M/W$ nur, wenn
a) die Wirkungslinie der Last $F$ durch den Schubmittelpunkt $M$ geht,
b) zwei U-Profile ][ oder [] mit Querverbindung zu einem symmetrischen Trägerprofil zusammengesetzt werden.
Geht bei einem einzelnen U-Profil die Lastebene nicht durch $M$, so biegen sich die Flansche seitlich aus (Bild) und es treten zusätzliche Biege- und Verdrehspannungen auf.

U-Träger sind im Schubmittelpunkt $M$ und wenn dies nicht möglich ist, in der Stegebene zu belasten

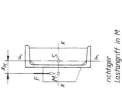

richtiger Lastangriff in M

ungünstiger Lastangriff

## TB 1-11  Warmgewalzte I-Träger nach DIN 1025 (Auszug)

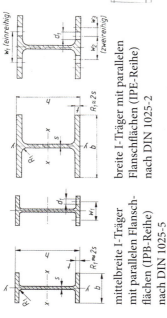

mittelbreite I-Träger mit parallelen Flanschflächen (IPB-Reihe) nach DIN 1025-5

breite I-Träger mit parallelen Flanschflächen (IPE-Reihe) nach DIN 1025-2

**Bezeichnung** eines warmgewalzten I-Trägers aus einem Stahl mit dem Kurznamen S235JR bzw. der Werkstoffnummer 1.0038 nach DIN EN 10025 mit dem Kurzzeichen IPE 300:

I-Profil DIN 1025 – S235JR – IPE300
oder
I-Profil DIN 1025 – 1.0038 – IPE300

| Kurz-zeichen | Maße für | | | | | längen-bezogene Masse | für die Biegeachse | | | | | | Flanschenlöcher nach DIN 997 | | | |
|---|---|---|---|---|---|---|---|---|---|---|---|---|---|---|---|---|
| | $h$ | $b$ | $s$ | $t$ | Quer-schnitt $A$ | $m'$ | $x$–$x$ | | | $y$–$y$ | | | $d_1$ [1)2)3)] max | $w_1$ | $w_2$ | $w_3$ |
| | | | | | | | $I_x$ | $W_x$ | $i_x$ | $I_y$ | $W_y$ | $i_y$ | | | | |
| | mm | mm | mm | mm | cm² | kg/m | cm⁴ | cm³ | cm | cm⁴ | cm³ | cm | mm | mm | mm | mm |
| IPE | Mittelbreite I-Träger (IPE-Reihe) nach DIN 1025-5 | | | | | | | | | | | | | | | |
| 80 | 80 | 46 | 3,8 | 5,2 | 7,64 | 6,0 | 80,1 | 20,0 | 3,24 | 8,49 | 3,69 | 1,05 | 6,4 | 26 | | |
| 100 | 100 | 55 | 4,1 | 5,7 | 10,3 | 8,1 | 171 | 34,2 | 4,07 | 15,9 | 5,79 | 1,24 | 8,4 | 30 | | |
| 120 | 120 | 64 | 4,4 | 6,3 | 13,2 | 10,4 | 318 | 53,0 | 4,90 | 27,7 | 8,65 | 1,45 | 8,4 | 36 | | |
| 140 | 140 | 73 | 4,7 | 6,9 | 16,4 | 12,9 | 541 | 77,3 | 5,74 | 44,9 | 12,3 | 1,65 | 11 | 40 | | |
| 160 | 160 | 82 | 5,0 | 7,4 | 20,1 | 15,8 | 869 | 109 | 6,58 | 68,3 | 16,7 | 1,84 | 13 | 44 | | |
| 180 | 180 | 91 | 5,3 | 8,0 | 23,9 | 18,8 | 1320 | 146 | 7,42 | 101 | 22,2 | 2,05 | 13 | 50 | | |
| 200 | 200 | 100 | 5,6 | 8,5 | 28,5 | 22,4 | 1940 | 194 | 8,26 | 142 | 28,5 | 2,24 | 13 | 56 | | |
| 220 | 220 | 110 | 5,9 | 9,2 | 33,4 | 26,2 | 2770 | 252 | 9,11 | 205 | 37,3 | 2,48 | 17 | 60 | | |
| 240 | 240 | 120 | 6,2 | 9,8 | 39,1 | 30,7 | 3890 | 324 | 9,97 | 284 | 47,3 | 2,69 | 17 | 68 | | |
| 270 | 270 | 135 | 6,6 | 10,2 | 45,9 | 36,1 | 5790 | 429 | 11,2 | 420 | 62,2 | 3,02 | 21 (17) | 72 | | |
| 300 | 300 | 150 | 7,1 | 10,7 | 53,8 | 42,2 | 8360 | 557 | 12,5 | 604 | 80,5 | 3,35 | 23 | 80 | | |
| 330 | 330 | 160 | 7,5 | 11,5 | 62,6 | 49,1 | 11770 | 713 | 13,7 | 788 | 98,5 | 3,55 | 25 (23) | 86 | | |
| 360 | 360 | 170 | 8,0 | 12,7 | 72,7 | 57,1 | 16270 | 904 | 15,0 | 1040 | 123 | 3,79 | 25 | 90 | | |

# Allgemeine und konstruktive Grundlagen

| | | | | | | | | | | | | | | |
|---|---|---|---|---|---|---|---|---|---|---|---|---|---|---|
| 400 | 180 | 8,6 | 13,5 | 84,5 | 66,3 | 23130 | 1160 | 16,5 | 1320 | 146 | 3,95 | 28 (25) | 96 | — |
| 450 | 190 | 9,4 | 14,6 | 98,8 | 77,6 | 33740 | 1500 | 18,5 | 1680 | 176 | 4,12 | 28 | 106 | — |
| 500 | 200 | 10,2 | 16,0 | 116 | 90,7 | 48200 | 1930 | 20,4 | 2140 | 214 | 4,31 | 28 | 110 | — |
| 550 | 210 | 11,1 | 17,2 | 134 | 106 | 67120 | 2440 | 22,3 | 2670 | 254 | 4,45 | 28 | 120 | — |
| 600 | 220 | 12,0 | 19,0 | 156 | 122 | 92080 | 3070 | 24,3 | 3390 | 308 | 4,66 | 28 | 120 | — |

**IPB** Breite I-Träger (IPB-Reihe) nach DIN 1025-2

| | | | | | | | | | | | | | | |
|---|---|---|---|---|---|---|---|---|---|---|---|---|---|---|
| 100 | 100 | 6 | 10 | 26,0 | 20,4 | 450 | 89,9 | 4,16 | 167 | 33,5 | 2,53 | 13 | 56 | — |
| 120 | 120 | 6,5 | 11 | 34,0 | 26,7 | 864 | 144 | 5,04 | 318 | 52,9 | 3,06 | 17 | 66 | — |
| 140 | 140 | 7 | 12 | 43,0 | 33,7 | 1510 | 216 | 5,93 | 550 | 78,5 | 3,58 | 21 | 76 | — |
| 160 | 160 | 8 | 13 | 54,3 | 42,6 | 2490 | 311 | 6,78 | 889 | 111 | 4,05 | 23 | 86 | — |
| 180 | 180 | 8,5 | 14 | 65,3 | 51,2 | 3830 | 426 | 7,66 | 1360 | 151 | 4,57 | 25 | 100 | — |
| 200 | 200 | 9 | 15 | 78,1 | 61,3 | 5700 | 570 | 8,54 | 2000 | 200 | 5,07 | 25 | 110 | — |
| 220 | 220 | 9,5 | 16 | 91,0 | 71,5 | 8090 | 736 | 9,43 | 2840 | 258 | 5,59 | 25 | 120 | — |
| 240 | 240 | 10 | 17 | 106 | 83,2 | 11260 | 938 | 10,3 | 3920 | 327 | 6,08 | 25 | 96 | 35 |
| 260 | 260 | 10 | 17,5 | 118 | 93,0 | 14920 | 1150 | 11,2 | 5130 | 395 | 6,58 | 25 | 106 | 40 |
| 280 | 280 | 10,5 | 18 | 131 | 103 | 19270 | 1380 | 12,1 | 6590 | 471 | 7,09 | 25 | 110 | 45 |
| 300 | 300 | 11 | 19 | 149 | 117 | 25170 | 1680 | 13,0 | 8560 | 571 | 7,58 | 28 | 120 | 45 |
| 320 | 300 | 11,5 | 20,5 | 161 | 127 | 30820 | 1930 | 13,8 | 9240 | 616 | 7,57 | 28 | 120 | 45 |
| 340 | 300 | 12 | 21,5 | 171 | 134 | 36660 | 2160 | 14,6 | 9690 | 646 | 7,53 | 28 | 120 | 45 |
| 360 | 300 | 12,5 | 22,5 | 181 | 142 | 43190 | 2400 | 15,5 | 10140 | 676 | 7,49 | 28 | 120 | 45 |
| 400 | 300 | 13,5 | 24 | 198 | 155 | 57680 | 2880 | 17,1 | 10820 | 721 | 7,40 | 28 | 120 | 45 |
| 450 | 300 | 14 | 26 | 218 | 171 | 79890 | 3550 | 19,1 | 11720 | 781 | 7,33 | 28 | 120 | 45 |
| 500 | 300 | 14,5 | 28 | 239 | 187 | 107200 | 4290 | 21,2 | 12620 | 842 | 7,27 | 28 | 120 | 45 |
| 550 | 300 | 15 | 29 | 254 | 199 | 136760 | 4970 | 23,2 | 13080 | 872 | 7,17 | 28 | 120 | 45 |
| 600 | 300 | 15,5 | 30 | 270 | 212 | 171000 | 5700 | 25,2 | 13530 | 902 | 7,08 | 28 | 120 | 45 |

[1] Werte in ( ) gelten für hochfeste Schrauben DIN EN 14399.
[2] Abweichend hiervon gelten nach DIN 101 für Nietverbindungen folgende Lochdurchmesser $d_0$: 6,3  10,5.
[3] Für Nieten und Schrauben von kleineren als den hier angegebenen Größtdurchmessern können die gleichen Anreißmaße angewendet werden.

**TB 1-12** Warmgewalzter gleichschenkliger T-Stahl mit gerundeten Kanten und Übergängen nach DIN EN 10 055

**Bezeichnung** eines T-Stahls mit 80 mm Höhe aus S235JR nach DIN EN 10025:
T-Profil EN 10 055 – T80
Stahl EN 10 025 – S235JR

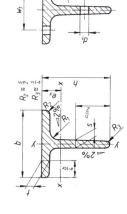

| Kurzzeichen T | Maße für | | Quer-schnitt | längen-bezogene Masse | | für die Biegeachse | | | | | | | Anreißmaße nach DIN 997 | | |
|---|---|---|---|---|---|---|---|---|---|---|---|---|---|---|---|
| | | | | | | | x–x | | | | y–y | | $d_1$ [1)2) max. | $w_1$ | $w_2$ |
| | $b=h$ | $s=t=R_1$ | $A$ | $m'$ | $e_x$ | $I_x$ | $W_x$ | $i_x$ | $I_y$ | $W_y$ | $i_y$ | | | | |
| | mm | mm | cm² | kg/m | cm | cm⁴ | cm³ | cm | cm⁴ | cm³ | cm | mm | mm | mm |
| 30 | 30 | 4 | 2,26 | 1,77 | 0,85 | 1,72 | 0,80 | 0,87 | 0,87 | 0,58 | 0,62 | 4,3 | 17 | 17 |
| 35 | 35 | 4,5 | 2,97 | 2,33 | 0,99 | 3,10 | 1,23 | 1,04 | 1,57 | 0,90 | 0,73 | 4,3 | 19 | 19 |
| 40 | 40 | 5 | 3,77 | 2,96 | 1,12 | 5,28 | 1,84 | 1,18 | 2,58 | 1,29 | 0,83 | 6,4 | 21 | 22 |
| 50 | 50 | 6 | 5,66 | 4,44 | 1,39 | 12,1 | 3,36 | 1,46 | 6,60 | 2,42 | 1,03 | 6,4 | 30 | 30 |
| 60 | 60 | 7 | 7,94 | 6,23 | 1,66 | 23,8 | 5,48 | 1,73 | 12,2 | 4,07 | 1,24 | 8,4 | 34 | 35 |
| 70 | 70 | 8 | 10,6 | 8,32 | 1,94 | 44,5 | 8,79 | 2,05 | 22,1 | 6,32 | 1,44 | 11 | 38 | 40 |
| 80 | 80 | 9 | 13,6 | 10,7 | 2,22 | 73,7 | 12,8 | 2,33 | 37,0 | 9,25 | 1,65 | 11 | 45 | 45 |
| 100 | 100 | 11 | 20,9 | 16,4 | 2,74 | 179 | 24,6 | 2,92 | 88,3 | 17,7 | 2,05 | 13 | 60 | 60 |
| 120 | 120 | 13 | 29,6 | 23,2 | 3,28 | 366 | 42,0 | 3,51 | 178 | 29,7 | 2,45 | 17 | 70 | 70 |
| 140 | 140 | 15 | 39,9 | 31,3 | 3,80 | 660 | 64,7 | 4,07 | 330 | 47,2 | 2,88 | 21 | 80 | 75 |

[1)] Abweichend hiervon gelten nach DIN 101 für Nietverbindungen folgende Lochdurchmesser $d_0$: 4,2  6,3  10,5.
[2)] Für Nieten und Schrauben von kleineren als den hier angegebenen Größtdurchmessern können die gleichen Anreißmaße angewendet werden.

**TB 1-13** Hohlprofile, Rohre
a) Warmgefertigte Hohlprofile für den Stahlbau aus unlegierten Baustählen und aus Feinkornbaustählen nach DIN EN 10210-2 (Standardgrößen)

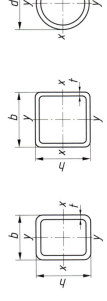

rechteckige Hohlprofile — quadratische Hohlprofile — kreisförmige Hohlprofile — elliptische Hohlprofile[1]

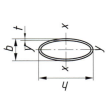

| Nenngröße | | Wanddicke[2] | Querschnittsfläche | längenbezogene Masse | Flächenmoment 2. Grades | | elastisches Widerstandsmoment | | Trägheitsradius | | Torsion[3] | |
|---|---|---|---|---|---|---|---|---|---|---|---|---|
| $h$ mm | $b$ mm | $t$ mm | $A$ cm² | $m'$ kg/m | $I_x$ cm⁴ | $I_y$ cm⁴ | $W_x$ cm³ | $W_y$ cm³ | $i_x$ cm | $i_y$ cm | $I_t$ cm⁴ | $W_t$ cm³ |
| **Hohlprofile mit rechteckigem Querschnitt (Auszug)** | | | | | | | | | | | | |
| 50 | 30 | 2,6 (3,2 4,0 5,0) | 3,82 | 3,00 | 12,2 | 5,38 | 4,87 | 3,58 | 1,79 | 1,19 | 12,1 | 5,90 |
| 60 | 40 | 2,6 (3,2 4,0 5,0 6,3) | 4,86 | 3,81 | 23,6 | 12,4 | 7,86 | 6,22 | 2,20 | 1,60 | 25,9 | 10,04 |
| 80 | 40 | 3,2 (4,0 5,0 6,3 8,0) | 7,16 | 5,62 | 57,2 | 18,9 | 14,3 | 9,5 | 2,83 | 1,63 | 46,2 | 16,08 |
| 90 | 50 | 3,2 (4,0 5,0 6,3 8,0) | 8,44 | 6,63 | 89,1 | 35,3 | 19,8 | 14,1 | 3,25 | 2,04 | 80,9 | 23,58 |
| 100 | 50 | 3,2 (4,0 5,0 6,3 8,0) | 9,08 | 7,13 | 116 | 38,8 | 23,2 | 15,5 | 3,57 | 2,07 | 93,4 | 26,38 |
| 100 | 60 | 3,2 (4,0 5,0 6,3 8,0) | 9,72 | 7,63 | 131 | 58,8 | 26,2 | 19,6 | 3,67 | 2,46 | 129 | 32,36 |
| 120 | 60 | 4,0 (5,0 6,3 8,0 10,0) | 13,6 | 10,7 | 249 | 83,1 | 41,5 | 27,7 | 4,28 | 2,47 | 201 | 47,10 |
| 120 | 80 | 4,0 (5,0 6,3 8,0 10,0) | 15,2 | 11,9 | 303 | 161 | 50,4 | 40,2 | 4,46 | 3,25 | 330 | 64,98 |
| 140 | 80 | 4,0 (5,0 6,3 8,0 10,0) | 16,8 | 13,2 | 441 | 184 | 62,9 | 46,0 | 5,12 | 3,31 | 411 | 77 |
| 150 | 100 | 4,0 (5,0 6,3 8,0 10,0 12,5) | 19,2 | 15,1 | 607 | 324 | 81,0 | 64,8 | 5,63 | 4,11 | 660 | 105 |
| 160 | 80 | 4,0 (5,0 6,3 8,0 10,0 12,5) | 18,4 | 14,4 | 612 | 207 | 76,5 | 51,7 | 5,77 | 3,35 | 493 | 88 |
| 180 | 100 | 4,0 (5,0 6,3 8,0 10,0 12,5) | 21,6 | 16,9 | 945 | 379 | 105 | 75,9 | 6,61 | 4,19 | 852 | 127 |
| 200 | 100 | 4,0 (5,0 6,3 8,0 10,0 12,5 16,0) | 23,2 | 18,2 | 1223 | 416 | 122 | 83 | 7,26 | 4,24 | 983 | 142 |
| 200 | 120 | 6,3 (8,0 10,0 12,5) | 38,3 | 30,1 | 2065 | 929 | 207 | 155 | 7,34 | 4,92 | 2028 | 255 |
| 250 | 150 | 6,3 (8,0 10,0 12,5 14,2 16,0) | 48,4 | 38,0 | 4143 | 1874 | 331 | 250 | 9,25 | 6,22 | 4054 | 413 |

**TB 1-13** (Fortsetzung)

## Hohlprofile mit quadratischem Querschnitt (Auszug)

| Nenngröße $b$ mm | Wanddicke[2] $t$ mm | Querschnittsfläche $A$ cm² | längenbezogene Masse $m'$ kg/m | Flächenmoment 2. Grades $I$ cm⁴ | elastisches Widerstandsmoment $W$ cm³ | Trägheitsradius $i$ cm | Torsion[3] $I_t$ cm⁴ | Torsion[3] $W_t$ cm³ |
|---|---|---|---|---|---|---|---|---|
| 40 | 2,6 (3,2 4,0 5,0) | 3,82 | 3,00 | 8,8 | 4,4 | 1,52 | 14,0 | 6,41 |
| 50 | 2,6 (3,2 4,0 5,0 6,3) | 4,86 | 3,81 | 18,0 | 7,21 | 1,93 | 28,4 | 10,6 |
| 60 | 2,6 (3,2 4,0 5,0 6,3 8,0) | 5,90 | 4,63 | 32,2 | 10,7 | 2,34 | 50,2 | 15,7 |
| 70 | 3,2 (4,0 5,0 6,3 8,0) | 8,4 | 6,63 | 62,3 | 17,8 | 2,72 | 97,6 | 26,1 |
| 80 | 3,2 (4,0 5,0 6,3 8,0) | 9,72 | 7,63 | 95 | 23,7 | 3,13 | 148 | 34,9 |
| 90 | 4,0 (5,0 6,3 8,0) | 13,6 | 10,7 | 166 | 37,0 | 3,50 | 260 | 54,2 |
| 100 | 4,0 (5,0 6,3 8,0 10,0) | 15,2 | 11,9 | 232 | 46,4 | 3,91 | 361 | 68,2 |
| 120 | 5,0 (6,3 8,0 10,0 12,5) | 22,7 | 17,8 | 498 | 83,0 | 4,68 | 777 | 122 |
| 140 | 5,0 (6,3 8,0 10,0 12,5) | 26,7 | 21,0 | 807 | 115 | 5,50 | 1253 | 170 |
| 150 | 5,0 (6,3 8,0 10,0 12,5 14,2 16,0) | 28,7 | 22,6 | 1002 | 134 | 5,90 | 1550 | 197 |
| 160 | 5,0 (6,3 8,0 10,0 12,5 14,2 16,0) | 30,7 | 24,1 | 1225 | 153 | 6,31 | 1892 | 226 |
| 180 | 5,0 (6,3 8,0 10,0 12,5 14,2 16,0) | 34,7 | 27,3 | 1765 | 196 | 7,13 | 2718 | 290 |
| 200 | 5,0 (6,3 8,0 10,0 12,5 14,2 16,0) | 38,7 | 30,4 | 2445 | 245 | 7,95 | 3756 | 362 |
| 220 | 6,3 (8,0 10,0 12,5 14,2 16,0) | 53,4 | 41,9 | 4049 | 368 | 8,71 | 6240 | 544 |
| 250 | 6,3 (8,0 10,0 12,5 14,2 16,0) | 61,0 | 47,9 | 6014 | 481 | 9,93 | 9238 | 712 |
| 260 | 6,3 (8,0 10,0 12,5 14,2 16,0) | 63,5 | 49,9 | 6788 | 522 | 10,3 | 10 420 | 773 |
| 300 | 6,3 (8,0 10,0 12,5 14,2 16,0) | 74,0 | 57,8 | 10 550 | 703 | 12,0 | 16 140 | 1043 |
| 350 | 8,0 (10,0 12,5 14,2 16,0) | 109 | 85,4 | 21 130 | 1207 | 13,9 | 32 380 | 1789 |
| 400 | 10,0 (12,5 14,2 16,0 20,0) | 155 | 122 | 39 130 | 1956 | 15,9 | 60 090 | 2895 |

# Allgemeine und konstruktive Grundlagen

| Nenn-größe | Wanddicke[2] | Quer-schnitts-fläche | längen-bezogene Masse | Flächen-moment 2. Grades | elastisches Widerstands-moment | Trägheits-radius | Torsion[3] | |
|---|---|---|---|---|---|---|---|---|
| | $t$ | $A$ | $m'$ | $I$ | $W$ | $i$ | $I_t$ | $W_t$ |
| mm | mm | cm² | kg/m | cm⁴ | cm³ | cm | cm⁴ | cm³ |
| $d$ | | | | | | | | |
| **Hohlprofile mit kreisförmigem Querschnitt (Auszug)** | | | | | | | | |
| 21,3 | 2,3 (2,6 3,2) | 1,37 | 1,08 | 0,629 | 0,590 | 0,677 | 1,26 | 1,18 |
| 26,9 | 2,3 (2,6 3,2) | 1,78 | 1,40 | 1,36 | 1,01 | 0,874 | 2,71 | 2,02 |
| 33,7 | 2,6 (3,2 4,0) | 2,54 | 1,99 | 3,09 | 1,84 | 1,10 | 6,19 | 3,67 |
| 42,4 | 2,6 (3,2 4,0) | 3,25 | 2,55 | 6,46 | 3,05 | 1,41 | 12,9 | 6,10 |
| 48,3 | 2,6 (3,2 4,0 5,0) | 3,73 | 2,93 | 9,78 | 4,05 | 1,62 | 19,6 | 8,10 |
| 60,3 | 2,6 (3,2 4,0 5,0) | 4,71 | 3,70 | 19,7 | 6,52 | 2,04 | 39,3 | 13,0 |
| 76,1 | 2,6 (3,2 4,0 5,0) | 6,00 | 4,71 | 40,6 | 10,7 | 2,60 | 81,2 | 21,3 |
| 88,9 | 3,2 (4,0 5,0 6,0 6,3) | 8,62 | 6,76 | 79,2 | 17,8 | 3,03 | 158 | 35,6 |
| 101,6 | 3,2 (4,0 5,0 6,0 6,3 8,0 10,0) | 9,89 | 7,77 | 120 | 23,6 | 3,48 | 240 | 47,2 |
| 114,3 | 3,2 (4,0 5,0 6,0 6,3 8,0 10,0) | 11,2 | 8,77 | 172 | 30,2 | 3,93 | 345 | 60,4 |
| 139,7 | 4,0 (5,0 6,0 6,3 8,0 10,0 12,0 12,5) | 17,1 | 13,4 | 393 | 56,2 | 4,80 | 786 | 112 |
| 168,3 | 4,0 (5,0 6,3 8,0 10,0 12,5) | 20,6 | 16,2 | 697 | 82,8 | 5,81 | 1394 | 166 |
| 177,8 | 5,0 (6,3 8,0 10,0 12,5) | 27,1 | 21,3 | 1014 | 114 | 6,11 | 2028 | 228 |
| 193,7 | 5,0 (6,3 8,0 10,0 12,5 14,2 16,0) | 29,6 | 23,3 | 1320 | 136 | 6,67 | 2640 | 273 |
| 219,1 | 5,0 (6,3 8,0 10,0 12,5 14,2 16,0 20,0) | 33,6 | 26,4 | 1928 | 176 | 7,57 | 3856 | 352 |
| 244,5 | 5,0 (6,3 8,0 10,0 12,5 14,2 16,0 20,0 25,0) | 37,6 | 29,5 | 2699 | 221 | 8,47 | 5397 | 441 |

[1] Maße (120 × 60 bis 500 × 250) und statische Werte siehe Normblatt
[2] Statische Werte für kleinste Wanddicke. Weitere Wanddicken in ( ).
[3] $I_t$ = Torsionsflächenmoment (Torsionsträgheitskonstante, polares Trägheitsmoment bei Rohren)
$W_t$ = Torsionswiderstandsmoment (Konstante des Torsionsmoduls)

**Längenart:** Herstelllänge: 4000 bis 16000 mm mit einem Längenunterschied von höchstens 2000 mm je Auftragsposition. 10 % der gelieferten Profile dürfen unter der für den bestellten Bereich geltenden Mindestlänge liegen, jedoch nicht kürzer als 75 % der Mindestlänge sein. Festlänge: 4000 bis 16000 mm, Grenzabmaß ± 500 mm. Die üblichen Längen betragen 6 bis 12 m. Genaulänge: 2000 mm ≤ $L$ ≤ 6000 mm, Grenzabmaß + 10/0 mm. $L$ ≥ 6000 mm, Grenzabmaße + 15/0 mm
**Werkstoffe:** Unlegierte Baustähle: S235JRH, S275J0H, S275J2H, S355J0H, S355J2H. Feinkornbaustähle: S275NH, S275NLH, S355NH, S355NLH, S460NH, S460NLH.
**Bestellbeispiel:** 400 m warmgefertigte rechteckige Hohlprofile mit dem Format 140 mm × 80 mm und einer Wanddicke von 6,3 mm nach DIN EN 10210, hergestellt aus der Stahlsorte S355J0H (JO: Mindestwert der Kerbschlagarbeit 27J bei 0 °C, H: Hohlprofil), geliefert in Herstelllängen mit einem Abnahmeprüfzeugnis 3.1.B nach EN 10204: 400 m Profile – HFRHF – 140 × 80 × 6,3 – EN 10210 – S355J0H – Herstelllänge – EN 10204 – 3.1.B

**TB 1-13**  (Fortsetzung)
b) Präzisionsstahlrohre, nahtlos kaltgezogene Rohre nach DIN EN 10305-1 (Auswahl)
   Vorzugswerte für Durchmesser und Wanddicke entsprechen dunkleren Flächen.
Die Rohre sind durch genau definierte Grenzabmaße und eine festgelegte maximale Oberflächenrauheit charakterisiert. ($D \leq 260$ mm: $Ra \leq 4$ µm, $D > 260$ mm: $Ra \leq 6$ µm)

Maße in mm

| Nennaußen-durchmesser $D^{1)}$ mit Grenzabmaßen | | Wanddicke $T^{3)}$ | | | | | | | | | | | | | | | | | | | | | |
|---|---|---|---|---|---|---|---|---|---|---|---|---|---|---|---|---|---|---|---|---|---|---|---|
| | | 1 | 1,2 | 1,5 | 1,8 | 2 | 2,2 | 2,5 | 2,8 | 3,0 | 3,5 | 4 | 4,5 | 5 | 5,5 | 6 | 7 | 8 | 9 | 10 | 12 | 14 | 16 |
| | | Grenzabmaße für Nenn-Innendurchmesser $d^{2)}$ | | | | | | | | | | | | | | | | | | | | | |
| 10  | ±0,08 | | | ±0,15 | | | | ±0,25 | | | | | | | | | | | | | | | |
| 12  | | | | ±0,15 | | | | ±0,25 | | | | | | | | | | | | | | | |
| 14  | | | | | ±0,15 | | | | ±0,25 | | | | | | | | | | | | | | |
| 15  | | ±0,08 | | | ±0,15 | | | | ±0,25 | | | | | | | | | | | | | | |
| 16  | | ±0,08 | | | | ±0,15 | | | | ±0,25 | | | | | | | | | | | | | |
| 18  | | | ±0,08 | | | | ±0,15 | | | | ±0,25 | | | | | | | | | | | | |
| 20  | | | ±0,08 | | | | ±0,15 | | | | ±0,25 | | | | | | | | | | | | |
| 22  | | | | ±0,08 | | | | ±0,15 | | | | ±0,25 | | | | | | | | | | | |
| 25  | | | | ±0,08 | | | | | ±0,15 | | | | ±0,25 | | | | | | | | | | |
| 26  | | | | ±0,08 | | | | | ±0,15 | | | | ±0,25 | | | | | | | | | | |
| 28  | | | | | ±0,08 | | | | | ±0,15 | | | | | | | | | | | | | |
| 30  | | | | | ±0,08 | | | | | ±0,15 | | | | | | ±0,25 | | | | | | | |
| 32  | | | | | | | | ±0,15 | | | | | | | | ±0,25 | | | | | | | |
| 35  | ±0,15 | | | | | | | | ±0,15 | | | | | | | | | | | | | | |
| 38  | | | | | | | | | ±0,15 | | | | | | | | | | | | | | |
| 40  | | | | | | | | | ±0,15 | | | | | | | | | | | | | | |
| 42  | | | | | | | | | | ±0,20 | | | | | | | | | | | | | |
| 45  | ±0,20 | | | | | | | | | ±0,20 | | | | | | | | | | | | | |
| 48  | | | | | | | | | | ±0,20 | | | | | | | | | | | | | |
| 50  | | | | | | | | | | ±0,20 | | | | | | | | | | | | | |
| 55  | ±0,25 | | | | | | | | | | ±0,25 | | | | | | | | | | | | |
| 60  | | | | | | | | | | | ±0,25 | | | | | | | | | | | | |
| 65  | ±0,30 | | | | | | | | | | ±0,30 | | | | | | | | | | | | |
| 70  | | | | | | | | | | | ±0,30 | | | | | | | | | | | | |
| 75  | ±0,35 | | | | | | | | | | | ±0,35 | | | | | | | | | | | |
| 80  | | | | | | | | | | | | ±0,35 | | | | | | | | | | | |
| 85  | ±0,40 | | | | | | | | | | | | ±0,40 | | | | | | | | | | |
| 90  | | | | | | | | | | | | | ±0,40 | | | | | | | | | | |
| 95  | ±0,45 | | | | | | | | | | | | | ±0,45 | | | | | | | | | |
| 100 | | | | | | | | | | | | | | ±0,45 | | | | | | | | | |
| 110 | ±0,50 | | | | | | | | | | | | | | ±0,50 | | | | | | | | |
| 120 | | | | | | | | | | | | | | | ±0,50 | | | | | | | | |
| 130 | ±0,70 | | | | | | | | | | | | | | | | | ±0,70 | | | | | | |
| 140 | | | | | | | | | | | | | | | | | | ±0,70 | | | | | | |
| 150 | ±0,80 | | | | | | | | | | | | | | | | | ±0,80 | | | | | | |
| 160 | | | | | | | | | | | | | | | | | | ±0,80 | | | | | | |

[1] Gesamter Durchmesserbereich zwischen 4 und 380 mm. Durchmesser-Grenzabmaße gelten für Lieferzustand +C oder +LC.
[2] Die Rohre sind nach Außendurchmesser ($D$) und Innendurchmesser ($d$) festgelegt, $d = D - 2T$.
[3] Wanddickengrenzabmaße: ±10 % oder ±0,1 mm. Der größere Wert gilt.

Lieferzustände
zugblank/hart: +C, zugblank/weich: +LC, zugblank und spannungsarm geglüht: +SR, geglüht: +A, normalgeglüht: +N.

Allgemeine und konstruktive Grundlagen

## TB 1-13  (Fortsetzung)
### Rohrlänge

| Längenart | Herstell-länge | Fest-länge | Genaulänge | | | |
|---|---|---|---|---|---|---|
| Länge $L$ in mm | ≥ 3000 | | 500 < $L$ ≤ 2000 | 2000 < $L$ ≤ 5000 | 5000 < $L$ ≤ 8000 | 500 ≥ L > 8000 |
| Grenzmaß in mm | | ± 500 | 0/+3 | 0/+5 | 0/+10 | 0/+ nach Vereinbarung |

**Werkstoffe:**
E215, E235, E355. Zusätzlich mögliche Stahlsorten: E255, E410, 26Mn5, C35E, C45E, 26Mo2, 25CrMo4, 42CrMo4, 10S10, 15S10, 18S10 und 37S10.

**Bestellbeispiel:**
180 m Rohre mit einem Außendurchmesser $D$ = 80 mm und einem Innendurchmesser $d$ = 74 mm nach EN 10305-1, gefertigt aus der Stahlsorte E235 in normalgeglühtem Zustand, geliefert in Herstelllängen mit Option 19 (Abnahmeprüfzeugnis 3.1.B nach EN 10204):
    180 m Rohre – 80 × $d$ 74 – EN 10305-1 – E235 + N – Herstelllänge – Option 19

c) Nahtlose und geschweißte Stahlrohre für allgemeine Anwendungen nach DIN EN 10220.

Es sind Vorzugsmaße für Außendurchmesser und Wanddicke und Werte der längenbezogenen Masse in kg/m festgelegt (Werte s. Normblatt). Werkstoffe, Grenzabmaße usw. sind den Anwendungsnormen zu entnehmen.

Die Einteilung der Rohre erfolgt in drei verschiedenen Außendurchmesserreihen und in Vorzugswanddicken. Es wird empfohlen, für Rohre die als Komponenten von Rohrleitungssystemen vorgesehen sind, Außendurchmesser der Reihe 1 auszuwählen.

**Reihe 1: Außendurchmesser, für die das gesamte Zubehör genormt ist.**
Außendurchmesser und Wanddickenbereich von…bis (in mm):
**10,2:** 0,5…2,6; **13,5:** 0,5…3,6; **17,2:** 0,5…4,5; **21,3:** 0,5…5,4; **26,9:** 0,5…8; **33,7:** 0,5…8,8; **42,4:** 0,5…10; **48,3:** 0,6…12,5; **60,3:** 0,6…16; **76,1:** 0,8…20; **88,9:** 0,8…25; **114,3:** 1,2…32; **139,7:** 1,6…40; **168,3:** 1,6…50; **219,1:** 1,8…70; **273:** 2,0…80; **323,9/355,6/406,4:** 2,6…100; **457/508/610:** 3,2…100; **711:** 4…100; **813/914/1016:** 4…65; **1067/1118/1219:** 5…65; **1422:** 5,6…65; **1626:** 6,3…65; **1829:** 7,1…65; **2032:** 8…65; **2235:** 8,8…65; **2540:** 10…65.

Vorzugswanddicken (in mm): 0,5 0,6 0,8 1 1,2 1,4 1,6 1,8 2 2,3 2,6 2,9 3,2 3,6 4 4,5 5,0 5,4 5,6 6,3 7,1 8 8,8 10 11 12,5 14,2 16 17,5 20 22,2 25 28 30 32 36 40 45 50 55 60 65 (70) (80) (90) (100)

**Reihe 2: Außendurchmesser, für die nicht alle Zubehörteile genormt sind (in mm):**
12 12,7 16 19 20 25 31,8 32 38 40 51 57 63,5 70 101,6 127 133 762 1168 1321 1524 1727 1930 2134 2337 2438

**Reihe 3: Außendurchmesser, für die es kaum genormtes Zubehör gibt (in mm):**
14 18 22 25,4 30 35 44,5 54 73 82,5 108 141,3 152,4 159 177,8 193,7 244,5 559 660 864
Wanddickenzuordnung bei Reihe 2 und 3 ähnlich wie bei Reihe 1

**TB 1-13** (Fortsetzung)

d) Nahtlose Stahlrohre für Druckbeanspruchungen aus unlegierten Stählen nach DIN EN 10216-1

Die Rohre sind mit aus DIN EN 10220 ausgewählten Vorzugswerten nach Außendurchmesser $D$ und Wanddicke $T$ festgelegt.

**Reihe 1: Außendurchmesser, für die das gesamte Zubehör genormt ist**
Außendurchmesser und Wanddickenbereich von…bis (in mm):
**10,2:** 1,6…2,6; **13,5:** 1,8…3,6; **17,2:** 1,8…4,5 ; **21,3:** 2…5; **26,9:** 2…8; **33,7:** 2,3…8,8;
**42,4:** 2,6…10; **48,3:** 2,6…12,5; **60,3:** 2,9…16; **76,1:** 2,9…20; **88,9:** 3,2…25; **114,3:** 3,6…32;
**139,7:** 4…40; **168,3:** 4,5…50; **219,1:** 6,3…70; **273:** 6,3…80; **323,9:** 7,1…100; **355,6:** 8…100;
**406,4:** 8,8…100; **457:** 10…100; **508:** 11…100; **610:** 12,5…100; **711:** 25…100.

Vorzugswanddicken (in mm): 1,6 1,8 2 2,3 2,6 2,9 3,2 3,6 4,0 4,5 5,0 5,6 6,3 7,1 8,0 8,8 10,0 11,0 12,5 14,2 16 17,5 20 22,2 25 28 30 32 36 40 45 50 55 60 65 70 80 90 100

Reihe 2 und 3: Außendurchmesser siehe DIN EN 10220, TB 1-13c

Lieferzustand: Die Rohre sind entweder normalgeglüht oder normalisierend umgeformt zu liefern.

Grenzabmaße

| Außendurch-messer $D$ mm | Grenzab-maße für $D$ | Grenzabmaße für $T$ bei einem $T/D$-Verhältnis von | | | |
|---|---|---|---|---|---|
| | | ≤0,025 | >0,025 bis 0,050 | >0,050 bis 0,10 | >0,10 |
| $D \leq 219{,}1$ | ±1% oder ±0,5 mm, es gilt jeweils der größere Wert | ±12,5 % oder ±0,4 mm, es gilt jeweils der größere Wert | | | |
| $D > 219{,}1$ | | ±20 % | ±15 % | ±12,5 % | ±10 % |

**Werkstoffe:**
P195TR1, P235TR1, P265TR1 in Güte TR1 ohne festgelegten Al-Anteil, ohne festgelegte Werte der Kerbschlagarbeit und ohne spezifische Prüfung.
P195TR2, P235TR2, P265TR2 in Güte TR2 mit festgelegtem Al-Anteil, mit festgelegten Werten der Kerbschlagarbeit und mit spezifischer Prüfung.

**Bestellbeispiel:**
40 t nahtlose Stahlrohre mit einem Außendurchmesser von 219,1 mm und einer Wanddicke von 8 mm nach EN 10216-1, hergestellt aus der Stahlsorte P235TR2 in Genaulängen 8000 + 15 mm:
    40 t Rohre – 219,1 × 8 – EN 10216-1 – P235TR2 – Option 8: 8 000 mm.

**TB 1-14** Flächenmomente 2. Grades und Widerstandsmomente[1]

| Querschnitt | Biegung | | Torsion | |
|---|---|---|---|---|
| | axiales Flächenmoment 2. Grades $I_b$ | axiales Widerstandsmoment $W_b$ | Flächenmoment 2. Grades $I_t$ | Widerstandsmoment $W_t$ |
| Rechteck | $I_x = \dfrac{b \cdot h^3}{12}$  $I_y = \dfrac{h \cdot b^3}{12}$ | $W_x = \dfrac{b \cdot h^2}{6}$  $W_y = \dfrac{h \cdot b^2}{6}$ | $I_t = c_1 \cdot h \cdot b^3$ | $W_t = \dfrac{c_1}{c_2} \cdot h \cdot b^2$  wobei  $c_1 = \dfrac{1}{3}\left(1 - \dfrac{0{,}63}{h/b} + \dfrac{0{,}052}{(h/b)^5}\right)$  $c_2 = 1 - \dfrac{0{,}65}{1+(h/b)^3}$ |
| Quadrat | $I_x = I_y = I_z = \dfrac{h^4}{12}$ | $W_x = W_y = \dfrac{h^3}{6}$  $W_z = \dfrac{\sqrt{2} \cdot h^3}{12}$ | $I_t = 0{,}141 \cdot h^4$ | $W_t = 0{,}208 \cdot h^3$ |
| schmales schräggestelltes Rechteck | $I_x = \dfrac{t}{12} \cdot h \cdot b^2 = \dfrac{t}{12} h^3 \cdot \sin^2 \alpha$  $I_y = \dfrac{t}{12} \cdot h \cdot a^2 = \dfrac{t}{12} h^3 \cdot \cos^2 \alpha$ | | $I_t \approx \dfrac{1}{3} \cdot h \cdot t^3$ | $W_t \approx \dfrac{1}{3} \cdot h \cdot t^2$ |

[1] Flächen- und Widerstandsmomente für Wellenquerschnitte s. TB 11-3. Flächenmomente 2. Grades und axiale Widerstandsmomente für Normprofile s. TB 1-8 bis TB 1-13.

**TB 1-14** (Fortsetzung)

| Querschnitt | Biegung | | Torsion | |
|---|---|---|---|---|
| | axiales Flächenmoment 2. Grades $I_b$ | axiales Widerstandsmoment $W_b$ | Flächenmoment 2. Grades $I_t$ | Widerstandsmoment $W_t$ |
| rechteckiger Hohlkasten 1. Wanddicke $t$ konstant | $I_x = \dfrac{B \cdot H^3 - b \cdot h^3}{12}$  $I_y = \dfrac{H \cdot B^3 - h \cdot b^3}{12}$ | $W_x = \dfrac{B \cdot H^3 - b \cdot h^3}{6H}$  $W_y = \dfrac{H \cdot B^3 - h \cdot b^3}{6B}$ | 2. Bredtsche Formel  $I_t = 2 \cdot (A_a + A_i) \cdot t \cdot \dfrac{A_m}{U_m}$  $\approx 4 A_m^2 \cdot \dfrac{t}{U_m}$  $A_m$ Fläche, die von der Profilmittellinie umschlossen wird  $U_m$ Länge der Profilmittellinie | 1. Bredtsche Formel  $W_t \approx 2 \cdot A_m \cdot t$ |
| 2. Wanddicke $t$ veränderlich z. B. $t_1 < t_2 < t_3 < t_4$ | $W = \dfrac{I}{e}$ | | $I_t = \dfrac{4 \cdot b^2 \cdot h^2}{b\left(\dfrac{1}{t_1}+\dfrac{1}{t_3}\right)+h\left(\dfrac{1}{t_2}+\dfrac{1}{t_4}\right)}$ | $W_{t\,min} = 2 \cdot b \cdot h \cdot t_{min}$  $W_{t\,max} = 2 \cdot b \cdot h \cdot t_{max}$ |
| zusammengesetzte dünnwandige Querschnitte | $I = \sum I_i + \sum A_i \cdot e_i^2$  Beispiel:  $I_x \approx I_1 + I_2 + I_3 + A_1 \cdot e_1^2 + A_2 \cdot e_2^2 + A_3 \cdot e_3^2$ | | $I_t = \dfrac{1}{3}\sum_{i=1}^{n} h_i \cdot t_i^3$  Beispiel:  $I_t \approx \dfrac{1}{3}(h_1 \cdot t_1^3 + h_2 \cdot t_2^3 + h_3 \cdot t_3^3)$ | $W_t = \dfrac{1}{3 \cdot t_{max}} \cdot \sum_{i=1}^{n} h_i \cdot t_i^3$ |

Allgemeine und konstruktive Grundlagen

**TB 1-15** Maßstäbe in Abhängigkeit vom Längenmaßstab, Stufensprünge und Reihen zur Typung

| Kenngröße | Maßstab | Stufensprung | Reihe |
|---|---|---|---|
| 1. Länge $L$ | $q_L = L_1/L_0$ | $q_{r/p}$ | Rr/p |
| 2. Fläche $A$ | $q_A = A_1/A_0 = q_L^2$ | $q_{r/2p}$ | Rr/2p |
| 3. Volumen $V$ | $q_V = V_1/V_0 = q_L^3$ | $q_{r/3p}$ | Rr/3p |
| Masse $m$ | $q_m = m_1/m_0 = q_L^3$ | $q_{r/3p}$ | Rr/3p |
| 4. Dichte $\rho$ | $q_\rho = \rho_1/\rho_0 = 1$ | – | – |
| 5. Kraft $F$ | $q_F = F_1/F_0 = q_L^2$ | $q_{r/2p}$ | Rr/2p |
| 6. Spannung $\sigma$ | $q_\sigma = \sigma_1/\sigma_0 = 1$ | – | – |
| Druck $p$ | $q_p = p_1/p_0 = 1$ | – | – |
| 7. Zeit $t$ | $q_t = t_1/t_0 = q_L$ | $q_{r/p}$ | Rr/p |
| 8. Geschwindigkeit $v$ | $q_v = v_1/v_0 = 1$ | – | – |
| 9. Beschleunigung $a$ | $q_a = a_1/a_0 = q_L^{-1}$ | $q_{r/-p}$ | Rr/–p (fallend) |
| Drehzahl $n$ | $q_n = n_1/n_0 = q_L^{-1}$ | $q_{r/-p}$ | Rr/–p (fallend) |
| 10. Winkelbeschleunigung $\alpha$ | $q_\alpha = \alpha_1/\alpha_0 = q_L^{-2}$ | $q_{r/-2p}$ | Rr/–2p (fallend) |
| 11. Leistung $P$ | $q_P = P_1/P_0 = q_L^2$ | $q_{r/2p}$ | Rr/2p |
| 12. Moment $M$ bzw. $T$ | $q_M = M_1/M_0 = q_L^3 = T_1/T_0$ | $q_{r/3p}$ | Rr/3p |
| 13. Widerstandsmoment $W$ Arbeit $W$ | $q_W = W_1/W_0 = q_L^3$ | $q_{r/3p}$ | Rr/3p |
| 14. Flächenmoment 2. Grades $I$ | $q_I = I_1/I_0 = q_L^4$ | $q_{r/4p}$ | Rr/4p |
| 15. Massenmoment 2. Grade $J$ | $q_J = J_1/J_0 = q_L^5$ | $q_{r/5p}$ | Rr/5p |

**TB 1-16**  Normzahlen nach DIN 323

| Hauptwerte Grundreihen | | | | Rundwerte Rundwertreihen | | | | | | nahe liegende Werte |
|---|---|---|---|---|---|---|---|---|---|---|
| R5 | R10 | R20 | R40 | R″5 | R′10 | R″10 | R′20 | R″20 | R′40 | |
| 1,00 | 1,00 | 1,00 | 1,00 | 1,00 | 1,00 | 1,00 | 1,00 | 1,00 | 1,00 | |
|  |  |  | 1,06 |  |  |  |  |  | 1,05 | |
|  |  | 1,12 | 1,12 |  |  |  | 1,10 | 1,10 | 1,10 | |
|  |  |  | 1,18 |  |  |  |  |  | 1,20 | |
|  | 1,25 | 1,25 | 1,25 |  | 1,25 | (1,20) | 1,25 | (1,20) | 1,25 | $\sqrt[3]{2}$ |
|  |  |  | 1,32 |  |  |  |  |  | 1,30 | |
|  |  | 1,40 | 1,40 |  |  |  | 1,40 | 1,40 | 1,40 | $\sqrt{2}$ |
|  |  |  | 1,50 |  |  |  |  |  | 1,50 | |
| 1,60 | 1,60 | 1,60 | 1,60 | (1,50) | 1,60 | (1,50) | 1,60 | 1,60 | 1,60 | $\sqrt[3]{4}$ |
|  |  |  | 1,70 |  |  |  |  |  | 1,70 | |
|  |  | 1,80 | 1,80 |  |  |  | 1,80 | 1,80 | 1,80 | |
|  |  |  | 1,90 |  |  |  |  |  | 1,90 | |
|  | 2,00 | 2,00 | 2,00 |  | 2,00 | 2,00 | 2,00 | 2,00 | 2,00 | |
|  |  |  | 2,12 |  |  |  |  |  | 2,10 | |
|  |  | 2,24 | 2,24 |  |  |  | 2,20 | 2,20 | 2,20 | |
|  |  |  | 2,36 |  |  |  |  |  | 2,40 | |
| 2,50 | 2,50 | 2,50 | 2,50 | 2,50 | 2,50 | 2,50 | 2,50 | 2,50 | 2,50 | $\frac{mm}{inch} \approx 25$ |
|  |  |  | 2,65 |  |  |  |  |  | 2,60 | |
|  |  | 2,80 | 2,80 |  |  |  | 2,80 | 2,80 | 2,80 | |
|  |  |  | 3,00 |  |  |  |  |  | 3,00 | |
|  | 3,15 | 3,15 | 3,15 |  | 3,20 | (3,00) | 3,20 | (3,00) | 3,20 | $\pi, \sqrt{10}$ |
|  |  |  | 3,35 |  |  |  |  |  | 3,40 | |
|  |  | 3,55 | 3,55 |  |  |  | 3,50 | (3,50) | 3,60 | |
|  |  |  | 3,75 |  |  |  |  |  | 3,80 | |
| 4,00 | 4,00 | 4,00 | 4,00 | 4,00 | 4,00 | 4,00 | 4,00 | 4,00 | 4,00 | $\frac{\pi}{8} \approx 0{,}4$ |
|  |  |  | 4,25 |  |  |  |  |  | 4,20 | |
|  |  | 4,50 | 4,50 |  |  |  | 4,50 | 4,50 | 4,50 | |
|  |  |  | 4,75 |  |  |  |  |  | 4,80 | |
|  | 5,00 | 5,00 | 5,00 |  | 5,00 | 5,00 | 5,00 | 5,00 | 5,00 | |
|  |  |  | 5,30 |  |  |  |  |  | 5,30 | |
|  |  | 5,60 | 5,60 |  |  |  | 5,60 | (5,50) | 5,60 | |
|  |  |  | 6,00 |  |  |  |  |  | 6,00 | |
| 6,30 | 6,30 | 6,30 | 6,30 | (6,00) | 6,30 | (6,00) | 6,30 | (6,00) | 6,30 | $2\pi$ |
|  |  |  | 6,70 |  |  |  |  |  | 6,70 | |
|  |  | 7,10 | 7,10 |  |  |  | 7,10 | (7,00) | 7,10 | |
|  |  |  | 7,50 |  |  |  |  |  | 7,50 | |
|  | 8,00 | 8,00 | 8,00 |  | 8,00 | 8,00 | 8,00 | 8,00 | 8,00 | $\frac{\pi}{4} \approx 0{,}8$ |
|  |  |  | 8,50 |  |  |  |  |  | 8,50 | |
|  |  | 9,00 | 9,00 |  |  |  | 9,00 | 9,00 | 9,00 | |
|  |  |  | 9,50 |  |  |  |  |  | 9,50 | |
| 10,00 | 10,00 | 10,00 | 10,00 | 10,00 | 10,00 | 10,00 | 10,00 | 10,00 | 10,00 | $\pi^2, g$ |

Die in Klammern () gesetzten Werte von R″5, R″10, R″20, insbesondere der Wert 1,5, sollten möglichst vermieden werden.

# Toleranzen, Passungen, Oberfächenbeschaffenheit

**TB 2-1** Grundtoleranzen IT in Anlehnung an DIN EN ISO 286-1

| Nennmaßbereich (mm) | \multicolumn{18}{c}{Grundtoleranzgrade IT ...} |
|---|---|
| | 1 | 2 | 3 | 4 | 5 | 6 | 7 | 8 | 9 | 10 | 11 | 12 | 13 | 14 | 15 | 16 | 17 | 18 |
| K[1] | – | – | – | – | – | – | – | – | – | 64 | 100 | 160 | 250 | 400 | 640 | 1000 | 1600 | 2500 |
| | \multicolumn{8}{c}{Grundtoleranz IT = K · i bzw. IT = K · I; Toleranzfaktor i(I) nach Gl. (2.4)} | \multicolumn{10}{c}{} |
| | \multicolumn{6}{c}{µm} | | | | | | | | | | | mm | | |
| bis 3 | 0,8 | 1,2 | 2 | 3 | 4 | 6 | 10 | 14 | 25 | 40 | 60 | 0,1 | 0,14 | 0,25 | 0,4 | 0,6 | 1 | 1,4 |
| > 3– 6 | 1 | 1,5 | 2,5 | 4 | 5 | 8 | 12 | 18 | 30 | 48 | 75 | 0,12 | 0,18 | 0,3 | 0,48 | 0,75 | 1,2 | 1,8 |
| > 6– 10 | 1 | 1,5 | 2,5 | 4 | 6 | 9 | 15 | 22 | 36 | 58 | 90 | 0,15 | 0,22 | 0,36 | 0,58 | 0,9 | 1,5 | 2,2 |
| > 10– 18 | 1,2 | 2 | 3 | 5 | 8 | 11 | 18 | 27 | 43 | 70 | 110 | 0,18 | 0,27 | 0,43 | 0,7 | 1,1 | 1,8 | 2,7 |
| > 18– 30 | 1,5 | 2,5 | 4 | 6 | 9 | 13 | 21 | 33 | 52 | 84 | 130 | 0,21 | 0,33 | 0,52 | 0,84 | 1,3 | 2,1 | 3,3 |
| > 30– 50 | 1,5 | 2,5 | 4 | 7 | 11 | 16 | 25 | 39 | 62 | 100 | 160 | 0,25 | 0,39 | 0,62 | 1 | 1,6 | 2,5 | 3,9 |
| > 50– 80 | 2 | 3 | 5 | 8 | 13 | 19 | 30 | 46 | 74 | 120 | 190 | 0,3 | 0,46 | 0,74 | 1,2 | 1,9 | 3 | 4,6 |
| > 80– 120 | 2,5 | 4 | 6 | 10 | 15 | 22 | 35 | 54 | 87 | 140 | 220 | 0,35 | 0,54 | 0,87 | 1,4 | 2,2 | 3,5 | 5,4 |
| > 120– 180 | 3,5 | 5 | 8 | 12 | 18 | 25 | 40 | 63 | 100 | 160 | 250 | 0,4 | 0,63 | 1 | 1,6 | 2,5 | 4 | 6,3 |
| > 180– 250 | 4,5 | 7 | 10 | 14 | 20 | 29 | 46 | 72 | 115 | 185 | 290 | 0,46 | 0,72 | 1,15 | 1,85 | 2,9 | 4,6 | 7,2 |
| > 250– 315 | 6 | 8 | 12 | 16 | 23 | 32 | 52 | 81 | 130 | 210 | 320 | 0,52 | 0,81 | 1,3 | 2,1 | 3,2 | 5,2 | 8,1 |
| > 315– 400 | 7 | 9 | 13 | 18 | 25 | 36 | 57 | 89 | 140 | 230 | 360 | 0,57 | 0,89 | 1,4 | 2,3 | 3,6 | 5,7 | 8,9 |
| > 400– 500 | 8 | 10 | 15 | 20 | 27 | 40 | 63 | 97 | 155 | 250 | 400 | 0,63 | 0,97 | 1,55 | 2,5 | 4 | 6,3 | 9,7 |
| > 500– 630 | 9 | 11 | 16 | 22 | 32 | 44 | 70 | 110 | 175 | 280 | 440 | 0,7 | 1,1 | 1,75 | 2,8 | 4,4 | 7 | 11 |
| > 630– 800 | 10 | 13 | 18 | 25 | 36 | 50 | 80 | 125 | 200 | 320 | 500 | 0,8 | 1,25 | 2 | 3,2 | 5 | 8 | 12,5 |
| > 800–1000 | 11 | 15 | 21 | 28 | 40 | 56 | 90 | 140 | 230 | 360 | 560 | 0,9 | 1,4 | 2,3 | 3,6 | 5,6 | 9 | 14 |
| >1000–1250 | 13 | 18 | 24 | 33 | 47 | 66 | 105 | 165 | 260 | 420 | 660 | 1,05 | 1,65 | 2,6 | 4,2 | 6,6 | 10,5 | 16,5 |
| >1250–1600 | 15 | 21 | 29 | 39 | 55 | 78 | 125 | 195 | 310 | 500 | 780 | 1,25 | 1,95 | 3,1 | 5 | 7,8 | 12,5 | 19,5 |
| >1600–2000 | 18 | 25 | 35 | 46 | 65 | 92 | 150 | 230 | 370 | 600 | 920 | 1,5 | 2,3 | 3,7 | 6 | 9,2 | 15 | 23 |
| >2000–2500 | 22 | 30 | 41 | 55 | 78 | 110 | 175 | 280 | 440 | 700 | 1100 | 1,75 | 2,8 | 4,4 | 7 | 11 | 17,5 | 28 |
| >2500–3150 | 26 | 36 | 50 | 68 | 96 | 135 | 210 | 330 | 540 | 860 | 1350 | 2,1 | 3,3 | 5,4 | 8,6 | 13,5 | 21 | 33 |

[1]) K = Vielfaches von i. Gestuft nach R5.

**TB 2-2** Zahlenwerte der Grundabmaße von Außenflächen (Wellen) in μm nach DIN EN ISO 286-1 (Auszug)

| Nennmaß in mm | oberes Abmaß $es$[1] | | | | | | | | | | unteres Abmaß $ei$[2] | | | | | | | | | | | |
|---|---|---|---|---|---|---|---|---|---|---|---|---|---|---|---|---|---|---|---|---|---|---|
| | c | d | e | f | g | h | js | j | | k | | m | n | p | r | s | t | u | x | z | za | zb | zc |
| | alle Grundtoleranzgrade | | | | | | | IT 5 und IT 6 | IT 7 | IT 4 bis IT 7 | über IT 7 | alle Grundtoleranzgrade | | | | | | | | | | |
| > 3– 6 | − 70 | − 30 | − 20 | −10 | − 4 | 0 | Abmaße = ± (IT/2) mit IT nach TB 2-1 | − 2 | − 4 | +1 | 0 | + 4 | + 8 | +12 | +15 | +19 | − | +23 | + 28 | +35 | +42 | +50 | +80 |
| > 6– 10 | − 80 | − 40 | − 25 | −13 | − 5 | 0 | | − 2 | − 5 | +1 | 0 | + 6 | +10 | +15 | +19 | +23 | − | +28 | + 34 | +42 | +52 | +67 | +97 |
| > 10– 14 | − 95 | − 50 | − 32 | −16 | − 6 | 0 | | − 3 | − 6 | +1 | 0 | + 7 | +12 | +18 | +23 | +28 | − | +33 | + 40 | +50 | +64 | +90 | +130 |
| > 14– 18 | − 95 | − 50 | − 32 | −16 | − 6 | 0 | | − 3 | − 6 | +1 | 0 | + 7 | +12 | +18 | +23 | +28 | − | +33 | + 45 | +60 | +77 | +108 | +150 |
| > 18– 24 | −110 | − 65 | − 40 | −20 | − 7 | 0 | | − 4 | − 8 | +2 | 0 | + 8 | +15 | +22 | +28 | +35 | − | +41 | + 54 | +73 | +98 | +136 | +188 |
| > 24– 30 | −110 | − 65 | − 40 | −20 | − 7 | 0 | | − 4 | − 8 | +2 | 0 | + 8 | +15 | +22 | +28 | +35 | +41 | +48 | + 64 | +88 | +118 | +160 | +218 |
| > 30– 40 | −120 | − 80 | − 50 | −25 | − 9 | 0 | | − 5 | −10 | +2 | 0 | + 9 | +17 | +26 | +34 | +43 | +48 | +60 | + 80 | +112 | +148 | +200 | +274 |
| > 40– 50 | −130 | − 80 | − 50 | −25 | − 9 | 0 | | − 5 | −10 | +2 | 0 | + 9 | +17 | +26 | +34 | +43 | +54 | +70 | + 97 | +136 | +180 | +242 | +325 |
| > 50– 65 | −140 | −100 | − 60 | −30 | −10 | 0 | | − 7 | −12 | +2 | 0 | +11 | +20 | +32 | +41 | +53 | +66 | +87 | +122 | +172 | +226 | +300 | +405 |
| > 65– 80 | −150 | −100 | − 60 | −30 | −10 | 0 | | − 7 | −12 | +2 | 0 | +11 | +20 | +32 | +43 | +59 | +75 | +102 | +146 | +210 | +274 | +360 | +480 |
| > 80–100 | −170 | −120 | − 72 | −36 | −12 | 0 | | − 9 | −15 | +3 | 0 | +13 | +23 | +37 | +51 | +71 | +91 | +124 | +178 | +258 | +335 | +445 | +585 |
| >100–120 | −180 | −120 | − 72 | −36 | −12 | 0 | | − 9 | −15 | +3 | 0 | +13 | +23 | +37 | +54 | +79 | +104 | +144 | +210 | +310 | +400 | +525 | +690 |
| >120–140 | −200 | −145 | − 85 | −43 | −14 | 0 | | −11 | −18 | +3 | 0 | +15 | +27 | +43 | +63 | +92 | +122 | +170 | +248 | +365 | +470 | +620 | +800 |
| >140–160 | −210 | −145 | − 85 | −43 | −14 | 0 | | −11 | −18 | +3 | 0 | +15 | +27 | +43 | +65 | +100 | +134 | +190 | +280 | +415 | +535 | +700 | +900 |
| >160–180 | −230 | −145 | − 85 | −43 | −14 | 0 | | −11 | −18 | +3 | 0 | +15 | +27 | +43 | +68 | +108 | +146 | +210 | +310 | +465 | +600 | +780 | +1000 |
| >180–200 | −240 | −170 | −100 | −50 | −15 | 0 | | −13 | −21 | +4 | 0 | +17 | +31 | +50 | +77 | +122 | +166 | +236 | +350 | +520 | +670 | +880 | +1150 |
| >200–225 | −260 | −170 | −100 | −50 | −15 | 0 | | −13 | −21 | +4 | 0 | +17 | +31 | +50 | +80 | +130 | +180 | +258 | +385 | +575 | +740 | +960 | +1250 |
| >225–250 | −280 | −170 | −100 | −50 | −15 | 0 | | −13 | −21 | +4 | 0 | +17 | +31 | +50 | +84 | +140 | +196 | +284 | +425 | +640 | +820 | +1050 | +1350 |
| >250–280 | −300 | −190 | −110 | −56 | −17 | 0 | | −16 | −26 | +4 | 0 | +20 | +34 | +56 | +94 | +158 | +218 | +315 | +475 | +710 | +920 | +1200 | +1550 |
| >280–315 | −330 | −190 | −110 | −56 | −17 | 0 | | −16 | −26 | +4 | 0 | +20 | +34 | +56 | +98 | +170 | +240 | +350 | +525 | +790 | +1000 | +1300 | +1700 |
| >315–355 | −360 | −210 | −125 | −62 | −18 | 0 | | −18 | −28 | +4 | 0 | +21 | +37 | +62 | +108 | +190 | +268 | +390 | +590 | +900 | +1150 | +1500 | +1900 |
| >355–400 | −400 | −210 | −125 | −62 | −18 | 0 | | −18 | −28 | +4 | 0 | +21 | +37 | +62 | +114 | +208 | +294 | +435 | +660 | +1000 | +1300 | +1650 | +2100 |
| >400–450 | −440 | −230 | −135 | −68 | −20 | 0 | | −20 | −32 | +5 | 0 | +23 | +40 | +68 | +126 | +232 | +330 | +490 | +740 | +1100 | +1450 | +1850 | +2400 |
| >450–500 | −480 | −230 | −135 | −68 | −20 | 0 | | −20 | −32 | +5 | 0 | +23 | +40 | +68 | +132 | +252 | +360 | +540 | +820 | +1250 | +1600 | +2100 | +2600 |

[1] $ei = es − IT$ (Grundtoleranz IT nach TB 2-1).
[2] $es = ei + IT$.

Toleranzen, Passungen, Oberfächenbeschaffenheit

**TB 2-3** Zahlenwerte der Grundabmaße von Innenpassflächen (Bohrungen) in µm nach DIN EN ISO 286-1 (Auszug)

| Nennmaß in mm | unteres Abmaß $EI$ [1] | | | | | | oberes Abmaß $ES$ [2] | | | | | |
|---|---|---|---|---|---|---|---|---|---|---|---|---|
| | C | D | E | F | G | H | JS | J | | | K | M | N |
| | | | | | | | | IT 6 | IT 7 | IT 8 | bis IT 8 | bis IT 8 | bis IT 8 |
| | alle Grundtoleranzgrade | | | | | | | | | | | | |
| > 3– 6 | + 70 | + 30 | + 20 | +10 | + 4 | 0 | | + 5 | + 6 | +10 | –1 + δ | – 4 + δ | – 8 + δ |
| > 6– 10 | + 80 | + 40 | + 25 | +13 | + 5 | 0 | | + 5 | + 8 | +12 | –1 + δ | – 6 + δ | –10 + δ |
| > 10– 14 | + 95 | + 50 | + 32 | +16 | + 6 | 0 | | + 6 | +10 | +15 | –1 + δ | – 7 + δ | –12 + δ |
| > 14– 18 | | | | | | | | | | | | | |
| > 18– 24 | +110 | + 65 | + 40 | +20 | + 7 | 0 | | + 8 | +12 | +20 | –2 + δ | – 8 + δ | –15 + δ |
| > 24– 30 | | | | | | | | | | | | | |
| > 30– 40 | +120 | + 80 | + 50 | +25 | + 9 | 0 | | +10 | +14 | +24 | –2 + δ | – 9 + δ | –17 + δ |
| > 40– 50 | +130 | | | | | | | | | | | | |
| > 50– 65 | +140 | +100 | + 60 | +30 | +10 | 0 | Abmaße = ± (IT/2) mit IT nach TB 2-1 | +13 | +18 | +28 | –2 + δ | –11 + δ | –20 + δ |
| > 65– 80 | +150 | | | | | | | | | | | | |
| > 80–100 | +170 | +120 | + 72 | +36 | +12 | 0 | | +16 | +22 | +34 | –3 + δ | –13 + δ | –23 + δ |
| >100–120 | +180 | | | | | | | | | | | | |
| >120–140 | +200 | +145 | + 85 | +43 | +14 | 0 | | +18 | +26 | +41 | –3 + δ | –15 + δ | –27 + δ |
| >140–160 | +210 | | | | | | | | | | | | |
| >160–180 | +230 | | | | | | | | | | | | |
| >180–200 | +240 | +170 | +100 | +50 | +15 | 0 | | +22 | +30 | +47 | –4 + δ | –17 + δ | –31 + δ |
| >200–225 | +260 | | | | | | | | | | | | |
| >225–250 | +280 | | | | | | | | | | | | |
| >250–280 | +300 | +190 | +110 | +56 | +17 | 0 | | +25 | +36 | +55 | –4 + δ | –20 + δ | –34 + δ |
| >280–315 | +330 | | | | | | | | | | | | |
| >315–355 | +360 | +210 | +125 | +62 | +18 | 0 | | +29 | +39 | +60 | –4 + δ | –21 + δ | –37 + δ |
| >355–400 | +400 | | | | | | | | | | | | |
| >400–450 | +440 | +230 | +135 | +68 | +20 | 0 | | +33 | +43 | +66 | –5 + δ | –23 + δ | –40 + δ |
| >450–500 | +480 | | | | | | | | | | | | |

[1] $ES = EI + IT$ (Grundtoleranz IT nach TB 2-1).
[2] $EI = ES - IT$.

**TB 2-3** (Fortsetzung)

| Nennmaß in mm | oberes Abmaß $ES^{2)}$ | | | | | | | | | |
|---|---|---|---|---|---|---|---|---|---|---|
| | P...ZC | P | R | S | T | U | X | Z | ZA | ZB | ZC |
| | bis IT 7 | Grundtoleranzgrade über IT 7 | | | | | | | | |
| > 3– 6 | | –12 | – 15 | – 19 | – | – 23 | – 28 | – 35 | – 42 | – 50 | – 80 |
| > 6– 10 | | –15 | – 19 | – 23 | – | – 28 | – 34 | – 42 | – 52 | – 67 | – 97 |
| > 10– 14 | | –18 | – 23 | – 28 | – | – 33 | – 40 | – 50 | – 64 | – 90 | – 130 |
| > 14– 18 | | | | | | | – 45 | – 60 | – 77 | – 108 | – 150 |
| > 18– 24 | | –22 | – 28 | – 35 | – | – 41 | – 54 | – 73 | – 98 | – 136 | – 188 |
| > 24– 30 | | | | | – 41 | – 48 | – 64 | – 88 | – 118 | – 160 | – 218 |
| > 30– 40 | Werte wie für Grundtoleranzgrade über IT 7, um δ erhöhen | –26 | – 34 | – 43 | – 48 | – 60 | – 80 | – 112 | – 148 | – 200 | – 274 |
| > 40– 50 | | | | | – 54 | – 70 | – 97 | – 136 | – 180 | – 242 | – 325 |
| > 50– 65 | | –32 | – 41 | – 53 | – 66 | – 87 | –122 | – 172 | – 226 | – 300 | – 405 |
| > 65– 80 | | | – 43 | – 59 | – 75 | –102 | –146 | – 210 | – 274 | – 360 | – 480 |
| > 80–100 | | –37 | – 51 | – 71 | – 91 | –124 | –178 | – 258 | – 335 | – 445 | – 585 |
| >100–120 | | | – 54 | – 79 | –104 | –144 | –210 | – 310 | – 400 | – 525 | – 690 |
| >120–140 | | –43 | – 63 | – 92 | –122 | –170 | –248 | – 365 | – 470 | – 620 | – 800 |
| >140–160 | | | – 65 | –100 | –134 | –190 | –280 | – 415 | – 535 | – 700 | – 900 |
| >160–180 | | | – 68 | –108 | –146 | –210 | –310 | – 465 | – 600 | – 780 | –1000 |
| >180–200 | | –50 | – 77 | –122 | –166 | –236 | –350 | – 520 | – 670 | – 880 | –1150 |
| >200–225 | | | – 80 | –130 | –180 | –258 | –385 | – 575 | – 740 | – 960 | –1250 |
| >225–250 | | | – 84 | –140 | –196 | –284 | –425 | – 640 | – 820 | –1050 | –1350 |
| >250–280 | | –56 | – 94 | –158 | –218 | –315 | –475 | – 710 | – 920 | –1200 | –1550 |
| >280–315 | | | – 98 | –170 | –240 | –350 | –525 | – 790 | –1000 | –1300 | –1700 |
| >315–355 | | –62 | –108 | –190 | –268 | –390 | –590 | – 900 | –1150 | –1500 | –1900 |
| >355–400 | | | –114 | –208 | –294 | –435 | –660 | –1000 | –1300 | –1650 | –2100 |
| >400–450 | | –68 | –126 | –232 | –330 | –490 | –740 | –1100 | –1450 | –1850 | –2400 |
| >450–500 | | | –132 | –252 | –360 | –540 | –820 | –1250 | –1600 | –2100 | –2600 |

[1] $ES = EI + IT$ (Grundtoleranz IT nach TB 2-1).
[2] $EI = ES - IT$.

| Werte für δ in µm | | | | | | | | | | | |
|---|---|---|---|---|---|---|---|---|---|---|---|
| Grundtoleranzgrad | Nennmaß > ... bis ... | | | | | | | | | | |
| | >3 bis 6 | >6 bis 10 | >10 bis 18 | >18 bis 30 | >30 bis 50 | >50 bis 80 | >80 bis 120 | >120 bis 180 | >180 bis 250 | >250 bis 315 | >315 bis 400 | >400 bis 500 |
| IT3 | 1 | 1 | 1 | 1,5 | 1,5 | 2 | 2 | 3 | 3 | 4 | 4 | 5 |
| IT4 | 1,5 | 1,5 | 2 | 2 | 3 | 3 | 4 | 4 | 4 | 4 | 5 | 5 |
| IT5 | 1 | 2 | 3 | 3 | 4 | 5 | 5 | 6 | 6 | 7 | 7 | 7 |
| IT6 | 3 | 3 | 3 | 4 | 5 | 6 | 7 | 7 | 9 | 9 | 11 | 13 |
| IT7 | 4 | 6 | 7 | 8 | 9 | 11 | 13 | 15 | 17 | 20 | 21 | 23 |
| IT8 | 6 | 7 | 9 | 12 | 14 | 16 | 19 | 23 | 26 | 29 | 32 | 34 |

**TB 2-4** Passungen für das System Einheitsbohrung nach DIN EN ISO 286-2 (Auszug) Abmaße in μm

| Nennmaß in mm | Spiel- | Übergangs-Passungen | | Übermaß- | | Spiel- | | | | Übergangs-Passungen | | | Übermaß- | |
|---|---|---|---|---|---|---|---|---|---|---|---|---|---|---|
| | H6 | h5 | j6 | k6 | n5 | r5 | H7 | f7 | g6 | h6 | k6 | m6 | n6 | r6 | s6 |
| <3 | + 6 / 0 | 0 / − 4 | +4 / − 2 | + 6 / 0 | + 8 / + 4 | + 14 / + 10 | +10 / 0 | − 6 / − 16 | − 2 / − 8 | 0 / − 6 | + 6 / 0 | + 8 / + 2 | +10 / + 4 | + 16 / + 10 | + 20 / + 14 |
| > 3– 6 | + 8 / 0 | 0 / − 5 | +6 / − 2 | + 9 / + 1 | +13 / + 8 | + 20 / + 15 | +12 / 0 | − 10 / − 22 | − 4 / −12 | 0 / − 8 | + 9 / + 1 | +12 / + 4 | +16 / + 8 | + 23 / + 15 | + 27 / + 19 |
| > 6– 10 | + 9 / 0 | 0 / − 6 | +7 / − 2 | +10 / + 1 | +16 / +10 | + 25 / + 19 | +15 / 0 | − 13 / − 28 | − 5 / −14 | 0 / − 9 | +10 / + 1 | +15 / + 6 | +19 / +10 | + 28 / + 19 | + 32 / + 23 |
| > 10– 18 | +11 / 0 | 0 / − 8 | +8 / − 3 | +12 / + 1 | +20 / +12 | + 31 / + 23 | +18 / 0 | − 16 / − 34 | − 6 / −17 | 0 / −11 | +12 / + 1 | +18 / + 7 | +23 / +12 | + 34 / + 23 | + 39 / + 28 |
| > 18– 30 | +13 / 0 | 0 / − 9 | +9 / − 4 | +15 / + 2 | +24 / +15 | + 37 / + 28 | +21 / 0 | − 20 / − 41 | − 7 / −20 | 0 / −13 | +15 / + 2 | +21 / + 8 | +28 / +15 | + 41 / + 28 | + 48 / + 35 |
| > 30– 50 | +16 / 0 | 0 / −11 | +11 / − 5 | +18 / + 2 | +28 / +17 | + 45 / + 34 | +25 / 0 | − 25 / − 50 | − 9 / −25 | 0 / −16 | +18 / + 2 | +25 / + 9 | +33 / +17 | + 50 / + 34 | + 59 / + 43 |
| > 50– 65 | +19 / 0 | 0 / −13 | +12 / − 7 | +21 / + 2 | +33 / +20 | + 54 / + 41 | +30 / 0 | − 30 / − 60 | −10 / −29 | 0 / −19 | +21 / + 2 | +30 / +11 | +39 / +20 | + 60 / + 41 | + 72 / + 53 |
| > 65– 80 | | | | | | + 56 / + 43 | | | | | | | | + 62 / + 43 | + 78 / + 59 |
| > 80–100 | +22 / 0 | 0 / −15 | +13 / − 9 | +25 / + 3 | +38 / +23 | + 66 / + 51 | +35 / 0 | − 36 / − 71 | −12 / −34 | 0 / −22 | +25 / + 3 | +35 / +13 | +45 / +23 | + 73 / + 51 | + 93 / + 71 |
| >100–120 | | | | | | + 69 / + 54 | | | | | | | | + 76 / + 54 | +101 / + 79 |
| >120–140 | | | | | | + 81 / + 63 | | | | | | | | + 88 / + 63 | +117 / + 92 |
| >140–160 | +25 / 0 | 0 / −18 | +14 / −11 | +28 / + 3 | +45 / +27 | + 83 / + 65 | +40 / 0 | − 43 / − 83 | −14 / −39 | 0 / −25 | +28 / + 3 | +40 / +15 | +52 / +27 | + 90 / + 65 | +125 / +100 |
| >160–180 | | | | | | + 86 / + 68 | | | | | | | | + 93 / + 68 | +133 / +108 |
| >180–200 | | | | | | + 97 / + 77 | | | | | | | | +106 / + 77 | +151 / +122 |
| >200–225 | +29 / 0 | 0 / −20 | +16 / −13 | +33 / + 4 | +51 / +31 | +100 / + 80 | +46 / 0 | − 50 / − 96 | −15 / −44 | 0 / −29 | +33 / + 4 | +46 / +17 | +60 / +31 | +109 / + 80 | +159 / +130 |
| >225–250 | | | | | | +104 / + 84 | | | | | | | | +113 / + 84 | +169 / +140 |
| >250–280 | +32 / 0 | 0 / −23 | +16 / −16 | +36 / + 4 | +57 / +34 | +117 / + 94 | +52 / 0 | − 56 / −108 | −17 / −49 | 0 / −32 | +36 / + 4 | +52 / +20 | +66 / +34 | +126 / + 94 | +190 / +158 |
| >280–315 | | | | | | +121 / + 98 | | | | | | | | +130 / + 98 | +202 / +170 |
| >315–355 | +36 / 0 | 0 / −25 | +18 / −18 | +40 / + 4 | +62 / +37 | +133 / +108 | +57 / 0 | − 62 / −119 | −18 / −54 | 0 / −36 | +40 / + 4 | +57 / +21 | +73 / +37 | +144 / +108 | +226 / +190 |
| >355–400 | | | | | | +139 / +114 | | | | | | | | +150 / +114 | +244 / +208 |
| >400–450 | +40 / 0 | 0 / −27 | +20 / −20 | +45 / + 5 | +67 / +40 | +153 / +126 | +63 / 0 | − 68 / −131 | −20 / −60 | 0 / −40 | +45 / + 5 | +63 / +23 | +80 / +40 | +166 / +126 | +272 / +232 |
| >450–500 | | | | | | +159 / +132 | | | | | | | | +172 / +132 | +292 / +252 |

| Nennmaß in mm | Spiel-Passungen | | | | Übermaß-Passungen | | | Spiel-Passungen | | | | | Übermaß-[1] |
|---|---|---|---|---|---|---|---|---|---|---|---|---|---|
| | H8 | d9 | e8 | f8 | h9 | s8 | u8 | x8 | H11 | a11 | c11 | d9 | h11 | z11 |
| <3 | +14 / 0 | − 20 / − 45 | − 14 / − 28 | − 6 / − 20 | 0 / − 25 | + 28 / + 14 | + 32 / + 18 | + 34 / + 20 | + 60 / 0 | − 270 / − 330 | − 60 / −120 | − 20 / − 45 | 0 / − 60 | + 86 / + 26 |
| > 3– 6 | +18 / 0 | − 30 / − 60 | − 20 / − 38 | − 10 / − 28 | 0 / − 30 | + 37 / + 19 | + 41 / + 23 | + 46 / + 28 | + 75 / 0 | − 270 / − 345 | − 70 / −145 | − 30 / − 60 | 0 / − 75 | + 110 / + 35 |

**TB 2-4** (Fortsetzung)

| Nennmaß in mm | Spiel-Passungen | | | | Übermaß-Passungen | | | Spiel-Passungen | | | | Übermaß-[1)] |
|---|---|---|---|---|---|---|---|---|---|---|---|---|
| | H8 | d9 | e8 | f8 | h9 | s8 | u8 | x8 | H11 | a11 | c11 | d9 | h11 | z11 |
| > 6– 10 | +22 / 0 | − 40 / − 76 | − 25 / − 47 | − 13 / − 35 | 0 / − 36 | + 45 / + 23 | + 50 / + 28 | + 56 / + 34 | + 90 / 0 | − 280 / − 370 | − 80 / −170 | − 40 / − 76 | 0 / − 90 | + 132 / + 42 |
| > 10– 14 | +27 / 0 | − 50 / − 93 | − 32 / − 59 | − 16 / − 43 | 0 / − 43 | + 55 / + 28 | + 60 / + 33 | + 67 / + 40 | +110 / 0 | − 290 / − 400 | − 95 / −205 | − 50 / − 93 | 0 / −110 | + 160 / + 50 |
| > 14– 18 | | | | | | | | + 72 / + 45 | | | | | | + 170 / + 60 |
| > 18– 24 | +33 / 0 | − 65 / −117 | − 40 / − 73 | − 20 / − 53 | 0 / − 52 | + 68 / + 35 | + 74 / + 41 / + 81 / + 48 | + 87 / + 54 / + 97 / + 64 | +130 / 0 | − 300 / − 430 | −110 / −240 | − 65 / −117 | 0 / −130 | + 203 / + 73 |
| > 24– 30 | | | | | | | | | | | | | | + 218 / + 88 |
| > 30– 40 | +39 / 0 | − 80 / −142 | − 50 / − 89 | − 25 / − 64 | 0 / − 62 | + 82 / + 43 | + 99 / + 60 / +109 / + 70 | +119 / + 80 / +136 / + 97 | +160 / 0 | − 310 / − 470 / − 320 / − 480 | −120 / −280 / −130 / −290 | − 80 / −142 | 0 / −160 | + 272 / + 112 |
| > 40– 50 | | | | | | | | | | | | | | + 296 / + 136 |
| > 50– 65 | +46 / 0 | −100 / −174 | − 60 / −106 | − 30 / − 76 | 0 / − 74 | + 99 / + 53 / +105 / + 59 | +133 / + 87 / +148 / +102 | +168 / +122 / +192 / +146 | +190 / 0 | − 340 / − 530 / − 360 / − 550 | −140 / −330 / −150 / −340 | −100 / −174 | 0 / −190 | + 362 / + 172 |
| > 65– 80 | | | | | | | | | | | | | | + 408 / + 210 |
| > 80–100 | +54 / 0 | −120 / −207 | − 72 / −126 | − 36 / − 90 | 0 / − 87 | +125 / + 71 / +133 / + 79 | +178 / +124 / +198 / +144 | +232 / +178 / +264 / +210 | +220 / 0 | − 380 / − 600 / − 410 / − 630 | −170 / −390 / −180 / −400 | −120 / −207 | 0 / −220 | + 478 / + 258 |
| >100–120 | | | | | | | | | | | | | | + 530 / + 310 |
| >120–140 | | | | | | +155 / + 92 | +233 / +170 | +311 / +248 | | − 460 / − 710 | −200 / −450 | | | + 615 / + 365 |
| >140–160 | +63 / 0 | −145 / −245 | − 85 / −148 | − 43 / −106 | 0 / −100 | +163 / +100 | +253 / +190 | +343 / +280 | +250 / 0 | − 520 / − 770 | −210 / −460 | −145 / −245 | 0 / −250 | + 665 / + 415 |
| >160–180 | | | | | | +171 / +108 | +273 / +210 | +373 / +310 | | − 580 / − 830 | −230 / −480 | | | + 715 / + 465 |
| >180–200 | | | | | | +194 / +122 | +308 / +236 | +422 / +350 | | − 660 / − 950 | −240 / −530 | | | + 810 / + 520 |
| >200–225 | +72 / 0 | −170 / −285 | −100 / −172 | − 50 / −122 | 0 / −115 | +202 / +130 | +330 / +258 | +457 / +385 | +290 / 0 | − 740 / −1030 | −260 / −550 | −170 / −285 | 0 / −290 | + 865 / + 575 |
| >225–250 | | | | | | +212 / +140 | +356 / +284 | +497 / +425 | | − 820 / −1110 | −280 / −570 | | | + 930 / + 640 |
| >250–280 | +81 / 0 | −190 / −320 | −110 / −191 | − 56 / −137 | 0 / −130 | +239 / +158 | +396 / +315 | +556 / +475 | +320 / 0 | − 920 / −1240 | −300 / −620 | −190 / −320 | 0 / −320 | +1030 / + 710 |
| >280–315 | | | | | | +251 / +170 | +431 / +350 | +606 / +525 | | −1050 / −1370 | −330 / −650 | | | +1110 / + 790 |
| >315–355 | +89 / 0 | −210 / −350 | −125 / −214 | − 62 / −151 | 0 / −140 | +279 / +190 | +479 / +390 | +679 / +590 | +360 / 0 | −1200 / −1560 | −360 / −720 | −210 / −350 | 0 / −360 | +1260 / + 900 |
| >355–400 | | | | | | +297 / +208 | +524 / +435 | +749 / +660 | | −1350 / −1710 | −400 / −760 | | | +1360 / +1000 |
| >400–450 | +97 / 0 | −230 / −385 | −135 / −232 | − 68 / −165 | 0 / −155 | +329 / +232 | +587 / +490 | +837 / +740 | +400 / 0 | −1500 / −1900 | −440 / −840 | −230 / −385 | 0 / −400 | +1500 / +1100 |
| >450–500 | | | | | | +349 / +252 | +637 / +540 | +917 / +820 | | −1650 / −2050 | −480 / −880 | | | +1650 / +1250 |

[1)] für $N > 65$ mm Übermaßpassung; bis $N = 65$ mm Übergangspassung.

**TB 2-5** Passungen für das System Einheitswelle nach DIN EN ISO 286-2 (Auszug)
Grenzabmaße in µm

| Nennmaß in mm | Spiel- | Übergangs- | | Übermaß- | | Spiel- | | | Übergangs- | | | Übermaß- | |
|---|---|---|---|---|---|---|---|---|---|---|---|---|---|
| | | Passungen | | | | | | | Passungen | | | | |
| | h5 | G6 | J6 | M6 | N6 | P6 | h6 | F7 | G7 | J7 | K7 | M7 | N7 | R7 | S7 |
| < 3 | 0 / −4 | +8 / +2 | +2 / −4 | −2 / −8 | −4 / −10 | −6 / −12 | 0 / −6 | +16 / +6 | +12 / +2 | +4 / −6 | 0 / −10 | −2 / −12 | −4 / −14 | −10 / −20 | −14 / −24 |
| > 3– 6 | 0 / −5 | +12 / +4 | +5 / −3 | −1 / −9 | −5 / −13 | −9 / −17 | 0 / −8 | +22 / +10 | +16 / +4 | +6 / −6 | +3 / −9 | 0 / −12 | −4 / −16 | −11 / −23 | −15 / −27 |
| > 6– 10 | 0 / −6 | +14 / +5 | +5 / −4 | −3 / −12 | −7 / −16 | −12 / −21 | 0 / −9 | +28 / +13 | +20 / +5 | +8 / −7 | +5 / −10 | 0 / −15 | −4 / −19 | −13 / −28 | −17 / −32 |
| > 10– 18 | 0 / −8 | +17 / +6 | +6 / −5 | −4 / −15 | −9 / −20 | −15 / −26 | 0 / −11 | +34 / +16 | +24 / +6 | +10 / −8 | +6 / −12 | 0 / −18 | −5 / −23 | −16 / −34 | −21 / −39 |
| > 18– 30 | 0 / −9 | +20 / +7 | +8 / −5 | −4 / −17 | −11 / −24 | −18 / −31 | 0 / −13 | +41 / +20 | +28 / +7 | +12 / −9 | +6 / −15 | 0 / −21 | −7 / −28 | −20 / −41 | −27 / −48 |
| > 30– 50 | 0 / −11 | +25 / +9 | +10 / −6 | −5 / −20 | −12 / −28 | −21 / −37 | 0 / −16 | +50 / +25 | +34 / +9 | +14 / −11 | +7 / −18 | 0 / −25 | −8 / −33 | −25 / −50 | −34 / −59 |
| > 50– 65 | 0 / −13 | +29 / +10 | +13 / −6 | −5 / −24 | −14 / −33 | −26 / −45 | 0 / −19 | +60 / +30 | +40 / +10 | +18 / −12 | +9 / −21 | 0 / −30 | −9 / −39 | −30 / −60 | −42 / −72 |
| > 65– 80 | | | | | | | | | | | | | | −32 / −62 | −48 / −78 |
| > 80–100 | 0 / −15 | +34 / +12 | +16 / −6 | −6 / −28 | −16 / −38 | −30 / −52 | 0 / −22 | +71 / +36 | +47 / +12 | +22 / −13 | +10 / −25 | 0 / −35 | −10 / −45 | −38 / −73 | −58 / −93 |
| >100–120 | | | | | | | | | | | | | | −41 / −76 | −66 / −101 |
| >120–140 | | | | | | | | | | | | | | −48 / −88 | −77 / −117 |
| >140–160 | 0 / −18 | +39 / +14 | +18 / −7 | −8 / −33 | −20 / −45 | −36 / −61 | 0 / −25 | +83 / +43 | +54 / +14 | +26 / −14 | +12 / −28 | 0 / −40 | −12 / −52 | −50 / −90 | −85 / −125 |
| >160–180 | | | | | | | | | | | | | | −53 / −93 | −93 / −133 |
| >180–200 | | | | | | | | | | | | | | −60 / −106 | −105 / −151 |
| >200–225 | 0 / −20 | +44 / +15 | +22 / −7 | −8 / −37 | −22 / −51 | −41 / −70 | 0 / −29 | +96 / +50 | +61 / +15 | +30 / −16 | +13 / −33 | 0 / −46 | −14 / −60 | −63 / −109 | −113 / −159 |
| >225–250 | | | | | | | | | | | | | | −67 / −113 | −123 / −169 |
| >250–280 | 0 / −23 | +49 / +17 | +25 / −7 | −9 / −41 | −25 / −57 | −47 / −79 | 0 / −32 | +108 / +56 | +69 / +17 | +36 / −16 | +16 / −36 | 0 / −52 | −14 / −66 | −74 / −126 | −138 / −190 |
| >280–315 | | | | | | | | | | | | | | −78 / −130 | −150 / −202 |
| >315–355 | 0 / −25 | +54 / +18 | +29 / −7 | −10 / −46 | −26 / −62 | −51 / −87 | 0 / −36 | +119 / +62 | +75 / +18 | +39 / −18 | +17 / −40 | 0 / −57 | −16 / −73 | −87 / −144 | −169 / −226 |
| >355–400 | | | | | | | | | | | | | | −93 / −150 | −187 / −244 |
| >400–450 | 0 / −27 | +60 / +20 | +33 / −7 | −10 / −50 | −27 / −67 | −55 / −95 | 0 / −40 | +131 / +68 | +83 / +20 | +43 / −20 | +18 / −45 | 0 / −63 | −17 / −80 | −103 / −166 | −209 / −272 |
| >450–500 | | | | | | | | | | | | | | −109 / −172 | −229 / −292 |

| Nennmaß in mm | Spiel- | | | | | | Übermaß-[1] | Spiel- | | | | Übermaß-[2] |
|---|---|---|---|---|---|---|---|---|---|---|---|---|
| | Passungen | | | | | | | Passungen | | | | |
| | h9 | C11 | D10 | E9 | F8 | H8 | H11 | X9 | h11 | A11 | C11 | D10 | Z11 |
| < 3 | 0 / −25 | +120 / +60 | +60 / +20 | +39 / +14 | +20 / +6 | +14 / 0 | +60 / 0 | −20 / −45 | 0 / −60 | +330 / +270 | +120 / +60 | +60 / +20 | −26 / −86 |
| > 3– 6 | 0 / −30 | +145 / +70 | +78 / +30 | +50 / +20 | +28 / +10 | +18 / 0 | +75 / 0 | −28 / −58 | 0 / −75 | +345 / +270 | +145 / +70 | +78 / +30 | −35 / −110 |

**TB 2-5** (Fortsetzung)

| Nennmaß in mm | Spiel-Passungen | | | | | | Über-maß-[1] | Spiel-Passungen | | | | Über-maß-[2] |
|---|---|---|---|---|---|---|---|---|---|---|---|---|
| | h9 | C11 | D10 | E9 | F8 | H8 | H11 | X9 | h11 | A11 | C11 | D10 | Z11 |
| > 6– 10 | 0 −36 | +170 + 80 | + 98 + 40 | + 61 + 25 | + 35 + 13 | +22 0 | + 90 0 | − 34 − 70 | 0 − 90 | + 370 + 280 | +170 + 80 | + 98 + 40 | − 42 − 132 |
| > 10– 14 | | | | | | | | − 40 − 83 | | | | | − 50 − 160 |
| > 14– 18 | 0 − 43 | +205 + 95 | +120 + 50 | + 75 + 32 | + 43 + 16 | +27 0 | +110 0 | − 45 − 88 | 0 −110 | + 400 + 290 | +205 + 95 | +120 + 50 | − 60 − 170 |
| > 18– 24 | | | | | | | | − 54 −106 | | | | | − 73 − 203 |
| > 24– 30 | 0 − 52 | +240 +110 | +149 + 65 | + 92 + 40 | + 53 + 20 | +33 0 | +130 0 | − 64 −116 | 0 −130 | + 430 + 300 | +240 +110 | +149 + 65 | − 88 − 218 |
| > 30– 40 | | +280 +120 | | | | | | − 80 −142 | | + 470 + 310 | +280 +120 | | − 112 − 272 |
| > 40– 50 | 0 − 62 | +290 +130 | +180 + 80 | +112 + 50 | + 64 + 25 | +39 0 | +160 0 | − 97 −159 | 0 −160 | + 480 + 320 | +290 +130 | +180 + 80 | − 136 − 296 |
| > 50– 65 | | +330 +140 | | | | | | −122 −196 | | + 530 + 340 | +330 +140 | | − 172 − 362 |
| > 65– 80 | 0 − 74 | +340 +150 | +220 +100 | +134 + 60 | + 76 + 30 | +46 0 | +190 0 | −146 −220 | 0 −190 | + 550 + 360 | +340 +150 | +220 +100 | − 210 − 400 |
| > 80–100 | | +390 +170 | | | | | | −178 −265 | | + 600 + 380 | +390 +170 | | − 258 − 478 |
| >100–120 | 0 − 87 | +400 +180 | +260 +120 | +159 + 72 | + 90 + 36 | +54 0 | +220 0 | −210 −297 | 0 −220 | + 630 + 410 | +400 +180 | +260 +120 | − 310 − 530 |
| >120–140 | | +450 +200 | | | | | | −248 −348 | | + 710 + 460 | +450 +200 | | − 365 − 615 |
| >140–160 | 0 −100 | +460 +210 | +305 +145 | +185 + 85 | +106 + 43 | +63 0 | +250 0 | −280 −380 | 0 −250 | + 770 + 520 | +460 +210 | +305 +145 | − 415 − 665 |
| >160–180 | | +480 +230 | | | | | | −310 −410 | | + 830 + 580 | +480 +230 | | − 465 − 715 |
| >180–200 | | +530 +240 | | | | | | −350 −465 | | + 950 + 660 | +530 +240 | | − 520 − 810 |
| >200–225 | 0 −115 | +550 +260 | +355 +170 | +215 +100 | +122 + 50 | +72 0 | +290 0 | −385 −500 | 0 −290 | +1030 + 740 | +550 +260 | +335 +170 | − 575 − 865 |
| >225–250 | | +570 +280 | | | | | | −425 −540 | | +1110 + 820 | +570 +280 | | − 640 − 930 |
| >250–280 | | +620 +300 | | | | | | −475 −605 | | +1240 + 920 | +620 +300 | | − 710 −1030 |
| >280–315 | 0 −130 | +650 +330 | +400 +190 | +240 +110 | +137 + 56 | +81 0 | +320 0 | −525 −655 | 0 −320 | +1370 +1050 | +650 +330 | +400 +190 | − 790 −1110 |
| >315–355 | | +720 +360 | | | | | | −590 −730 | | +1560 +1200 | +720 +360 | | − 900 −1260 |
| >355–400 | 0 −140 | +760 +400 | +440 +210 | +265 +125 | +151 + 62 | +89 0 | +360 0 | −660 −800 | 0 −360 | +1710 +1350 | +760 +400 | +440 +210 | −1000 −1360 |
| >400–450 | | +840 +440 | | | | | | −740 −895 | | +1900 +1500 | +840 +440 | | −1100 −1500 |
| >450–500 | 0 −155 | +880 +480 | +480 +230 | +290 +135 | +165 + 68 | +97 0 | +400 0 | −820 −975 | 0 −400 | +2050 +1650 | +880 +480 | +480 +230 | −1250 −1650 |

[1] für $N \leq 14$ mm Übergangspassung.
[2] für $N > 65$ mm Übermaßpassung, bis $N = 65$ mm Übergangspassung.

**TB 2-6** Allgemeintoleranzen
a) Toleranzen für Längen- und Winkelmaße ohne einzelne Toleranzeintragung nach DIN ISO 2768-1

| Toleranz-klasse | Grenzabmaße für Längenmaße ||||||||
|---|---|---|---|---|---|---|---|---|
| | Nennmaßbereiche in mm ||||||||
| | von 0,5[1] bis 3 | über 3 bis 6 | über 6 bis 30 | über 30 bis 120 | über 120 bis 400 | über 400 bis 1000 | über 1000 bis 2000 | über 2000 bis 4000 |
| f (fein) | ±0,05 | ±0,05 | ±0,1 | ±0,15 | ±0,2 | ±0,3 | ±0,5 | – |
| m (mittel) | ±0,1 | ±0,1 | ±0,2 | ±0,3 | ±0,5 | ±0,8 | ±1,2 | ±2 |
| c (grob) | ±0,2 | ±0,3 | ±0,5 | ±0,8 | ±1,2 | ±2 | ±3 | ±4 |
| v (sehr grob) | – | ±0,5 | ±1 | ±1,5 | ±2,5 | ±4 | ±6 | ±8 |

| Toleranz-klasse | Grenzabmaße für gebrochene Kanten[2] ||| Grenzabmaße für Winkelmaße |||||
|---|---|---|---|---|---|---|---|---|
| | Nennmaßbereiche in mm ||| Nennmaßbereich für kürzeren Winkelschenkel in mm |||||
| | von 0,5[1] bis 3 | über 3 bis 6 | über 6 | bis 10 | über 10 bis 50 | über 50 bis 120 | über 120 bis 400 | über 400 |
| f (fein) | ±0,2 | ±0,5 | ±1 | ±1° | ±0°30′ | ±0°20′ | ±0°10′ | ±0° 5′ |
| m (mittel) | ±0,2 | ±0,5 | ±1 | ±1° | ±0°30′ | ±0°20′ | ±0°10′ | ±0° 5′ |
| c (grob) | ±0,4 | ±1 | ±2 | ±1°30′ | ±1° | ±0°30′ | ±0°15′ | ±0°10′ |
| v (sehr grob) | ±0,4 | ±1 | ±2 | ±3° | ±2° | ±1° | ±0°30′ | ±0°20′ |

[1] Für Nennmaße unter 0,5 mm sind die Grenzabmaße direkt an dem entsprechenden Nennmaß anzugeben.
[2] Rundungshalbmesser und Fasenhöhen

Zeichnungseintragung im oder neben dem Schriftfeld:
z. B. „Allgemeintoleranz ISO 2768-c" oder nur „ISO 2768-c": Es gelten die Allgemeintoleranzen nach ISO 2768-1 für Längen- und Winkelmaße in Toleranzklasse grob (c).

b) Toleranzen für Form und Lage ohne einzelne Toleranzeintragung nach DIN ISO 2768-2 (Werte in mm)

| Tole-ranz-klasse | Allgemeintoleranzen für |||||||||||| |
|---|---|---|---|---|---|---|---|---|---|---|---|---|---|
| | Geradheit und Ebenheit |||||| Rechtwinkligkeit |||| Symmetrie ||| Lauf |
| | Nennmaßbereiche |||||| Nennmaßbereiche für den kürzeren Winkelschenkel |||| Nennmaßbereiche für kürzeres Formelement ||| |
| | bis 10 | über 10 bis 30 | über 30 bis 100 | über 100 bis 300 | über 300 bis 1000 | über 1000 bis 3000 | bis 100 | über 100 bis 300 | über 300 bis 1000 | über 1000 bis 3000 | bis 100 | über 100 bis 300 | über 300 bis 1000 | über 1000 bis 3000 | |
| H | 0,02 | 0,05 | 0,1 | 0,2 | 0,3 | 0,4 | 0,2 | 0,3 | 0,4 | 0,5 | 0,5 | | | 0,1 |
| K | 0,05 | 0,1 | 0,2 | 0,4 | 0,6 | 0,8 | 0,4 | 0,6 | 0,8 | 1,0 | 0,6 | 0,8 | 1,0 | 0,2 |
| L | 0,1 | 0,22 | 0,4 | 0,8 | 1,2 | 1,6 | 0,6 | 1,0 | 1,5 | 2,0 | 0,6 | 1,0 | 1,5 | 2,0 | 0,5 |

Beispiele für die Zeichnungseintragung:
„ISO 2768-mH": Es gelten die Allgemeintoleranzen für Maße und für Form und Lage nach ISO 2768-1 und -2 mit den Toleranzklassen m und H. (Für nicht eingetragene 90°-Winkel gelten die Allgemeintoleranzen für Winkelmaße nach ISO 2768-1 nicht).
„ISO 2768-mK-E": Die Hüllbedingung E soll auch für alle einzelnen Maßelemente gelten.

**TB 2-7** Formtoleranzen nach DIN EN ISO 1101 (Auszug)

| Symbol und tolerierte Eigenschaft | | Toleranzzone | Anwendungsbeispiele | |
|---|---|---|---|---|
| | | | Zeichnungsangaben | Erklärung |
| — | Geradheit | | ⊖ ⌀0,03 | Die Achse des zylindrischen Teiles des Bolzens muss innerhalb eines Zylinders vom Durchmesser $t = 0,03$ mm liegen. |
| ⌓ | Ebenheit | | ⌓ 0,05 | Die tolerierte Fläche muss zwischen zwei parallelen Ebenen vom Abstand $t = 0,05$ mm liegen. |
| ○ | Rundheit | | ○ 0,02 | Die Umfangslinie jedes Querschnittes muss in einem Kreisring von der Breite $t = 0,02$ mm enthalten sein. |
| ⌭ | Zylinderform | | ⌭ 0,05 | Die tolerierte Zylindermantelfläche muss zwischen zwei koaxialen Zylindern liegen, die einen radialen Abstand von $t = 0,05$ mm haben. |
| ⌒ | Profilform einer Linie (Linienform) | | ⌒ 0,08 | Das tolerierte Profil muss an jeder Stelle der Werkstückdicke zwischen zwei Hüll-Linien liegen, deren Abstand durch Kreise vom Durchmesser $t = 0,08$ mm begrenzt wird. Die Mittelpunkte dieser Kreise liegen auf der geometrisch idealen Linie. |
| ⌓ | Profilform einer Fläche (Flächenform) | Kugel ⌀ $t$ | ⌓ 0,04 | Die tolerierte Fläche muss zwischen zwei Hüll-Flächen liegen, deren Abstand durch Kugeln vom Durchmesser $t = 0,04$ mm begrenzt wird. Die Mittelpunkte dieser Kugeln liegen auf der geometrisch idealen Fläche. |

**TB 2-8** Lagetoleranzen nach DIN EN ISO 1101 (Auszug)

| Symbol und tolerierte Eigenschaft | | Toleranzzone | Anwendungsbeispiele | |
|---|---|---|---|---|
| | | | Zeichnungsangabe | Erklärung |
| Richtungstoleranzen | ∥ Parallelität | | | Die tolerierte Achse muss innerhalb eines zur Bezugsachse parallel liegenden Zylinders vom Durchmesser $t = 0,1$ mm liegen. |
| | | | | Die tolerierte Fläche muss zwischen zwei zur Bezugsfläche parallelen Ebenen vom Abstand $t = 0,01$ mm liegen. |
| | ⊥ Rechtwinkligkeit | | | Die tolerierte Achse muss zwischen zwei parallelen zur Bezugsfläche und zur Pfeilrichtung senkrechten Ebenen vom Abstand $t = 0,05$ mm liegen. |
| | ∠ Neigung (Winkligkeit) | | | Die Achse der Bohrung muss zwischen zwei zur Bezugsfläche im Winkel von 60° geneigten und zueinander parallelen Ebenen vom Abstand $t = 0,1$ mm liegen. |
| Ortstoleranzen | ⊕ Position | | | Die Achse der Bohrung muss innerhalb eines Zylinders vom Durchmesser $t = 0,05$ mm liegen, dessen Achse sich am geometrisch idealen Ort (mit eingerahmten Maßen) befindet. |
| | ≡ Symmetrie | | | Die Mittelebene der Nut muss zwischen zwei parallelen Ebenen liegen, die einen Abstand von $t = 0,08$ mm haben und symmetrisch zur Mittelebene des Bezugselementes liegen. |
| | ◎ Koaxialität Konzentrizität | | | Die Achse des tolerierten Teils der Welle muss innerhalb eines Zylinders vom Durchmesser $t = 0,03$ mm liegen, dessen Achse mit der Achse des Bezugselementes fluchtet. |
| Lauftoleranzen | ↗ Rundlauf | | | Bei einer Umdrehung um die Bezugsachse A–B darf die Rundlaufabweichung in jeder Messebene 0,1 mm nicht überschreiten |
| | ↗ Planlauf | | | Bei einer Umdrehung um die Bezugsachse D darf die Planlaufabweichung an jeder beliebigen Messposition nicht größer als 0,1 mm sein. |

**TB 2-9** Anwendungsbeispiele für Passungen[1]

| System Einheitsbohrung | Passtoleranzfeldlage | System Einheitswelle | Montagehinweise, Passcharakter und Anwendungsbeispiele |
|---|---|---|---|
| Übermaßpassungen ||||
| **H8/x8** H8/u8 | | X7/h6 U7/h6 | *Nur durch Erwärmen bzw. Kühlen fügbar.* Auf Wellen festsitzende Zahnräder, Kupplungen, Schwungräder; Schrumpfringe. Zusätzliche Sicherung gegen Verdrehen nicht erforderlich. |
| H7/s6 **H7/r6** | | S7/h6 R7/h6 | *Teile unter größerem Druck oder Erwärmen bzw. Kühlen fügbar.* Lagerbuchsen in Gehäusen, Buchsen in Radnaben; Flansche auf Wellenenden. Zusätzliche Sicherung gegen Verdrehen nicht erforderlich. |
| Übergangspassungen ||||
| **H7/n6** | | N7/h6 | *Teile unter Druck fügbar.* Radkränze auf Radkörpern; Lagerbuchsen in Gehäusen und Radnaben; Kupplungen auf Wellenenden. Gegen Verdrehen zusätzlich sichern. |
| H7/k6 | | K7/h6 | *Teile mit Hammerschlägen fügbar.* Zahnräder, Riemenscheiben, Kupplungen, Bremsscheiben auf längeren Wellen bzw. Wellenenden. Gegen Verdrehen zusätzlich sichern. |
| H7/j6 | | J7/h6 | *Teile mit leichten Hammerschlägen oder von Hand fügbar.* Für leicht ein- und auszubauende Zahnräder, Riemenscheiben; Buchsen. Gegen Verdrehen zusätzlich sichern. |
| Spielpassungen ||||
| **H7/h6** **H8/h9** H11/h9 | | **H7/h6** **H8/h9** H9/h11 | *Teile von Hand noch verschiebbar.* Für gleitende Teile und Führungen; Zentrierflansche; Reitstockpinole; Stell- und Distanzringe. |
| H7/g6 | | G7/h6 | *Teile ohne merkliches Spiel verschiebbar.* Gleitlager für Arbeitsspindeln, verschiebbare Räder und Kupplungen. |
| **H7/f7** **H8/f7** | | F8/h6 F8/h9 | *Teile mit geringem Spiel beweglich.* Gleitlager allgemein; Gleitbuchsen auf Wellen; Steuerkolben in Zylindern. |
| H8/e8 | | E9/h9 | *Teile mit merklichem Spiel beweglich.* Mehrfach gelagerte Welle; Kurbelwellen- und Schneckenwellenlagerung; Hebellagerungen. |
| H8/d9 H11/d9 | | D10/h9 D10/h11 | *Teile mit reichlichem Spiel beweglich.* Für die Lagerungen an Bau- und Landmaschinen; Förderanlagen. Grobmaschinenbau allgemein. |
| H11/c11 H11/a11 | | **C11/h9** C11/h11 A11/h11 | *Teile mit sehr großem Spiel beweglich.* Lager mit hoher Verschmutzungsgefahr und bei mangelhafter Schmierung; Gelenkverbindungen, Waggonbau, Landmaschinen. |

[1] Für den praktischen Gebrauch genügt die Passungsauswahl nach DIN 7157, Reihe 1 (**Fettdruck**). Von dieser Empfehlung ist nur in Ausnahmefällen (z. B. Wälzlagereinbau, TB 14-8) abzuweichen. Die *kursiv* gedruckten Passungen sind DIN 7155-1 (ISO-Passungen für Einheitswelle) entnommen und zu vermeiden.

**TB 2-10** Zuordnung der Rauheitswerte Rz[1] und Ra[1] in μm für spanende gefertigte Oberflächen zu ISO-Toleranzgraden IT[2] (Richtwerte nach Industrieangaben bzw. DIN 5425)

| Nennmaß-Bereich | ISO-Toleranzgrad IT | | | | | | | | | | | | |
|---|---|---|---|---|---|---|---|---|---|---|---|---|---|
| | 5 | | 6 | | 7 | | 8 | | 9 | | 10 | | 11 | |
| mm | Rz | Ra | Rz | Ra | Rz | Ra | Rz | Ra | Rz | Ra | Rz | Ra | Rz | Ra |
| > 3–6 | 2,5 | 0,4 | 4 | 0,8 | 6,3 | 0,8 | 6,3 | 1,6 | 10 | 1,6 | 16 | 3,2 | 25 | 6,3 |
| > 6–10 | | | | | | | 10 | | | | 25 | | 40 | |
| > 10–18 | 4 | 0,8 | 6,3 | | | | 16 | | 16 | 3,2 | | 6,3 | | 12,5 |
| > 18–80 | | | | | 10 | 1,6 | | 3,2 | 25 | | 40 | | 63 | |
| > 80–250 | 6,3 | | 10 | 1,6 | 16 | | 25 | | | 6,3 | 63 | 12,5 | 100 | 25 |
| > 250–500 | | | | | | | | | 40 | | | | | |

[1] Vorzugswerte in μm
Rz  0,025  0,05  0,1  0,2  0,4  0,8  1,6  3,2  6,3  12,5  25  50  100  200
Ra  0,012  0,025  0,05  0,1  0,2  0,4  0,8  1,6  3,2  6,3  12,5  25  50  100
[2] Empirisch gilt 0,15T ≤ Rz ≤ 0,25T, mit T als Grundtoleranz

**TB 2-11** Empfehlung für gemittelte Rautiefe *Rz* in Abhängigkeit von Nennmaß, Toleranzklasse und Flächenfunktion (nach Rochusch)

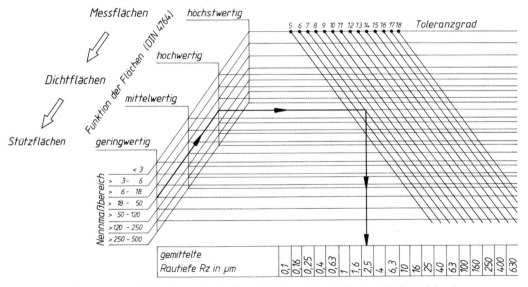

*Ablesebeispiel:* Die zu empfehlende gemittelte Rautiefe *Rz* ergibt sich für den Werkstückdurchmesser $d = 40$ mm einer vorgegebenen Toleranzklasse r7 bei einer hochwertigen Flächenfunktion (z. B. Pressverband) zu $Rz = 2,5$ μm.

**TB 2-12** Rauheit von Oberflächen in Abhängigkeit vom Fertigungsverfahren (Auszug aus zurückgezogener DIN 4766-1)

Die Werte dienen der Orientierung. Sie sind nicht dazu geeignet, über ein bestimmtes Fertigungsverfahren eine bindende Festlegung für die Rauheitsangaben in Zeichnungen abzuleiten.

a) erreichbare gemittelte Rautiefe $Rz$[1]

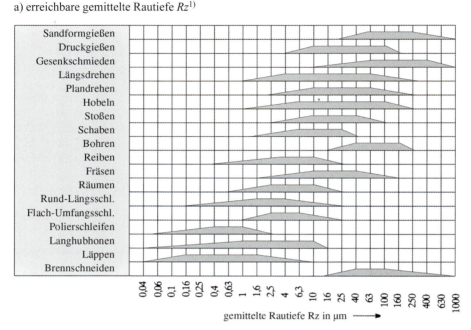

b) erreichbare Mittenrauwerte $Ra$[1]

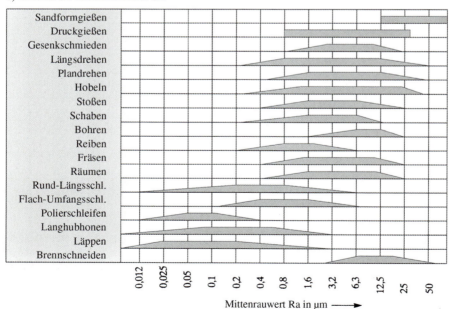

[1] Ansteigender Balken gibt Rauwerte an, die nur durch besondere Maßnahmen erreichbar sind; abfallende Balken bei besonders grober Fertigung.

# Festigkeitsberechnung 3

**TB 3-1** Dauerfestigkeitsschaubilder

a) **Dauerfestigkeitsschaubilder der *Baustähle*** nach DIN EN 10025; Werte gerechnet, s. TB 1-1

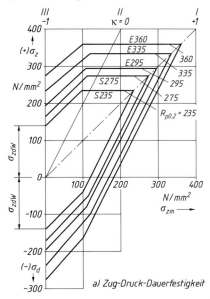

a) Zug-Druck-Dauerfestigkeit

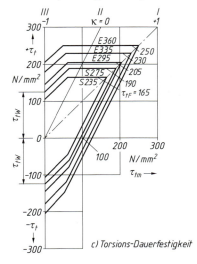

c) Torsions-Dauerfestigkeit

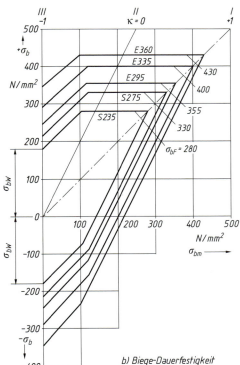

b) Biege-Dauerfestigkeit

Die Originalausgabe dieses Kapitels wurde aktualisiert. In Tabelle TB 3-1 a) und c) wurden jeweils Teilbild a) durch die korrekte Version ersetzt. Ein Erratum zum Kapitel ist verfügbar unter:
https://doi.org/10.1007/978-3-658-26280-8_49

© Springer-Verlag GmbH Deutschland, ein Teil von Springer Nature 2019
H. Wittel, C. Spura, D. Jannasch, J. Voßiek, *Roloff/Matek Maschinenelemente*,
https://doi.org/10.1007/978-3-658-26280-8_27

## TB 3-1 (Fortsetzung)

b) **Dauerfestigkeitsschaubilder der *Vergütungsstähle*** nach DIN EN 10083; (im vergüteten Zustand; Werte gerechnet, s. TB 1-1)

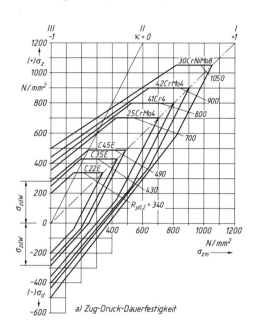

a) Zug-Druck-Dauerfestigkeit

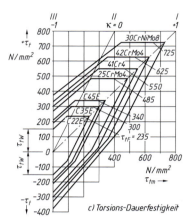

c) Torsions-Dauerfestigkeit

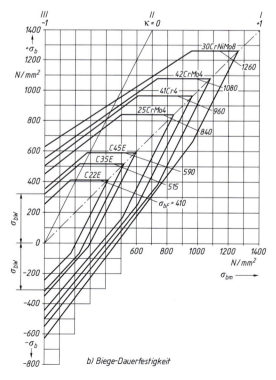

b) Biege-Dauerfestigkeit

Festigkeitsberechnung

**TB 3-1** (Fortsetzung)

c) **Dauerfestigkeitsschaubilder der *Einsatzstähle*** nach DIN EN 10084; (im blindgehärteten Zustand; Werte gerechnet, s. TB 1-1)

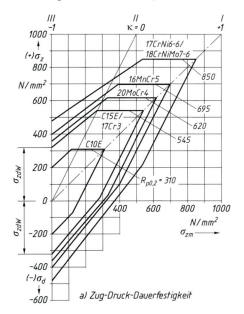

a) Zug-Druck-Dauerfestigkeit

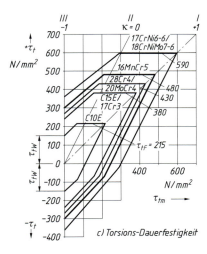

c) Torsions-Dauerfestigkeit

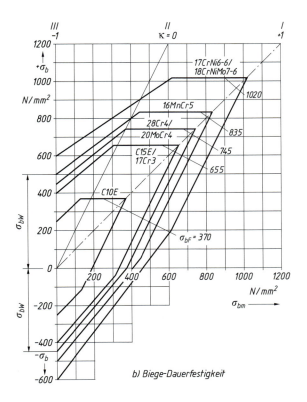

b) Biege-Dauerfestigkeit

**TB 3-2** Umrechnungsfaktoren zur Berechnung der Werkstoff-Festigkeitswerte (nach FKM-Richtlinie)

| Werkstoffgruppe | * Einsatzstahl Schmiedestahl nichtrost. Stahl | Stahl außer unter * genannten | GS | GJS | GJM | GJL |
|---|---|---|---|---|---|---|
| Zugdruckfestigkeit $f_\sigma$ | 1 | 1 | 1 | 1 (1,3)[1] | 1 (1,5)[1][2] | 1 (2,5)[1][2] |
| Schubfestigkeit $f_\tau$ | 0,58 | 0,58 | 0,58 | 0,65 | 0,75[2] | 0,85[2] |
| Wechselfestigkeit $f_{W\sigma}$ | 0,40 | 0,45[3] | 0,34 | 0,34 | 0,30 | 0,30 |
| Wechselfestigkeit $f_{W\tau}$ | 0,58 | 0,58 | 0,58 | 0,65 | 0,75 | 0,85 |

[1] Klammerwert gilt für Druck
[2] gültig für Nachweis mit örtlichen Spannungen
[3] nach DIN 743 $f_{W\sigma} = 0{,}40$

**TB 3-3** Plastische Formzahlen $\alpha_p$ für den statischen Festigkeitsnachweis

| Querschnittsform | Rechteck | Kreis | Kreisring (dünnwandig) | Doppel-T oder Kasten |
|---|---|---|---|---|
| Biegung $\alpha_{bp}$ | 1,5 | 1,70 | 1,27 | $\alpha_{bp} = 1{,}5 \cdot \dfrac{1 - (b/B) \cdot (h/H)^2}{1 - (b/B) \cdot (h/H)^3}$ [1] |
| Torsion $\alpha_{tp}$ | – | 1,33 | 1 | – |

[1] $b$, $B$ innere bzw. äußere Breite; $h$, $H$ innere bzw. äußere Höhe

**TB 3-4** Charakteristische Werte der 0,2%-Dehngrenze $R_{p0,2}$ und der Zugfestigkeit $R_m$ für tragende Bauteile aus Aluminium-Knetlegierungen im Aluminiumbau nach DIN EN 1999-1-1 (Auswahl)

| Kurzname (Werkstoffnummer) | Produktform a) | b) | c) | Werkstoffzustand[1] | Dicke $t$ (Durchmesser) | Dehngrenze $R_{p0,2}$ min. | Zugfestigkeit $R_m$ min. | Bruchdehnung[2] $A$ min. | Beständigkeitsklasse[3] |
|---|---|---|---|---|---|---|---|---|---|
| ENAW – | | | | | mm | N/mm² | N/mm² | % | |
| AlMn1 (3103) | × | | | H14 | ≤25 | 120 | 140 | 2...5 | |
|  | × | | | H24 | ≤12,5 | 110 | 140 | 4...8 | A |
|  | × | | | H16 | ≤4 | 145 | 160 | 1...2 | |
|  | × | | | H26 | ≤4 | 135 | 160 | 2...3 | |
| AlMg1 (B) (5005) | × | | | 0, H111 | ≤50 | 35 | 100 | 15...22 | |
|  | × | | | H12 | ≤12,5 | 95 | 125 | 2...7 | |
|  | × | | | H22, H32 | ≤12,5 | 80 | 125 | 4...10 | A |
|  | × | | | H14 | ≤12,5 | 120 | 145 | 2...5 | |
|  | × | | | H24, H34 | ≤12,5 | 110 | 145 | 3...8 | |

Festigkeitsberechnung

**TB 3-4** (Fortsetzung)

| Kurzname (Werkstoffnummer) | Produktform a) | Produktform b) | Produktform c) | Werkstoffzustand[1] | Dicke $t$ (Durchmesser) mm | Dehngrenze $R_{p0,2}$ min. N/mm² | Zugfestigkeit $R_m$ min. N/mm² | Bruchdehnung[2] $A$ min. % | Beständigkeitsklasse[3] |
|---|---|---|---|---|---|---|---|---|---|
| ENAW – | | | | | | | | | |
| AlMg2,5 (5052) | × | | | H12 | ≤40 | 160 | 210 | 4...9 | A |
| | × | | | H22, H32 | ≤40 | 130 | 210 | 5...12 | |
| | × | | | H14 | ≤25 | 180 | 230 | 3...4 | |
| | × | | | H24, H34 | ≤25 | 150 | 230 | 4...12 | |
| AlMg4,5Mn0,7 (5083) | × | | | 0, H111 | ≤50 | 125 | 275 | 11...15 | A |
| | × | | | 0, H111 | 50 < $t$ < 80 | 125 | 270 | 14 | |
| | × | | | H12 | ≤40 | 250 | 305 | 3...6 | |
| | × | | | H22, H32 | ≤40 | 215 | 305 | 5...9 | |
| | × | | | H14 | ≤25 | 280 | 340 | 2...3 | |
| | × | | | H24, H34 | ≤25 | 250 | 340 | 4...7 | |
| | | × | | 0, H111, F, H112 | ≤200 | 110 | 270 | 12 | |
| | | | × | H12, H22, H32 | ≤10 | 200 | 280 | 6 | |
| | | | × | H14, H24, H34 | ≤5 | 235 | 300 | 4 | |
| Al Mg3 (5754) | × | | | 0, H111 | ≤100 | 80 | 190 | 12...17 | A |
| | × | | | H14 | ≤25 | 190 | 240 | 3...5 | |
| | × | | | H24, H34 | ≤25 | 160 | 240 | 6...8 | |
| | | × | | H112 | ≤25 | 80 | 180 | 14 | |
| | | | × | H12, H22, H32 | ≤10 | 200 | 280 | 6 | |
| | | | × | H14, H24, H34 | ≤5 | 235 | 300 | 4 | |
| AlMgSi (6060) | × | | | T5 | ≤5 | 120 | 160 | 8 | B |
| | × | | | T5 | 5 ≤ $t$ ≤ 25 | 100 | 140 | 8 | |
| | × | | | T6 | ≤15 | 140 | 170 | 8 | |
| | | | × | T6 | ≤20 | 160 | 215 | 12 | |
| AlMg1SiCu (6061) | × | | | T4, T451 | ≤12,5 | 110 | 205 | 12...14 | B |
| | × | | | T6, T651 | ≤12,5 | 240 | 290 | 6...9 | |
| | × | | | T651 | 12,5 ≤ $t$ ≤ 80 | 240 | 290 | 6 | |
| | | × | | T4 | ≤25 | 110 | 180 | 15 | |
| | | | × | T4 | ≤20 | 110 | 205 | 16 | |
| | | × | | T6 | ≤25 | 240 | 260 | 8 | |
| | | | × | T6 | ≤20 | 240 | 290 | 10 | |

**TB 3-4** (Fortsetzung)

| Kurzname (Werkstoffnummer) ENAW – | Produktform a) | b) | c) | Werkstoffzustand[1] | Dicke $t$ (Durchmesser) mm | Dehngrenze $R_{p0,2}$ min. N/mm² | Zugfestigkeit $R_m$ min. N/mm² | Bruchdehnung[2] $A$ min. % | Beständigkeitsklasse[3] |
|---|---|---|---|---|---|---|---|---|---|
| AlSi1MgMn (6082) | × | | | T4, T451 | ≤12,5 | 110 | 205 | 12...14 | |
| | × | | | T61, T6151 | ≤12,5 | 205 | 280 | 10...12 | |
| | × | | | T6, T651 | ≤6 | 260 | 310 | 6...10 | |
| | × | | | T6, 651 | 6 ≤ $t$ ≤12,5 | 255 | 300 | 9 | |
| | × | | | T651 | 12,5 ≤ $t$ ≤100 | 240 | 295 | 7 | |
| | | × | | T4 | ≤25 | 110 | 205 | 14 | B |
| | | × | | T5 | ≤5 | 230 | 270 | 8 | |
| | | × | | T6 | ≤20 | 250 | 295 | 8 | |
| | | × | | T6 | 20 ≤ $t$ ≤150 | 260 | 310 | 8 | |
| | | | × | T6 | ≤5 | 255 | 310 | 8 | |
| | | | × | T6 | 5 ≤ $t$ ≤ 20 | 240 | 310 | 10 | |
| AlZn4,5Mg1 (7020) | × | | | T6 | ≤12,5 | 280 | 350 | 7...10 | |
| | × | | | T651 | ≤40 | 280 | 350 | 9 | |
| | | × | | T6 | ≤15 | 290 | 350 | 10 | C |
| | | × | | T6 | 15 ≤ $t$ ≤40 | 275 | 350 | 10 | |
| | | | × | T6 | ≤20 | 280 | 350 | 10 | |

[1] Zustandsbezeichnungen s. TB 1-3, Fußnote 4.
[2] Für die mit der Dicke ansteigende Bruchdehnung ist die Schwankungsbreite über dem Dickenbereich angegeben.
[3] Die Einstufung in Beständigkeitsklassen bedeutet: A: hervorragend, B: befriedigend bis gut, C: mäßig Korrosion und Oberflächenschutz s. DIN EN 1999-1-1, Anhang C und D.
a) Bleche, Bänder, Platten.
b) Profile, Rohre stranggepresst.
c) Rohre kaltgezogen.

# Festigkeitsberechnung

**TB 3-5** Anhaltswerte für Anwendungs- bzw. Betriebsfaktor $K_A$
a) für Zahnradgetriebe (nach DIN 3990-1)[1]

| Arbeitsweise getriebene Maschine | Antriebsmaschine | | | |
|---|---|---|---|---|
| | gleichmäßig z. B. Elektromotor, Dampfturbine, Gasturbine | leichte Stöße z. B. wie gleichmäßig, aber größere, häufig auftretende Anfahrmomente | mäßige Stöße z. B. Mehrzylinder-Verbrennungsmotor | starke Stöße z. B. Einzylinder-Verbrennungsmotor |
| gleichmäßig z. B. Stromerzeuger, Gurtförderer, Plattenbänder, Förderschnecken, leichte Aufzüge, Elektrozüge, Vorschubantriebe von Werkzeugmaschinen, Lüfter, Turbogebläse, Turboverdichter, Rührer und Mischer für Stoffe mit gleichmäßiger Dichte, Scheren, Pressen, Stanzen bei Auslegung nach maximalem Schnittmoment | 1,0 | 1,1 | 1,25 | 1,5 |
| mäßige Stöße z. B. ungleichmäßig beschickte Gurtförderer, Hauptantrieb von Werkzeugmaschinen, schwere Aufzüge, Drehwerke von Kränen, Industrie- und Grubenlüfter, Kreiselpumpen, Rührer und Mischer für Stoffe mit unregelmäßiger Dichte, Kolbenpumpen mit mehreren Zylindern, Zuteilpumpen | 1,25 | 1,35 | 1,5 | 1,75 |
| mittlere Stöße z. B. Extruder für Gummi, Mischer mit unterbrochenem Betrieb (Gummi, Kunststoffe), Holzbearbeitung, Hubwerke, Einzylinder-Kolbenpumpen, Kugelmühlen | 1,5 | 1,6 | 1,75 | 2,0 oder höher |
| starke Stöße z. B. Bagger, schwere Kugelmühlen, Gummikneter, Brecher (Stein, Erz), Hüttenmaschinen, Ziegelpressen, Brikettpressen, Schälmaschinen, Rotary-Bohranlagen, Kaltbandwalzwerke | 1,75 | 1,85 | 2,0 | 2,25 oder höher |

[1] Gültig für das Nennmoment der Arbeitsmaschine, ersatzweise für das Nennmoment der Antriebsmaschine, wenn es der Arbeitsmaschine entspricht. Die Werte gelten nur bei gleichmäßigem Leistungsbedarf. Bei hohen Anlaufmomenten, Aussetzbetrieb und bei extremen, wiederholten Stoßbelastungen sind Getriebe auf Sicherheit gegen statische Festigkeit und Zeitfestigkeit zu prüfen. Sind besondere Anwendungsfaktoren $K_A$ aus Messungen bzw. Erfahrungen bekannt, so sind diese zu verwenden.

**TB 3-5** (Fortsetzung)
b) für Zahnrad-, Reibrad-, Riemen- und Kettengetriebe (nach *Richter-Ohlendorf*)

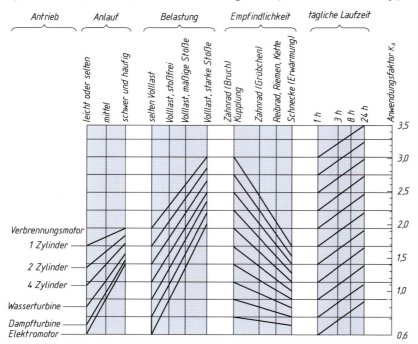

*Ablesebeispiel:* Kettengetriebe; Antrieb durch E-Motor, Anlauf mittel, Volllast mäßige Stöße, Empfindlichkeit Kette, tägliche Laufzeit 8 h ergibt $K_A = 1{,}6$.

c) für Schweiß-, Niet-, Stift- und Bolzenverbindungen

| Betriebsart | Art der Maschinen bzw. der Bauteile (Beispiele) | Art der Stöße | Anwendungsfaktor $K_A$ |
|---|---|---|---|
| gleichförmige umlaufende Bewegungen | elektrische Maschinen, Schleifmaschinen, Dampf- und Wasserturbinen, umlaufende Verdichter | leicht | 1,0...1,1 |
| gleichförmige hin- und hergehende Bewegungen | Verbrennungskraftmaschinen, Hobel- und Drehmaschinen, Kolbenverdichter | mittel | 1,2...1,4 |
| umlaufende bzw. hin- und hergehende stoßüberlagerte Bewegungen | Kunststoffpressen, Biege- und Richtmaschinen, Walzwerksgetriebe | mittelstark | 1,3...1,5 |
| stoßhafte Bewegungen | Spindelpressen, hydraulische Schmiedepressen, Abkantpressen, Profilscheren, Sägegatter | stark | 1,5...2,0 |
| schlagartige Beanspruchung | Steinbrecher, Hämmer, Walzwerkskaltscheren, Walzenständer, Brecher | sehr stark | 2,0...3,0 |

**TB 3-6** Kerbformzahlen $\alpha_k$
a) Flachstab mit symmetrischer Außenkerbe

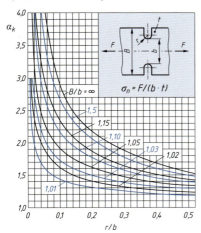
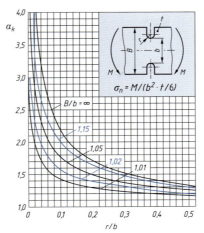

b) symmetrisch abgesetzter Flachstab

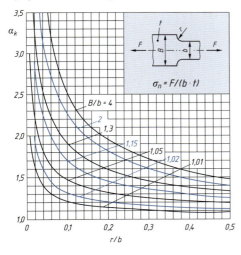
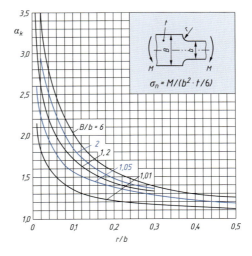

**TB 3-6** (Fortsetzung)

c) Rundstab mit Ringnut

d) abgesetzter Rundstab

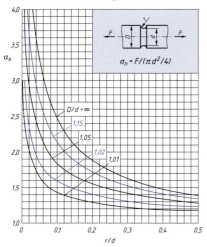
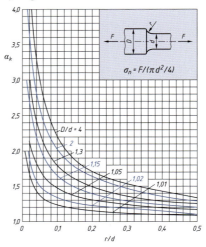
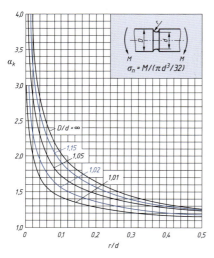
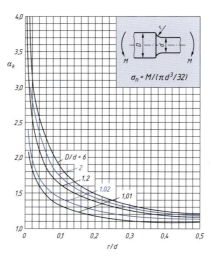
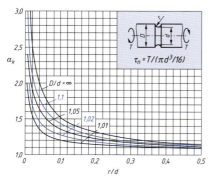
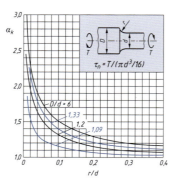

Festigkeitsberechnung

**TB 3-6** (Fortsetzung)

e) Rundstab mit Querbohrung

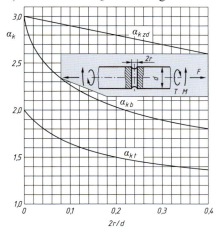

| Zug | $\sigma_n = F/(\pi d^2/4 - 2r \cdot d)$ | $G' = 2{,}3/r$ |
|---|---|---|
| Biegung | $\sigma_n = M/(\pi d^3/32 - 2r \cdot d^2/6)$ | $G' = 2{,}3/r + 2/d$ |
| Torsion | $\tau_n = T/(\pi d^3/16 - 2r \cdot d^2/6)$ | $G' = 1{,}15/r + 2/d$ |

f) Absatz mit Freistich

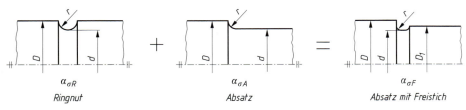

$$\alpha_{\sigma F} = (\alpha_{\sigma R} - \alpha_{\sigma A}) \cdot \sqrt{\frac{D_1 - d}{D - d}} + \alpha_{\sigma A}; \qquad \alpha_{\tau F} = 1{,}04 \cdot \alpha_{\tau A}$$

*Hinweis:* Die Kerbwirkungszahl $\beta_k$ ist mit $G'$ für Absatz nach TB 3-7 zu ermitteln.

**TB 3-7** Stützzahl

a) Stützzahl für Walzstähle (nach DIN 743)

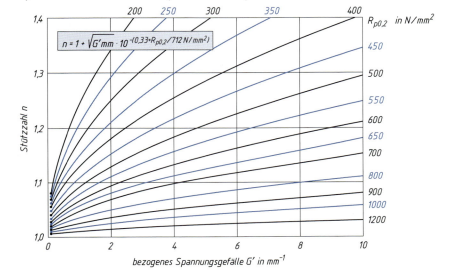

**TB 3-7** (Fortsetzung)
b) Stützzahl für Gusswerkstoffe (nach FKM)

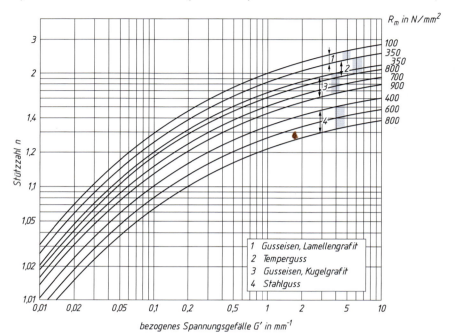

Anmerkung: Bei Torsion ist $R_m$ durch $f_{W\tau} \cdot R_m$ zu ersetzen ($f_{W\tau}$ aus TB 3-2).

c) bezogenes Spannungsgefälle $G'$

| Form des Bauteils | | | | | |
|---|---|---|---|---|---|
| Zug/Druck Biegung | $G' = \dfrac{2,3}{r}(1+\varphi)$ | $G' = \dfrac{2}{r}(1+\varphi)$ | $G' = \dfrac{2,3}{r}(1+\varphi)$ | $G' = \dfrac{2}{r}(1+\varphi)$ | $G' = \dfrac{2}{d}$ |
| Torsion | $G' = \dfrac{1,15}{r}$ | $G' = \dfrac{1}{r}$ | – | – | $G' = \dfrac{2}{d}$ |

Für $(D-d)/d \leq 0,5$ ist $\varphi = 1/(\sqrt{8(D-d)/r} + 2)$ bzw. für $(B-b)/b \leq 0,5$ ist $\varphi = 1/(\sqrt{8(B-b)/r} + 2)$; sonst ist $\varphi = 0$. Rundstäbe mit Längsbohrung können näherungsweise wie volle Rundstäbe berechnet werden.

# Festigkeitsberechnung

**TB 3-8** Kerbwirkungszahlen (Anhaltswerte)[1]

| | Kerbform | $R_m$ (N/mm²) | $\beta_{kb}$ | $\beta_{kt}$ |
|---|---|---|---|---|
| 1. | Hinterdrehung in Welle (Rundkerbe)[2] | 300– 800 | 1,2–2,0 | 1,1–2,0 |
| 2. | Eindrehung für Sicherungsring in Welle[2] | 300– 800 | 2,0–3,5 | 2,2–3,0 |
| 3. | Abgesetzte Welle (Lagerzapfen)[2] | 300–1200 | 1,1–3,0 | 1,1–2,0 |
| 4. | Querbohrung (Rundstab, $2r/d \approx 0{,}15\ldots0{,}25$)[2] | 400–1200 | 1,7–2,0 | 1,7–2,0 |
| 5. | Passfedernut in Welle (Schaftfräser)[2] | 400–1200 | 1,7–2,6 | 1,2–2,4 |
| 6. | Passfedernut in Welle (Scheibenfräser)[2] | 400–1200 | 1,5–1,8 | 1,2–2,4 |
| 7. | Keilwelle (parallele Flanken)[2] | 400–1200 | 1,4–2,3 | 1,9–3,1 |
| 8. | Keilwelle (Evolventen-Flanken) | 400–1200 | 1,3–2,0 | 1,7–2,6 |
| 9. | Kerbzahnwellen[2] | 400–1200 | 1,6–2,6 | 1,9–3,1 |
| 10. | Pressverband[2] | 400–1200 | 1,7–2,9 | 1,2–1,9 |
| 11. | Kegelspannringe | 600 | 1,6 | 1,4 |

[1] Werte auf kleinsten Durchmesser bezogen; größere Werte mit zunehmender Kerbschärfe und Zugfestigkeit.
[2] genauere Werte nach TB 3-9.

**TB 3-9** Kerbwirkungszahlen für
a) abgesetzte Rundstäbe

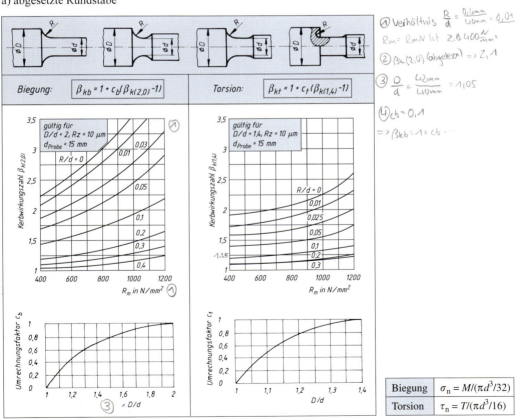

## TB 3-9 (Fortsetzung)

b) Welle-Nabe-Verbindungen und Spitzkerbe

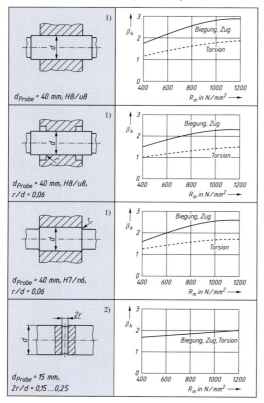
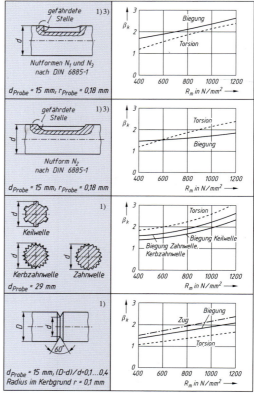

| 1) | Zug | $\sigma_n = F/(\pi d^2/4)$ | 2) | Zug | $\sigma_n = F/(\pi d^2/4 - 2r \cdot d)$ |
|---|---|---|---|---|---|
| | Biegung | $\sigma_n = M/(\pi d^3/32)$ | | Biegung | $\sigma_n = M/(\pi d^3/32 - r \cdot d^2/3)$ |
| | Torsion | $\tau_n = T/(\pi d^3/16)$ | | Torsion | $\tau_n = T/(\pi d^3/16 - r \cdot d^2/3)$ |

3) Bei zwei Passfedern ist der $\beta_k$-Wert mit 1,15 zu multiplizieren.

c) umlaufende Rechtecknut nach DIN 471 für Wellen

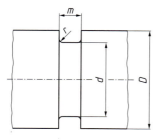

Zug/Druck: $\beta_{kzd} = 0{,}9 \cdot (1{,}27 + 1{,}17 \sqrt{(D-d)/(2 \cdot r_f)}) \leq 4$

Biegung: $\beta_{kb} = 0{,}9 \cdot (1{,}14 + 1{,}08 \sqrt{(D-d)/(2 \cdot r_f)}) \leq 4$

Torsion: $\beta_{kt} = 1{,}48 + 0{,}45 \sqrt{(D-d)/(2 \cdot r_f)} \leq 2{,}5$

$r_f = r + 2{,}9 \cdot \varrho^*$ mit $\varrho^* \approx 0{,}1$ mm für Walzstahl, $R_m \leq 500$ N/mm²
$\varrho^* \approx 0{,}05$ mm für Walzstahl, $R_m > 500$ N/mm²
$\varrho^* \approx 0{,}4$ mm für Stahlguss und Gusseisen mit Kugelgrafit

$r$ siehe TB 9-7

$r$ darf maximal $0{,}1 \cdot s$ betragen

| Zug | $\sigma_n = F/(\pi d^2/4)$ |
|---|---|
| Biegung | $\sigma_n = M/(\pi d^3/32)$ |
| Torsion | $\tau_n = T/(\pi d^3/16)$ |

# Festigkeitsberechnung

## TB 3-10  Einflussfaktor der Oberflächenrauheit $K_O$ [1),2)]

### a) Walzstahl

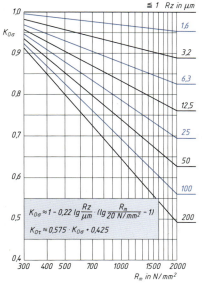

[1)] Rautiefe $Rz$ entsprechend dem Herstellverfahren nach TB 2-12
Allgemein kann gesetzt werden
Guss-, Schmiede- und Walzhautoberflächen $Rz \approx 200$ μm
schruppbearbeitete Oberflächen $Rz = 40 \ldots 200$ μm
schlichtbearbeitete Oberflächen $Rz = 6{,}3 \ldots 100$ μm
feinbearbeitete Oberflächen $Rz = 1 \ldots 12{,}5$ μm
feinstbearbeitete Oberflächen $Rz = {<}1 \ldots 1{,}6$ μm

[2)] Bestimmung von $K_{O\sigma}$ bei Verwendung experimentell ermittelter Kerbwirkungszahlen und bekannter Oberflächenrauheit:

$$K_{O\sigma} = \frac{K_{O\sigma\,\text{Bauteil}}}{K_{O\sigma\,\text{Probe}}}$$

### b) Gusswerkstoffe

| Stahlguss | $K_{O\sigma} = 1 - 0{,}20 \lg \frac{Rz}{\mu m}\left(\lg \frac{R_m}{20\,\text{N/mm}^2} - 1\right)$ | $K_{O\tau} = 0{,}575 \cdot K_{O\sigma} + 0{,}425$ |
|---|---|---|
| Gusseisen, Kugelgrafit | $K_{O\sigma} = 1 - 0{,}16 \lg \frac{Rz}{\mu m}\left(\lg \frac{R_m}{20\,\text{N/mm}^2} - 1\right)$ | $K_{O\tau} = 0{,}35 \cdot K_{O\sigma} + 0{,}65$ |
| Temperguss | $K_{O\sigma} = 1 - 0{,}12 \lg \frac{Rz}{\mu m}\left(\lg \frac{R_m}{17{,}5\,\text{N/mm}^2} - 1\right)$ | $K_{O\tau} = 0{,}25 \cdot K_{O\sigma} + 0{,}75$ |
| Gusseisen, Lamellengrafit | $K_{O\sigma} = 1 - 0{,}06 \lg \frac{Rz}{\mu m}\left(\lg \frac{R_m}{5\,\text{N/mm}^2} - 1\right)$ | $K_{O\tau} = 0{,}15 \cdot K_{O\sigma} + 0{,}85$ |

## TB 3-11  Faktoren $K$ für den Größeneinfluss

### a) Technologischer Größeneinflussfaktor $K_t$ für Walzstahl

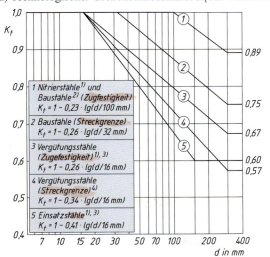

[1)] Bei Nitrier- und Einsatzstählen ist $K_t$ für die Zugfestigkeit und Streckgrenze gleich.
[2)] ist auch für dynamische Festigkeitswerte zu verwenden.
[3)] für Cr-Ni-Mo-Einsatzstähle gelten die Werte der Vergütungsstähle nach Kurve 3 für die Zugfestigkeit und Streckgrenze.
[4)] gilt auch für spezielle Baustähle im vergüteten Zustand
[5)] Rohteildurchmesser verwenden

**TB 3-11** (Fortsetzung)

b) Technologischer Größeneinflussfaktor $K_t$ für Gusswerkstoffe

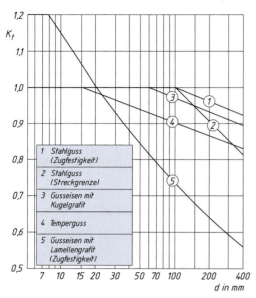

Bei Gusseisen mit Kugelgrafit und Temperguss ist $K_t$ für Zugfestigkeit und Streckgrenze gleich

[1]) Rohteildurchmesser verwenden

c) Geometrischer Größeneinflussfaktor $K_g$

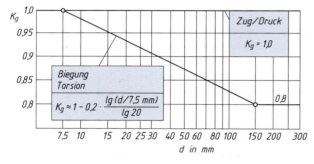

d) Formzahlabhängiger Größeneinflussfaktor $K_\alpha$

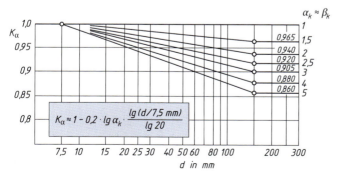

Festigkeitsberechnung

**TB 3-11** (Fortsetzung)
e) gleichwertiger Durchmesser für andere Bauteilquerschnitte

| Form des Querschnitts | | | | | |
|---|---|---|---|---|---|
| $d =$ [1] | $d$ | $t$ | $t$ | $b$ | $t$ |
| $d =$ [2] | $d$ | $2t$ | $2t$ | $b$ | $\dfrac{2b \cdot t}{b + t}$ |

[1] Für unlegierte Baustähle, Feinkornstähle, normalgeglühte Vergütungsstähle und Stahlguss.
[2] Für vergüteten Vergütungsstahl, Einsatzstahl, Nitrierstahl, Vergütungsstahlguss, GJS, GJL, GJMB, GJMW, Schmiedestücke.

**TB 3-12** Einflussfaktor der Oberflächenverfestigung $K_V$; Richtwerte für Stahl

| Verfahren | Probe | | $K_V$ [1] | Verfahren | Probe | | $K_V$ [1] |
|---|---|---|---|---|---|---|---|
| | Art | d in mm | | | Art | d in mm | |
| **Chemisch-thermische Verfahren** | | | | **Mechanische Verfahren** | | | |
| **Nitrieren** | | | | **Festwalzen** | u | 7...25 | 1,2 (1,4) |
| Nitrierhärtetiefe: | u | 8...25 | 1,15 (1,25) | | | 25...40 | 1,1 (1,25) |
| 0,1 bis 0,4 mm | | 25...40 | 1,10 (1,15) | | g | 7...25 | 1,5 (2,2) |
| Oberflächenhärte: | g | 8...25 | 1,5 (2,5) | | | 25...40 | 1,3 (1,8) |
| 700 bis 1000 HV10 | | 25...40 | 1,2 (2,0) | **Kugelstrahlen** | u | 7...25 | 1,1 (1,3) |
| **Einsatzhärten** | | | | | | 25...40 | 1,1 (1,2) |
| Einsatzhärtetiefe: | u | 8...25 | 1,2 (2,1) | | g | 7...25 | 1,4 (2,5) |
| 0,2 bis 0,8 mm | | 25...40 | 1,1 (1,5) | | | 25...40 | 1,1 (1,5) |
| Oberflächenhärte: | g | 8...25 | 1,5 (2,5) | **Thermische Verfahren** | | | |
| 670 bis 750 HV10 | | 25...40 | 1,2 (2,0) | **Induktivhärten** | | | |
| **Karbonierhärten** | | | | **Flammhärten** | u | 7...25 | 1,2 (1,6) |
| Härtetiefe: | u | 8...25 | 1,1 (1,9) | Härtetiefe: | | 25...40 | 1,1 (1,4) |
| 0,2 bis 0,4 mm | | 25...40 | 1 (1,4) | 0,9 bis 1,5 mm | | | |
| Oberflächenhärte: | g | 8...25 | 1,4 (2,25) | Oberflächenhärte: | g | 7...25 | 1,4 (2,0) |
| mind. 670 HV10 | | 25...40 | 1,1 (1,8) | 51 bis 64 HRC | | 25...40 | 1,2 (1,8) |
| **Alle Verfahren** | u | >40 | 1,0 | **Alle Verfahren** | g | 40...250 | 1,1 |
| | | | | | | >250 | 1,0 |

[1] Wert in ( ) dient zur Orientierung und muss experimentell bestätigt werden.
Für ungekerbte Wellen ist bei Zug/Druck $K_V = 1$. Erfolgt die Berechnung über Stützzahlen, die für verfestigte Werkstoffe gelten oder mit experimentell bestimmten Kerbwirkungszahlen, gültig für den verfestigten Zustand, ist ebenfalls $K_V = 1$ zu setzen.
u ungekerbt    g gekerbt

**TB 3-13** Faktoren zur Berechnung der Mittelspannungsempfindlichkeit

| Werkstoffgruppe | Walzstahl | GS | GJS | GJM | GJL |
|---|---|---|---|---|---|
| $a_M$ mm²/N | 0,00035 | 0,00035 | 0,00035 | 0,00035 | 0 |
| $b_M$ | –0,1 | 0,05 | 0,08 | 0,13 | 0,5 |

**TB 3-14** Sicherheiten, Mindestwerte

a) Allgemeine Sicherheiten

|  | Walz- und Schmiedestähle | duktile Eisengusswerkstoffe | |
|---|---|---|---|
|  |  | nicht geprüft | zerstörungsfrei geprüft |
| $S_F$ | 1,5 | 2,1 | 1,9 |
| $S_B$ | 2,0 | 2,8 | 2,5 |
| $S_D$ | 1,5 | 2,1 | 1,9 |

b) Spezifizierte Sicherheiten

| $S_F$ ($S_B$) | | Walz- und Schmiedestähle | | duktile Eisengusswerkstoffe | | | |
|---|---|---|---|---|---|---|---|
| | | | | nicht geprüft | | zerstörungsfrei geprüft | |
| | | Schadensfolgen | | Schadensfolgen | | Schadensfolgen | |
| | | groß | gering | groß | gering | groß | gering |
| Wahrscheinlichkeit des Auftretens der größten Spannungen oder der ungünstigsten Spannungskombination | groß | 1,5 (2,0) | 1,3 (1,75) | 2,1 (2,8) | 1,8 (2,45) | 1,9 (2,5) | 1,65 (2,2) |
| | gering | 1,35 (1,8) | 1,2 (1,6) | 1,9 (2,55) | 1,65 (2,2) | 1,7 (2,25) | 1,5 (2,0) |
| $S_D$ | | | | | | | |
| regelmäßige Inspektion | nein | 1,5 | 1,3 | 2,1 | 1,8 | 1,9 | 1,65 |
| | ja | 1,35 | 1,2 | 1,9 | 1,7 | 1,7 | 1,5 |

c) Sicherheitsfaktor $S_z$ (für den vereinfachten dynamischen Festigkeitsnachweis)

| Bedingung | $S_z$ |
|---|---|
| Biegung und Torsion rein wechselnd | 1,0 |
| Biegung wechselnd, Torsion statisch oder schwellend | 1,2 |
| nur Biegung schwellend bzw. nur Torsion schwellend | 1,2 |
| Torsionsmittelspannung größer Biegeausschlagspannung | 1,4 |
| Biegung und Torsion mit hohen statischen Anteilen (Mittelspannungen) | 1,4 |

*Hinweis:* Beim vereinfachten dynamischen Festigkeitsnachweis werden nur die Ausschlagspannungen von Biegung und Torsion (nicht die Mittelspannungen) berücksichtigt, deshalb müssen höhere Sicherheiten als bei der genaueren Berechnung verwendet werden.
Der vereinfachte dynamische Festigkeitsnachweis sollte nur für die Überschlagsrechnungen verwendet werden. Bei Berücksichtigung von $S_z$ liegt dieser in der Regel auf der sicheren Seite.

# Tribologie 4

**TB 4-1** Reibungszahlen
a) Haft- und Gleitreibungszahlen (Anhaltswerte für den Maschinenbau)

| Werkstoffpaarung | Haftreibungszahl $\mu_0$[1] trocken[2] | Haftreibungszahl $\mu_0$[1] geschmiert | Gleitreibungszahl $\mu$ trocken[2] | Gleitreibungszahl $\mu$ geschmiert |
|---|---|---|---|---|
| Stahl auf Stahl | 0,2...0,8 | 0,10 | 0,2...0,7 | 0,10 |
| Kupfer auf Kupfer | – | – | 0,6...1,0 | 0,10 |
| Stahl auf Gusseisen | 0,2 | 0,10 | 0,20 | 0,05 |
| Gusseisen auf Gusseisen | 0,25 | 0,15 | 0,20 | 0,10 |
| Gusseisen auf Cu-Legierung | 0,25 | 0,15 | 0,20 | 0,10 |
| Bremsbelag auf Stahl | – | – | 0,5...0,6 | – |
| Stahl auf Eis | 0,03 | – | 0,015 | – |
| Stahl auf Holz | 0,5...0,6 | 0,10 | 0,2...0,5 | 0,05 |
| Holz auf Holz | 0,4...0,6 | 0,15...0,20 | 0,2...0,4 | 0,10 |
| Leder auf Metall | 0,60 | 0,20 | 0,2...0,25 | 0,12 |
| Gummi auf Metall | – | – | 0,50 | – |
| Kunststoff auf Metall | 0,25...0,4 | – | 0,1...0,3 | 0,04...0,1 |
| Kunststoff auf Kunststoff | 0,3...0,4 | – | 0,2...0,4 | 0,04...0,1 |

[1] Die Haftreibungszahl $\mu_0$ einer Werkstoffpaarung ist meist geringfügig größer als die Gleitreibungszahl $\mu$. Sie ist nur für den Grenzfall des Übergangs in die Bewegung definiert.
[2] Bei technisch üblichen, geringen Verunreinigungen.

b) Gleitreibungszahlen $\mu$ bei Festkörperreibung (nach Versuchen)

Hinweis: Die Reibungszahl ist keine Werkstoffeigenschaft, sondern die Kenngröße eines tribologischen Systems. Entsprechend den Einflussgrößen Werkstoffart, Oberflächenbeschaffenheit, Temperatur, Gleitgeschwindigkeit und Flächenpressung kann sie in bestimmten Grenzen schwanken. Verlässliche Reibungszahlen müssen unter anwendungsnahen Bedingungen experimentell ermittelt werden.

| Werkstoff | Gleitreibungszahl $\mu$ Paarung mit gleichem Werkstoff | Gleitreibungszahl $\mu$ Paarung mit gehärtetem Stahl |
|---|---|---|
| Aluminium | 1,3 | 0,5 |
| Chrom | 1,5 | 1,2 |
| Nickel | 0,7 | 0,5 |
| Gusseisen | 0,4 | 0,4 |
| Stahl, gehärtet | 0,6 | 0,6 |
| Lagermetall (PbSb) | – | 0,5 |
| CuZn-Legierung | – | 0,5 |
| $Al_2O_3$-Keramik | 0,4 | 0,7 |
| Polyamid (Nylon) | 1,2 | 0,4 |
| Polyethylen PE-HD | 0,4 | 0,1 |
| Polytetrafluorethylen | 0,12 | 0,05 |
| Polystyrol und Polyvinylchlorid PVC-U | – | 0,5 |
| Polyoxymethylen | – | 0,4 |

© Springer-Verlag GmbH Deutschland, ein Teil von Springer Nature 2019
H. Wittel, C. Spura, D. Jannasch, J. Voßiek, *Roloff/Matek Maschinenelemente*,
https://doi.org/10.1007/978-3-658-26280-8_28

## TB 4-1 (Fortsetzung)

c) Reibungszahl einer Stahlgleitpaarung in Abhängigkeit vom Gleitweg bei Festkörperreibung

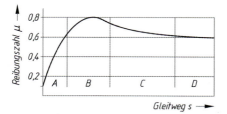

| Phase | Reibungszahl |
|---|---|
| A | Anfangswert $\mu \approx 0{,}1$ |
| B | Maximalwert $\mu \approx 0{,}8$ |
| C | nimmt ab |
| D | konstanter Endwert $\mu \approx 0{,}6$ |

## TB 4-2   Effektive dynamische Viskosität $\eta_{eff}$ in Abhängigkeit von der effektiven Schmierfilmtemperatur $\vartheta_{eff}$ für Normöle (Dichte $\rho = 900$ kg/m$^3$)

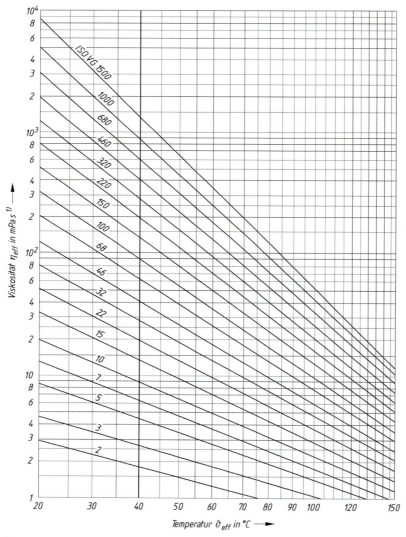

[1]) DIN 1342-2: 1 Pa s = 1 N s m$^{-2}$ = 1 kg m$^{-1}$ s$^{-1}$ = $10^3$ m Pa s = $10^{-6}$ N s mm$^{-2}$.

**TB 4-3**  Druckviskositätskoeffizient α für verschiedene Schmieröle

| Öltyp | $\alpha_{25°C} \cdot 10^8$ $m^2/N$ | $\eta_{2000\,bar}/\eta_0$ bei 25 °C | $\eta_{2000\,bar}/\eta_0$ bei 80 °C |
|---|---|---|---|
| Paraffinbasische Mineralöle | 1,5–2,4 | 15–100 | 10–30 |
| Naphthenbasische Mineralöle | 2,5–3,5 | 150–800 | 40–70 |
| Polyolefine | 1,3–2,0 | 10–50 | 8–20 |
| Esteröle (Diester, verzweigt) | 1,5–2,0 | 20–50 | 12–20 |
| Polyätheröle (aliph.) | 1,1–1,7 | 9–30 | 7–13 |
| Silikonöle (aliph. Subst.) | 1,2–1,4 | 9–16 | 7–9 |

**TB 4-4**  Spezifische Wärmekapazität $c$ von Mineralölen (Mittelwerte) in Abhängigkeit von Temperatur und Dichte

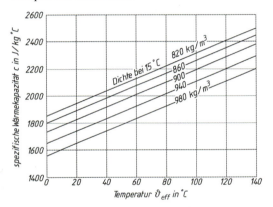

**TB 4-5**  Eigenschaften und Anwendungen wichtiger synthetischer Schmieröle

| Synthesebasisöl | Eigenschaften | Anwendungen |
|---|---|---|
| Polyalphaolefine (synthetische Kohlenwasserstoffe) | Synthetisches Öl, sehr gutes Viskositäts-Temperatur-Verhalten, hohe Oxidationsbeständigkeit, sehr geringe Verdampfungsverluste bei hohen Temperaturen, sehr gute Tieftemperatureigenschaften, mischbar mit Mineralölen und Estern, gute hydrolytische Beständigkeit, gutes Reibungsverhalten bei Mischreibung, sehr gute Verträglichkeit mit Lack und Dichtungsmaterialien, nicht toxisch, begrenzte biologische Abbaubarkeit | Motoren, Kompressoren, Getriebe, Hydrauliköle, Schmierfette |

**TB 4-5** (Fortsetzung)

| Synthesebasisöl | Eigenschaften | Anwendungen |
|---|---|---|
| Polyalkylenglykole (Polyglykole) | Polymerisationsprodukte von Ethylen- und/oder Propylenglykol, gutes Viskositäts-Temperatur-Verhalten, geringe Oxidationsbeständigkeit, gute Tieftemperatureigenschaften, nicht mischbar mit Mineralölen, eingeschränkt mischbar mit Kohlenwasserstoffen, schlechte Additivlöslichkeit, sehr gute Verschleiß- und Fressschutzeigenschaften, sehr gutes Reibungsverhalten bei Werkstoffpaarung Stahl/Bronze, begrenzt verträglich mit Dichtungen, Elastomeren und Lacken, nicht toxisch, schnell biologisch abbaubar. | Schneckengetriebe, schwerentflammbare Hydrauliköle, Kühlschmierstoffe |
| Silikonöl | Synthetisches Öl, sehr gutes Viskositäts-Temperatur-Verhalten, geringe Verdampfungsverluste bei hohen Temperaturen, sehr gute Tieftemperatureigenschaften, nicht mischbar mit Mineralölen und Kohlenwasserstoffen, hohe chemische Beständigkeit, keine Additivlöslichkeit, sehr schlechte Schmierungseigenschaften im Mischreibungsgebiet, gute Verträglichkeit mit Dichtungen und Lacken, schlechte Benetzbarkeit von Metalloberflächen, schwer entflammbar, wasserabweisend. | Wärmeübertragungsöle, Hochtemperaturhydrauliköle, Sonderschmierstoffe |
| Carbonsäureester | Sehr gutes Viskositäts-Temperatur-Verhalten, gute Oxidationsbeständigkeit, sehr geringe Verdampfungsverluste bei hohen Temperaturen, sehr gute Tieftemperatureigenschaften, mischbar mit Mineralölen, geringe hydrolytische Beständigkeit, begrenzte Additivlöslichkeit, mäßige Korrosionsschutzeigenschaften, geringe Verträglichkeit mit Dichtungen und Lacken, nicht toxisch, schnell biologisch abbaubar. | Motoren, Kompressoren, Flugturbinen, Tief- und Hochtemperaturfette |
| Phosphorsäureester | Schlechtes Viskositäts-Temperatur-Verhalten, gute Oxidationsbeständigkeit, gute Tieftemperatureigenschaften, nicht mischbar mit Mineralölen, mäßige Korrosionsschutzeigenschaften, ausgezeichnete Verschleiß- und Frostschutzeigenschaften, begrenzte Verträglichkeit mit Dichtungen, nicht toxisch, schnell biologisch abbaubar, schwer entflammbar. | Schwer entflammbare Hydrauliköle |
| Silikatester | Sehr gutes Viskositäts-Temperatur-Verhalten, sehr gute Oxidationsbeständigkeit, sehr gute Tieftemperatureigenschaften, nicht mischbar mit Mineralölen, geringe hydrolytische Beständigkeit, gute thermische Beständigkeit, begrenzte biologische Abbaubarkeit | Hydrauliköle, Wärmeübertragungsöle |

**TB 4-6** Klassifikation für Kfz-Getriebeöle nach API (American Petroleum Institute)

| Klassifikation | Betriebsbedingungen | Additive | Anwendungen |
|---|---|---|---|
| GL-1 | leicht | keine | Getriebe mit geringen Belastungen und Umfangsgeschwindigkeiten; Kegelräder (spiralverzahnt), Schneckengetriebe |
| GL-2 | leicht – mittel | Verschleißschutz-Wirkstoffe (2,7 Gew.%) | etwas höhere Beanspruchungen als bei GL-1; Stirnradgetriebe, Schneckengetriebe |
| GL-3 | mittel | leichte EP-Zusätze (4 Gew.%) | schwere Belastungs- und Geschwindigkeitsverhältnisse; Kegelräder (spiralverzahnt), Stirnradgetriebe |
| GL-4 | mittel – schwer | normale EP-Zusätze (6,5 Gew.%) | hohe Geschwindigkeiten oder hohe Drehmomente; Hypoidgetriebe, Handschaltgetriebe |
| GL-5 | schwer | wirksame EP-Zusätze (10 Gew.%) | hohe Geschwindigkeiten oder hohe Drehmomente bei zusätzlicher Stoßbelastung; Hypoidgetriebe mit großem Achsversatz, Handschaltgetriebe |

**TB 4-7** Eigenschaften von Lager-Schmierstoffen (Auswahl). Schmieröle[1)]

| ISO-Viskositätsklasse DIN ISO 3448 | DIN 51517[2)] $v_{40}$ in mm²/s | | | Flammpunkt $\geq$ °C nach Cleveland für | | | Pourpoint $\leq$ °C | | |
|---|---|---|---|---|---|---|---|---|---|
| | C | CL | CLP | C | CL | CLP | C | CL | CLP |
| ISO VG 32 | 32 | 32 | 32 | 180 | 180 | 180 | –12 | –12 | –12 |
| ISO VG 46 | 46 | 46 | 46 | 180 | 180 | 180 | –12 | –12 | –12 |
| ISO VG 68 | 68 | 68 | 68 | 180 | 180 | 180 | –12 | –12 | –12 |
| ISO VG 100 | 100 | 100 | 100 | 200 | 200 | 200 | –12 | –12 | –12 |
| ISO VG 150 | 150 | 150 | 150 | 200 | 210 | 200 | – 9 | – 9 | – 9 |
| ISO VG 220 | 220 | 220 | 220 | 200 | 220 | 200 | – 9 | – 9 | – 9 |
| ISO VG 320 | 320 | – | 320 | 200 | 200 | 200 | – 9 | – 9 | – 9 |
| ISO VG 460 | 460 | 460 | 460 | 200 | 200 | 200 | – 9 | – 9 | – 9 |
| ISO VG 680 | 680 | 680 | 680 | 200 | 200 | 200 | – 3 | – 3 | – 9 |
| ISO VG 1000 | 1000 | 1000 | 1000 | 200 | 200 | 200 | – 3 | – 3 | – 3 |
| ISO VG 1500 | 1500 | 1500 | 1500 | 200 | 200 | 200 | – 3 | – 3 | – 3 |

[1)] Allgemein gilt: Je größer $p_L$ und je geringer $u$, desto höher $v$ bzw. $\eta$; bei großer $u$ ist eine geringere $v$ bzw. $\eta$ erwünscht (Lagerspiel).
[2)] Bezeichnung eines Schmieröles C vom Typ C68:
Schmieröl DIN 51517 – C68

**TB 4-8** Eigenschaften der Schmierfette
a) mineralölbasische Schmierfette

| Verdicker | | | Tropf-punkt °C | Einsatz-Temperaturbereich °C | | Beständigkeit gegen Wasser | Korro-sions-schutz | Natürliches EP-Verhalten | Geeignet für | | Kosten-relation |
|---|---|---|---|---|---|---|---|---|---|---|---|
| | | | | | | | | | Wälzlager | Gleitlager | |
| Seife | Normal | Kalzium | 80/100 | −35 | +50 | +++ | + | ++ | − | + | 0,8 |
| | | Natrium | 150/200 | −30 | +120 | − | ++ | + | ++ | ++ | 0,9 |
| | | Lithium | 180/200 | −40 | +120/140 | + | + | ++ | +++ | ++ | 1 |
| | | Aluminium | 100/120 | −30 | +80/100 | ++ | +++ | + | +++ | ++ | 2,5–3,0 |
| | Komplex | Kalzium | >260 | −30 | +140 | ++ | ++ | ++ | +++ | ++ | 0,9—1,2 |
| | | Natrium | >240 | −30 | +130 | + | + | + | +++ | + | 3,5 |
| | | Lithium | >250 | −30 | +150 | ++ | + | + | +++ | ++ | 4–5 |
| | | Aluminium | >250 | −30 | +140 | ++ | + | + | +++ | + | 2,5–4,0 |
| | Gemisch | Li/Ca | 170/180 | −30 | 120/130 | ++ | + | + | +++ | ++ | 1,3 |
| Nicht-Seife | An-organisch | Bentonit Aerosil (Gel) | ohne ohne | −25 −20 | 150/200 150/180 | ++ ++ | − − | + − | ++ ++ | ++ ++ | 6–10 5 |
| | Organisch | Polyharnstoff | >250 | −25 | 150/200 | ++ | + | + | ++ | + | 6 |

b) syntheseölbasische Schmierfette

| Verdicker | | Grundöl | Tropf-punkt °C | Einsatz-Temperaturbereich °C | Einsatz-Temperaturbereich °C | Beständigkeit gegen Wasser | Korrosions-schutz | Natürliches EP-Verhalten | Geeignet für Wälzlager | Geeignet für Gleitlager | Kosten-relation |
|---|---|---|---|---|---|---|---|---|---|---|---|
| | | | | °C | °C | | | | Wälzlager | Gleitlager | |
| Seife | Lithium | Ester | >170 | −60 | +130 | ++ | ++ | ++ | +++ | + | 5–6 |
| | | Polyalphaolefin | >190 | −60 | +140 | ++ | + | − | +++ | + | 3–4 |
| | | Silikonöl | >190 | −40 | +170 | +++ | − | | +++ | + | 20 |
| | Lithium-komplex | Ester | >260 | −40 | +160 | +++ | + | + | +++ | ++ | 6–8 |
| | Barium-komplex | Ester | >260 | −40 | +130 | ++ | +++ | +++ | +++ | ++ | 7 |
| | Barium-komplex | Polyalphaolefin | >260 | −60 | +150 | ++ | +++ | +++ | +++ | ++ | 6 |
| | Natrium-komplex | Silikonöl | >220 | −40 | +200 | + | + | − | ++ | + | 20–25 |
| | Bentonit | Polyalpha-olefin | ohne | −50 | +180 | ++ | − | + | ++ | + | 10–15 |
| | Bentonit | Ester | ohne | −40 | +180 | ++ | − | + | ++ | + | 10–12 |
| | Aerosil (Gel) | Silikonöl | ohne | −40 | +200 | ++ | − | − | ++ | + | 30–40 |
| Nicht-Seife | Polyharn-stoff | Silikonöl | >250 | −40 | +200 | +++ | + | − | ++ | + | 35–40 |
| | Polyharn-stoff | Polyphenyl-äther | >250 | >0 | +220 | +++ | + | + | ++ | + | 100 |
| | PTFE | Alkoxyfluoröl | ohne | −40 | +250 | +++ | + | +++ | +++ | ++ | 250 |
| | FEP | Alkoxyfluoröl | ohne | −40 | +230 | +++ | + | +++ | +++ | ++ | 100 |

(+++ sehr gut, ++ gut, + mäßig, − schlecht)

**TB 4-9**  Klassifikation für Schmierfette nach NLGI (National Lubricating Grease Institut)

| NLGI-Klasse (DIN 51818) | Walkpenetration[1] in 0,1 mm | Konsistenz | Anwendungen |
|---|---|---|---|
| 000 | 445...475 | fließend | Getriebefette, Zentralschmieranlagen |
| 00 | 400...430 | schwach fließend | Getriebefette, Zentralschmieranlagen |
| 0 | 355...385 | halbflüssig | Getriebefette, Wälzlagerfette, Zentralschmieranlagen |
| 1 | 310...340 | sehr weich | Wälzlagerfette |
| 2 | 265...295 | weich | Wälzlagerfette, Gleitlagerfette |
| 3 | 220...250 | mittelfest | Wälzlagerfette, Gleitlagerfette, Wasserpumpenfette |
| 4 | 175...205 | fest | Wälzlagerfette, Wasserpumpenfette |
| 5 | 130...160 | sehr fest | Wasserpumpenfette, Blockfette |
| 6 | 85 ... 115 | hart | Blockfette |

[1] Fett wird in einem genormten Fettkneter gewalkt, danach wird die Eindringtiefe eines standardisierten Konus in einer festgelegten Zeit gemessen

**TB 4-10**  Kriterien für die Auswahl von Zentralschmieranlagen

| Schmiersystem | Schmierstoff | Anzahl der Schmierstellen (maximal) | Längste Schmierstoffleitung [m] | Dosierung je Schmierstelle |
|---|---|---|---|---|
| Einleitungssystem | Öl | 500 | 50 | 0,1...15 ml/Takt |
| Zweileitungssystem | Öl bzw. Fett | 5000 | 200 | 0,02...15 ml/Takt |
| Mehrleitungssystem | Öl bzw. Fett | 30 | 50 | 0,18...400 ml/h |
| Progressivsystem | Öl bzw. Fett | 100 | 50 | 0,01...500 ml/min |
| Ölnebelsystem | Öl | 2500 | 200 | 0,2 ml/h |
| Öl-Luft-System | Öl | 5000 | 200 | >0,05 ml/h |

**TB 4-11**  Elektrochemische Spannungsreihe (Elektrodenpotential in Volt von Metallen in wässriger Lösung gegen Wasserstoffelektrode)

| | | | | | |
|---|---|---|---|---|---|
| Kalium | −2,92 | Eisen | −0,44 | Wasserstoff | +0 |
| Natrium | −2,71 | Kadmium | −0,40 | Kupfer | +0,35 |
| Magnesium | −2,38 | Kobalt | −0,27 | Silber | +0,80 |
| Aluminium | −1,66 | Nickel | −0,23 | Quecksilber | +0,85 |
| Mangan | −1,05 | Zinn | −0,14 | Platin | +1,20 |
| Zink | −0,76 | Blei | −0,12 | Gold | +1,36 |

# Kleb- und Lötverbindungen 5

**TB 5-1** Oberflächenbehandlungsverfahren für Klebverbindungen

| Werkstoff | Behandlungsfolge[1]) für | | |
| --- | --- | --- | --- |
| | niedrige[2]) Beanspruchung | mittlere[2]) Beanspruchung | hohe[2]) Beanspruchung |
| Stähle | a–b–f–g | a–h–b–f–g | a–i–b–f–g |
| Stähle, verzinkt | a–b–f–g | a–b–f–g | a–b–f–g |
| Stähle, brüniert | a–c–f–g | a–c–f–g | a–i–b–f–g |
| Titan | a–b–f–g | a–h–b–f–g | a–i–b–f–g |
| Gusseisen | k | h | i |
| Al-Legierungen | a–b–f–g | a–c–h–f–g | a–i–c–f–g |
| Magnesium | a–b–f–g | a–b–h–f–g | a–i–b–e–f–g |
| Kupfer, -Legierungen | a–b–f–g | a–h–b–f–g | a–i–b–f–g |

[1]) **a** Reinigen von Schmutz, Farbresten, Zunder, Rost o.ä.; **b** Entfetten mit organischen Lösungsmitteln (gesetzliche Schutzvorschriften beachten!) oder mit wässrigen Reinigungsmitteln; **c** Beiz-Entfetten; **d** Beizen in wässriger Lösung von 27,5% konz. Schwefelsäure und 7,5% Natriumdichromat (30 min bei 60 °C); **e** Beizen in einer Lösung von 20% Salpetersäure und 15% Kaliumdichromat in Wasser (1 min bei 20 °C); **f** Spülen mit vollentsalztem oder destilliertem Wasser; **g** Trocknen in Warmluft; **h** mechanisches Aufrauhen der Fügeflächen (Schleifen, Bürsten); **i** mechanisches Aufrauhen der Fügeflächen durch Strahlen; **k** Gusshaut entfernen.

[2]) *niedrig:* Zugscherfestigkeit bis 5 N/mm$^2$; Klima in geschlossenen Räumen; für Feinwerktechnik, Elektrotechnik, Modellbau, Schmuckindustrie, Möbelbau, einfache Reparaturen.
*mittel:* Zugscherfestigkeit bis 10 N/mm$^2$; gemäßigtes Klima; Kontakt mit Ölen und Treibstoffen; für Maschinen- und Fahrzeugbau, Reparaturen.
*hoch:* Zugscherfestigkeit über 10 N/mm$^2$; sämtliche Klimate; direkte Berührung mit wässrigen Lösungen, Ölen, Treibstoffen; für Fahrzeug-, Flugzeug-, Schiff- und Behälterbau.

© Springer-Verlag GmbH Deutschland, ein Teil von Springer Nature 2019
H. Wittel, C. Spura, D. Jannasch, J. Voßiek, *Roloff/Matek Maschinenelemente*,
https://doi.org/10.1007/978-3-658-26280-8_29

**TB 5-2** Klebstoffe zum Verbinden von Metallen nach Richtlinie VDI 2229: 1979-06

| Handelsname | | Hersteller[1] | chemische Basis[2] | Abbinde-temperatur °C | Abbinde-druck (bar)[3] | Zugscherfestigkeit $\tau_{KB}$ in N/mm² bei °C | | | | | | vorzugsweise zu verkleben[4] |
|---|---|---|---|---|---|---|---|---|---|---|---|---|
| | | | | | | −25 | +20 | +55 | +80 | +105 | +155 | |
| *überwiegend kalt abbindende Klebstoffe* | | | | | | | | | | | | |
| Agomet | P76 | A | 4 | 20...50 | Kd | 20 | 21 | 19 | 6 | – | – | ME, HK, HO, GL |
| | M | A | 6 | 20 | Kd | 32,5 | 37,5 | 32,8 | 22,5 | – | – | AL, ST, HK |
| Araldit | AW2101/HW2951 | B | 4,2 | 20 | Kd | 17 | 20 | 17 | 5 | – | – | ME, KE, HO, KU |
| | Ay103/Hy991 | B | 4,9 | 20 | >10 | 13 | 17 | 14 | 6 | 3 | – | ME, (KU), TP |
| Pattex | | C | 1 | 20 | Kd | 8 | 7 | 3 | 1 | 0,3 | – | ME, KU |
| Stabilit-Express | | C | 1 | 20 | Kd | – | 6 | – | – | – | – | ME, GL, KU, KE, PO |
| Sicomet | 85 | D | 3 | 23 | Kd | 15,2 | 25,8 | 16 | 18 | 15,2 | 5,2 | ME, KU, EL |
| | 50 | D | 3 | 23 | Kd | 15,8 | 25,2 | 14 | 13,8 | 10,6 | 1,3 | ME, KU, EL |
| | 8300 | D | 3 | 23 | Kd | 20,4 | 26 | 13,6 | 12 | 9,4 | 0,9 | ME, KU, EL |
| Technicoll | 8202 | E | 3 | 20 | Kd | 12 | 19 | 6 | 6 | – | – | ME, (KU), KE |
| | 8258/59 | E | 4 | 20 | Kd | 28 | 33 | 30 | 8 | 3 | – | ME und andere |
| Loctite | 638 | F | 5 | 20 | Kd | – | 12 | 11 | 9 | 7 | 2 | ME, KU |
| | 648 | F | 5 | 20 | Kd | – | 20 | 20 | 20 | 18 | 14 | ME, KU |
| *warmbindende Klebstoffe* | | | | | | | | | | | | |
| Araldit | AT1 | B | 4 | 150..200 | Kd | 32 | 32 | 32 | 30 | 17 | 2 | ME, KE |
| | AW142 | B | 4 | 150..200 | Kd | 23 | 23 | 25 | 25 | 23 | 3 | ME, KE |
| Metallon | E2701 | C | 4 | 180 | Kd | 20 | 31 | 30 | 29 | 28 | 9 | ME |
| | E2706 | C | 4 | 180 | Kd | 30 | 32 | 31 | 30 | 23 | 6 | ME |
| Technicoll | 8280 | E | 4 | 150..200 | Kd | 36 | 39 | 41 | 42 | 36 | 15 | ME und andere |
| | 8282 | E | 4 | 120..150 | Kd | – | 40 | 39 | 27 | 11 | – | ME und andere |
| Loctite | 307 | F | 5 | 20..120 | Kd | – | 23 | 22 | 18 | 14 | 5 | ME |
| | 317 | F | 5 | 20..120 | Kd | – | 35 | 29 | 19 | 12 | 7 | GL, ME |
| *Klebfilme (Klebfolien), bei erhöhten Temperaturen abbindend* | | | | | | | | | | | | |
| Redux | 609 | B | 4 | 100..170 | Kd | 30 | 34 | 30 | 22 | 12 | – | ME, KE, BM |
| Technicoll | 8401 | E | 8, 11 | 120..200 | 5 | – | 32 | 16 | 12 | 9 | – | ME, WK |
| Tegofilm | EP375 | G | 4 | ≥100 | >1 | 21 | 23 | 22 | 17 | 10 | – | AL, ST, CU, KU, HO |
| | M12B | G | 11 | 130..165 | 4...15 | 31 | 33 | 24 | 13 | 7 | – | AL, ST, RB |
| FM-73 | | H | 7 | 120 | 1... 5 | 40 | 40 | – | 28 | – | – | AL, TI, ST |
| FM-1000 | | H | 10 | 175 | 1... 3 | 50 | 48 | – | 25 | – | – | AL, TI, ST |

# Kleb- und Lötverbindungen

**TB 5-2** (Fußnoten)

1) **A** Degussa GB Chemie, Hanau; **B** CIBA-GEIGY GmbH, Wehr/Baden; **C** HENKEL, KGaA, Düsseldorf; **D** Sichel-Werke GmbH, Hannover; **E** Beiersdorf AG, Unnastraße 48, Hamburg; **F** Loctite Deutschland GmbH, München; **G** Th. Goldschmidt AG, Essen; **H** Cyanamid B.V., P.O. Box 1523, NL-BM Rotterdam.

2) **1** Acrylharz; **2** Amin; **3** Cyanacrylat; **4** Epoxidharz; **5** Methacrylat; **6** Methylmethacrylat; **7** Nitrilepoxid; **8** Nitrilkautschuk; **9** Polyaminoamid; **10** Polyamidepoxid; **11** Phenolharz.

3) **Kd** Kontaktdruck.

4) **AL** Aluminium; **BM** Buntmetalle; **CU** Kupfer; **EL** Elastomere; **GL** Glas; **HK** Hartkunststoff; **HO** Holz; **KE** Keramik; **KU** Kunststoff; **ME** Metalle; **PO** Porzellan; **RB** Reibbeläge; **ST** Stahl; **TI** Titan; **TP** Thermoplaste; **VB** Verbundwerkstoffe; **WK** wärmefeste Kunststoffe; ( ) bedingt zu verkleben.

**TB 5-3** Festigkeitswerte für kaltaushärtende Zweikomponentenklebstoffe (nach Herstellerangaben)

| Handelsname | Hersteller | Harzbasis | Zugscherfestigkeit $\tau_{KB}$ in N/mm² bei Raumtemperatur | |
|---|---|---|---|---|
| | | | Al und Al-Legierung | Stahl, kalt gewalzt |
| Penloc GTR | Panacol-Elosol | Acrylat | 18 | 20 |
| Penloc GTI | | | 22 | 27 |
| Araldit 2011 | Vantico GmbH & Co. KG | Epoxid | 27 | 26 |
| Collano A8 6400 | Collano AG | | 12 | – |
| UHU endfest 300 plus | UHU GmbH & Co. KG | | 17 | – |
| Scotch Weld, DP 110 | 3M | | 16 | 17 |
| Scotch Weld, DP 410 | | | 25 | 19 |
| Wevo, z.B. A10/B10 | WEVO-Chemie GmbH | | 17 | 22 |
| Terokal 221 | Henkel Teroson | | 20 | – |
| Teromix 6700 | | Polyurethan | 13 | – |

**TB 5-4** Hartlote nach DIN EN ISO 17672 und ihre Anwendung (Auswahl)

| Gruppe | Kurzzeichen | Legierungskurzzeichen nach DIN EN ISO 3677[1] | vormals DIN 8513-1 bis DIN 8513-5 | Arbeitstemperatur °C | geeignetes Flussmittel DIN EN 1045 | Lötstelle Form[2] | Lötstelle Lot-Zufuhr[3] | Baustähle | hochleg. Stähle | Temperguss | Hartmetall | Al und Al-Leg. | Cu und Cu-Leg. | Ni und Ni-Leg. | Co und Co-Leg. | Glas, Keramik | Sondermetalle | Anwendungsbeipiele |
|---|---|---|---|---|---|---|---|---|---|---|---|---|---|---|---|---|---|---|
| Aluminium-hartlote | Al107 | B-Al92Si-575/615 | L-AlSi7,5 | 610 | FL10 | S, F | a, e | | | | | x | | | | | | Lötplattierte Bleche und Bänder, bei Gussstücken auch zum Fugenlöten und Auftragen; Wärmeaustauscher und Kühler |
| | Al112 | B-Al88Si-575/585 | L-AlSi12 | 590 | FL20 | S, F | a, e | | | | | x | | | | | | |
| Silber-Hartlote | Ag212 | B-Cu48ZnAg(Si)-800/830 | L-Ag12 | 830 | FH21 | S | a, e | x | x | x | | | x | x | | | | mechanisiertes Löten wärmeempfindlicher Werkstücke |
| | Ag244 | B-Ag44CuZn-675/735 | L-Ag44 | 730 | FH21 | S | a, e | x | x | x | | | x | x | | | | Werkstücke mit erhöhten Betriebstemperaturen; Wärmeaustauscher, Bandsägen |
| | Ag340 | B-Ag40ZnCdCu-595/630 | L-Ag40Cd | 610 | FH10 | S | a, e | x | x | x | | | x | x | | | | ausgezeichnete Löteigenschaften, Handlöten und automatisiertes Löten |
| | Ag449 | B-Ag49ZnCuMnNi-680/705 | L-Ag49 | 690 | FH21 | S | a, e | x | x | x | x | | x | x | | | | auch für schwer benetzbare Werkstoffe wie Mo und W, Auflöten von Hartmetall auf Stahlträger |
| | AG485 | B-Ag85Mn-960/970 | L-Ag85 | 960 | FH21 | S | a, e | x | x | x | | | | x | | | | Hochtemperatur-Hartlot, warmfeste Lötstellen bis 600 °C, ammoniakbeständig |
| Kupfer-Phosphor-Hartlote | CuP281 | B-Cu89PAg-645/815 | L-Ag5P | 710 | FH21, ohne | S, F | a, e | | | | | | x | | | | | Kupferrohre für Wärme- und Kältetechnik |
| | CP284 | B-Cu80AgP-645/800 | L-Ag15P | 700 | FH21, ohne | S, F | a, e | | | | | | x | | | | | für thermisch und mechanisch wechselbeanspruchte Lötstellen |
| Kupfer-Hartlote | Cu141 | B-Cu100(P)-1085 | L-SFCu | 1100 | FH21 | S | e | x | | | | | | | | | | Lötung mit hohen Anforderungen |

| Kurzz. | Benennung | alt | T [°C] | Flussm./Atm. | | | | | | | | Anwendung / Eigenschaften |
|---|---|---|---|---|---|---|---|---|---|---|---|---|
| Cu925 | B-Cu88Sn(P)-825/990 | L-Sn12 | 990 | ohne | S | e | | | x | x | | Ofenlöten (Schutzgas, Vakuum) ohne hohe Festigkeitsansprüche, dickwandige Werkstücke |
| Cu470 | B-Cu60Zn(Sn)(Si)-875/895 | L-CuZn40 | 900 | FH20 | S, F | a, e | x | x | x | x | x | |
| **Nickelhartlote und Nickel-Kobalthartlote** | | | | | | | | | | | | |
| Ni610 | B-Ni74CrFeSiB-980/1070 | L-Ni1 | 1130 | FH30 Vakuum | S | a, e | x | x | x | x | | Hochtemperaturlote, warmfest, für schwer benetzbare Werkstoffe (W, Mo), auflöten von Hartmetall auf Stahlträger; Düsengehäuse, Turbinenschaufeln, Raketentechnik |
| Ni650 | B-Ni71CrSi-1080/1135 | L-Ni5 | 1150 | Schutzgas | S | a, e | x | x | x | x | | |
| **Palladiumhaltige Hartlote** | | | | | | | | | | | | |
| Pd287 | B-Ag68CuPd-805/810 | – | 815 | FH20 | S | a, e | x | x | x | x | | Hochtemperaturlote Pd verbessert das Benetzungsvermögen und das Ausbreitungsverhalten, warmfeste Lötstellen bis 600 °C; Gasturbinenbau, Ventile, Düsengehäuse, Raketentechnik, Metallkeramik |
| Pd587 | B-Ag54PdCu-900/950 | – | 955 | FH20 | S | a, e | x | x | x | x | | |
| Pd647 | B-Pd60Ni-1235 | – | 1250 | Schutzgas Vakuum | S | a, e | x | | x | | | |
| **Goldhaltige Hartlote** | | | | | | | | | | | | |
| Au351 | B-Cu62AuNi-975/1030 | – | 1030 | Schutzgas (Helium) Vakuum | S | a, e | x | x | | | | Hochtemperaturlote gute Lötbarkeit auf St, Ni und Co, hohe Festigkeit, geringe Anfälligkeit gegen $H_2$-Versprödung |
| Au827 | B-Au82Ni-950 | – | 950 | – | S | a, e | x | x | | | | hoher Widerstand gegen Oxidation und Korrosion, Löten von hitzebeständigen Stählen und Ni-Legierungen, Dauereinsatztemperatur bis 800 °C; Flugzeug- und Raumfahrttechnik, Turbinenbau |

[1] Die Bezeichnung enthält im dritten Teil die Solidus-/Liquidus-Temperatur in °C.
[2] S  Spaltlöten     F  Fugenlöten
[3] a  Lot angesetzt     e  Lot eingelegt

**Bezeichnung**

Das Lot muss mit der Benennung Lot, der Nummer der Norm ISO 17672 und einem Kurzzeichen bzw. nach DIN EN ISO 3677 bezeichnet werden. Beispiel: Für das Silberhartlot mit der Zusammensetzung 48% Cu, 12% Ag und 40% Zn können folgende Varianten angesetzt werden:

    Lot ISO 17672–Ag212 oder

    Lot ISO 1767–B–Cu48ZnAg(Si)–800/830

**TB 5-5** Weichlote nach DIN EN ISO 9453 und ihre Anwendung (Auswahl)

| Gruppe | Leg. Nr. | Legierungs- kurzzeichen nach ISO 3677 | bisheriges Kurzzeichen (DIN 1707) | Schmelz- temperatur °C | geeignetes Flussmittel (DIN EN 29454-1) Beispiel | bevorzugtes Lötverfahren[1] | Anwendungsbeispiele |
|---|---|---|---|---|---|---|---|
| Zinn – Blei | 101 | S-Sn63Pb37 | L-Sn63Pb | 183 | 3.1.1. | LO | Elektroindustrie, gedruckte Schaltungen, Feinwerktechnik |
| | 103 | S-Sn60Pb40 | L-Sn60Pb | 183…190 | 1.1.1. | FL, LO, KO | Verzinnung, nichtrostende Stähle, Elektroindustrie |
| Blei – Zinn | 114 | S-Pb60Sn40 | L-PbSn40 | 183…238 | 2.1.2. | FL, LO, KO | Metallwaren, Feinblechpackungen, Klempnerarbeiten |
| | 116 | S-Pb70Sn30 | – | 183…255 | 3.2.2. | FL, LO | Klempnerarbeiten, Zink, Zinklegierungen |
| Zinn – Blei – Antimon | 132 | S-Sn60Pb40Sb | L-Sn60Pb(Sb) | 183…190 | 1.1.1. | FL, LO, KO | Feinwerktechnik, Elektroindustrie, nichtrostende Stähle |
| | 136 | S-Pb74Sn25Sb1 | L-PbSn25Sb | 185…263 | 3.1.1. | FL, LO | Bleilötungen, Schmierlote, Kühlerbau |
| Zinn – Blei – Bismut | 141 | S-Sn60Pb38Bi2 | – | 180…185 | 3.1.1. | KO | hochlegierte Stähle, Feinlötungen |
| Zinn – Blei – Cadmium | 151 | S-Sn50Pb32Cd18 | L-SnPbCd18 | 145 | 1.1.2. | FL, KO | Schmelzlot, Thermosicherungen, versilberte Keramik, Kabellötungen |
| Zinn – Blei – Kupfer | 161 | S-Sn60Pb39Cu1 | L-Sn60PbCu2 | 183…190 | 1.1.3. | KO | Elektrogerätebau, Elektronik |
| Zinn – Blei – Silber | 171 | S-Sn62Pb36Ag2 | L-Sn60PbAg | 179 | 1.1.3. | LO, KO, IL | Elektrogerätebau, Elektronik, gedruckte Schaltungen |
| Blei – Silber | 182 | S-Pb95Ag5 | L-PbAg5 | 304…370 | 2.1.1. | FL, KO | für hohe Betriebstemperaturen; Luftfahrtindustrie |
| Blei – Zinn – Silber | 191 | S-Pb93Sn5Ag2 | – | 296…301 | 2.1.1. | FL, KO | Elektromotoren, Elektrotechnik, Luftfahrtindustrie |
| Bismut – Zinn | 301 | S-Bi58Sn42 | – | 139 | 1.1.3. | KO, FL | Niedertemperaturlötungen, Temperaturauslöser |
| Zinn – Kupfer | 402 | S-Sn97Cu3 | L-SnCu3 | 227…310 | 3.1.1. | FL, LO, KO | Feinwerktechnik, Metallwaren, Kupferrohr-Installationen |
| Indium – Zinn | 601 | S-In52Sn48 | L-SnIn50 | 118 | 1.1.1. | FL | Glas-Metall-Lötungen |
| Zinn – Silber | 703 | S-Sn96Ag4 | L-SnAg5 | 221 | 2.1.2. | FL, LO, KO, IL | hervorragende Benetzungseigenschaften; Kälteindustrie, hochlegierte Stähle, Kupferrohr-Installation (Warmwasser, Heizung) |

[1] FL Flammlöten   KO Kolbenlöten   LO Lotbadlöten   IL Induktionslöten

*Bezeichnung der Lote:* Ein Zinn-Basis-Lot mit Massenanteil an Zinn von 60%, an Blei von 40%, Antimon von 0,2% und einem Schmelzbereich S 183 °C bis L 190 °C wird bezeichnet nach DIN EN ISO 3677: **S-Sn60Pb40** oder nach DIN EN ISO 9453: **103** (Legierungsnummer).

**TB 5-6** Flussmittel zum Hartlöten nach DIN EN 1045

| Klasse | Typ | Wirktemperaturbereich °C | Zusammensetzung | Flussmittel-Rückstände | Verwendung |
|---|---|---|---|---|---|
| **FH** für Schwermetalle | FH10 | 550...800 | Borverbindungen Flouride | **korrosiv**, müssen durch Waschen oder Beizen entfernt werden | Vielzweck-Flussmittel für Löttemperaturen oberhalb 600 °C |
| | FH11 | 550...800 | Borverbindungen Flouride, Chloride | | bevorzugt für Kupfer – Aluminium – Legierungen bei Löttemperaturen oberhalb 600 °C |
| | FH12 | 550...850 | Borverbindungen, Bor, Flouride | | bevorzugt für rostfreie und hochlegierte Stähle, sowie Hartmetall bei Löttemperaturen oberhalb 600 °C |
| | FH20 | 700...1000 | Borverbindungen, Flouride | | Vielzweck-Flussmittel für Löttemperaturen oberhalb von 750 °C |
| | FH21 | 750...1100 | Borverbindungen | **nicht korrosiv**, können durch Beizen oder mechanisch entfernt werden | Vielzweck-Flussmittel für Löttemperaturen oberhalb von 800 °C |
| | FH30 | über 1000 | Borverbindungen Phosphate, Silikate | | bei Gebrauch von Kupfer- und Nickelloten |
| | FH40 | 600...1000 | borfrei Chloride, Flouride | **korrosiv**, müssen durch Waschen oder Beizen entfernt werden | wenn die Anwesenheit von Bor nicht erlaubt ist |
| **FL** Leichtmetalle | FL10 | über 550 | hygroskopische Chloride und Flouride, Lithiumverbindungen | | ermöglichen hochwertige Leichtmetall-Hartlötverbindungen; Flussmittelreste müssten aber rückstandsfrei entfernt werden |
| | FL20 | über 550 | nicht hygroskopische Flouride | **nicht korrosiv**, können auf dem Werkstück verbleiben, das dann vor Feuchtigkeit zu schützen ist | keine so hochwertigen Verbindungen wie bei Verwendung von FL10 |

Bezeichnungsbeispiel für Flussmittel FH10 nach dieser Norm: Flussmittel EN 1045 – FH10

**TB 5-7** Einteilung der Flussmittel zum Weichlöten nach DIN EN 29454-1

| Typ | Basis | Aktivator | Art |
|---|---|---|---|
| **1** Harz | **1** Kolophonium (Harz) | **1** ohne Aktivator | **A** flüssig |
| | **2** ohne Kolophonium (Harz) | | |
| **2** organisch | **1** wasserlöslich | **2** mit Halogen aktiviert | |
| | **2** nicht wasserlöslich | **3** ohne Halogene aktiviert | |
| **3** anorganisch | **1** Salze | **1** mit Ammoniumchlorid | **B** fest |
| | | **2** ohne Ammoniumchlorid | |
| | **2** Säuren | **1** Phosphorsäure | **C** Paste |
| | | **2** andere Säuren | |
| | **3** alkalisch | **1** Amine und/oder Ammoniak | |

**Bezeichnungsbeispiel** eines Flussmittels von Typ anorganisch (3), auf der Basis von Salzen (1), mit Ammoniumchlorid aktiviert (1), geliefert in fester Form (B): Flussmittel ISO 9454 – 3.1.1. B

**TB 5-8** Gegenüberstellung der Typ-Kurzzeichen von Flussmitteln zum Weichlöten (DIN EN 29454-1 zu DIN 8511-2)

| | Kurzzeichen | | Wirkung der Fluss-mittelrückstände | Hinweise zur Verwendung |
|---|---|---|---|---|
| | DIN EN 29454-1 | DIN 8511-2 | | |
| Schwermetalle | 3.2.2.<br>3.1.1. | F-SW11<br>F-SW21 | korrosiv, müssen abgewaschen werden | stark oxidierte Oberflächen, Kühlerbau, Klempnerarbeiten, Wischverzinnen |
| | 3.1.1.<br>3.1.2. | F-SW21<br>F-SW22 | | Kupfer; Klempnerarbeiten, Tauchlöten, Metallwaren, Armaturen |
| | 2.1.3.<br>2.2.1.<br>2.2.3. | F-SW23 | bedingt korrosiv | Blei und Bleilegierungen; Metallwaren, Feinlötungen |
| | 2.1.2.<br>2.2.2. | F-SW25 | | Elektrotechnik, Metallwaren, Kupferrohr-Installationen, Feinlötungen |
| | 1.1.1.<br>1.1.3.<br>1.2.3. | F-SW31<br>F-SW32<br>F-SW33 | nicht korrosiv | Elektrotechnik, Elektronik, gedruckte Schaltungen, Lötbäder |
| Leichtmetalle | 3.1.1.<br>2.1.3.<br>2.1.2. | F-LW1<br>F-LW2<br>F-LW3 | müssen entfernt werden | Kühlerbau |

**TB 5-9** Richtwerte für Lötspaltbreiten

| Art der Lötstelle | günstiger Spaltbreitenbereich in mm | Lötverfahren |
|---|---|---|
| Spaltlöten | 0,01...0,05 | Ofenlöten im Hochvakuum (ohne Flussmittel) |
|  | 0,01...0,1 | Ofenlöten in Schutzgas oder im Vakuum (ohne Flussmittel) |
|  | 0,05...0,2 | Löten mit Flussmittel, mechanisiert bzw. automatisiert |
|  | 0,05...0,5 | Löten mit Flussmittel, manuell |
| Fugenlöten | > 0,5 (Fuge) | Löten mit Flussmittel, manuell |

**TB 5-10** Zug- und Scherfestigkeit von Hartlötverbindungen (nach BrazeTec – Umicore, ehem. Degussa)

| Hartlote nach DIN EN ISO 17672, Bezeichnung nach | | Arbeitstemperatur des Lotes in °C | Zugfestigkeit $\sigma_{lB}$ in N/mm² bei Grundwerkstoff | | | | | Scherfestigkeit $\tau_{lB}$[1)2)] in N/mm² bei Grundwerkstoff | |
|---|---|---|---|---|---|---|---|---|---|
| EN ISO 17672 | ISO 3677 | | S235 | E295 | E335 | X10CrNi18-8 | CuZn37 | S235 | E335 |
| Ag340 | B-Ag40ZnCdCu-595/630 | 610[1)] | 410[3)] | 540 | 640 | 520 | 230 | 170 | 250 |
| Ag330 | B-Ag30CuCdZn-600/690 | 680 | 380[3)] | 470 | 480 | 510 | 250 | 200 | 240 |
| Ag244 | B-Ag44CuZn-675/735 | 730 | 390[3)] | 480 | 520 | 530 | 280 | 205 | 280 |
| Ag212 | B-Cu48ZnAg-800/830 | 830 | 370 | 460 | 460 | 440 | 210 | 170 | 200 |

[1)] Mittelwert bei Spaltbreite 0,1 mm.
[2)] Einstecktiefe 4 mm.
[3)] Bruch teilweise im Grundwerkstoff.

# Schweißverbindungen 6

**TB 6-1** Symbolische Darstellung von Schweiß- und Lötnähten nach DIN EN ISO 2553
a) Grundsymbole zur Kennzeichnung der Nahtart

| Nahtart | Darstellung der Naht[2] | Symbol[1] | Nahtart | Darstellung der Naht[2] | Symbol[1] |
|---|---|---|---|---|---|
| I-Naht[3] | | ⊥⊥ | V-Naht[3] | | ∨ |
| Y-Naht[3] | | Y | HV-Naht[3] | | ⊢∨ |
| HY-Naht[3] | | ⊬ | U-Naht[3] | | ∪ |
| HU-Naht[3] | | ⊦ | Bördelnaht | | ⌒ |
| aufgeweitete Y-Naht | | | aufgeweitete HY-Naht | | |
| Steilflankennaht[3] | | ∨ | Halbsteilflankennaht[3] | | ⊥∨ |
| Stirnnaht[4] | | ‖ | Stichnaht[4] | | ∇ |
| Kehlnaht | | △ | Bolzenschweißverbindung | | ⊗ |
| Punktnaht (schmelzgeschweißt) | | ○ | Liniennaht (schmelzgeschweißt) | | ⊖ |
| Punktnaht (widerstandsgeschweißt) | | ⊖ | Widerstandsrollenlenschweißnaht | | ⊖ |
| Lochnaht | | | Auftragsschweißen | | ⌒⌒ |

[1] Die schmale waagerechte Linie ist nicht Teil des Symbols. Sie zeigt die Position der Bezugslinie an.
[2] Die Strichlinien geben die Nahtvorbereitung vor dem Schweißen an.
[3] Stumpfnähte ohne weitere Angaben sind durchgeschweißt.
[4] Darf auch für Stöße verwendet werden, bei denen mehr als 2 Fügeteile zu verbinden sind.

**TB 6-1** (Fortsetzung)
b) Kombinierte Grundsymbole zur Darstellung beidseitiger Nähte

| Nahtart | Darstellung der Naht | Symbol | Nahtart | Darstellung der Naht | Symbol |
|---|---|---|---|---|---|
| Doppel-V-Naht (DV-Naht) | | | Doppel-U-Naht (DU-Naht) | | |
| Doppel-HV-Naht (DHV-Naht) | | | Doppel-HY-Naht mit Kehlnaht | | |

c) Zusatzsymbole mit Anwendungsbeispielen

| Bezeichnung Symbol | Beispiel | Darstellung der Naht | Bezeichnung Symbol | Beispiel | Darstellung der Naht |
|---|---|---|---|---|---|
| Flach nachbearbeitet | | | Konvex (gewölbt) | | |
| Konkav (hohl) | | | Nahtübergänge kerbfrei | | |
| Gegenlage | | | Wurzelüberhöhung | | |
| Schweißbadsicherung[1] | MR | | Abstandhalter | | |
| Aufschmelzbare Einlage | | | Baustellennaht | | |
| Ringsum-Naht | | | Naht zwischen zwei Punkten | A ↔ B | |

[1] M = verbleibende, MR = entfernbare Schweißbadsicherung

# Schweißverbindungen

**TB 6-1** (Fortsetzung)
d) Nahtmaße (Beispiele)

| Symbol | Nahtart Erläuterung | Darstellung |
|---|---|---|
| s ‖ | **I-Naht**, nicht durchgeschweißt<br>$s$ = Nahtdicke ≠ Blechdicke | |
| ‖ n x $l$ (e) | **I-Naht**, unterbrochen<br>$n$ = Anzahl der Einzelnähte<br>$l$ = Nennlänge der Einzelnähte<br>$e$ = Abstand zw. Einzelnähten | |
| s ∖) | **Y-Naht**, aufgeweitet<br>$s$ = Nahtdicke ≠ Blechdicke | |
| s ⌐ | **HY-Naht**, aufgeweitet<br>$s$ = Nahtdicke ≠ Blechdicke | |
| a ▷ n x $l$ ∕ (e)<br>a ▷ n x $l$ ∖ (e) | **Kehlnaht**, versetzt, unterbrochen<br>$n$ = Anzahl der Einzelnähte<br>$l$ = Nennlänge der Einzelnähte<br>$e$ = Abstand zw. Einzelnähten | |
| d ☐ | **Lochnaht**, vollständig gefüllt<br>$d$ = Loch-⌀ an Fugenfläche | |
| d ☐ s | **Lochnaht**, teilweise gefüllt<br>$d$ = Loch-⌀ an Fugenfläche<br>$s$ = Fülltiefe | |
| d ○ n (e) | **Punktnaht**, widerstandsgeschweißt<br>$d$ = Punkt-⌀ an Fugenfläche<br>$e$ = Mittenabstand der Nähte<br>$n$ = Anzahl der Punktnähte | |

**TB 6-1** (Fortsetzung)

| | | |
|---|---|---|
| (Symbol mit c) | **Liniennaht**, schmelzgeschweißt<br>$c$ = Liniennahtbreite an Fugenfläche | |
| (Symbol mit s) | **Stirnnaht** mit Überlappung<br>$s$ = Dicke des Schweißguts | |

**TB 6-2** Bewertungsgruppen für Unregelmäßigkeiten für Schweißverbindungen aus Stahl nach DIN EN ISO 5817 (Auswahl)

| Unregelmäßigkeit Benennung (Ordnungsnummer nach ISO 6520-1) | Bemerkungen | Grenzwerte für Unregelmäßigkeiten bei Bewertungsgruppen (für $t > 3$ mm) | | |
|---|---|---|---|---|
| | | D | C | B |
| Riss (100) | – | Nicht zulässig | Nicht zulässig | Nicht zulässig |
| Oberflächenpore (2017) | Größtmaß einer Einzelpore für<br>– Stumpfnähte<br><br>– Kehlnähte | <br>$d \leq 0{,}3s$, aber max. 3 mm<br>$d \leq 0{,}3a$, aber max. 3 mm | <br>$d \leq 0{,}2s$, aber max. 2 mm<br>$d \leq 0{,}2a$, aber max. 2 mm | Nicht zulässig |
| Offener Endkraterlunker (2025) | | $h \leq 0{,}2t$, aber max. 2 mm | $h \leq 0{,}1t$, aber max. 1 mm | Nicht zulässig |
| Ungenügender Wurzeleinbrand (4021) | Nicht für einseitig geschweißte Stumpfnähte | Kurze Unregelmäßigkeit:<br>$h \leq 0{,}2t$, aber max. 2 mm | Nicht zulässig | Nicht zulässig |
| Einbrandkerbe<br>– durchlaufend (5011)<br>– nicht durchlaufend (5012) | Weicher Übergang wird verlangt. | $h \leq 0{,}2t$, aber max. 1 mm | $h \leq 0{,}1t$, aber max. 0,5 mm | $h \leq 0{,}05t$, aber max. 0,5 mm |
| Gaskanal (2015) Schlauchpore (2016) | – Stumpfnähte | $h \leq 0{,}4s$, aber max. 4 mm<br>$l \leq s$, aber max. 75 mm | $h \leq 0{,}3s$, aber max. 3 mm<br>$l \leq s$, aber max. 50 mm | $h \leq 0{,}2s$, aber max. 2 mm<br>$l \leq s$, aber max. 25 mm |
| | – Kehlnähte | $h \leq 0{,}4a$, aber max. 4 mm<br>$l \leq a$, aber max. 75 mm | $h \leq 0{,}3a$, aber max. 3 mm<br>$l \leq a$, aber max. 50 mm | $h \leq 0{,}2a$, aber max. 2 mm<br>$l \leq a$, aber max. 25 mm |

## TB 6-2 (Fortsetzung)

| Unregelmäßigkeit Benennung (Ordnungsnummer nach ISO 6520-1) | Bemerkungen | Grenzwerte für Unregelmäßigkeiten bei Bewertungsgruppen (für $t > 3$ mm) | | |
|---|---|---|---|---|
| | | D | C | B |
| Lunker (202) | – | Kurze Unregelmäßigkeit zulässig, aber nicht bis zur Oberfläche<br>– Stumpfnähte:<br>$h \leq 0{,}4s$, aber max. 4 mm<br>– Kehlnähte:<br>$h \leq 0{,}4a$, aber max. 4 mm | Nicht zulässig | Nicht zulässig |
| Einschlüsse<br>– feste (300)<br>– Schlacke (301)<br>– Flussmittel (302)<br>– Oxid (303) | – Stumpfnähte | $h \leq 0{,}4s$, aber max. 4 mm<br>$l \leq s$, aber max. 75 mm | $h \leq 0{,}3s$, aber max. 3 mm<br>$l \leq s$, aber max. 50 mm | $h \leq 0{,}2s$, aber max. 2 mm<br>$l \leq s$, aber max. 25 mm |
| | – Kehlnähte | $h \leq 0{,}4a$, aber max. 4 mm<br>$l \leq a$, aber max. 75 mm | $h \leq 0{,}3a$, aber max. 3 mm<br>$l \leq a$, aber max. 50 mm | $h \leq 0{,}2a$, aber max. 2 mm<br>$l \leq a$, aber max. 25 mm |
| Kantenversatz (507) | | $h \leq 0{,}25t$, aber max. 5 mm | $h \leq 0{,}15t$, aber max. 4 mm | $h \leq 0{,}1t$, aber max. 3 mm |
| Schlechte Passung bei Kehlnähten (617) | | $h \leq 1$ mm $+ 0{,}3a$, aber max. 4 mm | $h \leq 0{,}5$ mm $+ 0{,}2a$, aber max. 3 mm | $h \leq 0{,}5$ mm $+ 0{,}1a$, aber max. 2 mm |
| Zu kleine Kehlnahtdicke (5213) | | Kurze Unregelmäßigkeit:<br>$h \leq 0{,}3$ mm $+ 0{,}1a$, aber max. 2 mm | Kurze Unregelmäßigkeit:<br>$h \leq 0{,}3$ mm $+ 0{,}1a$, aber max. 1 mm | Nicht zulässig |
| Zündstelle (601) | – | Zulässig, wenn die Eigenschaften des Grundwerkstoffes nicht beeinflusst werden. | Nicht zulässig | Nicht zulässig |

Symbole: ($a$) Nennmaß der Kehlnahtdicke, ($d$) Porendurchmesser, ($h$) Höhe oder Breite der Unregelmäßigkeit, ($l$) Länge der Unregelmäßigkeit, ($s$) Nennmaß der Stumpfnahtdicke, ($t$) Blechdicke

**TB 6-3** Allgemeintoleranzen für Schweißkonstruktionen nach DIN EN ISO 13 920
a) Grenzabmaße für Längen- und Winkelmaße

| Toleranz-klasse | Nennmaßbereich in mm | | | | | | | | | | |
|---|---|---|---|---|---|---|---|---|---|---|---|
| | 2 bis 30 | über 30 bis 120 | über 120 bis 400 | über 400 bis 1000 | über 1000 bis 2000 | über 2000 bis 4000 | über 4000 bis 8000 | über 8000 bis 12000 | bis 400[2] | über 400 bis 1000[2] | über 1000[2] |
| | Grenzabmaße für *Längenmaße*[1] in mm | | | | | | | | Grenzabmaße für Winkelmaße[3] in Grad und Minuten | | |
| A | ±1 | ±1 | ±1 | ±2 | ± 3 | ± 4 | ± 5 | ± 6 | ±20′ | ±15′ | ±10′ |
| B | | ±2 | ±2 | ±3 | ± 4 | ± 6 | ± 8 | ±10 | ±45′ | ±30′ | ±20′ |
| C | | ±3 | ±4 | ±6 | ± 8 | ±11 | ±14 | ±18 | ± 1° | ±45′ | ±30′ |
| D | | ±4 | ±7 | ±9 | ±12 | ±16 | ±21 | ±27 | ±1° 30′ | ± 1°15′ | ± 1° |

[1] Nennmaßbereiche bis über 20 000 mm s. Normblatt.
[2] Länge des kürzeren Schenkels.
[3] Gelten auch für nicht eingetragene Winkel von 90° oder Winkel regelmäßiger Vielecke.

b) Geradheits-, Ebenheits- und Parallelitätstoleranzen (Maße in mm)

| Toleranz-klasse | Nennmaßbereich (größere Seitenlänge der Fläche) | | | | | | | | | |
|---|---|---|---|---|---|---|---|---|---|---|
| | über 30 bis 120 | über 120 bis 400 | über 400 bis 1000 | über 1000 bis 2000 | über 2000 bis 4000 | über 4000 bis 8000 | über 8000 bis 12 000 | über 12 000 bis 16 000 | über 16 000 bis 20 000 | über 20 000 |
| | Toleranzen *t* | | | | | | | | | |
| E | 0,5 | 1 | 1,5 | 2 | 3 | 4 | 5 | 6 | 7 | 8 |
| F | 1 | 1,5 | 3 | 4,5 | 6 | 8 | 10 | 12 | 14 | 16 |
| G | 1,5 | 3 | 5,5 | 9 | 11 | 16 | 20 | 22 | 25 | 25 |
| H | 2,5 | 5 | 9 | 14 | 18 | 26 | 32 | 36 | 40 | 40 |

**TB 6-4** Zulässige Abstände von Schweißpunkten im Stahlbau (DIN EN 1993-1-3)

| Richtung des Abstands | | Bezeichnung (Bild 7-15) | Abstand |
|---|---|---|---|
| Randabstand | in Kraftrichtung | $e_1$ | (2...6) $d$ |
| | quer zur Kraftrichtung | $e_2$ | ≤ 4$d$ |
| Schweißpunkte untereinander | in Kraftrichtung | $p_1$ | (3...8) $d$ |
| | quer zur Kraftrichtung | $p_2$ | (3...6) $d$ |

$d$ Schweißpunktdurchmesser

**TB 6-5** Nennwerte der Streckgrenze $R_e$ und der Zugfestigkeit $R_m$ für warmgewalzten Baustahl nach DIN EN 1993-1-1

| Werkstoffnorm und Stahlsorte | | Erzeugnisdicke $t$ | | | |
|---|---|---|---|---|---|
| | | $t \leq 40$ mm | | 40 mm $< t \leq 80$ mm | |
| | | $R_e$ N/mm² | $R_m$ N/mm² | $R_e$ N/mm² | $R_m$ N/mm² |
| Baustahl DIN EN 10025-2 | S235 | 235 | 360 | 215 | 360 |
| | S275 | 275 | 430 | 255 | 410 |
| | S355 | 355 | 510 | 335 | 470 |
| | S450 | 440 | 550 | 410 | 550 |
| Feinkornbaustahl DIN EN 10025-3 | S275N/NL | 275 | 390 | 255 | 370 |
| | S355N/NL | 355 | 490 | 335 | 470 |
| | S420N/NL | 420 | 520 | 390 | 520 |
| | S460N/NL | 460 | 540 | 430 | 540 |
| Feinkornbaustahl DIN EN 10025-4 | S275M/ML | 275 | 370 | 255 | 360 |
| | S355M/ML | 355 | 470 | 335 | 450 |
| | S420M/ML | 420 | 520 | 390 | 500 |
| | S460M/ML | 460 | 540 | 430 | 530 |
| Wetterfester Baustahl DIN EN 10025-5 | S235W | 235 | 360 | 215 | 340 |
| | S355W | 355 | 510 | 335 | 490 |
| Baustahl vergütet DIN EN 10025-6 | S460Q/QL/QL1 | 460 | 570 | 440 | 550 |
| Warmgewalzte Hohlprofile DIN EN 10210-1 | S235H | 235 | 360 | 215 | 340 |
| | S275H | 275 | 430 | 255 | 410 |
| | S355H | 355 | 510 | 335 | 490 |
| | S275NH/NLH | 275 | 390 | 255 | 370 |
| | S355NH/NLH | 355 | 490 | 335 | 470 |
| | S420NH/NLH | 420 | 540 | 390 | 520 |
| | S460NH/NLH | 460 | 560 | 430 | 550 |

Hinweis: Für alle vorstehend genannten Baustähle sind in der Regel folgende Werte anzunehmen: Elastizitätsmodul E = 210 000 N/mm²; Schubmodul G = E/[2(1 + ν)] ≈ 81 000 N/mm²; Poissonsche Zahl ν = 0,3; Wärmeausdehnungskoeffizient α = 12 · 10⁻⁶ je K (für ϑ ≤ 100 °C).

**TB 6-6** Nennwerte der Streckgrenze $R_e$ und der Zugfestigkeit $R_m$ für Gusswerkstoffe nach DIN EN 1993-1-8/NA.B.3

| Gusswerkstoffe | Erzeugnis-dicke $t$ mm | Streck-grenze $R_e$ N/mm² | Zugfestig-keit $R_m$ N/mm² | E-Modul E N/mm² | Schubmodul G N/mm² | Temperatur-dehnzahl $\alpha$ K⁻¹ |
|---|---|---|---|---|---|---|
| GS200 | $t \leq 100$ | 200 | 380 | 210000 | 81000 | $12 \cdot 10^{-6}$ |
| GS240 |  | 240 | 450 |  |  |  |
| GE200 | $t \leq 160$ | 200 | 380 |  |  |  |
| GE240 |  | 240 | 450 |  |  |  |
| G17Mn5 + QT | $t \leq 50$ | 240 | 450 |  |  |  |
| G20Mn5 + N | $t \leq 30$ | 300 | 480 |  |  |  |
| G20Mn5 + QT | $t \leq 100$ | 300 | 500 |  |  |  |
| EN-GJS-400-15 |  | 250 | 390 | 169000 | 46000 | $12{,}5 \cdot 10^{-6}$ |
| EN-GJS-400-18 | $t \leq 60$ | 250 | 390 |  |  |  |
| EN-GJS-400-18-LT |  | 230 | 380 |  |  |  |
| EN-GJS-400-18-RT |  | 250 | 390 |  |  |  |

**TB 6-7** Korrelationsbeiwert $\beta_w$ für Kehlnähte nach DIN EN 1993-1-8

| Norm und Stahlsorte | | | Korrelationsbeiwert $\beta_w$ |
|---|---|---|---|
| DIN EN 10025 | DIN EN 10210 | DIN EN 10219 | |
| S235 S235W | S235H | S235H | 0,8 |
| S275 S275N/NL S275M/ML | S275H S275NH/NLH | S275H S275NH/NLH S275MH/MLH | 0,85 |
| S355 S355N/NL S355M/ML S355W | S355H S355NH/NLH | S355H S355NH/NLH S355MH/MLH | 0,9 |
| S420N/NL S420M/ML |  | S420MH/MLH | 1,0 |
| S460N/NL S460M/ML S460Q/QL/QL1 | S460NH/NLH | S460NH/NLH S460MH/MLH | 1,0 |
| Stahlgusssorten aus DIN EN 10340 | | | |
| GS200, GS240, G17Mn5 + QT, G20Mn5 + N | | | 1,0 |
| G20Mn5 + QT | | | 1,1 |

# Schweißverbindungen

**TB 6-8** Maximales $c/t$-Verhältnis[1] von ein- und beidseitig gelagerten Plattenstreifen für volles Mittragen unter Druckspannungen nach DIN EN 1993-1-1 (Auszug)

| Lagerung | Spannungsverlauf[2] $\psi$ | Spannungsverlauf[2] + Druck – Zug | max. $c/t$-Verhältnis Formel | Beulwert $k_\sigma$ | $(c/t)_{max}$ Stahlsorte S235[3] für $\psi = 0, +1, -1$ |
|---|---|---|---|---|---|
| beiseitig gelagerter Plattenstreifen | –1 | $\psi\cdot\sigma$ (Druck/Zug) | | 23,9 | 124 |
| | 0 | $\sigma$ (Dreieck Druck) | für $\psi > -1$: $\dfrac{42\cdot\varepsilon}{0{,}67+0{,}33\cdot\psi}$ | 7,81 | 62,7 |
| | +1 | $\psi\cdot\sigma$ (Rechteck Druck) | | 4,0 | 42 |
| einseitig gelagerter Plattenstreifen freier Rand | –1 | $\psi\cdot\sigma$ (Druck/Zug) freier Rand | $21\cdot\varepsilon\cdot\sqrt{k_\sigma}$ | 23,8 | 102 |
| | 0 | $\sigma$ (Dreieck Druck) | | 1,7 $\left(\dfrac{0{,}578}{\psi+0{,}34}\right)$ | 27,4 |
| | +1 | $\psi\cdot\sigma$ (Rechteck Druck) | | 0,43 | 14 |
| | 0 | $\sigma$ (Dreieck, Zug) | | 0,57 | 15,8 |
| | –1 | $\psi\cdot\sigma$ (Druck/Zug) | | $(0{,}57 - 0{,}21\cdot\psi + 0{,}07\cdot\psi^2)$ 0,85 | 19,3 |

| $\varepsilon = \sqrt{\dfrac{235}{R_e}}$ | $R_e$ | 235 | 275 | 255 | 420 | 460 |
| | $\varepsilon$ | 1,00 | 0,92 | 0,81 | 0,75 | 0,71 |

[1] Für elastisches Nachweisverfahren (Querschnittsklasse 3).
[2] Randspannungsverhältnis $\psi = \sigma_2/\sigma_1$; $\psi = +1$: reiner Druck; $\psi = -1$: reine Biegung, $\psi = 0$: Druckspannung an einem Rand Null.
[3] Für andere Stahlsorten als S235 gelten die $\varepsilon$-fachen Grenzwerte, wobei $\varepsilon = \sqrt{235/R_e}$.

**TB 6-9** Zuordnung der Druckstabquerschnitte zu den Knicklinien nach TB 6-10 (DIN EN 1993-1-1)

| Querschnitt | | | Begrenzungen | Ausweichen rechtwinklig zur Achse | Knicklinie S 235 S 275 S 355 S 420 | S 460 |
|---|---|---|---|---|---|---|
| gewalzte I-Querschnitte | | $h/b > 1{,}2$ | $t_f \leq 40$ mm | $x-x$ $y-y$ | a b | $a_0$ $a_0$ |
| | | | 40 mm $> t_f \leq 100$ | $x-x$ $y-y$ | b c | a a |
| | | $h/b \leq 1{,}2$ | $t_f \leq 100$ mm | $x-x$ $y-y$ | b c | a a |
| | | | $t_f > 100$ mm | $x-x$ $y-y$ | d d | c c |
| geschweißte I-Querschnitte | | | $t_f \leq 40$ mm | $x-x$ $y-y$ | b c | b c |
| | | | $t_f > 40$ mm | $x-x$ $y-y$ | c d | c d |
| Hohlquerschnitte | | | warmgefertigte | jede | a | $a_0$ |
| | | | kaltgefertigte | jede | c | c |
| geschweißte Kastenquerschnitte | | | allgemein (außer den Fällen der nächsten Zeile) | jede | b | b |
| | | | dicke Schweißnähte: $a > 0{,}5\, t_f$ $b/t_f < 30$ $h/t_w < 30$ | jede | c | c |
| U-, T- und Vollquerschnitte | | | | jede | c | c |
| L-Querschnitte | | | | jede | b | b |

# Schweißverbindungen

**TB 6-10** Knicklinien
Berechnung von $\chi$ s. Gl. (6.9)

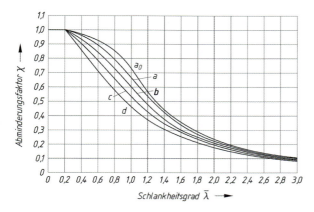

**TB 6-11** Bauformenkatalog für die Ausführung und Dauerfestigkeitsbewertung von Schweißverbindungen an Stählen im Maschinenbau nach DVS-Richtlinie 1612 (Auszug)
Zugehörige Kerbfalllinien s. TB 6-12.

| Nr.: | Darstellung | Beschreibung | Nahtart | Nahtbearbeitung | Prüfart und -umfang[1] | | | Bewertungsgruppe[2] | Kerbfalllinie |
|---|---|---|---|---|---|---|---|---|---|
| | | | | | 100% zfP | 10% zfP | Sichtprüfg | | |
| **Stumpf- und T-Stoßverbindungen, Normalbeanspruchung** | | | | | | | | | |
| 1 | | Grundwerkstoff (Vollstab) – mit Walzhaut, nicht reinigungsgestrahlt, unbeeinflusst | ohne Naht | | | | | | A |
| 2 | | – wärmebeeinflusst (thermisch getrennt) | | | | | | | AB |
| 3 | Stumpfstoßverbindungen Beanspruchung längs zur Naht | Stumpfnaht zwischen Teilen gleicher Dicke | V-Naht und HV-Naht mit Gegenlage | ja | × | | | B+ | B |
| 4 | | beidseitig durchgeschweißt und einseitig durchgeschweißt mit Gegenlage | DV-Naht DHV-Naht | nein | | × | | B | C |
| 5 | | | | nein | | | × | C | E1 |
| 6 | | einseitig durchgeschweißt ohne Badsicherung | I-Naht V-Naht HV-Naht | nein | × | | | B+ | D |
| 7 | | | | nein | | × | | B | E1 |
| 8 | | | | nein | | | × | C | E1– |

**TB 6-11** (Fortsetzung)

| Nr.: | Darstellung | Beschreibung | Nahtart | Naht-bearbeitung | Prüfart und -umfang[1] 100% zfP | 10% zfP | Sichtprüfg | Bewertungsgruppe[2] | Kerbfalllinie |
|---|---|---|---|---|---|---|---|---|---|
| 9 | Stumpfstoßverbindung mit Beanspruchung quer zur Naht | beidseitig durchgeschweißt und einseitig durchgeschweißt mit Gegenlage | V-Naht, HV-Naht, DV-Naht, DHV-Naht, Nahtwinkel > 30° | ja | × | | | B+ | B |
| 10 | | | | nein | × | | | B | D+ |
| 11 | | | | nein | | × | | C | D |
| 12 | | | | nein | | | × | C | E1 |
| 13 | | einseitig durchgeschweißt ohne Badsicherung | I-Naht V-Naht HV-Naht | nein | × | | | B | E1+ |
| 14 | | | | nein | | × | | B | E1 |
| 15 | | | | nein | | | × | C | F2 |
| 16 | Längsbeanspruchte T-Stoßverbindung | beidseitig durchgeschweißt mit Gegenlage | DHV-Naht, HV-Naht mit Kehlnaht als Gegenlage | ja | × | | | B+ | B+ |
| 17 | | | | ja | | × | | B | B |
| 18 | | | | ja | | | × | C | B– |
| 19 | | | HV-Naht mit Gegenlage | nein | × | | | B+ | C+ |
| 20 | | | | nein | | × | | B | C |
| 21 | | | | nein | | | × | C | C– |
| 22 | | beidseitig nicht durchgeschweißt | DHY-Naht, HY-Naht mit Kehlnaht als Gegenlage, Doppelkehlnaht | ja | × | | | B | B |
| 23 | | | | ja | | × | | C | B– |
| 24 | | | | nein | | × | | B | C |
| 25 | | | | nein | | | × | C | C– |
| 26 | Querbeanspruchte T-Stoßverbindung, durchlaufender Gurt beansprucht | beidseitig durchgeschweißt mit Gegenlage | DHV-Naht, HV-Naht mit Kehlnaht als Gegenlage, HV-Naht mit Gegenlage | ja | × | | | B+ | C+ |
| 27 | | | | ja | | × | | B | C |
| 28 | | | | ja | | | × | C | C– |
| 29 | | | | nein | × | | | B+ | E4– |
| 30 | | | | nein | | × | | B | E5+ |
| 31 | | Anrissort: Nahtübergang | | nein | | | × | C | E5 |
| 32 | | beidseitig nicht durchgeschweißt | DHY-Naht, HY-Naht mit Kehlnaht als Gegenlage, Doppelkehlnaht | ja | × | | | B | C |
| 33 | | | | ja | | × | | C | C– |
| 34 | | | | nein | | × | | B | E5+ |
| 35 | | Anrissort: Nahtübergang | | nein | | | × | C | E5 |
| 36 | Querbeanspruchte T-Stoßverbindung, angeschlossener Steg beansprucht | beidseitig durchgeschweißt mit Gegenlage | DHV-Naht, HV-Naht mit Kehlnaht als Gegenlage, HV-Naht mit Gegenlage | ja | × | | | B+ | D– |
| 37 | | | | ja | | × | | B | E1+ |
| 38 | | | | ja | | | × | C | E1 |
| 39 | | | | nein | × | | | B+ | E4– |
| 40 | | | | nein | | × | | B | E5+ |
| 41 | | Anrissort: Nahtübergang | | nein | | | × | C | E5 |
| 42 | | einseitig durchgeschweißt | HV-Naht, HV-Naht mit Badsicherung | nein | × | | | B+ | E6+ |
| 43 | | | | nein | | × | | C | E6– |
| 44 | | beidseitig nicht durchgeschweißt | DHY-Naht Doppelkehlnaht | nein | | | × | C | F1 |

Schweißverbindungen

**TB 6-11** (Fortsetzung)

| Nr.: | Darstellung | Beschreibung | Nahtart | Naht-bearbeitung | Prüfart und -umfang[1] 100% zfP | 10% zfP | Sicht-prüfg | Bewer-tungs-gruppe[2] | Kerb-fall-linie |
|---|---|---|---|---|---|---|---|---|---|
| 45 | Stumpfstoßverbindung von Bauteilen unterschiedlicher Dicke | beidseitig durchgeschweißt mit Gegenlage Neigung ≥ 1:4 | V-Naht mit Gegenlage, HV-Naht mit Gegenlage, DV-Naht, DHV-Naht, I-Naht | ja | × | | | B | B– |
| 46 | | | | nein | | × | | B | C– |
| 47 | 1. Symmetrischer Stoß | Neigung ≥ 1:2 | | nein | | × | | B | E1– |
| 48 | | | | nein | | | × | C | E4+ |
| 49 | ⌐1:n | ohne Anschrägen des dickeren Bleches beidseitig nicht durchgeschweißt Anrissort: Nahtübergang oder Nahtwurzel | DHY-Naht | nein | | | × | C | F2 |
| 50 | 2. unsymmetrischer Stoß | beidseitig durchgeschweißt mit Gegenlage Neigung ≥ 1:4 Neigung ≥ 1:2 | I-Naht, V-Naht mit Gegenlage, HV-Naht mit Gegenlage, DV-Naht, DHV-Naht | ja | × | | | B+ | B |
| 51 | | | | nein | | × | | B | D |
| 52 | ⌐1:n | | | nein | | | × | C | D– |
| 53 | | | | nein | | | × | C | E5– |
| 54 | | ohne Anschrägen des dickeren Bleches Anrissort: Nahtübergang oder Nahtwurzel | | nein | | | × | C | F1+ |
| | | | Bauteilähnliche Verbindungen | | | | | | |
| 55 | Längsbeanspruchte Kastenprofile | geschweißte Kastenträger | HV-Naht mit aufgesetzter Kehlnaht | ja | | × | | B | B |
| 56 | | | | nein | | | × | C | C– |
| 57 | | | HV-Naht mit aufgesetzter Kehlnaht oben und Doppelkehlnaht unten | ja | | × | | B | B |
| 58 | | | | nein | | | × | C | C+ |
| 59 | | | HY-Naht mit aufgesetzter Kehlnaht | ja | | × | | B | C+ |
| 60 | | | | nein | | | × | C | C– |
| 61 | | | einseitige Kehlnaht oben und unten | ja | | × | | B | E1+ |
| 62 | | | | nein | | | × | C | E4 |

**TB 6-11** (Fortsetzung)

| Nr.: | Darstellung | Beschreibung | Nahtart | Nahtbearbeitung | Prüfart und -umfang[1] 100% zfP | 10% zfP | Sichtprüfg | Bewertungsgruppe[2] | Kerbfalllinie |
|---|---|---|---|---|---|---|---|---|---|
| 63 | | aufgeschweißte Gurtplatte und Kehlnähte an den Stirnflächen bearbeitet | Kehlnaht bzw. Überlappnaht | ja | × | | | B | E1+ |
| 64 | Längsbeanspruchte durchlaufende Bauteile mit aufgeschweißter Gurtplatte | | | ja | | × | | C | E1 |
| 65 | | aufgeschweißte Gurtplatte und unbearbeitete Kehlnähte Anrissort: Nahtübergang | | nein | | × | | B | F1+ |
| 66 | | | | nein | | | × | C | F1 |
| 67 | | Längssteife durch Stumpfnaht und bearbeitete Kehlnaht angeschlossen Anrissort: Nahtübergang | DHV-Naht und Kehlnaht | ja | × | | | B | E1 |
| 68 | Längsbeanspruchte durchlaufende Bauteile mit aufgeschweißter Längssteife | | | ja | | × | | B | E4+ |
| 69 | | | | ja | | | × | C | E4 |
| 70 | | mit unbearbeiteten Kehlnähten aufgeschweißte Längssteife Anrissort: Nahtwurzel | umlaufende Kehlnaht | nein | | × | | B | F+ |
| 71 | | | | nein | | | × | C | F1 |
| 72 | Schweißverbindungen an Rohren und rohrförmigen Bauteilen | Wurzel unterlegt, Rohre gleicher Wandstärke Anrissort: Nahtübergang | V-Naht mit Badsicherung, Steilflankennaht mit Badsicherung, HV-Naht mit Badsicherung | nein | | | × | C | E5 |
| 73 | | Rohre am Anschluss mit gleicher Wandstärke Anrissort: Nahtwurzeln | V-Naht mit WIG-Wurzel | nein | | × | | B | E1+ |
| 74 | | | | | | | × | C | E1 |
| 75 | | | Y-Naht, HY-Naht | | | | × | C | F2 |
| 76 | | mit Zwischenplatte verbundene Rohre $t \leq 8$ mm Anrissort: Nahtwurzel | HY-Naht | nein | | | × | C | E5 |
| 77 | | | Kehlnaht | | | | × | C | F2 |

# Schweißverbindungen

**TB 6-11** (Fortsetzung)

| Nr.: | Darstellung | Beschreibung | Nahtart | Nahtbearbeitung | Prüfart und -umfang[1] | | | Bewertungsgruppe[2] | Kerbfalllinie |
|---|---|---|---|---|---|---|---|---|---|
| | | | | | 100% zfP | 10% zfP | Sichtprüfg | | |
| 78 | | Naht längs und quer zur Kraftrichtung. Rohre mit gleicher Wanddicke Anrissort: Nahtwurzel | HY-Naht, Kantenversatz, Wurzelrückfall, nicht durchgeschweißt | nein | | | × | C | F2 |
| 79 | geschweißte Rahmenecken | quer zur Kraftrichtung eingeschweißtes Knotenblech, gleiche Blechdicken | V-Naht | ja | × | | | B+ | B |
| 80 | | | mit WIG, V-Naht mit Gegenlage, | nein | | × | | B | D |
| 81 | | | | | | | × | C | D– |
| 82 | | | HV-Naht mit Gegenlage, | ja | × | | | B+ | D |
| 83 | | | DV-Naht, DHV-Naht | nein | | × | | B | E1+ |
| 84 | | | | | | | × | C | E1 |
| 85 | | | V-Naht (vermeiden) | | | | × | C | F2 |
| 86 | geschweißte Rahmenecken | Naht quer zur Kraftrichtung, an Kreuzungsstellen von Gurtblechen ohne angeschweißte Blechecken; gleiche Blechdicken | V-Naht mit WIG, V-Naht mit Gegenlage, HV-Naht mit Gegenlage, DV-Naht, DHV-Naht | nein | | | × | C | E5 |
| 87 | | | V-Naht, Y-Naht | | | | × | C | F2 |
| | | Schubbeanspruchung[3] | | | | | | | |
| 88 | Grundwerkstoff | – reinigungsgestrahlt, ansonsten unbeeinflusst, – mit Walzhaut, nicht reinigungsgestrahlt – wärmebeeinflusst (thermisches Trennen) | ohne Naht | | | | | | G+ |
| 89 | Stumpfverbindungen | durchgeschweißt | DV-Naht, I-Naht | | | | | | G |
| 90 | | nicht durchgeschweißt | DY-Naht, DHY-Naht | | | | | | G– |

**TB 6-11** (Fortsetzung)

| Nr.: | Darstellung | Beschreibung | Nahtart | Nahtbearbeitung | Prüfart und -umfang[1] 100% zfP | 10% zfP | Sichtprüfg | Bewertungsgruppe[2] | Kerbfalllinie |
|---|---|---|---|---|---|---|---|---|---|
| 91 | T-Stoßverbindung | durchgeschweißt | DHV-Naht, HV-Naht mit Gegenlage | | | | | | H+ |
| 92 | | beidseitig nicht durchgeschweißt | DHY-Naht, Doppelkehlnaht | | | | | | H |
| 93 | | einseitig nicht durchgeschweißt | HY-Naht, HY-Naht mit aufgesetzter Kehlnaht | | | | | | H– |

[1] zfP zerstörungsfreie Schweißnahtprüfung; zfP-V volumenbezogene Prüfung bei durchgeschweißten Verbindungen (z. B. RT, UT), zfP-O Oberflächenrissprüfung bei nicht durchgeschweißten Verbindungen (z.B. PT)
[2] B+ zusätzliche Bewertungsgruppe, die ein höheres Qualitätsniveau gegenüber der Bewertungsgruppe DIN EN ISO 5817 erfordert (Anforderungen an die Unregelmäßigkeit der Nahtausbildung und 100% zfP-V)
[3] keine Angaben hinsichtlich Nahtbearbeitung und Prüfung. Bei mittleren Sicherheitsbedürfnis Bewertungsgruppe C.

**TB 6-12** Zulässige Dauerfestigkeitswerte (Oberspannungen) für Schweißverbindungen im Maschinenbau nach Richtlinie DVS 1612 (Gültig für Bauteildicke 2 mm $\leq t \leq$ 10 mm, $> 2 \cdot 10^6$ Lastwechsel, $S_D = 1{,}5$)
Erläuterung der Kerbfalllinien A bis H s. TB 6-11.

a) Rechnerische Bestimmung der zulässigen Dauerfestigkeitswerte

**Normalspannungen:** $\sigma_{zul} = 150 \text{ N/mm}^2 \cdot 1{,}04^{-x} \cdot \dfrac{2 \cdot (1 - 0{,}3 \cdot \kappa)}{1{,}3 \cdot (1 - \kappa)}$

$\kappa = \sigma_{min}/\sigma_{max}$ ($1 > \kappa \geq -1$); Exponent $x$, kerbfall- und teilweise werkstoffabhängig

| Kerbfalllinie | | A | AB | B | C | D | E1 | E4 | E5 | E6 | F1 | F2 |
|---|---|---|---|---|---|---|---|---|---|---|---|---|
| $x$ | S235 | 5 | 7 | 9 | 11 | 13 | 15 | 18 | 21 | 24 | 27 | 41 |
| | S355 | 0 | 3 | 6 | 9 | 12 | | | | | | |

**Schubspannungen:** $\tau_{zul} = \dfrac{2 \cdot (1 - 0{,}17 \cdot \kappa)}{1{,}17 \cdot (1 - \kappa)} \cdot \tau_{zul,\,\kappa = -1}$

$\kappa = \tau_{min}/\tau_{max}$ ($1 > \kappa \geq -1$)

| Kerbfalllinie | G+ | G | G– | H+ | H | H– |
|---|---|---|---|---|---|---|
| $\tau_{zul,\,\kappa=-1}$ in N/mm² | 93 | 82 | 73 | 65 | 59 | 53 |

In den Diagrammen b1 und b2 sind die mit den Vorzeichen „+" oder „–" gekennzeichneten Kerbfalllinien für Normalspannungen nicht dargestellt. Sie liegen jeweils um den Faktor 1,04 höher bzw. niedriger.

**TB 6-12** (Fortsetzung)
b) Dauerfestigkeitsschaubilder (MKJ-Diagramme) der zulässigen Normal- und Schubspannungen
b1) für Bauteile aus S235    b2) für Bauteile aus S355

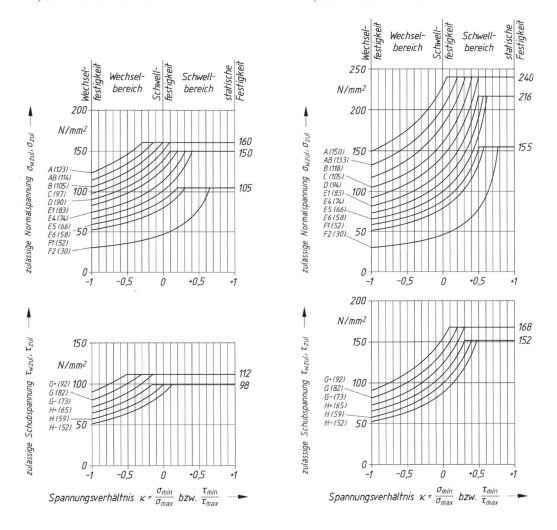

**TB 6-13** Dickenbeiwert für geschweißte Bauteile im Maschinenbau nach DVS 1612

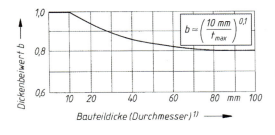

$$b \approx \left(\frac{10\ \text{mm}}{t_{max}}\right)^{0{,}1}$$

[1] Maßgebend größte Dicke $t_{max}$ bzw. $d_{max}$ der zu verschweißenden Teile.

**TB 6-14** Festigkeitskennwerte $K$ im Druckbehälterbau bei erhöhten Temperaturen
a) für Flacherzeugnisse aus Druckbehälterstählen (warmfeste Stähle) nach DIN EN 10 028-2 (Auswahl)
1. 0,2%-Dehngrenze bei erhöhten Temperaturen (Mindestwerte)[1]

| Stahlsorte | | Erzeugnis-dicke[2] mm | | Zugfestigkeit | Streck-grenze $R_{eH}$ | Festigkeitskennwert $K$[1] in N/mm² bei der Berechnungstemperatur in °C Mindest-0,2%-Dehngrenze $R_{p0,2/9}$ | | | | | | | | | | |
|---|---|---|---|---|---|---|---|---|---|---|---|---|---|---|---|---|
| Kurzname | Werkstoff-nummer | über | bis | N/mm² | N/mm² | 50 | 100 | 150 | 200 | 250 | 300 | 350 | 400 | 450 | 500 |
| P235GH | 1.0345 | – | 16 | 360 bis 480 | 235 | 227 | 214 | 198 | 182 | 167 | 153 | 142 | 133 | – | – |
| | | 16 | 40 | | 225 | 218 | 205 | 190 | 174 | 160 | 147 | 136 | 128 | – | – |
| | | 40 | 60 | | 215 | 208 | 196 | 181 | 167 | 153 | 140 | 130 | 122 | – | – |
| P265GH | 1.0425 | – | 16 | 410 bis 530 | 265 | 256 | 241 | 223 | 205 | 188 | 173 | 160 | 150 | – | – |
| | | 16 | 40 | | 255 | 247 | 232 | 215 | 197 | 181 | 166 | 154 | 145 | – | – |
| | | 40 | 60 | | 245 | 237 | 223 | 206 | 190 | 174 | 160 | 148 | 139 | – | – |
| P295GH | 1.0481 | – | 16 | 460 bis 580 | 295 | 285 | 268 | 249 | 228 | 209 | 192 | 178 | 167 | – | – |
| | | 16 | 40 | | 290 | 280 | 264 | 244 | 225 | 206 | 189 | 175 | 165 | – | – |
| | | 40 | 60 | | 285 | 276 | 259 | 240 | 221 | 202 | 186 | 172 | 162 | – | – |
| 16Mo3 | 1.5415 | – | 16 | 440 bis 590 | 275 | 273 | 264 | 250 | 233 | 213 | 194 | 175 | 159 | 147 | 141 |
| | | 16 | 40 | | 270 | 268 | 259 | 245 | 228 | 209 | 190 | 172 | 156 | 145 | 139 |
| | | 40 | 60 | | 260 | 258 | 250 | 236 | 220 | 202 | 183 | 165 | 150 | 139 | 134 |
| 13CrMo4-5 | 1.7335 | – | 16 | 450 bis 600 | 300 | 294 | 285 | 269 | 252 | 234 | 216 | 200 | 186 | 175 | 164 |
| | | 16 | | | 290 | 285 | 275 | 260 | 243 | 226 | 209 | 194 | 180 | 169 | 159 |
| 10CrMo9-10 | 1.7380 | – | 16 | 480 bis 630 | 310 | 288 | 266 | 254 | 248 | 243 | 236 | 225 | 212 | 197 | 185 |
| | | 16 | 40 | | 300 | 279 | 257 | 246 | 240 | 235 | 228 | 218 | 205 | 191 | 179 |
| | | 40 | 60 | | 290 | 270 | 249 | 238 | 232 | 227 | 221 | 211 | 198 | 185 | 173 |

**TB 6-14** (Fortsetzung)
**2. Langzeitwarmfestigkeitswerte (Mittelwerte)[3]**

Festigkeitskennwerte $K$ in N/mm² für Stahlsorte

| Berechnungs-temperatur °C | 1%-Zeitdehngrenze für 100000 h[4] $R_{p1,0/10^5/9}$ | | | | | Zeitstandfestigkeit für 100000 h[5] $R_{m/10^5/9}$ | | | | |
|---|---|---|---|---|---|---|---|---|---|---|
| | P235GH P265GH | P295GH P355GH | 16Mo3 | 13CrMo4-5 | 10CrMo9-10 | P235GH P265GH | P295GH P355GH | 16Mo3 | 13CrMo4-5 | 10CrMo9-10 |
| 380 | 118 | 153 | | | | 165 | 227 | | | |
| 390 | 106 | 137 | | | | 148 | 203 | | | |
| 400 | 95 | 118 | | | | 132 | 179 | | | |
| 410 | 84 | 105 | | | | 118 | 157 | | | |
| 420 | 73 | 92 | | | | 103 | 136 | | | |
| 430 | 65 | 80 | | | | 91 | 117 | | | |
| 440 | 57 | 69 | | | | 79 | 100 | | | |
| 450 | 49 | 59 | 167 | 191 | 166 | 69 | 85 | 239 | 285 | 221 |
| 460 | 42 | 51 | 146 | 172 | 155 | 59 | 73 | 208 | 251 | 205 |
| 470 | 35 | 44 | 126 | 152 | 145 | 50 | 63 | 178 | 220 | 188 |
| 480 | 30 | 38 | 107 | 133 | 130 | 42 | 55 | 148 | 190 | 170 |
| 490 | | 33 | 89 | 116 | 116 | | 47 | 123 | 163 | 152 |
| 500 | | 29 | 73 | 98 | 103 | | 41 | 101 | 137 | 135 |
| 510 | | | 59 | 83 | 90 | | | 81 | 116 | 118 |
| 520 | | | 46 | 70 | 78 | | | 66 | 94 | 103 |
| 530 | | | 36 | 57 | 68 | | | 53 | 78 | 90 |
| 540 | | | | 46 | 58 | | | | 61 | 78 |
| 550 | | | | 36 | 49 | | | | 49 | 68 |
| 560 | | | | 30 | 41 | | | | 40 | 58 |
| 570 | | | | 24 | 35 | | | | 33 | 51 |
| 580 | | | | | 30 | | | | | 44 |
| 590 | | | | | 26 | | | | | 38 |
| 600 | | | | | 22 | | | | | 34 |

[1] Für Temperaturen zwischen 20 und 50 °C ist linear zwischen den für Raumtemperatur und 50 °C angegebenen Werten zu interpolieren; dabei ist von der Raumtemperatur auszugehen, und zwar von dem für die jeweilige Erzeugnisdicke angegebenen Streckgrenzenwert.
[2] Festigkeitskennwerte für Erzeugnisdicken > 60 mm s. Normblatt.
[3] Die Angaben von Festigkeitskennwerten bis zu den aufgeführten Temperaturen bedeuten nicht, dass die Stähle im Dauerbetrieb bis zu diesen Temperaturen eingesetzt werden können. Maßgebend dafür sind die Gesamtbeanspruchung im Betrieb, besonders die Verzunderungsbedingungen.
[4] Beanspruchung, bei welcher nach 100000 h eine bleibende Dehnung von 1% gemessen wird. Anhaltswerte für 10000 h s. Normblatt.
[5] Beanspruchung, bei welcher ein Bruch nach 100000 h eintritt. Anhaltswerte für 10000 h und 200000 h s. Normblatt.

**TB 6-14** (Fortsetzung)
b) für sonstige Stähle, Gusswerkstoffe und NE-Metalle (Auswahl nach AD 2000-Merkblätter Reihe W)

| Art Verwendung | Werkstoff Kurzname | Kennwert | Anwendungsgrenzen[7] | Festigkeitskennwerte $K^{[6]}$ in N/mm² bei der Berechnungstemperatur in °C | | | | | | | | | | |
|---|---|---|---|---|---|---|---|---|---|---|---|---|---|---|
| | | | | 20 | 100 | 150 | 200 | 250 | 300 | 350 | 400 | 450 | 500 | 550 |
| Unlegierte Stähle und Feinkornbaustähle nach DIN EN 10 025, DIN EN 10 207 und DIN EN 10 028-3 für Flacherzeugnisse | S235JR, S235J2 | $R_{p0,2}$ | $D_i \cdot p$ $\leq 20000$ | 235 | 187 | – | 161 | 143 | 122 | – | – | – | – | – |
| | S275JR, S275J2 | | | 275 | 220 | – | 190 | 180 | 150 | – | – | – | – | – |
| | S355J2, S355K2 | | | 355 | 254 | – | 226 | 206 | 186 | – | – | – | – | – |
| | P235S | | | 235 | 171 | 162 | 153 | 135 | 117 | – | – | – | – | – |
| | P265S | | | 265 | 194 | 185 | 176 | 158 | 140 | – | – | – | – | – |
| | P275SL | | | 275 | 221 | 203 | 176 | 159 | 132 | – | – | – | – | – |
| Nahtlose und geschweißte Rohre aus unlegierten und legierten ferritischen Stählen nach DIN EN 10 216 und DIN EN 10 217 | P195TR2 | $R_{p0,2}$ | [8] | 195 | 145 | 137 | 125 | 108 | 94 | – | – | – | – | – |
| | P235TR2 | | | 235 | 185 | 175 | 161 | 145 | 130 | – | – | – | – | – |
| | P265TR2 | | | 265 | 208 | 197 | 180 | 162 | 148 | – | – | – | – | – |
| | P235GH | | | 235 | 212 | 198 | 185 | 165 | 140 | 120 | 112 | 108 | – | – |
| | P265GH | | | 265 | 238 | 221 | 205 | 185 | 160 | 141 | 134 | 128 | – | – |
| | 16Mo3 | | | 280 | 255 | 240 | 225 | 205 | 180 | 170 | 160 | 155 | 150 | – |
| | 13CrMo4-5 | | | 290 | 267 | 253 | 245 | 236 | 215 | 200 | 190 | 180 | 175 | – |
| Nichtrostende (austenitische) Stähle nach DIN EN 10 028-7 für Flacherzeugnisse in lösungsgeglühtem Zustand | X5CrNi18-10 | $R_{p1,0}$ | | 210 | 191 | 172 | 157 | 145 | 135 | 129 | 125 | 122 | 120 | 120 |
| | X5CrNiMo17-12-2 | | | 220 | 211 | 191 | 177 | 167 | 156 | 150 | 144 | 141 | 139 | 137 |
| | X6CrNiMoTi17-12-2 | | | 220 | 218 | 206 | 196 | 186 | 175 | 169 | 164 | 160 | 158 | 157 |
| | X2CrNiMoN17-13-3 | | | 280 | 246 | 218 | 198 | 183 | 175 | 169 | 164 | 160 | 158 | 157 |
| Stahlguss, ferritische und austenitische Sorten nach DIN 1681, DIN 17182 und DIN EN 10213-2, -4, für allgemeine Verwendungszwecke und für Verwendung bei erhöhten Temperaturen | GS-38 | $R_{p0,2}$ | | 200 | 181 | 167 | 157 | 137 | 118 | – | – | – | – | – |
| | GS-45 | | | 230 | 216 | 196 | 176 | 157 | 137 | – | – | – | – | – |
| | GS-20Mn5N | | | 300 | 216 | 205 | 197 | 193 | 186 | 178 | – | – | – | – |
| | GS-20Mn5V | | | 360 | 264 | 253 | 246 | 241 | 234 | 226 | – | – | – | – |
| | GP240GH | | | 240 | 210 | – | 175 | – | 145 | 135 | 130 | 125 | – | – |
| | G20Mo5 | | | 245 | – | – | 190 | – | 165 | 155 | 150 | 145 | 135 | – |
| | G17CrMoV5-10 | | | 440 | – | – | 385 | – | 365 | 350 | 335 | 320 | 300 | 260 |
| | GX23CrMoV12-1 | | | 540 | – | – | 450 | – | 430 | 410 | 390 | 370 | 340 | 290 |
| | GX5CrNi19-10 | $R_{p1,0}$ | | 200 | 160 | 125 | 125 | – | 110 | – | – | – | – | – |
| | GX5CrNiMo19-11-2 | | | 210 | 170 | – | 135 | – | 115 | – | 105 | – | – | – |

# Schweißverbindungen

| Werkstoffgruppe | Bezeichnung | Kennwert | $p \cdot V$ | | | | | | | | | | | |
|---|---|---|---|---|---|---|---|---|---|---|---|---|---|---|
| Gusseisen mit Kugelgrafit nach DIN EN 1563 | EN-GJS-700-2/2U | $R_{p0,2}$ | ≤65000 | 420 | 400 | 390 | 370 | 350 | 320 | 280 | – | – | – | – |
| | EN-GJS-600-3/3U | | ≤65000 | 370 | 350 | 340 | 320 | 300 | 270 | 220 | – | – | – | – |
| | EN-GJS-500-7/7U | | ≤80000 | 320 | 300 | 290 | 270 | 250 | 230 | 200 | – | – | – | – |
| | EN-GJS-400-15/15U | | ≤100000 | 250 | 240 | 230 | 210 | 200 | 180 | 160 | – | – | – | – |
| | EN-GJS-400-18/18U-LT | | – | 240 | 230 | 220 | 200 | 190 | 170 | 150 | – | – | – | – |
| | EN-GJS-350-22/22U-LT | | – | 220 | 210 | 200 | 180 | 170 | 150 | 140 | – | – | – | – |
| Gusseisen mit Lamellengrafit nach DIN EN 1561 | EN-GJL-150 | $R_m$ | ≤65000 | 130 | 130 | 130 | 130 | 130 | 130 | – | – | – | – | – |
| | EN-GJL-200 | | ≤65000 | 180 | 180 | 180 | 180 | 180 | 180 | – | – | – | – | – |
| | EN-GJL-250 | | ≤65000 | 225 | 225 | 225 | 225 | 225 | 225 | – | – | – | – | – |
| | EN-GJL-300 | | ≤65000 | 270 | 270 | 270 | 270 | 270 | 270 | 270 | – | – | – | – |
| | EN-GJL-350 | | ≤65000 | 315 | 315 | 315 | 315 | 315 | 315 | 315 | – | – | – | – |
| Aluminium und Aluminiumlegierungen (Knetwerkstoffe)[9] nach DIN 573-3 für Bleche, Rohre, Profile nach DIN EN 485-2 und DIN EN 755-2 | ENAW-Al99,5 O/H111, H112 (ENAW-1050A) | $R_{p1,0}$ | | 30 | 27 | – | 18 | – | 8 | – | (3) | – | – | – |
| | | $R_{m/10^5}$ | | – | 27 | – | 11 | – | – | – | – | – | – | – |
| | ENAW-AlMg3 O/H111, H112 (ENAW-5754) | $R_{p0,2}$ | | 80 | 70 | – | 11 | – | – | – | – | – | – | – |
| | | $R_{m/10^5}$ | | – | (80) | 45 | – | – | – | – | – | – | – | – |
| | ENAW-AlMg2Mn0,8 H112 (ENAW-5049) | $R_{p0,2}$ | | 100 | 90 | – | – | – | – | – | – | – | – | – |
| | | $R_{m/10^5}$ | | – | (120) | 60 | 25 | 20 | – | – | – | – | – | – |
| | ENAW-AlMg4,5Mn0,7 H112 | $R_{p0,2}$ | | 130 | (120) | – | – | – | – | – | – | – | – | – |
| Kupfer und Kupferknetlegierungen[10] nach DIN 1787, DIN 17660 und DIN 17664 für Bleche und Bänder nach DIN 17670 | Cu-DHP, R200 | $R_{p1,0}$ | | 60 | 55 | 55 | – | – | – | – | – | – | – | – |
| | Cu-DHP, R200 | $R_m$ | | 200 | 200 | 175 | 150 | 125 | – | – | – | – | – | – |
| | Cu-DHP, R240 | $R_{p0,2}$ | | 180 | 170 | 160 | 150 | – | – | – | – | – | – | – |
| | CuZn20Al2As, R300 | $R_{p1,0}$ | | 100 | 86 | 86 | – | – | – | – | – | – | – | – |
| | CuZn38Sn1As, R340 | $R_{p1,0}$ | | 175 | 172 | 168 | 123 | 120 | 117 | – | – | – | – | – |
| | CuNi30Mn1Fe, R370 | $R_{p1,0}$ | | 140 | 130 | 126 | 120 | 117 | 112 | – | – | – | – | – |

[6] Die für 20 °C angegebenen Werte gelten bis 50 °C, die für 100 °C angegebenen Werte bis 120 °C (außer Al und Cu). In den übrigen Temperaturbereichen ist zwischen den angegebenen Werten linear zu interpolieren, wobei eine Aufrundung nicht zulässig ist. Die angegebenen Festigkeitswerte sind abhängig von der Erzeugnisdicke. Für Dicken bei St über 16 mm und bei GJS und GS über 60 mm, sowie max. Dicken s. AD 2000-Merkblätter. Die für GJL genannten Werte sind Erwartungswerte der Zugfestigkeit eines Gussstückes bei einer maßgebenden Wanddicke von 10 bis 20 mm und gelten bis 300 °C bzw. 350 °C. Andere Dickenbereiche s. DIN EN 1563.

[7] $D_i \cdot p$: Produkt aus dem größten Innendurchmesser $D_i$ in mm des Druckbehälters oder des Anbauteils und maximal zulässigem Druck $p$ in bar.
$p \cdot V$: Produkt aus Behälterinhalt $V$ in Litern und maximal zulässigem Druck $p$ in bar.
Beschränkung des Druckinhaltprodukts $p \cdot V$ gilt für Druckbehälter aus den genannten Gusseisenwerkstoffen GJS und GJL bei einem Innendruck von mehr als 6 bar (10 bar bei EN-GJS-400-15/15U). Für Druckbehälter aus Gusseisen gelten für den maximal zulässigen Innenüberdruck 25 bar für GJL, GJS-700 und GJS-600, 64 bar für GJS-500 und 100 bar für GJS-400.

[8] s. AD 2000-Merkblätter W4 und W12.

[9] Die für 20 °C angegebenen Werte gelten im Temperaturbereich von −270 °C bis +20 °C. Zwischen den angegebenen Werten ist linear zu interpolieren, wobei diese nach unten auf die Einerstelle abzurunden sind. Grenztemperaturen für ungeschweißte Bauteile.

[10] Kennwerte $K$ gelten für den Werkstoffzustand weich für geschweißte, hartgelötete oder wärmebehandelte Bauteile. Grenztemperaturen für nahtlose Rohre, Platten und Stangen, meist −196 °C bis 250 °C. Die zulässigen Spannungen bei Raumtemperatur gelten bis 50 °C. Mechanische Eigenschaften für nahtlose Rohre, Platten und Stangen, sowie Zeitdehngrenzwerte enthält das AD 2000-Merkblatt W6/2.

**TB 6-15** Berechnungstemperatur für Druckbehälter nach AD 2000-Merkblatt B0

| Beheizung | Berechnungstemperatur[1] |
|---|---|
| keine | höchste Betriebstemperatur |
| durch Gase, Dämpfe oder Flüssigkeiten | höchste Temperatur des Heizmittels |
| Feuer-, Abgas- oder elektrische Beheizung | bei abgedeckter Wand die höchste Betriebstemperatur zuzüglich 20 °C |
| | bei unmittelbar berührter Wand die höchste Betriebstemperatur zuzüglich 50 °C |
| Betriebstemperatur: Zulässige maximale Temperatur (TS) nach Druckgeräterichtlinie. | |

[1] Höchste beim maximal zulässigen Druck zu erwartende Wandtemperatur zuzüglich einem Zuschlag für die Beheizungsart. Sie beträgt auch +20 °C, wenn die zu erwartende Wandtemperatur unter +20 °C liegt (bei unter −10 °C AD 2000-Merkblatt W10 beachten).

**TB 6-16** Sicherheitsbeiwerte[1] für Druckbehälter nach AD 2000-Merkblatt B0 (Auszug)

| Sicherheit gegen | Werkstoff und Ausführung | Sicherheitsbeiwert $S$ für den Werkstoff bei Berechnungstemperatur | Sicherheitsbeiwert $S'$ beim Prüfdruck $p'$ [4] |
|---|---|---|---|
| Streck-, Dehngrenze oder Zeitstandfestigkeit ($R_e$, $R_{p0,2/\vartheta}$) oder $R_{m/10^5/\vartheta}$) | Walz- und Schmiedestähle | 1,5 | 1,05 |
| | Stahlguss | 2,0 | 1,4 |
| | Gusseisen mit Kugelgraphit nach DIN EN 1563 | | |
| | EN-GJS-700-2/2U | 5,0 | 2,5 |
| | EN-GJS-600-3/3U | 5,0 | 2,5 |
| | EN-GJS-500-7/7U | 4,0 | 2,0 |
| | EN-GJS-400-15/15U | 3,5 | 1,7 |
| | EN-GJS-400-18/18U-LT | 2,4 | 1,2 |
| | EN-GJS-350-22/22U-LT | 2,4 | 1,2 |
| | Aluminium und Aluminiumlegierungen (Knetwerkstoffe) | 1,5 | 1,05 |
| Zugfestigkeit ($R_m$) | Gusseisen mit Lamellengrafit nach DIN EN 1561 | | |
| | – ungeglüht | 9,0 [2] | 3,5 |
| | – geglüht oder emailliert | 7,0 [3] | 3,5 |
| | Kupfer und Kupferlegierungen einschließlich Walz- und Gussbronze | | |
| | – bei nahtlosen und geschweißten Behältern | 3,5 | 2,5 |
| | – bei gelöteten Behältern | 4,0 | 2,5 |

[1] Bei allen Nachweisen für äußeren Überdruck gelten um 20% höhere Werte (ausgenommen GJL und Gussbronze).
[2] Für gewölbte Böden 7,0.   [3] Für gewölbte Böden 6,0.
[4] Hydrostatischer Prüfdruck (PT): $p' = \max.\left[1{,}43 p_e;\ 1{,}25 p_e \dfrac{K_{20}}{K_\vartheta}\right]$ (nach HP 30 bzw. Druckgeräte RL, mit $K$ bei 20 °C bzw. Berechnungstemp. $\vartheta$)

**TB 6-17** Berechnungsbeiwerte $C$ für ebene Platten und Böden nach AD 2000-Merkblatt B5 (Auszug)

| Ausführungsform | Bild | Voraussetzungen | | | | | $C$ |
|---|---|---|---|---|---|---|---|
| Gekrempter ebener Boden | 6-50a | Krempenhalbmesser $r \geq 1{,}3t$ bzw. | | | | | 0,30 |
| | | bei $D_a$ mm | bis 500 | >500 ≤1400 | >1400 ≤1600 | >1600 ≤1900 | über 1900 | |
| | | $r$ mind. mm | 30 | 35 | 40 | 45 | 50 | |
| | | Bordhöhe: $h \geq 3{,}5\,t$ | | | | | |
| Beidseitig eingeschweißte Platte | 6-50b | Plattenwanddicke: $\quad t \leq 3\,t_1$ $\qquad\qquad\qquad\qquad t > 3\,t_1$ | | | | | 0,35 / 0,40 |
| Ebene Platte mit Entlastungsnut | 6-50c | $t_R \geq p_e\,(0{,}5\,D - r)\,\dfrac{1{,}3 \cdot S}{K}$, mindestens 5 mm; wenn $D_a > 1{,}2D$: $t_R \leq 0{,}77\,t_1$ $r \geq 0{,}2\,t$, mindestens 5 mm | | | | | 0,40 |
| Platte an einer Flanschverbindung mit durchgehender Dichtung | 6-50d | $D \geq D_i$ | | | | | 0,35 |

# Nietverbindungen 7

**TB 7-1** Vereinfachte Darstellung von Verbindungselementen für den Zusammenbau nach DIN ISO 5845-1

| Darstellung in der Zeichenebene parallel zur Achse der Verbindungselemente | | | | |
|---|---|---|---|---|
| Loch | | Loch | | Schraube mit Lageangabe der Mutter |
| | ohne Senkung | Senkung auf einer Seite | Senkung auf beiden Seiten | |
| in der Werkstatt gebohrt | ⊞ | ⊞ | ⊞ | — |
| auf der Baustelle gebohrt | ⊞ | ⊞ | ⊞ | — |
| Schraube oder Niet | | | | |
| in der Werkstatt eingebaut | ⊞ | ⊞ | ⊞ | ⊞ |
| auf der Baustelle eingebaut | ⊞ | ⊞ | ⊞ | ⊞ |
| Loch auf der Baustelle gebohrt und Schraube oder Niet auf der Baustelle eingebaut | ⊞ | ⊞ | ⊞ | ⊞ |
| **Darstellung in der Zeichenebene senkrecht zur Achse der Verbindungselemente** | | | | |
| Loch und Schraube oder Niet | | Loch | | |
| | ohne Senkung | Senkung auf der Vorderseite | Senkung auf der Rückseite | Senkung auf beiden Seiten |
| in der Werkstatt gebohrt und eingebaut | + | ✳ | ✳ | ✳ |
| in der Werkstatt gebohrt und auf der Baustelle eingebaut | ✦ | ✳ | ✳ | ✳ |
| auf der Baustelle gebohrt und eingebaut | ✦ | ✳ | ✳ | ✳ |

Anwendungsbeispiel:

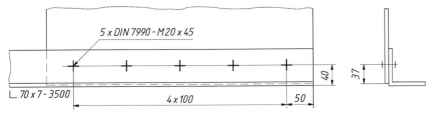

© Springer-Verlag GmbH Deutschland, ein Teil von Springer Nature 2019
H. Wittel, C. Spura, D. Jannasch, J. Voßiek, *Roloff/Matek Maschinenelemente*,
https://doi.org/10.1007/978-3-658-26280-8_31

**TB 7-2** Grenzwerte für Rand- und Lochabstände für Schrauben und Nieten an Stahl- und Aluminiumbauten nach EC 3 und EC 9 (Bezeichnungen nach Bild 7.15)

Versetzte Lochanordnung       Versetzte Lochanordnung bei druckbeanspruchten Bauteilen

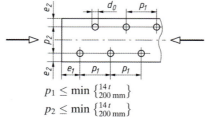

$p_2 \geq 1{,}2\, d_0$
$L \geq 2{,}4\, d_0$

$p_1 \leq \min \{ \begin{smallmatrix} 14\,t \\ 200\text{ mm} \end{smallmatrix} \}$
$p_2 \leq \min \{ \begin{smallmatrix} 14\,t \\ 200\text{ mm} \end{smallmatrix} \}$

| Rand- und Lochabstände | Minimum[1] | Maximum[2] | Volle Grenzlochleibungskraft |
|---|---|---|---|
| Randabstand $e_1$ | $1{,}2 \cdot d_0$ | $4 \cdot t + 40$ mm | $\geq 3{,}0 \cdot d_0$ |
| Randabstand $e_2$ | $1{,}2 \cdot d_0$ | $4 \cdot t + 40$ mm bei Beulgefahr $9 \cdot t \cdot \varepsilon$ | $\geq 1{,}5 \cdot d_0$ |
| Lochabstand $p_1$ | $2{,}2 \cdot d_0$ | min $(14 \cdot t;\ 200$ mm$)$ bei Beulgefahr $9 \cdot t \cdot \varepsilon$ | $\geq 3{,}75 \cdot d_0$ |
| Lochabstand $p_2$ | $2{,}4 \cdot d_0$ | min $(14 \cdot t;\ 200$ mm$)$ | $\geq 3{,}0 \cdot d_0$ |

[1] Regelabstand im Aluminiumbau: $e_1 = 2{,}0 \cdot d_0$, $e_2 = 1{,}5 \cdot d_0$, $p_1 = 2{,}5 \cdot d_0$ und $p_2 = 3{,}0 \cdot d_0$; $d_0$ Lochdurchmesser.
[2] $t$ ist die Dicke des dünnsten außenliegenden Bleches; $\varepsilon = \sqrt{235/R_e}$.
Die maximale Begrenzung der Abstände gilt nur bei Bauteilen, die dem Wetter oder anderen korrosiven Einflüssen ausgesetzt sind. Die Minimalwerte verhindern das Ausreißen zwischen den Löchern und am Rande des Bauteiles.

**TB 7-3** Genormte Blindniete mit Sollbruchdorn (Übersicht)

| DIN EN ISO | Form des Setzkopfes | Werkstoffe[1] | | Art des Nietschaftes | Niethülse | |
|---|---|---|---|---|---|---|
| | | Niethülse | Nietdorn | | Nenndurchmesser mm | Schaftlänge mm |
| 15975 | Flachkopf | Al | AlA | geschlossen | 3,2…4,8 | 8…18 |
| 15976 | Flachkopf | St | St | geschlossen | 3,2…6,4 | 6…21 |
| 15977 | Flachkopf | AlA | St | offen | 2,4…6,4 | 4…30 |
| 15978 | Senkkopf | AlA | St | offen | 2,4…4,8 | 4…30 |
| 15979 | Flachkopf | St | St | offen | 2,4…6,4 | 6…30 |
| 15980 | Senkkopf | St | St | offen | 2,4…6,4 | 6…25 |
| 15981 | Flachkopf | AlA | AlA | offen | 2,4…6,4 | 5…30 |
| 15982 | Senkkopf | AlA | AlA | offen | 2,4…6,4 | 6…20 |
| 15983 | Flachkopf | A2 | A2 | offen | 3,0…5,0 | 6…25 |
| 15984 | Senkkopf | A2 | A2 | offen | 3,0…5,0 | 6…18 |
| 16582 | Flachkopf | Cu | St, Br, SSt | offen | 3,0…4,8 | 5…20 |
| 16583 | Senkkopf | Cu | St, Br, SSt | offen | 3,0…4,8 | 5…20 |
| 16584 | Flachkopf | NiCu | St, SSt | offen | 3,2…6,4 | 5…20 |
| 16585 | Flachkopf | A2 | SSt | geschlossen | 3,2…6,4 | 6…20 |

[1] Al Reinaluminium, AlA Aluminiumlegierung, A2 nichtrostender austenitischer Stahl, Br Bronze, Cu Kupfer, NiCu Nickel-Kupfer-Legierung, SSt nicht rostender Stahl, St Stahl.

# Nietverbindungen

**TB 7-4** Nietverbindungen im Stahlbau mit Halbrundnieten nach DIN 124, s. Maßbild 7.11
Lehrbuch (Auszug)

Maße in mm

| | | | | | | | | |
|---|---|---|---|---|---|---|---|---|
| Nenndurchmesser | $d_1$ | 10 | 12 | 16 | 20 | 24 | 30 | 36 |
| Nietlochdurchmesser | $d_0$ | 10,5 | 13 | 17 | 21 | 25 | 31 | 37 |
| Halbrundkopf (Form A) | $d_8$ | 16 | 19 | 25 | 32 | 40 | 48 | 58 |
| | $k_1$ | 6,5 | 7,5 | 10 | 13 | 16 | 19 | 23 |
| | $r_1$ | 8,0 | 9,5 | 13 | 16,5 | 20,5 | 24,5 | 30 |
| Senkkopf (Form B) | $d_8$ | 16 | 19 | 26 | 31 | 37 | 44 | 52 |
| | $w$ | 1 | | | 2 | | | |
| | $t_1$ | 4,2 | 5,1 | 7,0 | 10,0 | 11,7 | 17,5 | 20,0 |
| | $\alpha$ | 75° | | 60° | | | 45° | |
| Querschnittsfläche des Nietloches | $A_0$ mm² | 87 | 133 | 227 | 346 | 491 | 755 | 1075 |
| Grenzabscherkraft[1] je Niet und Scherfuge, Stahlsorte S235 | $F_{vRd}$ kN | 16,7 | 25,5 | 43,6 | 66,4 | 94,3 | 145,0 | 206,4 |
| max. Grenzlochleibungskraft[2] bezogen auf Blechdicke $t = 10$ mm, Stahlsorte S235 | $F'_{bRd}$ kN | 75,6 | 93,6 | 122,4 | 151,2 | 180,0 | 223,2 | 266,4 |

| Schaftlänge $l$[3] | Klemmlänge $\Sigma t_{max}$ | | | | | | | | | | | | |
|---|---|---|---|---|---|---|---|---|---|---|---|---|---|
| | A | B | A | B | A | B | A | B | A | B | A | B | A | B |
| 20 | 8 | 13 | 7 | 12 | | | | | | | | | | |
| 22 | 10 | 14 | 8 | 13 | | | | | | | | | | |
| 24 | 12 | 16 | 10 | 15 | 6 | 14 | | | | | | | | |
| 26 | 13 | 17 | 11 | 16 | 7 | 15 | | | | | | | | |
| 28 | 15 | 19 | 13 | 18 | 9 | 17 | | | | | | | | |
| 30 | 17 | 21 | 15 | 20 | 11 | 19 | 6 | 18 | | | | | | |
| 32 | 18 | 23 | 16 | 21 | 13 | 20 | 8 | 20 | | | | | | |
| 34 | 20 | 25 | 18 | 23 | 15 | 22 | 10 | 22 | | | | | | |
| 36 | 21 | 26 | 19 | 24 | 16 | 23 | 11 | 23 | | | | | | |
| 38 | 23 | 28 | 21 | 26 | 17 | 25 | 13 | 25 | 7 | 23 | | | | |
| 40 | 25 | 29 | 22 | 27 | 19 | 27 | 15 | 27 | 9 | 25 | | | | |
| 42 | 27 | 31 | 24 | 29 | 21 | 29 | 16 | 28 | 12 | 27 | | | | |
| 45 | 29 | 34 | 26 | 31 | 23 | 31 | 19 | 30 | 14 | 29 | | | | |
| 48 | 32 | 36 | 29 | 34 | 26 | 34 | 21 | 33 | 17 | 32 | | | | |
| 50 | 33 | 38 | 30 | 36 | 27 | 35 | 22 | 35 | 18 | 34 | 15 | 32 | | |
| 52 | | | 32 | 37 | 29 | 37 | 25 | 37 | 20 | 35 | 17 | 34 | | |
| 55 | | | 34 | 38 | 31 | 39 | 27 | 39 | 23 | 38 | 20 | 37 | | |
| 58 | | | 37 | 40 | 34 | 42 | 30 | 41 | 25 | 40 | 22 | 39 | | |
| 60 | | | 38 | 42 | 36 | 43 | 32 | 43 | 27 | 42 | 24 | 41 | | |
| 62 | | | | | 37 | 45 | 33 | 45 | 29 | 43 | 26 | 43 | 19 | 42 |
| 65 | | | | | 40 | 48 | 36 | 48 | 31 | 47 | 28 | 45 | 21 | 44 |
| 68 | | | | | 42 | 50 | 38 | 50 | 34 | 48 | 31 | 48 | 24 | 47 |
| 70 | | | | | 44 | 52 | 40 | 52 | 35 | 51 | 33 | 50 | 25 | 49 |

Nicht aufgeführt sind die zu vermeidenden Nenndurchmesser 14 18 22 27 33 mm.

[1] $F_{vRd} = 0{,}6 \cdot R_{m\,Niet} \cdot A_0/\gamma_{M2}$, mit $R_{m\,Niet} = 400$ N/mm² (Nietwerkstoff nach dem Schlagen), Nietlochquerschnitt $A_0$ und Teilsicherheitsbeiwert $\gamma_{M2} = 1{,}25$.

[2] $F'_{bRd} = k_1 \cdot \alpha_b \cdot R_m \cdot d_0 \cdot t/\gamma_{M2}$, mit $k_1 = 2{,}5$, $\alpha_b = 1{,}0$, $R_m = 360$ N/mm² (S235), $t = 10$ mm und $\gamma_{M2} = 1{,}25$.

[3] Stufung der Nietlänge $l$ (DIN 124): 16 18 20 usw. bis 40, dann 42 45 48 50 usw. bis 80, dann 85 90 95 usw. bis 160 mm.

**TB 7-5** Mindestwerte der 0,2%-Dehngrenze $R_{p0,2}$ und der Zugfestigkeit $R_m$ für Aluminium-Vollniete nach DIN EN 1999-1-1

| Kurzname (Werkstoffnummer) EN AW- | Werkstoff-zustand[1] | Durchmesser mm | 0,2%-Dehngrenze $R_{p0,2}$ N/mm² | Zugfestigkeit $R_m$ N/mm² |
|---|---|---|---|---|
| AlMg5 (5019) | H111 | ≤20 | 110 | 250 |
| | H14, H34 | ≤18 | 210 | 300 |
| AlMg3 (5754) | H111 | ≤20 | 80 | 180 |
| | H14, H34 | ≤18 | 180 | 240 |
| AlSi1MgMn (6082) | T4 | ≤20 | 110 | 205 |
| | T6 | ≤20 | 240 | 300 |

[1] Zustandsbezeichnung nach DIN EN 515: H111 = geringfügig kalt verfestigt; H14 = kalt verfestigt, 1/2 hart; H34 = kalt verfestigt und stabilisiert, 1/2 hart; T4 = lösungsgeglüht, abgeschreckt und kalt ausgelagert; T6 = lösungsgeglüht, abgeschreckt und warm ausgelagert.

**TB 7-6** Zulässige Wechselspannungen $\sigma_{W\,zul}$ in N/mm² für gelochte Bauteile aus S235 (S355) nach DIN 15018-1

| Häufigkeit der Höchstlast | Gesamte Anzahl der vorgesehenen Spannungsspiele | | | |
|---|---|---|---|---|
| | über 2·10⁴ bis 2·10⁵ | über 2·10⁵ bis 6·10⁵ | über 6·10⁵ bis 2·10⁶ | über 2·10⁶ |
| | Gelegentliche nicht regelmäßige Benutzung mit langen Ruhezeiten | Regelmäßige Benutzung bei unterbrochenem Betrieb | Regelmäßige Benutzung im Dauerbetrieb | Regelmäßige Benutzung im angestrengten Dauerbetrieb |
| selten | 168 (199) | 141 (161) | 118 (129) | 100 (104) |
| mittel | 141 (160) | 119 (129) | 100 (104) | 84 (84) |
| ständig | 119 (129) | 100 (104) | 84 (84) | 84 (84) |

Für schwellende Beanspruchung auf Zug gelten die $1,\overline{6}$-fachen Werte.
Die zulässigen Spannungen entsprechen bei einer Sicherheit $S_D$ = 4/3 den ertragbaren Spannungen bei 90% Überlebenswahrscheinlichkeit.

**TB 7-7** Zulässige Spannungen in N/mm² für Nietverbindungen aus thermoplastischen Kunststoffen (nach Erhard/Strickle)

| Spannungsart | Bauteile und Niete aus | | | |
|---|---|---|---|---|
| | Polyoxymethylen Polyamid POM, PA66 | Polyamid mit Glasfaserzusatz GF-PA | Polycarbonat PC | Acrylnitril-Butadien-Styrol ABS |
| Abscheren $\tau_{a\,zul}$ | 8 | 12 | 7 | 3 |
| Lochleibungs-druck $\sigma_{l\,zul}$ | 20 | 30 | 17 | 8 |

Werte gelten für spitzgegossene Niete. Beim Warmstauchen gelten die 0,8-fachen und beim Ultraschall-Nieten die 0,9-fachen Werte.

**TB 7-8** Statische Scherbruch- und Zugbruchkräfte von genormten Blindnieten in N je Nietquerschnitt

| Werkstoff der Niethülse | | DIN EN ISO | Mindestscherkräfte (einschnittig) darunter Mindestzugkräfte für Schaftdurchmesser $d$ in mm | | | | | | | |
|---|---|---|---|---|---|---|---|---|---|---|
| | | | 2,4 | 3 | 3,2 | 4 | 4,8 | 5 | 6 | 6,4 |
| Reinaluminium (Al) | | 15975 | | | 460<br>540 | 720<br>760 | 1000<br>1400 | | | |
| Aluminiumlegierung (AlA) | L[1] | 15977 | 250<br>350 | 400<br>550 | 500<br>700 | 850<br>1200 | 1200<br>1700 | 1400<br>2000 | 2100<br>3000 | 2200<br>3150 |
| | H | 15978 | 350<br>550 | 550<br>850 | 750<br>1100 | 1250<br>1800 | 1800<br>2600 | 2150<br>3100 | 3200<br>4600 | 3400<br>4850 |
| Aluminiumlegierung (AlA) | | 15981<br>15982 | 250<br>350 | | 500<br>670 | 850<br>1020 | 1160<br>1420 | | | 2050<br>2490 |
| Stahl (St) | | 15976 | | | 1150<br>1300 | 1700<br>1550 | 2400<br>2800 | | | 3600<br>4000 |
| | | 15979<br>15980 | 650<br>700 | 950<br>1100 | 1100<br>1200 | 1700<br>2200 | 2900<br>3100 | 3100<br>4000 | 4300<br>4800 | 4900<br>5700 |
| Kupfer (Cu) | | 16582<br>16583 | | 760<br>950 | 800<br>1000 | 1500<br>1800 | 2000<br>2500 | | | |
| nichtrostender austenitischer Stahl (A2) | | 15983<br>15984 | | 1800<br>2200 | 1900<br>2500 | 2700<br>3500 | 4000<br>5000 | 4700<br>5800 | | |
| | | 16585 | | | 2000<br>2200 | 3000<br>3500 | 4000<br>4400 | | | 6000<br>8000 |
| Nickel-Kupfer-Legierung (NiCu) | | 16584 | | | 1400<br>1900 | 2200<br>3000 | 3300<br>3700 | | | 5500<br>6800 |

[1] Es sind zwei Festigkeitsklassen festgelegt: L (niedrig), H (hoch).
Die ermittelten Kennwerte dienen als Richtwerte und nicht als Auslegekriterium für Verbindungen am Bauteil.

**TB 7-9** Anhaltswerte für die Gestaltung geclinchter Verbindungen aus Stahlblech. Bezeichnung s. Bild 7.22.

Maße in mm

| Verbindungsart | Runde Clinchverbindung Außennenndurchmesser $d_0$ | | | | Balkenförmige Clinchverbindung Innenbreite $w_i$ | | |
|---|---|---|---|---|---|---|---|
| | 3 | 4 | 6 | 8 | 10 | 2 | 3 | 4 |
| Einzelblechdicke, stempel- bzw. matrizenseitig $t_1$, $t_2$ | 0,2–1,6 | 0,4–2,5 | 0,4–2,5 | 0,4–3 | 1,35–3 | 0,5–1,25 | 0,5–1,5 | 0,5–2,5 |
| Gesamtblechdicke | 0,4–3,2 | 0,8–5 | 0,8–5 | 0,8–6 | 2,7–6 | 1–2,5 | 1–3 | 1–5 |
| kleinster Randabstand in Kraftrichtung $a$ | 4 | 5 | 6 | 6,5 | 8 | 4,5 | 5 | 5,5 |
| kleinster Punktabstand $e$ | 12 | 12 | 12 | 14 | 16 | 7 | 10 | 12 |
| kleinster Randabstand senkrecht zur Kraftrichtung (Vormaß) $v$ | 4 | 5 | 6 | 6,5 | 8 | 7 | 7 | 7 |

**TB 7-10** Von runden Clinchverbindungen max. übertragbare Scherzugkräfte je Punkt (Anhaltswerte nach Merkblatt DVS/EFB 3420) Scherzugprobe: St- und Al-Bleche 1 mm dick, Punktdurchmesser 8 mm

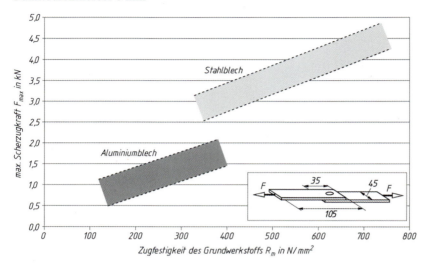

# Schraubenverbindungen

## TB 8-1 Metrisches ISO-Gewinde (Regelgewinde) nach DIN 13 T1 (Auszug)

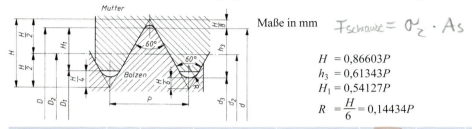

Maße in mm

$F_{Schraube} = \sigma_z \cdot A_s$

$H = 0{,}86603P$
$h_3 = 0{,}61343P$
$H_1 = 0{,}54127P$
$R = \dfrac{H}{6} = 0{,}14434P$

| Gewinde-Nenn-durchmesser $d = D$ | | Steigung | Flanken-durch-messer | Kerndurchmesser | | Gewindetiefe | | Span-nungsquer-schnitt[1] $A_s$ | Kern-quer-schnitt[1] $A_3$ | Steigung-winkel[1] $\varphi$ |
|---|---|---|---|---|---|---|---|---|---|---|
| Reihe 1 | Reihe 2 | $P$ | $d_2 = D_2$ | $d_3$ | $D_1$ | $h_3$ | $H_1$ | mm² | mm² | Grad |
| 1 | | 0,25 | 0,838 | 0,693 | 0,729 | 0,153 | 0,135 | 0,460 | 0,377 | 5,43 |
| 1,2 | | 0,25 | 1,038 | 0,893 | 0,929 | 0,153 | 0,135 | 0,732 | 0,626 | 4,38 |
| 1,6 | | 0,35 | 1,373 | 1,170 | 1,221 | 0,215 | 0,189 | 1,27 | 1,075 | 4,64 |
| 2 | | 0,4 | 1,740 | 1,509 | 1,567 | 0,245 | 0,217 | 2,07 | 1,788 | 4,19 |
| 2,5 | | 0,45 | 2,208 | 1,948 | 2,013 | 0,276 | 0,244 | 3,39 | 2,980 | 3,71 |
| 3 | | 0,5 | 2,675 | 2,387 | 2,459 | 0,307 | 0,271 | 5,03 | 4,475 | 3,41 |
| | 3,5 | 0,6 | 3,110 | 2,765 | 2,850 | 0,368 | 0,325 | 6,78 | 6,000 | 3,51 |
| 4 | | 0,7 | 3,545 | 3,141 | 3,242 | 0,429 | 0,379 | 8,78 | 7,749 | 3,60 |
| | 4,5 | 0,75 | 4,013 | 3,580 | 3,688 | 0,460 | 0,406 | 11,3 | 10,07 | 3,41 |
| 5 | | 0,8 | 4,480 | 4,019 | 4,134 | 0,491 | 0,433 | 14,2 | 12,69 | 3,25 |
| 6 | | 1 | 5,350 | 4,773 | 4,917 | 0,613 | 0,541 | 20,1 | 17,89 | 3,41 |
| 8 | | 1,25 | 7,188 | 6,466 | 6,647 | 0,767 | 0,677 | 36,6 | 32,84 | 3,17 |
| | (9) | 1,25 | 8,188 | 7,466 | 7,647 | 0,767 | 0,677 | 48,1 | 43,78 | 2,78 |
| 10 | | 1,5 | 9,026 | 8,160 | 8,376 | 0,920 | 0,812 | 58,0 | 52,30 | 3,03 |
| | (11) | 1,5 | 10,026 | 9,160 | 9,376 | 0,920 | 0,812 | 72,3 | 65,90 | 2,73 |
| 12 | | 1,75 | 10,863 | 9,853 | 10,106 | 1,074 | 0,947 | 84,3 | 76,25 | 2,94 |
| | 14 | 2 | 12,701 | 11,546 | 11,835 | 1,227 | 1,083 | 115 | 104,7 | 2,87 |
| 16 | | 2 | 14,701 | 13,546 | 13,835 | 1,227 | 1,083 | 157 | 144,1 | 2,48 |
| | 18 | 2,5 | 16,376 | 14,933 | 15,294 | 1,534 | 1,353 | 193 | 175,1 | 2,78 |
| 20 | | 2,5 | 18,376 | 16,933 | 17,294 | 1,534 | 1,353 | 245 | 225,2 | 2,48 |
| | 22 | 2,5 | 20,376 | 18,933 | 19,294 | 1,534 | 1,353 | 303 | 281,5 | 2,24 |
| 24 | | 3 | 22,051 | 20,319 | 20,752 | 1,840 | 1,624 | 353 | 324,3 | 2,48 |
| | 27 | 3 | 25,051 | 23,319 | 23,752 | 1,840 | 1,624 | 459 | 427,1 | 2,18 |
| 30 | | 3,5 | 27,727 | 25,706 | 26,211 | 2,147 | 1,894 | 561 | 519,0 | 2,30 |
| | 33 | 3,5 | 30,727 | 28,706 | 29,211 | 2,147 | 1,894 | 694 | 647,2 | 2,08 |
| 36 | | 4 | 33,402 | 31,093 | 31,670 | 2,454 | 2,165 | 817 | 759,3 | 2,19 |
| | 39 | 4 | 36,402 | 34,093 | 34,670 | 2,454 | 2,165 | 976 | 913,0 | 2,00 |
| 42 | | 4,5 | 39,077 | 36,479 | 37,129 | 2,760 | 2,436 | 1121 | 1045 | 2,10 |
| | 45 | 4,5 | 42,077 | 39,479 | 40,129 | 2,760 | 2,436 | 1306 | 1224 | 1,95 |
| 48 | | 5 | 44,752 | 41,866 | 42,587 | 3,067 | 2,706 | 1473 | 1377 | 2,04 |
| | 52 | 5 | 48,752 | 45,866 | 46,587 | 3,067 | 2,706 | 1758 | 1652 | 1,87 |
| 56 | | 5,5 | 52,428 | 49,252 | 50,046 | 3,374 | 2,977 | 2030 | 1905 | 1,91 |
| | 60 | 5,5 | 56,428 | 53,252 | 54,046 | 3,374 | 2,977 | 2362 | 2227 | 1,78 |
| 64 | | 6 | 60,103 | 56,639 | 57,505 | 3,681 | 3,248 | 2676 | 2520 | 1,82 |
| | 68 | 6 | 64,103 | 60,639 | 61,505 | 3,681 | 3,248 | 3055 | 2888 | 1,71 |

Die Gewindedurchmesser der Reihe 1 sind zu bevorzugen. Die Gewinde in ( ) gehören zu der hier nicht aufgeführten Reihe 3 und sind möglichst zu vermeiden.
[1] Nach DIN 13 T28

**TB 8-2** Metrisches ISO-Feingewinde nach DIN 13 T5…T10 (Auszug)
Maße in mm (s. Bild zu TB 8-1)

| Bezeichnung (Nenndurchmesser $d$ × Steigung $P$) | Flankendurchmesser $d_2$ | Kerndurchmesser $d_3$ | Gewindetiefe $h_3$ | Spannungsquerschnitt[1] $A_s$ mm² | Kernquerschnitt[1] $A_3$ mm² | Steigungswinkel[1] $\varphi$ Grad |
|---|---|---|---|---|---|---|
| M   8 × 1      | 7,35    | 6,773   | 0,613 | 39,2  | 36,0   | 2,48  |
| M  12 × 1      | 11,35   | 10,773  | 0,613 | 96,1  | 91,1   | 1,61  |
| M  16 × 1      | 15,35   | 14,773  | 0,613 | 178   | 171,4  | 1,19  |
| M  20 × 1      | 19,35   | 18,773  | 0,613 | 285   | 276,8  | 0,942 |
| M  10 × 1,25   | 9,188   | 8,466   | 0,767 | 61,2  | 56,3   | 2,48  |
| M  12 × 1,25   | 11,188  | 10,466  | 0,767 | 92,1  | 86,0   | 2,04  |
| M  16 × 1,5    | 15,026  | 14,16   | 0,92  | 167   | 157,5  | 1,82  |
| M  20 × 1,5    | 19,026  | 18,16   | 0,92  | 272   | 259,0  | 1,44  |
| M  24 × 1,5    | 23,026  | 22,16   | 0,92  | 401   | 385,7  | 1,19  |
| M  30 × 1,5    | 29,026  | 28,16   | 0,92  | 642   | 622,8  | 0,942 |
| M  36 × 1,5    | 35,026  | 34,16   | 0,92  | 940   | 916,5  | 0,781 |
| M  42 × 1,5    | 41,026  | 40,16   | 0,92  | 1294  | 1267   | 0,667 |
| M  48 × 1,5    | 47,026  | 46,16   | 0,92  | 1705  | 1674   | 0,582 |
| M  24 × 2      | 22,701  | 21,546  | 1,227 | 384   | 364,6  | 1,61  |
| M  30 × 2      | 28,701  | 27,546  | 1,227 | 621   | 596,0  | 1,27  |
| M  56 × 2      | 54,701  | 53,546  | 1,227 | 2301  | 2252   | 0,667 |
| M  64 × 2      | 62,701  | 61,546  | 1,227 | 3031  | 2975   | 0,582 |
| M  72 × 2      | 70,701  | 69,546  | 1,227 | 3862  | 3799   | 0,516 |
| M  80 × 2      | 78,701  | 77,546  | 1,227 | 4794  | 4723   | 0,463 |
| M  90 × 2      | 88,701  | 87,546  | 1,227 | 6100  | 6020   | 0,411 |
| M 100 × 2      | 98,701  | 97,546  | 1,227 | 7560  | 7473   | 0,370 |
| M 110 × 2      | 108,701 | 107,546 | 1,227 | 9180  | 9084   | 0,336 |
| M 125 × 2      | 123,701 | 122,546 | 1,227 | 11900 | 11795  | 0,295 |
| M  36 × 3      | 34,051  | 32,319  | 1,840 | 865   | 820,4  | 1,61  |
| M  42 × 3      | 40,051  | 38,319  | 1,840 | 1206  | 1153   | 1,37  |
| M  48 × 3      | 46,051  | 44,319  | 1,840 | 1604  | 1543   | 1,19  |
| M 160 × 3      | 158,051 | 156,319 | 1,840 | 19400 | 19192  | 0,346 |
| M  56 × 4      | 53,402  | 51,093  | 2,454 | 2144  | 2050   | 1,37  |
| M  64 × 4      | 61,402  | 59,093  | 2,454 | 2851  | 2743   | 1,19  |
| M  72 × 4      | 69,402  | 67,093  | 2,454 | 3658  | 3536   | 1,05  |
| M  80 × 4      | 77,402  | 75,093  | 2,454 | 4566  | 4429   | 0,942 |
| M  90 × 4      | 87,402  | 85,093  | 2,454 | 5840  | 5687   | 0,835 |
| M 100 × 4      | 97,402  | 95,093  | 2,454 | 7280  | 7102   | 0,749 |
| M 125 × 4      | 122,402 | 120,093 | 2,454 | 11500 | 11327  | 0,596 |
| M 140 × 4      | 137,402 | 135,093 | 2,454 | 14600 | 14334  | 0,531 |
| M  80 × 6      | 76,103  | 72,639  | 3,681 | 4344  | 4144   | 1,44  |
| M  90 × 6      | 86,103  | 82,639  | 3,681 | 5590  | 5364   | 1,271 |
| M 100 × 6      | 96,103  | 92,639  | 3,681 | 7000  | 6740   | 1,139 |
| M 125 × 6      | 121,103 | 117,639 | 3,681 | 11200 | 10869  | 0,904 |

[1] Nach DIN 13 T28.

**TB 8-3** Metrisches ISO-Trapezgewinde nach DIN 103 (Auszug)

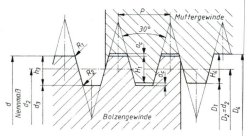

$D_1 = d - 2H_1 = d - P$
$D_4 = d + 2a_c$
$d_2 = D_2 = d - 0{,}5P$
$R_1 = \max 0{,}5 \cdot a_c$
$R_2 = \max a_c$

Maße in mm

| Steigung $P$ | 1,5 | 2 | 3 | 4 | 5 | 6 | 7 | 8 | 9 | 10 | 12 | 14 | 16 | 18 | 20 |
|---|---|---|---|---|---|---|---|---|---|---|---|---|---|---|---|
| Gewindetiefe $H_4 = h_3$ | 0,9 | 1,25 | 1,75 | 2,25 | 2,75 | 3,5 | 4 | 4,5 | 5 | 5,5 | 6,5 | 8 | 9 | 10 | 11 |
| Spiel $a_c$ |  | 0,15 | 0,25 | 0,25 | 0,25 | 0,25 | 0,5 | 0,5 | 0,5 | 0,5 | 0,5 | 0,5 | 1 | 1 | 1 | 1 |

Hauptabmessungen in mm

| Gewinde-Nenndurchmesser $d$ | Steigung[2] $P$ | | | Flanken-durchmesser[3] $d_2 = D_2$ | Kern-durchmesser[3] $d_3$ | Flanken-Überdeckung[3] $H_1 = 0{,}5 \cdot P$ | Kern-querschnitt[3] $A_3$ in mm² |
|---|---|---|---|---|---|---|---|
| 8   | 1,5 |      |      | 7,25 | 6,2  | 0,75 | 30,2 |
| 10  | (1,5) | 2  |      | 9    | 7,5  | 1    | 44,2 |
| 12  | (2) | 3    |      | 10,5 | 8,5  | 1,5  | 56,7 |
| 16  | (2) | 4    |      | 14   | 11,5 | 2    | 104  |
| 20  | (2) | 4    |      | 18   | 15,5 | 2    | 189  |
| 24  | (3) | 5    | (8)  | 21,5 | 18,5 | 2,5  | 269  |
| 28  | (3) | 5    | (8)  | 25,5 | 22,5 | 2,5  | 398  |
| 32  | (3) | 6    | (10) | 29   | 25   | 3    | 491  |
| 36  | (3) | 6    | (10) | 33   | 29   | 3    | 661  |
| 40  | (3) | 7    | (10) | 36,5 | 32   | 3,5  | 804  |
| 44  | (3) | 7    | (12) | 40,5 | 36   | 3,5  | 1018 |
| 48  | (3) | 8    | (12) | 44   | 39   | 4    | 1195 |
| 52  | (3) | 8    | (12) | 48   | 43   | 4    | 1452 |
| 60  | (3) | 9    | (14) | 55,5 | 50   | 4,5  | 1963 |
| 65[1] | (4) | 10 | (16) | 60   | 54   | 5    | 2290 |
| 70  | (4) | 10   | (16) | 65   | 59   | 5    | 2734 |
| 75[1] | (4) | 10 | (16) | 70   | 64   | 5    | 3217 |
| 80  | (4) | 10   | (16) | 75   | 69   | 5    | 3739 |
| 85[1] | (4) | 12 | (18) | 79   | 72   | 6    | 4071 |
| 90  | (4) | 12   | (18) | 84   | 77   | 6    | 4656 |
| 95[1] | (4) | 12 | (18) | 89   | 82   | 6    | 5281 |
| 100 | (4) | 12   | (20) | 94   | 87   | 6    | 5945 |
| 110[1] | (4) | 12 | (20) | 104 | 97   | 6    | 7390 |
| 120 | (6) | 14   | (22) | 113  | 104  | 7    | 8495 |

[1] Diese Nenndurchmesser (Reihe 2, DIN 103) nur wählen, wenn unbedingt notwendig.
[2] Die nicht in ( ) stehenden Steigungen bevorzugen. Bei mehrgängigem Gewinde ist $P$ die Teilung.
[3] Die angegebenen Werte gelten für die Gewinde mit den zu bevorzugenden Steigungen $P$.
Bezeichnungsbeispiel: Trapezgewinde Tr36 × 12P6 bedeutet Teilung $P = 6$ mm, Gangzahl $n = P_h/P = 2$, Steigung $P_h = n \cdot P = 12$ mm.

**TB 8-4** Festigkeitsklassen, Werkzeuge und mechanische Eigenschaften von Schrauben nach DIN EN ISO 898-1 (Auszug)

| Festigkeits-klasse (Kennzeichen) | | Werkstoff und Wärmebehandlung | Zug-festigkeit[1] $R_m$ N/mm² | Streckgrenze[1] bzw. 0,2%-Dehngrenze $R_{eL}$ bzw. $R_{p0,2}$ N/mm² | Bruch-dehnung $A_5$ % min |
|---|---|---|---|---|---|
| 4.6[2] | | Stahl mit mittlerem C-Gehalt oder Stahl mit mittlerem C-Gehalt und Zusätzen | 400 | 240 | 22 |
| 4.8[2] | | | 400 (420) | 320 (340) | 0,24[5] |
| 5.6 | | | 500 | 300 | 20 |
| 5.8[2] | | | 500 (520) | 400 (420) | 0,22[5] |
| 6.8[2] | | | 600 | 480 | 0,20[5] |
| 8.8 | ≤M16 | Stahl mit niedrigem C-Gehalt und Zusätzen (z. B. Bor, Mn, Cr) oder mit mittlerem C-Gehalt, oder legierter Stahl, jeweils gehärtet und angelassen | 800 | 640 | 12 |
| | >M16 | | 800 (830) | 640 (660) | |
| 9.8[3] | | | 900 | 720 | 10 |
| 10.9 | | Stahl mit niedrigem C-Gehalt und Zusätzen (z. B. Bor, Mn, Cr) oder mit mittlerem C-Gehalt, oder legierter Stahl, jeweils gehärtet und angelassen | 1000 (1040) | 900 (940) | 9 |
| 12.9[4] | | legierter Stahl, gehärtet und angelassen | 1200 (1220) | 1080 (1100) | 8 |
| 12.9[4] | | Stahl mit mittlerem C-Gehalt und Zusätzen (z. B. Bor, Mn, Cr, Molybdän), gehärtet und angelassen | | | |

[1] In ( ) Mindestwerte der Norm, wenn vom berecheten Nennwert abweichend.
[2] Automatenstahl zulässig mit S ≤ 0,34%, P ≤ 0,11%, Pb ≤ 0,35%.
[3] Nur für Schrauben bis M16. In Deutschland kaum verwendet.
[4] Bei einem Einsatz ist Vorsicht geboten. Durch spezielle Umgebungsbedingungen kann es zu Spannungsrisskorrosion kommen.
[5] Bruchverlängerung einer ganzen Schraube.

**TB 8-5** Genormte Schrauben (Auswahl). Einteilung nach DIN ISO 1891 (zu den Bildern sind die Nummern der betreffenden DIN-Normen gesetzt)

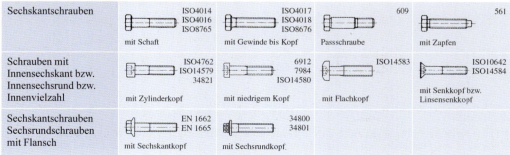

| Sechskantschrauben | ISO4014 ISO4016 ISO8765 mit Schaft | ISO4017 ISO4018 ISO8676 mit Gewinde bis Kopf | 609 Passschraube | 561 mit Zapfen |
|---|---|---|---|---|
| Schrauben mit Innensechskant bzw. Innensechsrund bzw. Innenvielzahl | ISO4762 ISO14579 34821 mit Zylinderkopf | 6912 7984 ISO14580 mit niedrigem Kopf | ISO14583 mit Flachkopf | ISO10642 ISO14584 mit Senkkopf bzw. Linsensenkkopf |
| Sechskantschrauben Sechsrundschrauben mit Flansch | EN 1662 EN 1665 mit Sechskantkopf | 34800 34801 mit Sechsrundkopf | | |

# Schraubenverbindungen

**TB 8-5** (Fortsetzung)

| | | | | |
|---|---|---|---|---|
| Schlitzschrauben | ISO1207 mit Zylinderkopf | ISO1580 mit Flachkopf | ISO2009 mit Senkkopf | ISO2010 mit Linsensenkkopf |
| Kreuzschlitzschrauben | ISO7048 mit Zylinderkopf | ISO7045 mit Flachkopf | ISO7046 mit Senkkopf | ISO7047 mit Linsensenkkopf |
| Vierkantschrauben Dreikantschrauben | 478 mit Bund | 479 mit Kernansatz | 480 mit Bund u. Ansatzkuppe | 22424 |
| Rundkopfschrauben Senkkopfschrauben | 603 mit Vierkantansatz | 607 mit Nase | 605 / 608 mit Vierkantansatz | 604 / 11014 mit Nase |
| Hammerschrauben | 186 mit Vierkant | 188 mit Nase | 261 | 7992 mit großem Kopf |
| Schrauben mit unverlierbaren Unterlegteilen (Kombi-Schrauben) | ISO10644 mit flacher Scheibe | 6900 mit Spannscheibe | 6900 mit Spannscheibe | |
| Schrauben verschiedener Formen | 316 Flügelschrauben | 444 Augenschrauben | 580 Ringschrauben | 529 Steinschrauben |
| Verschlussschrauben (Stopfen) | 906 | 908 | 909 | 910 |
| Stiftschrauben (Schraubenbolzen) | 835 / 938 / 939 / 940 | 2509 | 2510 mit Dehnschaft | 976 Gewindebolzen |
| Gewindestifte mit Schlitz, Innensechskant bzw. Innensechsrund | ISO 2342 mit Schaft | EN 27435 / 34827 mit Zapfen | EN 27434 / 34827 mit Spitze | ISO4026 / 34827 mit Kegelstumpf |
| Blechschrauben (Schraubenende mit Spitze oder Zapfen) | ISO1479 / ISO7053 ohne bzw. mit Bund | ISO1481 / ISO14585 mit Schlitz bzw. Innensechsrund | ISO148 / ISO7050 / ISO14586 m. Schlitz, Kreuzschlitz bzw. Innensechsrund | ISO1483 / ISO7051 / ISO14587 m. Schlitz, Kreuzschlitz bzw. Innensechsrund |
| Gewinde-Schneidschrauben | 7513 Form A | 7513 Form BE | 7513 Form FE | 7516 Form AE |
| gewindefurchende Schrauben mit Kreuzschlitz, Innensechskant, Innensechsrund | 7500 Form DE | 7500 Form EE, OE | 7500 Form CE, PE | 7500 Form NE, QE |
| gewindebohrende Schrauben (Bohrschrauben) | ISO 15480 mit Bund | ISO 15481 mit Flachkopf | ISO 15482 mit Senkkopf | ISO 15483 mit Linsensenkkopf |

**TB 8-6** Genormte Muttern (Auswahl). Einteilung nach DIN ISO 1891 (zu den Bildern sind die Nummern der betreffenden DIN-Normen gesetzt)

| | | | | |
|---|---|---|---|---|
| Sechskantmuttern | ISO 4032 / ISO 4033 / ISO 4034 / ISO 8673 / 30386 | ISO 4035 / ISO 4036 / ISO 8675 niedrige Form | 6331 / 74361 mit Bund | EN 1661 mit Flansch |
| | 2510 / 30387 mit Ansatz | 929 Schweißmutter | 431 / 80705 niedrige Form | 6330 1,5 d hoch |
| Vierkantmuttern | 557 niedrige Form | 562 | 928 Schweißmuttern | |
| Sicherungsmuttern | ISO 7042 / ISO 7719 / ISO 10513 Klemmteil aus Metall bzw. Polyamid | 986 mit Polyamidring | Klemmteil ISO 7040 / ISO 10511 / ISO 10512 Klemmteil aus Metall bzw. Polyamid | Klemmteil EN 1663 / EN 1664 / EN 1666 / EN 1667 Klemmteil aus Metall bzw. Polyamid |
| Kronenmuttern | 935 | 935 | 979 niedrige Form | 979 / 70618 niedrige Form |
| Hutmuttern | 1587 hohe Form | 917 niedrige Form | | |
| Rundmuttern | 466 / 6303 hohe Rändelmuttern | 467 flache Rändelmuttern | 546 Schlitzmuttern | 981 / 1804 / 70852 Nutmuttern |
| | 1816 / 548 Kreuzlochmuttern | 547 Zweilochmuttern | | |
| Muttern verschiedener Formen | 315 Flügelmuttern | 582 Ringmuttern | 1480 Spannschlösser | 28129 Bügelmuttern |

**TB 8-7** Mitverspannte Zubehörteile für Schraubenverbindunge nach DIN (Auswahl). Einteilung nach DIN ISO 1891 (zu den Bildern sind die Nummern der betreffenden DIN-Normen gesetzt)

| Scheiben | 433, 1441, 6902, 7349, 7989 ISO 887, ISO 7089, ISO 7091-7094 | ISO 7090, 6916 | 434, 6918 U-Scheibe (⊿ 8 %) | 435, 6917 I-Scheibe (⊿ 14 %) |
|---|---|---|---|---|
| Federringe[1] | gewellt (Form B) | gewölbt (Form A) | | |
| Federscheiben[1] | gewölbt (Form A) | gewellt (Form B) | 6796, 6908 Spannscheibe | Zahnscheibe (Form A) |
| | Zahnscheibe (Form J) | Zahnscheibe (Form V) | Fächerscheibe (Form A) | Fächerscheibe (Form J) |
| Scheiben mit Lappen oder Nasen[1] | mit Lappen | Anwendungsbeispiel | mit Außennase | Anwendungsbeispiel |
| | 462, 5406, 70952 Sicherungsblech für Nutmuttern | mit 2 Lappen | | |

[1] Die Normen für Federringe, Federscheiben (außer Spannscheiben) und Sicherungsbleche wurden wegen ihrer Unwirksamkeit als Losdreh- und Setzsicherung bei Schrauben ab Festigkeitsklasse 8.8 zurückgezogen.

**TB 8-8** Konstruktionsmaße für Verbindungen mit Sechskantschrauben (Auswahl aus DIN-Normen) Gewindemaße s. TB 8-1

Maße in mm

| 1 | 2 | 3 | 4 | 5 | 6 | 7 | 8 | 9 | 10 | 11 | 12 | 13 | 14 |
|---|---|---|---|---|---|---|---|---|---|---|---|---|---|
| DIN EN ISO | 4014, 4032 u.a. | 4014 | 4014 | 4017 | 4014 | 4014 | 4032 | 4035 | | 1234 | 7089, 7090 | | |
| DIN EN DIN | 475, ISO 272 | | | | | | | | | 935 | | | |
| | | | | | | | | | | | | Scheiben | |
| Gewinde | Schlüsselweite SW | Eckenmaß | Kopfhöhe | Nennlängenbereich | Nennlängenbereich | Gewindelänge für $l \leq 125$ mm | Gewindelänge für $l > 125$ bis 200 mm | Mutterhöhe Typ 1 | Mutterhöhe niedrige Form | Kronenmutter | Splint | | |
| $d$ | $s$ | $e$ | $k$ | $l^{1)}$ | $l^{1)}$ | $b$ | $b$ | $m^{2)}$ | $m$ | $h$ | $d_1 \times l_1$ | $d_2$ | $s_1$ |
| M 3 | 5,5 | 6,01 | 2 | 20…30 | 6…30 | 12 | 18 | 2,4 | 1,8 | – | – | 7 | 0,5 |
| M 4 | 7 | 7,66 | 2,8 | 25…40 | 8…40 | 14 | 20 | 3,2 | 2,2 | 5 | 1 ×10 | 9 | 0,8 |
| M 5 | 8 | 8,79 | 3,5 | 25…50 | 10…50 | 16 | 22 | 4,7 | 2,7 | 6 | 1,2×12 | 10 | 1 |
| M 6 | 10 | 11,05 | 4 | 30…60 | 12…60 | 18 | 24 | 5,2 | 3,2 | 7,5 | 1,6×14 | 12 | 1,6 |
| M 8 | 13 | 14,38 | 5,3 | 40…80 | 16…80 | 22 | 28 | 6,8 | 4 | 9,5 | 2 ×16 | 16 | 1,6 |
| M10 | 16 | 17,77 | 6,4 | 45…100 | 20…100 | 26 | 32 | 8,4 | 5 | 12 | 2,5×20 | 20 | 2 |
| M12 | 18 | 20,03 | 7,5 | 50…120 | 25…120 | 30 | 36 | 10,8 | 6 | 15 | 3,2×22 | 24 | 2,5 |
| M14 | 21 | 23,38 | 8,8 | 60…140 | 30…140 | 34 | 40 | 12,8 | 7 | 16 | 3,2×25 | 28 | 2,5 |
| M16 | 24 | 26,75 | 10 | 65…160 | 30…200 | 38 | 44 | 14,8 | 8 | 19 | 4 ×28 | 30 | 3 |
| M20 | 30 | 33,53 | 12,5 | 80…200 | 40…200 | 46 | 52 | 18 | 10 | 22 | 4 ×36 | 37 | 3 |
| M24 | 36 | 39,98 | 15 | 90…240 | 50…200 | 54 | 60 | 21,5 | 12 | 27 | 5 ×40 | 44 | 4 |
| M30 | 46 | 51,28 | 18,7 | 110…300 | 60…200 | 66 | 72 | 25,6 | 15 | 33 | 6,3×50 | 56 | 4 |
| M36 | 55 | 61,31 | 22,5 | 140…360 | 70…200 | – | 84 | 31 | 18 | 38 | 6,3×63 | 66 | 5 |

[1)] Stufung der Längen $l$: 6 8 10 12 16 20 25 30 35 40 45 50 55 60 65 70 80 90 100 110 120 130 140 150 160 180 200 220 240 260 280 300 320 340 … 500.
[2)] Höhere Abstreiffestigkeit durch größere Mutterhöhen nach DIN EN ISO 4033 mit $m/d \approx 1$.
[3)] Übergangsdurchmesser $d_a$ begrenzt den max. Übergang des Radius in die ebene Kopfauflage. Nach DIN 267 T2 gilt allgemein für die Produktklassen $A(m)$ und $B(mg)$ bis M18: $d_a$ = Durchgangsloch „mittel" + 0,2 mm und für M20 bis M39: $d_a$ = Durchgangsloch „mittel" + 0,4 mm. Für die Produktklasse $C(g)$ gelten die gleichen Formeln mit Durchgangsloch „grob".
[4)] Für Schrauben der hauptsächlich verwendeten Produktklasse $A(m)$ Reihe „mittel" ausführen, damit $d_h \approx d_a$.

# Schraubenverbindungen

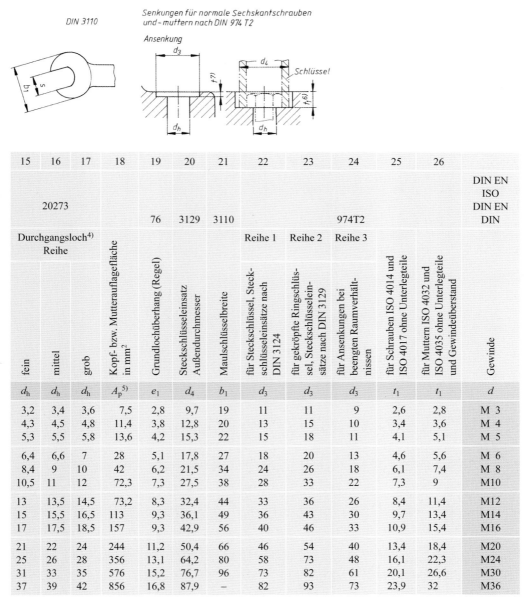

| 15 | 16 | 17 | 18 | 19 | 20 | 21 | 22 | 23 | 24 | 25 | 26 |
|---|---|---|---|---|---|---|---|---|---|---|---|
| | 20273 | | | 76 | 3129 | 3110 | | 974T2 | | | DIN EN ISO DIN EN DIN |
| Durchgangsloch[4] Reihe | | | Kopf- bzw. Mutterauflagefläche in mm² | Grundlochüberhang (Regel) | Steckschlüsseleinsatz Außendurchmesser | Maulschlüsselbreite | für Steckschlüssel, Steckschlüsseleinsätze nach DIN 3124 Reihe 1 | für gekröpfte Ringschlüssel, Steckschlüsseleinsätze nach DIN 3129 Reihe 2 | für Ansenkungen bei beengten Raumverhältnissen Reihe 3 | für Schrauben ISO 4014 und ISO 4017 ohne Unterlegteile | für Muttern ISO 4032 und ISO 4035 ohne Unterlegteile und Gewindeüberstand | Gewinde |
| fein | mittel | grob | | | | | | | | | |
| $d_h$ | $d_h$ | $d_h$ | $A_p$[5] | $e_1$ | $d_4$ | $b_1$ | $d_3$ | $d_3$ | $d_3$ | $t_1$ | $t_1$ | $d$ |
| 3,2 | 3,4 | 3,6 | 7,5 | 2,8 | 9,7 | 19 | 11 | 11 | 9 | 2,6 | 2,8 | M 3 |
| 4,3 | 4,5 | 4,8 | 11,4 | 3,8 | 12,8 | 20 | 13 | 15 | 10 | 3,4 | 3,6 | M 4 |
| 5,3 | 5,5 | 5,8 | 13,6 | 4,2 | 15,3 | 22 | 15 | 18 | 11 | 4,1 | 5,1 | M 5 |
| 6,4 | 6,6 | 7 | 28 | 5,1 | 17,8 | 27 | 18 | 20 | 13 | 4,6 | 5,6 | M 6 |
| 8,4 | 9 | 10 | 42 | 6,2 | 21,5 | 34 | 24 | 26 | 18 | 6,1 | 7,4 | M 8 |
| 10,5 | 11 | 12 | 72,3 | 7,3 | 27,5 | 38 | 28 | 33 | 22 | 7,3 | 9 | M10 |
| 13 | 13,5 | 14,5 | 73,2 | 8,3 | 32,4 | 44 | 33 | 36 | 26 | 8,4 | 11,4 | M12 |
| 15 | 15,5 | 16,5 | 113 | 9,3 | 36,1 | 49 | 36 | 43 | 30 | 9,7 | 13,4 | M14 |
| 17 | 17,5 | 18,5 | 157 | 9,3 | 42,9 | 56 | 40 | 46 | 33 | 10,9 | 15,4 | M16 |
| 21 | 22 | 24 | 244 | 11,2 | 50,4 | 66 | 46 | 54 | 40 | 13,4 | 18,4 | M20 |
| 25 | 26 | 28 | 356 | 13,1 | 64,2 | 80 | 58 | 73 | 48 | 16,1 | 22,3 | M24 |
| 31 | 33 | 35 | 576 | 15,2 | 76,7 | 96 | 73 | 82 | 61 | 20,1 | 26,6 | M30 |
| 37 | 39 | 42 | 856 | 16,8 | 87,9 | – | 82 | 93 | 73 | 23,9 | 32 | M36 |

[5] Ringförmige Auflagefläche ermittelt mit dem Mindestdurchmesser $d_w$ der Auflagefläche und dem Durchgangsloch Reihe „mittel". Evtl. Anfasung des Durchgangsloches abziehen!

[6] Die Senktiefe für bündigen Abschluss ergibt sich aus der Summe der Maximalwerte von Kopfhöhe der Schraube und Höhe der Unterlegteile sowie einer Zugabe von: 0,4 mm für M3 bis M6; 0,6 mm für M8 bis M20; 0,8 mm für M24 bis M27 und 1,0 mm ab M30.

Die Senktiefe auf der Mutterseite ist unter Einbeziehung des Überstandes des Schraubenendes in geeigneter Weise festzulegen.

[7] $t$ braucht nicht größer zu sein, als zur Herstellung einer spanend erzeugten und rechtwinklig zur Achse des Durchgangsloches stehenden Kreisfläche notwendig ist.

**TB 8-9** Konstruktionsmaße für Verbindungen mit Zylinder- und Senkschrauben (Auswahl aus DIN-Normen) Gewindemaße s. TB 8-1. Maße für Sechskantmuttern, Scheiben und Durchgangslöcher s. TB 8-8

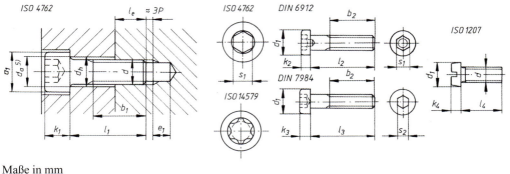

Maße in mm

| 1 | 2 | 3 | 4 | 5 | 6 | 7 | 8 | 9 | 10 | 11 | 12 | 13 | 14 | 15 | 16 |
|---|---|---|---|---|---|---|---|---|---|---|---|---|---|---|---|
| DIN EN ISO | | 4762 | | | 1207 | 4762 | | 11) | 4762 | | | 1207 | 4762 10642 | | 4762 |
| DIN | | | 6912 | 7984 | | 6912 | 7984 | | | 6912 | 7984 | | | 6912 7984 | 6912 |
| Gewinde | Kopfdurchmesser | Kopfhöhe | | | Schlüsselweite | | | Innensechsrund | Nennlängenbereich[1] | | | | Gewindelänge | Gewindelänge für $l \leq 125$ | Kopfauflagefläche in mm² |
| $d$ | $d_1$ | $k_1$ | $k_2$ | $k_3$ | $k_4$ | $s_1$ | $s_2$ | Nr. | $l_1$ | $l_2$ | $l_3$ | $l_4$ | $b_1$ | $b_2{}^{2)}$ | $A_p{}^{3)}$ |
| M 3 | 5,5 | 3 | – | 2 | 2 | 2,5 | 2 | 10 | 5…30 | | 5…20 | 4…30 | 18 | 12 | 11,1 |
| M 4 | 7 | 4 | 2,8 | 2,8 | 2,6 | 3 | 2,5 | 20 | 6…40 | 10…50 | 6…25 | 5…40 | 20 | 14 | 17,6 |
| M 5 | 8,5 | 5 | 3,5 | 3,5 | 3,3 | 4 | 3 | 25 | 8…50 | 10…60 | 8…30 | 6…50 | 22 | 16 | 26,9 |
| M 6 | 10 | 6 | 4 | 4 | 3,9 | 5 | 4 | 30 | 10…60 | 10…70 | 10…40 | 8…60 | 24 | 18 | 34,9 |
| M 8 | 13 | 8 | 5 | 5 | 5 | 6 | 5 | 45 | 12…80 | 12…80 | 12…80 | 10…80 | 28 | 22 | 55,8 |
| M10 | 16 | 10 | 6,5 | 6 | 6 | 8 | 7 | 50 | 16…100 | 16…90 | 16…100 | 12…80 | 32 | 26 | 89,5 |
| M12 | 18 | 12 | 7,5 | 7 | – | 10 | 8 | 55 | 20…120 | 16…100 | 20…80 | – | 36 | 30 | 90 |
| M14 | 21 | 14 | 8,5 | 8 | – | 12 | 10 | 60 | 25…140 | 20…120 | 30…80 | – | 40 | 34 | 131 |
| M16 | 24 | 16 | 10 | 9 | – | 14 | 12 | 70 | 25…160 | 20…140 | 30…80 | – | 44 | 38 | 181 |
| M20 | 30 | 20 | 12 | 11 | – | 17 | 14 | 90 | 30…200 | 30…180 | 30…100 | – | 52 | 46 | 274 |
| M24 | 36 | 24 | 14 | 13 | – | 19 | 17 | – | 35…200 | 60…200 | 40…100 | – | 60 | 54 | 421 |
| M30 | 45 | 30 | 17,5 | – | – | 22 | – | – | 40…200 | 70…200 | – | – | 72 | 66 | 638 |

[1]) Stufung der zu bevorzugenden Längen, in ( ) nur für DIN EN ISO 4762, DIN 7984, DIN EN ISO 1207 und DIN EN ISO 2009: 3  4  5  6  8  10  12  16  20  25  30  35  40  (45)  50  (55)  60  (65 nur DIN EN ISO 4762)  70  80  90  100  110  120  130  140  150  160  180  200, über $l = 200$ mm dann weiter von 20 zu 20.
[2]) Für $l > 125$ bis 200: $b_2 = 2d + 12$, für $l > 200$: $b_2 = 2d + 25$.
[3]) Ringförmige Auflagefläche ermittelt mit dem Mindestauflagedurchmesser des Kopfes und Durchgangsloch Reihe „mittel". Lochanfasung ggf. abziehen!
[4]) Bis zu den Längen in ( ) werden die Senkschrauben mit Gewinde bis Kopf gefertigt.
[5]) s. TB 8-8 unter [3]).
[6]) Ausführung „mittel" (m) für Durchgangslöcher Reihe „mittel", für $s \leq t_1$ ist das Anschlussteil ggf. nachzusenken.
[7]) s. TB 8-8 unter [4]).

Schraubenverbindungen

| 17 | 18 | 19 | 20 | 21 | 22 | 23 | 24 | 25 | 26 | 27 | 28 | 29 | 30 | 31 |
|---|---|---|---|---|---|---|---|---|---|---|---|---|---|---|
| 10642 | 2009 | 10642 | 2009 | 10642 | 10642 | 2009 | | | | 974T1 | | 15065 | 74T1 | 15065 | 74T1 | DIN EN ISO DIN |
| Kopfdurchmesser | | Kopfhöhe | | Schlüsselweite | Nennlängenbereich[1)4)] | | Senkdurchmesser[8)] | | | | | | | Gewinde |
| | | | | | | | Reihe 1 | Reihe 4 | Reihe 5 | Reihe 6 | für DIN EN ISO 2009[10)] | für DIN EN ISO 10642 | für DIN EN ISO 2009 | für DIN EN ISO 10642 | |
| $d_2$ | $d_3$ | $k_5$ | $k_6$ | $s_3$ | $l_5$ | $l_6$ | $d_4$ | $d_4$ | $d_4$ | $d_4$ | $d_5$ | $d_5$ | $\approx t_1$ | $\approx t_1$ | $d$ |
| 6,72 | 5,5 | 1,86 | 1,65 | 2 | 8…30 (25) | 5…30 (30) | 6,5 | 7 | 9 | 8 | 6,3 | 7,5 | 1,6 | 1,8 | M 3 |
| 8,96 | 8,4 | 2,48 | 2,7 | 2,5 | 8…40 (25) | 6…40 (40) | 8 | 9 | 10 | 10 | 9,4 | 10 | 2,6 | 2,4 | M 4 |
| 11,2 | 9,3 | 3,1 | 2,7 | 3 | 8…50 (30) | 8…50 (45) | 10 | 11 | 13 | 13 | 10,4 | 12,5 | 2,6 | 3,1 | M 5 |
| 13,44 | 11,3 | 3,72 | 3,3 | 4 | 8…60 (35) | 8…60 (45) | 11 | 13 | 15 | 15 | 12,6 | 14,5 | 3,1 | 3,6 | M 6 |
| 17,92 | 15,8 | 4,96 | 4,65 | 5 | 10…80 (45) | 10…80 (45) | 15 | 16 | 18 | 20 | 17,3 | 19 | 4,3 | 4,6 | M 8 |
| 22,4 | 18,3 | 6,2 | 5 | 6 | 12…100 (50) | 12…80 (45) | 18 | 20 | 24 | 24 | 20 | 23,5 | 4,7 | 6 | M10 |
| 26,88 | – | 7,44 | – | 8 | 20…100 (60) | – | 20 | 24 | 26 | 33 | – | 28 | – | 7 | M12 |
| – | – | 8,4 | – | – | 25…100 (65) | – | 24 | 26 | 30 | 40 | – | 32 | – | 8 | M14 |
| 33,6 | – | 8,8 | – | 10 | 30…100 (70) | – | 26 | 30 | 33 | 43 | – | 35 | – | 8,5 | M16 |
| 40,32 | – | 10,16 | – | 12 | 35…100 (90) | – | 33 | 36 | 40 | 48 | – | 41,5 | – | 9,5 | M20 |
| – | – | – | – | – | – | – | 40 | 43 | 48 | 58 | – | – | – | – | M24 |
| – | – | – | – | – | – | – | 50 | 54 | 61 | 73 | – | – | – | – | M30 |

[8)] Reihe 1: Schrauben nach DIN EN ISO 1207, DIN EN ISO 4762, DIN 6912, DIN 7984, DIN EN ISO 14579 und DIN EN ISO 14580 ohne Unterlegteile;
Reihe 4: Schrauben mit Zylinderkopf und Scheiben DIN EN ISO 7092 und DIN EN ISO 10673 Form S;
Reihe 5: Schrauben mit Zylinderkopf und Scheiben DIN EN ISO 7089, DIN EN ISO 7090 und DIN EN ISO 10673 Form S;
Reihe 6: Schrauben mit Zylinderkopf und Spannscheiben DIN 6796 und DIN 6908.
[9)] s. TB 8-8 unter [6)].
[10)] auch für DIN EN ISO 2010, 1482, 1483, 7046, 7047, 7050, 7051, 14584, 14586, 14587, 15482, 15483
[11)] DIN EN ISO 14579: Die Abmessungen der Innensechsrundschrauben (Torx-Schrauben) sind identisch mit DIN EN ISO 4762, bis auf die Abmessungen des Innensechsrund, s. DIN EN ISO 10664.

**TB 8-10** Richtwerte für Setzbetrag und Grenzflächenpressung (nach VDI 2230)

a) Richtwerte für Setzbeträge bei massiven Schraubenverbindungen

| Rautiefe der Oberfläche $Rz$ in µm | | Längskraft | | | Querkraft | | |
|---|---|---|---|---|---|---|---|
| | | <10 | 10…<40 | 40…<160 | <10 | 10…<40 | 40…<160 |
| $f_z$ in µm | im Gewinde | 3 | 3 | 3 | 3 | 3 | 3 |
| | je Kopf- oder Mutterauflage | 2,5 | 3 | 4 | 3 | 4,5 | 6,5 |
| | je innere Trennfuge | 1,5 | 2 | 3 | 2 | 2,5 | 3,5 |
| | Summe[1] | 9,5 | 11 | 14 | 11 | 14,5 | 19,5 |

[1] Setzbetrag für Durchsteckschraube mit einer inneren Trennfuge.

b) Richtwerte für die Grenzflächenpressung $p_G$ an den Auflageflächen verschraubter Teile

| Werkstoffgruppe | Werkstoff der gedrückten Teile | Zugfestigkeit $R_m$ N/mm² | Grenzflächenpressung[1] $p_G$ N/mm² |
|---|---|---|---|
| Unlegierte Baustähle | S235 | 340 | 490 |
| | E295 | 470 | 710 |
| | S355 | 490 | 760 |
| Feinkorn-Baustähle | S315MC | 390 | 540 |
| | S420MC | 480 | 670 |
| Niedriglegierte Vergütungsstähle | C45E | 700 | 770 |
| | 34CrNiMo6 | 1100 | 1430 |
| | 37Cr4 | 850 | 1105 |
| | 16MnCr5 | 1000 | 1300 |
| | 42CrMo4 | 1000 | 1300 |
| | 34CrMo4 | 900 | 1170 |
| Sintermetalle | SINT-D30 | 510 | 450 |
| Nichtrostende Stähle | X4CrNi18-12 | 500 | 630 |
| | X5CrNiMo17-12-2 | 530 | 630 |
| | X6NiCrTiMoVB25-15-2 | 960 | 1200 |
| Nickel-Basis-Legierungen | NiCr20TiAl | 1000 | 1000 |
| | MP35N | 1580 | 1500 |
| Gusseisen | EN-GJL-250 | 250 | 850 |
| | EN-GJS-400 | 400 | 600 |
| | EN-GJS-500 | 500 | 750 |
| | EN-GJS-600 | 600 | 900 |
| | GJV-300 | 300 | 480 |
| Aluminium-Knetlegierungen | AlMgSiF31 | 290 | 360 |
| | AlMgSiF28 | 260 | 325 |
| | AlMg4,5MnF27 | 260 | 325 |
| | AlZnMgCu1,5 | 540 | 540 |
| Aluminium-Gusslegierungen | GK-AlSi9Cu3 | 180 | 225 |
| | GD-AlSi9Cu3 | 240 | 300 |
| | GK-AlSi7Mg wa | 250 | 310 |
| Magnesiumlegierungen | GK-AZ91-T4 | 240 | 290 |
| | GD-AZ91 (MgAl9Zn1) | 200 | 280 |
| | GD-AS41 (MgAl4Si) | 190 | 230 |
| Titanlegierung | TiAl6V4 | 890 | 1340 |

[1] Beim motorischen Anziehen können die Werte der Grenzflächenpressung bis zu 25% kleiner sein.

# Schraubenverbindungen

**TB 8-11** Richtwerte für den Anziehfaktor $k_A$ (Auswahl nach VDI 2230)

| Anziehverfahren | Streuung der Vorspannkräfte | Bemerkungen | Anziehfaktor $k_A$ |
|---|---|---|---|
| *Anziehen mit Längungssteuerung bzw. -kontrolle per Ultraschall* | ± 5% bis ± 9%[1] | kleinerer Wert bei direkter mechanischer Ankopplung, größerer bei indirekter Ankopplung | 1,1 bis 1,2 |
| *Hydraulisches Anziehen* reibungs- und torsionsfrei (Anwendung ab M20) | ± 5% bis ± 17% | kleinerer Wert für Schrauben $l_k/d \geq 5$ größere $k_A$-Werte bei kleineren $l_k/d$ bei Normschrauben und -muttern $k_A \geq 1,2$ | 1,1 bis 1,4 |
| *Streckgrenzgesteuertes oder drehwinkelgesteuertes Anziehen* (von Hand oder motorisch) | ± 9% bis ± 17% | Schrauben werden mit $F_{Vmin}$ berechnet, d.h. $F_{Vmin} = F_{VM}$[2] | 1,2 bis 1,4 |
| *Impulsschrauber* mit hydraulischer Pulszelle, drehmoment- und/oder drehwinkelgesteuert | ± 9% bis ± 33% | kleinerer Wert nur bei Voreinstellung über den Schraubfall über Drehwinkel, Druckluftservoventil und Pulszähler | 1,2 bis 2,0 |
| *Drehmomentgesteuertes Anziehen* mit Drehmomentschlüssel, signalgebendem | versuchsmäßiger Bestimmung der Anziehdrehmomente am Originalverschraubungsteil | ± 17% bis ± 23% | kleinere Werte für große Anzahl von Einstell- bzw. Kontrollversuchen (z.B. 20); geringe Streuung des abgegebenen Moments (z.B. ±5 %) | 1,4 bis 1,6 |
| Schlüssel oder motorischem Drehschrauber mit dynamischer Drehmomentmessung | Bestimmung des Sollanziehmoments durch Schätzen der Reibungszahl (Oberflächen- und Schmierverhältnisse von großem Einfluss) | $\mu_G = \mu_K = 0,08 - 0,16$ ±23% bis ±33% | kleinere Werte für messende Drehmomentschlüssel bei gleichmäßigem Anziehen und für Präzisionsdrehschrauber, größere Werte für signalgebende oder ausknickende Drehmomentschlüssel[3] | 1,6 bis 2,0 |
| | | $\mu_G = \mu_K = 0,04 - 0,10$ ±26% bis ±43% | | 1,7 bis 2,5 |
| *Anziehen mit Schlagschrauber, „Abwürgschrauber" oder Impulsschrauber; Anziehen mit Hand* | ± 43% bis ± 60% | kleinerer Wert für große Anzahl von Einstellversuchen (Nachziehmoment), spielfreie Impulsübertragung | 2,5 bis 4,0 |

[1] bei $l_k/d < 2$ progressive Fehlerzunahme beachten
[2] Die Vorspannkraftstreuung wird wesentlich bestimmt durch die Streuung der Streckgrenze im verbauten Schraubenlos.
[3] kleinere Werte für: kleine Drehwinkel, d.h. relativ steife Verbindungen; relativ geringe Härte der Gegenlage[4]; Gegenlagen, die nicht zum „Fressen" neigen, z.B. phosphatiert sind oder bei ausreichender Schmierung
  größere Werte für: große Drehwinkel, d.h. relativ nachgiebige Verbindungen sowie Feingewinde; große Härte der Gegenlage, verbunden mit rauer Oberfläche
[4] Gegenlage: verspanntes Teil, dessen Oberfläche mit dem Anziehelement der Verbindung (Schraubenkopf oder Mutter) im Kontakt steht
Weitere Anziehverfahren ab ca. M24 siehe VDI-Richtlinie.
Kleinere Anziehfaktoren sind im konkreten Fall erreichbar mit einem größeren Aufwand beim Einstellverfahren, bei der Qualität des Werkzeuges und/oder der Qualität der Verbindungsmittel und Bauteile.

**TB 8-12** Reibungszahlen für Schraubenverbindungen bei verschiedenen Oberflächen- und Schmierzuständen

a) Gesamtreibungszahl $\mu_{ges} = \mu_K$ bei Normalausführung
  (nach Bauer & Schaurte Karcher)

| schwarz oder phosphatiert | | galvanisch verzinkt 6…12 µm | galvanisch verkadmet 6…10 µm | mikroverkapselter Klebstoff (VERBUS-PLUS)[1] |
|---|---|---|---|---|
| leicht geölt | MoS$_2$ geschmiert | | | |
| 0,12…0,18 | 0,08…0,12 | 0,12…0,18 | 0,08…0,12 | 0,14…0,20 |

[1] Für ander Klebstoffe $\mu_{ges} = 0{,}2…0{,}3$.
Die Berechnung erfolgt mit der niedrigsten Reibungszahl. Die Streuung der Reibungszahlen wird durch den Anziehfaktor berücksichtigt.

b) Reibungszahl $\mu_G$ im Gewinde (nach Strelow)

| Gewinde | | | | Außengewinde (Schraube) | | | | | | |
|---|---|---|---|---|---|---|---|---|---|---|
| Werkstoff | | | | Stahl | | | | | | |
| Oberfläche | | | | schwarzvergütet oder phosphatiert | | | | galvanisch verzinkt (Zn6) | | galvanisch cadmiert (Cd6) | | Klebstoff |
| Gewindefertigung | | | | gewalzt | | | geschnitten | geschnitten oder gewalzt | | | | |
| Innengewinde (Mutter) Werkstoff | Oberfläche | Gewindefertigung | Schmierung | trocken | geölt | MoS$_2$ | geölt | trocken | geölt | trocken | geölt | trocken |
| Stahl | blank | | | 0,12 bis 0,18 | 0,10 bis 0,16 | 0,08 bis 0,12 | 0,10 bis 0,16 | – | 0,10 bis 0,18 | – | 0,08 bis 0,14 | 0,16 bis 0,25 |
| Stahl | galvanisch verzinkt | geschnitten | trocken | 0,10 bis 0,16 | – | – | – | 0,12 bis 0,20 | 0,10 bis 0,18 | – | – | 0,14 bis 0,25 |
| Stahl | galvanisch cadmiert | | | 0,08 bis 0,14 | – | – | – | – | – | 0,12 bis 0,16 | 0,12 bis 0,14 | – |
| Gusseisen/ Temperguss | blank | | | – | 0,10 bis 0,18 | – | 0,10 bis 0,18 | – | 0,10 bis 0,18 | – | 0,08 bis 0,16 | – |
| AlMg | blank | | | – | 0,08 bis 0,20 | – | – | – | – | – | – | – |

# Schraubenverbindungen

## c) Reibungszahl $\mu_K$ in der Kopf- bzw. Mutterauflage (nach Strelow)

| Auflagefläche | | | | Schraubenkopf | | | | | | | | | |
|---|---|---|---|---|---|---|---|---|---|---|---|---|---|
| Werkstoff | | | | Stahl | | | | | | | | | |
| Oberfläche | | | | schwarz oder phosphatiert | | | | | | galvanisch verzinkt (Zn6) | | galvanisch cadmiert (Cd6) | |
| Fertigung | | | | gepresst | | | gedreht | | geschliffen | gepresst | | gepresst | |
| Gegenlage Werkstoff | Oberfläche | Fertigung | Schmierung | trocken | geölt | MoS$_2$ | geölt | MoS$_2$ | geölt | trocken | geölt | trocken | geölt |
| Stahl | blank | geschliffen | | – | 0,16 bis 0,22 | – | 0,10 bis 0,18 | – | 0,16 bis 0,22 | 0,10 bis 0,18 | – | 0,08 bis 0,16 | – |
| Stahl | blank | spanend bearbeitet | | 0,12 bis 0,18 | 0,10 bis 0,18 | 0,08 bis 0,12 | 0,10 bis 0,18 | 0,08 bis 0,12 | – | 0,10 bis 0,18 | 0,10 bis 0,18 | 0,08 bis 0,16 | 0,08 bis 0,14 |
| Stahl | galvanisch verzinkt | spanend bearbeitet | | 0,10 bis 0,16 | 0,10 bis 0,16 | – | 0,10 bis 0,16 | – | 0,10 bis 0,18 | 0,16 bis 0,20 | 0,10 bis 0,18 | – | – |
| Stahl | galvanisch cadmiert | trocken | | 0,08 bis 0,16 | 0,08 bis 0,16 | 0,08 bis 0,16 | 0,08 bis 0,16 | 0,08 bis 0,16 | 0,08 bis 0,16 | – | – | 0,12 bis 0,20 | 0,12 bis 0,14 |
| Gusseisen/Temperguss | blank | geschliffen | | – | 0,10 bis 0,18 | – | – | – | 0,10 bis 0,18 | 0,10 bis 0,18 | 0,10 bis 0,18 | 0,08 bis 0,18 | – |
| Gusseisen/Temperguss | blank | spanend bearbeitet | | – | 0,14 bis 0,20 | – | 0,10 bis 0,18 | – | 0,14 bis 0,22 | 0,10 bis 0,18 | 0,10 bis 0,16 | 0,08 bis 0,16 | – |
| AlMg | | spanend bearbeitet | | – | 0,08 bis 0,20 | 0,08 bis 0,20 | 0,08 bis 0,20 | 0,08 bis 0,20 | 0,08 bis 0,20 | – | – | – | – |

**TB 8-12** (Fortsetzung)
d) Haftreibungszahlen in der Trennfuge (nach VDI-Richtlinie 2230)

| Stoffpaarung | | Stahl-Stahl/GS | Stahl-Stahl[1] | Stahl-Stahl[2] | Stahl-GJL | Stahl-GJL[1] | Stahl-GJS |
|---|---|---|---|---|---|---|---|
| Haftreibungs-zahl $\mu_T$ | trocken | 0,1…0,3 | 0,15…0,40 | 0,04…0,15 | 0,11…0,24 | 0,26…0,31 | 0,1…0,23 |
| | geschmiert | 0,07…0,12 | | | 0,06…0,1 | | |

| Stoffpaarung | | Stahl-GJS[1] | GJL-GJL | GJL-GJL[3] | GJS-GJS | GJS-GJS[3] | GJL-GJS |
|---|---|---|---|---|---|---|---|
| Haftreibungs-zahl $\mu_T$ | trocken | 0,2…0,26 | 0,15…0,3 | 0,09…0,36 | 0,25…0,52 | 0,08…0,25 | 0,13…0,26 |
| | geschmiert | | 0,06…0,2 | | 0,08…0,12 | | |

| Stoffpaarung | | Stahl-Bronze | GJL-Bronze | Stahl-Cu-Leg. | Stahl-Al-Leg. | Alu-Alu | Alu-Alu[3] |
|---|---|---|---|---|---|---|---|
| Haftreibungs-zahl $\mu_T$ | trocken | 0,12…0,28 | 0,28 | 0,07…0,25 | 0,7…0,28 | 0,19…0,41 | 0,1…0,32 |
| | geschmiert | 0,18 | 0,15…0,2 | | 0,05…0,18 | 0,07…0,12 | |

[1] gereinigt; [2] einsatzgehärtet; [3] gereinigt/entfettet.


**TB 8-13**  Richtwerte zur Vorwahl der Schrauben

| Festigkeits-klasse | | Nenndurchmesser in mm für Schaftschrauben bei Kraft je Schraube[1] $F_B$ bzw. $F_Q$ in kN bis | | | | | | | | | |
|---|---|---|---|---|---|---|---|---|---|---|---|
| | stat. axial | 1,6 | 2,5 | 4 | 6,3 | 10 | 16 | 25 | 40 | 63 | 100 | 160 | 250 |
| | dyn. axial | 1 | 1,6 | 2,5 | 4,0 | 6,3 | 10 | 16 | 25 | 40 | 63 | 100 | 160 |
| | quer | 0,32 | 0,5 | 0,8 | 1,25 | 2 | 3,15 | 5 | 8 | 12,5 | 20 | 31,5 | 50 |
| 4.6 | | 6 | 8 | 10 | 12 | 16 | 20 | 24 | 27 | 33 | – | – | – |
| 4.8, 5.6 | | 5 | 6 | 8 | 10 | 12 | 16 | 20 | 24 | 30 | – | – | – |
| 5.8, 6.8 | | 4 | 5 | 6 | 8 | 10 | 12 | 14 | 18 | 22 | 27 | – | – |
| 8.8 | | 4 | 5 | 6 | 8 | 8 | 10 | 14 | 16 | 20 | 24 | 30 | – |
| 10.9 | | – | 4 | 5 | 6 | 8 | 10 | 12 | 14 | 16 | 20 | 27 | 30 |
| 12.9 | | – | 4 | 5 | 5 | 8 | 8 | 10 | 12 | 16 | 20 | 24 | 30 |

[1] Für Dehnschrauben, bei exzentrisch angreifender Betriebskraft $F_B$ oder bei sehr großen Anziehfaktoren sind die Durchmesser der nächsthöheren Laststufe zu wählen, bei sehr kleinen Anziehfaktoren die der nächstkleineren.

# Schraubenverbindungen

**TB 8-14** Spannkräfte $F_{sp}$ und Spannmomente $M_{sp}$ für Schaft- und Dehnschrauben bei verschiedenen Gesamtreibungszahlen $\mu_{ges}$[1)]

| Regel- bzw. Feingewinde | $\mu g_{es}$ $=\mu_G$ $=\mu_K$ | Schaftschrauben ||||||| Dehnschrauben ($d_T \approx 0{,}9\, d_3$) |||||||
| | | Spannkraft $F_{sp}$ in kN ||| Spannmoment $M_{sp}$ in Nm ||| Spannkraft $F_{sp}$ in kN ||| Spannmoment $M_{sp}$ in Nm |||
| | | bei Festigkeitsklasse[2)] |||||| bei Festigkeitsklasse[2)] ||||||
| | | 8.8 | 10.9 | 12.9 | 8.8 | 10.9 | 12.9 | 8.8 | 10.9 | 12.9 | 8.8 | 10.9 | 12.9 |
|---|---|---|---|---|---|---|---|---|---|---|---|---|---|
| M5 | 0,08 | 7,6 | 11,1 | 13,0 | 4,4 | 6,5 | 7,6 | 5,3 | 7,8 | 9,1 | 3,1 | 4,5 | 5,3 |
|    | 0,10 | 7,4 | 10,8 | 12,7 | 5,2 | 7,6 | 8,9 | 5,1 | 7,6 | 8,9 | 3,6 | 5,3 | 6,2 |
|    | 0,12 | 7,2 | 10,6 | 12,4 | 5,9 | 8,6 | 10,0 | 5,0 | 7,3 | 8,6 | 4,1 | 6,0 | 7,0 |
|    | 0,14 | 7,0 | 10,3 | 12,0 | 6,5 | 9,5 | 11,2 | 4,8 | 7,1 | 8,3 | 4,5 | 6,6 | 7,7 |
| M6 | 0,08 | 10,7 | 15,7 | 18,4 | 7,7 | 11,3 | 13,2 | 7,5 | 11,0 | 12,9 | 5,4 | 7,9 | 9,2 |
|    | 0,10 | 10,4 | 15,3 | 17,9 | 9,0 | 13,2 | 15,4 | 7,3 | 10,7 | 12,5 | 6,2 | 9,1 | 10,7 |
|    | 0,12 | 10,2 | 14,9 | 17,5 | 10,1 | 14,9 | 17,4 | 7,0 | 10,3 | 12,1 | 7,0 | 10,3 | 12,0 |
|    | 0,14 | 9,9 | 14,5 | 17,0 | 11,3 | 16,5 | 19,3 | 6,8 | 9,9 | 11,6 | 7,7 | 11,3 | 13,2 |
| M8 | 0,08 | 19,5 | 28,7 | 33,6 | 18,5 | 27,2 | 31,8 | 13,8 | 20,3 | 23,8 | 13,1 | 19,2 | 22,5 |
|    | 0,10 | 19,1 | 28,0 | 32,8 | 21,3 | 31,8 | 37,2 | 13,4 | 19,7 | 23,1 | 15,2 | 22,3 | 26,1 |
|    | 0,12 | 18,6 | 27,3 | 32,0 | 24,6 | 36,1 | 42,2 | 13,0 | 19,1 | 22,3 | 17,1 | 25,2 | 29,5 |
|    | 0,14 | 18,1 | 26,6 | 31,1 | 27,3 | 40,1 | 46,9 | 12,5 | 18,4 | 21,5 | 18,9 | 27,8 | 32,5 |
| M8×1 | 0,08 | 21,2 | 31,1 | 36,4 | 19,3 | 28,4 | 33,2 | 15,5 | 22,7 | 26,6 | 14,1 | 20,7 | 24,3 |
|    | 0,10 | 20,7 | 30,4 | 35,6 | 22,8 | 33,5 | 39,2 | 15,0 | 22,1 | 25,8 | 16,6 | 24,3 | 28,5 |
|    | 0,12 | 20,2 | 29,7 | 34,7 | 26,1 | 38,3 | 44,9 | 14,6 | 21,4 | 25,1 | 18,8 | 27,7 | 32,4 |
|    | 0,14 | 19,7 | 28,9 | 33,9 | 29,2 | 42,8 | 50,1 | 14,1 | 20,7 | 24,3 | 20,9 | 30,7 | 35,9 |
| M10 | 0,08 | 31,0 | 45,6 | 53,3 | 35,9 | 52,7 | 61,7 | 22,1 | 32,5 | 38,0 | 25,6 | 37,6 | 44,0 |
|    | 0,10 | 30,3 | 44,5 | 52,1 | 42,1 | 61,8 | 72,3 | 21,5 | 31,5 | 36,9 | 29,8 | 43,7 | 51,2 |
|    | 0,12 | 29,6 | 43,4 | 50,8 | 47,8 | 70,2 | 82,2 | 20,8 | 30,5 | 35,7 | 33,6 | 49,4 | 57,8 |
|    | 0,14 | 28,8 | 42,3 | 49,5 | 53,2 | 78,1 | 91,3 | 20,1 | 29,5 | 34,6 | 37,1 | 54,5 | 63,8 |
| M10×1,25 | 0,08 | 33,1 | 48,6 | 56,8 | 37,2 | 54,6 | 63,9 | 24,2 | 35,5 | 41,5 | 27,2 | 39,9 | 46,7 |
|    | 0,10 | 32,4 | 47,5 | 55,6 | 43,9 | 64,5 | 75,4 | 23,5 | 34,4 | 40,4 | 31,9 | 46,8 | 54,8 |
|    | 0,12 | 31,6 | 46,4 | 54,3 | 50,2 | 73,7 | 86,2 | 22,8 | 33,5 | 39,2 | 36,2 | 53,2 | 62,2 |
|    | 0,14 | 30,8 | 45,2 | 53,0 | 56,0 | 82,3 | 96,3 | 22,1 | 32,4 | 37,9 | 40,2 | 59,0 | 69,0 |
| M12 | 0,08 | 45,2 | 66,3 | 77,6 | 62,7 | 92,0 | 108 | 32,3 | 47,5 | 55,6 | 44,9 | 65,9 | 77,1 |
|    | 0,10 | 44,1 | 64,9 | 75,9 | 73,5 | 108 | 126 | 31,4 | 46,1 | 54,0 | 52,3 | 76,8 | 89,8 |
|    | 0,12 | 43,1 | 63,3 | 74,1 | 83,6 | 123 | 144 | 30,4 | 44,7 | 52,3 | 59,1 | 86,8 | 102 |
|    | 0,14 | 41,9 | 61,6 | 72,1 | 93,1 | 137 | 160 | 29,4 | 43,1 | 50,6 | 65,3 | 95,9 | 112 |
| M12×1,25 | 0,08 | 50,1 | 73,6 | 86,2 | 66,3 | 97,4 | 114 | 37,3 | 54,8 | 64,1 | 49,4 | 72,5 | 84,8 |
|    | 0,10 | 49,1 | 72,1 | 84,4 | 78,8 | 116 | 135 | 36,4 | 53,4 | 62,5 | 52,3 | 85,6 | 100 |
|    | 0,12 | 48,0 | 70,5 | 82,5 | 90,5 | 133 | 155 | 35,3 | 51,9 | 60,7 | 66,6 | 97,8 | 114 |
|    | 0,14 | 46,8 | 68,8 | 80,5 | 101 | 149 | 174 | 34,2 | 50,3 | 58,9 | 74,2 | 109 | 127 |
| M14 | 0,08 | 62,0 | 91,0 | 106 | 99,6 | 146 | 171 | 44,5 | 65,3 | 76,4 | 71,5 | 105 | 123 |
|    | 0,10 | 60,6 | 88,9 | 104 | 117 | 172 | 201 | 43,2 | 63,4 | 74,2 | 83,4 | 122 | 143 |
|    | 0,12 | 59,1 | 86,7 | 101 | 133 | 195 | 229 | 41,8 | 61,4 | 71,9 | 94,3 | 138 | 162 |
|    | 0,14 | 57,5 | 84,4 | 98,8 | 148 | 218 | 255 | 40,4 | 59,4 | 69,5 | 104 | 153 | 179 |
| M16 | 0,08 | 84,7 | 124 | 145 | 153 | 224 | 262 | 61,8 | 90,8 | 106 | 111 | 164 | 191 |
|    | 0,10 | 82,9 | 122 | 142 | 180 | 264 | 309 | 60,1 | 88,3 | 103 | 131 | 192 | 225 |
|    | 0,12 | 80,9 | 119 | 139 | 206 | 302 | 354 | 58,3 | 85,7 | 100 | 148 | 218 | 255 |
|    | 0,14 | 78,8 | 116 | 135 | 230 | 338 | 395 | 56,5 | 82,9 | 97,0 | 165 | 242 | 283 |

**TB 8-14** (Fortsetzung)

| Regel- bzw. Feingewinde | $\mu g_{es}$ $= \mu_G$ $= \mu_K$ | Schaftschrauben | | | | | | Dehnschrauben ($d_T \approx 0{,}9\,d_3$) | | | | | |
|---|---|---|---|---|---|---|---|---|---|---|---|---|---|
| | | Spannkraft $F_{sp}$ in kN | | | Spannmoment $M_{sp}$ in Nm | | | Spannkraft $F_{sp}$ in kN | | | Spannmoment $M_{sp}$ in Nm | | |
| | | bei Festigkeitsklasse[2)] | | | | | | bei Festigkeitsklasse[2)] | | | | | |
| | | 8.8 | 10.9 | 12.9 | 8.8 | 10.9 | 12.9 | 8.8 | 10.9 | 12.9 | 8.8 | 10.9 | 12.9 |
| M16 × 1,5 | 0,08 | 91,4 | 134 | 157 | 159 | 233 | 273 | 68,6 | 101 | 118 | 119 | 175 | 205 |
| | 0,10 | 89,6 | 132 | 154 | 189 | 278 | 325 | 66,9 | 98,3 | 115 | 141 | 207 | 243 |
| | 0,12 | 87,6 | 129 | 151 | 218 | 320 | 374 | 65,1 | 95,6 | 112 | 162 | 238 | 278 |
| | 0,14 | 85,5 | 125 | 147 | 244 | 359 | 420 | 63,1 | 92,7 | 108 | 181 | 265 | 310 |
| M20 | 0,08 | 136 | 194 | 227 | 308 | 438 | 513 | 100 | 142 | 166 | 225 | 320 | 375 |
| | 0,10 | 134 | 190 | 223 | 363 | 517 | 605 | 97 | 138 | 162 | 264 | 376 | 440 |
| | 0,12 | 130 | 186 | 217 | 415 | 592 | 692 | 94 | 134 | 157 | 300 | 427 | 499 |
| | 0,14 | 127 | 181 | 212 | 464 | 661 | 773 | 91 | 130 | 152 | 332 | 473 | 554 |
| M20 × 1,5 | 0,08 | 154 | 219 | 257 | 327 | 466 | 545 | 117 | 167 | 196 | 249 | 355 | 416 |
| | 0,10 | 151 | 215 | 252 | 392 | 558 | 653 | 115 | 163 | 191 | 298 | 424 | 496 |
| | 0,12 | 148 | 211 | 246 | 454 | 646 | 756 | 112 | 159 | 186 | 342 | 488 | 571 |
| | 0,14 | 144 | 206 | 241 | 511 | 728 | 852 | 108 | 154 | 181 | 384 | 547 | 640 |
| M24 | 0,08 | 196 | 280 | 327 | 529 | 754 | 882 | 143 | 204 | 239 | 387 | 551 | 644 |
| | 0,10 | 192 | 274 | 320 | 625 | 890 | 1041 | 140 | 199 | 233 | 454 | 646 | 756 |
| | 0,12 | 188 | 267 | 313 | 714 | 1017 | 1190 | 135 | 193 | 226 | 515 | 734 | 859 |
| | 0,14 | 183 | 260 | 305 | 798 | 1136 | 1329 | 131 | 187 | 218 | 572 | 814 | 953 |
| M24 × 2 | 0,08 | 217 | 310 | 362 | 557 | 793 | 928 | 165 | 235 | 274 | 422 | 601 | 703 |
| | 0,10 | 213 | 304 | 355 | 666 | 949 | 1110 | 161 | 229 | 268 | 502 | 715 | 837 |
| | 0,12 | 209 | 297 | 348 | 769 | 1095 | 1282 | 156 | 223 | 261 | 576 | 821 | 961 |
| | 0,14 | 204 | 290 | 339 | 865 | 1232 | 1442 | 152 | 216 | 253 | 645 | 919 | 1075 |

[1)] Die Tabellenwerte gelten für eine 90%ige Ausnutzung der Mindestdehngrenze. Für andere Ausnutzungsgrade $v$ sind die Werte mit $v/0{,}9$ zu multiplizieren.
[2)] Für Schrauben anderer Festigkeitsklassen sind die Tabellenwerte im Verhältnis der Streck- bzw. 0,2%-Dehngrenzen proportional umzurechnen.

**TB 8-15**  Einschraublängen $l_e$ für Grundlochgewinde – Anhaltswerte nach Schraubenvademecum

| Werkstoff der Bauteile | | Mindest-Einschraublänge $l_e$ ohne Ansenkung bei Festigkeitsklasse der Schraube | | | | | |
|---|---|---|---|---|---|---|---|
| | | 8.8 | | 10.9 | | 12.9 | |
| | $R_m$ in N/mm² | $d/P < 9$ | $d/P \geq 10$ | $d/P < 9$ | $d/P \geq 10$ | $d/P < 9$ | |
| Stahl | > 360 | 1,0$d$ | 1,25$d$ | 1,25$d$ | 1,4$d$ | 1,4$d$ | |
| | > 500 | 0,9$d$ | 1,0$d$ | 1,0$d$ | 1,2$d$ | 1,2$d$ | |
| | > 800 | 0,8$d$ | 0,8$d$ | 0,9$d$ | 0,9$d$ | 1,0$d$ | |
| GJL 250 | > 220 | 1,0$d$ | 1,25$d$ | 1,25$d$ | 1,4$d$ | 1,4$d$ | |
| AlMg-Leg. | >180 | (2…2,5)$d$ | 1,4$d$ | 1,4$d$ | 1,6$d$ | – | |
| | >330 | 2,0$d$ | 1,4$d$ | 1,4$d$ | 1,6$d$ | – | |
| AlCuMg-Leg. | > 550 | 1,1$d$ | 1,4$d$ | 1,4$d$ | 1,6$d$ | – | |
| AlZnMgCu-Leg. | > 550 | 1,0$d$ | 1,4$d$ | 1,4$d$ | 1,6$d$ | – | |
| GMgAl9Zn1 | > 230 | (1,5…2)$d$ | 1,4$d$ | 1,4$d$ | 1,6$d$ | – | |

Normalgewinde: Gewindefeinheit $d/P < 9$; Feingewinde: Gewindefeinheit $d/P \geq 10$.

# Nord-Lock
Schraubensicherung ohne Kompromisse

Die Nord-Lock Keilsicherungstechnologie ist seit Jahrzehnten das bewährte Prinzip zur Sicherung von Schraubenverbindungen. Die original **Nord-Lock Keilsicherungsscheiben** sind nach DIN 25 201 ein rein mechanisches Befestigungselement, das Schraubenverbindungen durch Klemmkraft anstatt durch Reibung sichert. Die **Nord-Lock Keilsicherungsfederscheibe®** kombiniert erstmalig das Keilsicherungsprinzip mit einer Federwirkung.

## Das Funktionsprinzip

Die Keilsicherungsscheiben haben auf der Innenseite Keilflächen und auf der Außenseite Radialrippen. Der Winkel „α" der Keilflächen ist größer als die Gewindesteigung „β". Wenn die Schraube/Mutter angezogen wird, prägen sich die Radialrippen formschlüssig in die Gegenauflage ein. Das Scheibenpaar sitzt fest an seinem Platz und Bewegungen sind nur noch zwischen den aufeinanderliegenden Keilflächen möglich. Schon bei geringster Drehung in Löserichtung erfolgt aufgrund der Keilwirkung eine Erhöhung der Klemmkraft – die Schraube sichert sich somit selbst.
Direkt nach dem Anziehen setzt sich die Schraubenverbindung. Diese Setzerscheinungen werden durch die Federwirkung der **Nord-Lock Keilsicherungsfederscheiben®** ausgeglichen.
Der Federeffekt (Fs) wirkt den Setzerscheinungen (L) der Schraubenverbindung entgegen und dadurch wird ein Verlust der Klemmkraft in der Schraubenverbindung verhindert. Die Nord-Lock Keilsicherungsfederscheiben bieten somit eine effektive Sicherung gegen Lösen bei Vibrationen und dynamischen Belastungen und gegen Lockern aufgrund von Setzerscheinungen und Relaxation.

 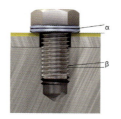  

### Die Vorteile

- Maximale Sicherheit für Schraubenverbindungen
- Sicherung durch Klemmkraft anstatt durch Reibung
- Erhalt der Klemmkraft bei Vibrationen, dynamischen Belastungen, Setzerscheinungen und Relaxation
- Sicherungsfunktion auch bei Schmierung
- Schnelle und einfache Montage/Demontage
- Sicherungsfunktion bei hohen und niedrigen Vorspannkräften gewährleistet
- Gleicher Temperatureinsatz wie Schraube/Mutter

Nord-Lock GmbH
Tel +49 7363 9660 0
info@nord-lock.de
www.nord-lock.de

**TB 8-16** Funktion/Wirksamkeit von Schraubensicherungen bei hochfesten Schrauben (nach VDI 2230)

| Ursache des Lösens | Elemente/ Wirkprinzip | Funktion | Beispiele (TB 8-5 bis TB 8-8) Wirksamkeit |
|---|---|---|---|
| Lockern durch Setzen und/oder Relaxation | mitverspannte federnde Elemente | teilweise Kompensation von Setz- und Relaxationsverlusten | Tellerfedern<br>Spannscheiben DIN 6796 und DIN 6908<br>Kombischrauben DIN EN ISO 10644<br>Schraubensicherung bei hochfesten Schrauben<br>Kombimuttern<br>Federringe, Federscheiben, Zahnscheiben, Fächerscheiben – Normen zurückgezogen wegen Unwirksamkeit |
| Losdrehen durch Aufhebung der Selbsthemmung | formschlüssige Elemente | Verliersicherung | Kronenmuttern DIN 935 und DIN 979 (Schrauben nach dem Verspannen bohren und mit Splint sichern) – bei schwingender Querbelastung unwirksam<br>Drahtsicherung (Mutter mit Schraube nach dem Verspannen durchbohren und mit Draht sichern) – unwirksam bei hochfesten Schrauben<br>Sicherungsbleche – unwirksam bei hochfesten Schrauben |
| | klemmende Elemente | | Ganzmetallmuttern mit Klemmteil DIN EN ISO 7042, 7719, 10513, DIN EN 1664 und 1667<br>Muttern mit Kunststoffeinsatz[1] DIN EN ISO 7040, 10511, 10512, DIN EN 1663 und 1666<br>Schrauben mit klemmender Beschichtung nach DIN 267-28<br>gewindefurchende Schrauben DIN 7500 |
| | sperrende Elemente | Losdrehsicherung | Keilsicherungsscheiben, SC-Keilsicherungsscheiben[2]<br>Flanschschrauben und -muttern mit Verzahnung/Verrippung[2]<br>Sperrkantscheiben[2] |
| | stoffschlüssige lemente | | mikroverkapselte Schrauben nach DIN 267-27[1]<br>Flüssig-Klebstoff[1] |
| Lockern und Losdrehen | sperrende und federnde Elemente | Losdrehsicherung mit Setzkompensation | Keilsicherungsfederscheiben[2] |

[1] Temperaturabhängigkeit beachten.
[2] Wirksamkeit nur bis zu bestimmten Oberflächenhärten, siehe Herstellerangaben.

**TB 8-17** Beiwerte $\alpha_b$ und $k_1$ zur Ermittlung der Lochleibungstragfähigkeit im Stahl- und Aluminiumbau (EC3 und EC9)

| Beiwert | Innere Schrauben (Nieten) | Randschrauben (-niet) | jedoch |
|---|---|---|---|
| in Kraftrichtung | $\alpha_b = \dfrac{p_1}{3 \cdot d_0} - \dfrac{1}{4}$<br><br>für $p_1 \geq 2{,}2\,d_0$ | $\alpha_b = \dfrac{e_1}{3 \cdot d_0}$<br><br>für $e_1 \geq 1{,}2\,d_0$ | $\alpha_b \leq R_{mS}/R_m$ [1)]<br><br>und $\alpha_b \leq 1$ |
| senkrecht zur Kraftrichtung | $k_1 = 1{,}4 \cdot \dfrac{p_2}{d_0} - 1{,}7$<br><br>empfohlen: $p_2 \geq 3{,}0\,d_0$<br>interpolieren wenn:<br>$2{,}4d \leq p_2 < 3{,}0\,d_0$ | $k_1 = \min \begin{cases} 2{,}8 \cdot \dfrac{e_2}{d_0} - 1{,}7 \\ 1{,}4 \cdot \dfrac{p_2}{d_0} - 1{,}7 \end{cases}$<br><br>empfohlen: $e_2 \geq 1{,}5\,d_0$<br>interpolieren wenn:<br>$1{,}2d \leq e_2 < 1{,}5\,d_0$ | $k_1 \leq 2{,}5$ |

Rand- und Lochabstände $e_1$, $e_2$, $p_1$ und $p_2$ siehe TB 7-2
$d_0$ Lochdurchmesser
[1)] $R_{mS} \triangleq R_{mNiet}$ bei Nietverbindungen

**TB 8-18** Richtwerte für die zulässige Flächenpressung $p_{zul}$ bei Bewegungsschrauben

| Gleitpartner (Werkstoff) | | $p_{zul}$ [3)] |
|---|---|---|
| Schraube (Spindel) | Mutter | in N/mm² |
| Stahl<br>(z. B. C15, 35S20, E295) | Gusseisen<br>GS, GJMW<br>CuSn- und CuAl-Leg.<br>Stahl (z. B. C35)<br>Kunststoff „Turcite-A"[1)]<br>Kunststoff „Nylatron"[2)] | 3…7<br>5…10<br>10…20<br>10…15<br>5…15<br>…55 |
| CuSn- und CuAl-Legierung | Stahl (z. B. C35) | 10…20 |

[1)] Hersteller: Busak + Luyken, Stuttgart-Vaihingen.
[2)] Gusspolyamid mit $MoS_2$. Hersteller: Neff Gewindespindeln GmbH, Waldenbuch.
[1) 2)] wartungs- und geräuscharm, kein Spindelverschleiß, stick-slip-frei.
[3)] Hohe Werte bei aussetzendem Betrieb, hoher Festigkeit der Gleitpartner und niedriger Gleitgeschwindigkeit. Bei seltener Betätigung (z. B. Schieber) bis doppelte Werte.

# Bolzen-, Stiftverbindungen und Sicherungselemente

# 9

**TB 9-1** Richtwerte für die zulässige mittlere Flächenpressung (Lagerdruck) $p_{zul}$ bei niedrigen Gleitgeschwindigkeiten (z. B. Gelenke, Drehpunkte)
$p_{zul}$ wird durch die Verschleißrate des Lagerwerkstoffes bestimmt. ( )-Werte gelten für kurzzeitige Lastspitzen
Bei Schwellbelastung gelten die 0,7-fachen Werte.

| Zeile | Gleitpartner (Lager-/Bolzenwerkstoff)[1] | $p_{zul}$ in N/mm² |
|---|---|---|
|  | *bei Trockenlauf (wartungsfrei):* |  |
| 1 | PTFE Composite[2]/St | 80 (250) |
| 2 | iglidur X[3]/St gehärtet | 150 |
| 3 | iglidur G[3]/St gehärtet | 80 |
| 4 | DU-Lager[4]/St | 60 (140) |
| 5 | Sinterbronze mit Festschmierstoff/St | 80 |
| 6 | Verbundlager (Laufschicht PTFE)/St | 30 (150) |
| 7 | PA oder POM/St | 20 |
| 8 | PE/St | 10 |
| 9 | Sintereisen, ölgetränkt (Sint-B20)/St | 8 |
|  | *bei Fremdschmierung:* |  |
| 10 | Tokatbronze[5]/St | 100 |
| 11 | St gehärtet/St gehärtet | 25 |
| 12 | Cu-Sn-Pb-Legierung/St gehärtet | 40 (100) |
| 13 | Cu-Sn-Pb-Legierung/St | 20 |
| 14 | GG/St | 5 |
| 15 | Pb-Sn-Legierung/St | 3 (20) |

[1] Harte und geschliffene Bolzenoberfläche ($Ra \approx 0,4$ μm) günstig.
[2] Kunststoffbeschichteter Stahlrücken. Hersteller: SKF.
[3] Thermoplastische Legierung mit Fasern und Festschmierstoffen. Hersteller: igus GmbH, Bergisch Gladbach
[4] Auf Stahlrücken (Buchse, Band) aufgesinterte Zinnbronzeschicht, deren Hohlräume mit PTFE und Pb gefüllt sind. Hersteller: Karl Schmidt GmbH, Neckarsulm.
[5] Mit Bleibronze beschichteter Stahl. Hersteller: Kugler Bimetal, Le Lignon/Genf.

© Springer-Verlag GmbH Deutschland, ein Teil von Springer Nature 2019
H. Wittel, C. Spura, D. Jannasch, J. Voßiek, *Roloff/Matek Maschinenelemente*,
https://doi.org/10.1007/978-3-658-26280-8_33

**TB 9-2** Bolzen nach DIN EN 22340 (ISO 2340), DIN EN 22341 (ISO 2341) und DIN 1445, Lehrbuch Bild 9.1 (Auswahl)
Maße in mm

| $d_1$ | h11 | 5 | 6 | 8 | 10 | 12 | 16 | 20 | 24 | 30 | 36 | 40 | 50 | 60 |
|---|---|---|---|---|---|---|---|---|---|---|---|---|---|---|
| $d_2$ | h14 | 8 | 10 | 14 | 18 | 20 | 25 | 30 | 36 | 44 | 50 | 55 | 66 | 78 |
| $d_3$ | H13 | 1,2 | 1,6 | 2 | 3,2 | 3,2 | 4 | 5 | 6,3 | 8 | 8 | 8 | 10 | 10 |
| $d_4$ | Hilfsmaß | – | – | M6 | M8 | M10 | M12 | M16 | M20 | M24 | M27 | M30 | M36 | M42 |
| $b$ min. | | – | – | 11 | 14 | 17 | 20 | 25 | 29 | 36 | 39 | 42 | 49 | 58 |
| $k$ | js14 | 1,6 | 2 | 3 | 4 | 4 | 4,5 | 5 | 6 | 8 | 8 | 8 | 9 | 12 |
| $w$ | | 2,9 | 3,2 | 3,5 | 4,5 | 5,5 | 6 | 8 | 9 | 10 | 10 | 10 | 12 | 14 |
| $z_1$ max. | | 2 | 2 | 2 | 2 | 3 | 3 | 4 | 4 | 4 | 4 | 4 | 4 | 6 |
| $SW$ | | – | – | 11 | 13 | 17 | 22 | 27 | 32 | 36 | 46 | 50 | 60 | 70 |
| Splint DIN EN ISO 1234 | | 1,2×10 | 1,6×12 | 2×14 | 3,2×18 | 3,2×20 | 4×25 | 5×32 | 6,3×36 | 8×45 | 8×50 | 8×56 | 10×71 | 10×80 |
| Scheibe DIN EN 28738 | $s$ | 1 | 1,6 | 2 | 2,5 | 3 | 3 | 4 | 4 | 5 | 6 | 6 | 8 | 10 |
| | $d_5$ | 10 | 12 | 15 | 18 | 20 | 24 | 30 | 37 | 44 | 50 | 56 | 66 | 78 |
| Federstecker $d_4$ DIN 11024 | | – | 2,5 | 3,2 | 4 | 4 | 5 | 6,3 | 7 | 7 | 8 | 8 | – | – |

Bolzen mit $d_1$ 3 4 14 18 22 27 33 45 55 70 80 90 100 siehe Normen.
Die handelsüblichen Längen $l_1$ liegen zwischen $2d_1$ und $10d_1$.
Längen über 200 mm sind von 20 mm zu 20 mm zu stufen.
Stufung der Länge $l_1$: 6 8 10 12 14 16 18 20 22 24 26 28 30 32 35 40 45 50 55 60 65 70 75 80 85 90 95 100 120 140 160 180 200.
Kopfanfasung $z_2 \times 45°$ mit $z_2 \approx z_1/2$. Übergangsradius $r$: 0,6 mm bis $d_1 = 16$ mm, 1 mm ab $d_1 = 18$ mm.
Bei Bolzen der Form B mit Spintlöchern errechnet sich die Gesamtlänge aus der Klemmlänge $l_k$ z. B. nach Bild 9-1b: $l_1 = l_k + 2(s + w) + d_3$. Das so errechnete Kleinstmaß $l_1$ ist möglichst auf die nächstgrößere Länge $l_1$ der Tabelle aufzurunden. Sollte sich hierdurch eine konstruktiv nicht vertretbare zu große Klemmlänge $l_k$ ergeben, so ist der erforderliche Splintabstand $l_2 = l_k + 2s + d_3$ in der Bezeichnung anzugeben.
*Bezeichnung* eines Bolzens ohne Kopf, Form B, mit Nenndurchmesser $d_1 = 16$ mm und Nennlänge $l_1 = 55$ mm, mit verringertem Splintlochabstand $l_2 = 40$ mm, aus Automatenstahl (St): Bolzen ISO 2340–B–16×55×40–St.
Bei Bolzen mit Gewindezapfen errechnet sich die Länge $l_1$ aus der Klemmlänge $l_3$ plus Zapfenlänge $b$. Die so ermittelte Länge $l_1$ ist auf den nächstgrößeren Tabellenwert aufzurunden. Die Zapfenlänge $b$ vergrößert sich dann entsprechend.
*Bezeichnung* eines Bolzens mit Kopf und Gewindezapfen DIN 1445 von Durchmesser $d_1 = 30$ mm, mit Toleranzfeld h11, Klemmlänge $l_3 = 63$ mm und (genormter) Länge $l_1 = 100$ mm, aus Automatenstahl (St): Bolzen DIN 1445–30h11×63×100–St.

**TB 9-3** Abmessungen in mm von ungehärteten Zylinderstiften DIN EN ISO 2338 (Auswahl). Lehrbuch Bild 9.6a

| $d$ m6/h8 | 1,5 | 2 | 2,5 | 3 | 4 | 5 | 6 | 8 | 10 | 12 | 16 | 20 | 25 | 30 | 40 | 50 |
|---|---|---|---|---|---|---|---|---|---|---|---|---|---|---|---|---|
| $c \approx$ | 0,3 | 0,35 | 0,4 | 0,5 | 0,63 | 0,8 | 1,2 | 1,6 | 2 | 2,5 | 3 | 3,5 | 4 | 5 | 6,3 | 8 |
| $l$ von | 4 | 6 | 6 | 8 | 8 | 10 | 12 | 14 | 16 | 22 | 26 | 35 | 50 | 60 | 80 | 95 |
| $l$ bis | 16 | 20 | 24 | 30 | 40 | 50 | 60 | 80 | 95 | 140 | 180 | 200 | 200 | 200 | 200 | 200 |

*Stufung* der Länge $l$: 4 5 6 bis 32 Stufung 2 mm, 35 bis 95 Stufung 5 mm, 100 bis 200 und darüber Stufung 20 mm
*Werkstoff*: St = Stahl mit Härte 125 HV30 bis 245 HV30
A1 = austenitischer nichtrostender Stahl (Härte 210 HV30 bis 280 HV30)
*Oberflächenbeschaffenheit*: blank, falls nichts anderes vereinbart.
*Bezeichnung* eines ungehärteten Zylinderstiftes aus austenitischem nichtrostendem Stahl der Sorte A1, mit Nenndurchmesser $d$ = 12 mm, Toleranzklasse h8 und Nennlänge $l$ = 40 mm: Zylinderstift ISO 2338-12h8 × 40-A1.

**TB 9-4** Mindest-Abscherkraft in kN für zweischnittige Stiftverbindungen (Scherversuch nach DIN EN 28749, Höchstbelastung bis zum Bruch)

| Stiftart | \multicolumn{11}{c}{Stiftdurchmesser $d$ in mm} |
|---|---|---|---|---|---|---|---|---|---|---|---|
| | 1,5 | 2 | 2,5 | 3 | 4 | 5 | 6 | 8 | 10 | 12 | 16 | 20 | 25 |
| Zylinderkerbstifte DIN EN ISO 8740 Stahl (Härte 125 bis 245 HV30) | 1,6 | 2,84 | 4,4 | 6,4 | 11,3 | 17,6 | 25,4 | 45,2 | 70,4 | 101,8 | 181 | 283 | 444 |
| Spannstifte (-hülsen) leichte Ausführung DIN EN ISO 13337[1] | | 1,5 | 2,4 | 3,5 | 8 | 10,4 | 18 | 24 | 40 | 48 | 98 | 158 | 202 |
| Spannstifte (-hülsen) schwere Ausführung DIN EN ISO 8752[1] | 1,58 | 2,82 | 4,38 | 6,32 | 11,24 | 17,54 | 26,04 | 42,76 | 70,16 | 104,1 | 171 | 280,6 | 438,5 |
| Spiralspannstifte Regelausführung DIN EN ISO 8750[1] | 1,45 | 2,5 | 3,9 | 5,5 | 9,6 | 15 | 22 | 39 | 62 | 89 | 155 | 250 | |

[1] Werkstoff: Stahl und martensitischer nichtrostender Stahl, gehärtet.

**TB 9-5** Pass- und Stützscheiben DIN 988 (Auswahl); Abmessungen in mm, Maßbild 9.11c

| Lochdurchmesser $d_1$ (D12) | 13 | 14 | 15 | 16 | 17 | 18 | 19 | 20 | 22 | 22 | 25 | 25 | 26 | 28 | 30 | 32 | 35 | 36 | 37 | 40 | 42 |
|---|---|---|---|---|---|---|---|---|---|---|---|---|---|---|---|---|---|---|---|---|---|
| Außendurchmesser $d_2$ (d12) | 19 | 20 | 21 | 22 | 24 | 25 | 26 | 28 | 30 | 32 | 35 | 36 | 37 | 40 | 42 | 45 | 45 | 45 | 47 | 50 | 52 |
| Dicke $s$ der Stützscheibe[1] | \multicolumn{7}{c|}{1,5–0,05} | \multicolumn{7}{c|}{2–0,05} | \multicolumn{7}{c|}{2,5–0,05} |

| Lochdurchmesser $d_1$ (D12) | 45 | 45 | 48 | 50 | 50 | 52 | 55 | 55 | 56 | 60 | 63 | 65 | 70 | 75 | 80 | 85 | 90 | 95 | 100 | 100 | 105 |
|---|---|---|---|---|---|---|---|---|---|---|---|---|---|---|---|---|---|---|---|---|---|
| Außendurchmesser $d_2$ (d12) | 55 | 56 | 60 | 62 | 63 | 65 | 68 | 70 | 72 | 75 | 80 | 85 | 90 | 95 | 100 | 105 | 110 | 115 | 120 | 125 | 130 |
| Dicke $s$ der Stützscheibe[1] | \multicolumn{10}{c|}{3–0,06} | \multicolumn{11}{c|}{3,5–0,06} |

Pass- und Stützscheiben von $d_1$ = 3 bis 12 und 110 bis 170 s. Norm.
[1] Dicke $s$ der Passscheiben für alle Durchmesser: 0,1 0,15 0,2 0,3 0,5 1,0 1,1 1,2 1,3 1,4 1,5 1,6 1,7 1,8 1,9 2,0
Toleranzen der Passscheiben: –0,03 für $s$ = 0,1 und 0,15; –0,04 für $s$ = 0,2 und –0,05 für $s \geq 0{,}3$.
*Bezeichnung* einer Passscheibe mit Lochdurchmesser $d_1$ = 30 mm, Außendurchmesser $d_2$ = 42 mm und Dicke $s$ = 1,2 mm: Passscheibe DIN 988 – 30 × 42 × 1,2.
*Bezeichnung* einer Stützscheibe (S) mit Lochdurchmesser $d_1$ = 30 mm, Außendurchmesser $d_2$ = 42 mm: Stützscheibe DIN 988 – S 30 × 42.

**TB 9-6** Achshalter nach DIN 15058 (Auswahl), Maßbild 9-16. Maße in mm

| Breite × Dicke | $a \times b$ | 20 × 5 | | | | | | 25 × 6 | | | | | 30 × 8 | | | | |
|---|---|---|---|---|---|---|---|---|---|---|---|---|---|---|---|---|---|
| Achsdurchmesser | $d_2$ | 18 | 20 | 22 | 25 | 28 | (30) | 32 | (35) | 36 | 40 | 45 | 50 | (55) | 56 | (60) | 63 |
| Länge | $c_1$ | 60 | | | | | | 80 | | | | | 100 | | | | |
| Lochabstand | $c_2$ | 36 | | | | | | 50 | | | | | 70 | | | | |
| Lochdurchmesser | $d_1$ | 9 (M8) | | | | | | 11 (M10) | | | | | 13,5 (M12) | | | | |
| Abstand | $f$ | 16 | 16 | 17 | 18 | 22 | 22 | 23 | 24 | 24 | 26 | 31 | 33 | 35 | 35 | 36 | 37 |
| Nuttiefe | $g$ | 3 | 4 | 4 | 4,5 | 4,5 | 5,5 | 5,5 | 6 | 6,5 | 6,5 | 6,5 | 7 | 7,5 | 8 | 9 | 9,5 |
| Überstand | $h$ | 10 | | | | | | 12 | | | | | 16 | | | | |

Eingeklammerte Größen möglichst vermeiden.

**TB 9-7** Sicherungsringe und -scheiben für Wellen und Bohrungen (Auswahl); Abmessungen in mm

Sicherungsringe für Wellen (Regelausführung) DIN 471

| Wellendurchmesser $d_1$ | Ring | | Nut[8] | | | Tragfähigkeit | |
|---|---|---|---|---|---|---|---|
| | $s$[3] | $a$ max | $d_2$[4] H13 | $m$ | $n$ min | Nut $F_N$[6] kN | Ring $F_R$[7] kN |
| 6 | 0,7 | 2,7 | 5,7 | 0,8 | 0,5 | 0,46 | 1,45 |
| 8 | 0,8 | 3,2 | 7,6 | 0,9 | 0,6 | 0,81 | 3,0 |
| 10 | 1 | 3,3 | 9,6 | 1,1 | 0,6 | 1,01 | 4,0 |
| 12 | 1 | 3,3 | 11,5 | 1,1 | 0,8 | 1,53 | 5,0 |
| 15 | 1 | 3,6 | 14,3 | 1,1 | 1,1 | 2,66 | 6,9 |
| 17 | 1 | 3,8 | 16,2 | 1,1 | 1,2 | 3,46 | 8 |
| 20 | 1,2 | 4 | 19 | 1,3 | 1,5 | 5,06 | 17,1 |
| 25 | 1,2 | 4,4 | 23,9 | 1,3 | 1,7 | 7,05 | 16,2 |
| 30 | 1,5 | 5 | 28,6 | 1,6 | 2,1 | 10,73 | 32,1 |
| 35 | 1,5 | 5,6 | 33 | 1,6 | 3 | 17,8 | 30,8 |
| 40 | 1,75 | 6 | 37,5 | 1,85 | 3,8 | 25,3 | 51,0 |
| 45 | 1,75 | 6,7 | 42,5 | 1,85 | 3,8 | 28,6 | 49,0 |
| 50 | 2 | 6,9 | 47 | 2,15 | 4,5 | 38,0 | 73,3 |
| 55 | 2 | 7,2 | 52 | 2,15 | 4,5 | 42,0 | 71,4 |
| 60 | 2 | 7,4 | 57 | 2,15 | 4,5 | 46,0 | 69,2 |
| 65 | 2,5 | 7,8 | 62 | 2,65 | 4,5 | 49,8 | 135,6 |
| 70 | 2,5 | 8,1 | 67 | 2,65 | 4,5 | 53,8 | 134,2 |
| 75 | 2,5 | 8,4 | 72 | 2,65 | 4,5 | 57,6 | 130,0 |
| 80 | 2,5 | 8,6 | 76,5 | 2,65 | 5,3 | 71,6 | 128,4 |
| 85 | 3 | 8,7 | 81,5 | 3,15 | 5,3 | 76,2 | 215,4 |
| 90 | 3 | 8,8 | 86,5 | 3,15 | 5,3 | 80,8 | 217,2 |
| 95 | 3 | 9,4 | 91,5 | 3,15 | 5,3 | 85,5 | 212,2 |
| 100 | 3 | 9,6 | 96,5 | 3,15 | 5,3 | 90,0 | 206,4 |
| 105 | 4 | 9,9 | 101 | 4,15 | 6 | 107,6 | 471,8 |
| 110 | 4 | 10,1 | 106 | 4,15 | 6 | 113,0 | 457,0 |
| 120 | 4 | 11 | 116 | 4,15 | 6 | 123,5 | 424,6 |
| 130 | 4 | 11,6 | 126 | 4,15 | 6 | 134,0 | 395,5 |
| 140 | 4 | 12 | 136 | 4,15 | 6 | 144,5 | 376,5 |
| 150 | 4 | 13 | 145 | 4,15 | 7,5 | 193,0 | 357,5 |

# BENZING

Original

BENZING Sicherungsscheibe
DIN 6799

Sicherungsringe I Systemtechnik I Stanzteile
Feinstanzteile I Ventile I Drahtbiegeteile
Formfedern I Dreh-/Frästeile I Druckgussteile

HUGO BENZING GMBH & CO. KG  I  D-70401 Stuttgart
Phone +49 (0) 711.80006 - 0    I    www.hugobenzing.de

Bolzen-, Stiftverbindungen und Sicherungselemente

**TB 9-7** (Fortsetzung)

Sicherungsringe für Bohrungen (Regelausführung) DIN 472

| Bohrungs-durch-messer $d_1$ | Ring $s^{3)}$ | Ring $a$ max | Nut[8)] $d_2{}^{5)}$ | Nut[8)] $m$ H13 | Nut[8)] $n$ min | Tragfähigkeit Nut $F_N{}^{6)}$ kN | Tragfähigkeit Ring $F_R{}^{7)}$ kN |
|---|---|---|---|---|---|---|---|
| 16 | 1 | 3,8 | 16,8 | 1,1 | 1,2 | 3,4 | 5,5 |
| 19 | 1 | 4,1 | 20 | 1,1 | 1,5 | 5,1 | 6,8 |
| 22 | 1 | 4,2 | 23 | 1,1 | 1,5 | 5,9 | 8,0 |
| 24 | 1,2 | 4,4 | 25,2 | 1,3 | 1,8 | 7,7 | 13,9 |
| 26 | 1,2 | 4,7 | 27,2 | 1,3 | 1,8 | 8,4 | 13,85 |
| 28 | 1,2 | 4,8 | 29,4 | 1,3 | 2,1 | 10,5 | 13,3 |
| 32 | 1,2 | 5,4 | 33,7 | 1,3 | 2,6 | 14,6 | 13,8 |
| 35 | 1,5 | 5,4 | 37 | 1,6 | 3 | 18,8 | 26,9 |
| 40 | 1,75 | 5,8 | 42,5 | 1,85 | 3,8 | 27,0 | 44,6 |
| 42 | 1,75 | 5,9 | 44,5 | 1,85 | 3,8 | 28,4 | 44,7 |
| 47 | 1,75 | 6,4 | 49,5 | 1,85 | 3,8 | 31,4 | 43,5 |
| 52 | 2 | 6,7 | 55 | 2,15 | 4,5 | 42,0 | 60,3 |
| 55 | 2 | 6,8 | 58 | 2,15 | 4,5 | 44,4 | 60,3 |
| 62 | 2 | 7,3 | 65 | 2,15 | 4,5 | 49,8 | 60,9 |
| 68 | 2,5 | 7,8 | 71 | 2,65 | 4,5 | 54,5 | 121,5 |
| 72 | 2,5 | 7,8 | 75 | 2,65 | 4,5 | 58 | 119,2 |
| 75 | 2,5 | 7,8 | 78 | 2,65 | 4,5 | 60 | 118 |
| 80 | 2,5 | 8,5 | 83,5 | 2,65 | 5,3 | 74,6 | 120,9 |
| 85 | 3 | 8,6 | 88,5 | 3,15 | 5,3 | 79,5 | 201,4 |
| 90 | 3 | 8,6 | 93,5 | 3,15 | 5,3 | 84 | 199 |
| 95 | 3 | 8,8 | 98,5 | 3,15 | 5,3 | 88,6 | 195 |
| 100 | 3 | 9,2 | 103,5 | 3,15 | 5,3 | 93,1 | 188 |
| 110 | 4 | 10,4 | 114 | 4,15 | 6 | 117 | 415 |
| 120 | 4 | 11 | 124 | 4,15 | 6 | 127 | 396 |
| 130 | 4 | 11 | 134 | 4,15 | 6 | 138 | 374 |
| 140 | 4 | 11,2 | 144 | 4,15 | 6 | 148 | 350 |
| 150 | 4 | 12 | 155 | 4,15 | 7,5 | 191 | 326 |
| 160 | 4 | 13 | 165 | 4,15 | 7,5 | 212 | 321 |
| 170 | 4 | 13,5 | 175 | 4,15 | 7,5 | 225 | 349 |

DIN 471 umfasst Ringe von $d_1 = 3$ bis 300 mm in der Regelausführung und von $d_1 = 15$ bis 100 mm in der schweren Ausführung.
Bei Umfangsgeschwindigkeiten der Wellen bis ∅ 100 mm ≤ 22 m/s und ∅ >100 mm ≤ 15 m/s ist das Aufspreizen der Ringe für Wellen nicht zu befürchten. Genaue Ablösedrehzahlen siehe Norm.
DIN 472 umfasst Ringe von $d_1 = 8$ bis 300 mm in der Regelausführung und von $d_1 = 20$ bis 100 mm in der schweren Ausführung.
*Bezeichnung* eines Sicherungsringes für Wellendurchmesser $d_1 = 30$ mm und Ringdicke $s = 1{,}5$ mm: Sicherungsring DIN 471 – 30 × 1,5.
Sicherungsringe werden im Regelfall phosphatiert und geölt (lfd. Nr. 1) oder brüniert und geölt (lfd. Nr. 2) geliefert (nach Wahl des Herstellers).
Bezeichnung des Ringes mit phosphatiertem Überzug (lfd. Nr. 1): Sicherungsring DIN 471 – 30 × 1,5 – 1.
Für galvanische Überzüge gelten die Kurzzeichen nach DIN EN ISO 4042.
Bezeichnung des Ringes mit einem Überzug aus Zink (A), Schichtdicke 10 μm (9), keine Farbe (J): Sicherungsring DIN 471 – 30 × 1,5 – A9J.

## TB 9-7 (Fortsetzung)

### Sicherungsscheiben für Wellen DIN 6799

| ungespannt / gespannt | Wellendurchmesserbereich $d_1$ | | Sicherungsscheibe | | | Nut[8] | | | Tragfähigkeit | |
|---|---|---|---|---|---|---|---|---|---|---|
| | | | $s$[9] | $a$ | $d_3$ | $d_2$ h11 Nennmaß | $m$ | $n$ | Nut $F_N$[6] | Scheibe $F_S$[7] |
| | von | bis | | | max | | | min | kN | kN |
| | 6 | 8 | 0,7 | 4,11 | 11,3 | 5 | 0,74 | 1,2 | 0,90 | 1,15 |
| | 7 | 9 | 0,7 | 5,26 | 12,3 | 6 | 0,74 | 1,2 | 1,10 | 1,35 |
| | 8 | 11 | 0,9 | 5,84 | 14,3 | 7 | 0,94 | 1,5 | 1,25 | 1,80 |
| | 9 | 12 | 1,0 | 6,52 | 16,3 | 8 | 1,05 | 1,8 | 1,42 | 2,50 |
| | 10 | 14 | 1,1 | 7,63 | 18,8 | 9 | 1,15 | 2,0 | 1,60 | 3,00 |
| | 11 | 15 | 1,2 | 8,32 | 20,4 | 10 | 1,25 | 2,0 | 1,70 | 3,50 |
| | 13 | 18 | 1,3 | 10,45 | 23,4 | 12 | 1,35 | 2,5 | 3,10 | 4,70 |
| | 16 | 24 | 1,5 | 12,61 | 29,4 | 15 | 1,55 | 3,0 | 7,00 | 7,80 |
| | 20 | 31 | 1,75 | 15,92 | 37,6 | 19 | 1,80 | 3,5 | 10,00 | 11,00 |
| | 25 | 38 | 2,0 | 21,88 | 44,6 | 24 | 2,05 | 4,0 | 13,00 | 15,00 |
| | 32 | 42 | 2,5 | 25,8 | 52,6 | 30 | 2,55 | 4,5 | 16,50 | 23,00 |

Weitere Größen $d_2 < 5$ mm s. Norm. Bei Umfangsgeschwindigkeit $v > 12$ m/s Gefahr des Ablösens durch Fliehkrafteinwirkung. Ablösedrehzahl s. Norm.

*Bezeichnung* einer Sicherungsscheibe für Nutdurchmesser (Nennmaß) $d_2 = 15$ mm: Sicherungsscheibe DIN 6799-15.

[1] $d_4 = d_1 + 2{,}1a$.
[2] $d_4 = d_1 - 2{,}1a$.
[3]

| Dicke $s$ | ≤0,8 | 1…1,75 | 2…2,5 | 3 | 4 |
|---|---|---|---|---|---|
| zul. Abw. | –0,05 | –0,06 | –0,07 | –0,08 | –0,1 |

[4]

| Nutdurchm. $d_2$ | ≤9,6 | 10,5…21 | 22,9…96,5 | ≥101 |
|---|---|---|---|---|
| Toleranzklasse | h10 | h11 | h12 | h13 |

[5]

| Nutdurchm. $d_2$ | ≤23 | 25,2…103,5 | ≥106 |
|---|---|---|---|
| Toleranzklasse | H11 | H12 | –H13 |

[6] Tragfähigkeit der Nut bei $R_{eL} = 200$ N/mm² ohne Sicherheit gegen Fließen und Dauerbruch. Bei stat. Belastung 2fache Sicherheit gegen Bruch. Für abweichende Nuttiefen $t'$ und Streckgrenzen $R'_{eL}$ gilt:
$$F'_N = F_N \cdot \frac{t'}{t} \cdot \frac{R'_{eL}}{200}.$$ Bei Sicherungsscheiben $\frac{d_1 - d_2}{d'_1 - d_2}$ statt $\frac{t}{t'}$.

[7] Tragfähigkeit des Sicherungsringes bei scharfkantiger Anlage der andrückenden Teile. Stark verringerte Tragfähigkeit bei Kantenabstand (Fase) siehe Norm.

[8] Die Ausrundung $r$ des Nutgrundes darf auf der Lastseite maximal 0,1 s betragen. Bewährte Nutausführungen s. Bild 9.12.

[9] zul. Abweichung: $s \leq 0{,}9$: ±0,02, $s \geq 1{,}0$: ±0,03.

# Elastische Federn 10

**TB 10-1** Festigkeitswerte von Federwerkstoffen in N/mm² (Auswahl)

| Federart | Werkstoff und Behandlungszustand | E-Modul G-Modul[1] | statische Festigkeitswerte | dynamische Festigkeitswerte |
|---|---|---|---|---|
| Blattfedern | Federstahl, warmgewalzt DIN EN 10089 | E=206 000 G=78500 | $\sigma_{bzul} = 0{,}7\,R_m$ $R_m$ s. TB 10-5 | nach Hersteller-angaben |
|  | Stahlbänder für Federn, kaltgewalzt DIN EN 10132-4 | E=206 000 G=78000 | $\sigma_{bzul} = 0{,}7\,R_m$ $R_m$ s. TB 10-4 |  |
| Drehfedern | runder Federstahldraht nach DIN EN 10270-1 bis -3 | s. Druckfedern | $\sigma_{bzul} = 0{,}7\,R_m$ $R_m$ s. TB 10-3 | $\sigma_h \leq \sigma_H$ $\sigma_H$ nach TB 10-8 vorzugsweise Drahtsorte DH verwenden |
|  | Federstahl, warmgewalzt DIN EN 10089 | E=206000 G=78500 | $\sigma_{bzul} = 0{,}7\,R_m$ $R_m$ s. TB 10-5 |  |
|  | Drähte aus Kupferlegierungen DIN EN 12166 | s. TB 10-6 | $R_m$ s. TB 10-6 |  |
| Spiralfedern | Stahlbänder für Federn, kaltgewalzt DIN EN 10132-4 | E=206000 G=78000 | $\sigma_{bzul} = 0{,}75\,R_m$ $R_m$ s. TB 10-4 | nach Hersteller-angaben |
|  | Stahlbänder korrosionsbeständig nach DIN EN 10151 | s. TB 10-4 |  |  |
| Tellerfedern | Federstahl, warmgewalzt DIN EN 10089 | E=206000 G=78500 | $\sigma_{OM} \leq R_e =$ 1400…1600 bei $s \leq s_{0{,}75}$ kein Nachweis erforderlich | $\sigma_I \geq |{-600}|$ $\sigma_h \leq \sigma_H$ $\sigma_H$ nach TB 10-12 |
|  | Stahlbänder für Federn, kaltgewalzt DIN EN 10132-4 | E=206000 G=78000 |  |  |
| Drehstabfedern | Federstahl, warmgewalzt DIN EN 10089 | E=206000 G=78500 | Rundstäbe nicht vorgesetzt $\tau_{tzul} = 700$ vorgesetzt $\tau_{tzul} = 1020$ für $R_m=1600…1800$ | $\tau_h \leq \tau_H$ $\tau_H$ nach TB 10-14b |
|  | runder Federstahldraht unlegiert DIN EN 10270-1 | E=206000 G=81500 |  |  |
|  | vergütet DIN EN 10270-2 FDSiCr | E=206000 G=79500 |  |  |
| zylindrische Schraubenfedern (Druck- und Zugfedern aus rundem Federdraht) | runder Federstahldraht DIN EN 10270-1 Drahtsorten SL, SM, SH, DM, DH | E=206000 G=81500 | Druckfedern $\tau_{zul} = 0{,}5\,R_m$ Zugfedern $\tau_{zul} = 0{,}45\,R_m$ $\tau_{c\,zul} = 0{,}56\,R_m$ $R_m$ s. TB 10-3 | $\tau_h \leq \tau_H$ $\tau_H$ nach TB 10-16 bis TB 10-19 |
|  | vergütet DIN EN 10270-2 Drahtsorten FD, TD, VD | E=206000 G=79500 |  |  |
|  | nicht rostend DIN EN 10270-3 X10CrNi18-8 | s. TB 10-4 |  |  |
|  | Federstahl, warmgewalzt DIN EN 10089 | E=206000 G=78500 | Druckfedern s. TB 10-15a Zugfedern $\tau_{zul} \approx 600$ |  |
|  | Drähte aus Kupferlegierungen DIN EN 12166 | s. TB 10-6 | nach Hersteller-angaben | nach Hersteller-angaben |
| Gummifedern | Weichgummi Shore-Härte 40 … 70 | E = 2…8 G = 0,4…1,4 | $\sigma_{z\,zul} \approx 1…2$ $\sigma_{d\,zul} \approx 3…5$ $\tau_{zul} \approx 1…2$ | $\sigma_{z\,zul} \approx 0{,}5…1$ $\sigma_{d\,zul} \approx 1…1{,}5$ $\tau_{zul} \approx 0{,}3…0{,}8$ |

[1] Richtwerte: G-Modul $\approx 0{,}385 \cdot E$ abhängig u. a. von der Stahlsorte, Zugfestigkeit, Wärmebehandlung und Temperatur

**TB 10-2** Runder Federstahldraht
a) Federdraht nach DIN EN 10 270 (Auszug)

| Nenn-maß mm | Durchmesser $d$ Zulässige Abweichung bei Drahtsorten | |
|---|---|---|
| | SL, SM, DM, SH, DH mm | FD, TD, VD mm |
| 0,05 | | |
| 0,85 0,90 0,95 1,00 | ±0,015 | ±0,015 |
| 1,05 1,10 1,20 1,25 1,30 1,40 1,50 1,60 1,70 | ±0,020 | ±0,020 |
| 1,80 1,90 2,00 2,10 2,25 2,40 2,50 2,60 | ±0,025 | ±0,025 |

| $d$ mm | SL, SM, DM, SH, DH | FD, TD, VD |
|---|---|---|
| 2,80 3,00 3,20 3,40 3,60 3,80 4,00 | ±0,030 | ±0,030 |
| 4,25 4,50 4,75 5,00 5,30 5,60 | ±0,035 | ±0,035 |
| 6,00 6,30 6,50 7,00 | ±0,040 | ±0,040 |

| $d$ mm | SL, SM, DM, SH, DH | FD, TD, VD |
|---|---|---|
| 7,50 8,00 8,50 9,00 | ±0,045 | ±0,045 |
| 9,50 10,00 | ±0,050 | ±0,050 |
| 10,50 11,00 | ±0,070 | |
| 12,00 12,50 13,00 14,00 | ±0,080 | |
| 15 16 17 18 | ±0,090 | |
| 19 20 | ±0,100 | |

*Bezeichnungsbeispiel:* Federstahl EN 10270-1-SM-4,00, d.h. Draht der Sorte SM mit $d$ = 4 mm ($d_{max}$ = 4,030 mm).

b) Federstahldraht, warmgewalzt nach DIN EN 10060 (Auszug)

| Durchmesser $d$ mm | Zulässige Abweichungen[1] von $d$ in mm |
|---|---|
| 10, 12 | ± 0,15 |
| 13, 14, 15, 16, 18, 19, 20, 22 | ± 0,20 |
| 24, 25, 26, 27, 28, 30 | ± 0,25 |

[1] Ausführung Präzision.

c) Hinweise zur Wahl der Drahtsorten

| Draht-sorte | Verwendung für | Durchmesser $d$ mm |
|---|---|---|
| patentiert-gezogener unlegierter Federstahldraht nach DIN EN 10270-1 | | |
| SL | Zug-, Druck- oder Drehfedern mit vorwiegend geringer statischer Beanspruchung | 1 … 10 |
| SM | Zug-, Druck- oder Drehfedern mit mittlerer statischer oder selten dynamischer Beanspruchung | 0,3 … 20 |
| DM | Zug-, Druck- oder Drehfedern mit mittlerer dynamischer Beanspruchung | 0,3 … 20 |
| SH | Zug-, Druck- oder Drehfedern mit hoher statischer oder geringer dynamischer Beanspruchung | 0,3 … 20 |
| DH | Zug-, Druck- Dreh- oder Formfedern mit hoher statischer oder mittlerer dynamischer Beanspruchung | 0,05 … 20 |
| ölschlussvergüteter Federstahldraht nach DIN EN 10270-2 | | |
| FD | Federstahldraht für statische Beanspruchung | 0,5 …17 |
| TD | Ventilfederdraht für mittlere dynamische Beanspruchung | 0,5 …10 |
| VD | Ventilfederdraht für hohe dynamische Beanspruchung | 0,5 …10 |
| FDC, TDC, VDC niedrige Zugfestigkeit;  FDCrV, TDCrV, VDCrV mittlere Zugfestigkeit FDSiCr, TDSiCr, VDSiCr hohe Zugfestigkeit;  FDSiCrV, TDSiCrV, VDSiCrV sehr hohe Zugfestigkeit | | |

# Elastische Federn

**TB 10-3** Zugfestigkeitswerte für Federstahldraht nach DIN EN 10270-1 bis DIN EN 10270-3 bei statischer Beanspruchung
a) patentiert gezogene unlegierte Federstähle   b) ölschlussvergütete Federstähle Drahtsorte FD

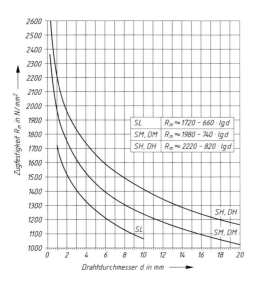
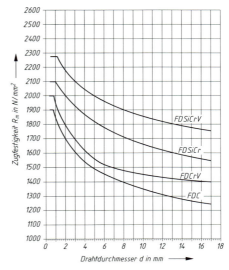

c) ölschlussvergütete Federstähle Drahtsorten TD und VD   d) nicht rostende Federstähle

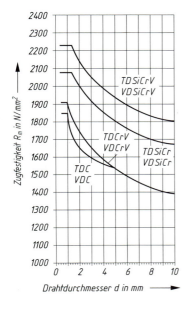
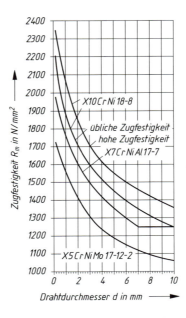

**TB 10-4** Kaltgewalzte Stahlbänder aus Federstählen nach DIN EN 10132-4 und nach DIN EN 10151 (Auszug)

| Stahlsorte nach DIN EN 10132-4 | | weichgeglüht (+A) oder weichgeglüht und leicht nachgewalzt (+LC) | | kaltgewalzt (+CR) | vergütet (+QT) |
|---|---|---|---|---|---|
| Kurzname | Werkstoffnummer | $R_{p0,2}$ N/mm² max. | $R_m$ N/mm² max. | $R_m$ N/mm² max. | $R_m$ N/mm² |
| C55S | 1.1204 | 480 | 600 | 1070 | 1100…1700 |
| C60S | 1.1211 | 495 | 620 | 1100 | 1150…1750 |
| C67S | 1.1231 | 510 | 640 | 1140 | 1200…1900 |
| C75S | 1.1248 | 510 | 640 | 1170 | 1200…1900 |
| C85S | 1.1269 | 535 | 670 | 1190 | 1200…2000 |
| C100S | 1.1274 | 550 | 690 | 1200 | 1200…2100 |
| 56Si7 | 1.5026 | 600 | 740 | | 1200…1700 |
| 51CrV4 | 1.8159 | 550 | 700 | | 1200…1800 |
| 75Ni8 | 1.5634 | 540 | 680 | | 1200…1800 |
| 102Cr6 | 1.2067 | 590 | 750 | | 1300…2100 |

nach DIN EN 10151, Stähle kaltgewalzt und wärmebehandelt, nichtrostend

| | | E-Modul[1] kN/mm² | G-Modul[1] kN/mm² | Verfügbare Zugfestigkeitsstufen (Auswahl)[2] | | |
|---|---|---|---|---|---|---|
| | | | | +C850 | +C1300 | +C1700 |
| X5CrNi18-10 | 1.4301 | 185/190 | 65/68 | 850…1000 | 1300…1500 | |
| X10CrNi18-8 | 1.4310 | 180/185 | 70/73 | 850…1000 | 1300…1500 | 1700…1900 |
| X11CrNiMnN19-8-6 | 1.4369 | 190/200 | 73/78 | 850…1000 | 1300…1500 | |
| X5CrNiMo17-12-2 | 1.4401 | 175/180 | 68/71 | 850…1000 | 1300…1500 | |
| X7CrNiAl17-7 | 1.4568 | 190/200 | 73/78 | 850…1000 | 1300…1500 | 1700…1900 |

[1] Werte nach DIN EN 10270-3 für Lieferzustand/Zustand HT bzw. nach DIN EN 10151 für Lieferzustand/kaltgewalzten und wärmebehandelten Zustand. Die Werte gelten für eine mittlere Zugfestigkeit von 1800 N/mm². Bei einem $R_m$ von 1300 N/mm² liegen die Werte beim E-Modul um 8 kN/mm², beim G-Modul um 3 kN/mm², niedriger. Zwischenwerte interpolierbar.

[2] Zugfestigkeit $R_m$ in N/mm² im kaltverfestigten Zustand. Die Norm enthält die Zugfestigkeitsstufen +C700, +C850, +C1000, +C1150, +C1300, +C1500, +C1700, +C1900.

**TB 10-5** Warmgewalzte Stähle für vergütbare Federn nach DIN EN 10089 (Auszug)

| Stahlsorte Kurzname | Werkstoffnummer | A % min. | $R_{p0,2}$ N/mm² min. | $R_m$ N/mm² | Anwendungsbeispiele nach Deutsche Edelstahlwerke |
|---|---|---|---|---|---|
| 38Si7 | 1.5023 | 8 | 1150 | 1300…1600 | Federringe allgemein, Spannmittel für den Oberbau |
| 46Si7 | 1.5024 | 7 | 1250 | 1400…1700 | Tellerfedern, Blattfedern allgemein |
| 56Si7 | 1.5026 | 6 | 1300 | 1450….1750 | Blattfedern allgemein, Schraubenfedern, Tellerfedern |
| 55Cr3 | 1.7176 | 3 | 1250 | 1400…1700 | Vorwiegend für kaltgeformte Drehfedern bis $d$ = 24 mm |
| 54SiCr6 | 1.7102 | 6 | 1300 | 1450….1750 | Basislegierung für ölschlußvergütete Feder- und Ventilfederdrähte, Fahrzeugtragfedern, Ventilfedern, Federspeicherbremsen |
| 56SiCr7 | 1.7106 | 6 | 1350 | 1500…1800 | wie 54SiCr6 |
| 61SiCr7 | 1.7108 | 5,5 | 1400 | 1550…1850 | wird auf höhere Festigkeiten vergütet |
| 51CrV4 | 1.8159 | 6 | 1200 | 1350…1650 | Draht und Stabstahl bis $d_{max}$ = 40 mm für kalt- und warmgeformte Zug- und Druckfedern, Drehfedern (Stabilisatoren) |
| 54SiCrV6 | 1.8152 | 5 | 1600 | 1650…1950 | wie 54SiCr6 der V-Zusatz ermöglicht höhere Vergütungsfestigkeiten |
| 60SiCrV7 | 1.8153 | 5 | 1650 | 1700…2000 | wie 54SiCr6 der gleichzeitig erhöhte C-Gehalt ermöglicht extrem hohe Vergütungsfestigkeiten |
| 46SiCrMo6 | 1.8062 | 6 | 1400 | 1550…1850 | |
| 52CrMoV4 | 1.7701 | 6 | 1300 | 1450…1750 | Stabstahl $d$ > 40 mm, sonst wie 51CrV4 (bessere Durchhärtbarkeit) |

**TB 10-6** Drähte aus Kupferlegierungen nach DIN EN 12 166 (Auszug)

| Stahlsorte Kurzname | Werkstoffnummer | Zustand[1] | Durchmesser mm | $R_{p0,2}$ N/mm² min. | $R_m$ N/mm² min. | E-Modul N/mm² | G-Modul N/mm² |
|---|---|---|---|---|---|---|---|
| CuSn6 | CW452K | R900 | 0,1 … 1,5 | 800 | 900 | 115 000 | 42 000 |
| CuZn36 | CW507L | R700 | 0,5 … 4 | 550 | 700 | 110 000 | 39 000 |
| CuBe2 | CW101C | R1300 | 0,2 … 10 | 1100 | 1300 | 120 000 | 47 000 |
| CuCo2Be | CW104C | R730 | 1 … 10 | 610 | 730 | 130 000 | 48 000 |
| CuNi18Zn20 | CW409J | R800 | 0,1 …1,5 | 750 | 800 | 113 000 | 47 000 |

E-Modul und G-Modul nach DIN EN 13906-1

**TB 10-7** Spannungsbeiwert $q$ für Drehfedern

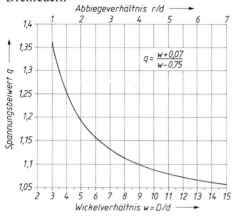

**TB 10-8** Dauerfestigkeitsschaubild für zylindrische Drehfedern aus Federdraht DH (Grenzlastspielzahl $N \geq 10^7$)

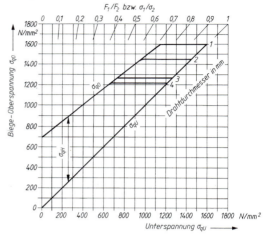

**TB 10-9** Tellerfedern nach DIN 2093 (Auszug)
a) Tellerfedern der Reihe A mit $D_e/t \approx 18$, $h_0/t \approx 0{,}4$

| Gruppe | $D_e$ h12 mm | $D_i$ H12 mm | $t$ bzw. ($t'$) $l_0 = t + h_0$ mm | $h_0$ mm | $F_{0,75}$ $s_{0,75} = 0{,}75 \cdot h_0$ N | $\sigma_{II}$ N/mm² | $\sigma_{OM}$ $s = h_0$ N/mm² |
|---|---|---|---|---|---|---|---|
| 1 | 8 | 4,2 | 0,4 | 0,2 | 210 | 1218 | −1605 |
|   | 10 | 5,2 | 0,5 | 0,25 | 325 | 1218 | −1595 |
|   | 12,5 | 6,2 | 0,7 | 0,3 | 660 | 1382 | −1666 |
|   | 14 | 7,2 | 0,8 | 0,3 | 797 | 1308 | −1551 |
|   | 16 | 8,2 | 0,9 | 0,35 | 1013 | 1301 | −1555 |
|   | 18 | 9,2 | 1 | 0,4 | 1254 | 1295 | −1558 |
|   | 20 | 10,2 | 1,1 | 0,45 | 1521 | 1290 | −1560 |
| 2 | 22,5 | 11,2 | 1,25 | 0,5 | 1929 | 1296 | −1534 |
|   | 25 | 12,2 | 1,5 | 0,55 | 2926 | 1091 | −1622 |
|   | 28 | 14,2 | 1,5 | 0,65 | 2841 | 1274 | −1562 |
|   | 31,5 | 16,3 | 1,75 | 0,7 | 3871 | 1296 | −1570 |
|   | 35,5 | 18,3 | 2 | 0,8 | 5187 | 1332 | −1611 |
|   | 40 | 20,4 | 2,25 | 0,9 | 6500 | 1328 | −1595 |
|   | 45 | 22,4 | 2,5 | 1 | 7716 | 1296 | −1534 |
|   | 50 | 25,4 | 3 | 1,1 | 11976 | 1418 | −1659 |
|   | 56 | 28,5 | 3 | 1,3 | 11388 | 1274 | −1565 |
|   | 63 | 31 | 3,5 | 1,4 | 15025 | 1296 | −1524 |
|   | 71 | 36 | 4 | 1,6 | 20535 | 1332 | −1594 |
|   | 80 | 41 | 5 | 1,7 | 33559 | 1453 | −1679 |
|   | 90 | 46 | 5 | 2 | 31354 | 1295 | −1558 |
|   | 100 | 51 | 6 | 2,2 | 48022 | 1418 | −1663 |
|   | 112 | 57 | 6 | 2,5 | 43707 | 1239 | −1505 |
| 3 | 125 | 64 | 8 (7,5) | 2,6 | 85926 | 1326 | −1708 |
|   | 140 | 72 | 8 (7,5) | 3,2 | 85251 | 1284[1] | −1675 |
|   | 160 | 82 | 10 (9,4) | 3,5 | 138831 | 1338 | −1753 |
|   | 180 | 92 | 10 (9,4) | 4 | 125417 | 1201[1] | −1576 |
|   | 200 | 102 | 12 (11,25) | 4,2 | 183020 | 1227 | −1611 |
|   | 225 | 112 | 12 (11,25) | 5 | 171016 | 1137[1] | −1489 |
|   | 250 | 127 | 14 (13,1) | 5,6 | 248828 | 1221[1] | −1596 |

[1] Größte Zugspannung $\sigma_{III}$ an der Stelle III.

**TB 10-9** (Fortsetzung)
b) Tellerfedern der Reihe B mit $D_e/t \approx 28$, $h_0/t \approx 0{,}75$

| Gruppe | $D_e$ h12 mm | $D_i$ H12 mm | $t$ bzw. ($t'$) $l_0 = t + h_0$ mm | $h_0$ mm | $F_{0,75}$ $s_{0,75} = 0{,}75 \cdot h_0$ N | $\sigma_{III}$ N/mm² | $\sigma_{OM}$ $s = h_0$ N/mm² |
|---|---|---|---|---|---|---|---|
| 1 | 8    | 4,2  | 0,3  | 0,25 | 118   | 1312 | −1505 |
|   | 10   | 5,2  | 0,4  | 0,3  | 209   | 1281 | −1531 |
|   | 12,5 | 6,2  | 0,5  | 0,35 | 294   | 1114 | −1388 |
|   | 14   | 7,2  | 0,5  | 0,4  | 279   | 1101 | −1293 |
|   | 16   | 8,2  | 0,6  | 0,45 | 410   | 1109 | −1333 |
|   | 18   | 9,2  | 0,7  | 0,5  | 566   | 1114 | −1363 |
|   | 20   | 10,2 | 0,8  | 0,55 | 748   | 1118 | −1386 |
|   | 22,5 | 11,2 | 0,8  | 0,65 | 707   | 1079 | −1276 |
|   | 25   | 12,2 | 0,9  | 0,7  | 862   | 1023 | −1238 |
|   | 28   | 14,2 | 1    | 0,8  | 1107  | 1086 | −1282 |
| 2 | 31,5 | 16,3 | 1,25 | 0,9  | 1913  | 1187 | −1442 |
|   | 35,5 | 18,3 | 1,25 | 1    | 1699  | 1073 | −1258 |
|   | 40   | 20,4 | 1,5  | 1,15 | 2622  | 1136 | −1359 |
|   | 45   | 22,4 | 1,75 | 1,3  | 3646  | 1144 | −1396 |
|   | 50   | 25,4 | 2    | 1,4  | 4762  | 1140 | −1408 |
|   | 56   | 28,5 | 2    | 1,6  | 4438  | 1092 | −1284 |
|   | 63   | 31   | 2,5  | 1,75 | 7189  | 1088 | −1360 |
|   | 71   | 36   | 2,5  | 2    | 6725  | 1055 | −1246 |
|   | 80   | 41   | 3    | 2,3  | 10518 | 1142 | −1363 |
|   | 90   | 46   | 3,5  | 2,5  | 14161 | 1114 | −1363 |
|   | 100  | 51   | 3,5  | 2,8  | 13070 | 1049 | −1235 |
|   | 112  | 57   | 4    | 3,2  | 17752 | 1090 | −1284 |
|   | 125  | 64   | 5    | 3,5  | 29908 | 1149 | −1415 |
|   | 140  | 72   | 5    | 4    | 27920 | 1101 | −1293 |
|   | 160  | 82   | 6    | 4,5  | 41008 | 1109 | −1333 |
|   | 180  | 92   | 6    | 5,1  | 37502 | 1035 | −1192 |
| 3 | 200  | 102  | 8 (7,5)  | 5,6  | 76378  | 1254 | −1409 |
|   | 225  | 112  | 8 (7,5)  | 6,5  | 70749  | 1176 | −1267 |
|   | 250  | 127  | 10 (9,4) | 7    | 119050 | 1244 | −1406 |

**TB 10-9** (Fortsetzung)
c) Tellerfedern der Reihe C mit $D_e/t \approx 40$, $h_0/t \approx 1{,}3$

| Gruppe | $D_e$ h12 mm | $D_i$ H12 mm | $t$ bzw. ($t'$) $l_0 = t + h_0$ mm | $h_0$ mm | $F_{0,75}$ $s_{0,75} = 0{,}75 \cdot h_0$ N | $\sigma_{III}$ N/mm² | $\sigma_{OM}$ $s = h_0$ N/mm² |
|---|---|---|---|---|---|---|---|
| 1 | 8 | 4,2 | 0,2 | 0,25 | 39 | 1034 | −1003 |
|   | 10 | 5,2 | 0,25 | 0,3 | 58 | 965 | −957 |
|   | 12,5 | 6,2 | 0,35 | 0,45 | 151 | 1278 | −1250 |
|   | 14 | 7,2 | 0,35 | 0,45 | 123 | 1055 | −1018 |
|   | 16 | 8,2 | 0,4 | 0,5 | 154 | 1009 | −988 |
|   | 18 | 9,2 | 0,45 | 0,6 | 214 | 1106 | −1052 |
|   | 20 | 10,2 | 0,5 | 0,65 | 254 | 1063 | −1024 |
|   | 22,5 | 11,2 | 0,6 | 0,8 | 426 | 1227 | −1178 |
|   | 25 | 12,2 | 0,7 | 0,9 | 600 | 1259 | −1238 |
|   | 28 | 14,2 | 0,8 | 1 | 801 | 1304 | −1282 |
|   | 31,5 | 16,3 | 0,8 | 1,05 | 687 | 1130 | −1077 |
|   | 35,5 | 18,3 | 0,9 | 1,15 | 832 | 1078 | −1042 |
|   | 40 | 20,4 | 1 | 1,3 | 1017 | 1063 | −1024 |
| 2 | 45 | 22,4 | 1,25 | 1,6 | 1891 | 1253 | −1227 |
|   | 50 | 25,4 | 1,25 | 1,6 | 1550 | 1035 | −1006 |
|   | 56 | 28,5 | 1,5 | 1,95 | 2622 | 1218 | −1174 |
|   | 63 | 31 | 1,8 | 2,35 | 4238 | 1351 | −1315 |
|   | 71 | 36 | 2 | 2,6 | 5144 | 1342 | −1295 |
|   | 80 | 41 | 2,25 | 2,95 | 6613 | 1370 | −1311 |
|   | 90 | 46 | 2,5 | 3,2 | 7684 | 1286 | −1246 |
|   | 100 | 51 | 2,7 | 3,5 | 8609 | 1235 | −1191 |
|   | 112 | 57 | 3 | 3,9 | 10489 | 1218 | −1174 |
|   | 125 | 64 | 3,5 | 4,5 | 15416 | 1318 | −1273 |
|   | 140 | 72 | 3,8 | 4,9 | 17195 | 1249 | −1203 |
|   | 160 | 82 | 4,3 | 5,6 | 21843 | 1238 | −1189 |
|   | 180 | 92 | 4,8 | 6,2 | 26442 | 1201 | −1159 |
|   | 200 | 102 | 5,5 | 7 | 36111 | 1247 | −1213 |
| 3 | 225 | 112 | 6,5 (6,2) | 7,1 | 44580 | 1137 | −1119 |
|   | 250 | 127 | 7 (6,7) | 7,8 | 50466 | 1116 | −1086 |

*Hinweis:* Für Federn der Reihe A kann eine annähernd gerade Kennlinie angenommen werden, für die Reihen B und C ergibt sich ein degressiver Kennlinienverlauf, siehe TB 10-11c. In den Tabellen ist die größte rechnerische Zugspannung angegeben, die an Stelle II ($\sigma_{II} = \sigma_{0,75}$) oder Stelle III ($\sigma_{III} = \sigma_{0,75}$) auftreten kann. Rechnerische Druckspannung $\sigma_{OM}$ am oberen Mantelpunkt des Einzeltellers s. Lehrbuch Bild 10-21.

**TB 10-10** Empfohlenes Spiel zwischen Bolzen bzw. Hülse und Tellerfeder nach DIN 2093

| $D_i$ bzw. $D_a$ | Spiel | $D_i$ bzw. $D_a$ | Spiel |
|---|---|---|---|
| ≤16 mm | ≈ 0,2 mm | >31,5…50 mm | ≈ 0,6 mm |
| >16…20 mm | ≈ 0,3 mm | >50…80 mm | ≈ 0,8 mm |
| >20…26 mm | ≈ 0,4 mm | >80…140 mm | ≈ 1,0 mm |
| >26…31,5 | ≈ 0,5 mm | >140…250 mm | ≈ 1,6 mm |

Elastische Federn

**TB 10-11**  Tellerfedern; Kennwerte und Bezugsgrößen
a) Kennwert $K_1$  
b) Kennwert $K_2$ und $K_3$

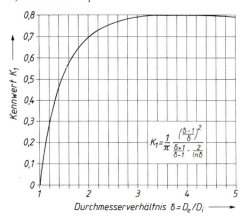
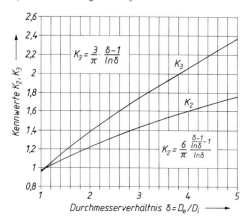

c) Bezogener rechnerischer Verlauf der Kennlinie des Einzeltellers bei unterschiedlichen $h_0/t$-Verhältnissen

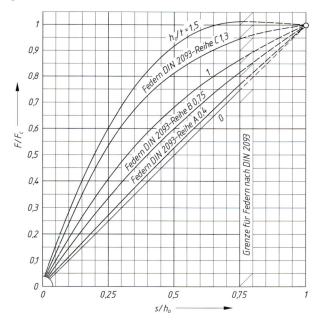

*Hinweis:* Bei Tellerfedern mit Auflageflächen ist $h_0/t$ durch $K_4 \cdot h'_0/t'$ zu ersetzen.

**TB 10-12** Dauer – und Zeitfestigkeitsschaubilder für nicht kugelgestrahlte Tellerfedern nach DIN 2093

a) für $N = 10^5$ Lastspiele

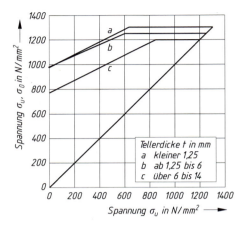

b) für $N = 5 \cdot 10^5$ Lastspiele

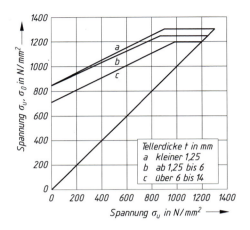

c) für $N = 2 \cdot 10^6$ Lastspiele

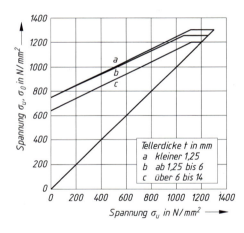

d) Wöhlerlinien für $N < 2 \cdot 10^6$ Lastspiele

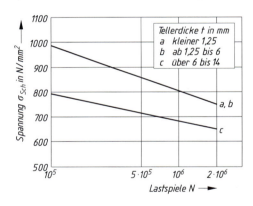

**TB 10-13** Reibungsfaktor $w_M$ ($w_R$) zur Abschätzung der Paketfederkräfte (Randreibung) in $1 \cdot 10^{-3}$

| Schmierung | Öl | Fett | Molykote + Öl (1:1) |
|---|---|---|---|
| Reihe A | 15…32 (27…40) | 12…27 (24…37) | 5…22 (27…33) |
| Reihe B | 10…22 (17…26) | 8…19 (16…24) | 3…15 (17…21) |
| Reihe C | 8…17 (12…18) | 7…15 (11…17) | 3…12 (12…15) |

# Elastische Federn

**TB 10-14** Drehstabfedern mit Kreisquerschnitt
a) Kurven zur Ermittlung der Ersatzlänge $l_e$
b) Dauerfestigkeitsschaubild für Drehstabfedern aus warmgewalztem Stahl nach DIN EN 10089 mit geschliffener und kugelgestrahlter Oberfläche (Vorsetzgrad 2%)

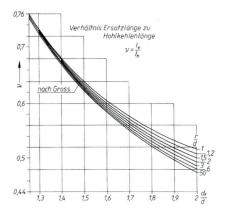

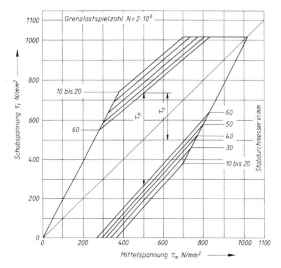

**TB 10-15** Druckfedern
a) Zulässige Schubspannung bei Blocklänge nach DIN EN 13906-1 für *warmgeformte* Druckfedern aus Stählen nach DIN EN 10089
b) Spannungsbeiwert

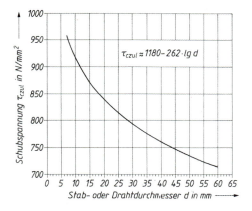

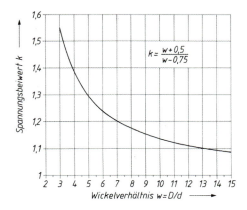

**TB 10-16** Dauerfestigkeitsschaubilder nach DIN EN 13906-1 für kaltgeformte Schraubendruckfedern aus patentiert-gezogenem Federstahldraht der Sorten DH oder SH; Grenzlastspielzahl $N = 10^7$
a) kugelgestrahlt　　　　　　　　　　　　b) nicht kugelgestrahlt

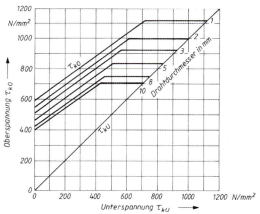
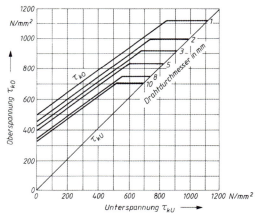

**TB 10-17** Dauerfestigkeitsschaubilder nach DIN EN 13906-1 für kaltgeformte Schraubendruckfedern aus vergütetem Federstahldraht der Sorten FD oder TD; Grenzlastspielzahl $N = 10^7$
a) kugelgestrahlt　　　　　　　　　　　　b) nicht kugelgestrahlt

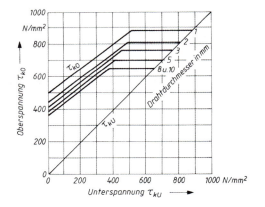
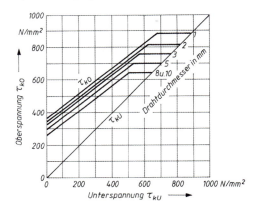

Elastische Federn

**TB 10-18** Dauerfestigkeitsschaubilder nach DIN EN 13906-1 für kaltgeformte Schraubendruckfedern aus vergütetem Federstahldraht der Sorte VD; Grenzlastspielzahl $N = 10^7$
a) kugelgestrahlt
b) nicht kugelgestrahlt

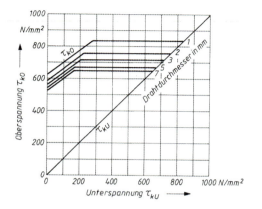
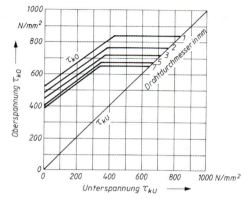

**TB 10-19** Dauerfestigkeitsschaubilder nach DIN EN 13906-1 für kalt- bzw. warmgeformte Schraubendruckfedern
a) aus Edelstahl nach DIN EN 10 270-3, nicht kugelgestrahlt, Grenzlastspielzahl $N = 10^7$
b) aus Federdraht nach DIN EN 10089, kugelgestrahlt, Grenzlastspielzahl $N = 2 \cdot 10^6$

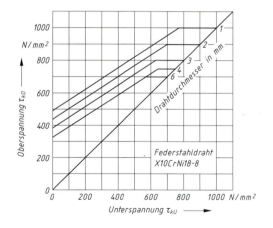
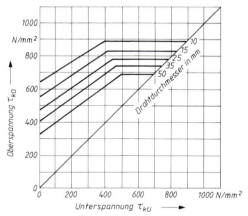

**TB 10-20**  Theoretische Knicklänge von Schraubendruckfedern nach DIN EN 13906-1

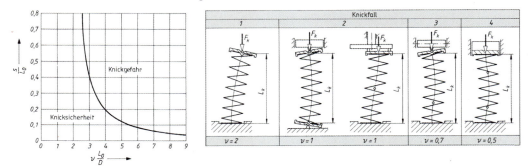

Für Federn aus Federstahl nach DIN EN 10270 wird die Knicklänge $L_k = L_0 - s_k$ mit

$$s_k = L_0 \frac{0,5}{1 - G/E} \left[ 1 - \sqrt{1 - \frac{1 - G/E}{0,5 + G/E}\left(\frac{\pi \cdot D}{\nu \cdot L_0}\right)^2} \right] \quad (\nu = 0,3 \text{ für Stahl})$$

**TB 10-21**  Korrekturfaktoren zur Ermittlung der inneren Schubspannung bei Zugfedern nach DIN EN 13906-2 bei statischer Beanspruchung
$\alpha_1$ Wickeln auf Wickelbank
$\alpha_2$ Winden auf Federwindeautomat

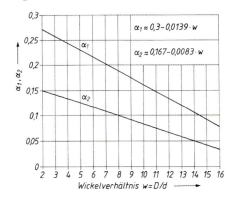

# Achsen, Wellen und Zapfen 11

**TB 11-1** Zylindrische Wellenenden nach DIN 748-1 (Auszug)

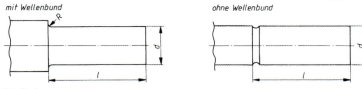

Maße in mm

| Durchmesser $d$ | | 6 | 7 | 8 | 9 | 10 | 11 | 12 | 14 | 16 | 19 | 20 | 22 | 24 | 25 | 28 |
|---|---|---|---|---|---|---|---|---|---|---|---|---|---|---|---|---|
| Länge $l$ | lang | 16 | | 20 | | 23 | | 30 | | 40 | | 50 | | | 60 | |
| | kurz | – | | – | | 15 | | 18 | | 28 | | 36 | | | 42 | |
| Toleranzklasse[1] | | k6 ||||||||||||||||
| Rundungsradius $R$[2] | | 0,6 |||||||||||| 1 |||

| Durchmesser $d$ | | 30 | 32 | 35 | 38 | 40 | 42 | 45 | 48 | 50 | 55 | 60 | 65 | 70 | 75 | 80 |
|---|---|---|---|---|---|---|---|---|---|---|---|---|---|---|---|---|
| Länge $l$ | lang | | 80 | | | | | 110 | | | | | 140 | | | 170 |
| | kurz | | 58 | | | | | 82 | | | | | 105 | | | 130 |
| Toleranzklasse[1] | | k6 |||||||| m6 |||||||
| Rundungsradius $R$[1] | | 1 |||||||| 1,6 |||||||

[1] Andere Toleranzen sind in der Bezeichnung anzugeben.
[2] Die Rundungsradien sind max. Werte; an Stelle der Rundungen können auch Freistriche nach DIN 509 (siehe TB11-4) vorgesehen werden.

Bezeichnung eines Wellenendes mit $d$ = 40 mm Durchmesser und $l$ = 110 mm Länge:
Wellenende DIN 748 – 40k6 × 110.

**TB 11-2** Kegelige Wellenenden mit Außengewinde nach DIN 1448-1 (Auszug)

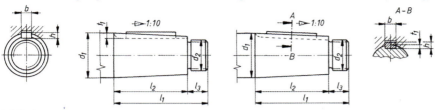

Maße in mm

| Durchmesser $d_1$ | | | 6 | 7 | 8 | 9 | 10 | 11 | 12 | 14 | 16 | 19 | 20 | 22 | 24 | 25 | 28 |
|---|---|---|---|---|---|---|---|---|---|---|---|---|---|---|---|---|---|
| Kegel-<br>länge $l_2$ | | lang | 10 | | 12 | | 15 | | 18 | | 28 | | 36 | | | 42 | |
| | | kurz | – | | – | | – | | – | | 16 | | 22 | | | 24 | |
| Gewindelänge $l_3$<br>Gewinde $d_2$ | | | 6<br>M4 | | 8<br>M6 | | 8 | | 12<br>M8×1 | | M10×1,25 | | 14<br>M12×1,25 | | | 18<br>M16×1,5 | |
| Passfeder[1]<br>Nuttiefe $t_1$ | $b \times h$ | | – | | – | | | 2×2<br>1,6 | 1,7 | 3×3<br>2,3 | 2,5 | 4×4<br>3,2 | 3,4 | | 5×5<br>3,9 | 4,1 |
| | | lang | | | | | | | | | | | | | | | |
| | | kurz | | | | | | – | – | – | 2,2 | 2,9 | 3,1 | | 3,6 | 3,6 |

| Durchmesser $d_1$ | | | 30 | 32 | 35 | 38 | 40 | 42 | 45 | 48 | 50 | 55 | 60 | 65 | 70 | 75 | 80 |
|---|---|---|---|---|---|---|---|---|---|---|---|---|---|---|---|---|---|
| Kegel-<br>länge $l_2$ | | lang | | 58 | | | | | 82 | | | | | 105 | | | 130 |
| | | kurz | | 36 | | | | | 54 | | | | | 70 | | | 90 |
| Gewindelänge $l_3$<br>Gewinde $d_2$ | | | | 22<br>M20×1,5 | | | M24×2 | | 28<br>M30×2 | | M36×3 | | | 35<br>M42×3 | M48×3 | | 40<br>[2] |
| Passfeder[1]<br>Nuttiefe $t_1$ | $b \times h$ | | 5×5 | 6×6 | | | 10×8 | | 12×8 | | 14×9 | | 16×10 | | 18×11 | | 20×12 |
| | | lang | 4,5 | 5 | | | 7,1 | | | | 7,6 | | 8,6 | | 9,6 | | 10,8 |
| | | kurz | 3,9 | 4,4 | | | 6,4 | | | | 6,9 | | 7,8 | | 8,8 | | 9,8 |

[1] Passfeder nach DIN 6885-1.
[2] Gewinde M56×4.

Bezeichnung eines langen kegeligen Wellenendes mit Passfeder und Durchmesser $d_1$ = 40 mm:
Wellenende DIN 1448 – 40 × 82.

**TB 11-3** Flächenmomente 2. Grades und Widerstandsmomente für häufig vorkommende Wellenquerschnitte (ca.-Werte)

| Wellenquerschnitt | Biegung | | Torsion | |
|---|---|---|---|---|
| | $I_b$ | $W_b$ | $I_t$ | $W_t$ |
| (Kreis) | $\dfrac{\pi}{64} \cdot d^4$ | $\dfrac{\pi}{32} \cdot d^3$ | $\dfrac{\pi}{32} \cdot d^4$ | $\dfrac{\pi}{16} \cdot d^3$ |
| (Kreisring) | $\dfrac{\pi}{64} \cdot (D^4 - d^4)$ | $\dfrac{\pi}{32} \cdot \dfrac{D^4 - d^4}{D}$ | $\dfrac{\pi}{32} \cdot (D^4 - d^4)$ | $\dfrac{\pi}{16} \cdot \dfrac{D^4 - d^4}{D}$ |
| (Quadrat) | $0{,}003 \cdot (D+d)^4$ | $0{,}012 \cdot (D+d)^3$ | | |
| (Keilwelle) | | | $0{,}1 \cdot d^4$ | $0{,}2 \cdot d^3$ |
| (Kreuz) | | | $0{,}006 \cdot (D+d)^4$ | $0{,}024 \cdot (D+d)^3$ |
| (Passfedernut) | $0{,}01 \cdot D^3 \cdot (5 \cdot D - 8{,}5 \cdot d)$ | $0{,}1 \cdot D^2 \cdot (D - 1{,}7 \cdot d)$ | $0{,}02 \cdot D^3 \cdot (5 \cdot D - 8{,}5 \cdot d)$ | $0{,}2 \cdot D^2 \cdot (D - 1{,}7 \cdot d)$ |
| (Keilwelle mit $d_1, d_2, e_1$) | $0{,}05 \cdot d_1^2 \cdot (d_1^2 - 24 \cdot e_1^2)$ | $0{,}1 \cdot \dfrac{d_1^2}{d_2} (d_1^2 - 24 \cdot e_1^2)$ | $0{,}1 \cdot d_1^2 \cdot (d_1^2 - 24 \cdot e_1^2)$ | $0{,}162 \cdot d_1^3$ |
| (Abflachung) | $0{,}075 \cdot d_2^4$ | $0{,}15 \cdot d_2^3$ | $0{,}15 \cdot d_2^4$ | $0{,}2 \cdot d_2^3$ |

**TB 11-4**  Freistiche nach DIN 509 (Auszug)

Form E für Werkstücke mit *einer* Bearbeitungsfläche     Form F für Werkstücke mit *zwei* rechtwinklig zueinander stehenden Bearbeitungsflächen

$z$  Bearbeitungszugabe
$d_1$  Fertigmaß

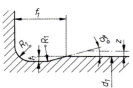
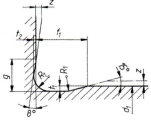

Maße in mm

| | | übliche Beanspruchung | | | empfohlene Zuordnung zum Durchmesser $d_1$ | | mit erhöhter Wechselfestigkeit | | |
|---|---|---|---|---|---|---|---|---|---|
| $d_1$ | >1,6 ≤3 | >3 ≤18 | >10 ≤18 | >18 ≤80 | >80 | >18 ≤50 | >50 ≤80 | >80 ≤125 | >125 |
| $R_1$ | 0,2 | 0,4 | 0,6 | 0,8 | 1,2 | 1,2 | 1,6 | 2,5 | 4 |
| $t_1$ | 0,1 | 0,2 | | 0,3 | 0,4 | 0,2 | 0,3 | 0,4 | 0,5 |
| $f_1$ | 1 | 2 | | 2,5 | 4 | 2,5 | 4 | 5 | 7 |
| ≈ $g$ | 0,9 | 1,1 | 1,4 | 2,3 | 3,4 | 2 | 3,1 | 4,8 | 6,4 |
| $t_2$ | | 0,1 | | 0,2 | 0,3 | 0,1 | 0,2 | 0,3 | |

Bezeichnung eines Freistiches Form E mit Halbmesser $R_1$ = 0,4 mm und Tiefe $t_1$ = 0,2 mm: Freistich DIN 509 – E0,4 × 0,2.

**TB 11-5** Richtwerte für zulässige Verformungen

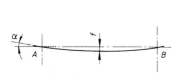 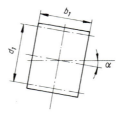

a) zulässige Neigungen

| Anwendungsfall | $\alpha_{zul}$ |
|---|---|
| Gleitlager mit feststehenden Schalen | $3 \cdot 10^{-4}$ |
| Gleitlager mit beweglichen Schalen und starre Wälzlager | $10 \cdot 10^{-4}$ |
| unsymmetrische oder fliegende Anordnung von Zahnrädern | $d_1/(b_1/2) \cdot 10^{-4}$ |

b) zulässige Durchbiegungen

| Anwendungsfall | $f_{zul}$ |
|---|---|
| Allgemeiner Maschinenbau | $l/3000$ |
| Werkzeugmaschinenbau | $l/5000$ |
| Zahnradwellen (unterhalb des Zahnrades) | $m_n/100$ |
| Schneckenwellen,     Schnecke vergütet | $m_n/100$ |
|                      Schnecke gehärtet | $m_n/250$ |

**TB 11-6** Stützkräfte und Durchbiegung bei Achsen und Wellen von gleichbleibendem Querschnitt

| | Belastungsfall | Auflagerkräfte | Biegemomente |
|---|---|---|---|
| 1 | | $F_A = F_B = \dfrac{F}{2}$ | $0 \leq x \leq \dfrac{l}{2}:$<br>$M(x) = \dfrac{F}{2} \cdot x$<br>$M_{max} = \dfrac{F \cdot l}{4}$ |
| 2 | | $F_A = \dfrac{F \cdot b}{l}$<br>$F_B = \dfrac{F \cdot a}{l}$ | $0 \leq x \leq a:$<br>$M(x) = \dfrac{F \cdot b \cdot x}{l}$<br>$a \leq x \leq l:$<br>$M(x) = F \cdot \left( \dfrac{b \cdot x}{l} - x + a \right)$<br>$M_{max} = \dfrac{F \cdot b \cdot a}{l}$ |
| 3 | | $F_A = F_B = \dfrac{M}{l}$ | $0 \leq x_1 \leq a:$<br>$M_{(x_1)} = \dfrac{M}{l} \cdot x_1$<br>$0 \leq x_2 \leq b:$<br>$M_{(x_2)} = \dfrac{M}{l} \cdot x_2$ |
| 4 | | $F_A = F_B = \dfrac{F' \cdot l}{2}$ | $M(x) = \dfrac{F' \cdot x}{2} \cdot (l - x)$<br>$M_{max} = \dfrac{F' \cdot l^2}{8}$ |
| 5 | | $F_A = \dfrac{F \cdot a}{l}$<br>$F_B = \dfrac{F \cdot (a + l)}{l}$ | $0 \leq x \leq l:$<br>$M(x) = -\dfrac{F \cdot a \cdot x}{l}$<br>$M_{(B)} = -F \cdot a$<br>$0 \leq x_1 \leq a:$<br>$M(x_1) = F \cdot (a - x_1)$<br>$M_{max} = F \cdot a$ |
| 6 | | $F_A = \dfrac{F' \cdot a^2}{2 \cdot l}$<br>$F_B = F' \cdot a \cdot \left(1 + \dfrac{a}{2 \cdot l}\right)$ | $0 \leq x \leq l:$<br>$M(x) = -\dfrac{F' \cdot a^2 \cdot x}{2 \cdot l}$<br>$M_{(B)} = -\dfrac{F' \cdot a^2}{2}$<br>$0 \leq x_1 \leq a:$<br>$M(x_1) = -\dfrac{F' \cdot x_1^2}{2}$<br>$M_{max} = \dfrac{F' \cdot a^2}{2}$ |

## TB 11-6 (Fortsetzung)

| Gleichung der Biegelinie | Durchbiegung | Neigungswinkel |
|---|---|---|
| $0 \leq x \leq \dfrac{l}{2}:$ <br> $f(x) = \dfrac{F \cdot l^3}{16 \cdot E \cdot I} \cdot \dfrac{x}{l} \cdot \left[1 - \dfrac{4}{3} \cdot \left(\dfrac{x}{l}\right)^2\right]$ | $f_m = \dfrac{F \cdot l^3}{48 \cdot E \cdot I}$ | $\tan \alpha_A = \dfrac{F \cdot l^2}{16 \cdot E \cdot I}$ <br> $\tan \alpha_B = \tan \alpha_A$ |
| $0 \leq x \leq a:$ <br> $f(x) = \dfrac{F \cdot a \cdot b^2}{6 \cdot E \cdot I} \cdot \left[\left(1 + \dfrac{l}{b}\right) \cdot \dfrac{x}{l} - \dfrac{x^3}{a \cdot b \cdot l}\right]$ <br> $a \leq x \leq l:$ <br> $f(x) = \dfrac{F \cdot a^2 \cdot b}{6 \cdot E \cdot I} \cdot \left[\left(1 + \dfrac{l}{a}\right) \cdot \dfrac{l-x}{l} - \dfrac{(l-x)^3}{a \cdot b \cdot l}\right]$ | $f = \dfrac{F \cdot a^2 \cdot b^2}{3 \cdot E \cdot I \cdot l}$ <br> $a > b: f_m = \dfrac{F \cdot b \cdot \sqrt{(l^2 - b^2)^3}}{9 \cdot \sqrt{3} \cdot E \cdot I \cdot l}$ <br> in $x_m = \sqrt{(l^2 - b^2)/3}$ <br> $a < b: f_m = \dfrac{F \cdot a \cdot \sqrt{(l^2 - a^2)^3}}{9 \cdot \sqrt{3} \cdot E \cdot I \cdot l}$ <br> in $x_m = l - \sqrt{(l^2 - a^2)/3}$ | $\tan \alpha_A = \dfrac{F \cdot a \cdot b \cdot (l+b)}{6 \cdot E \cdot I \cdot l}$ <br> $\tan \alpha_B = \dfrac{F \cdot a \cdot b \cdot (l+a)}{6 \cdot E \cdot I \cdot l}$ |
| $0 \leq x_1 \leq a:$ <br> $f_{(x_1)} = \dfrac{-M}{6 \cdot E \cdot I \cdot l} \cdot x_1 \cdot (l^2 - 3 \cdot b^2 - x_1^2)$ <br> $0 \leq x_2 \leq b:$ <br> $f_{(x_2)} = \dfrac{M}{6 \cdot E \cdot I \cdot l} \cdot x_2 \cdot (l^2 - 3 \cdot a^2 - x_2^2)$ | $f_{mC} = \dfrac{M}{3 \cdot E \cdot I} \cdot \dfrac{a \cdot b}{l} \cdot (a - b)$ <br> (negativ für $a > b$) | $\tan \alpha_A = \dfrac{M}{6 \cdot E \cdot I \cdot l} \cdot (l^2 - 3 \cdot b^2)$ <br> $\tan \alpha_B = \dfrac{M}{6 \cdot E \cdot I \cdot l} \cdot (l^2 - 3 \cdot a^2)$ |
| $f(x) = \dfrac{F' \cdot l^4}{24 \cdot E \cdot I} \cdot \left[\dfrac{x}{l} - 2 \cdot \left(\dfrac{x}{l}\right)^3 + \left(\dfrac{x}{l}\right)^4\right]$ | $f_m = \dfrac{5 \cdot F' \cdot l^4}{384 \cdot E \cdot I}$ | $\tan \alpha_A = \dfrac{F' \cdot l^3}{24 \cdot E \cdot I}$ <br> $\tan \alpha_B = \tan \alpha_A$ |
| $0 \leq x \leq l:$ <br> $f(x) = -\dfrac{F \cdot a \cdot l^2}{6 \cdot E \cdot I} \cdot \left[\dfrac{x}{l} - \left(\dfrac{x}{l}\right)^3\right]$ <br> $0 \leq x_1 \leq a:$ <br> $f(x_1) = \dfrac{F \cdot a^3}{6 \cdot E \cdot I} \cdot \left[2 \cdot \dfrac{l \cdot x_1}{a^2} + 3 \cdot \left(\dfrac{x_1}{a}\right)^2 - \left(\dfrac{x_1}{a}\right)^3\right]$ | $f = \dfrac{F \cdot a^2 \cdot (l + a)}{3 \cdot E \cdot I}$ <br> $f_m = \dfrac{F \cdot a \cdot l^2}{9 \cdot \sqrt{3} \cdot E \cdot I}$ <br> in $x_m = \dfrac{l}{\sqrt{3}}$ | $\tan \alpha = \dfrac{F \cdot a \cdot (2 \cdot l + 3 \cdot a)}{6 \cdot E \cdot I}$ <br> $\tan \alpha_A = \dfrac{F \cdot a \cdot l}{6 \cdot E \cdot I}$ <br> $\tan \alpha_B = \dfrac{F \cdot a \cdot l}{3 \cdot E \cdot I}$ |
| $0 \leq x \leq l:$ <br> $f(x) = -\dfrac{F' \cdot a^2 \cdot l^2}{12 \cdot E \cdot I} \cdot \left[\dfrac{x}{l} - \left(\dfrac{x}{l}\right)^3\right]$ <br> $0 \leq x_1 \leq a:$ <br> $f(x_1) = \dfrac{F' \cdot a^4}{24 \cdot E \cdot I} \cdot \left[\dfrac{4 \cdot l \cdot x_1}{a^2} + 6 \cdot \left(\dfrac{x_1}{a}\right)^2 - 4 \cdot \left(\dfrac{x_1}{a}\right)^3 + \left(\dfrac{x_1}{a}\right)^4\right]$ | $f = \dfrac{F' \cdot a^3 \cdot (4 \cdot l + 3 \cdot a)}{24 \cdot E \cdot I}$ <br> $f_m = \dfrac{F' \cdot a^2 \cdot l^2}{18 \cdot \sqrt{3} \cdot E \cdot I}$ <br> in $x_m = \dfrac{l}{\sqrt{3}}$ | $\tan \alpha = \dfrac{F' \cdot a^2 \cdot (l + a)}{24 \cdot E \cdot I}$ <br> $\tan \alpha_A = \dfrac{F' \cdot a^2 \cdot l}{12 \cdot E \cdot I}$ <br> $\tan \alpha_B = \dfrac{F' \cdot a^2 \cdot l}{6 \cdot E \cdot I}$ |

**TB 11-7** Kenngrößen für die Verformungsberechnung für Achsen und Wellen mit Querschnittsveränderung bei Belastungen links (a) bzw. rechts (b) von der Lagerstelle

| Belastungsfall | Durchbiegung $f_A$, Neigungswinkel $\alpha'$ |
|---|---|
| a) | $f_A = \dfrac{6{,}79 \cdot F}{E} \cdot C_1 \cdot \left( \dfrac{a_2^x}{d_{a2}^4} + \dfrac{a_3^x - a_2^x}{d_{a3}^4} + \ldots \right) + \alpha' \cdot a_0$    1), 2), 3) <br><br> $\alpha' = \dfrac{10{,}19 \cdot F}{E} \cdot C_2 \cdot \left( \dfrac{a_2^y}{d_{a2}^4} + \dfrac{a_3^y - a_2^y}{d_{a3}^4} + \ldots \right)$    1), 2), 3) |
| b) | $f_A = \dfrac{6{,}79 \cdot F}{E} \cdot C_1 \cdot \left( \dfrac{a_1^x - a_0^x}{d_{a1}^4} + \dfrac{a_2^x - a_1^x}{d_{a2}^4} + \dfrac{a_3^x - a_2^x}{d_{a3}^4} + \ldots \right) - \alpha' \cdot a_0$    1), 2), 3) <br><br> $\alpha' = \dfrac{10{,}19 \cdot F}{E} \cdot C_2 \cdot \left( \dfrac{a_1^y - a_0^y}{d_{a1}^4} + \dfrac{a_2^y - a_1^y}{d_{a2}^4} + \dfrac{a_3^y - a_2^y}{d_{a3}^4} + \ldots \right)$    1), 2), 3), 4) |

[1] bei weiteren Absätzen sind die Gleichungen entsprechend zu ergänzen; für den zweiten Freiträger sind die Bezeichnungen nach Bild 11-26 und Gl. (11.26b) zu verwenden.
[2] bei Belastung durch eine Radialkraft $F = F_r$ gilt: $C_1 = C_2 = 1$, $x = 3$, $y = 2$.
[3] bei Belastung durch eine Axialkraft $F = F_a$ gilt: $C_1 = r$, $C_2 = 2r$, $x = 2$, $y = 1$.
[4] bei Belastung durch die Lagerkraft ist für $F_r = F_A$ einzusetzen, ansonsten siehe [2].

# Elemente zum Verbinden von Wellen und Naben 12

**TB 12-1** Welle-Nabe-Verbindungen (Richtwerte für den Entwurf)
a) Nabenabmessungen $D$ und $L$ ($d$ = Wellendurchmesser)

| Verbindungsart | Nabendurchmesser $D$ | | Nabenlänge $L$ | |
|---|---|---|---|---|
| | GJL | Stahl, GS | GJL | Stahl, GS |
| Passfederverbindung | (2,0…2,2) $d$ | (1,8…2,0) $d$ | (1,6…2,1) $d$ | (1,1…1,4) $d$ |
| Keilwelle, Zahnwelle | (1,8…2,0) $d_1$ | (1,8…2,0) $d_1$ | (1,0…1,3) $d_1$ | (0,6…0,9) $d_1$ |
| zylindr. Pressverband, Kegelpressverband, Polygon-Festsitz | (2,2…2,6) $d$ | (2,0…2,5) $d$ | (1,2…1,5) $d$ | (0,8…1,0) $d$ |
| Spannverbindung, Klemm-, Keilverbindung, Polygon-Schiebesitz | (2,0…2,2) $d$ | (1,8…2,0) $d$ | (1,6…2,0) $d$ | (1,2…1,5) $d$ |

Die Werte für Keilwelle und Kerbverzahnung gelten bei einseitig wirkendem $T$ für leichte Reihe, bei mittlerer Reihe ≈70%, bei schwerer Reihe ≈45% der Werte annehmen ($d_1$ = „Kerndurchmesser"). Bei größeren Scheiben oder Rädern mit seitlichen Kippkräften ist die Nabenlänge noch zu vergrößern. Allgemein gelten die größeren Werte bei Werkstoffen geringerer Festigkeit, die kleineren Werte bei Werkstoffen mit höherer Festigkeit.

b) Zulässige Fugenpressung $p_{F\,zul}$

| Verbindungsart | Nabenwerkstoff | |
|---|---|---|
| | Stahl, GS $p_{F\,zul} = R_e/S_F$ | GJL $p_{F\,zul} = R_m/S_B$ |
| Passfeder[1] | $S_F \approx 1{,}1$ | $S_B \approx 1{,}1$ |
| Gleitfeder[2] und Keile | 3,0…4,0 | 3,0…4,0 |
| Polygonverbindung | 1,1 | 1,5 |
| Profilwelle[2]   einseitig, stoßfrei | 1,3…1,5 | 1,7…1,8 |
| wechselnd, stoßhaft | 2,7…3,6 | 3,4…4,0 |
| Pressverband[3] | (1,0) 1,1…1,3 | 2,0…3,0 |
| Kegelpressverband[3] | (1,0) 1,1…1,3 | 2,0…3,0 |
| Spannverbindung, Keilverbindung | 1,5…3,0 | 2,0…3,0 |

[1] Bei Methode C ist $S_F = S_B = 1{,}1$ zu verwenden. Bei Methode B wird in DIN 6892 $S_F = S_B = 1{,}0$ in den Berechnungsbeispielen angesetzt. Bei unsicheren Annahmen sollten höhere Sicherheiten verwendet werden. $p_{F\,zul}$ siehe Lehrbuch.

[2] $S_F$ ($S_B$) sind zu erhöhen
   für unbelastet verschiebbare Radnabe um Faktor ≥3(3);
   für unter Last verschiebbare Nabe um Faktor ≥6(12).

[3] Hier gilt: $p_{F\,zul} = R_e/S_F \cdot (1 - Q_A^2)/\sqrt{3}$ bzw. $p_{F\,zul} = R_m/S_B \cdot (1 - Q_A^2)/\sqrt{3}$.

© Springer-Verlag GmbH Deutschland, ein Teil von Springer Nature 2019
H. Wittel, C. Spura, D. Jannasch, J. Voßiek, *Roloff/Matek Maschinenelemente*,
https://doi.org/10.1007/978-3-658-26280-8_36

www.ringfeder.com

# Ihr Systemlieferant für die Antriebstechnik

Partner for Performance

**TB 12-2** Angaben für Passfederverbindungen
a) Abmessungen und Nuttiefen für Federn und Keile (Auszug)

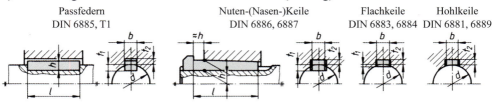

Passfedern DIN 6885, T1 — Nuten-(Nasen-)Keile DIN 6886, 6887 — Flachkeile DIN 6883, 6884 — Hohlkeile DIN 6881, 6889

Maße in mm

| Wellen-durch-messer $d$ | Nutenkeile und Federn | | | | | Flach- und Hohlkeile | | | |
|---|---|---|---|---|---|---|---|---|---|
| | Breite × Höhe | Wellen-Nuttie-fe | Nabennuttiefe für | | Radius Pass-feder | Flach-keile Breite × Höhe | Hohlkeile Breite × Höhe | Wellen-abfla-chung | Naben-nuttiefe |
| | | | Keile | Federn | | | | | |
| über…bis | $b \times h$ | $t_1$ | $t_2$ | $t_2$ | $r_{max}$ | $b \times h$ | $b \times h$ | $t_1$ | $t_2$ |
| 10… 12 | 4 × 4 | 2,5 | 1,2 | 1,8 | 0,25 | – | – | – | – |
| 12… 17 | 5 × 5 | 3 | 1,7 | 2,3 | 0,4 | – | – | – | – |
| 17… 22 | 6 × 6 | 3,5 | 2,2 | 2,8 | 0,4 | – | – | – | – |
| 22… 30 | 8 × 7 | 4 | 2,4 | 3,3 | 0,4 | 8 × 5 | 8 × 3,5 | 1,3 | 3,2 |
| 30… 38 | 10 × 8 | 5 | 2,4 | 3,3 | 0,6 | 10 × 6 | 10 × 4 | 1,8 | 3,7 |
| 38… 44 | 12 × 8 | 5 | 2,4 | 3,3 | 0,6 | 12 × 6 | 12 × 4 | 1,8 | 3,7 |
| 44… 50 | 14 × 9 | 5,5 | 2,9 | 3,8 | 0,6 | 14 × 6 | 14 × 4,5 | 1,4 | 4,0 |
| 50… 58 | 16 × 10 | 6 | 3,4 | 4,3 | 0,6 | 16 × 7 | 16 × 5 | 1,9 | 4,5 |
| 58… 65 | 18 × 11 | 7 | 3,4 | 4,4 | 0,6 | 18 × 7 | 18 × 5 | 1,9 | 4,5 |
| 65… 75 | 20 × 12 | 7,5 | 3,9 | 4,9 | 0,8 | 20 × 8 | 20 × 6 | 1,9 | 5,5 |
| 75… 85 | 22 × 14 | 9 | 4,4 | 5,4 | 0,8 | 22 × 9 | 22 × 7 | 1,8 | 6,5 |
| 85… 95 | 25 × 14 | 9 | 4,4 | 5,4 | 0,8 | 25 × 9 | 25 × 7 | 1,9 | 6,4 |
| 95…110 | 28 × 16 | 10 | 5,4 | 6,4 | 0,8 | 28 × 10 | 28 × 7,5 | 2,4 | 6,9 |
| 110…130 | 32 × 18 | 11 | 6,4 | 7,4 | 0,8 | 32 × 11 | 32 × 8,5 | 2,3 | 7,9 |
| 130…150 | 36 × 20 | 12 | 7,1 | 8,4 | 1,2 | 36 × 12 | 36 × 9 | 2,8 | 8,4 |
| 150…170 | 40 × 22 | 13 | 8,1 | 9,4 | 1,2 | 40 × 14 | – | 4,0 | 9,1 |
| 170…200 | 45 × 25 | 15 | 9,1 | 10,4 | 1,2 | 45 × 16 | – | 4,7 | 10,4 |

| Passfeder- und Keillängen $l$ | 8 | 10 | 12 | 14 | 16 | 18 | 20 | 22 | 25 | 28 | 32 |
|---|---|---|---|---|---|---|---|---|---|---|---|
| | 36 | 40 | 45 | 50 | 56 | 63 | 70 | 80 | 90 | 100 | 110 |
| | 125 | 140 | 160 | 180 | 200 | 220 | 250 | 280 | 320 | 360 | 400 |

Bezeichnung einer Passfeder Form A mit Breite $b = 10$ mm, Höhe $h = 8$ mm und Länge $l = 50$ mm nach DIN 6885: **Passfeder DIN 6885 – A10 × 8 × 50.**

b) Stützfaktor $f_S$ und Härteeinflussfaktor $f_H$

| | Passfeder | Welle | Nabe |
|---|---|---|---|
| $f_S$ | 1,1…1,4 | 1,3…1,7[1] | 1,5[1] |
| $f_H$ | 1,0[2] | 1,0[2] | 1,0[2] |

[1] Bei Gusseisen mit Lamellengraphit ist $f_S = 1,1…1,4$ (Welle) bzw. $f_S = 2,0$ (Nabe).
[2] Bei Einsatzstahl (einsatzgehärtet) ist $f_H = 1,15$.
Bei ungenügender Kenntnis der Werkstoffeigenschaften ist mit dem kleineren Wert von $f_S$ zu rechnen.

Elemente zum Verbinden von Wellen und Narben

**TB 12-2** (Fortsetzung)

c) Lastverteilungsfaktor $K_\lambda$ (Richtwerte)[1]

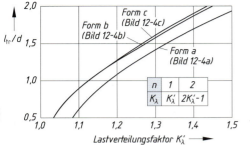
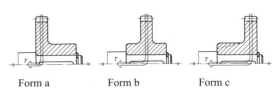

Form a   Form b   Form c

d) Lastspitzenhäufigkeitsfaktor

e) Lastrichtungswechselfaktor für wechselseitige Passfederbelastung

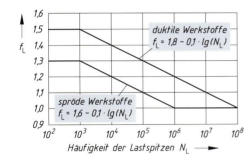
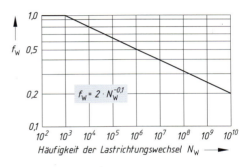

f) empfohlene Passungen bzw. Toleranzen

f1) Passung Wellen- und Nabendurchmesser

| Anordnung der Nabe | Passung bei | |
|---|---|---|
|  | Einheitsbohrung | Einheitswelle |
| auf längeren Wellen, fest | H7/j6 | J7/h6, h8, h9 |
| auf Wellenenden, fest | H7/k6, m6 | K7, M7/h6, N7/h8 |
| auf Wellen, verschiebbar | H7/h6, j6 | H7, J7/h6, h8 |

f2) Toleranzfelder für Nutenbreite

| Sitzcharakter | Nutenbreite | | Passungscharakter |
|---|---|---|---|
|  | Welle | Nabe |  |
| beweglich | H9 | D10 | Gleitsitz |
| leicht montierbar | N9 | JS9 | Übergangssitz |
| für wechselseitiges Drehmoment | P9 | P9 | Festsitz |

**TB 12-3**  Keilwellen-Verbindungen
a) Abmessungen ($n$ = Anzahl der Keile)
Maße in mm

| Leichte Reihe DIN ISO 14 (Auszug) | | | | | Mittlere Reihe DIN ISO 14 (Auszug) | | | | | Schwere Reihe DIN 5464 (Auszug) | | | | |
|---|---|---|---|---|---|---|---|---|---|---|---|---|---|---|
| Zentrierung | n | d | D | b | Zentrierung | n | d | D | b | Zentrierung | n | d | D | b |
| Innen-Zentrierung | 6 | 23 | 26 | 6 | Innen-Zentrierung | 6 | 11 | 14 | 3 | Innen- oder Flankenzentrierung | 10 | 16 | 20 | 2,5 |
| | | 26 | 30 | 6 | | | 13 | 16 | 3,5 | | | 18 | 23 | 3 |
| | | 28 | 32 | 7 | | | 16 | 20 | 4 | | | 21 | 26 | 3 |
| Innen- oder Flankenzentrierung | 8 | 32 | 36 | 6 | | | 18 | 22 | 5 | | | 23 | 29 | 4 |
| | | 36 | 40 | 7 | | | 21 | 25 | 5 | | | 26 | 32 | 4 |
| | | 42 | 46 | 8 | | | 23 | 28 | 6 | | | 28 | 35 | 4 |
| | | 46 | 50 | 9 | | | 26 | 32 | 6 | | | 32 | 40 | 5 |
| | | 52 | 58 | 10 | | | 28 | 34 | 7 | | | 36 | 45 | 5 |
| | | 56 | 62 | 10 | Innen- oder Flankenzentrierung | 8 | 32 | 38 | 6 | | | 42 | 52 | 6 |
| | | 62 | 68 | 12 | | | 36 | 42 | 7 | | | 46 | 56 | 7 |
| | 10 | 72 | 78 | 12 | | | 42 | 48 | 8 | Flankenzentrierung | 16 | 52 | 60 | 5 |
| | | 82 | 88 | 12 | | | 46 | 54 | 9 | | | 56 | 65 | 5 |
| | | 92 | 98 | 14 | | | 52 | 60 | 10 | | | 62 | 72 | 6 |
| | | 102 | 108 | 16 | | | 56 | 65 | 10 | | | 72 | 82 | 7 |
| | | 112 | 120 | 18 | | | 62 | 72 | 12 | | 20 | 82 | 92 | 6 |
| | | | | | | 10 | 72 | 82 | 12 | | | 92 | 102 | 7 |
| | | | | | | | 82 | 92 | 12 | | | 102 | 115 | 8 |
| | | | | | | | 92 | 102 | 14 | | | 112 | 125 | 9 |
| | | | | | | | 102 | 112 | 16 | | | | | |
| | | | | | | | 112 | 125 | 18 | | | | | |

Bezeichnungsbeispiel Nabe:
**Keilnaben-Profil DIN ISO 14-8×62×72.**
Bezeichnungsbeispiel Welle:
**Keilwellen-Profil DIN ISO 14-8×62×72.**

b) Toleranzen für Nabe und Welle (Profil nach DIN ISO 14)

| Toleranzen für die Nabe | | | | | | Toleranzen für die Welle | | | |
|---|---|---|---|---|---|---|---|---|---|
| Nach dem Räumen nicht behandelt | | | Nach dem Räumen behandelt | | | | | | |
| b | d | D | b | d | D | b | d | D | Einbauart |
| H9 | H7 | H10 | H11 | H7 | H10 | d10 | f7 | a11 | Gleitsitz |
| | | | | | | f9 | g7 | a11 | Übergangssitz |
| | | | | | | h10 | h7 | a11 | Festsitz |

c) Toleranzen für Nabe und Welle (Profil nach DIN 5464)

| Bauteil | Art der Zentrierung | | b | | d | D |
|---|---|---|---|---|---|---|
| | | | ungehärtet | gehärtet | | |
| Nabe | Innen- und Flankenzentrierung | | D9 | F10 | H7 | H11 |
| Welle | Innenzentrierung | in Nabe beweglich | h8 | e8 | f7 | a11 |
| | | in Nabe fest | p6 | h6 | f6 | |
| | Flankenzentrierung | in Nabe beweglich | h8 | e8 | – | |
| | | in Nabe fest | u6 | k6 | – | |

**TB 12-4** Zahnwellenverbindungen
a) Passverzahnung mit Kerbflanken nach DIN 5481 (Auszug)
Maße in mm

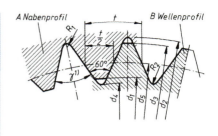

| Nenn-durch-messer $d_1 \times d_2$ | Nenn-maß $d_1$ A11 | Fuß-kreis $d_2$ | Nenn-maß $d_3$ a11 | Fuß-kreis $d_4$ | Teil-kreis $d_5$ | Zähne-zahl $z$ |
|---|---|---|---|---|---|---|
| 8 × 10 | 8,1 | 9,93 | 10,1 | 8,25 | 9 | 28 |
| 10 × 12 | 10,1 | 12,01 | 12 | 10,16 | 11 | 30 |
| 12 × 14 | 12 | 14,19 | 14,2 | 12,02 | 13 | 31 |
| 15 × 17 | 14,9 | 17,32 | 17,2 | 14,9 | 16 | 32 |
| 17 × 20 | 17,3 | 20,02 | 20 | 17,33 | 18,5 | 33 |
| 21 × 24 | 20,8 | 23,8 | 23,9 | 20,69 | 22 | 34 |
| 26 × 30 | 26,5 | 30,03 | 30 | 26,36 | 28 | 35 |
| 30 × 34 | 30,5 | 34,18 | 34 | 30,32 | 32 | 36 |
| 36 × 40 | 36 | 40,23 | 39,9 | 35,95 | 38 | 37 |
| 40 × 44 | 40 | 44,34 | 44 | 39,72 | 42 | 38 |
| 45 × 50 | 45 | 50,34 | 50 | 44,86 | 47,5 | 39 |
| 50 × 55 | 50 | 55,25 | 54,9 | 49,64 | 52,5 | 40 |
| 55 × 60 | 55 | 60,42 | 60 | 54,69 | 57,5 | 42 |

[1] Flankenwinkel $\gamma \approx 47\ldots51°$ mit wachsendem Nenndurchmesser.

b) Passverzahnung mit Evolventenflanken (Eingriffswinkel 30°) nach DIN 5480 (Auszug)
Maße in mm

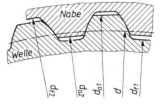

| Bezugs-durch-messer $d_B$ | Zähne-zahl $z$ | Modul $m$ | Teil-kreis $d$ | Welle Kopf-kreis $d_{a1}$ | Welle Fuß-kreis $d_{f1}$ | Nabe Kopf-kreis $d_{a2}$ | Nabe Fuß-kreis $d_{f2}$ |
|---|---|---|---|---|---|---|---|
| 20 | 14 | 1,25 | 17,5 | 19,75 | 17,25 | 17,5 | 20 |
| 22 | 16 | 1,25 | 20 | 21,75 | 19,25 | 19,5 | 22 |
| 25 | 18 | 1,25 | 22,5 | 24,75 | 22,25 | 22,5 | 25 |
| 26 | 19 | 1,25 | 23,75 | 25,75 | 23,25 | 23,5 | 26 |
| 28 | 21 | 1,25 | 26,25 | 27,75 | 25,25 | 25,5 | 28 |
| 30 | 22 | 1,25 | 27,5 | 29,75 | 27,25 | 27,5 | 30 |
| 32 | 24 | 1,25 | 30 | 31,25 | 29,25 | 29,5 | 32 |
| 35 | 16 | 2 | 32 | 34,6 | 30,6 | 31 | 35 |
| 37 | 17 | 2 | 34 | 36,6 | 32,6 | 33 | 37 |
| 40 | 18 | 2 | 36 | 39,6 | 35,6 | 36 | 40 |
| 42 | 20 | 2 | 40 | 41,6 | 37,6 | 38 | 42 |
| 45 | 21 | 2 | 42 | 44,6 | 40,6 | 41 | 45 |
| 48 | 22 | 2 | 44 | 47,6 | 43,6 | 44 | 48 |
| 50 | 24 | 2 | 48 | 49,6 | 45,6 | 46 | 50 |
| 55 | 17 | 3 | 51 | 54,4 | 48,4 | 49 | 55 |
| 60 | 18 | 3 | 54 | 59,4 | 53,4 | 54 | 60 |
| 65 | 20 | 3 | 60 | 64,4 | 58,4 | 59 | 65 |
| 70 | 22 | 3 | 66 | 69,4 | 63,4 | 64 | 70 |
| 75 | 24 | 3 | 72 | 74,4 | 68,4 | 69 | 75 |
| 80 | 25 | 3 | 75 | 79,4 | 73,4 | 74 | 80 |
| 90 | 16 | 5 | 80 | 89 | 79 | 80 | 90 |
| 100 | 18 | 5 | 90 | 99 | 89 | 90 | 100 |

**TB 12-5** Abmessungen der Polygonprofile in mm
a) A Polygonwellen-Profil P3G
   B Polygonnaben-Profil P3G
   (DIN 32711, Auszug)

b) A Polygonwellen-Profil P4C
   B Polygonnaben-Profil P4C
   (DIN 32712, Auszug)

| Welle | $d_1$[1] | $d_2$ | $d_3$ | $e_1$ |
|---|---|---|---|---|
| Nabe | $d_4$[2] | $d_5$ | $d_6$ | $e_2$ |
| | 14 | 14,88 | 13,12 | 0,44 |
| | 16 | 17 | 15 | 0,5 |
| | 18 | 19,12 | 16,88 | 0,56 |
| | 20 | 21,26 | 18,74 | 0,63 |
| | 22 | 23,4 | 20,6 | 0,7 |
| | 25 | 26,6 | 23,4 | 0,8 |
| | 28 | 29,8 | 26,2 | 0,9 |
| | 30 | 32 | 28 | 1 |
| | 32 | 34,24 | 29,76 | 1,12 |
| | 35 | 37,5 | 32,5 | 1,25 |
| | 40 | 42,8 | 37,2 | 1,4 |
| | 45 | 48,2 | 41,8 | 1,6 |
| | 50 | 53,6 | 46,4 | 1,8 |
| | 55 | 59 | 51 | 2 |
| | 60 | 64,5 | 55,5 | 2,25 |
| | 65 | 69,9 | 60,1 | 2,45 |
| | 70 | 75,6 | 64,4 | 2,8 |
| | 75 | 81,3 | 68,7 | 3,15 |
| | 80 | 86,7 | 73,3 | 3,35 |
| | 85 | 92,1 | 77,9 | 3,55 |
| | 90 | 98 | 82 | 4 |
| | 95 | 103,5 | 86,5 | 4,25 |
| | 100 | 109 | 91 | 4,5 |

| Welle | $d_1$[1] | $d_2$[2] | $e_1$ |
|---|---|---|---|
| Nabe | $d_3$[3] | $d_4$[4] | $e_2$ |
| | 14 | 11 | 1,6 |
| | 16 | 13 | 2 |
| | 18 | 15 | 2 |
| | 20 | 17 | 3 |
| | 22 | 18 | 3 |
| | 25 | 21 | 5 |
| | 28 | 24 | 5 |
| | 30 | 25 | 5 |
| | 32 | 27 | 5 |
| | 35 | 30 | 5 |
| | 40 | 35 | 6 |
| | 45 | 40 | 6 |
| | 50 | 43 | 6 |
| | 55 | 48 | 6 |
| | 60 | 53 | 6 |
| | 65 | 58 | 6 |
| | 70 | 60 | 6 |
| | 75 | 65 | 6 |
| | 80 | 70 | 8 |
| | 85 | 75 | 8 |
| | 90 | 80 | 8 |
| | 95 | 85 | 8 |
| | 100 | 90 | 8 |

$r = \dfrac{d_2}{2} + 16\,e$

[1] für nicht unter Drehmoment längsverschiebbare
Verbindung: g6;
für ruhende Verbindungen: k6.
[2] H7.

[1] e9.
[2] s. Fußnote [1] zu a)
[3] H11.
[4] H7.

Bezeichnung eines Polygonwellen-Profils P3G mit
$d_1 = 20$ und $d_2 = 21,26$ k6:
**Profil DIN 32711 – AP3G20k6**

Bezeichnung eines Polygonnaben-Profils
P4C mit $d_3 = 40$ und $d_4 = 35$ H7;
**Profil DIN 32712 – BP4C40H7**

Elemente zum Verbinden von Wellen und Narben

**TB 12-6** Haftbeiwert, Querdehnzahl und Längenausdehnungskoeffizient, max. Fügetemperatur
a) Haftbeiwert für Längs- und Umfangsbelastung (Richtwerte)

| Innenteil Stahl | | Längspresspassung – Haftbeiwert | | Querpresspassung – Haftbeiwert $\mu$ |
|---|---|---|---|---|
| Außenteil | Schmierung | bei Lösen $\mu_e$ | bei Rutschen $\mu$ | (Schrumpfpassung) |
| Stahl, GS | Öl | 0,07…0,08 | 0,06…0,07 | 0,12 |
|  | trocken | 0,1 …0,11 | 0,08…0,09 | 0,18…0,2 |
| Gusseisen | Öl | 0,06 | 0,05 | 0,1 |
|  | trocken | 0,10…0,12 | 0,09…0,11 | 0,16 |
| Cu-Leg. u.a. | Öl | – | – | – |
|  | trocken | 0,07 | 0,06 | 0,17…0,25 |
| Al-Leg. u.a. | Öl | 0,05 | 0,04 | – |
|  | trocken | 0,07 | 0,06 | 0,1…0,15 |

b) Querdehnzahl, E-Modul, Längenausdehnungskoeffizient

| Werkstoff | Querdehnzahl $\nu$ | E-Modul in N/mm$^2$ | Längenausdehnungskoeffizient $\alpha$ in K$^{-1}$ | | Dichte $\rho \approx$ in kg/m$^3$ |
|---|---|---|---|---|---|
| | | | Erwärmen | Unterkühlen | |
| Stahl | 0,3 | S. TB 1-1 bis TB 1-3 | $11 \cdot 10^{-6}$ | $8,5 \cdot 10^{-6}$ | 7800 |
| Gusseisen | 0,24…0,26 | | $10 \cdot 10^{-6}$ | $8 \cdot 10^{-6}$ | 7200 |
| Cu-Leg. | 0,35…0,37 | | $(16…18) \cdot 10^{-6}$ | $(14…16) \cdot 10^{-6}$ | ≤8900[1] |
| Al-Leg. | 0,3…0,34 | | $23 \cdot 10^{-6}$ | $18 \cdot 10^{-6}$ | ≥2700[1] |

[1] je nach Legierungsbestandteilen.

c) maximale Fügetemperatur

| Werkstoff der Nabe | Fügetemperatur °C |
|---|---|
| Baustahl niedriger Festigkeit Stahlguss Gusseisen mit Kugelgrafit | 350 |
| Stahl oder Stahlguss vergütet | 300 |
| Stahl randschichtgehärtet | 250 |
| Stahl einsatzgehärtet oder hochvergüteter Baustahl | 200 |

**TB 12-7** Bestimmung der Hilfsgröße $K$ für Vollwellen aus Stahl

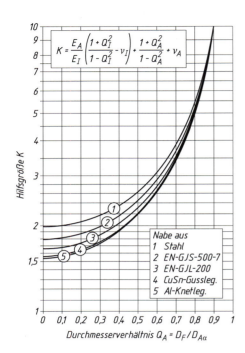

|  | E in N/mm² | $v$ |
|---|---|---|
| Stahl | 210000 | 0,3 |
| EN-GJS-500-7 | 169000 | 0,25 |
| EN-GJL-200 | 100000 | 0,25 |
| CuSn-Gussleg. | 95000 | 0,36 |
| Al-Knetleg. | 70000 | 0,32 |

**TB 12-8** Kegel (in Anlehnung an DIN EN ISO 1119)

| Kegel-verhältnis C | Kegel-winkel α | Einstellwin-kel (α/2) | Beispiele und Verwendung |
|---|---|---|---|
| 1 : 0,2887 | 120° | 60° | Schutzsenkungen für Zentrierbohrungen |
| 1 : 0,5000 | 90° | 45° | Ventilkegel, Kegelsenker, Senkschrauben |
| 1 : 0,8660 | 60° | 30° | Dichtungskegel für leichte Rohrverschraubung, V-Nuten, Zentrierspitzen, Spannzangen |
| 1 : 3,429 | 16°35′40″ | 8°17′50″ | Steilkegel für Frässpindelköpfe, Fräsdorne |
| 1 : 5 | 11°25′16″ | 5°42′38″ | Spurzapfen, Reibungskupplungen, leicht abnehmbare Maschinenteile bei Beanspruchung quer zur Achse und bei Verdrehbeanspruchung |
| 1 : 6 | 9°31′38″ | 4°45′49″ | Dichtungskegel an Armaturen |
| 1 : 10 | 5°43′30″ | 2°51′45″ | Kupplungsbolzen, nachstellbare Lagerbuchsen, Maschinenteile bei Beanspruchung quer zur Achse, auf Verdrehung und längs der Achse, Wellenenden |
| 1 : 12 | 4°46′18″ | 2°23′9″ | Wälzlager (Spannhülsen), Bohrstangenkegel |
| 1 : 20 | 2°51′22″ | 1°25′56″ | metrischer Kegel, Schäfte von Werkzeugen und Aufnahmekegel der Werkzeugmaschinenspindeln |
| 1 : 30 | 1°54′34″ | 57′17″ | Bohrungen der Aufsteckreibahlen und Aufstecksenker |
| 1 : 50 | 1°8′46″ | 34′23″ | Kegelstifte, Reibahlen |

Bezeichnung eines Kegels mit dem Kegelwinkel α = 60°: **Kegel 60°**.
Bezeichnung eines Kegels mit dem Kegelverhältnis C = 1 : 10: **Kegel 1 : 10**.

## TB 12-9  Kegel-Spannsysteme (Auszüge aus Werksnormen)

a) Ringfeder Spannelement RfN 8006

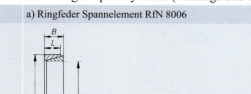

b) Tollok-Konus-Spannelement RLK 250

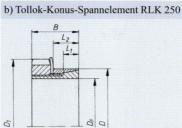

| Abmessungen | | | | übertragbar | | Pressung Welle Nabe | | Spannkraft $F_S = F_o + F_{So}$ | | Abmessungen | | | | | übertragbar | | Pressung Welle Nabe | | $M_s$ |
|---|---|---|---|---|---|---|---|---|---|---|---|---|---|---|---|---|---|---|---|
| $D_F$ | $D$ | $B$ | $L$ | $T$ | $F_a$ | $p_W$ | $p_N$ | $F_o$ | $F_{So}$ | $D$ | $D_1$ | $B$ | $L_1$ | $L_2$ | $T$ | $F_a$ | $p_W$ | $p_N$ | |
| mm | mm | mm | mm | Nm | kN | N/mm² | | kN | kN | mm | mm | mm | mm | mm | Nm | kN | N/mm² | | Nm |
| 15 | 19 | 6,3 | 5,3 | 23 | 3 | 100 | 78,9 | 10,7 | 13,5 | 25 | 32 | 16,5 | 6,5 | 9,5 | 29 | 4 | 120 | 72 | 46 |
| 16 | 20 | 6,3 | 5,3 | 26 | 3,19 | 100 | 80,0 | 10,1 | 14,4 | 25 | 32 | 16,5 | 6,5 | 9,5 | 33 | 4 | 120 | 76 | 49 |
| 17 | 21 | 6,3 | 5,3 | 29 | 3,4 | 100 | 81,0 | 9,5 | 15,3 | – | – | – | – | – | – | – | – | – | – |
| 18 | 22 | 6,3 | 5,3 | 33 | 3,6 | 100 | 81,8 | 9,1 | 16,2 | – | – | – | – | – | – | – | – | – | – |
| 19 | 24 | 6,3 | 5,3 | 36 | 3,79 | 100 | 79,2 | 12,6 | 17,1 | 30 | 38 | 18 | 6,5 | 10 | 46 | 5 | 120 | 76 | 72 |
| 20 | 25 | 6,3 | 5,3 | 40 | 4 | 100 | 80,0 | 12,0 | 18 | 30 | 38 | 18 | 6,5 | 10 | 51 | 5 | 120 | 80 | 75 |
| 22 | 26 | 6,3 | 5,3 | 48 | 4,4 | 100 | 84,6 | 9,0 | 19,8 | – | – | – | – | – | – | – | – | – | – |
| 24 | 28 | 6,3 | 5,3 | 58 | 4,8 | 100 | 85,7 | 8,3 | 21,6 | 35 | 45 | 18 | 6,5 | 10 | 73 | 6 | 120 | 82 | 106 |
| 25 | 30 | 6,3 | 5,3 | 62 | 5 | 100 | 83,3 | 9,9 | 22,5 | 35 | 45 | 18 | 6,5 | 10 | 79 | 6 | 120 | 85 | 111 |
| 28 | 32 | 6,3 | 5,3 | 78 | 5,6 | 100 | 87,5 | 7,4 | 25,2 | – | – | – | – | – | – | – | – | – | – |
| 30 | 35 | 6,3 | 5,3 | 90 | 6 | 100 | 85,7 | 8,5 | 27 | 40 | 52 | 19,5 | 7 | 10,5 | 123 | 8 | 120 | 90 | 164 |
| 32 | 36 | 6,3 | 5,3 | 102 | 6,4 | 100 | 88,9 | 7,8 | 28,8 | – | – | – | – | – | – | – | – | – | – |
| 35 | 40 | 7 | 6 | 138 | 7,9 | 100 | 87,5 | 10,1 | 35,6 | 45 | 58 | 21,5 | 8 | 10,5 | 191 | 11 | 120 | 93 | 247 |
| 36 | 42 | 7 | 6 | 147 | 8,2 | 100 | 85,7 | 11,6 | 36,6 | 45 | 58 | 21,5 | 8 | 10,5 | 202 | 11 | 120 | 96 | 254 |
| 38 | 44 | 7 | 6 | 163 | 8,6 | 100 | 86,4 | 11 | 38,7 | – | – | – | – | – | – | – | – | – | – |
| 40 | 45 | 8 | 6,6 | 199 | 9,95 | 100 | 88,9 | 13,8 | 45 | 52 | 65 | 24,5 | 10 | 12,5 | 312 | 16 | 120 | 92 | 401 |
| 42 | 48 | 8 | 6,6 | 219 | 10,4 | 100 | 87,5 | 15,6 | 47 | – | – | – | – | – | – | – | – | – | – |
| 45 | 52 | 10 | 8,6 | 328 | 14,6 | 100 | 86,5 | 26,1 | 66 | 57 | 70 | 25,5 | 10 | 12,5 | 395 | 18 | 119 | 94 | 496 |
| 48 | 55 | 10 | 8,6 | 373 | 15,6 | 100 | 87,3 | 24,6 | 70 | 62 | 75 | 25,5 | 10 | 12,5 | 450 | 19 | 120 | 92 | 583 |
| 50 | 57 | 10 | 8,6 | 405 | 16,2 | 100 | 87,7 | 23,5 | 73 | 62 | 75 | 25,5 | 10 | 12,5 | 488 | 20 | 120 | 96 | 607 |
| 55 | 62 | 10 | 8,6 | 490 | 17,8 | 100 | 88,7 | 21,8 | 80 | 68 | 80 | 27,5 | 12 | 15 | 618 | 23 | 104 | 84 | 762 |
| 56 | 64 | 12 | 10,4 | 615 | 22 | 100 | 87,5 | 29,4 | 99 | 68 | 80 | 27,5 | 12 | 15 | 629 | 23 | 102 | 84 | 762 |
| 60 | 68 | 12 | 10,4 | 705 | 23,5 | 100 | 88,2 | 27,4 | 106 | 73 | 85 | 28,5 | 12 | 16,5 | 727 | 24 | 103 | 85 | 886 |
| 63 | 71 | 12 | 10,4 | 780 | 24,8 | 100 | 88,7 | 26,3 | 111 | 79 | 92 | 30,5 | 14 | 17 | 892 | 28 | 98 | 78 | 1115 |
| 65 | 73 | 12 | 10,4 | 830 | 25,6 | 100 | 89,0 | 25,4 | 115 | 79 | 92 | 30,5 | 14 | 17 | 920 | 28 | 95 | 78 | 1115 |
| 70 | 79 | 14 | 12,2 | 1120 | 32 | 100 | 88,6 | 31 | 145 | 84 | 98 | 31,5 | 14 | 17 | 1075 | 31 | 96 | 80 | 1290 |
| 71 | 80 | 14 | 12,2 | 1160 | 32,6 | 100 | 88,8 | 31 | 147 | – | – | – | – | – | – | – | – | – | – |
| 75 | 84 | 14 | 12,2 | 1290 | 34,4 | 100 | 89,3 | 34,6 | 155 | – | – | – | – | – | – | – | – | – | – |
| 80 | 91 | 17 | 15 | 1810 | 45 | 100 | 87,9 | 48 | 203 | – | – | – | – | – | – | – | – | – | – |
| 85 | 96 | 17 | 15 | 2040 | 48 | 100 | 88,5 | 45,6 | 216 | – | – | – | – | – | – | – | – | – | – |
| 90 | 101 | 17 | 15 | 2290 | 51 | 100 | 89,1 | 43,4 | 229 | – | – | – | – | – | – | – | – | – | – |
| 95 | 106 | 17 | 15 | 2550 | 54 | 100 | 89,6 | 41,2 | 242 | – | – | – | – | – | – | – | – | – | – |
| 100 | 114 | 21 | 18,5 | 3520 | 70 | 100 | 87,7 | 60,7 | 317 | – | – | – | – | – | – | – | – | – | – |

## TB 12-9 (Fortsetzung)

### c) Spannsatz DOBIKON 1012

| Abmessungen | | | | übertragbar | | Pressung | | Schrauben |
|---|---|---|---|---|---|---|---|---|
| | | | | | | Welle | Nabe | |
| $D_F$ | $D$ | $L_1$ | $L_2$ | $T$ | $F_a$ | $p_W$ | $p_N$ | $M_A$ |
| mm | mm | mm | mm | Nm | kN | N/mm² | | Nm |
| 25 | 55 | 40 | 46 | 840 | 67 | 297 | 101 | |
| 28 | 55 | 40 | 46 | 940 | 67 | 265 | 101 | M6 17 |
| 30 | 55 | 40 | 46 | 1000 | 67 | 248 | 101 | |
| 35 | 60 | 54 | 60 | 1300 | 74 | 165 | 87 | |
| 40 | 75 | 54 | 62 | 2900 | 145 | 282 | 116 | |
| 45 | 75 | 54 | 62 | 3260 | 145 | 251 | 116 | |
| 50 | 80 | 64 | 72 | 4150 | 165 | 200 | 98 | |
| 55 | 85 | 64 | 72 | 5150 | 186 | 205 | 104 | M8 41 |
| 60 | 90 | 64 | 72 | 6200 | 207 | 202 | 106 | |
| 65 | 95 | 64 | 72 | 6750 | 207 | 187 | 100 | |
| 70 | 110 | 78 | 88 | 11500 | 329 | 223 | 114 | |
| 80 | 120 | 78 | 88 | 14500 | 362 | 215 | 115 | M10 83 |
| 90 | 130 | 78 | 88 | 17800 | 390 | 208 | 115 | |
| 100 | 145 | 100 | 112 | 26300 | 527 | 200 | 107 | |
| 110 | 155 | 100 | 112 | 31800 | 575 | 198 | 110 | M12 145 |
| 120 | 165 | 100 | 112 | 40400 | 670 | 212 | 120 | |
| 130 | 180 | 116 | 130 | 51500 | 789 | 192 | 112 | |
| 140 | 190 | 116 | 130 | 64700 | 920 | 208 | 124 | M14 230 |
| 150 | 200 | 116 | 130 | 74200 | 986 | 208 | 127 | |
| 160 | 210 | 116 | 130 | 84500 | 1050 | 208 | 128 | |
| 170 | 225 | 146 | 162 | 108200 | 1280 | 182 | 113 | |
| 180 | 235 | 146 | 162 | 123250 | 1370 | 184 | 115 | |
| 190 | 250 | 146 | 162 | 133800 | 1460 | 186 | 116 | M16 355 |
| 200 | 260 | 146 | 162 | 146000 | 1460 | 177 | 112 | |
| 220 | 285 | 146 | 162 | 181000 | 1640 | 188 | 115 | |
| 240 | 305 | 146 | 162 | 218000 | 1820 | 184 | 119 | |
| 260 | 325 | 146 | 162 | 250000 | 1920 | 178 | 117 | |
| 280 | 355 | 177 | 197 | 360000 | 2550 | 185 | 117 | |
| 300 | 375 | 177 | 197 | 428000 | 2850 | 192 | 123 | M20 690 |
| 320 | 405 | 177 | 197 | 480000 | 3000 | 188 | 119 | |

### d) Schrumpfscheibe HSD Baureihe 22

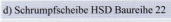
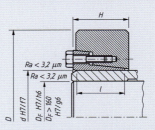

| Abmessungen | | | | | übertragbar | | Schrauben |
|---|---|---|---|---|---|---|---|
| $D_F$ | $d$ | $D$ | $l$ | $H$ | $T$ | $F_A$ | $M_A$ |
| mm | mm | mm | mm | mm | Nm | kN | Nm |
| 24 | | | | | 270 | 23 | |
| 25 | 30 | 60 | 16 | 20 | 320 | 25 | M6 12 |
| 26 | | | | | 360 | 28 | |
| 27 | 36 | | | | 440 | 32 | |
| 30 | 38 | 72 | 18 | 22 | 610 | 41 | M8 29 |
| 33 | | | | | 820 | 50 | |
| 34 | 44 | | | | 690 | 41 | |
| 35 | 40 | 80 | 20 | 24 | 770 | 44 | M8 29 |
| 37 | | | | | 920 | 50 | |
| 38 | | | | | 1110 | 58 | |
| 40 | 50 | 90 | 22 | 26 | 1290 | 65 | M8 29 |
| 42 | | | | | 1510 | 71 | |
| 42 | | | | | 1230 | 59 | |
| 45 | 55 | 100 | 23 | 29 | 1530 | 68 | M8 29 |
| 48 | | | | | 1860 | 78 | |
| 48 | 62 | | | | 1670 | 70 | |
| 50 | 60 | 110 | 23 | 29 | 1890 | 76 | M8 29 |
| 52 | | | | | 2120 | 81 | |
| 55 | | | | | 2330 | 85 | |
| 60 | 75 | 138 | 25 | 31 | 3020 | 101 | M8 29 |
| 65 | | | | | 3810 | 117 | |
| 70 | 100 | | | | 6000 | 171 | |
| 75 | 95 | 170 | 34 | 43 | 7200 | 192 | M10 58 |
| 80 | | | | | 8500 | 213 | |
| 85 | 120 | | | | 11900 | 280 | |
| 90 | 115 | 197 | 42 | 53 | 13800 | 307 | M12 100 |
| 95 | | | | | 15900 | 334 | |
| 100 | | | | | 19600 | 392 | |
| 105 | 140 | 230 | 46 | 58 | 22100 | 421 | M14 160 |
| 115 | | | | | 27600 | 481 | |

# Kupplungen und Bremsen

**TB 13-1** Scheibenkupplungen nach DIN 116, Lehrbuch Bild 13-9, Formen A, B und C
Hauptmaße und Auslegungsdaten

| Bau- größe $d_1$ N7 | Maße in mm $d_2$ | $d_3$ | $l_1$ | $l_3$ | $l_4$ | $l_6$ | Passschrauben DIN 609, 8.8 Anzahl | Größe Form B | max. Drehzahl $n_{max}$ min$^{-1}$ | Dreh- moment $T_k$ Nm | axiale Tragkraft[1] Form C kN | Trägheits- moment[1] Form B $J$ kg m$^2$ | Gewicht[1] Form B $m$ kg |
|---|---|---|---|---|---|---|---|---|---|---|---|---|---|
| 25 | 58 | 125 | 101 | 117 | 50 | 31 | 3 | M10 × 60 | 2120 | 46,2 | 3 | 0,0104 | 5,5 |
| 30 | 58 | 125 | 101 | 117 | 50 | 31 | 3 | M10 × 60 | 2120 | 87,5 | 5 | 0,0104 | 5,3 |
| 35 | 72 | 140 | 121 | 141 | 60 | 31 | 3 | M10 × 60 | 2000 | 150 | 7,5 | 0,0167 | 7,3 |
| 40 | 72 | 140 | 121 | 141 | 60 | 31 | 3 | M10 × 60 | 2000 | 236 | 7,5 | 0,0167 | 7 |
| 45 | 95 | 160 | 141 | 169 | 70 | 34 | 3 | M10 × 65 | 1900 | 355 | 14 | 0,0297 | 11,4 |
| 50 | 95 | 160 | 141 | 169 | 70 | 34 | 3 | M10 × 65 | 1900 | 515 | 14 | 0,0323 | 11 |
| 55 | 110 | 180 | 171 | 203 | 85 | 37 | 4 | M12 × 70 | 1800 | 730 | 22 | 0,0572 | 16 |
| 60 | 110 | 180 | 171 | 203 | 85 | 37 | 4 | M12 × 70 | 1800 | 975 | 22 | 0,0569 | 15,4 |
| 70 | 130 | 200 | 201 | 233 | 100 | 41 | 6 | M12 × 80 | 1700 | 1700 | 22 | 0,108 | 23,6 |
| 80 | 145 | 224 | 221 | 261 | 110 | 41 | 8 | M12 × 80 | 1600 | 2650 | 32 | 0,179 | 31,2 |
| 90 | 164 | 250 | 251 | 281 | 120 | 54 | 8 | M16 × 100 | 1500 | 4120 | 32 | 0,332 | 45 |
| 100 | 180 | 280 | 261 | 301 | 130 | 54 | 8 | M16 × 100 | 1400 | 5800 | 32 | 0,516 | 57,5 |
| 110 | 200 | 300 | 281 | 329 | 140 | 60 | 8 | M16 × 105 | 1320 | 8250 | 50 | 0,760 | 72,9 |
| 120 | 225 | 335 | 311 | 359 | 155 | 60 | 10 | M16 × 105 | 1250 | 12500 | 50 | 1,254 | 99,5 |
| 140 | 250 | 375 | 341 | 397 | 170 | 70 | 10 | M20 × 125 | 1180 | 19000 | 75 | 2,181 | 135 |
| 160 | 290 | 425 | 401 | 457 | 200 | 75 | 10 | M24 × 125 | 1120 | 30700 | 75 | 4,036 | 199 |
| 180 | 325 | 450 | 451 | – | 225 | 80 | 12 | M24 × 140 | 1060 | 45000 | – | 6,115 | 262 |
| 200 | 360 | 500 | 501 | – | 250 | 80 | 16 | M24 × 140 | 1000 | 61500 | – | 9,870 | 348 |
| 220 | 400 | 560 | 541 | – | 270 | 95 | 14 | M30 × 160 | 950 | 82500 | – | 17,00 | 478 |
| 250 | 450 | 630 | 601 | – | 300 | 95 | 16 | M30 × 160 | 900 | 118000 | – | 28,47 | 645 |

Bezeichnung einer vollständigen Scheibenkupplung Form A von Durchmesser $d_1 = 80$ mm: Scheibenkupplung DIN 116 – A80.
[1] nach Desch KG, Arnsberg

$l_7$ und $l_1$ in ( ) für $d_1 = 25...60$: 16 (3); 70...160: 18 (4); 180...250: 20 (5)
$l_2 = l_1 + 9$  $d_7$: M10 bis $d_1 = 120$, darüber M12.
Passschraubenlänge bei Form A und C um 15 mm bzw. 20 mm (bei $d_1 > 50$) kürzer als bei Form B.

**TB 13-2** Biegenachgiebige Ganzmetallkupplung, Lehrbuch Bild 13-14b (Thomas-Kupplung, Bauform 923, nach Werknorm) Hauptmaße und Auslegungsdaten

| Bau-größe | Maße in mm | | | | | | max. Dreh-zahl $n_{max}$ min$^{-1}$ | Nenn-dreh-moment[1] $T_{KN}$ Nm | Nachgiebigkeiten | | | Federsteifen | | | | Träg-heits-moment $J$ kg m² | Gewicht $m$ kg |
|---|---|---|---|---|---|---|---|---|---|---|---|---|---|---|---|---|---|
| | $d_1$ H7 max | $d_2$ | $d_3$ | $l_1$ | $l_2$ | $l_3$ | | | $\pm\Delta K_a$ mm | $\Delta K_r$[2] mm | $\Delta K_w$ ° | $C_a$ N/mm | $C_r$ N/mm | $C_w$ Nm/rad | $C_{T\,dyn}$ Nm/rad | | |
| 10 | 28 | 42,5 | 80 | 40 | 95 | 71,5 | 36000 | 200 | 1,4 | 1,2 | | 83 | 250 | 5155 | 24150 | 0,0022 | 2,51 |
| 16 | 35 | 51 | 95 | 45 | 97 | 72,5 | 29000 | 320 | 1,6 | 1,3 | | 105 | 531 | 5730 | 42250 | 0,0040 | 3,43 |
| 25 | 50 | 70 | 110 | 50 | 102 | 77 | 23000 | 500 | 1,8 | 1,3 | | 130 | 650 | 6015 | 80100 | 0,0086 | 4,81 |
| 40 | 65 | 90 | 140 | 55 | 120 | 91 | 18600 | 800 | 2,4 | 1,6 | | 245 | 1100 | 6100 | 169550 | 0,0265 | 9,29 |
| 63 | 70 | 98 | 147 | 70 | 128 | 97 | 17600 | 1260 | 2,6 | 1,7 | | 475 | 475 | 7735 | 285000 | 0,0385 | 11,9 |
| 100 | 80 | 109 | 173 | 75 | 153 | 116 | 14700 | 2000 | 3,0 | 2,0 | 2 | 590 | 520 | 8020 | 438500 | 0,0818 | 18,5 |
| 160 | 100 | 134 | 200 | 80 | 179 | 139 | 13100 | 3200 | 3,4 | 2,4 | | 670 | 625 | 8310 | 858000 | 0,1634 | 26,1 |
| 250 | 110 | 148 | 225 | 90 | 195 | 148 | 11300 | 5000 | 3,8 | 2,6 | | 660 | 810 | 12605 | 1247500 | 0,3029 | 37,8 |
| 400 | 125 | 165 | 250 | 125 | 219 | 166,5 | 10300 | 8000 | 4,2 | 2,9 | | 985 | 1300 | 16615 | 1725000 | 0,5739 | 58,0 |
| 630 | 145 | 190 | 290 | 150 | 245 | 184,5 | 9000 | 12600 | 5,0 | 3,2 | | 1270 | 2000 | 21485 | 2614000 | 1,1980 | 94,2 |
| 1000 | 160 | 210 | 330 | 185 | 278 | 205,5 | 8200 | 20000 | 5,6 | 3,6 | | 1515 | 3100 | 28650 | 4107000 | 1,9720 | 126 |
| 1600 | 180 | 238 | 370 | 190 | 296 | 218 | 7700 | 32000 | 6,4 | 3,8 | | 2390 | 4700 | 37245 | 5789500 | 3,3280 | 167 |
| 2500 | 200 | 262 | 410 | 240 | 315 | 234 | 6800 | 50000 | 7,0 | 4,1 | | 2475 | 6500 | 57295 | 7585000 | 5,8200 | 242 |

[1] Maximaldrehmoment $T_{K\,max} = 2{,}5\,T_{KN}$, Dauerwechseldrehmoment $T_{KW} = 0{,}25\,T_{KN}$.
[2] $\Delta K_r = l_3 \cdot \tan\Delta K_w/2$, mit dem zul. Beugungswinkel eines Lamellenpaketes $\Delta K_w/2 = 1°$ bei $\Delta K_a = 0$ (vgl. Beispiel 13.2).

**TB 13-3** Elastische Klauenkupplung, Lehrbuch Bild 13-26 (N-Eupex-Kupplung, Bauform B, nach Werknorm) Hauptmaße und Auslegungsdaten

| Baugröße | Maße in mm | | | | | | | | | max. Drehzahl $n_{max}$ min$^{-1}$ | Nenndrehmoment $T_{KN}$ Nm | Trägheitsmoment $J$ kg m$^2$ | Gewicht $m$ kg |
|---|---|---|---|---|---|---|---|---|---|---|---|---|---|
| | $d_1$ H7 max | $d_2$ H7 max | $d_3$ | $d_4$ | $d_5$ | $l_1$ | $l_2$ | $l_3$ | $s$ | | | | |
| B 58 | 19 | 24 | – | 40 | 58 | 20 | 20 | 8 | 2…4 | 5000 | 19 | 0,0002 | 0,45 |
| B 68 | 24 | 28 | – | 46 | 68 | 20 | 20 | 8 | 2…4 | 5000 | 34 | 0,0003 | 0,63 |
| B 80 | 30 | 38 | – | 68 | 80 | 30 | 20 | 10 | 2…4 | 5000 | 60 | 0,0012 | 2,51 |
| B 95 | 42 | 42 | 76 | 76 | 95 | 35 | 30 | 12 | 2…4 | 5000 | 100 | 0,0027 | 2,6 |
| B110 | 48 | 48 | 86 | 86 | 110 | 40 | 34 | 14 | 2…4 | 5000 | 160 | 0,0055 | 3,9 |
| B125 | 55 | 55 | 100 | 100 | 125 | 50 | 36 | 18 | 2…4 | 5000 | 240 | 0,0107 | 6,2 |
| B140 | 60 | 60 | 100 | 100 | 140 | 55 | 34 | 20 | 2…4 | 4900 | 360 | 0,014 | 6,9 |
| B160 | 65 | 65 | 108 | 108 | 160 | 60 | 39 | 20 | 2…6 | 4250 | 560 | 0,025 | 9,4 |
| B180 | 75 | 75 | 125 | 125 | 180 | 70 | 42 | 20 | 2…6 | 3800 | 880 | 0,045 | 14 |
| B200 | 85 | 85 | 140 | 140 | 200 | 80 | 47 | 24 | 2…6 | 3400 | 1340 | 0,08 | 20 |
| B225 | 90 | 90 | 150 | 150 | 225 | 90 | 52 | 18 | 2…6 | 3000 | 2000 | 0,135 | 24,5 |
| B250 | 100 | 100 | 165 | 165 | 250 | 100 | 60 | 18 | 3…8 | 2750 | 2800 | 0,23 | 34 |
| B280 | 110 | 110 | 180 | 180 | 280 | 110 | 65 | 20 | 3…8 | 2450 | 3900 | 0,37 | 45 |

Elastische Elemente (Pakete) aus Perbunan.

**TB 13-4** Elastische Klauenkupplung, Lehrbuch Bild 13-27 (Hadeflex-Kupplung, Bauform XW1, nach Werknorm) Hauptmaße und Auslegungsdaten

| Bau-größe | $d_1$ H7 min | $d_1$ H7 max | $d_2$ | $d_3$ | Maße in mm $l$ | $l_1$ | $l_2$ | $s$ | max. Drehzahl $n_{max}$ min$^{-1}$ | Nenndrehmoment[1] $T_{KN}$ Nm | Nachgiebigkeiten $\pm\Delta K_a$ mm | $\Delta K_r$ mm | $\Delta K_w$ ° | Drehfedersteife $C_{T\,dyn}$ Nm/rad bei $1/2 T_{KN}$ | $T_{KN}$ | Trägheitsmoment[2] $J$ kg m$^2$ | Gewicht[2] $m$ kg |
|---|---|---|---|---|---|---|---|---|---|---|---|---|---|---|---|---|---|
| 24 | – | 24 | 55 | 55 | 66 | 24 | – | 18 | 12500 | 30 | 1,2 | 0,3 | 0,7 | 2750 | 4200 | 0,0001 | 0,55 |
| 28 | – | 28 | 62 | 62 | 76 | 28 | – | 20 | 11100 | 50 | 1,2 | 0,3 | 0,7 | 3700 | 6400 | 0,0002 | 0,76 |
| 32 | – | 32 | 52 | 70 | 86 | 32 | 22 | 22 | 9800 | 70 | 1,2 | 0,3 | 0,7 | 4600 | 8000 | 0,0003 | 1,09 |
| 38 | 16 | 38 | 60 | 84 | 100 | 38 | 27 | 24 | 8100 | 120 | 1,5 | 0,4 | 0,7 | 7300 | 12600 | 0,0007 | 1,76 |
| 42 | 16 | 42 | 68 | 92 | 110 | 42 | 31 | 26 | 7400 | 160 | 1,5 | 0,4 | 0,7 | 9450 | 16800 | 0,001 | 2,38 |
| 48 | 19 | 48 | 76 | 105 | 124 | 48 | 36 | 28 | 6500 | 240 | 1,5 | 0,4 | 0,7 | 13350 | 24800 | 0,002 | 3,38 |
| 55 | 19 | 55 | 88 | 120 | 140 | 55 | 43 | 30 | 5700 | 360 | 1,8 | 0,5 | 0,7 | 19500 | 36350 | 0,004 | 4,89 |
| 60 | 24 | 60 | 96 | 130 | 152 | 60 | 47 | 32 | 5200 | 460 | 1,8 | 0,5 | 0,7 | 24700 | 45850 | 0,006 | 6,29 |
| 65 | 26 | 65 | 104 | 142 | 165 | 65 | 51 | 35 | 4800 | 600 | 1,8 | 0,5 | 0,7 | 34800 | 59900 | 0,009 | 8,15 |
| 75 | 32 | 75 | 120 | 165 | 190 | 75 | 59 | 40 | 4100 | 900 | 2,1 | 0,6 | 0,7 | 54150 | 93650 | 0,019 | 12,6 |
| 85 | 42 | 85 | 136 | 185 | 214 | 85 | 68 | 44 | 3700 | 1350 | 2,1 | 0,7 | 0,7 | 74350 | 135450 | 0,034 | 17,9 |
| 100 | 60 | 100 | 160 | 220 | 250 | 100 | 80 | 50 | 3100 | 2250 | 2,4 | 0,8 | 0,7 | 138800 | 220400 | 0,078 | 29,3 |
| 110 | 70 | 110 | 176 | 240 | 275 | 110 | 88 | 55 | 2800 | 3000 | 2,4 | 0,9 | 0,7 | 171000 | 309500 | 0,123 | 38,5 |
| 125 | 70 | 125 | 200 | 275 | 310 | 125 | 100 | 60 | 2500 | 4400 | 3,0 | 1,0 | 0,7 | 284900 | 463400 | 0,235 | 56,7 |
| 140 | 80 | 140 | 224 | 310 | 345 | 140 | 113 | 65 | 2200 | 6000 | 3,0 | 1,1 | 0,7 | 356000 | 602400 | 0,412 | 79,0 |
| 160 | 90 | 160 | 255 | 360 | 395 | 160 | 130 | 75 | 1900 | 9000 | 3,0 | 1,2 | 0,7 | 409000 | 823000 | 0,827 | 119,0 |

[1] Maximaldrehmoment $T_{K\,max} = 3\,T_{KN}$, Dauerwechseldrehmoment $T_{KW} = 0{,}5\,T_{KN}$; Resonanzfaktor $V_R = 6$, Elastisches Element (einteiliger Stern) aus Vulkollan; Passfedernuten nach DIN 6885.
[2] Gewichte und Massenträgheitsmomente beziehen sich auf die max. Bohrungen $d_1$ ohne Nut.

# Kupplungen und Bremsen

**TB 13-5** Hochelastische Wulstkupplung, Lehrbuch Bild 13-29 (Radaflex-Kupplung, Bauform 300, nach Werknorm) Hauptmaße und Auslegungsdaten

| Bau-größe | Maße in mm | | | | | | | max. Drehzahl $n_{max}$ min$^{-1}$ | Nenn-drehmoment[1] $T_{KN}$ Nm | Nachgiebigkeiten | | | | | | Federsteifen | | | $c_{T\,dyn}$ Nm/rad bei | | Träg-heits-moment $J$ kg m² | Ge-wicht $m$ kg |
|---|---|---|---|---|---|---|---|---|---|---|---|---|---|---|---|---|---|---|---|---|---|---|
| | $d_1$ H7 max | $d_2$ | $d_3$ | $l_1$ | $l_2$ | $l_3$ | | | | $\pm \Delta K_a$ mm | $\Delta K_r$ mm | $\Delta K_w$ ° | $C_a$ N/mm | $C_r$ N/mm | $C_w$ Nm/rad | $0{,}5\,T_{KN}$ | $T_{KN}$ | | | |
| 1,6 | 25 | 40 | 85 | 28 | 60 | 64 | 4000 | 16 | 0,5 | 0,5 | 0,5 | 180 | 120 | 85 | 352 | 305 | 0,0014 | 1,7 |
| 4 | 30 | 50 | 110 | 35 | 75 | 85 | 4000 | 40 | 1 | 1 | 1 | 185 | 130 | 138 | 573 | 573 | 0,0042 | 2,9 |
| 10 | 50 | 75 | 150 | 55 | 88 | 125 | 3000 | 100 | 1,5 | 1,5 | 1,5 | 300 | 210 | 535 | 1146 | 917 | 0,0156 | 7 |
| 16 | 55 | 85 | 175 | 60 | 106 | 135 | 3000 | 160 | 2 | 2 | 2 | 330 | 215 | 600 | 1117 | 1146 | 0,0366 | 10 |
| 25 | 60 | 100 | 205 | 65 | 120 | 150 | 2000 | 250 | 2,5 | 2,5 | 2,5 | 340 | 240 | 900 | 1432 | 1364 | 0,0795 | 16 |
| 40 | 70 | 115 | 240 | 75 | 140 | 170 | 2000 | 400 | 3 | 3 | 3 | 345 | 270 | 1500 | 2292 | 2578 | 0,1750 | 26 |
| 63 | 80 | 130 | 275 | 85 | 156 | 195 | 2000 | 630 | 3,5 | 3,5 | 3,5 | 440 | 280 | 1800 | 4985 | 4584 | 0,3090 | 37 |
| 100 | 90 | 150 | 325 | 100 | 188 | 225 | 1500 | 1000 | 4 | 4 | 4 | 510 | 290 | 2200 | 5959 | 6016 | 0,7780 | 60 |

[1] Maximaldrehmoment $T_{K\,max} = 3\,T_{KN}$, Dauerwechseldrehmoment $T_{KW} = 0{,}4\,T_{KN}$; Verhältnismäßige Dämpfung $\psi = 1{,}2$; Elastisches Element (Reifen) aus Vollgummi.

**TB 13-6** Mechanisch betätigte BSD-Lamellenkupplungen, Lehrbuch Bild 13-37a und b (Bauformen 493 und 491, nach Werknorm) Hauptmaße und Auslegungsdaten

| Bau-größe | Maße in mm | | | | | | | | | Hub | max. Dreh-zahl[2] Nasslauf | Schalt-kraft Ein/Aus | | Dreh-moment[3] Nasslauf | | Trägheitsmoment $J$ in kg·m² | | | | zul. Schalt-arbeit/ Schaltung[4] | | Gewicht $m$ in kg Bauform | |
|---|---|---|---|---|---|---|---|---|---|---|---|---|---|---|---|---|---|---|---|---|---|---|---|
| | $d_1$ H7[1] max | $d_2$ | $d_3$ | $d_4$ | $d_5$ H7 | $l_1$ | $l_2$ | $l_3$ | $l_4$ | $s$ | $h$ | $n_{max}$ min⁻¹ | $F_1$ N | $F_2$ N | $T_{KNü}$ Nm | $T_{KNs}$ Nm | innen | außen Bauform | | | $W_{zul}$ Nm | | 493 | 491 |
| | | | | | | | | | | | | | | | | | | 493 | 491 | | | | |
| 4 | 30 | 70 | 82 | 55 | 50 | 60 | 35 | 29 | 47,5 | 10 | 8,5 | 3000 | 100 | 50 | 55 | 40 | 0,0006 | 0,00098 | 0,00045 | 7·10³ | | 1,6 | 1,2 |
| 6,3 | 35 | 80 | 92 | 60 | 60 | 60 | 40 | 34 | 47,5 | 10 | 8,5 | 3000 | 120 | 50 | 90 | 63 | 0,00083 | 0,00185 | 0,00075 | 11·10³ | | 1,8 | 1,4 |
| 10 | 40 | 90 | 110 | 70 | 65 | 70 | 40 | 34 | 56 | 10 | 11 | 3000 | 150 | 60 | 140 | 100 | 0,0025 | 0,00375 | 0,00213 | 15,5·10³ | | 3,5 | 3,1 |
| 16 | 45 | 90 | 120 | 85 | 75 | 75 | 50 | 44 | 58 | 15 | 11 | 2500 | 300 | 100 | 220 | 160 | 0,00375 | 0,0050 | 0,00275 | 20,5·10³ | | 5,0 | 4,0 |
| 25 | 50 | 100 | 130 | 85 | 85 | 78 | 50 | 42 | 61 | 15 | 12 | 2200 | 400 | 120 | 350 | 250 | 0,0050 | 0,0075 | 0,00425 | 27·10³ | | 6,5 | 4,3 |
| 40 | 65 | 120 | 160 | 105 | 110 | 97 | 60 | 52 | 79 | 15 | 14 | 2000 | 500 | 160 | 550 | 400 | 0,015 | 0,0208 | 0,0125 | 39·10³ | | 15 | 8,5 |
| 63 | 70 | 140 | 180 | 130 | 120 | 111 | 70 | 60 | 91 | 18 | 14 | 1800 | 700 | 200 | 900 | 630 | 0,025 | 0,0378 | 0,020 | 49·10³ | | 19 | 11 |

Reibpaarung: Stahl – Sinterbronze

[1] Innenmitnehmer und Nabengehäuse auf ca. 0,5 $d_{1\,max}$ vorgebohrt.
[2] Von den Schmierungsverhältnissen am Schaltring abhängig. Im Trockenlauf niedrigere Drehzahlen oder Kugellagerschaltringe verwenden.
[3] Im Trockenlauf gelten ungefähr für $T_{KNü}$ die 1,6fachen und für $T_{KNs}$ die 1,8fachen Werte.
[4] Für Nass- und Trockenlauf. Die bei Dauerschaltungen pro Stunde zulässige Schaltarbeit $W_{h\,zul}$ beträgt bei Trockenlauf 20 $W_{zul}$ und bei Nasslauf 40 $W_{zul}$.

**TB 13-7** Elektromagnetisch betätigte BSD-Lamellenkupplung, Lehrbuch Bild 13-41 (Bauform 100, nach Werknorm) Hauptmaße und Auslegungsdaten

| Bau-größe | Maße in mm | | | | | | | | | | | max. Drehzahl | Drehmoment[2] Nasslauf | | Trägheits-moment $J$ | | Leis-tung[3] | zul. Schaltarbeit/ Schaltung[4] | Ge-wicht |
|---|---|---|---|---|---|---|---|---|---|---|---|---|---|---|---|---|---|---|---|
| | $d_1$ H7 max | $d_2$ H7 | $d_3$ | $d_4$ | $d_6$[1] | $l_1$ | $l_2$ | $l_3$ | $l_4$ | $l_5$ | $l_6$ | $n_{max}$ min$^{-1}$ | $T_{KN\ddot{u}}$ Nm | $T_{KNs}$ Nm | innen kg m² | außen kg m² | $P$ W | $W_{zul}$ Nm | $m$ kg |
| 2,5 | 22 | 68 | 82 | 106 | 6×M6 | 59 | 55 | 6 | 6 | 8,5 | 4,5 | 3000 | 35 | 25 | 0,003 | 0,001 | 25 | 30·10³ | 2,0 |
| 4 | 30 | 85 | 100 | 124 | 6×M6 | 63 | 59 | 6 | 6 | 8,5 | 4,5 | 3000 | 55 | 40 | 0,004 | 0,002 | 24 | 40·10³ | 3,8 |
| 6,3 | 36 | 90 | 110 | 138 | 6×M8 | 68 | 64 | 7 | 6 | 8,5 | 4,5 | 3000 | 90 | 63 | 0,006 | 0,004 | 23,6 | 50·10³ | 4,7 |
| 10 | 42 | 105 | 122 | 154 | 6×M8 | 69 | 65 | 8 | 6 | 8,5 | 5 | 2500 | 140 | 100 | 0,010 | 0,005 | 26,1 | 60·10³ | 6,2 |
| 16 | 48 | 115 | 135 | 170 | 6×M8 | 75 | 70 | 8 | 6 | 9 | 5,5 | 2500 | 220 | 160 | 0,017 | 0,008 | 38,7 | 70·10³ | 8,3 |
| 25 | 55 | 135 | 155 | 190 | 6×M10 | 80 | 72 | 9 | 6 | 9 | 5,5 | 2000 | 350 | 250 | 0,03 | 0,013 | 40,0 | 90·10³ | 10,5 |
| 40 | 62 | 140 | 190 | 212 | 6×M10 | 90 | 80 | 10 | 7 | 11 | 6,5 | 2000 | 550 | 400 | 0,06 | 0,03 | 59,4 | 0,11·10⁶ | 16 |
| 63 | 72 | 170 | 200 | 254 | 6×M12 | 97 | 87 | 12 | 7 | 11,5 | 6,5 | 1500 | 900 | 630 | 0,11 | 0,05 | 62,5 | 0,27·10⁶ | 23 |
| 100 | 82 | 190 | 235 | 280 | 6×M12 | 110 | 99 | 13 | 7 | 11,5 | 7 | 1500 | 1400 | 1000 | 0,21 | 0,09 | 74,5 | 0,32·10⁶ | 34 |
| 160 | 95 | 230 | 260 | 324 | 6×M16 | 120 | 109 | 15 | 8 | 13,5 | 7,5 | 1250 | 2200 | 1600 | 0,41 | 0,19 | 100 | 0,38·10⁶ | 50 |
| 250 | 110 | 270 | 305 | 370 | 6×M16 | 148 | 133 | 17 | 9 | 14 | 9 | 1250 | 3500 | 2500 | 0,88 | 0,38 | 142 | 0,54·10⁶ | 75 |
| 400 | 130 | 310 | 350 | 420 | 12×M20 | 204 | 185 | 20 | 9 | 14 | 7,5 | 1000 | 5500 | 4000 | 2,25 | 0,88 | 144 | 0,67·10⁶ | 135 |
| 630 | 135 | 350 | 400 | 480 | 12×M24 | 260 | 237 | 25 | 9 | 14 | 7,5 | 900 | 9000 | 6300 | 4,50 | 2,38 | 130 | 0,76·10⁶ | 220 |
| 1000 | 170 | 420 | 475 | 560 | 12×M24 | 280 | 252 | 25 | 9 | 14 | 7,5 | 750 | 14000 | 10000 | 10,4 | 4,00 | 133 | 0,98·10⁶ | 340 |

Reibpaarung: Stahl – Sinterbronze.
$d_5 = d_4 - 1$ bis Größe 16 bzw. $d_4 - 2$ ab Größe 25, $d_5 = 252$ mm ab Größe 400.
[1] Bei Montage gebohrt.
[2] Im Trockenlauf gelten ungefähr für $T_{KN\ddot{u}}$ die 1,6fachen und für $T_{KNs}$ die 1,8fachen Werte.
[3] Gleichspannung 24 V.
[4] Für Nass- und Trockenlauf. Die bei Dauerschaltungen pro Stunde zulässige Schaltarbeit $W_{h\,zul}$ beträgt bei Trockenlauf 10 $W_{zul}$ und bei Nasslauf 20 $W_{zul}$.

**TB 13-8** Faktoren zur Auslegung drehnachgiebiger Kupplungen nach DIN 740 T2.

a) Anlauffaktor $S_z$

| Anläufe je Stunde $z^{1)}$ | ≤120 | 120…240 | >240 |
|---|---|---|---|
| $S_z$ | 1,0 | 1,3 | Rückfrage beim Hersteller erforderlich |

[1]) Bei Anläufen und Bremsungen oder bei Reversieren ist $z$ zu verdoppeln.

b) Temperaturfaktor $S_t$

| Werkstoffmischung | Umgebungstemperatur $t$ in °C[1]) | | | |
|---|---|---|---|---|
| | über −20 bis +30 | über +30 bis +40 | über +40 bis +60 | über +60 bis +80 |
| Naturgummi (NR) | 1,0 | 1,1 | 1,4 | 1,6 |
| Polyurethan Elastomere (PUR) | 1,0 | 1,2 | 1,4 | nicht zulässig |
| Acrylnitril-Budatienkautschuk (NBR) (Perbunan N) | 1,0 | 1,0 | 1,0 | 1,2 |

[1]) Die Temperatur bezieht sich auf die unmittelbare Umgebung der Kupplung. Bei Einwirkung von Strahlungswärme ist diese besonders zu berücksichtigen.

*Anmerkung:* Vulkollan ist ein Urethan-Kautschuk (UR)
Temperaturfaktor ungefähr wie für NR bzw. PUR.

c) Frequenzfaktor $S_f$ (für gummielastische Kupplungen)

bei $\omega \leq 63$ s$^{-1}$: $S_f = 1$

bei $\omega > 63$ s$^{-1}$: $S_f = \sqrt{\dfrac{\omega}{63}}$, mit $\omega$ in s$^{-1}$

**TB 13-9** Positionierbremse ROBA-stopp, Lehrbuch Bild 13-64b (nach Werknorm)
Hauptmaße und Auslegungsdaten

| Bau-größe | Maße in mm | | | | | | | max. Drehzahl $n_{max}$ min$^{-1}$ | Brems-moment $T_{Br}$ Nm | Trägheits-moment[1] $J_{Br}$ kg m² × 10$^{-4}$ | zul. Reibarbeit pro Bremsung $W_{zul}$ | | zul Reib-leistung $P_{zul}$ W | Gewicht[1] $m$ kg |
|---|---|---|---|---|---|---|---|---|---|---|---|---|---|---|
| | $d_1$ H7 min | $d_1$ H7 max | $d_2$ H7 | $d_3$ | $d_4$ | $d_5$ | $l_1$ | $l_2$ | | | | bei Schalt-betrieb Nm | bei Einzel-bremsung Nm | | |
| 3 | 8 | 12 | 21,9 | 58 | 79 | 3 × M4 | 30,2 | 15 | 6000 | 3 | 0,077 | 250 | 500 | 50 | 0,6 |
| 4 | 10 | 15 | 26,9 | 72 | 98 | 3 × M4 | 32,2 | 20 | 5000 | 6 | 0,23 | 500 | 900 | 70 | 0,95 |
| 5 | 10 | 20 | 30,9 | 90 | 114 | 3 × M5 | 39,3 | 20 | 4800 | 12 | 0,68 | 1000 | 1800 | 105 | 1,8 |
| 6 | 15 | 25 | 38,9 | 112 | 142 | 3 × M6 | 43,2 | 25 | 4000 | 26 | 1,99 | 2000 | 3500 | 155 | 3,1 |
| 7 | 20 | 32 | 50,9 | 124 | 165 | 3 × M6 | 58,2 | 30 | 3800 | 50 | 4,02 | 2800 | 5000 | 250 | 5,4 |
| 8 | 25 | 45 | 73,9 | 156 | 199 | 3 × M8 | 66,7 | 35 | 3400 | 100 | 13,2 | 5300 | 10000 | 300 | 9,4 |
| 9 | 30 | 50 | 80,4 | 175 | 220 | 6 × M8 | 74,3 | 35 | 3000 | 200 | 24,2 | 8000 | 20000 | 370 | 15,5 |
| 10 | 30 | 60 | 90 | 215 | 275 | 6 × M8 | 96,3 | 50 | 3000 | 400 | 56,4 | 13800 | 30000 | 450 | 30 |
| 11 | 30 | 80 | 129 | 280 | 360 | 6 × M12 | 116,3 | 60 | 3000 | 800 | 242 | 27700 | 50000 | 900 | 55 |

[1] Gewichte und Massenträgheitsmomente beziehen sich auf die max. Bohrungen $d_1$ ohne Nut.

# Wälzlager 14

**TB 14-1** Maßpläne für Wälzlager
a) Maßpläne für Radiallager (ausgenommen Kegelrollenlager), Auszug aus DIN 616
Lagerart s. TB 14-2 (Lagerreihe)

Vgl. Lehrbuch Bilder 14-7, 14-8, 14-9, 14-14 und TB 14-2; alle Maße in mm
DR Durchmesserreihe, MR Maßreihe $r_{1s}$ Kantenabstand. Abstandsmaße $a$ siehe Lehrbuch Bilder 14-7 und 14-8

| $d$ | DR | 0 | | | 2 | | | | 3 | | | | 4 | | | Schrägkugellager Reihe[1] | | | | | | |
|---|---|---|---|---|---|---|---|---|---|---|---|---|---|---|---|---|---|---|---|---|---|---|
| | MR | 10 | | | 02 | | 22 | 32 | 03 | | | 23 | 33 | 04 | | | 72 | 73 | 32 | 33 | 03[4] | |
| | Kenn-zahl | $D$ | $B$ | $r_{1s}$[2] | $D$ | $B$ | $r_{1s}$[2] | $B$[3] | $B$[3] | $D$ | $B$ | $r_{1s}$[2] | $B$[3] | $B$[3] | $D$ | $B$ | $r_{1s}$[2] | $a$ | $a$ | $a$ | $a$ | $a$ |
| 10 | 00 | 26 | 8 | 0,3 | 30 | 9 | 0,6 | 14 | 14,3 | 35 | 11 | 0,6 | 17 | 19 | — | — | — | 13 | 15 | 15 | — | — |
| 12 | 01 | 28 | 8 | 0,3 | 32 | 10 | 0,6 | 14 | 15,9 | 37 | 12 | 1,0 | 17 | 19 | — | — | — | 14 | 16 | 17 | — | — |
| 15 | 02 | 32 | 9 | 0,3 | 35 | 11 | 0,6 | 14 | 15,9 | 42 | 13 | 1,0 | 17 | 19 | — | — | — | 16 | 18 | 18 | 21 | — |
| 17 | 03 | 35 | 10 | 0,3 | 40 | 12 | 0,6 | 16 | 17,5 | 47 | 14 | 1,0 | 19 | 22,2 | 62 | 17 | 1,0 | 18 | 20 | 20 | 24 | — |
| 20 | 04 | 42 | 12 | 0,6 | 47 | 14 | 1,0 | 18 | 20,6 | 52 | 15 | 1,1 | 21 | 22,2 | 72 | 19 | 1,1 | 21 | 23 | 24 | 26 | 26 |
| 25 | 05 | 47 | 12 | 0,6 | 52 | 15 | 1,0 | 18 | 20,6 | 62 | 17 | 1,1 | 24 | 25,4 | 80 | 21 | 1,5 | 24 | 27 | 26 | 31 | 31 |
| 30 | 06 | 55 | 13 | 1,0 | 62 | 16 | 1,0 | 20 | 23,8 | 72 | 19 | 1,1 | 27 | 30,2 | 90 | 23 | 1,5 | 27 | 31 | 31 | 36 | 36 |
| 35 | 07 | 62 | 14 | 1,0 | 72 | 17 | 1,1 | 23 | 27 | 80 | 21 | 1,5 | 31 | 34,9 | 100 | 25 | 1,5 | 31 | 35 | 36 | 41 | 41 |
| 40 | 08 | 68 | 15 | 1,0 | 80 | 18 | 1,1 | 23 | 30,2 | 90 | 23 | 1,5 | 33 | 36,5 | 110 | 27 | 2,0 | 34 | 39 | 41 | 46 | 46 |
| 45 | 09 | 75 | 16 | 1,0 | 85 | 19 | 1,1 | 23 | 30,2 | 100 | 25 | 1,5 | 36 | 39,7 | 120 | 29 | 2,0 | 37 | 43 | 43 | 50 | 51 |
| 50 | 10 | 80 | 16 | 1,0 | 90 | 20 | 1,1 | 23 | 30,2 | 110 | 27 | 2,0 | 40 | 44,4 | 130 | 31 | 2,1 | 39 | 47 | 45 | 55 | 56 |
| 55 | 11 | 90 | 18 | 1,1 | 100 | 21 | 1,5 | 25 | 33,3 | 120 | 29 | 2,0 | 43 | 49,2 | 140 | 33 | 2,1 | 43 | 51 | 50 | 61 | 61 |
| 60 | 12 | 95 | 18 | 1,1 | 110 | 22 | 1,5 | 28 | 36,5 | 130 | 31 | 2,1 | 46 | 54 | 150 | 35 | 2,1 | 47 | 55 | 55 | 67 | 67 |
| 65 | 13 | 100 | 18 | 1,1 | 120 | 23 | 1,5 | 31 | 38,1 | 140 | 33 | 2,1 | 48 | 58,7 | 160 | 37 | 2,1 | 51 | 60 | 60 | 71 | 72 |
| 70 | 14 | 110 | 20 | 1,1 | 125 | 24 | 1,5 | 31 | 39,7 | 150 | 35 | 2,1 | 51 | 63,5 | 180 | 42 | 3,0 | 53 | 64 | 62 | 109 | 77 |
| 75 | 15 | 115 | 20 | 1,1 | 130 | 25 | 1,5 | 31 | 41,3 | 160 | 37 | 2,1 | 55 | 68,3 | 190 | 45 | 3,0 | 56 | 68 | 65 | 117 | 82 |
| 80 | 16 | 125 | 22 | 1,1 | 140 | 26 | 2,0 | 33 | 44,4 | 170 | 39 | 2,1 | 58 | 68,3 | 200 | 48 | 3,0 | 59 | 72 | 69 | 123 | 88 |
| 85 | 17 | 130 | 22 | 1,1 | 150 | 28 | 2,0 | 36 | 49,2 | 180 | 41 | 3,0 | 60 | 73 | 210 | 52 | 4,0 | 63 | 76 | 106 | 131 | 93 |
| 90 | 18 | 140 | 24 | 1,5 | 160 | 30 | 2,0 | 40 | 52,4 | 190 | 43 | 3,0 | 64 | 73 | 225 | 54 | 4,0 | 67 | 80 | 113 | 136 | 98 |
| 95 | 19 | 145 | 24 | 1,5 | 170 | 32 | 2,1 | 43 | 55,6 | 200 | 45 | 3,0 | 67 | 77,8 | — | — | — | 72 | 84 | 120 | 143 | 103 |
| 100 | 20 | 150 | 24 | 1,5 | 180 | 34 | 2,1 | 46 | 60,3 | 215 | 47 | 3,0 | 73 | 82,6 | — | — | — | 76 | 90 | 127 | 153 | 110 |
| 105 | 21 | 160 | 26 | 2,0 | 190 | 36 | 2,1 | 50 | 65,1 | 225 | 49 | 3,0 | 77 | 87,3 | — | — | — | 80 | 94 | 135 | — | — |
| 110 | 22 | 170 | 28 | 2,0 | 200 | 38 | 2,1 | 53 | 69,8 | 240 | 50 | 3,0 | 80 | 92,1 | — | — | — | 84 | 98 | 144 | 171 | 123 |
| 120 | 24 | 180 | 28 | 2,0 | 215 | 40 | 2,1 | 58 | 76 | 260 | 55 | 3,0 | 86 | 106 | — | — | — | 90 | 107 | — | — | 133 |

[1] nach FAG, bei Reihe 72 und 73 für $\alpha = 40°$  [2] $r_{1s}$ min nach FAG.  [3] $D$, $r_{1s}$ wie für 02 und 03.  [4] Vierpunktlager.

**TB 14-1** (Fortsetzung)
b) Maßplan für Kegelrollenlager, Auszug aus DIN 616
Lagerart s. TB 14-2 (Lagerreihe)
Vgl. Lehrbuch Bilder 14-13 und TB 14-2: alle Maße in mm
Abstandmaße $a$ und Kantenabstand min. $r_{1a}$, $r_{2s}$ nach FAG

| $d$ | Kenn-zahl | DR MR | | | 2 02 | | | | | | 3 03 | | | | | | 2 22 | | | | | | 3 23 | | | | | | 2 32 | |
|---|---|---|---|---|---|---|---|---|---|---|---|---|---|---|---|---|---|---|---|---|---|---|---|---|---|---|---|---|---|---|
| | | $D$ | $B$ | $C$ | $T$ | $r_{1s}$ | $r_{2s}$ | $\approx a$ | $D$ | $B$ | $C$ | $T$ | $r_{1s}$ | $r_{2s}$ | $\approx a$ | $B^{1)}$ | $C$ | $T$ | $\approx a$ | $B^{2)}$ | $C$ | $T$ | $\approx a$ | $B/T^{1)}$ | $C$ | $\approx a$ |
| 15 | 02 | 35 | 11 | 10 | 11,75 | 0,6 | 0,6 | 10 | 42 | 13 | 11 | 14,25 | 1,0 | 1,0 | 10 | – | – | – | – | – | – | – | – | – | – | – |
| 17 | 03 | 40 | 12 | 11 | 13,25 | 1,0 | 1,0 | 10 | 47 | 14 | 12 | 15,25 | 1,0 | 1,0 | 10 | – | – | – | – | – | – | 12 | – | – | – |
| 20 | 04 | 47 | 14 | 12 | 15,25 | 1,0 | 1,0 | 11 | 52 | 15 | 13 | 16,25 | 1,5 | 1,5 | 11 | – | – | – | – | – | – | 14 | – | – | – |
| 25 | 05 | 52 | 15 | 13 | 16,25 | 1,0 | 1,0 | 13 | 62 | 17 | 15 | 18,25 | 1,5 | 1,5 | 13 | 18 | 15 | 19,25 | 13 | 19 | 16 | 20,25 | 16 | 22 | 18 | 14 |
| 30 | 06 | 62 | 16 | 14 | 17,25 | 1,0 | 1,0 | 14 | 72 | 19 | 16 | 20,75 | 1,5 | 1,5 | 15 | 20 | 17 | 21,25 | 16 | 21 | 18 | 22,25 | 18 | 25 | 19,5 | 16 |
| 35 | 07 | 72 | 17 | 15 | 18,25 | 1,5 | 1,5 | 15 | 80 | 21 | 18 | 22,75 | 2,0 | 2,0 | 16 | 23 | 19 | 24,25 | 18 | 24 | 20,25 | 20 | 18 | 22 | 18 |
| 40 | 08 | 80 | 18 | 16 | 19,75 | 1,0 | 1,0 | 17 | 90 | 23 | 20 | 25,25 | 2,0 | 2,0 | 20 | 23 | 19 | 24,75 | 19 | 27 | 23 | 35,25 | 23 | 32 | 25 | 21 |
| 45 | 09 | 85 | 19 | 16 | 20,75 | 1,5 | 1,5 | 18 | 100 | 25 | 22 | 27,25 | 2,0 | 2,0 | 21 | 23 | 19 | 24,75 | 20 | 30 | 25 | 38,25 | 25 | 32 | 25 | 22 |
| 50 | 10 | 90 | 20 | 17 | 21,75 | 1,5 | 1,5 | 20 | 110 | 27 | 23 | 29,25 | 2,5 | 2,0 | 23 | 25 | 21 | 26,75 | 23 | 33 | 40 | 42,25 | 28 | 32 | 24,5 | 23 |
| 55 | 11 | 100 | 21 | 18 | 22,75 | 2,0 | 1,5 | 21 | 120 | 29 | 25 | 31,5 | 2,5 | 2,0 | 25 | 25 | 21 | 26,75 | 23 | 35 | 43 | 45,5 | 30 | 35 | 27 | 26 |
| 60 | 12 | 110 | 22 | 19 | 23,75 | 2,0 | 1,5 | 22 | 130 | 31 | 26 | 33,5 | 3,0 | 2,5 | 26 | 28 | 24 | 29,75 | 24 | 37 | 46 | 48,5 | 32 | 38 | 29 | 28 |
| 65 | 13 | 120 | 23 | 20 | 24,75 | 2,0 | 1,5 | 23 | 140 | 33 | 28 | 36 | 3,0 | 2,5 | 28 | 31 | 27 | 32,75 | 27 | 39 | 48 | 51 | 34 | 41 | 32 | 30 |
| 70 | 14 | 125 | 24 | 21 | 26,75 | 2,0 | 1,5 | 25 | 150 | 35 | 30 | 38 | 3,0 | 2,5 | 30 | 31 | 27 | 33,25 | 28 | 42 | 51 | 54 | 37 | 41 | 32 | 31 |
| 75 | 15 | 130 | 25 | 22 | 27,75 | 2,0 | 1,5 | 27 | 160 | 37 | 31 | 40 | 3,0 | 2,5 | 32 | 31 | 27 | 33,25 | 29 | 45 | 55 | 58 | 39 | 41 | 31 | 32 |
| 80 | 16 | 140 | 26 | 22 | 28,75 | 2,5 | 2,0 | 28 | 170 | 39 | 33 | 42,5 | 3,5 | 3,0 | 34 | 33 | 28 | 35,25 | 31 | 48 | 58 | 61,5 | 42 | 46 | 35 | 35 |
| 85 | 17 | 145 | 28 | 24 | 30,5 | 2,5 | 2,0 | 30 | 180 | 41 | 34 | 44,5 | 3,5 | 3,0 | 36 | 36 | 30 | 38,5 | 34 | 49 | 60 | 63,5 | 44 | 49 | 37 | 37 |
| 90 | 18 | 160 | 30 | 26 | 32,5 | 2,5 | 2,0 | 32 | 190 | 43 | 36 | 46,5 | 4,0 | 3,0 | 37 | 40 | 34 | 42,5 | 36 | 53 | 64 | 67,5 | 47 | – | – | – |
| 95 | 19 | 170 | 32 | 27 | 34,5 | 3,0 | 2,5 | 34 | 200 | 45 | 38 | 49,5 | 4,0 | 3,0 | 40 | 43 | 37 | 45,5 | 39 | 55 | 67 | 71,5 | 49 | – | – | – |
| 100 | 20 | 180 | 34 | 29 | 37 | 3,0 | 2,5 | 36 | 215 | 47 | 39 | 51,5 | 4,0 | 3,0 | 42 | 46 | 39 | 49 | 42 | 60 | 73 | 77,5 | 53 | 63 | 48 | 46 |
| 105 | 21 | 190 | 36 | 30 | 39 | 3,0 | 2,5 | 38 | – | – | – | – | – | – | – | 50 | 43 | 53 | 44 | 63 | 77 | 81,5 | 56 | – | – | – |
| 110 | 22 | 200 | 38 | 32 | 41 | 3,0 | 2,5 | 39 | 240 | 50 | 42 | 54,5 | 4,0 | 3,0 | 45 | 53 | 46 | 56 | 46 | 65 | 80 | 84,5 | 58 | – | – | – |
| 120 | 24 | 215 | 40 | 34 | 43,5 | 3,0 | 2,5 | 43 | 260 | 55 | 46 | 59,5 | 4,0 | 3,0 | 48 | 58 | 50 | 61,5 | 51 | 69 | 86 | 90,5 | 65 | – | – | – |

[1] $D$, $r_{1s}$, $r_{2s}$ wie bei MR 02.   [2] $D$, $r_{1s}$, $r_{2s}$ wie bei MR 03.

Wälzlager

**TB 14-1** (Fortsetzung)
c) Maßplan für einseitig wirkende Axiallager mit ebenen Gehäusescheiben (vgl. Lehrbuch Bild 14-15a) bzw. kugeliger Gehäuse- und Unterlagscheibe U (vgl. Lehrbuch Bild 14-15c). Auszug aus DIN 616 und FAG, s. auch TB 14.2; alle Maße in mm (erste Ziffer von MR: Höhenreihe ≙ Breitenreihe), Lagerart s. TB 14-2 (Lagerreihe)

| $d_w$ | Kenn-zahl | DR1 MR11 | | | 2 12 | | | | einseitig wirkend 3 13 | | | | 32 | | | | 2 R/A | mit U2 | | | |
|---|---|---|---|---|---|---|---|---|---|---|---|---|---|---|---|---|---|---|---|---|---|
| | | $d_g$ | $D_g=D_w$ | $H$ | $r_{1s}$ | $d_g$ | $D_g=D_w$ | $H$ | $r_{1s}$ | $d_g$ | $D_g=D_w$ | $H$ | $r_{1s}$ | $d_g$ | $D_g=D_w$ | $H$ | $r_{1s}$ | | $d_u$ | $D_u$ | $s_u$ | $H_u$ |
| 10 | 00 | 11 | 24 | 9 | 0,3 | 12 | 26 | 11 | 0,6 | – | – | – | – | – | – | – | – | – | – | – | – | – |
| 12 | 01 | 13 | 26 | 9 | 0,3 | 14 | 28 | 11 | 0,6 | – | – | – | – | – | – | – | – | – | – | – | – | – |
| 15 | 02 | 16 | 28 | 9 | 0,3 | 17 | 32 | 12 | 0,6 | – | – | – | – | – | – | – | – | – | – | – | – | – |
| 17 | 03 | 18 | 30 | 9 | 0,3 | 19 | 35 | 12 | 0,6 | – | – | – | – | 19 | 35 | 13,2 | 0,6 | 32/16 | 26 | 38 | 4 | 15 |
| 20 | 04 | 21 | 35 | 10 | 0,3 | 22 | 40 | 14 | 0,6 | – | – | – | – | 22 | 40 | 14,7 | 0,6 | 36/18 | 30 | 42 | 5 | 17 |
| 25 | 05 | 26 | 42 | 11 | 0,6 | 27 | 47 | 15 | 0,6 | 27 | 52 | 18 | 1 | 27 | 47 | 16,7 | 0,6 | 40/19 | 36 | 50 | 5,5 | 19 |
| 30 | 06 | 32 | 47 | 11 | 0,6 | 32 | 52 | 16 | 0,6 | 32 | 60 | 21 | 1 | 32 | 52 | 17,8 | 0,6 | 45/22 | 42 | 55 | 5,5 | 20 |
| 35 | 07 | 37 | 52 | 12 | 0,6 | 37 | 62 | 18 | 1 | 37 | 68 | 24 | 1 | 37 | 62 | 19,9 | 1 | 50/24 | 48 | 65 | 7 | 22 |
| 40 | 08 | 42 | 60 | 13 | 0,6 | 42 | 68 | 19 | 1 | 42 | 78 | 26 | 1 | 42 | 68 | 20,3 | 1 | 56/28,5 | 55 | 72 | 7 | 23 |
| 45 | 09 | 47 | 65 | 14 | 0,6 | 47 | 73 | 20 | 1 | 47 | 85 | 28 | 1 | 47 | 73 | 21,3 | 1 | 56/26 | 60 | 78 | 7,5 | 24 |
| 50 | 10 | 52 | 70 | 14 | 0,6 | 52 | 78 | 22 | 1 | 52 | 95 | 31 | 1 | 52 | 78 | 23,5 | 1 | 64/32,5 | 62 | 82 | 7,5 | 26 |
| 55 | 11 | 57 | 78 | 16 | 0,6 | 57 | 90 | 25 | 1 | 57 | 105 | 35 | 1,1 | 57 | 90 | 27,3 | 1 | 72/35 | 72 | 95 | 9 | 30 |
| 60 | 12 | 62 | 85 | 17 | 1 | 62 | 95 | 26 | 1 | 62 | 110 | 35 | 1,1 | 62 | 95 | 28 | 1 | 72/32,5 | 78 | 100 | 9 | 31 |
| 65 | 13 | 67 | 90 | 18 | 1 | 67 | 100 | 27 | 1 | 67 | 115 | 36 | 1,1 | 67 | 100 | 28,7 | 1 | 80/40 | 82 | 105 | 9 | 32 |
| 70 | 14 | 72 | 95 | 18 | 1 | 72 | 105 | 27 | 1 | 72 | 125 | 40 | 1,1 | 72 | 105 | 28,8 | 1 | 80/38 | 88 | 110 | 9 | 32 |
| 75 | 15 | 77 | 100 | 19 | 1 | 77 | 110 | 27 | 1 | 77 | 135 | 44 | 1,5 | 77 | 110 | 28,3 | 1 | 90/49 | 92 | 115 | 9,5 | 32 |
| 80 | 16 | 82 | 105 | 19 | 1 | 82 | 115 | 28 | 1 | 82 | 140 | 44 | 1,5 | 82 | 115 | 29,5 | 1 | 90/46 | 98 | 120 | 10 | 33 |
| 85 | 17 | 87 | 110 | 19 | 1 | 88 | 125 | 31 | 1 | 88 | 150 | 49 | 1,5 | 88 | 125 | 33,1 | 1 | 100/52 | 105 | 130 | 11 | 37 |
| 90 | 18 | 92 | 120 | 22 | 1 | 93 | 135 | 35 | 1 | 93 | 155 | 50 | 1,5 | 93 | 135 | 38,5 | 1 | 100/45 | 110 | 140 | 13,5 | 42 |
| 100 | 20 | 102 | 135 | 25 | 1 | 103 | 150 | 38 | 1,1 | 103 | 170 | 55 | 1,5 | 103 | 150 | 40,9 | 1 | 112/52 | 125 | 155 | 14 | 45 |
| 110 | 22 | 112 | 145 | 25 | 1 | 113 | 160 | 38 | 1,1 | 113 | 187/190 | 63 | 2 | 113 | 160 | 40,2 | 1,1 | 125/65 | 135 | 165 | 14 | 45 |
| 120 | 24 | 122 | 155 | 25 | 1 | 123 | 170 | 39 | 1,1 | 123 | 205/210 | 70 | 2,1 | 123 | 170 | 40,8 | 1,1 | 125/61 | 145 | 175 | 15 | 46 |

**TB 14-1** (Fortsetzung)
d) Maßplan für zweireihig wirkende Axiallager (vgl. Lehrbuch Bild 14-15b). Auszug aus DIN 616 und FAG; alle Maße in mm (erste Ziffer von MR: Höhenreihe ≙ Breitenreihe), Lagerart s. TB 14-2 (Lagerreihe)

| $d_w$ | Kenn-zahl | zweiseitig wirkend[1] DR2 MR22 | | | | | 3 23 | | | | |
|---|---|---|---|---|---|---|---|---|---|---|---|
| | | $d_g$ | $D_g$ | $H$ | $s_w$ | $r_{1s}/r_{2s}$ | $d_g$ | $D_g$ | $H$ | $s_w$ | $r_{1s}/r_{2s}$ |
| 10 | 02 | 17 | 32 | 22 | 5 | 0,6/0,3 | – | – | – | – | – |
| 12 | – | – | – | – | – | – | – | – | – | – | – |
| 15 | 04 | 22 | 40 | 26 | 6 | 0,6/0,3 | – | – | – | – | – |
| 17 | – | – | – | – | – | – | – | – | – | – | – |
| 20 | 05 | 27 | 47 | 28 | 7 | 0,6/0,3 | 27 | 52 | 34 | 8 | 1/0,3 |
| 25 | 06 | 32 | 52 | 29 | 7 | 0,6/0,3 | 32 | 60 | 38 | 9 | 1/0,3 |
| 30 | 07[2] | 37 | 62 | 34 | 8 | 1/0,3 | 37 | 68 | 44 | 10 | 1/0,3 |
| 35 | 09 | 47 | 73 | 37 | 9 | 1/0,6 | 47 | 85 | 52 | 12 | 1/0,6 |
| 40 | 10 | 52 | 78 | 39 | 9 | 1/0,6 | 52 | 95 | 58 | 14 | 1,1/0,6 |
| 45 | 11 | 57 | 90 | 45 | 10 | 1/0,6 | 57 | 105 | 64 | 15 | 1,1/0,6 |
| 50 | 12 | 62 | 95 | 46 | 10 | 1/0,6 | 62 | 110 | 64 | 15 | 1,1/0,6 |
| 55 | 13[3] | 67 | 100 | 47 | 10 | 1/0,6 | 67 | 115 | 65 | 15 | 1,1/0,6 |
| 60 | 15 | 77 | 110 | 47 | 10 | 1/1 | 77 | 135 | 79 | 18 | 1,5/1 |
| 65 | 16 | 82 | 115 | 48 | 10 | 1/1 | 82 | 140 | 79 | 18 | 1,5/1 |
| 70 | 17 | 88 | 125 | 55 | 12 | 1/1 | 88 | 150 | 87 | 19 | 1,5/1 |
| 75 | 18 | 93 | 135 | 62 | 14 | 1,1/1 | 93 | 155 | 88 | 19 | 1,5/1 |
| 80 | – | – | – | – | – | – | – | – | – | – | – |
| 85 | 20 | 103 | 150 | 67 | 15 | 1,1/1 | 103 | 170 | 97 | 21 | 1,5/1 |
| 90 | 22[4] | 113 | 160 | 67 | 15 | 1,1/1 | 113 | 190 | 110 | 24 | 2/1 |
| 100 | 24 | 123 | 170 | 68 | 15 | 1,1/1,1 | 123 | 210 | 123 | 27 | 2,1/1,1 |
| 110 | 26 | 133 | 190 | 80 | 18 | 1,5/1,1 | 134 | 225 | 130 | 30 | 2,1/1,1 |
| 120 | 28 | 143 | 200 | 81 | 18 | 1,5/1,1 | 144 | 240 | 140 | 31 | 2,1/1,1 |

[1] Beachte für $d_w$ die entsprechenden Kennzahlen der zweiseitig wirkenden Axiallager.
[2] Kennzahl 08 auch für $d_w = 30$ mm: MR 22: $d_g = 42$; $D_g = 68$; $H = 36$, $s_w = 9$; $r_{1s}/r_{2s} = 1/0,6$; MR 23: $d_g = 42$; $D_g = 78$; $H = 49$; $s_w = 12$; $r_{1s}/r_{2s} = 1/0,6$.
[3] Kennzahl 14 auch für $d_w = 55$ mm: MR 22: $d_g = 72$; $D_g = 105$; $H = 47$, $s_w = 10$; $r_{1s}/r_{2s} = 1/1$; MR 23: $d_g = 72$; $D_g = 125$; $H = 72$; $s_w = 16$; $r_{1s}/r_{2s} = 1,1/1$.
[4] Kennzahl 22 für $d_w = 95$ mm.

Wälzlager

**TB 14-2** Dynamische Tragzahlen $C$, statische Tragzahlen $C_0$ und Ermüdungsgrenzbelastung $C_u$ in kN (nach FAG-Angaben Ausg. 2006). Maße s. TB 14-1; $d$ Bohrungskennzahl s. TB 14-1.

DIN 625-6306*

| Lagerart | Rillenkugellager | | | | | | | | | | | | Schrägkugellager einreihig | | | | | | | | |
|---|---|---|---|---|---|---|---|---|---|---|---|---|---|---|---|---|---|---|---|---|---|
| Lagerreihe | 60 | | | 62 | | | 63 | | | 64[1)] | | | 72…B[2)] | | | | 73…B[2)] | | |
| Maßreihe | 10 | | | 02 | | | 03 | | | 04 | | | 02 | | | | 03 | | |
| Tragzahlen | $C$ | $C_0$ | $C_u$ | $C$ | $C_0$ | $C_u$ | $C$ | $C_0$ | $C_u$ | $C$ | $C_0$ | $C_u$ | $C$ | $C_0$ | $C_u$ | $C$ | $C_0$ | $C_u$ |
| 00 | 4,55 | 1,96 | 0,09 | 6 | 2,6 | 0,171 | 8,15 | 3,45 | 0,23 | – | – | – | 5 | 2,6 | 0,174 | – | – | – |
| 01 | 5,1 | 2,36 | 0,13 | 6,95 | 3,1 | 0,198 | 9,65 | 4,15 | 0,28 | – | – | – | 6,95 | 3,55 | 0,241 | 10,6 | 5,3 | 0,355 |
| 02 | 5,6 | 2,85 | 0,13 | 7,8 | 3,75 | 0,22 | 11,4 | 5,4 | 0,35 | – | – | – | 8 | 4,45 | 0,3 | 13,2 | 7,2 | 0,485 |
| 03 | 6 | 3,25 | 0,16 | 9,5 | 4,75 | 0,275 | 13,4 | 6,55 | 0,43 | 22,4 | 11,4 | 0,75 | 10 | 5,7 | 0,38 | 16,3 | 9 | 0,61 |
| 04 | 9,3 | 5 | 0,29 | 12,7 | 6,55 | 0,44 | 16 | 7,8 | 0,53 | 29 | 16,3 | 1,02 | 13,4 | 7,5 | 0,47 | 19 | 11 | 0,75 |
| 05 | 10 | 5,85 | 0,31 | 14 | 7,8 | 0,51 | 22,4 | 11,4 | 0,75 | 33,5 | 19 | 1,25 | 14,6 | 9,3 | 0,58 | 26 | 15,8 | 1,07 |
| 06 | 12,7 | 8 | 0,39 | 19,3 | 11,2 | 0,68 | 29 | 16,3 | 1,02 | 42,5 | 25 | 1,64 | 20,4 | 12,5 | 0,77 | 33 | 22,1 | 1,49 |
| 07 | 16 | 10,2 | 0,55 | 25,5 | 15,3 | 0,92 | 33,5 | 19 | 1,25 | 53 | 31,5 | 2,18 | 27 | 19 | 1,28 | 40 | 27,5 | 1,86 |
| 08 | 16,6 | 11,6 | 0,58 | 29 | 18 | 1,05 | 42,5 | 25 | 1,64 | 62 | 38 | 2,5 | 32 | 23,5 | 1,58 | 50 | 34,5 | 2,32 |
| 09 | 20 | 14,3 | 0,73 | 31 | 20,4 | 1,15 | 53 | 31,5 | 2,18 | 76,5 | 47,5 | 3,05 | 36 | 27 | 1,81 | 61 | 43 | 2,9 |
| 10 | 20,8 | 15,6 | 0,77 | 36,5 | 24 | 1,42 | 62 | 38 | 2,6 | 81,5 | 52 | 3,4 | 37,5 | 28,5 | 1,92 | 70 | 50 | 3,4 |
| 11 | 28,5 | 21,2 | 1,12 | 43 | 29 | 1,72 | 76,5 | 47,5 | 3,05 | 93 | 60 | 3,95 | 46,5 | 38,5 | 2,6 | 80 | 61 | 4,1 |
| 12 | 29 | 23,2 | 1,19 | 52 | 36 | 2,24 | 81,5 | 52 | 3,4 | 104 | 68 | 4,45 | 56 | 45 | 3,05 | 90 | 66,9 | 4,65 |
| 13 | 30,5 | 25 | 1,27 | 60 | 41,5 | 2,55 | 93 | 60 | 3,95 | 114 | 76,5 | 4,65 | 64 | 55 | 3,7 | 103 | 82 | 5,4 |
| 14 | 38 | 31 | 1,85 | 62 | 44 | 2,9 | 104 | 68 | 4,45 | 132 | 96,5 | 5,8 | 69,5 | 62 | 4,2 | 117 | 93 | 6 |
| 15 | 39 | 33,5 | 1,96 | 65,5 | 49 | 3,35 | 114 | 76,5 | 4,65 | 132 | 96,5 | 5,8 | 68 | 62 | 4,1 | 130 | 107 | 6,7 |
| 16 | 47,5 | 40 | 2,34 | 72 | 54 | 3,45 | 122 | 86,5 | 5,2 | 163 | 125 | 6,9 | 80 | 72 | 4,65 | 144 | 124 | 7,5 |
| 17 | 49 | 43 | 2,43 | 83 | 64 | 4,05 | 132 | 96,5 | 5,8 | 173 | 137 | 7,5 | 90 | 86 | 5,3 | 155 | 138 | 8,1 |
| 18 | 58,5 | 50 | 2,65 | 96,5 | 72 | 4,2 | 134 | 102 | 5,8 | 196 | 163 | 8,9 | 106 | 98 | 5,9 | 167 | 155 | 8,8 |
| 19 | 60 | 54 | 2,8 | 108 | 81,5 | 4,7 | 146 | 114 | 6,4 | – | – | – | 116 | 106 | 6,2 | 176 | 167 | 9,3 |
| 20 | 60 | 54 | 2,7 | 122 | 93 | 5,4 | 163 | 134 | 7,4 | – | – | – | 132* | 124* | 7,1* | 199 | 197 | 10,6 |
| 21 | 71 | 64 | 3,1 | 132 | 104 | 5,7 | 173 | 146 | 7,5 | – | – | – | 144 | 142 | 7,9 | 209 | 214 | 11,2 |
| 22 | 80 | 71 | 3,45 | 143 | 116 | 6,3 | 190 | 166 | 8,6 | – | – | – | 155 | 154 | 8,3 | 232 | 245 | 12,5 |
| 24 | 83 | 78 | 3,55 | 146 | 122 | 6,2 | 212 | 190 | 9 | – | – | – | 169* | 178* | 9,3* | 255* | 285* | 13,9* |

Bohrungskennzahl

[1)] ab 6415 mit Massivkäfig aus Messing, Nachsetzzeichen M; z. B. Rillenkugellager 6415-M.
[2)] Druckwinkel $\alpha = 40°$. Tragzahlen für Lagerpaare: $C = 1{,}625 \cdot C_{\text{Einzellager}}$; $C_0 = 2 \cdot C_{0\,\text{Einzellager}}$.
Lager mit Blechkäfig aus Stahl oder Massivkäfig aus Polyamid, außer Schrägkugellager 7221 und 7321 (Käfig aus Messing; Tragzahlen mit * Käfig aus Polyamid.

**TB 14-2** (Fortsetzung)

| Lagerart | Schrägkugellager zweireihig | | | | | | | | | Vierpunktlager | | | | | Pendelkugellager | | | | | |
|---|---|---|---|---|---|---|---|---|---|---|---|---|---|---|---|---|---|---|---|---|
| Lagerreihe | 32…B[1] | | | 33…B[2] | | | | | | QJ3[3] | | | | | 12; 12…K[4] | | | | | |
| Maßreihe | 32 | | | 33 | | | | | | 03 | | | | | 02 | | | | | |
| Bohrungskennzahl | $C$ | $C_0$ | $C_u$ | $C$ | $C_0$ | $C_u$ | $C$ | $C_0$ | $C_u$ | $C$ | $e$ | $Y_1$[5] | $Y_2$[5] | $C_0$ | $Y_0$ | $C_u$ |
| 00 | 7,8 | 4,55 | 0,22 | – | – | – | – | – | – | 5,7 | 0,32 | 1,95 | 3,02 | 1,18 | 2,05 | 0,073 |
| 01 | 10,6 | 5,85 | 0,3 | – | – | – | – | – | – | 5,7 | 0,37 | 1,69 | 2,62 | 1,26 | 1,77 | 0,078 |
| 02 | 11,8 | 7,1 | 0,36 | 16,3 | 10 | 0,46 | – | – | – | 7,7 | 0,34 | 1,86 | 2,88 | 1,73 | 1,95 | 0,108 |
| 03 | 14,6 | 9 | 0,42 | 20,8 | 12,5 | 0,57 | – | – | – | 8,1 | 0,33 | 1,93 | 2,99 | 2 | 2,03 | 0,124 |
| 04 | 19,6 | 12,5 | 0,61 | 23,2 | 15 | 0,69 | 30 | 19,6 | 0,99 | 10,1 | 0,28 | 2,24 | 3,46 | 2,6 | 2,34 | 0,161 |
| 05 | 21,2 | 14,6 | 0,71 | 30 | 20 | 0,9 | 44 | 31,5 | 1,59 | 12,3 | 0,27 | 2,37 | 3,66 | 3,25 | 2,48 | 0,203 |
| 06 | 30 | 21,2 | 0,98 | 41,5 | 28,2 | 1,31 | 58,5 | 43 | 2,17 | 15,9 | 0,25 | 2,53 | 3,91 | 4,6 | 2,65 | 0,285 |
| 07 | 39 | 28,5 | 1,37 | 51 | 34,5 | 1,65 | 62 | 51 | 2,55 | 16 | 0,22 | 2,8 | 4,34 | 5,1 | 2,94 | 0,315 |
| 08 | 48 | 36,5 | 1,84 | 62 | 45 | 2,5 | 86,5 | 68 | 3,5 | 19,4 | 0,22 | 2,9 | 4,49 | 6,5 | 3,04 | 0,4 |
| 09 | 48 | 37,5 | 1,8 | 68 | 51 | 2,75 | 102 | 83 | 4,55 | 22 | 0,21 | 3,04 | 4,7 | 7,3 | 3,18 | 0,455 |
| 10 | 51 | 42,5 | 2,12 | 81,5 | 62 | 3,45 | 110 | 91,5 | 4,95 | 22,9 | 0,2 | 3,17 | 4,9 | 8 | 3,32 | 0,5 |
| 11 | 58,5 | 49 | 2,39 | 102 | 78 | 4,25 | 127 | 108 | 5,9 | 27 | 0,19 | 3,31 | 5,12 | 9,9 | 3,47 | 0,62 |
| 12 | 72 | 61 | 3,45 | 125 | 98 | 5,2 | 146 | 127 | 6,7 | 30,5 | 0,18 | 3,47 | 5,37 | 11,4 | 3,64 | 0,71 |
| 13 | 80 | 73,5 | 3,7 | 143 | 112 | 6,1 | 163 | 146 | 7,9 | 31 | 0,18 | 3,57 | 5,52 | 12,4 | 3,74 | 0,77 |
| 14 | 83 | 76,5 | 4,15 | 163 | 167 | 8,8 | 183 | 166 | 8,6 | 35 | 0,19 | 3,36 | 5,21 | 13,7 | 3,52 | 0,85 |
| 15 | 91,5 | 85 | 4,25 | 185 | 192 | 9,7 | 212 | 204 | 10,5 | 39 | 0,19 | 3,32 | 5,15 | 15,5 | 3,48 | 0,95 |
| 16 | 98 | 93 | 4,95 | 209 | 213 | 11,5 | 224 | 220 | 10,8 | 40 | 0,16 | 3,9 | 6,03 | 16,8 | 4,08 | 0,99 |
| 17 | 126 | 151 | 7,3 | 223 | 229 | 10,9 | 245 | 255 | 11,7 | 49,5 | 0,17 | 3,73 | 5,78 | 20,6 | 3,91 | 1,18 |
| 18 | 140 | 169 | 7,9 | 245 | 275 | 12,8 | 265 | 285 | 12,9 | 57 | 0,17 | 3,74 | 5,79 | 23,3 | 3,92 | 1,3 |
| 19 | 156 | 186 | 8,6 | 260 | 285 | 12,9 | 285 | 310 | 14,1 | 64 | 0,17 | 3,73 | 5,78 | 27 | 3,91 | 1,45 |
| 20 | 181 | 224 | 10 | 270 | 320 | 13,9 | 325 | 365 | 16,3 | 70 | 0,18 | 3,58 | 5,53 | 29,5 | 3,75 | 1,55 |
| 21 | 213 | 247 | 11,1 | – | – | – | – | – | – | 75 | 0,18 | 3,54 | 5,48 | 32 | 3,71 | 1,64 |
| 22 | 229 | 280 | 12,1 | 320 | 385 | 16 | 345 | 415 | 17,4 | 89 | 0,17 | 3,61 | 5,59 | 38 | 3,78 | 1,9 |
| 24 | – | – | – | – | – | – | 380 | 480 | 19,3 | 121 | 0,2 | 3,11 | 4,81 | 52 | 3,25 | 2,5 |

[1] bis Kennzahl 16 mit Druckwinkel α = 25°, Zusatzzeichen B; ab Kennzahl 17 Druckwinkel α = 35°, ohne Zusatzzeichen.
[2] bis Kennzahl 13 mit Druckwinkel α = 25°, Zusatzzeichen B; ab Kennzahl 14 Druckwinkel α = 35°, ohne Zusatzzeichen.
[3] Druckwinkel α = 35°, ab Kennzahl 15 mit zwei Haltenuten, Zusatzzeichen N2.
[4] ab Kennzeichen 04 auch Ausführung K (mit kegeliger Bohrung, Kegel 1:12), außer 1221 und 1224.
[5] Es gilt $Y = Y_1$, wenn $F_a/F_r \leq e$,
    $Y = Y_2$, wenn $F_a/F_r > e$.

# Wälzlager

**TB 14-2** (Fortsetzung)

Lagerart: Pendelkugellager (Fortsetzung)

| Lagerreihe | 13; 13…K[1] | | | | | | | 22; 22…K[1], 2RS[2] | | | | | | | 23; 23…K[1], 2RS[3] | | | | | | |
|---|---|---|---|---|---|---|---|---|---|---|---|---|---|---|---|---|---|---|---|---|---|
| Maßreihe | 03 | | | | | | | 22 | | | | | | | 23 | | | | | | |
| Bohrungskennzahl | $C$ | $e$ | $Y_1$[4] | $Y_2$[4] | $C_0$ | $Y_0$ | $C_u$ | $C$ | $e$ | $Y_1$[4] | $Y_2$[4] | $C_0$ | $Y_0$ | $C_u$ | $C$ | $e$ | $Y_1$[4] | $Y_2$[4] | $C_0$ | $Y_0$ | $C_u$ |
| 00 | – | – | – | – | – | – | – | 8,8 | 0,58 | 1,09 | 1,69 | 1,73 | 1,14 | 0,107 | – | – | – | – | – | – | – |
| 01 | – | – | – | – | – | – | – | 9,4 | 0,53 | 1,2 | 1,85 | 1,92 | 1,25 | 0,12 | – | – | – | – | – | – | – |
| 02 | – | – | – | – | – | – | – | 9,6 | 0,46 | 1,37 | 2,13 | 2,08 | 1,44 | 0,13 | 17 | 0,51 | 1,23 | 1,91 | 3,7 | 1,29 | 0,2 |
| 03 | 12,9 | 0,32 | 1,94 | 3 | 3,15 | 2,03 | 0,197 | 11,8 | 0,46 | 1,37 | 2,12 | 2,75 | 1,43 | 0,171 | 13,9 | 0,53 | 1,19 | 1,85 | 3,15 | 1,25 | 0,2 |
| 04 | 12,7 | 0,29 | 2,17 | 3,5 | 3,3 | 2,27 | 0,206 | 14,7 | 0,44 | 1,45 | 2,24 | 3,5 | 1,51 | 0,219 | 17,6 | 0,51 | 1,23 | 1,9 | 4,25 | 1,29 | 0,3 |
| 05 | 18,3 | 0,28 | 2,29 | 3,54 | 4,95 | 2,4 | 0,31 | 17,3 | 0,35 | 1,78 | 2,75 | 4,4 | 1,86 | 0,275 | 25 | 0,48 | 1,32 | 2,04 | 6,5 | 1,38 | 0,4 |
| 06 | 21,7 | 0,26 | 2,39 | 3,71 | 6,3 | 2,51 | 0,39 | 26 | 0,3 | 2,13 | 3,29 | 6,9 | 2,23 | 0,43 | 32,5 | 0,45 | 1,4 | 2,17 | 8,7 | 1,47 | 0,5 |
| 07 | 25,5 | 0,26 | 2,47 | 3,82 | 7,8 | 2,59 | 0,485 | 33 | 0,3 | 2,13 | 3,29 | 8,9 | 2,23 | 0,56 | 40,5 | 0,47 | 1,35 | 2,1 | 11,1 | 1,42 | 0,7 |
| 08 | 30 | 0,25 | 2,52 | 3,9 | 9,6 | 2,64 | 0,6 | 32,5 | 0,26 | 2,43 | 3,76 | 9,4 | 2,54 | 0,58 | 46 | 0,43 | 1,45 | 2,25 | 13,4 | 1,52 | 0,8 |
| 09 | 38,5 | 0,25 | 2,5 | 3,87 | 12,6 | 2,62 | 0,78 | 28,5 | 0,26 | 2,43 | 3,76 | 8,9 | 2,54 | 0,55 | 55 | 0,43 | 1,48 | 2,29 | 16,5 | 1,55 | 1 |
| 10 | 42 | 0,24 | 2,6 | 4,03 | 14,1 | 2,73 | 0,88 | 28,5 | 0,24 | 2,61 | 4,05 | 9,4 | 2,74 | 0,58 | 66 | 0,43 | 1,47 | 2,27 | 19,9 | 1,54 | 1,2 |
| 11 | 52 | 0,24 | 2,66 | 4,12 | 17,7 | 2,79 | 1,1 | 39 | 0,22 | 2,92 | 4,52 | 12,4 | 3,06 | 0,77 | 77 | 0,42 | 1,51 | 2,33 | 23,8 | 1,58 | 1,5 |
| 12 | 58 | 0,23 | 2,77 | 4,28 | 20,6 | 2,9 | 1,28 | 48 | 0,23 | 2,69 | 4,16 | 16,3 | 2,82 | 1,02 | 89 | 0,41 | 1,55 | 2,4 | 28 | 1,62 | 1,7 |
| 13 | 63 | 0,23 | 2,75 | 4,26 | 22,7 | 2,88 | 1,38 | 58 | 0,23 | 2,78 | 4,31 | 19 | 2,92 | 1,19 | 98 | 0,39 | 1,62 | 2,51 | 32 | 1,7 | 2 |
| 14 | 75 | 0,23 | 2,79 | 4,32 | 27,5 | 2,93 | 1,62 | 44 | 0,27 | 2,34 | 3,62 | 16,9 | 2,45 | 1,05 | 112 | 0,38 | 1,65 | 2,55 | 37 | 1,73 | 2,2 |
| 15 | 80 | 0,23 | 2,77 | 4,29 | 29,5 | 2,9 | 1,69 | 44,5 | 0,26 | 2,47 | 3,83 | 17,6 | 2,59 | 1,08 | 124 | 0,38 | 1,64 | 2,54 | 42 | 1,72 | 2,4 |
| 16 | 89 | 0,22 | 2,87 | 4,44 | 33 | 3 | 1,81 | 49,5 | 0,25 | 2,48 | 3,84 | 19,8 | 2,6 | 1,18 | 139 | 0,37 | 1,7 | 2,62 | 48,5 | 1,78 | 2,7 |
| 17 | 99 | 0,22 | 2,88 | 4,46 | 37,5 | 3,02 | 2,01 | 59 | 0,26 | 2,46 | 3,81 | 23,4 | 2,58 | 1,34 | 143 | 0,37 | 1,68 | 2,61 | 51 | 1,76 | 2,8 |
| 18 | 109 | 0,22 | 2,83 | 4,38 | 42,5 | 2,97 | 2,23 | 71 | 0,27 | 2,33 | 3,61 | 28,5 | 2,44 | 1,58 | 156 | 0,39 | 1,63 | 2,53 | 57 | 1,71 | 3 |
| 19 | 134 | 0,23 | 2,73 | 4,23 | 50 | 2,86 | 2,55 | 84 | 0,27 | 2,32 | 3,59 | 34 | 2,43 | 1,84 | 167 | 0,38 | 1,66 | 2,57 | 63 | 1,74 | 3,3 |
| 20 | 145 | 0,23 | 2,68 | 4,15 | 57 | 2,87 | 2,8 | 98 | 0,27 | 2,68 | 3,61 | 40 | 2,44 | 2,12 | 196 | 0,38 | 1,67 | 2,58 | 78 | 1,75 | 3,9 |
| 21 | 158 | 0,23 | 2,75 | 4,23 | 64 | 2,88 | 3,1 | – | – | – | – | – | – | – | – | – | – | – | – | – | – |
| 22 | 165 | 0,23 | 2,79 | 4,32 | 71 | 2,92 | 3,3 | 126 | 0,28 | 2,23 | 3,45 | 51 | 2,33 | 2,55 | 221 | 0,37 | 1,69 | 2,62 | 94 | 1,77 | 4,4 |
| 24 | – | – | – | – | – | – | – | – | – | – | – | – | – | – | – | – | – | – | – | – | – |

[1] bis Kennzahl 05 auch Ausführung K (mit kegeliger Bohrung, Kegel 1:12), außer Kennzahl 14 und 21 sowie Lager 2310.
[2] bis Kennzahl 13 auch Ausführung mit beidseitig schleifender Dichtung (Nachsetzzeichen 2RS). Bei Ausführung 2RS sind die Werte der Baureihe 12 zu verwenden.
[3] von Kennzahl 03 bis 11 auch Ausführung mit beidseitig schleifender Dichtung (Nachsetzzeichen 2RS). Bei Ausführung 2RS sind die Werte der Baureihe 13 zu verwenden.
[4] Es gilt $Y = Y_1$, wenn $F_a/F_r \leq e$,
$Y = Y_2$, wenn $F_a/F_r > e$.

**TB 14-2** (Fortsetzung)

| Lagerart | Zylinderrollenlager[1),2)] | | | | | | | | | | | | | | | | | | | |
|---|---|---|---|---|---|---|---|---|---|---|---|---|---|---|---|---|---|---|---|---|
| Lagerreihe | NU10 | | | N2; NJ2; NU2; NUP2 | | | N2; NJ2 NUP2 | | | NU2 | | N3, NJ3 NU3, NUP3 | | N3; NJ3 NUP3 | | NU3 | | NJ22; NU22; NUP22 | | |
| Maßreihe | 10 | | | 02 | | | 02 | | | | | 03 | | 03 | | | | 22 | | |
| | $C$ | $C_0$ | $C_u$ | $C$ | $C_0$ | $C_u$ | $C$ | $C_0$ | $C_u$ | $C$ | $C_u$ | $C$ | $C_0$ | $C$ | $C_u$ | $C_0$ | $C_u$ | $C$ | $C_0$ | $C_u$ |
| 02 | – | – | – | 15,1* | 10,4* | 1,47*** | | | | 1,29 | | | | | | | | | | |
| 03 | – | – | – | 20,8 | 14,6 | 2,11** | | | | 1,82 | | 30* | 21,2* | 3,3* | | 2,65 | | | 21,9 | 3,5 |
| 04 | – | – | – | 32,5 | 24,7 | 3,85 | | | | 3,1 | | 36,5* | 26* | 4,05* | | 3,25 | | 28,5 | 31 | 5 |
| | | | | | | | | | | | | | | | | | | 38,5 | | |
| 05 | 16,7 | 12,9 | 1,52 | 34,5 | 27,5 | 4,35 | | | | 3,5 | | 48 | 36,5 | 5,8 | | 4,7 | | 41,5 | 34,5 | 5,7 |
| 06 | 22,9 | 19,3 | 2,4 | 45 | 36 | 5,7 | | | | 4,65 | | 61 | 48 | 8 | | 6,4 | | 57 | 48,5 | 8,1 |
| 07 | 29 | 26 | 3,15 | 58 | 48,5 | 7,9 | | | | 6,4 | | 76 | 63 | 10,7 | | 8,6 | | 72 | 64 | 10,8 |
| 08 | 33,5 | 30,5 | 3,35 | 63 | 53 | 8,7 | | | | 7 | | 95 | 78 | 12,9 | | 10,4 | | 83 | 75 | 12,9 |
| 09 | 40 | 37,5 | 4,8 | 72 | 63 | 10,6 | | | | 8,6 | | 108** | 91** | 15,2** | | 13,3 | | 87 | 82 | 14,1 |
| 10 | 42,5 | 41,5 | 5,3 | 75 | 69 | 11,5 | | | | 9,3 | | 130 | 113 | 19,1 | | 15,5 | | 92 | 88 | 15,3 |
| 11 | 53 | 62 | 6,6 | 99 | 95 | 16,3 | | | | 13,2 | | 159 | 139 | 23,6 | | 19,1 | | 117 | 118 | 20,7 |
| 12 | 52 | 55 | 7,1 | 111 | 102 | 16,8 | | | | 13,9 | | 177 | 157 | 26,5 | | 21,7 | | 151 | 152 | 26,5 |
| 13 | 53 | 58 | 7,5 | 127 | 119 | 19,8 | | | | 16,3 | | 214 | 191 | 32 | | 26 | | 176 | 181 | 32 |
| 14 | 75 | 78 | 10,6 | 140 | 137 | 23,1 | | | | 19 | | 242 | 222 | 37 | | 30 | | 184 | 194 | 34 |
| 15 | 76 | 82 | 11,1 | 154 | 156 | 26,5 | | | | 21,7 | | 285 | 265 | 43 | | 34,5 | | 191 | 207 | 36 |
| 16 | 91 | 99 | 13,6 | 165 | 167 | 27,5 | | | | 22,6 | | 300 | 275 | 46 | | 37 | | 220 | 243 | 42 |
| 17 | 93 | 103 | 14 | 194 | 194 | 31,5 | | | | 26 | | 320** | 300** | 49,5** | | 40 | | 255 | 275 | 46** |
| 18 | 111 | 124 | 16,8 | 215 | 217 | 35 | | | | 28,5 | | 370 | 350 | 55 | | 44 | | 285 | 315 | 52 |
| 19 | 113 | 130 | 17,3 | 260 | 265 | 41,5 | | | | 34 | | 390 | 380 | 59 | | 48 | | 340 | 370 | 60 |
| 20 | 116 | 135 | 17,9 | 295 | 305 | 47,5 | | | | 38,5 | | 450 | 425 | 65 | | 53 | | 395 | 445 | 72 |
| 21 | 131 | 153 | 19,4 | 310 | 320 | 49 | | | | 40 | | | | | | | | | | |
| 22 | 166 | 190 | 24,4 | 345 | 365 | 56** | | | | 56 | | 495** | 475** | 73** | | 59 | | 455 | 520 | 81 |
| 23 | 174 | 207 | 26 | 390 | 415 | 64 | | | | 52 | | 610 | 600 | 87 | | 70 | | 530 | 610 | 96** |

| | NJ23; NU23; NUP23 | | |
|---|---|---|---|
| | 23 | | |
| | $C$ | $C_0$ | $C_u$ |
| 02 | – | – | – |
| 03 | – | – | – |
| 04 | 48,5 | 38 | 6,3 |
| 05 | 66 | 55 | 9,4 |
| 06 | 86 | 75 | 13,2 |
| 07 | 108 | 98 | 17,4 |
| 08 | 132 | 119 | 20,7 |
| 09 | 162 | 153 | 27 |
| 10 | 192 | 187 | 33 |
| 11 | 235 | 230 | 41 |
| 12 | 265 | 260 | 47 |
| 13 | 295 | 285 | 50 |
| 14 | 325 | 325 | 56 |
| 15 | 390 | 395 | 67 |
| 16 | 420 | 425 | 73 |
| 17 | 435 | 445 | 75 |
| 18 | 510 | 530 | 86 |
| 19 | 540 | 580 | 92** |
| 20 | 680 | 720 | 114 |
| 21 | – | – | – |
| 22 | 750 | 800 | 126 |
| 23 | 930 | 1010 | 153 |

Bohrungskennzahl

[1)] Bei als Stützlager (NJ oder NU mit einem Winkelring HJ) oder Festlager (NUP oder NJ mit HJ) eingesetztem Lager muss $F_a/F_r \leq 0,4$ bzw. $\leq 0,6$ sein. Ständige axiale Belastung ist nur zulässig, wenn das Lager gleichzeitig radial belastet ist. $F_a$ darf die zulässige Axialkraft $F_{a\,zul}$ nicht überschreiten. Werte für $F_{a\,zul}$ s. Herstellerkataloge.
[2)] Lagerreihe 10 mit rollengeführten Käfigen aus Messing (Nachsetzzeichen M1); Lagerreihe 2, 3, 22, 23 verstärkte Ausführung, (Nachsetzzeichen E; z. B. NJ 2205 E)
* nicht NUP202, N303, N304.
** bei NJ202: $C_u = 1,46$; NJ203/NUP203: $C_u = 2,1$; NJ222/NUP222: $C_u = 55$; NU2217: $C_u = 46,5$; NU2224: $C_u = 97$; NU2319: $C_u = 93$, bei N309 und NU309: $C = 115$, $C_0 = 98$; $C_u = 16,4$; N317: $C = 340$, $C_0 = 325$, $C_u = 53$; N322: $C = 520$, $C_0 = 510$, $C_u = 78$.

# Wälzlager

## TB 14-2 (Fortsetzung)

| Lagerart | Kegelrollenlager[1] | | | | | | | | | | | | | | | | | | | | | | | |
|---|---|---|---|---|---|---|---|---|---|---|---|---|---|---|---|---|---|---|---|---|---|---|---|---|
| Lagerreihe | 302A[2] | | | | | | 303A[2] | | | | | | 322A[2] | | | | | | 323A[2] | | | | | |
| Maßreihe | 02 | | | | | | 03 | | | | | | 22 | | | | | | 23 | | | | | |
| Bohrungskennzahl | $C$ | $e$ | $Y$ | $C_0$ | $Y_0$ | $C_u$ | $C$ | $e$ | $Y$ | $C_0$ | $Y_0$ | $C_u$ | $C$ | $e$ | $Y$ | $C_0$ | $Y_0$ | $C_u$ | $C$ | $e$ | $Y$ | $C_0$ | $Y_0$ | $C_u$ |
| 02 | 14,2 | 0,35 | 1,73 | 13,5 | 0,95 | 1,32 | 22,9 | 0,29 | 2,11 | 20,3 | 1,16 | 2,11 | — | — | — | — | — | — | — | — | — | — | — | — |
| 03 | 18,5 | 0,35 | 1,74 | 17,8 | 0,96 | 1,89 | 27,5 | 0,29 | 2,11 | 24,5 | 1,16 | 2,6 | 28,5 | 0,31 | 1,92 | 29 | 1,06 | 3,25 | 35 | 0,29 | 2,11 | 35 | 1,16 | 4,05 |
| 04 | 26,5 | 0,35 | 1,74 | 26,5 | 0,96 | 2,9 | 34 | 0,3 | 2 | 32 | 1,1 | 3,6 | — | 0,3 | — | 47,5 | — | — | 45,5 | 0,3 | 2 | 47,5 | 1,1 | 5,6 |
| 05 | 32 | 0,37 | 1,6 | 34,5 | 0,88 | 3,9 | 47 | 0,3 | 2 | 45 | 1,1 | 5,1 | 39,5 | 0,33 | 1,81 | 43,5 | 0,92 | 5,1 | 62 | 0,3 | 2 | 65 | 1,1 | 7,8 |
| 06 | 43,5 | 0,37 | 1,6 | 47,5 | 0,88 | 5,5 | 60 | 0,31 | 1,9 | 61 | 1,05 | 6,9 | 53 | 0,37 | 1,6 | 62 | 0,88 | 7,4 | 81 | 0,31 | 1,9 | 90 | 1,05 | 10,8 |
| 07 | 53 | 0,37 | 1,6 | 58 | 0,88 | 6,8 | 75 | 0,31 | 1,9 | 78 | 1,05 | 8,6 | 70 | 0,37 | 1,6 | 83 | 0,88 | 10,2 | 101 | 0,31 | 1,9 | 114 | 1,05 | 13,6 |
| 08 | 61 | 0,37 | 1,6 | 66 | 0,88 | 7,6 | 92 | 0,35 | 1,74 | 103 | 0,96 | 11,9 | 79 | 0,37 | 1,6 | 93 | 0,88 | 11,2 | 121 | 0,35 | 1,74 | 148 | 0,96 | 17,9 |
| 09 | 70 | 0,4 | 1,48 | 82 | 0,81 | 9,6 | 112 | 0,35 | 1,74 | 127 | 0,96 | 14,8 | 82 | 0,4 | 1,48 | 99 | 0,81 | 12 | 147 | 0,35 | 1,74 | 192 | 0,96 | 23,5 |
| 10 | 79 | 0,42 | 1,43 | 95 | 0,79 | 11,3 | 130 | 0,35 | 1,74 | 148 | 0,96 | 17,6 | 87 | 0,42 | 1,43 | 109 | 0,79 | 13,2 | 187 | 0,35 | 1,74 | 237 | 0,96 | 29,5 |
| 11 | 91 | 0,4 | 1,48 | 107 | 0,81 | 12,4 | 151 | 0,35 | 1,74 | 174 | 0,96 | 20,6 | 110 | 0,4 | 1,48 | 137 | 0,81 | 16,2 | 211 | 0,35 | 1,74 | 270 | 0,96 | 33,5 |
| 12 | 102 | 0,4 | 1,48 | 121 | 0,81 | 14 | 176 | 0,35 | 1,74 | 204 | 0,96 | 24,2 | 133 | 0,4 | 1,48 | 170 | 0,81 | 20,6 | 242 | 0,35 | 1,74 | 310 | 0,96 | 38,5 |
| 13 | 119 | 0,4 | 1,48 | 142 | 0,81 | 16,6 | 201 | 0,35 | 1,74 | 236 | 0,96 | 27 | 156 | 0,4 | 1,48 | 200 | 0,81 | 24,5 | 275 | 0,35 | 1,74 | 350 | 0,96 | 43,5 |
| 14 | 130 | 0,42 | 1,43 | 160 | 0,79 | 19 | 227 | 0,35 | 1,74 | 270 | 0,96 | 31 | 163 | 0,42 | 1,43 | 214 | 0,79 | 26,5 | 315 | 0,35 | 1,74 | 410 | 0,96 | 49,5 |
| 15 | 137 | 0,44 | 1,32 | 172 | 0,76 | 20,3 | 255 | 0,35 | 1,74 | 300 | 0,96 | 34,5 | 171 | 0,44 | 1,38 | 229 | 0,76 | 28 | 360 | 0,35 | 1,74 | 475 | 0,96 | 57 |
| 16 | 154 | 0,42 | 1,43 | 191 | 0,79 | 21,9 | 290 | 0,35 | 1,74 | 350 | 0,96 | 39,5 | 198 | 0,42 | 1,43 | 260 | 0,79 | 31 | 405 | 0,35 | 1,74 | 540 | 0,96 | 64 |
| 17 | 175 | 0,42 | 1,43 | 220 | 0,79 | 25,5 | 315 | 0,35 | 1,74 | 380 | 0,96 | 42 | 226 | 0,42 | 1,43 | 305 | 0,79 | 36 | 435 | 0,35 | 1,74 | 580 | 0,96 | 68 |
| 18 | 199 | 0,42 | 1,43 | 255 | 0,79 | 28,5 | 335 | 0,35 | 1,74 | 405 | 0,96 | 43,5 | 260 | 0,42 | 1,43 | 355 | 0,79 | 42 | 490 | 0,35 | 1,74 | 670 | 0,96 | 76 |
| 19 | 225 | 0,42 | 1,43 | 290 | 0,79 | 32 | 370 | 0,35 | 1,74 | 450 | 0,96 | 47,5 | 300 | 0,42 | 1,43 | 420 | 0,79 | 48,5 | 530 | 0,35 | 1,74 | 720 | 0,96 | 80 |
| 20 | 250 | 0,42 | 1,43 | 330 | 0,79 | 35,5 | 420 | 0,35 | 1,74 | 510 | 0,96 | 63 | 335 | 0,42 | 1,43 | 475 | 0,79 | 54 | 620 | 0,35 | 1,74 | 850 | 0,96 | 108 |
| 21 | 280 | 0,42 | 1,43 | 370 | 0,79 | 40 | — | — | — | — | — | — | 385 | 0,42 | 1,43 | 550 | 0,79 | 63 | 670 | 0,35 | 1,74 | 940 | 0,96 | 118 |
| 22 | 315 | 0,42 | 1,43 | 425 | 0,79 | 45,5 | 475 | 0,35 | 1,74 | 580 | 0,96 | 71 | 415 | 0,42 | 1,43 | 590 | 0,79 | 66 | 740 | 0,35 | 1,74 | 1030 | 0,96 | 127 |
| 24 | 335 | 0,44 | 1,38 | 455 | 0,76 | 57 | 570 | 0,35 | 1,74 | 710 | 0,96 | 83 | 490 | 0,44 | 1,38 | 730 | 0,76 | 93 | 670* | 0,39 | 1,53 | 970* | 0,84 | 118* |

[1] Lagerpaar in O- oder X-Anordnung $C = 1{,}715 \cdot C_{\text{Einzel}}$;  $P = F_r + 1{,}12 \cdot Y \cdot F_a$ wenn $F_a/F_r \leq e$;
$P = 0{,}67 \cdot F_r + 1{,}68 \cdot Y \cdot F_a$ wenn $F_a/F_r > e$;
$$C_0 = 2 \cdot C_{0\,\text{Einzel}};  \quad P_0 = F_r + 2 \cdot Y_0 \cdot F_a.$$

[2] Nachsetzzeichen A – Lager mit geänderter Innenkonstruktion; Tragzahlen mit * Normalausführung (ohne A).

**TB 14-2** (Fortsetzung)

| Lagerart | Tonnenlager[1),4)] | | | | | | | | | | Pendelrollenlager[1),2),4)] | | | | | | | | | | | | | | |
|---|---|---|---|---|---|---|---|---|---|---|---|---|---|---|---|---|---|---|---|---|---|---|---|---|---|
| Lagerreihe | 202; 202 K | | 203; 203 K | | | 213...E[1)], 213...E1-K | | | | | 222...E[1)], 222...E1-K | | | | | | 223...E[1)], 223...E1-K | | | | | | | |
| Maßreihe | 02 | | 03 | | | 13[5)] | | | | | 22 | | | | | | 23 | | | | | | | |
| Bohrungskennzahl | $C$ | $C_0$ | $C$ | $C_0$ | $C$ | $e$ | $Y_1$[3)] | $Y_2$[3)] | $C_0$ | $Y_0$ | $C_u$ | $C$ | $e$ | $Y_1$[3)] | $Y_2$[3)] | $C_0$ | $Y_0$ | $C_u$ | $C$ | $e$ | $Y_1$[3)] | $Y_2$[3)] | $C_0$ | $Y_0$ |
| 04 | 20,4 | 19,3 | 27 | 24,5 | 40,5 | 0,3 | 2,25 | 3,34 | 33,5 | 2,2 | 3,7 | – | – | – | – | – | – | – | – | – | – | – | – | – |
| 05 | 24 | 25 | 36 | 34,5 | 52 | 0,28 | 2,43 | 3,61 | 43 | 2,37 | 4,75 | 48 | 0,34 | 1,98 | 2,94 | 42,5 | 1,93 | 4,8 | – | – | – | – | – | – |
| 06 | 27,5 | 28,5 | 49 | 49 | 72 | 0,27 | 2,49 | 3,71 | 63 | 2,43 | 7 | 64 | 0,31 | 2,15 | 3,2 | 57 | 2,1 | 6,9 | – | – | – | – | – | – |
| 07 | 40,5 | 43 | 58,5 | 61 | 83 | 0,26 | 2,55 | 3,8 | 73,5 | 2,5 | 8,1 | 88 | 0,31 | 2,16 | 3,22 | 81,5 | 2,12 | 9,4 | – | – | – | – | – | – |
| 08 | 49 | 53 | 76,5 | 81,5 | 108 | 0,24 | 2,81 | 4,19 | 106 | 2,75 | 14,3 | 102 | 0,28 | 2,41 | 3,59 | 90 | 2,35 | 11,8 | 156 | 0,36 | 1,86 | 2,77 | 150 | 1,82 |
| 09 | 52 | 57 | 86,5 | 95 | 129 | 0,23 | 2,92 | 4,35 | 129 | 2,86 | 17,3 | 104 | 0,26 | 2,62 | 3,9 | 98 | 2,56 | 12,7 | 186 | 0,36 | 1,9 | 2,83 | 183 | 1,86 |
| 10 | 58,5 | 68 | 108 | 118 | 129 | 0,23 | 2,92 | 4,35 | 129 | 2,86 | 17,3 | 108 | 0,24 | 2,81 | 4,19 | 106 | 2,75 | 14,3 | 228 | 0,36 | 1,86 | 2,77 | 224 | 1,82 |
| 11 | 73,5 | 85 | 120 | 137 | 170 | 0,24 | 2,84 | 4,23 | 166 | 2,78 | 21,2 | 129 | 0,23 | 2,92 | 4,35 | 129 | 2,86 | 17,3 | 265 | 0,36 | 1,89 | 2,81 | 260 | 1,84 |
| 12 | 85 | 100 | 146 | 170 | 212 | 0,23 | 2,95 | 4,4 | 228 | 2,89 | 28 | 170 | 0,24 | 2,84 | 4,23 | 166 | 2,78 | 21,2 | 310 | 0,35 | 1,91 | 2,85 | 310 | 1,87 |
| 13 | 95 | 116 | 170 | 196 | 250 | 0,22 | 3,14 | 4,67 | 270 | 3,07 | 34 | 200 | 0,24 | 2,81 | 4,19 | 208 | 2,75 | 25,5 | 355 | 0,34 | 2 | 2,98 | 365 | 1,96 |
| 14 | 106 | 134 | 183 | 216 | 250 | 0,22 | 3,14 | 4,67 | 270 | 3,07 | 34 | 212 | 0,23 | 2,95 | 4,4 | 228 | 2,89 | 28 | 390 | 0,34 | 2 | 2,98 | 390 | 1,96 |
| 15 | 112 | 143 | 216 | 255 | 305 | 0,22 | 3,04 | 4,53 | 325 | 2,97 | 38,5 | 216 | 0,22 | 3,1 | 4,62 | 236 | 3,03 | 29,5 | 440 | 0,34 | 1,99 | 2,96 | 450 | 1,94 |
| 16 | 125 | 163 | 245 | 285 | 305 | 0,22 | 3,04 | 4,53 | 325 | 2,97 | 38,5 | 250 | 0,22 | 3,14 | 4,67 | 270 | 3,07 | 34 | 500 | 0,34 | 1,99 | 2,96 | 510 | 1,94 |
| 17 | 156 | 200 | 270 | 320 | 345 | 0,23 | 2,9 | 4,31 | 375 | 2,83 | 42,5 | 305 | 0,22 | 3,04 | 4,53 | 325 | 2,97 | 38,5 | 540 | 0,33 | 2,04 | 3,04 | 560 | 2 |
| 18 | 173 | 220 | 300 | 360 | 380 | 0,24 | 2,87 | 4,27 | 415 | 2,8 | 47 | 345 | 0,23 | 2,9 | 4,31 | 375 | 2,83 | 42,5 | 610 | 0,33 | 2,03 | 3,02 | 630 | 1,98 |
| 19 | 208 | 265 | 335 | 400 | 430 | 0,22 | 3,04 | 4,53 | 455 | 2,97 | 47,5 | 380 | 0,24 | 2,87 | 4,27 | 415 | 2,8 | 47 | 670 | 0,33 | 2,03 | 3,02 | 695 | 1,98 |
| 20 | 224 | 290 | 365 | 440 | 490 | 0,22 | 3,14 | 4,67 | 530 | 3,07 | 61 | 430 | 0,24 | 2,84 | 4,23 | 475 | 2,78 | 52 | 815 | 0,33 | 2,03 | 3,02 | 915 | 1,98 |
| 21 | 245 | 315 | – | – | – | – | – | – | – | – | – | – | – | – | – | – | – | – | – | – | – | – | – | – |
| 22 | 285 | 375 | 430 | 520 | 600 | 0,21 | 3,24 | 4,82 | 640 | 3,16 | 69 | 550 | 0,25 | 2,71 | 4,04 | 600 | 2,65 | 62 | 950 | 0,33 | 2,07 | 3,09 | 1060 | 2,03 |
| 24 | 305 | 415 | 490 | 630 | – | – | – | – | – | – | – | 640 | 0,25 | 2,71 | 4,04 | 735 | 2,65 | 71 | 1080 | 0,33 | 2,06 | 3,06 | 1160 | 2,01 |

[1)] Ausführung K (mit kegeliger Bohrung 1:12) nicht für Lager 20204, 20211, 20219 und 20221, sowie 20304...10, 20314...17, 20319 und 20321...24.
[2)] Lager verstärkte Ausführung (Nachsetzzeichen E1), mit Schmiernut und Schmierbohrungen im Außenring (keine Schmiernut Lage 21304...07); Ausführung K nicht für Lager 21304...06.
[3)] Es gilt: $Y = Y_1$, wenn $F_a/F_r \leq e$,
$Y = Y_2$, wenn $F_a/F_r > e$.
[4)] fehlende Werte für $C_u$ sind den Herstellerkatalogen zu entnehmen.
[5)] $D$, $B$, $r_{1s}$ entspricht Maßreihe 03.

**TB 14-2** (Fortsetzung)

| Lagerart | Axial-Rillenkugellager einseitig wirkend[1),3)] | | | | | | | | | | | | | | | Lagerart | Axial-Rillenkugellager zweiseitig wirkend[2),3)] | | | | | | | | |
|---|---|---|---|---|---|---|---|---|---|---|---|---|---|---|---|---|---|---|---|---|---|---|---|---|---|
| Lagerreihe | 511 | | | 512, 532 U2 | | | | 513, 533 U3 | | | | | | | | Lagerreihe | 522, 542 U2 | | | 523, 543 U3 | | | | | |
| Maßreihe | 11 | | | 12, 32 | | | | 13, 33 | | | | | | | | Maßreihe | 22, 42 | | | 23, 43 | | | | | |
| Bohrungskennzahl | $C$ | $C_0$ | $C_u$ | $C$ | $C_0$ | $C_u$ | | $C$ | $C_0$ | $C_u$ | | | | | | Bohrungskennzahl[4)] | $C$ | $C_0$ | $C_u$ | $C$ | $C_0$ | $C_u$ | | | |
| 00 | 10 | 14 | 0,62 | 12,7 | 17 | 0,76 | | – | – | – | | | | | | 02 | 16,6* | 25* | 1,1* | – | – | – | | | |
| 01 | 10,4 | 15,3 | 0,69 | 13,2 | 19 | 0,84 | | – | – | – | | | | | | 04 | 22,4* | 37,5* | 1,66* | – | – | – | | | |
| 02 | 10,6 | 16,6 | 0,75 | 16,6 | 25 | 1,1 | | – | – | – | | | | | | 05 | 28 | 50 | 2,22 | 34,5 | 55 | 2,45 | | | |
| 03 | 11,4 | 19,6 | 0,87 | 17,3 | 27,5 | 1,21 | | – | – | – | | | | | | 06 | 25 | 46,5 | 2,04 | 38 | 65,5 | 2,85 | | | |
| 04 | 15 | 26,5 | 1,18 | 22,4 | 37,5 | 1,66 | | – | – | – | | | | | | 07 | 35,5 | 67 | 3 | 50 | 88 | 3,9 | | | |
| 05 | 18 | 35,5 | 1,57 | 28 | 50 | 2,22 | | 34,5 | 55 | 2,45 | | | | | | 08 | 46,5 | 98 | 4,3 | 61** | 112** | 5** | | | |
| 06 | 19 | 40 | 1,77 | 25 | 46,5 | 2,04 | | 38 | 65,5 | 2,85 | | | | | | 09 | 39 | 80 | 3,55 | 75 | 140 | 6,3 | | | |
| 07 | 20 | 46,5 | 2,06 | 35,5 | 67 | 3 | | 50 | 88 | 3,9 | | | | | | 10 | 50 | 106 | 4,7 | 86,5 | 170 | 7,5 | | | |
| 08 | 27 | 63 | 2,75 | 46,5 | 98 | 4,3 | | 61 | 112 | 5 | | | | | | 11 | 61 | 134 | 6,1 | 102 | 208 | 9 | | | |
| 09 | 28 | 69,5 | 3,05 | 39 | 80 | 3,55 | | 75 | 140 | 6,3 | | | | | | 12 | 62 | 140 | 6,2 | 100 | 208 | 9 | | | |
| 10 | 29 | 75 | 3,3 | 50 | 106 | 4,7 | | 86,5 | 170 | 7,5 | | | | | | 13 | 64* | 150* | 6,6* | 106** | 220** | 9,7** | | | |
| 11 | 30,5 | 75 | 3,3 | 61 | 134 | 6,1 | | 102 | 208 | 9 | | | | | | 14 | 65,5* | 160* | 7* | 134 | 290 | 12,9 | | | |
| 12 | 41,5 | 112 | 5 | 62 | 140 | 6,2 | | 100 | 208 | 9 | | | | | | 15 | 67 | 170 | 7,5 | 163 | 360 | 15,4 | | | |
| 13 | 38 | 100 | 4,4 | 64 | 150 | 6,6 | | 106 | 220 | 9,7 | | | | | | 16 | 75 | 190 | 8,5 | 160 | 360 | 15,1 | | | |
| 14 | 40 | 110 | 4,85 | 65,5 | 160 | 7 | | 134 | 290 | 12,9 | | | | | | 17 | 98 | 250 | 10,9 | 186 | 415 | 16,7 | | | |
| 15 | 44 | 122 | 5,5 | 67 | 170 | 7,5 | | 163 | 360 | 15,4 | | | | | | 18 | 118 | 300 | 12,3 | 193 | 455 | 17,7 | | | |
| 16 | 45 | 129 | 5,7 | 75 | 190 | 8,5 | | 160 | 360 | 15,1 | | | | | | 20 | 122 | 320 | 14,4 | 240 | 585 | 21,9 | | | |
| 17 | 45,5 | 134 | 6 | 98 | 250 | 10,9 | | 186 | 415 | 16,7 | | | | | | 22 | 134* | 365* | 16* | 280 | 750 | 27 | | | |
| 18 | 45,5 | 140 | 6,1 | 118 | 300 | 12,3 | | 193 | 455 | 17,7 | | | | | | 24 | 134* | 390* | 14,2* | 325** | 915** | 31,5** | | | |
| 20 | 85 | 270 | 13 | 122 | 320 | 14,4 | | 240 | 585 | 21,9 | | | | | | 26 | 183* | 540* | 18,9* | 360** | 1060** | 35** | | | |
| 22 | 86,5 | 290 | 13,4 | 134 | 365 | 16 | | 280 | 750 | 27 | | | | | | 28 | 190* | 570* | 19,2* | 405** | 1250** | 40** | | | |
| 24 | 90 | 310 | 13,9 | 134 | 390 | 14,5 | | 325 | 915 | 31,5 | | | | | | 30 | 236* | 735* | 24,2* | 415** | 1340** | 41,5** | | | |

[1)] Lager der Reihen 511, 512 und 513 haben eine ebene Gehäusescheibe; Lager der Reihen 532 und 533 haben eine kugelige Gehäusescheibe. In Verbindung mit den Unterlegscheiben U2 und U3 sind sie winkelbeweglich.
\* nur Lagerreihe 522
[2)] Lager der Reihen 522 und 523 haben zwei ebene Gehäusescheiben; Lager der Reihen 542 und 543 haben kugelige Gehäusescheiben. In Verbindung mit den Unterlegscheiben U2 und U3 sind sie winkelbeweglich.
\*\* nur Lagerreihe 523.
[3)] Zur Vermeidung von Gleitbewegungen infolge von Fliehkräften und Kreiselmomenten müssen die Lager mit $F_{a\,min}$ belastet werden. Werte für $F_{a\,min}$ s. Herstellerkatalog.
[4)] Bohrungskennzahl für $d_w$, siehe TB 14-1c zweiseitig wirkend.

**TB 14-3** Richtwerte für Radial- und Axialfaktoren $X$, $Y$ bzw. $X_0$, $Y_0$
a) bei dynamisch äquivalenter Beanspruchung

| Lagerart | | $e$ | $\frac{F_a}{F_r} \leq e$ | | $\frac{F_a}{F_r} > e$ | |
|---|---|---|---|---|---|---|
| | | | $X$ | $Y$ | $X$ | $Y$ |
| Rillenkugellager[1] | $F_a/C_0$ | | | | | |
| ein- und zweireihig | 0,025 | 0,22 | | | | 2,0 |
| mit Radialluft normal | 0,04 | 0,24 | | | | 1,8 |
| übliche Passung | 0,07 | 0,27 | 1 | 0 | 0,56 | 1,6 |
| k5...j5 und J6 | 0,13 | 0,31 | | | | 1,4 |
| | 0,25 | 0,37 | | | | 1,2 |
| | 0,50 | 0,44 | | | | 1,0 |
| Schrägkugellager | | | | | | |
| • Reihe 72B, 73B α = 40°; Einzellager und Tandem-Anordnung | | 1,14 | 1 | 0 | 0,35 | 0,57 |
| • –; Lagerpaar in O- oder X-Anordnung | | 1,14 | 1 | 0,55 | 0,57 | 0,93 |
| • Reihe 32 B, 33 B α = 25° | | 0,68 | 1 | 0,92 | 0,67 | 1,41 |
| • Reihe 32, 33 α = 35° | | 0,95 | 1 | 0,66 | 0,6 | 1,07 |
| Vierpunktlager, möglichst $F_a \geq 1{,}2 \cdot F_r$ | | 0,95 | 1 | 0,66 | 0,6 | 1,07 |
| Pendelkugellager | | s. TB 14-2 | 1 | s. TB 14.2 | 0,65 | s. TB 14-2 |
| Zylinderrollenlager[2] | | | | | | |
| • Reihe 10, 2, 3 und 4 | | 0,2 | 1 | 0 | 0,92 | 0,6 |
| • Reihe 22, 23 | | 0,3 | 1 | 0 | 0,92 | 0,4 |
| Kegelrollenlager[3] | | s. TB 14-2 | 1 | 0 | 0,4 | s. TB 14-2 |
| Tonnenlager | | – | 1 | 9,5 | 1 | 9,5 |
| Pendelrollenlager | | s. TB 14-2 | 1 | s. TB 14-2 | 0,67 | s. TB 14-2 |
| Axial-Rillenkugellager | | – | – | – | 0 | 1 |
| Axial-Pendelrollenlager[4] | | 1,82 | – | – | 1,2 | 1 |

[1] für $0{,}02 < F_a/C_0 \leq 0{,}5$, $e \approx 0{,}51 \cdot (F_a/C_0)^{0{,}233}$, $Y \approx 0{,}866 (F_a/C_0)^{-0{,}229}$ bei $F_a/F_r > e$.
[2] Richtwerte nach SKF-Katalog.
[3] für Lagerpaar in O- oder X-Anordnung s. TB 14-2 Legende.
[4] Die Radialkraft muss $F_r \leq 0{,}55 \, F_a$ sein, um die zentrische Lage der Scheiben nicht zu gefährden.

Wälzlager

**TB 14-3** (Fortsetzung)
b) bei statisch äquivalenter Beanspruchung

| Lagerart | $e$ | einreihige Lager[1] | | | | zweireihige Lager | | | |
|---|---|---|---|---|---|---|---|---|---|
| | | $\frac{F_{a0}}{F_{r0}} \leq e$ | | $\frac{F_{a0}}{F_{r0}} > e$ | | $\frac{F_{a0}}{F_{r0}} \leq e$ | | $\frac{F_{a0}}{F_{r0}} > e$ | |
| | | $X_0$ | $Y_0$ | $X_0$ | $Y_0$ | $X_0$ | $Y_0$ | $X_0$ | $Y_0$ |
| Rillenkugellager[1] | 0,8 | 1 | 0 | 0,6 | 0,5 | 1 | 0 | 0,6 | 0,5 |
| Schrägkugellager<br>• Reihe 72B, 73B α = 40°;<br>  Einzellager und Tandem-Anordnung | 1,9 | 1 | 0 | 0,5 | 0,26 | – | – | – | – |
| • –; Lagerpaar in O- oder X-Anordnung | – | 1 | 0,52 | 1 | 0,52 | – | – | – | – |
| • Reihe 32 B, 33 B α = 25° | – | – | – | – | – | 1 | 0,76 | 1 | 0,76 |
| • Reihe 32, 33 α = 35° | – | – | – | – | – | 1 | 0,58 | 1 | 0,58 |
| Vierpunktlager | – | 1 | 0,58 | 1 | 0,58 | – | – | – | – |
| Pendelkugellager | – | – | – | – | – | 1 | s. TB 14-2 | 1 | s. TB 14-2 |
| Zylinderrollenlager | – | 1 | 0 | 1 | 0 | – | – | – | – |
| Kegelrollenlager[2] | $\frac{1}{2Y_0}$ | 1 | 0 | 0,5 | s. TB 14-2 | – | – | – | – |
| Tonnenlager | – | 1 | 5 | 1 | 5 | – | – | – | – |
| Pendelrollenlager | – | – | – | – | – | 1 | s. TB 14-2 | 1 | s. TB 14-2 |
| Axial-Rillenkugellager | – | – | – | 0 | 1 | – | – | – | – |
| Axial-Pendelrollenlager[3] | – | 2,7 | 1 | 2,7 | 1 | – | – | – | – |

[1] Bei $P_0 < F_{r0}$ ist mit $P_0 = F_{r0}$ zu rechnen.
[2] für Lagerpaar in O- oder X-Anordnung s. TB 14-2 Legende.
[3] Die Radialkraft muss $F_{r0} \leq 0{,}55 \cdot F_{a0}$ sein, um die zentrische Lage der Scheiben nicht zu gefährden.

**TB 14-4** Drehzahlfaktor $f_n$ für Wälzlager

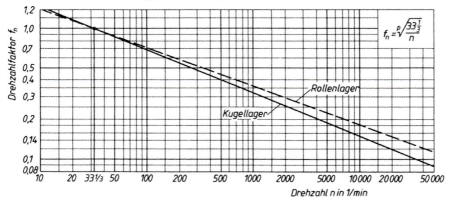

**TB 14-5** Lebensdauerfaktor $f_L$ für Wälzlager

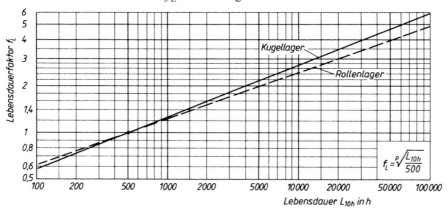

**TB 14-6** Härteeinflussfaktor $f_H$
a) bei verminderter Härte der Laufbahnoberfläche

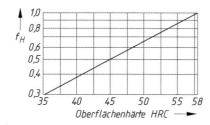

b) bei maßstabilisierten Lagern (S1 bis S4) und höheren Temperaturen

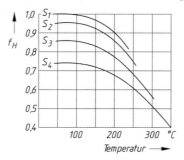

**TB 14-7** Richtwerte für anzustrebende nominelle Lebensdauerwerte $L_{10h}$ für Wälzlagerungen (nach Schaeffler-AG)

| Nr. | Einsatzgebiet | Anzustrebende Lebensdauer $L_{10h}$ in $h^{1)}$ | |
|---|---|---|---|
| | | Kugellager | Rollenlager |
| 1 | E-Motoren für Haushaltsgeräte | 1700… 4000 | – |
| 2 | Serienelektromotoren | 21000…32000 | 35000… 50000 |
| 3 | große Elektromotoren (>100 kW) | 32000…63000 | 50000…110000 |
| 4 | elektrische Fahrmotoren | 14000…21000 | 20000… 35000 |
| 5 | Universalgetriebe, Getriebemotoren | 4000…14000 | 5000… 20000 |
| 6 | Großgetriebe, stationär | 14000…46000 | 20000… 75000 |
| 7 | Werkzeugmaschinengetriebe | 14000…32000 | 20000… 50000 |
| 8 | Motorräder | 400… 2000 | 400… 2400 |
| 9 | PKW-Radlager | 1400… 5300 | 1500… 7000 |
| 10 | mittlere Lastkraftwagen | 2900… 5300 | 3600… 7000 |
| 11 | schwere Lastkraftwagen | 4000… 8800 | 5000… 12000 |
| 12 | Straßenbahnwagen, Triebwagen, Außenlager v. Lokomotiven | – | 35000… 50000 |
| 13 | Reise- und Güterzugwagen, Abraumwagen | – | 20000… 35000 |
| 14 | Landmaschinen (selbstfah. Arbeitsmaschinen, Ackerschlepper) | 1700… 4000 | 2000… 5000 |
| 15 | Schiffsdrucklager | – | 20000… 50000 |
| 16 | Förderbandrollen/allgemein, Seilrollen | 7800…21000 | 10000… 35000 |
| 17 | Förderbandrollen/Tagebau | 46000…63000 | 75000…110000 |
| 18 | Förderseilscheiben | 32000…46000 | 50000… 75000 |
| 19 | Sägegatter/Pleuellager | – | 10000… 20000 |
| 20 | Ventilatoren, Gebläse | 21000…46000 | 35000… 75000 |
| 21 | Kreiselpumpen | 14000…46000 | 20000… 75000 |
| 22 | Zentrifugen | 7800…14000 | 10000… 20000 |
| 23 | Spinnmaschinen, Spinnspindeln | 21000…46000 | 35000… 75000 |
| 24 | Papiermaschinen | – | 75000…250000 |
| 25 | Druckmaschinen | 32000…46000 | 50000… 75000 |

[1] Überdimensionierung sollte vermieden werden. Bei einer Lebensdauer über 60000 h ist die Lagerung, wenn nicht Dauerbetrieb vorliegt, meist überdimensioniert. Die Mindestbelastung der Lager sollte sein: Kugellager mit Käfig $P/C \geq 0{,}01$; Rollenlager mit Käfig $P/C \geq 0{,}02$; Vollrollige Lager $P/C \geq 0{,}04$.

**TB 14-8** Toleranzklassen für Wellen und Gehäuse bei Wälzlagerungen – allgemeine Richtlinien n. DIN 5425 (Auszug)
a) Toleranzklassen für Vollwellen

| | | Lagerbohrung | | | | |
|---|---|---|---|---|---|---|
| | | zylindrisch | | | | kegelig[1] |
| Voraussetzungen | | Reine Axialbeanspruchung | Punktbeanspruchung | | Umfangsbeanspruchung | Größe und Richtung der Beanspruchung beliebig |
| | | | Verschiebbarkeit des Innenringes erforderlich | nicht unbedingt erforderlich | Mittlere Beanspruchungen und Betriebsverhältnisse | |
| Beispiele | | – | Laufräder mit stillstehender Achse | Spannrollen, Seilrollen | Allgemeiner Maschinenbau, Elektrische Maschinen, Turbinen, Pumpen, Zahnradgetriebe | Allgemeiner Maschinenbau |
| Wellendurchmesser mm | Radial-Kugellager | | alle Durchmesser | | bis 18 / über 18 bis 100 / über 100 bis 140 / über 140 bis 200 | alle Durchmesser |
| | Radial-, Zylinder- und Kegelrollenlager | | | | bis 40 / über 40 bis 100 / über 100 bis 140 / – | |
| | Radial-, Pendelrollenlager | | | | bis 40 / über 40 bis 65 / über 65 bis 100 / über 100 bis 140 / über 140 bis 200 | |
| Toleranzklasse | | j6 | g6[2] | h6[2] | k5[3,4] / m5[3,4] / m6[2] / n6[5] / p6 | h9/IT 5[6] |

[1] Ausführung mit Spannhülse nach DIN 5415 oder Abziehhülse nach DIN 5416.
[2] Für Lagerungen mit erhöhter Laufgenauigkeit Qualität 5 verwenden.
[3] Wird für zweireihige Schrägkugellager eine Toleranzklasse verwendet, die ein größeres oberes Abmaß als j5 hat, so sind Lager mit größerer Radialluft erforderlich.
[4] Für Radial-Kegelrollenlager kann in der Regel k6 bzw. m6 verwendet werden, weil Rücksichtnahme auf Verminderung der Lagerluft entfällt.
[5] Für Achslagerungen von Schienenfahrzeugen mit Zylinderrollenlagern bereits ab 100 mm Achsschenkeldurchmesser n6 bis p6.
[6] h9/IT5 bedeutet, dass außer der Maßtoleranz der Qualität 9 eine Zylinderformtoleranz der Qualität 5 vorgeschrieben ist.

# Wälzlager

b) Toleranzklassen für Gehäuse

| | Punktbeanspruchung | | | Unbestimmte Richtung der Beanspruchung | | | Umfangsbeanspruchung | | |
|---|---|---|---|---|---|---|---|---|---|
| Voraussetzungen | Reine Axialbeanspruchung | Wärmezufuhr durch die Welle | Beliebige Beanspruchung | Stoßbeanspruchung Möglichkeit vollkommener Entlastung | Mittlere Beanspruchungen Verschiebbarkeit des Außenringes erwünscht nicht erforderlich | Große Stoßbeanspruchung | Niedrige Beanspruchung $P \leq 0{,}07C$ | Mittlere Beanspruchung $P \approx 0{,}1C$ | Hohe Beanspruchung, dünnwandige Gehäuse $P > 0{,}15C$ |
| | | Außenring leicht verschiebbar | | Außenring in der Regel **noch nicht** verschiebbar | | | Außenring nicht verschiebbar | | |
| Beispiele | Alle Lager | Trockenzylinder | Allgemeiner Maschinenbau | Achslager für Schienenfahrzeuge ungeteilt geteilt | Elektrische Maschinen | Kurbelwellenhauptlager | Förderband- und Seilrollen, Riemenspannrollen | Dickwandige Radnaben, Pleuellager | Dünnwandige Radnaben |
| Toleranzklasse[1)] | H8...E8 | G7 | H7 | H7 J7 | J6 | K7 | M7 | N7 | P7 |

[1)] Gilt für Gehäuse aus Grauguss und Stahl; für Gehäuse aus Leichtmetall in der Regel Toleranzklassen verwenden, die festere Passungen ergeben. Für genaue Lagerungen wird Qualität 6 empfohlen. Bei Schulterkugellagern, deren Mantel das obere Abmaß +10 μm hat, ist die nächstweitere Toleranzklasse anzuwenden, z. B. H7 an Stelle von J7.

| Lastrichtung unveränderlich | | | Lastrichtung rotiert mit Lagerring | | |
|---|---|---|---|---|---|
| | Innenring läuft um | Innenring steht still | | Innenring läuft um | Innenring steht still |
| | Umfangslast ⇒ feste Passung notwendig | Punktlast ⇒ lose Passung zulässig | | Punktlast ⇒ lose Passung zulässig | Umfangslast ⇒ feste Passung notwendig |
| z.B. Getriebewelle | | z.B. Kfz-Radlager | z.B. Zentrifuge | | z.B. Nabenlagerung mit großer Unwucht |

**TB 14-9**  Wälzlager-Anschlussmaße, Auszug aus DIN 5418
Maße in mm

a) Rundungen und Schulterhöhen der Anschlussbauteile bei Radial- und Axiallager (ausgenommen Kegelrollenlager)

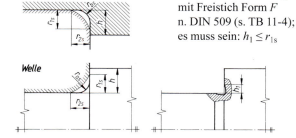

wahlweise Ausführung mit Freistich Form $F$ n. DIN 509 (s. TB 11-4); es muss sein: $h_1 \leq r_{1s}$

| $r_{1s}, r_{2s}$ | $r_{as}, r_{bs}$ | $h$ min Durchmesserreihe nach DIN 616 | | |
|---|---|---|---|---|
| min | max | 8, 9, 0 | 1, 2, 3 | 4 |
| 0,15 | 0,15 | 0,4 | 0,7 | – |
| 0,2 | 0,2 | 0,7 | 0,9 | – |
| 0,3 | 0,3 | 1 | 1,2 | – |
| 0,6 | 0,6 | 1,6 | 2,1 | – |
| 1 | 1 | 2,3 | 2,8 | – |
| 1,1 | 1 | 3 | 3,5 | 4,5 |
| 1,5 | 1,6[1] | 3,5 | 4,5 | 5,5 |
| 2 | 2 | 4,4 | 5,5 | 6,5 |
| 2,1 | 2,1 | 5,1 | 6 | 7 |
| 3 | 2,5 | 6,2 | 7 | 8 |
| 4 | 3 | 7,3 | 8,5 | 10 |
| 5 | 4 | 9 | 10 | 12 |
| 6 | 5 | 11,5 | 13 | 15 |

$h$  Schulterhöhe bei Welle und Gehäuse
$h_1$  Einstichmaß
$r_{as}$  Hohlkehlradius an der Welle
$r_{bs}$  Hohlkelradius am Gehäuse
$r_{1s}$  Kantenabstand in radialer Richtung
$r_{2s}$  Kantenabstand in axialer Richtung

Bei Axiallagern soll die Schulter mindestens bis zur Mitte der Wellen- bzw. Gehäusescheibe reichen.

[1] Nur bei Freistichen nach DIN 509 (siehe TB 11-4); andernfalls nicht über 1,5 mm.

b) Durchmessermaße der Anschlussbauteile bei Zylinderrollenlagern ($D$ und $d$ sind Nennwerte)

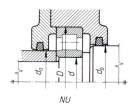
NU

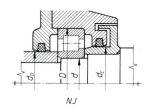
NJ

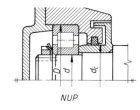
NUP

**TB 14-9** b) (Fortsetzung)
Mit verstärkter Ausführung, Nachsetzzeichen E (erhöhte Tragfähigkeit)

| Lager-bohrung | | NU 10 NU 20 E | | NU 2 NJ 2 NUP 2 | NU 2 E NJ 2 E NUP 2 E | NU 22 NJ 22 NUP 22 | NU 22 E NJ 22 E NUP 22 E | NU 3 NJ 3 NUP 3 | NU 3 E NJ 3 E NUP 3 E | NU 23 NJ 23 NUP 23 | NU 23 E NJ 23 E NUP 23 E | NU 4 NJ 4 NUP 4 | | |
|---|---|---|---|---|---|---|---|---|---|---|---|---|---|---|
| $d$ | $D$ | $d_a$ max | $d_b$ min | $D$ | $d_a$ max | $d_b$ min | $d_c$ min | $D$ | $d_a$ max | $d_b$ min | $d_c$ min | $D$ | $d_a$ max | $d_b$ min | $d_c$ min |
| 17 | – | – | – | 40 | 21 | 25 | 27 | – | – | – | – | – | – | – | – |
| 20 | 42 | 25 | 27 | 47 | 26 | 29 | 32 | 52 | 27 | 30 | 33 | – | – | – | – |
| 25 | 47 | 30 | 32 | 52 | 31 | 34 | 37 | 62 | 33 | 37 | 40 | – | – | – | – |
| 30 | 55 | 35 | 38 | 62 | 37 | 40 | 44 | 72 | 40 | 44 | 48 | 90 | 44 | 47 | 52 |
| 35 | 62 | 41 | 44 | 72 | 43 | 48 | 50 | 80 | 45 | 48 | 53 | 100 | 52 | 55 | 61 |
| 40 | 68 | 46 | 49 | 80 | 49 | 52 | 56 | 90 | 51 | 55 | 60 | 110 | 57 | 60 | 67 |
| 45 | 75 | 52 | 54 | 85 | 54 | 57 | 61 | 100 | 57 | 60 | 66 | 120 | 63 | 66 | 74 |
| 50 | 80 | 57 | 59 | 90 | 58 | 62 | 67 | 110 | 63 | 67 | 73 | 130 | 69 | 73 | 81 |
| 55 | 90 | 63 | 66 | 100 | 65 | 68 | 73 | 120 | 69 | 72 | 80 | 140 | 76 | 79 | 87 |
| 60 | 95 | 68 | 71 | 110 | 71 | 75 | 80 | 130 | 75 | 79 | 86 | 150 | 82 | 85 | 94 |
| 65 | 100 | 73 | 76 | 120 | 77 | 81 | 87 | 140 | 81 | 85 | 93 | 160 | 88 | 91 | 100 |
| 70 | 110 | 78 | 82 | 125 | 82 | 86 | 92 | 150 | 87 | 92 | 100 | 180 | 99 | 102 | 112 |
| 75 | 115 | 83 | 87 | 130 | 87 | 90 | 96 | 160 | 93 | 97 | 106 | 190 | 103 | 107 | 118 |
| 80 | 125 | 90 | 94 | 140 | 94 | 97 | 104 | 170 | 99 | 105 | 114 | 200 | 109 | 112 | 124 |
| 85 | 130 | 95 | 99 | 150 | 99 | 104 | 110 | 180 | 106 | 110 | 119 | 210 | 111 | 115 | 128 |
| 90 | 140 | 101 | 106 | 160 | 105 | 109 | 116 | 190 | 111 | 117 | 127 | 225 | 122 | 125 | 139 |
| 95 | 145 | 106 | 111 | 170 | 111 | 116 | 123 | 200 | 119 | 124 | 134 | 240 | 132 | 136 | 149 |
| 100 | 150 | 111 | 116 | 180 | 117 | 122 | 130 | 215 | 125 | 132 | 143 | 250 | 137 | 141 | 156 |
| 105 | 160 | 118 | 122 | 190 | 124 | 129 | 137 | 225 | 132 | 137 | 149 | 260 | 143 | 147 | 162 |
| 110 | 170 | 124 | 128 | 200 | 130 | 135 | 144 | 240 | 140 | 145 | 158 | 280 | 158 | 157 | 173 |
| 120 | 180 | 134 | 138 | 215 | 141 | 146 | 156 | 260 | 151 | 156 | 171 | 310 | 168 | 172 | 190 |
| 130 | 200 | 146 | 151 | 230 | 151 | 158 | 168 | 280 | 164 | 169 | 184 | 340 | 183 | 187 | 208 |

**TB 14-10**  Viskositätsverhältnis $\kappa = v/v_1$

a) Betriebsviskosität $v$

b) Bezugsviskosität $v_1$

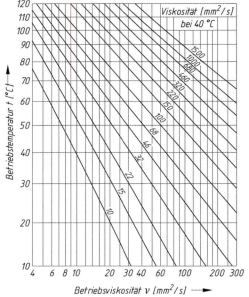
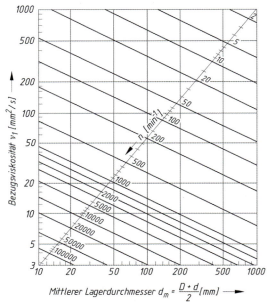

Betriebszustände für $\kappa$

$\kappa < 0{,}4$ Grenzschichtreibung: Festkörperreibung verursacht Verschleiß, starker Einfluss von Additiven
$0{,}4 < \kappa < 4$ Mischreibung: teilweise metallische Berührung, anteiliger Einfluss von Additiven.
Bei $\kappa < 1$ und $e_c \geq 0{,}2$ kann bei Verwendung von Schmierstoffen mit nachgewiesen wirksamen EP-Zusätzen mit dem Wert $\kappa = 1$ gerechnet werden. In diesem Fall ist der Lebensdauerwert auf $a_{ISO} \leq 3$ zu begrenzen.
$\kappa > 4$ Flüssigkeitsreibung: völlige Trennung der Oberflächen durch Schmierfilm. Kein Einfluss von Additiven. Es ist mit $\kappa = 4$ zu rechnen.

**TB 14-11**   Verunreinigungsbeiwert $e_c$

| Grad der Verunreinigung, Anwendungsbereich | Beiwert $e_c$ | |
|---|---|---|
| | $d_m < 100$ mm[1)] | $d_m \geq 100$ mm |
| Größte Sauberkeit<br>Partikelgröße ≤ Schmierfilmhöhe; Laborbedingungen | 1 | 1 |
| Große Sauberkeit<br>Vom Hersteller abgedichtete, gefettete Lager<br>Ölumlaufschmierung mit Feinstfilterung der Ölzufuhr | 0,8 bis 0,6 | 0,9 bis 0,8 |
| Normale Sauberkeit<br>Gefettete Lager mit Deckscheiben<br>Öltauch- oder Ölspritzschmierung aus dem Ölsumpf im Gehäuse, Kontrolle der empfohlenen Ölwechselfristen, normale Sauberkeit des Öls | 0,6 bis 0,5 | 0,8 bis 0,6 |
| Leichte Verunreinigungen<br>Fettgeschmierte Lager ohne Dicht- oder Deckscheiben<br>Öltauch- oder Ölspritzschmierung, unsichere Kontrolle der Ölwechselfristen | 0,5 bis 0,3 | 0,6 bis 0,4 |
| Typische Verunreinigungen<br>Lager mit Abrieb von anderen Maschinenelementen verschmutzt | 0,3 bis 0,1 | 0,4 bis 0,2 |
| Starke Verunreinigungen<br>Nicht oder schlecht gereinigte Gehäuse (Formsand, Schweißpartikel), stark verschmutzte Lagerumgebung, unzureichende Abdichtung der Lager, Wasser oder Kondenswasser verursacht Stillstandskorrosion oder mindert die Schmierstoffqualität | 0,1 bis 0 | 0,1 bis 0 |
| Sehr starke Verunreinigungen | 0 | 0 |

[1)] $d_m$ mittlerer Lagerdurchmesser: $d_m = (D + d)/2$.

**TB 14-12** Lebensdauerbeiwert $a_{ISO}$[1]
a) $a_{ISO}$ für Radial-Kugellager
b) $a_{ISO}$ für Radial-Rollenlager
c) $a_{ISO}$ für Axial-Kugellager
d) $a_{ISO}$ für Axial-Rollenlager

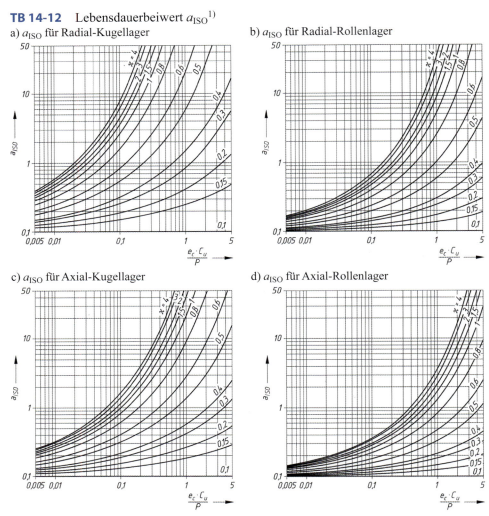

[1] Die Werte gelten für Schmierstoffe ohne Additive. Für κ < 0,1 ist das Berechnungsverfahren nicht anwendbar.

**TB 14-13** Richtwerte für Belastungsverhältnisse bei Führungen (nach Rexroth)

| Anwendungsbereich | Beispiel | $C/P$[1] | $C_0/P_0$[1] |
|---|---|---|---|
| Werkzeugmaschinen | allgemein | 6…9 | >4 |
| | Drehen | 6…7 | >4 |
| | Fräsen | 6…7 | >4 |
| | Schleifen | 9…10 | >4 |
| | Gravieren | 5 | >3 |
| Gummi- und Kunststoffmaschinen | Spritzgießen | 8 | >2 |
| Holzbearbeitungs- und Holzverarbeitungsmaschinen | Sägen, Fräsen | 5 | >3 |
| Montagetechnik, Handhabungstechnik und Industrieroboter | Handling | 5 | >3 |
| Ölhydraulik und Pneumatik | Heben/Senken | 6 | >4 |

[1] Es gilt jeweils die maximale Lagerbelastung des am höchsten belasteten Führungswagens.

# Gleitlager 15

**TB 15-1** Genormte Radial-Gleitlager (Auszüge)
Maße in mm zu Bild 15-24 im Lehrbuch
a) Flanschlager DIN 502 (Form B ohne Buchse)

| $d_1$ [1] Form A D10 | $d_1$ [1] Form B D7 | $a$ | $b$ | $c$ | $d_2$ D7 | $d_3$ h9 | $d_5$ | $d_6$ | $d_7$ | $f$ | $h$ | $m$ ±1 |
|---|---|---|---|---|---|---|---|---|---|---|---|---|
| – – | 25 30 | 135 | 60 | 20 | – | 50 | 35 | 13,5 | M12 | 20 | 60 | 100 |
| 25 30 | 35 40 | 155 | 60 | 20 | 35 40 | 65 | 35 | 13,5 | M12 | 20 | 75 | 120 |
| 35 40 | 45 50 | 180 | 70 | 25 | 45 50 | 80 | 40 | 17,5 | M16 | 20 | 90 | 140 |
| 45 50 | 55 60 | 210 | 80 | 30 | 55 60 | 90 | 50 | 22 | M20 | 20 | 100 | 160 |
| (55) 60 | (65) 70 | 240 | 90 | 30 | 65 70 | 110 | 50 | 22 | M20 | 25 | 120 | 190 |
| (65) 70 | (75) 80 | 275 | 100 | 35 | 75 80 | 130 | 55 | 26 | M24 | 25 | 140 | 220 |

[1] eingeklammerte Größen möglichst vermeiden.
Allgemeintoleranzen für bearbeitete Flächen ISO 2768-m, für unbearbeitete Flächen ISO 8062-CT 10.

b) Flanschlager DIN 503 (Form B ohne Buchse)

| $d_1$ [1] Form A D10 | $d_1$ [1] Form B D7 | $a$ | $b$ | $c$ | $d_2$ D7 | $d_3$ h9 | $d_4$ | $d_5$ | $d_6$ | $d_7$ | $f$ | $h$ | $m$ ±1 | $n$ ±1 | $t$ |
|---|---|---|---|---|---|---|---|---|---|---|---|---|---|---|---|
| (35) 40 | (45) 50 | 145 | 70 | 20 | 45 50 | 80 | | 35 | 13,5 | M12 | 20 | 85 | 110 | 50 | |
| (45) 50 | (55) 60 | 175 | 80 | 25 | 55 60 | 100 | | 45 | 17,5 | M16 | 20 | 105 | 130 | 60 | |
| (55) 60 | (65) 70 | 195 | 90 | 25 | 65 70 | 120 | G¼ | 45 | 17,5 | M16 | 25 | 125 | 150 | 80 | 12 |
| (65) 70 | (75) 80 | 220 | 100 | 30 | 75 80 | 140 | | 50 | 22 | M20 | 25 | 150 | 170 | 100 | |
| (75) 80 | 90 | 240 | 100 | 30 | 85 90 | 160 | | 50 | 22 | M20 | 30 | 170 | 190 | 120 | |
| 90 | 100 110 | 260 | 120 | 30 | 100 | 180 | | 50 | 22 | M20 | 30 | 190 | 210 | 140 | |

[1] eingeklammerte Größen möglichst vermeiden.
Allgemeintoleranzen wie bei a).

**TB 15-1** (Fortsetzung)
c) Augenlager DIN 504 (Form B ohne Buchse)

| $d_1$[1] Form A D10 | B D7 | $a$ | $b_1$ | $b_2$ | $c$ | $d_2$ D7 | $d_3$ max | $d_4$ | $d_6$ | $d_7$ | $h_1$ ±0,2 | $h_2$ max | $m$ | $t$ |
|---|---|---|---|---|---|---|---|---|---|---|---|---|---|---|
| – | 20 | 110 | 50 | 35 | 18 | – | 45 | | 12 | M10 | 30 | 56 | 75 | |
| – | 25 30 | 140 | 60 | 40 | 25 | – | 60 | | 14,5 | M12 | 40 | 75 | 100 | |
| 25 30 | 35 40 | 160 | 60 | 45 | 25 | 35 40 | 80 | | 14,5 | M12 | 50 | 95 | 120 | |
| 35 40 | 45 50 | 190 | 70 | 50 | 30 | 45 50 | 90 | | 18,5 | M16 | 60 | 110 | 140 | |
| 45 50 | 55 60 | 220 | 80 | 55 | 35 | 55 60 | 100 | G¼ | 24 | M20 | 70 | 125 | 160 | 10 |
| (55) 60 | (65) 70 | 240 | 90 | 60 | 35 | 65 70 | 120 | | 24 | M20 | 80 | 145 | 180 | |
| (65) 70 | (75) 80 | 270 | 100 | 70 | 45 | 75 80 | 140 | | 28 | M24 | 90 | 165 | 210 | |
| (75) 80 | 90 | 300 | 100 | 80 | 45 | 85 90 | 160 | | 28 | M24 | 100 | 185 | 240 | |
| 90 | 100 (110) | 330 | 120 | 90 | 45 | 100 | 180 | | 28 | M24 | 100 | 195 | 270 | |

[1] eingeklammerte Größen möglichst vermeiden. Allgemeintoleranzen wie bei a).

d) Deckellager DIN 505

| $d_1$[1] D10 | $a$ | $b_1$ 0 –0,3 | $b_2$[2] –0,05 –0,15 | $b_3$ | $c$ | $d_2$ K7 | $d_6$ | $d_7$ | $d_8$ | $h_1$ ±0,2 | $h_2$ max | $m_1$[3] | $m_2$ |
|---|---|---|---|---|---|---|---|---|---|---|---|---|---|
| 25 30 | 165 | 45 | 35 | 40 | 22 | 35 40 | 15 | M12 | M10 | 40 | 85 | 125 | 65 |
| 35 40 | 180 | 50 | 40 | 45 | 25 | 45 50 | | | | 50 | 100 | 140 | 75 |
| 45 50 | 210 | 55 | 45 | 50 | 30 | 55 60 | 19 | M16 | M12 | 60 | 120 | 160 | 90 |
| 55 60 | 225 | 60 | 50 | 55 | 35 | 65 70 | | | | 70 | 140 | 175 | 100 |
| (65) 70 | 270 | 65 | 53 | 60 | 40 | 80 85 | 24 | M20 | M16 | 80 | 160 | 210 | 120 |
| (75) 80 | 290 | 75 | 63 | 70 | 45 | 90 95 | | | | 90 | 180 | 230 | 130 |
| 90 | 330 | 85 | 73 | 80 | 50 | 105 | 28 | M24 | M20 | 100 | 200 | 265 | 150 |
| 100 110 | 355 | 95 | 81 | 90 | 55 | 115 125 | | | | 110 | 220 | 290 | 170 |

[1] eingeklammerte Größen möglichst vermeiden.
[2] Lagerschale ohne Toleranzangabe. Allgemeintoleranzen wie bei a).
[3] Freimaßtoleranz nach ISO 8062-CT 8.

Gleitlager

**TB 15-1** (Fortsetzung)
e) Steh-Gleitlager DIN 118 (Hauptmaße nach Bild 15-25a)

| Wellendurchmesser $d_1$ D9 Form | | $b_1$ max | $b_2$ max | $c$ | $d_2$ [1] | $d_3$ | $h_1$ $0$ $-0,2$ | $h_2$ max | $l_1$ max | $l_2$ | zugehörige Sohlplatte DIN 189 $l_1$ |
|---|---|---|---|---|---|---|---|---|---|---|---|
| G | K | | | | | | | | | | |
| 25 30 | | 45 | 100 | 20 | M10 | 13 | 60 | 130 | 180 | 140 | 290 |
| 35 40 | 25 30 | 55 | 110 | 25 | M12 | 15 | 65 | 140 | 200 | 150 | 330 |
| 45 50 | 35 40 | 65 | 125 | 25 | M12 | 15 | 75 | 160 | 220 | 170 | 360 |
| 55 60 | 45 50 | 75 | 140 | 30 | M16 | 20 | 90 | 190 | 260 | 200 | 410 |
| 70 | 55 60 | 85 | 160 | 30 | M16 | 20 | 100 | 210 | 290 | 230 | 450 |
| 80 90 | 70 80 | 95 110 | 180 200 | 35 35 | M20 M20 | 25 25 | 110 125 | 230 260 | 330 370 | 260 290 | 510 570 |
| 100 110 | 90 | 125 | 224 | 50 | M24 | 30 | 140 | 290 | 410 | 320 | 650 |

[1] Befestigung Hammerschrauben mit Nase (DIN 188).

**TB 15-2** Buchsen für Gleitlager (Auszüge)
a) nach DIN ISO 4379, Form C und F, aus Kupferlegierungen, Maße in mm nach Lehrbuch Bild 15-22a und b
Bezeichnungsbeispiel: Buchse Form C von $d_1 = 40$ mm, $d_2 = 48$ mm, $b_1 = 30$ mm, aus CuSn8P nach ISO 4382-2: Buchse ISO 4379 – C40 × 48 × 30 – CuSn8P

Form C

| $d_1$[1] | $d_2$ | $b_1$ | | $C_1, C_2$[2] 45° |
|---|---|---|---|---|
| E6 | s6 | h13 | | max |
| 6 | 8 | 10 | 12 | 6 | 10 | – | 0,3 |
| 8 | 10 | 12 | 14 | 6 | 10 | – | 0,3 |
| 10 | 12 | 14 | 16 | 6 | 10 | – | 0,3 |
| 12 | 14 | 16 | 18 | 10 | 15 | 20 | 0,5 |
| 14 | 16 | 18 | 20 | 10 | 15 | 20 | 0,5 |
| 15 | 17 | 19 | 21 | 10 | 15 | 20 | 0,5 |
| 16 | 18 | 20 | 22 | 12 | 15 | 20 | 0,5 |
| 18 | 20 | 22 | 24 | 12 | 20 | 30 | 0,5 |
| 20 | 23 | 24 | 26 | 15 | 20 | 30 | 0,5 |
| 22 | 25 | 26 | 28 | 15 | 20 | 30 | 0,5 |
| (24) | 27 | 28 | 30 | 15 | 20 | 30 | 0,5 |
| 25 | 28 | 30 | 32 | 20 | 30 | 40 | 0,5 |
| (27) | 30 | 32 | 34 | 20 | 30 | 40 | 0,5 |
| 28 | 32 | 34 | 36 | 20 | 30 | 40 | 0,5 |
| 30 | 34 | 36 | 38 | 20 | 30 | 40 | 0,5 |
| 32 | 36 | 38 | 40 | 20 | 30 | 40 | 0,8 |
| (33) | 37 | 40 | 42 | 20 | 30 | 40 | 0,8 |
| 35 | 39 | 41 | 45 | 30 | 40 | 50 | 0,8 |
| (36) | 40 | 42 | 46 | 30 | 40 | 50 | 0,8 |
| 38 | 42 | 45 | 48 | 30 | 40 | 50 | 0,8 |
| 40 | 44 | 48 | 50 | 30 | 40 | 60 | 0,8 |
| 42 | 46 | 50 | 52 | 30 | 40 | 60 | 0,8 |
| 45 | 50 | 53 | 55 | 30 | 40 | 60 | 0,8 |
| 48 | 53 | 56 | 58 | 30 | 50 | 60 | 0,8 |
| 50 | 55 | 58 | 60 | 40 | 50 | 60 | 0,8 |
| 55 | 60 | 63 | 65 | 40 | 50 | 70 | 0,8 |
| 60 | 65 | 70 | 75 | 40 | 60 | 80 | 0,8 |
| 65 | 70 | 75 | 80 | 50 | 60 | 80 | 1 |
| 70 | 75 | 80 | 85 | 50 | 70 | 90 | 1 |
| 75 | 80 | 85 | 90 | 50 | 70 | 90 | 1 |
| 80 | 85 | 90 | 95 | 60 | 80 | 100 | 1 |
| 85 | 90 | 95 | 100 | 60 | 80 | 100 | 1 |
| 90 | 100 | 105 | 110 | 60 | 80 | 120 | 1 |
| 95 | 105 | 110 | 115 | 60 | 100 | 120 | 1 |
| 100 | 110 | 115 | 120 | 80 | 100 | 120 | 1 |

Form F Reihe 2

| $d_1$[1] | $d_2$ | $d_3$ | $b_1$ | | $b_2$ | $C_1, C_2$[2] 45° |
|---|---|---|---|---|---|---|
| E6 | s6 | d11 | h13 | | | max |
| 6 | 12 | 14 | – | 10 | – | 3 | 0,3 |
| 8 | 14 | 18 | – | 10 | – | 3 | 0,3 |
| 10 | 16 | 20 | – | 10 | – | 3 | 0,3 |
| 12 | 18 | 22 | 10 | 15 | 20 | 3 | 0,5 |
| 14 | 20 | 25 | 10 | 15 | 20 | 3 | 0,5 |
| 15 | 21 | 27 | 10 | 15 | 20 | 3 | 0,5 |
| 16 | 22 | 28 | 12 | 15 | 20 | 3 | 0,5 |
| 18 | 24 | 30 | 12 | 20 | 30 | 3 | 0,5 |
| 20 | 26 | 32 | 15 | 20 | 30 | 3 | 0,5 |
| 22 | 28 | 34 | 15 | 20 | 30 | 3 | 0,5 |
| (24) | 30 | 36 | 15 | 20 | 30 | 3 | 0,5 |
| 25 | 32 | 38 | 20 | 30 | 40 | 4 | 0,5 |
| (27) | 34 | 40 | 20 | 30 | 40 | 4 | 0,5 |
| 28 | 36 | 42 | 20 | 30 | 40 | 4 | 0,5 |
| 30 | 38 | 44 | 20 | 30 | 40 | 4 | 0,5 |
| 32 | 40 | 46 | 20 | 30 | 40 | 4 | 0,8 |
| (33) | 42 | 48 | 20 | 30 | 40 | 5 | 0,8 |
| 35 | 45 | 50 | 30 | 40 | 50 | 5 | 0,8 |
| (36) | 46 | 52 | 30 | 40 | 50 | 5 | 0,8 |
| 38 | 48 | 54 | 30 | 40 | 50 | 5 | 0,8 |
| 40 | 50 | 58 | 30 | 40 | 60 | 5 | 0,8 |
| 42 | 52 | 60 | 30 | 40 | 60 | 5 | 0,8 |
| 45 | 55 | 63 | 30 | 40 | 60 | 5 | 0,8 |
| 48 | 58 | 66 | 40 | 50 | 60 | 5 | 0,8 |
| 50 | 60 | 68 | 40 | 50 | 60 | 5 | 0,8 |
| 55 | 65 | 73 | 40 | 50 | 70 | 5 | 0,8 |
| 60 | 75 | 83 | 40 | 60 | 80 | 7,5 | 0,8 |
| 65 | 80 | 88 | 50 | 60 | 80 | 7,5 | 1 |
| 70 | 85 | 95 | 50 | 70 | 90 | 7,5 | 1 |
| 75 | 90 | 100 | 50 | 70 | 90 | 7,5 | 1 |
| 80 | 95 | 105 | 60 | 80 | 100 | 7,5 | 1 |
| 85 | 100 | 110 | 60 | 80 | 100 | 7,5 | 1 |
| 90 | 110 | 120 | 60 | 80 | 120 | 10 | 1 |
| 95 | 115 | 125 | 60 | 100 | 120 | 10 | 1 |
| 100 | 120 | 130 | 80 | 100 | 120 | 10 | 1 |

[1] vor dem Einpressen, Aufnahmebohrung H7; nach dem Einpressen etwa H8.
[2] Einpressfase $C_2$ von 15°: $Y$ in der Bezeichnung angeben.
Eingeklammerte Werte möglichst vermeiden.

Gleitlager

**TB 15-2** (Fortsetzung)
b) nach DIN 8221, Maße nach Lehrbuch Bild 15-22c aus Cu-Legierung DIN EN 1982, verwendbar
  für Lager DIN 502, Form B $d_1 = 25 \ldots 80$ mm
  DIN 503, Form A $d_1 = 45 \ldots 150$ mm
  DIN 504, Form B $d_1 = 20 \ldots 180$ mm

Bezeichnung einer Lagerbuchse mit Bohrung $d_1 = 80$ mm: Lagerbuchse DIN 8221–80

| $d_1$ | $b$ | 1) | $d_2$ | 1) | $f$ |
|---|---|---|---|---|---|
| 25 / 30 | 60 ± 0,2 | C8 | 35 / 40 | z6 | 0,6 |
| 35 / 40 | 70 ± 0,3 | | 45 / 50 | | |
| 45 / 50 | 80 ± 0,3 | | 55 / 60 | y6 | 0,8 |
| (55) / 60 | 90 ± 0,3 | | 65 / 70 | | |
| (65) / 70 | 100 ± 0,3 | | 75 / 80 | x6 | |
| (75) / 80 | 100 ± 0,3 | | 85 / 90 | | |
| 90 / 100 / 110 | 120 ± 0,3 | B8 | 100 / 115 / 125 | | 1 |
| (120) / 125 / (130) | 140 ± 0,3 | | 135 / 140 / 145 | v6 | |
| 140 / (150) | 160 ± 0,3 | | 155 / 165 | | 1,2 |

1) Passung vor dem Einpressen.
Eingeklammerte $d_1$ möglichst vermeiden.

**TB 15-3** Lagerschalen DIN 7473, 7474, mit Schmiertaschen DIN 7477 (Auszug)
Maße in mm nach Lehrbuch Bild 15-23a, b, c. Bezeichnung: Gleitlager DIN 7474 – A80 × 80 – 2K. (Form A für $d_1 = 80$ mm, $b_1 = 80$ mm mit 2 Schmiertaschen DIN 7477 – K80)

| $d_1$ Nennmaß | $b_1$ Bauform kurz | $b_1$ Bauform lang | $b_2$ Bauform kurz | $b_2$ Bauform lang | $b_3$ | $b_4$ Bauform kurz | $b_4$ Bauform lang | $c$ | $d_2$ Toleranzfeld | $d_3$ | $d_4$ | $d_5$ | $d_6$ | $d_7$ | $s$ | $t_1$ | $t_2$ | $a$ | Schmiertaschen¹⁾ DIN 7477 $c \approx$ Form K | Form L | $d$ | $t$ |
|---|---|---|---|---|---|---|---|---|---|---|---|---|---|---|---|---|---|---|---|---|---|---|
| 50 | 35 | 50 | 25 | 35 | 10 | 29 | 44 | 10 | m6 | 70 | 59 | 56 | 4 | – | 1,5 | 3 | – | 4 | 10 | 25 | 5 | 2 |
| 56 | 40 | 56 | 30 | 40 | 10 | 33 | 49 | 10 | m6 | 75 | 64 | 63 | 4 | – | 1,5 | 3 | – | 4 | 11 | 30 | 5 | 2 |
| 60 | 45 | 60 | 30 | 40 | 12 | 38 | 53 | 10 | m6 | 85 | 74 | 67 | 4 | – | 1,5 | 4 | – | 4 | 12 | 30 | 5 | 2 |
| 63 | 45 | 63 | 30 | 40 | 12 | 38 | 56 | 10 | m6 | 85 | 74 | 70 | 4 | – | 1,5 | 4 | – | 4 | 12 | 30 | 5 | 2 |
| 70 | 50 | 70 | 35 | 50 | 12 | 42 | 62 | 12 | m6 | 95 | 84 | 78 | 4 | – | 1,5 | 4 | – | 4 | 14 | 35 | 5 | 2 |
| 75 | 55 | 75 | 40 | 50 | 15 | 47 | 67 | 12 | m6 | 101 | 87 | 83 | 5 | – | 2 | 4 | – | 4 | 15 | 35 | 5 | 2,8 |
| 80 | 60 | 80 | 40 | 55 | 15 | 52 | 72 | 15 | m6 | 112 | 97 | 88 | 5 | – | 2 | 5 | – | 4 | 16 | 40 | 5 | 2,8 |
| 85 | 65 | 85 | 45 | 60 | 15 | 56 | 76 | 15 | m6 | 117 | 102 | 93 | 6 | – | 2 | 5 | – | 5 | 17 | 45 | 8 | 2,8 |
| 90 | 65 | 90 | 45 | 65 | 15 | 56 | 81 | 15 | m6 | 123 | 107 | 99 | 6 | – | 2 | 5 | – | 5 | 18 | 45 | 8 | 2,8 |
| 100 | 75 | 100 | 50 | 70 | 15 | 65 | 90 | 20 | m6 | 138 | 122 | 110 | 7 | – | 2,5 | 6 | – | 5 | 20 | 50 | 8 | 2,8 |
| 110 | 80 | 110 | 55 | 75 | 20 | 69 | 99 | 20 | k6 | 150 | 130 | 121 | 7 | – | 2,5 | 6 | – | 5 | 22 | 55 | 8 | 3,5 |
| 125 | 95 | 125 | 65 | 90 | 20 | 83 | 113 | 20 | k6 | 170 | 150 | 137 | 9 | – | 2,5 | 8 | – | 6 | 25 | 60 | 8 | 3,5 |
| 130 | 100 | 130 | 70 | 90 | 20 | 88 | 118 | 25 | k6 | 180 | 160 | 142 | 9 | – | 2,5 | 8 | – | 6 | 26 | 65 | 8 | 3,5 |
| 140 | 105 | 140 | 75 | 100 | 20 | 93 | 128 | 25 | k6 | 190 | 170 | 152 | 9 | – | 2,5 | 8 | – | 6 | 28 | 70 | 8 | 3,5 |
| 150 | 115 | 150 | 80 | 105 | 20 | 102 | 137 | 32 | k6 | 205 | 185 | 163 | 11 | M8 | 2,5 | 10 | 15 | 6 | 30 | 75 | 12 | 3,5 |
| 160 | 120 | 160 | 85 | 110 | 25 | 106 | 146 | 32 | k6 | 215 | 193 | 174 | 11 | M8 | 2,5 | 10 | 15 | 6 | 32 | 80 | 12 | 3,5 |
| 170 | 130 | 170 | 90 | 120 | 25 | 115 | 155 | 32 | k6 | 232 | 208 | 185 | 11 | M8 | 2,5 | 10 | 15 | 10 | 34 | 85 | 12 | 3,5 |
| 180 | 135 | 180 | 95 | 125 | 25 | 119 | 164 | 32 | k6 | 245 | 218 | 196 | 11 | M8 | 2,5 | 10 | 15 | 10 | 36 | 90 | 12 | 3,5 |
| 190 | 145 | 190 | 100 | 135 | 25 | 129 | 174 | 40 | k6 | 260 | 233 | 206 | 13 | M8 | 3 | 15 | 15 | 10 | 38 | 95 | 12 | 3,5 |
| 200 | 150 | 200 | 105 | 140 | 25 | 134 | 184 | 40 | k6 | 275 | 248 | 216 | 13 | M8 | 3 | 15 | 15 | 10 | 40 | 100 | 12 | 3,5 |
| 225 | 170 | 225 | 120 | 160 | 32 | 152 | 207 | 40 | k6 | 305 | 274 | 243 | 13 | M10 | 3 | 15 | 20 | 12 | 45 | 110 | 12 | 4,2 |
| 250 | 190 | 250 | 130 | 175 | 32 | 170 | 230 | 50 | k6 | 345 | 309 | 270 | 15 | M10 | 3 | 18 | 20 | 15 | 50 | 125 | 12 | 4,2 |
| 265 | 200 | 265 | 140 | 185 | 32 | 180 | 245 | 50 | j6 | 365 | 329 | 285 | 15 | M10 | 3 | 18 | 20 | 15 | 53 | 130 | 15 | 4,2 |
| 280 | 210 | 280 | 145 | 195 | 32 | 190 | 260 | 60 | j6 | 380 | 344 | 300 | 15 | M10 | 3 | 20 | 20 | 15 | 56 | 140 | 15 | 4,2 |

Toleranzklasse für $d_1$: H7 vor Einbau: $b_1$; H7 nach Einbau: $b_1$; f7 Form B; $b_2$: E9 Form A, H7 Form B; Gleitflächen: $Rz = 6{,}3$ μm, Passflächen: $Rz = 25$ μm.
¹⁾ Schmiertaschen kreisförmig oder tangential verlaufend (Tiefe $t$, vgl. auch Lehrbuch Bild 15-21). Ölzulaufbohrungen ($d$) an tiefster Stelle.

# Gleitlager

**TB 15-4** Abmessungen für lose Schmierringe in mm nach DIN 322 (Auszug)

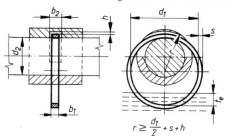

U ungeteilt
G geteilt
Werkstoff: St
        CuZn
Innenflächen    $Rz = 6{,}3$ μm
übrige Flächen  $Rz = 25$ μm
Eintauchtiefe   $t_e \approx 0{,}1 \ldots 0{,}4 \cdot d_1$

Bezeichnung z. B. ungeteilter Schmierring (U),
$d_1 = 120$: Schmierring DIN 322 – U 120 – St

| Wellendurchmesser $d_2$ | | Schmierring | | | Schlitz | $h$ min |
|---|---|---|---|---|---|---|
| über | bis | $d_1$ | $b_1$ | $s$ | $b_2$ | |
| 20 | 23 | 45 | 6 | 2 | 8 | |
| 23 | 28 | 50 | 8 | 3 | 10 | 2 |
| 28 | 30 | 55 | 8 | 3 | 10 | |
| 30 | 34 | 60 | 8 | 3 | 10 | |
| 34 | 36 | 65 | 10 | 3 | 12 | |
| 36 | 40 | 70 | 10 | 3 | 12 | |
| 40 | 44 | 75 | 10 | 3 | 12 | |
| 44 | 48 | 80 | 10 | 3 | 12 | |
| 48 | 55 | 90 | 12 | 4 | 15 | 3 |
| 55 | 60 | 100 | 12 | 4 | 15 | |
| 60 | 68 | 110 | 12 | 4 | 15 | |
| 68 | 75 | 120 | 12 | 4 | 15 | |
| 75 | 80 | 130 | 12 | 4 | 15 | |
| 80 | 85 | 140 | 15 | 5 | 18 | |
| 85 | 90 | 150 | 15 | 5 | 18 | |
| 90 | 100 | 160 | 15 | 5 | 18 | |
| 100 | 105 | 170 | 15 | 5 | 18 | |
| 105 | 110 | 180 | 15 | 5 | 18 | |
| 110 | 120 | 200 | 15 | 5 | 18 | 4 |
| 120 | 130 | 210 | 18 | 6 | 22 | |
| 130 | 140 | 235 | 18 | 6 | 22 | |
| 140 | 160 | 250 | 18 | 6 | 22 | |
| 160 | 170 | 265 | 18 | 6 | 22 | |
| 170 | 180 | 280 | 18 | 6 | 22 | |
| 180 | 190 | 300 | 20 | 8 | 24 | 6 |
| 190 | 200 | 315 | 20 | 8 | 24 | |

**TB 15-5** Schmierlöcher, Schmiernuten, Schmiertaschen nach DIN ISO 12 128 (Auszug)
a) Schmierlöcher

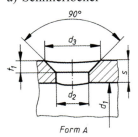
Form A

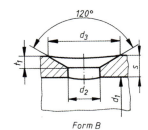
Form B

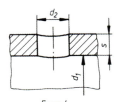
Form L

Bezeichnung eines Schmierloches Form B mit $d_2 = 4$ mm Bohrung: Schmierloch ISO 12 128 – B 4

**TB 15-5** (Fortsetzung)

| $d_1$ | | ≤30 | ≤30 | >30...100 | >30...100 | >30...100 | >100 | >100 | >100 |
|---|---|---|---|---|---|---|---|---|---|
| $d_2$ | | 2,5 | 3 | 4 | 5 | 6 | 8 | 10 | 12 |
| $t_1$ | | 1 | 1,5 | 2 | 2,5 | 3 | 4 | 5 | 6 |
| $d_3 \approx$ | Form A | 4,5 | 6 | 8 | 10 | 12 | 16 | 20 | 24 |
| | Form B | 6 | 8,2 | 10,8 | 13,6 | 16,2 | 21,8 | 27,2 | 32,6 |
| $s$ | | ≤2 | >2...2,5 | >2,5...3 | >3...4 | >4...5 | >5...7,5 | >7,5...10 | >10 |

b) Schmiernuten

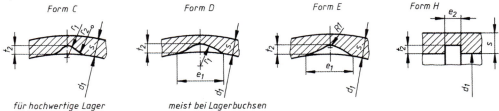

für hochwertige Lager     meist bei Lagerbuchsen

Bezeichnung einer Schmiernut Form C mit $t_2$ = 1,2 mm Nuttiefe: Schmiernut ISO 12 128 – C 1,2

| $d_1$ | $t_2$ | $e_1$ | $e_2$ | Form C $r_1$ | Form D $r_2$ | | $s$ |
|---|---|---|---|---|---|---|---|
| ≤30 | 0,8 | 5 | 3 | 1,5 | 2,5 | 3 | >1,5...2 |
| ≤30 | 1 | 8 | 4 | 2 | 4 | 4,5 | >2...2,5 |
| ≤100 | 1,2 | 10,5 | 5 | 2,5 | 6 | 6 | >2,5...3 |
| ≤100 | 1,6 | 14 | 6 | 3 | 8 | 9 | >3...4 |
| ≤100 | 2 | 19 | 8 | 4 | 12 | 12 | >4...5 |
| >100 | 2,5 | 28 | 10 | 5 | 20 | 15 | >5...7,5 |
| >100 | 3,2 | 38 | 12 | 7 | 28 | 21 | >7,5...10 |
| >100 | 4 | 49 | 15 | 9 | 35 | 27 | >10 |

Schmiernuten mit geschlossenen Enden

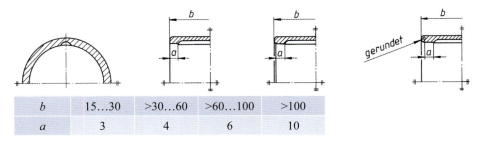

| $b$ | 15...30 | >30...60 | >60...100 | >100 |
|---|---|---|---|---|
| $a$ | 3 | 4 | 6 | 10 |

c) Schmiertaschen
Schmiertaschen sind im Allgemeinen dann vorgesehen, wenn größere Schmierräume erforderlich sind. Form und Maße s. Norm.

# Gleitlager

**TB 15-6** Lagerwerkstoffe (Auswahl)

| Norm | Werkstoff | Kurzzeichen Werkstoffnummer | 0,2%-Dehngrenze $R_{p0,2}$ N/mm² min | Elastizitätsmodul $E$ kN/mm² | Brinellhärte min | Längenausdehnungskoeffizient $\alpha$ $10^{-6}$/K | spezifische Lagerbelastung[1) $p_L$ N/mm² | Mindesthärte der Welle | Merkmale und Hinweise für die Verwendung |
|---|---|---|---|---|---|---|---|---|---|
| Blei-Gusslegierungen DIN ISO 4381 | | PbSb15Sn10 2.3391 | 43 | 31 | HB 10/250/180 21 | 24 | 7,2 | 160 HB | Geeignet bei mittleren Belastungen und mittleren Gleitgeschwindigkeiten ($u = 1…4$ m/s); für Gleitlager, Gleitschuhe, Kreuzköpfe |
| Zinn-Gusslegierungen DIN ISO 4381 | | SnSb12Cu6Pb 2.3790 | 61 | 56 | HB10/250/180 25 | 22,7 | 10,2 | 160 HB | Geeignet bei mittleren Belastungen und hohen bis niedrigen Gleitgeschwindigkeiten ($u < 1$ bis $>5$ m/s), hoher Verschleißwiderstand bei rauen Zapfen; für Gleitlager in Turbinen, Verdichtern, Elektromaschinen |
| Kupfer-Blei-Zinn-Gusslegierungen DIN ISO 4382-1 | | G-CuPb10Sn10 2.1816 | 80 | 90 | HB 10/1000/10 65 | 18 | 18,3 | 250 HB | Geeignet für mittlere Belastungen und mittlere bis hohe Gleitgeschwindigkeiten, zunehmender Pb-Gehalt vermindert die Empfindlichkeit gegen Fluchtungsfehler und kurzzeitigen Schmierstoffmangel, brauchbar für Wasserschmierung |
| | | G-CuPb15Sn8 2.1817 | 80 | 85 | 60 | 18 | 15 | 200 HB | |
| | | G-CuPb20Sn5 2.1818 | 60 | 75 | 45 | 19 | 11,7 | 150 HB | |
| Kupfer-Zinn-Gusslegierungen DIN ISO 4382-1 | | G-CuSn8Pb2 2.1810 | 130 | 75 | HB 10/1000/10 60 | 18 | 21,7 | 280 HB | Geeignet bei geringen bis mäßigen Belastungen, ausreichende Schmierung |
| | | G-CuSn10P 2.1811 | 130 | 95 | 70 | 18 | 50 | 300 HB | Für gehärtete Wellen, bei einer Kombination von hoher Belastung, hoher Gleitgeschwindigkeit, Schlag- oder Stoßbeanspruchung; ausreichende Schmierung und gute Fluchtung erforderlich |
| Kupfer-Knetlegierungen DIN ISO 4382-2 | | CuSn8P 2.1830 | 200 300 400 480 | 115 | HB 2,5/62,5/10 80 120 140 160 | 17 | 56,7 | 55 HRC | |
| | | CuZn31Si1 2.1831 | 250 350 450 | 105 | 100 135 160 | 18 | 58,3 | | |

**TB 15-6** (Fortsetzung)

| Norm | Werkstoff Kurzzeichen Werkstoffnummer | 0,2%-Dehngrenze $R_{p0,2}$ N/mm² min | Elastizitätsmodul $E$ kN/mm² | Brinellhärte min | Längenausdehnungskoeffizient $\alpha$ $10^{-6}$/K | spezifische Lagerbelastung[1]) $p_L$ N/mm² | Mindesthärte der Welle | Merkmale und Hinweise für die Verwendung |
|---|---|---|---|---|---|---|---|---|
| Gusseisen mit Lamellengraphit DIN EN 1561 | EN-GJL-200 | (100) $\sigma_{d0,1} \approx 260$ | 80 bis 103 | HB 30 150 | 11,7 | (3) | 55 HRC | Geeignet bei geringen Ansprüchen, Wellen gehärtet und geschliffen, für Hebezeuge, Landmaschinen |
| | EN-GJL-300 | (200) $\sigma_{d0,1} \approx 390$ | 108 bis 137 | 200 | 11,7 | (5) | | |
| Thermoplastische Kunststoffe für Gleitlager DIN ISO 6691 | Polyamid (PA6) | $\sigma_y \approx 50$ | 2,6 | | 85 | 12 | | Schlagzäher Werkstoff, besonders stoß- und verschleißfester, empfohlener nichtmetallischer Gleitpartner: POM; für stoß- und schwingungsbeanspruchte Lager, Gelenksteine, Landmaschinen, Bremsgestänge |
| | Polyoxymethylen (POM) | $\sigma_y \approx 65$ | 2,8 | | 120 | 18 | 50 HRC | Im Vergleich zu PA härter, stoßempfindlicher, weniger verschleißfest, kleinerer Reibwert; empfohlener nichtmetallischer Gleitpartner: PA; gut bei Trockenlauf- oder Mangelschmierung; Gleitlager für die Feinwerktechnik, Elektromechanik und Haushaltsgeräte |

[1]) nach VDI 2204-1.

**Bezeichnung** eines thermoplastischen Kunststoffes für Gleitlager nach DIN ISO 6691, z. B. Polyamid 6 (PA6) für Spritzgussverarbeitung (M) mit Entformungshilfsmittel (R), der Viskositätszahl 140 ml/g (14), einem Elastizitätsmodul 2600 N/mm² (030) und schnell erstarrend (N): Thermoplast ISO 6691 – PA6, M R, 14–030N.

**Bezeichnung** eines Lagermetalls mit dem Kurzzeichen CuSn8P und einer Mindest-Brinell-Härte von 120: Lagermetall ISO 4382 – CuSn8P – HB120.

**TB 15-7** Höchstzulässige spezifische Lagerbelastung nach DIN 31652-3 (Norm zurückgezogen) (Erfahrungsrichtwerte)

| Lagerwerkstoff-Gruppe[1] | Grenzrichtwerte $p_{L\,zul}$ in N/mm² [2] max. |
|---|---|
| Sn- und Pb-Legierungen | 5 (15) |
| Cu-Pb-Legierungen | 7 (20) |
| Cu-Sn-Legierungen | 7 (25) |
| Al-Sn-Legierungen | 7 (18) |
| Al-Zn-Legierungen | 7 (20) |

[1] s. DIN ISO 4381, 4382, 4383.
[2] Klammerwerte nur in Einzelfällen verwirklicht, zugelassen aufgrund besonderer Betriebsbedingungen, z. B. bei sehr niedriger $u$.

**TB 15-8** Relative Lagerspiele $\psi_E$ bzw. $\psi_B$ in ‰
a) Richtwerte abhängig von der Gleitgeschwindigkeit $u_W$ (vgl. Lehrbuch Gl. 15.4)

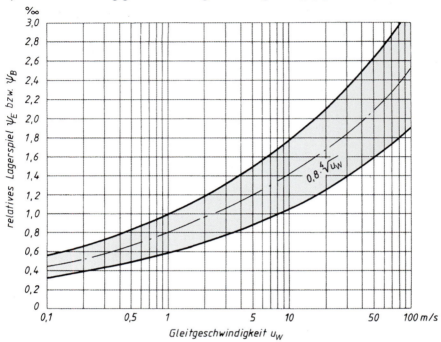

b) Richtwerte abhängig von $d_W$ und $u_W$

| $d_W$ mm | | $u_W$ m/s | | | | |
|---|---|---|---|---|---|---|
| > | ≤ | – | 3 | 10 | 25 | 50 |
|   |   | 3 | 10 | 25 | 50 | 125 |
| – | 100 | 1,32 | 1,6 | 1,9 | 2,24 | 2,24 |
| 100 | 250 | 1,12 | 1,32 | 1,6 | 1,9 | 2,24 |
| 250 | – | 1,12 | 1,12 | 1,32 | 1,6 | 1,9 |

c) Richtwerte abhängig von $u_W$ und $p_L$

| $u_W$ in m/s | $p_L < 2$ | >2…10 | >10 N/mm² |
|---|---|---|---|
| <20 | 0,3…0,6 | 0,6…1,2 | 1,2…2 |
| >20…100 | 0,6…1,2 | 1,2…2 | 2…3 |
| >100 | 1,2…2 | 2…3 | 3…4,5 |

d) Richtwerte abhängig von Lagerwerkstoff

| | |
|---|---|
| Sn- und Pb-Legierungen | 0,4…1,0 |
| Cu-Pb-Legierungen } Cu-Sn-Legierungen | 0,5…2,5 |
| Al-Legierungen | 1,0…2,5 |
| Gusseisen | 1,0…3,0 |
| Sinterwerkstoffe | 1,0…2,5 |

## TB 15-9 Passungen für Gleitlager nach DIN 31698 (Auswahl)

Für das Höchst- und Mindestspiel ergibt sich das mittlere absolute Einbau-Lagerspiel $s_E = 0{,}5\,(s_{max} + s_{min})$ in µm und mit dem arithmetischen Mittel des Nennmaßbereiches $d_m$ in mm wird das mittlere relative Einbau-Lagerspiel $\psi_E \approx s_E/d_m$ in ‰.

| Nennmaßbereich mm | | Abmaße der Welle[1] in µm für $\psi_E$ in ‰ | | | | | | | Höchst- und Mindestspiel zwischen Welle und Lagerbohrung[2] in µm für $\psi_E$ in ‰ | | | | | | |
|---|---|---|---|---|---|---|---|---|---|---|---|---|---|---|---|
| über | bis | 0,56 | 0,8 | 1,12 | 1,32 | 1,6 | 1,9 | 2,24 | 3,15 | 0,56 | 0,8 | 1,12 | 1,32 | 1,6 | 1,9 | 2,24 | 3,15 |
| 25 | 30 | – | –15 | –23 | –29 | –37 | –45 | –51 | –76 | – | 30 | 38 | 44 | 52 | 60 | 73 | 98 |
|  |  |  | –21 | –29 | –35 | –43 | –51 | –60 | –85 |  | 15 | 23 | 29 | 37 | 45 | 51 | 76 |
| 30 | 35 | – | –17 | –27 | –34 | –43 | –48 | –59 | –89 | – | 35 | 45 | 52 | 61 | 75 | 86 | 116 |
|  |  |  | –24 | –34 | –41 | –50 | –59 | –70 | –100 |  | 17 | 27 | 34 | 43 | 48 | 59 | 89 |
| 35 | 40 | –12 | –21 | –33 | –36 | –47 | –58 | –71 | –105 | 30 | 39 | 51 | 63 | 74 | 85 | 98 | 132 |
|  |  | –19 | –28 | –40 | –47 | –58 | –69 | –82 | –116 | 12 | 21 | 33 | 36 | 47 | 58 | 71 | 105 |
| 40 | 45 | –14 | –25 | –34 | –43 | –55 | –67 | –82 | –120 | 31 | 43 | 61 | 70 | 82 | 94 | 109 | 147 |
|  |  | –21 | –32 | –45 | –54 | –66 | –78 | –93 | –131 | 14 | 25 | 34 | 43 | 55 | 67 | 82 | 120 |
| 45 | 50 | –18 | –25 | –40 | –50 | –63 | –77 | –93 | –136 | 36 | 52 | 67 | 76 | 90 | 104 | 120 | 163 |
|  |  | –25 | –36 | –51 | –60 | –74 | –88 | –104 | –147 | 18 | 25 | 40 | 49 | 63 | 77 | 93 | 136 |
| 50 | 55 | –19 | –26 | –43 | –53 | –68 | –84 | –102 | –149 | 40 | 58 | 75 | 85 | 100 | 116 | 144 | 181 |
|  |  | –27 | –39 | –56 | –66 | –81 | –97 | –115 | –162 | 19 | 26 | 43 | 53 | 68 | 84 | 102 | 149 |
| 55 | 60 | –22 | –30 | –48 | –60 | –76 | –93 | –113 | –165 | 43 | 62 | 80 | 92 | 108 | 125 | 145 | 197 |
|  |  | –30 | –43 | –61 | –73 | –89 | –106 | –126 | –178 | 22 | 30 | 48 | 60 | 76 | 93 | 113 | 165 |
| 60 | 70 | –20 | –36 | –57 | –70 | –80 | –99 | –121 | –180 | 53 | 68 | 90 | 102 | 129 | 148 | 170 | 229 |
|  |  | –33 | –49 | –70 | –83 | –99 | –118 | –140 | –199 | 20 | 36 | 57 | 70 | 80 | 99 | 121 | 180 |
| 70 | 80 | –26 | –44 | –60 | –75 | –96 | –118 | –144 | –212 | 58 | 76 | 109 | 124 | 145 | 167 | 193 | 261 |
|  |  | –39 | –57 | –79 | –94 | –115 | –137 | –162 | –231 | 26 | 44 | 60 | 75 | 96 | 118 | 144 | 212 |
| 80 | 90 | –29 | –50 | –67 | –84 | –108 | –133 | –162 | –239 | 66 | 87 | 124 | 141 | 165 | 190 | 219 | 296 |
|  |  | –44 | –65 | –89 | –106 | –130 | –155 | –184 | –261 | 29 | 50 | 67 | 84 | 108 | 133 | 162 | 239 |
| 90 | 100 | –35 | –58 | –78 | –97 | –124 | –152 | –184 | –271 | 72 | 95 | 135 | 154 | 181 | 209 | 241 | 328 |
|  |  | –50 | –73 | –100 | –119 | –146 | –174 | –206 | –293 | 35 | 58 | 78 | 97 | 124 | 152 | 184 | 271 |
| 100 | 110 | –40 | –56 | –89 | –110 | –140 | –171 | –207 | –302 | 77 | 113 | 146 | 167 | 197 | 228 | 264 | 359 |
|  |  | –55 | –78 | –111 | –132 | –162 | –193 | –229 | –324 | 40 | 56 | 89 | 110 | 140 | 171 | 207 | 302 |
| 110 | 120 | –36 | –64 | –100 | –122 | –156 | –190 | –229 | –334 | 93 | 121 | 157 | 180 | 213 | 247 | 286 | 391 |
|  |  | –60 | –86 | –122 | –145 | –178 | –212 | –251 | –356 | 36 | 64 | 100 | 122 | 156 | 190 | 229 | 334 |
| 120 | 140 | –40 | –72 | –113 | –139 | –176 | –215 | –259 | –377 | 105 | 137 | 178 | 204 | 241 | 280 | 324 | 442 |
|  |  | –65 | –97 | –138 | –164 | –201 | –240 | –284 | –402 | 40 | 72 | 113 | 139 | 176 | 215 | 259 | 377 |
| 140 | 160 | –52 | –88 | –136 | –166 | –208 | –253 | –304 | –440 | 117 | 153 | 201 | 231 | 273 | 318 | 369 | 505 |
|  |  | –77 | –113 | –161 | –191 | –233 | –278 | –329 | –465 | 52 | 88 | 136 | 166 | 208 | 253 | 304 | 440 |
| 160 | 180 | –63 | –104 | –158 | –192 | –240 | –291 | –348 | –503 | 128 | 179 | 223 | 257 | 305 | 356 | 413 | 568 |
|  |  | –88 | –129 | –183 | –217 | –265 | –316 | –373 | –528 | 63 | 104 | 158 | 192 | 240 | 291 | 348 | 503 |
| 180 | 200 | –69 | –115 | –175 | –213 | –267 | –324 | –388 | –561 | 144 | 190 | 250 | 288 | 342 | 399 | 463 | 636 |
|  |  | –98 | –144 | –204 | –242 | –296 | –353 | –417 | –590 | 69 | 115 | 175 | 213 | 267 | 324 | 388 | 581 |

[1] Die Abmaße der Welle entsprechen oberhalb der Stufenlinie IT4, zwischen den Stufenlinien IT5 und unterhalb der Stufenlinie IT6.
[2] Das Höchst- und Mindestspiel entspricht für die Passung, Welle/Lagerbohrung oberhalb der Stufenlinie IT4/H5, zwischen den Stufenlinien IT5/H6 und unterhalb der Stufenlinie IT6/H7.

**TB 15-10** Streuungen von Toleranzklassen für ISO-Passungen bei relativen Einbau-Lagerspielen $\psi_E$ in ‰ abhängig von $d_L$ (nach VDI 2201)

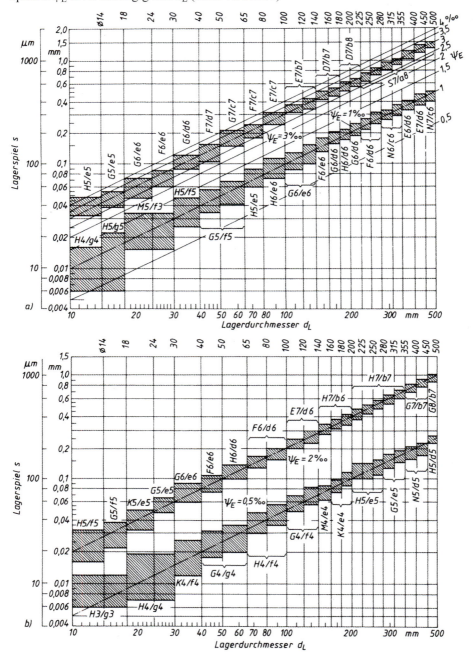

Gleitlager

**TB 15-11** Sommerfeld-Zahl $So = f(\varepsilon, b/d_L)$ bei reiner Drehung
a) für vollumschließende (360°)-Lager

$$So = \left(\frac{b}{d_L}\right)^2 \cdot \frac{\varepsilon}{2(1-\varepsilon^2)^2} \cdot \sqrt{\pi^2 \cdot (1-\varepsilon^2) + 16 \cdot \varepsilon^2} \cdot \frac{a_1 \cdot (\varepsilon - 1)}{a_2 + \varepsilon}$$

wenn $a_1 = 1{,}1642 - 1{,}9456 \cdot \left(\dfrac{b}{d_L}\right) + 7{,}1161 \cdot \left(\dfrac{b}{d_L}\right)^2 - 10{,}1073 \cdot \left(\dfrac{b}{d_L}\right)^3 + 5{,}0141 \cdot \left(\dfrac{b}{d_L}\right)^4$

$a_2 = -1{,}000\,026 - 0{,}023\,634 \cdot \left(\dfrac{b}{d_L}\right) - 0{,}4215 \cdot \left(\dfrac{b}{d_L}\right)^2 - 0{,}038\,817 \cdot \left(\dfrac{b}{d_L}\right)^3 - 0{,}090\,551 \cdot \left(\dfrac{b}{d_L}\right)^4$

**TB 15-11** (Fortsetzung)
b) Verlagerungsbereiche $A$, $B$, $C$ für 360°-Lager (s. Lehrbuch 15.4.1-1c unter Hinweis)

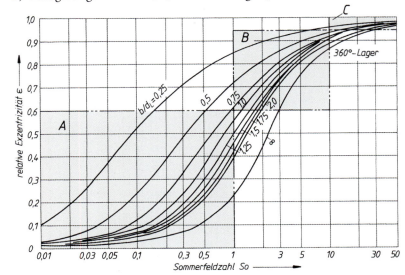

Bereich A: Durch Instabilität bedingte Störung möglich.
Bereich B: Störungsfreier Betrieb.
Bereich C: Verschleißerscheinungen infolge Mischreibung möglich.

**TB 15-12**  Reibungskennzahl $\mu/\psi_B = f(\varepsilon, b/d_L)$ bei reiner Drehung
a) für vollumschließende Lager         b) für halbumschließende Lager

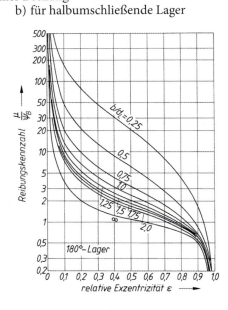

Gleitlager

**TB 15-12** (Fortsetzung)
c) für vollumschließende Lager $\mu/\psi_B = f(So, b/d_L)$

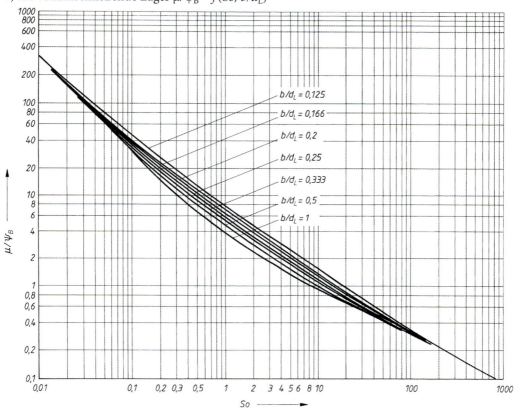

**TB 15-13** Verlagerungswinkel $\beta = f(\varepsilon, b/d_L)$ bei reiner Drehung (s. Lehrbuch unter Gl. 15.6)
a) für das vollumschließende Radiallager    b) für das halbumschließende Radiallager

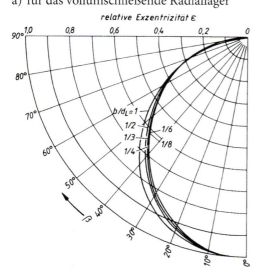 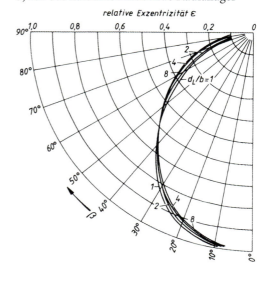

**TB 15-14** Erfahrungswerte für die zulässige kleinste Spalthöhe $h_{0\,zul}$ nach DIN 31652-3 (Norm zurückgezogen), wenn Wellen-$Rz_W \leq 4$ µm und Lagergleitflächen-$Rz_L \leq 1$ µm

| Wellendurchmesser $d_W$ in mm | | Grenzrichtwerte $h_{0\,zul}$ in µm | | | | |
|---|---|---|---|---|---|---|
| | | Wellenumfangsgeschwindigkeit $u_w$ in m/s | | | | |
| über | bis | 0 bis 1 | über 1 bis 3 | über 3 bis 10 | über 10 bis 30 | über 30 |
| 25[1] | 63 | 3 | 4 | 5 | 7 | 10 |
| 63 | 160 | 4 | 5 | 7 | 9 | 12 |
| 160 | 400 | 6 | 7 | 9 | 11 | 14 |
| 400 | 1000 | 8 | 9 | 11 | 13 | 16 |
| 1000 | 2500 | 10 | 12 | 14 | 16 | 18 |

[1] einschließlich

**TB 15-15** Grenzrichtwerte für die maximal zulässige Lagertemperatur $\vartheta_{L\,zul}$ nach DIN 31652-3 (Norm zurückgezogen)

| Art der Lagerschmierung | $\vartheta_{L\,zul}$ in °C[2] |
|---|---|
| Druckschmierung[1] (Umlaufschmierung) | 100 (115) |
| drucklose Schmierung (Eigenschmierung) | 90 (110) |

[1] Beträgt das Verhältnis von Gesamtschmierstoffvolumen zu Schmierstoffvolumen je Minute (Schmierstoffdurchsatz) über 5, so kann $\vartheta_{L\,zul}$ auf 110 (125) °C erhöht werden.
[2] Die in Klammern gesetzten Temperaturen können nur ausnahmsweise – z. B. aufgrund besonderer Betriebsbedingungen – zugelassen werden.
Hinweis: Ab $\vartheta_{L\,zul} = 80$ °C tritt bei Schmierstoffen auf Mineralölbasis eine verstärkte Alterung in Erscheinung.

**TB 15-16** Bezogener bzw. relativer Schmierstoffdurchsatz
a) $\dot{V}_{D\,rel}$ für halbumschließende (180°)-Lager infolge Eigendruckentwicklung zu Gl. (15.14)

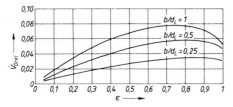

$\dot{V}_{D\,rel} = 0{,}125 \cdot (a_1 \cdot \varepsilon + a_2 \cdot \varepsilon^2 + a_3 \cdot \varepsilon^3 + a_4 \cdot \varepsilon^4)$ mit
$a_1 = 2{,}2346 \cdot (b/d_L) + 0{,}1084 \cdot (b/d_L)^2 - 0{,}5641 \cdot (b/d_L)^3$
$a_2 = -1{,}5421 \cdot (b/d_L) - 2{,}8215 \cdot (b/d_L)^2 + 1{,}955 \cdot (b/d_L)^3$
$a_3 = 2{,}2351 \cdot (b/d_L) + 4{,}2087 \cdot (b/d_L)^2 - 3{,}4813 \cdot (b/d_L)^3$
$a_4 = -1{,}751 \cdot (b/d_L) - 2{,}5113 \cdot (b/d_L)^2 + 2{,}3426 \cdot (b/d_L)^3$

Gleitlager

**TB 15-16** (Fortsetzung)
b) $\dot{V}_{pZrel}$ infolge des Zuführdrucks (nach DIN 31652-2), vgl. Lehrbuch 15.4.1-3, Gl. (15-15)

| Schmierlöcher mit $q_L = 1{,}204 + 0{,}368 \cdot (d_0/b) - 1{,}046 \cdot (d_0/b)^2 + 1{,}942 \cdot (d_0/b)^3$ | | | Schmiertaschen gültig für $0{,}05 \leq (b_T/b) \leq 0{,}7$ mit $q_T = 1{,}188 + 1{,}582 \cdot (b_T/b) - 2{,}585 \cdot (b_T/b)^2 + 5{,}563 \cdot (b_T/b)^3$ | | |
|---|---|---|---|---|---|
| entgegengesetzt zur Lastrichtung | | | | | |
| | | 1. | | | 2. |
|  |  | $\dot{V}_{pZrel} = \dfrac{\pi}{48} \cdot \dfrac{(1+\varepsilon)^3}{\ln(b/d_0) \cdot q_L}$ |  |  | $\dot{V}_{pZrel} = \dfrac{\pi}{48} \cdot \dfrac{(1+\varepsilon)^3}{\ln(b/b_T) \cdot q_T}$ |
| um 90° gedreht zur Lastrichtung | | | | | |
| | | 3. | | | 4. |
|  | | $\dot{V}_{pZrel} = \dfrac{\pi}{48} \cdot \dfrac{1}{\ln(b/d_0) \cdot q_L}$ |  |  | $\dot{V}_{pZrel} = \dfrac{\pi}{48} \cdot \dfrac{1}{\ln(b/b_T) \cdot q_T}$ |
| 2 Schmierlöcher | | senkrecht zur Lastrichtung | | | 2 Schmiertaschen |
| | | 5. | | | 6. |
|  |  | $\dot{V}_{pZrel} = \dfrac{\pi}{48} \cdot \dfrac{2}{\ln(b/d_0) \cdot q_L}$ |  |  | $\dot{V}_{pZrel} = \dfrac{\pi}{48} \cdot \dfrac{2}{\ln(b/b_T) \cdot q_T}$ |
| Ringnut (360°-Nut) | | 7. | 180°-Nut | | 8. |
|  |  | $\dot{V}_{pZrel} = \dfrac{\pi}{24} \cdot \dfrac{1 + 1{,}5 \cdot \varepsilon^2}{(b/d_L)} \cdot \dfrac{b}{(b - b_{Nut})}$ | | | $\dot{V}_{pZrel} = \dfrac{1}{48} \cdot \dfrac{\pi(1 + 1{,}5 \cdot \varepsilon^2) + 6 \cdot \varepsilon + 1{,}33 \cdot \varepsilon^3}{(b - b_{Nut})/d_L}$ |

**TB 15-17** Belastungs- und Reibungskennzahlen für den Schmierkeil ohne Rastfläche bei Einscheiben- und Segment-Spurlagern

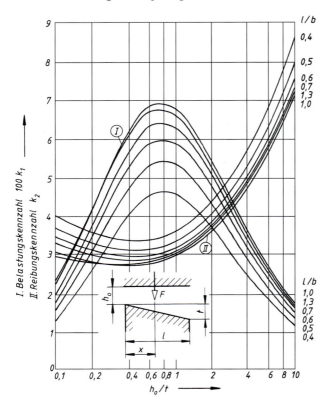

# Riemengetriebe 16

**TB 16-1** Mechanische und physikalische Kennwerte von Flachriemen-Werkstoffen (Auswahl)

| Riemenwerkstoff / Riemensorte | $E_z$ N/mm² | $E_b$ N/mm² | Dichte $\rho$ kg/dm³ | zul. Riemenspannung $\sigma_{z,zul}$ N/mm² | max. Verhältnis $t/d$ | max. Biegehäufigkeit $f_{b\,max}$ [5)] 1/s | zul. Nennumfangskraft $F'_{t\,max}$ N/mm | Riemengeschwindigkeit $v_{max}$ [5)] m/s | Reibungszahl $\mu$ [6)] | Temperatur $\vartheta_{max}$ °C |
|---|---|---|---|---|---|---|---|---|---|---|
| **Leder** — Standard S | 250 | 50…90 | 1,0 | 3,6…4,1 | 0,033 | 5 | – | 30 | *Fleischseite* $(0{,}25+0{,}02\sqrt{v})$  *Haarseite* $(0{,}33+0{,}2\sqrt{v})$ | 35 |
| Geschmeidig G | 350 | 40…80 | 0,95 | 4,3…5 | 0,04 | 10 | – | 40 | | 45 |
| Hochgeschmeidig HGL | 450 | 30…70 | 0,9 | 4,3…6,5 | 0,05 | 25 | – | 50 | | 45 |
| Hochgeschmeidig HGC | 450 | 30…70 | 0,9 | 4,3…7,5 | 0,05 | 25 | – | 50 | | 70 |
| **Gewebe** — *einlagig:* Gummi- bzw. Polyamid- bzw. Polyesterfasern | 350…1200 | | 1,1…1,4 | 3,3…5,4 | 0,35 | | | | (0,5) | –20…100 |
| *mehrlagig:* Gummi- bzw. Polyamid- bzw. Polyesterfasern oder Baumwollfasern | 900…1500 | | | | | 10…50 | 100 | 80 | | |
| **Textil** — Baumwolle | 500…1400 | | 1,3 | 2,3…5 | 0,05 | 10…20 | 300 | 20…50 | (0,3) | – |
| Kunstseide (imprägniert) | – | 40 | 1,0 | 3,3…5 | 0,04 | 40 | – | 50 | (0,35) | – |
| Nylon, Perlon | 500…1400 | | 1,1 | 9 | 0,07 | 80 | – | 60 | (0,3) | 70 |
| **Mehrschicht** — Kordfäden aus Polyamid oder Polyester in Gummi gebettet [3)]  1) | 600…700 | 300 | | 14…25 | 0,008…0,025 | | 200 | 60…120 | (0,7) | – |
| 2) | 500…600 | 250 | | 4…12 | 0,01…0,035 | | 400 | | (0,6) | |
| ein oder mehrere Polyamidbänder geschichtet und vorgereckt [4)]  1) | 500…600 | 250 | 1,1…1,4 | 6…18 | 0,008…0,025 | 100 | 800 | | (0,7) | –20…100 |
| 2) | 400…500 | 200 | | 4…15 | 0,01…0,035 | | | 60 (80) | (0,6) | |

1) Laufschicht Gummi.
2) Laufschicht Leder.
3) z. B. Extremultus 81 der Fa. Siegling, Hannover.
4) z. B. Extremultus 85/80 der Fa. Siegling, Hannover.
5) nur unter günstigen Verhältnissen erreichbar; von den Anwendungsbedingungen abhängig.
6) μ-Werte sind von vielen Einflussgrößen abhängig (z. B. Alter bzw. Laufzeit des Riemens, Umwelteinflüsse, Riemengeschwindigkeit).

© Springer-Verlag GmbH Deutschland, ein Teil von Springer Nature 2019
H. Wittel, C. Spura, D. Jannasch, J. Voßiek, *Roloff/Matek Maschinenelemente*,
https://doi.org/10.1007/978-3-658-26280-8_40

**TB 16-2** Keilriemen, Eigenschaften und Anwendungsbeispiele

| Bauart | $P'_{max}$ kW/Riemen | $v_{max}$ [1)] m/s | $f_{B\,max}$ [1)] 1/s | $i_{max}$ — | Eigenschaften, Anwendungsbeispiele |
|---|---|---|---|---|---|
| Normalkeilriemen (DIN 2215) | 70 | 30 | 80 | 15 | $b_0/h \approx 1{,}6$; universeller Einsatz im Maschinenbau (Größen 13…22); Größen 25…40 für Schwermaschinen und bei rauem Betrieb; Riemenwirklängen bis 18000 mm (Größen 22…40) |
| Schmalkeilriemen (DIN 7753) | 70 | 42 | 100 | 10 | $b_0/h \approx 1{,}2$; für raumsparende Antriebe, meist verwendeter Riementyp; größere Leistungsfähigkeit als Normalkeilriemen bei gleicher Riemenbreite; größere Scheibendurchmesser gegenüber Normalkeilriemen; Riemenrichtlängen bis 12500 mm (Größe SPC) |
| flankenoffene Keilriemen | 70 | 50 | 120 | 20 | $b_0/h \approx 1{,}2$; für raumsparende Antriebe; kleinere Scheibendurchmesser gegenüber Normalkeilriemen möglich; kostengünstig; höchste Leistungsübertragung |
| Verbundkeilriemen | 65 | 30 | 60 | 15 | schwingungs- und stoßunempfindlich; kein Verdrehen in den (Keil)scheiben; Anwendung für Stoßbetrieb und große Trumlängen |
| Doppelkeilriemen | 30 | 30 | 80 | 5 | $b_0/h \approx 1{,}25$; für Vielwellenantriebe mit gegenläufigen Scheiben; übertragbare Leistung ca. 10% geringer gegenüber den Normalkeilriemen |
| Keilrippenriemen | 20[2)] | 60 | 200 | 35 | bis zu 75 Rippen möglich ($P_{max} \approx 350$ kW); kleine Biegeradien; für große Übersetzungen; Spezialscheiben erforderlich |
| Breitkeilriemen | 70 | 25 | 40 | 9[3)] | $b_0/h \approx 2…5$; Spezialriemen für stufenlos verstellbare Getriebe |

[1)] nur unter günstigen Verhältnissen erreichbar; von den Anwendungsbedingungen abhängig.
[2)] kW/Rippe.
[3)] Stellbereich.

**TB 16-3** Synchronriemen, Eigenschaften und Anwendungen

| $P_{max}$ kW/cm Riemenbreite | $v_{max}$[1] m/s | $f_{B\,max}$[1] $s^{-1}$ | $i_{max}$ — | Eigenschaften und Anwendung |
|---|---|---|---|---|
| 60 | 80 | 200 | 10 | universeller Einsatz im Maschinen-, Geräte- und Fahrzeugbau, besonders bei Umkehrantrieben (Lineartechnik), wenn Schlupffreiheit gefordert wird; Synchronriemen und Zahnscheiben teurer als andere Riemen und Riemenscheiben; Geräuschminderung durch bogenverzahnte Synchronriemen und Zahnscheiben, jedoch noch teurer |

[1] nur unter günstigen Verhältnissen erreichbar; von den Anwendungsbedingungen abhängig.

**TB 16-4** Trumkraftverhältnis $m$; Ausbeute $\kappa$ (bei Keil- und Keilrippenriemen gilt $\mu = \mu'$)

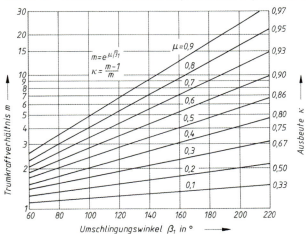

**TB 16-5** Faktor $k$ zur Ermittlung der Wellenbelastung für Flachriemengetriebe
Gilt näherungsweise auch für Keil- und Keilrippenriemen ($\mu$ entspricht dann $\mu'$)

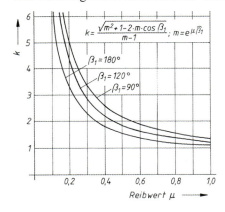

**TB 16-6** Ausführungen und Eigenschaften der Mehrschichtflachriemen Extremultus (Bauart 80/85*, nach Werknorm)
* Für Antriebe mit höchsten Geschwindigkeiten wird noch die Bauart 81 angeboten

a) Ausführung

| Extremultus Bauart | Aufbau Zugschicht | Aufbau Reibschicht | Aufbau Deckschicht | Einsatzfall | |
|---|---|---|---|---|---|
| 80 LT | Polyamidband | Ch | Pg | für Mehrscheibenantrieb mit einseitiger Leistungsübertragung | für normale sowie erschwerte Betriebsbedingungen und wenn starker Einfluss von Öl und Fett zu erwarten ist |
| 80 LL | Polyamidband | Ch | Ch | für Mehrscheibenantrieb mit beidseitiger Leistungsübertragung | |
| 85 GT | Polyamidband | E | Pg | für Mehrscheibenantrieb mit einseitiger Leistungsübertragung | normal, staubig, feucht, Einfluss von Öl und Fett nicht zu erwarten bzw. unbedeutend gering |
| 85 GG | Polyamidband | E | E | für Mehrscheibenantrieb mit beidseitiger Leistungsübertragung | |

Ch Chromleder; E Elastomer; Pg Polyamidgewebe.

b) Eigenschaften

| Riementyp ($\triangleq k_1$) | | 10 | 14 | 20 | 28 | 40 | 54[1] | 80[1] |
|---|---|---|---|---|---|---|---|---|
| Zugfestigkeit in N/mm Riemenbreite | | 225 | 315 | 450 | 630 | 900 | 1200 | 1800 |
| spezifische Umfangskraft $F'_t$ [2] in N/mm Riemenbreite | | 12,5 | 17,5 | 25 | 35 | 48 | 67,5 | 110 |
| Nenndurchmesser $d_{1N}$ in mm | | 100 | 140 | 200 | 280 | 400 | 540 | 800 |
| Bruchdehnung $\varepsilon_B$ in % | | | | | 22 | | | |
| Riemendicke $t$ in mm | 80 LT | 2,2 | 2,6 | 2,9 | 3,6 | 4,4 | 5,6 | 6,3 |
| | 80 LL | 3,2 | 3,6 | 4,1 | 5,0 | 6,2 | 6,5 | – |
| | 85 GT | 1,6 | 1,8 | 2,5 | 2,9 | 3,7 | 4,5 | 6,0 |
| | 85 GG[3] | 1,9 | 2,1 | 2,6 | 3,1 | – | – | – |

[1] nur in den Ausführungen LT und GT.
[2] die zulässige Spannung kann als fiktiver Wert ermittelt werden aus $\sigma_{z\,zul} \approx F'_t/t$ mit $F'_t = f(d_1, \beta_1,$ Riementyp) nach TB 16-8, angegebene Werte gelten für $\beta = 180°$.
[3] bei der Bauart 85 GG ist hinter der Zahl des Riementyps noch ein N anzufügen, z. B. 14 N.

# Riemengetriebe

**TB 16-7** Ermittlung des kleinsten Scheibendurchmesser (nach Fa. Siegling, Hannover)

| $P/n$ kW · min | $d$ mm | $P/n$ kW · min | $d$ mm | $P/n$ kW · min | $d$ mm |
|---|---|---|---|---|---|
| 0,00075 | 63 | 0,008 | 140 | 0,14 | 315 |
| 0,0009 | 71 | 0,01 | 160 | 0,17 | 355 |
| 0,001 | 80 | 0,015 | 180 | 0,2 | 400 |
| 0,0016 | 90 | 0,04 | 200 | 0,25 | 450 |
| 0,0018 | 100 | 0,06 | 224 | 0,3 | 500 |
| 0,003 | 112 | 0,1 | 250 | 0,4 | 560 |
| 0,0045 | 125 | 0,12 | 280 | 0,44 | 630 |

**TB 16-8** Diagramme zur Ermittlung $F'_t$, $\varepsilon_1$, Riementyp für Extremultus-Riemen (nach Fa. Siegling, Hannover)

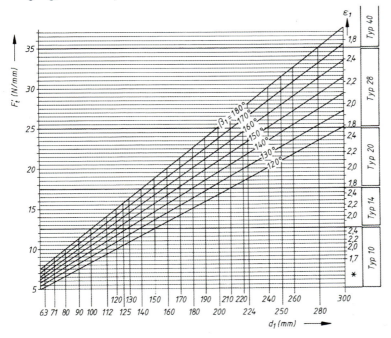

\* bei $\varepsilon_1 < 1{,}7$ Rückfrage beim Hersteller.

**TB 16-8** (Fortsetzung)

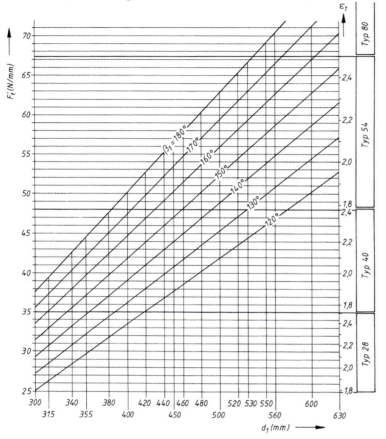

**TB 16-9** Flachriemenscheiben, Hauptmaße, nach DIN 111 (Auszug)
a) Hauptmaße in mm (evtl. abweichende Maße für $B$ für eine Scheibe notwendig)

| $d$ | 40 | 50 | 63 | 71 | 80 | 90 | 100 | 112 | 125 | 140 |
|---|---|---|---|---|---|---|---|---|---|---|
| $B$ min | | 25 | 32 | | 40 | | 50 | | 63 | |
| $B$ max | 50 | | 100 | | 140 | | | 200 | | |
| $h$ | | | | | 0,3 | | | | 0,4 | |
| $d$ | 160 | 180 | 200 | 224 | 250 | 280 | 315 | 355 | 400 | 450 |
| $B$ min | | | | | 63 | | | | | |
| $B$ max | | 200 | | | | | 315 | | | 400 |
| $h$ | | 0,5 | | 0,6 | | | 0,8 | | 1,0 | |
| $d$ | 500 | 560 | 630 | 710 | 800 | 900 | 1000 | 1120 | 1250 | 1400 |
| $B$ min | | 63 | | | | 100 | | | 125 | |
| $B$ max | | | | | 400 | | | | | |
| $h$ | 1,0 | | 1,2 | | | 1,2* | | | 1,5** | |

\* bei Kranzbreiten > 250: $h = 1{,}5$.   \*\* bei Kranzbreiten > 250: $h = 2$.

Riemengetriebe

**TB 16-9** (Fortsetzung)
b) Zuordnung Riemenbreite $b$ – kleinste Scheibenkranzbreite $B$

| $b$ | 20 | 25 | 32 | 40 | 50 | 71 | 90 | 112 | 125 |
|---|---|---|---|---|---|---|---|---|---|
| $B$ | 25 | 32 | 40 | 50 | 63 | 80 | 100 | 125 | 140 |
| $b$ | 140 | 160 | 180 | 200 | 224 | 250 | 280 | 315 | 355 |
| $B$ | 160 | 180 | 200 | 224 | 250 | 280 | 315 | 355 | 400 |

**TB 16-10** Fliehkraft-Dehnung $\varepsilon_2$ in % für Extremultus-Mehrschichtriemen (nach Fa. Siegling, Hannover)

| Riemen-bezeichnung | | Riemengeschwindigkeit $v$ in m/s | | | | | | |
|---|---|---|---|---|---|---|---|---|
| | | 10 | 20 | 30 | 40 | 50 | 60 | 70 |
| GT | 10 | | | | | | | |
| GG | 10N | | 0,2 | 0,3 | 0,6 | 0,9 | | |
| LL | 10 | | | | | | | |
| LT | 10 | | | 0,4 | 0,5 | 1,1 | | |
| GT | 14 | | | | | | | |
| GG | 14N | | | 0,3 | 0,5 | 0,8 | | |
| LL | 14 | | | | | | | |
| LT | 14 | | | 0,4 | 0,7 | 1,0 | | |
| GT | 20 | | | | | | | |
| GG | 20N | | | 0,2 | 0,4 | 0,7 | | |
| LL | 20 | <0,1* | | | | | | |
| LT | 20 | | | 0,3 | 0,6 | 0,9 | | |
| GT | 28 | | | | | | | |
| GG | 28N | | 0,1 | 0,2 | 0,4 | 0,6 | 0,8 | |
| LL | 28 | | | | | | | |
| LT | 28 | | | 0,3 | 0,6 | 0,8 | 1,0 | |
| GT | 40 | | | | | | | |
| GG | 40N | | | 0,2 | 0,3 | 0,5 | 0,7 | |
| LL | 40 | | | | | | | |
| LT | 40 | | | 0,3 | 0,5 | 0,7 | 0,9 | |
| GT | 54 | | | 0,2 | 0,3 | 0,5 | 0,7 | 0,9 |
| LT | 54 | | | 0,3 | 0,5 | 0,7 | 0,9 | 1,0 |
| GT | 80 | | | 0,2 | 0,3 | 0,5 | 0,7 | 0,9 |
| LT | 80 | | | 0,3 | 0,5 | 0,7 | 0,9 | 1,0 |

* ohne nennenswerten Einfluss.

**TB 16-11** Wahl des Profils der Keil- und Keilrippenriemen
a) Normalkeilriemen

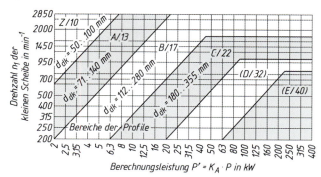

b) Schmalkeilriemen

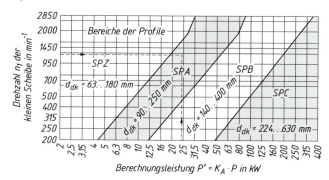

Beispiel: Für die Berechnungsleistung $P' = 24$ kW und $n_1 = 1200$ min$^{-1}$ wird gewählt: Schmalkeilriemen **SPA**

c) Keilrippenriemen

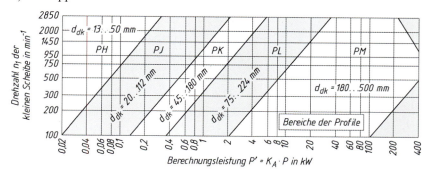

**TB 16-12** Keilriemenabmessungen (in Anlehnung an DIN 2215, ISO 4184, DIN 7753 sowie Werksangaben; Auszug)

| | | Normalkeilriemen | | | | | | |
|---|---|---|---|---|---|---|---|---|
| Profilkurzzeichen nach | DIN 2215 | 6 | 10 | 13 | 17 | 22 | 32 | 40 |
| | ISO 4184 | Y | Z | A | B | C | D | E |
| obere Riemenbreite | $b_0 \approx$ | 6 | 10 | 13 | 17 | 22 | 32 | 40 |
| Richtbreite | $b_d \approx$ | 5,3 | 8,5 | 11 | 14 | 19 | 27 | 32 |
| Riemenhöhe | $h \approx$ | 4 | 6 | 8 | 11 | 14 | 20 | 25 |
| Abstand | $h_d \approx$ | 1,6 | 2,5 | 3,3 | 4,2 | 5,7 | 8,1 | 12 |
| Mindestscheibenrichtdurchmesser | $d_{d\,min} \approx$ | 28 | 50 | 71 | 112 | 180 | 355 | 500 |
| Innenlängen[1] (= Bestelllänge) (Richtlänge $L_d = L_i + \Delta L$) | $L_i$ | 185 bis 850 | 300 bis 2800 | 560 bis 5300 | 670 bis 7100 | 1180 bis 18000 | 2000 bis 18000 | 3000 bis 18000 |
| Längendifferenz $\Delta L$ | | 15 | 22 | 30 | 40 | 58 | 75 | 80 |
| Biegewechsel (s$^{-1}$) | $f_{B\,max} \approx$ | | | | 80 | | | |
| Riemengeschwindigkeit (m/s) | $v_{max}$ | | | | 30 | | | |
| | | Schmalkeilriemen | | | | | | |
| Profilkurzzeichen nach DIN 7753 T1 | | – | SPZ | SPA | SPB | SPC | – | – |
| obere Riemenbreite | $b_0 \approx$ | – | 9,7 | 12,7 | 16,3 | 22 | – | – |
| Richtbreite | $b_d \approx$ | – | 8,5 | 11 | 14 | 19 | – | – |
| Riemenhöhe | $h \approx$ | – | 8 | 10 | 13 | 18 | – | – |
| Abstand | $h_d \approx$ | – | 2 | 2,8 | 3,5 | 4,8 | – | – |
| Mindestscheibenrichtdurchmesser | $d_{d\,min} \approx$ | – | 63 | 90 | 140 | 224 | – | – |
| Richtlängen[1] (= Bestelllänge) | $L_d$ | – | 587 bis 3550 | 732 bis 4500 | 1250 bis 8000 | 2000 bis 12500 | – | – |
| Biegewechsel (s$^{-1}$) | $f_{B\,max} \approx$ | | | | 100 | | | |
| Riemengeschwindigkeit (m/s) | $v_{max}$ | | | | 42 | | | |

[1] Herstellerangaben beachten (vorzugsweise nach DIN 323, R40).

**TB 16-13**  Abmessungen der Keilriemenscheiben (nach DIN 2211; Auszug)

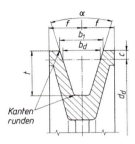
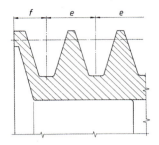

| | | Nennabmessungen der Riemenscheiben | | | | | | |
|---|---|---|---|---|---|---|---|---|
| für Keilriemen nach | DIN 2215 | 6 | 10 | 13 | 17 | 22 | 32 | 40 |
| | ISO 4184 | Y | Z | A | B | C | D | E |
| für Schmalkeilriemen nach DIN 7753 T1 | | – | SPZ | SPA | SPB | SPC | – | – |
| Rillenbreite | $b_1 \approx$ | 6,3 | 9,7 | 12,7 | 16,3 | 22 | 32 | 40 |
| Rillenprofil | $c \approx$ | 1,6 | 2 | 2,8 | 3,5 | 4,8 | 8,1 | 12 |
| | $e \approx$ | 8 | 12 | 15 | 19 | 25,5 | 37 | 44,5 |
| | $f \approx$ | 6 | 8 | 10 | 12,5 | 17 | 24 | 29 |
| | $t \approx$ | 7 | 11 | 14 | 18 | 24 | 33 | 38 |
| Mindestscheibendurchmesser für Normalkeilriemen | $d_{d\,min} \approx$ | 28 | 50 | 71 | 112 | 180 | 355 | 500 |
| für Schmalkeilriemen | | – | 63 | 90 | 140 | 224 | – | – |
| Keilwinkel α bei Richtdurchmesser $d_d$ | 32° | ≤63 | – | – | – | – | – | – |
| | 34° | – | ≤80 | ≤118 | ≤190 | ≤315 | – | – |
| | 36° | >63 | – | – | – | – | ≤500 | ≤630 |
| | 38° | – | >80 | >118 | >190 | >315 | >500 | >630 |

## TB 16-14 Keilrippenriemen und Keilrippenscheiben nach DIN 7867
(Tabellenwerte in Anlehnung an DIN 7867 und Werksangaben)

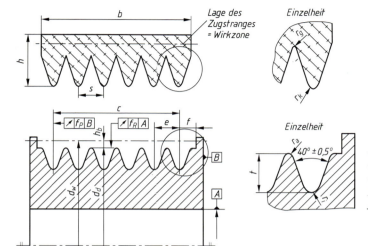

$d_d\ldots74$ mm: $f_R = 0{,}13$ mm
$d_d > 74\ldots250$ mm: $f_R = 0{,}25$ mm
$d_d > 250$ mm: $f_R = 0{,}25$ mm $+ 0{,}004$
je mm Bezugs-$\varnothing$ über 250 mm
$f_p = 0{,}0002 \cdot d_d$

| | Profil-Kurzzeichen | | PH | PJ | PK | PL | PM |
|---|---|---|---|---|---|---|---|
| Keilrippenriemen nach DIN 7867 | Rippenabstand | $s$ | 1,60±0,2 | 2,34±0,2 | 3,56±0,2 | 4,70±0,2 | 9,40±0,2 |
| | Riemenhöhe | $h$ max[1] | 3 | 4 | 6 | 10 | 17 |
| | Anzahl der Rippen | $z$[2] | 2…31 | 2…50 | 2…50 | 2…60 | 2…45 |
| | Riemenbreite | $b$ | | | $b = s \cdot z$ | | |
| | Rippengrundradius | $r_g$ max | 0,15 | 0,20 | 0,25 | 0,40 | 0,75 |
| | Rippenkopfradius | $r_k$ min | 0,30 | 0,40 | 0,50 | 0,40 | 0,75 |
| | Standard-Richtlänge $L_d$[2] min | | 559 | 330 | 559 | 954 | 2286 |
| | | max | 2155 | 2489 | 3492 | 6096 | 15266 |
| | zul. Riemengeschwindigkeit | $v$ max[2] | 60 m/s | 50 m/s | 50 m/s | 40 m/s | 30 m/s |
| Keilrippenscheiben nach DIN 7867 | Profil-Kurzzeichen | | H | J | K | L | M |
| | Rillenabstand | $e$ | 1,60±0,03 | 2,34±0,03 | 3,56±0,05 | 4,70±0,05 | 9,40±0,08 |
| | Gesamtabstand | $c$ | | $c =$ (Rippenanzahl $n-1$) $e$ | Toleranz für $c$: ±0,30 | | |
| | Richtdurchmesser | $d_{d\,min}$ | 13 | 20 | 45 | 75 | 180 |
| | Stufung | | | nach DIN 323 Normzahlreihe R20 (s. TB 1-16) | | | |
| | Innenradius | $r_{i\,max}$ | 0,30 | 0,40 | 0,50 | 0,40 | 0,75 |
| | Außenradius | $r_{a\,min}$ | 0,15 | 0,20 | 0,25 | 0,40 | 0,75 |
| | Profiltiefe | $t_{min}$[2] | 1,33 | 2,06 | 3,45 | 4,92 | 10,03 |
| | Randabstand | $f_{min}$ | 1,3 | 1,8 | 2,5 | 3,3 | 6,4 |
| | Wirkdurchmesser | $d_w$ | | | $d_w = d_d + 2h_b$ | | |
| | Bezugshöhe | $h_b$ | 0,8 | 1,25 | 1,6 | 3,5 | 5,0 |

[1] Maße nach Wahl des Herstellers.
[2] Hersteller-Angaben; vorzugsweise nach DIN 323 R'40.

**TB 16-15** Nennleistung der Keil- und Keilrippenriemen
a) Nennleistung je Riemen für Normalkeilriemen

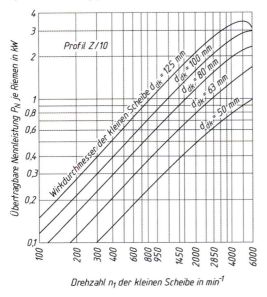
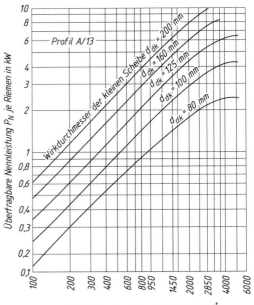
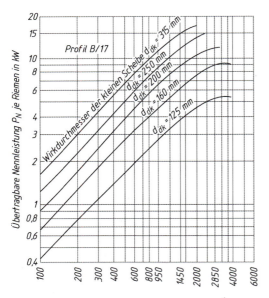
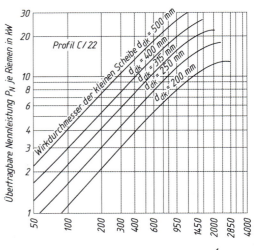

## TB 16-15 (Fortsetzung)
b) Nennleistung je Riemen für Schmalkeilriemen

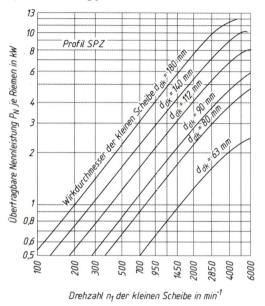
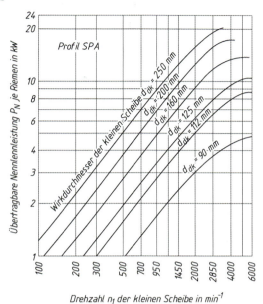
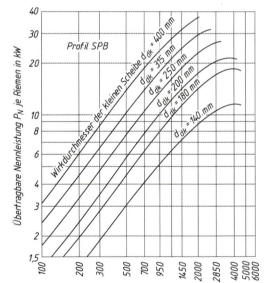
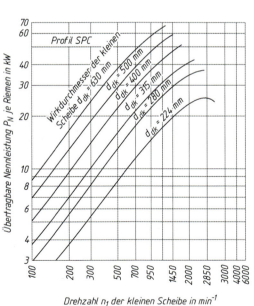

**TB 16-15** (Fortsetzung)
c) Nennleistung je Rippe für Keilrippenriemen

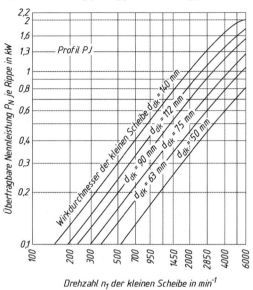

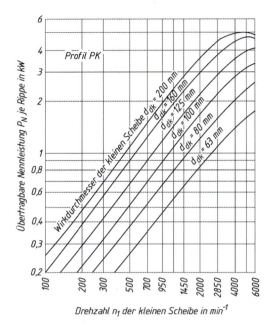

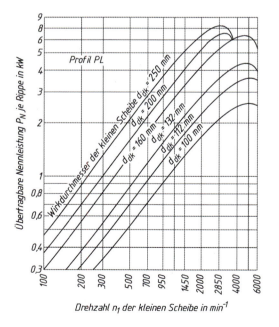

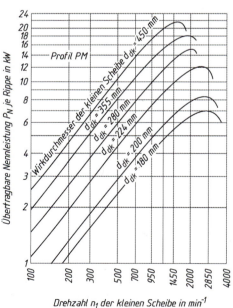

Riemengetriebe

**TB 16-16** Leistungs-Übersetzungszuschlag $Ü_z$ in kW (bei $i < 1$ wird $Ü_z = 1$)
a) je Riemen für Normalkeilriemen

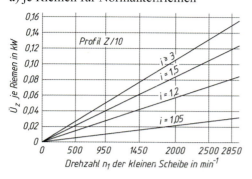
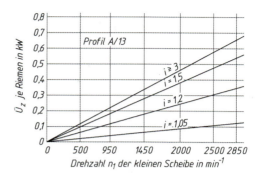
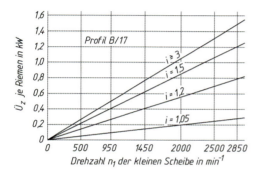
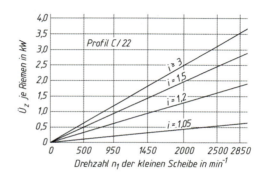

b) je Riemen für Schmalkeilriemen

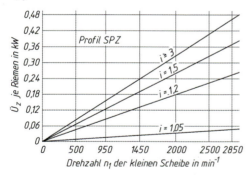
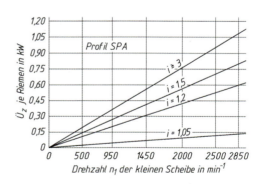
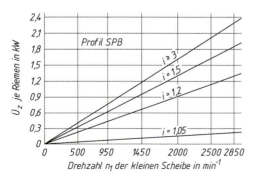
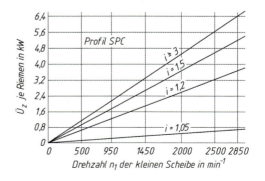

**TB 16-16** (Fortsetzung)
c) je Rippe für Keilrippenriemen

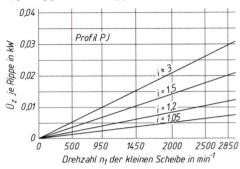
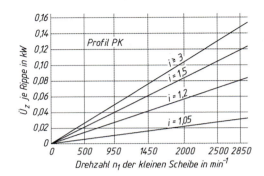
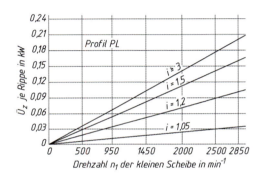
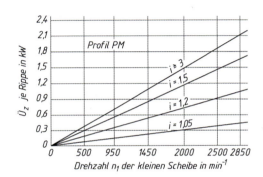

**TB 16-17** Korrekturfaktoren zur Berechnung der Keil- und Keilrippenriemen
a) Winkelfaktor $c_1$

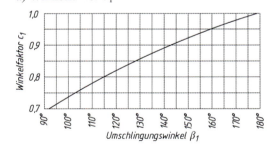

b) Längenfaktor $c_2$ für Normalkeilriemen

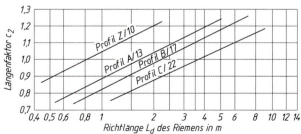

**TB 16-17** (Fortsetzung)
c) Längenfaktor $c_2$ für Schmalkeilriemen

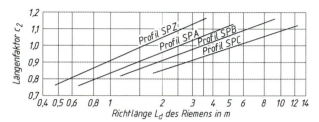

d) Längenfaktor $c_2$ für Keilrippenriemen

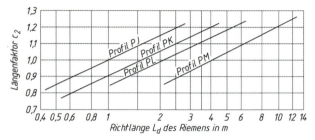

**TB 16-18** Wahl des Profils von Synchronriemen

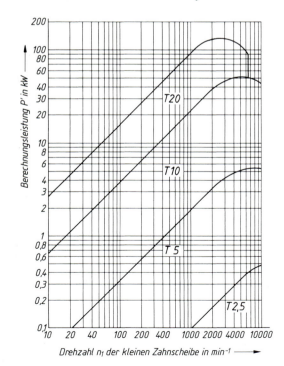

**TB 16-19** Daten von Synchroflex-Zahnriemen nach Werknorm

a) Einsatzbereiche

| Riemen-profil | $P_{max}$ kW | $n_{max}$ l/min | $v_{max}$ m/s | typische Anwendungsgebiete |
|---|---|---|---|---|
| T 2,5 | 0,5 | 20000 | 80 | Feinwerkantriebe, Filmkameraantriebe, Steuerantriebe |
| T 5 | 5 | 10000 | 80 | Büromaschinenantriebe, Küchenmaschinenantriebe, Tachoantriebe, Steuer- und Regelantriebe |
| T 10 | 30 | 10000 | 60 | Werkzeugmaschinen (Haupt- und Nebenantriebe), Textilmaschinen- und Druckereimaschinenantriebe |
| T 20 | 100 | 6500 | 40 | schwere Baumaschinen, Papiermaschinen, Textilmaschinen, Pumpen, Verdichter |

b) Scheibenzähnezahl

| Riemen-profil | Teilung $p$ mm | Zahnhöhe $h_z$ mm | Länge $L_d$ mm | Scheibenzähnezahl $z_{min}$ | $z_{max}$ | Mindestzähnezahl bei Gegenbiegung |
|---|---|---|---|---|---|---|
| T 2,5 | 2,5 | 0,7 | 120…1475 | 10 | 114 | 11 |
| T 5 | 5 | 1,2 | 100…1500 | 10 | 114 | 12 |
| T 10 | 10 | 2,5 | 260…4780 | 12 | 114 | 15 |
| T 20 | 20 | 5,0 | 1260…3620 | 15 | 114 | 20 |

c) Riemenbreiten und zulässige Umfangskraft

| Riemenprofil | zulässige Umfangskraft $F_{t\,zul}$ in N bei der Riemenbreite $b$ in mm | | | | | | | | | |
|---|---|---|---|---|---|---|---|---|---|---|
| | 4 | 6 | 10 | 16 | 25 | 32 | 50 | 75 | 100 | 150 |
| T 2,5 | 39 | 65 | 117 | 195 | 312 | 403 | – | – | – | – |
| T 5 | – | 150 | 300 | 510 | 870 | 1100 | 1800 | 2730 | 3660 | – |
| T 10 | – | – | – | 1200 | 2000 | 2700 | 4300 | 6600 | 8800 | 13400 |
| T 20 | – | – | – | – | – | 4750 | 7750 | 12000 | 16000 | 24500 |

d) Riemen-Zähnezahlen $z_R$ (Auszug)

| Profil T2,5 | 64 | 71 | 72 | 73 | 80 | 84 | 90 | 92 | 98 | 106 | 114 | 116 | 122 | 127 | 132 | 152 | 168 |
| | 192 | 200 | 216 | 240 | 248 | 260 | 312 | 380 | 520 | 590 | | | | | | | |

| Profil T5 | 66 | 68 | 71 | 73 | 78 | 80 | 82 | 84 | 91 | 92 | 96 | 100 | 101 | 102 | 105 | 109 | 110 |
| | 112 | 115 | 118 | 122 | 124 | 126 | 130 | 138 | 140 | 144 | 145 | 150 | 153 | 156 | 160 | 163 | 168 |
| | 180 | 184 | 185 | 188 | 198 | 215 | 220 | 232 | 243 | 263 | 276 | 300 | | | | | |

| Profil T 10 | 66 | 68 | 69 | 70 | 72 | 73 | 75 | 76 | 78 | 80 | 81 | 84 | 85 | 88 | 89 | 92 | 96 |
| | 97 | 98 | 101 | 108 | 111 | 114 | 115 | 121 | 124 | 125 | 130 | 132 | 135 | 139 | 140 | 142 | 145 |
| | 146 | 150 | 156 | 161 | 175 | 178 | 188 | 196 | 225 | 310 | 478 | | | | | | |

| Profil T 20 | 63 | 73 | 89 | 94 | 118 | 130 | 155 | 181 |

**TB 16-20** Zahntragfähigkeit – spezifische Riemenzahnbelastbarkeit von Synchroflex-Zahnriemen (nach Werknorm)

a) Riemenprofil T 2,5

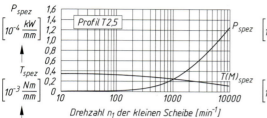

b) Riemenprofil T 5

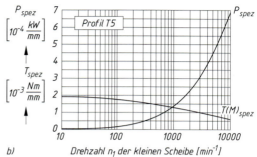

c) Riemenprofil T 10

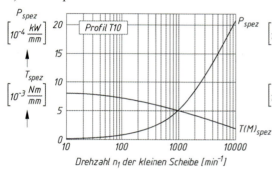

d) Riemenprofil T 20

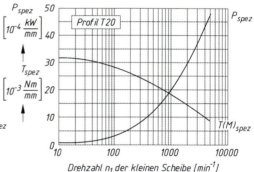

**TB 16-21** Oberflächengekühlte Drehstromasynchronmotoren mit Käfigläufer nach DIN EN 50347

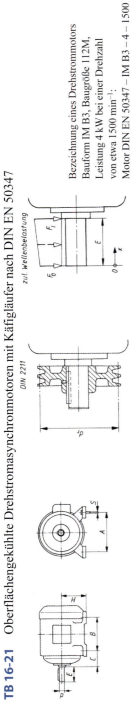

Bezeichnung eines Drehstrommotors Bauform IM B3, Baugröße 112M, Leistung 4 kW bei einer Drehzahl von etwa 1500 min⁻¹:
Motor DIN EN 50347 – IM B3 – 4 – 1500

| Baugröße | Anbaumaße in mm | | | | | | Wellenende $d \times E^{1)}$ bei $n_s$ in min⁻¹ | | | Leistung $P$ in kW bei Synchrondrehzahl $n_s$ in min⁻¹ ²⁾ | | | | Läufer-Trägheitsmoment $J$ in kg m² ⁴⁾ bei $n_s$ in min⁻¹ | |
|---|---|---|---|---|---|---|---|---|---|---|---|---|---|---|---|
| | $H$ | $B$ | $A$ | $C$ | $S$ | | 3000 | ≤1500 | | 3000 | 1500 | 1000 | 750 | 3000 | 1500 |
| 71M | 71 | 90 | 112 | 45 | M6 | | 14 × 30 | 14 × 30 | | 0,37 | 0,25 | – | – | 0,00034 | 0,00054 |
| 71M | 71 | 90 | 112 | 45 | M6 | | 14 × 30 | 14 × 30 | | 0,55 | 0,37 | – | – | 0,00039 | 0,00068 |
| 80M | 80 | 100 | 125 | 50 | M8 | | 19 × 40 | 19 × 40 | | 0,75 | 0,55 | 0,37 | – | 0,00089 | 0,00134 |
| 80M | 80 | 100 | 125 | 50 | M8 | | 19 × 40 | 19 × 40 | | 1,1 | 0,75 | 0,55 | – | 0,00120 | 0,00182 |
| 90S | 90 | 100 | 140 | 56 | M8 | | 24 × 50 | 24 × 50 | | 1,5 | 1,1 | 0,75 | – | 0,00210 | 0,00316 |
| 90L | 90 | 125 | 140 | 56 | M8 | | 24 × 50 | 24 × 50 | | 2,2 | 1,5 | 1,1 | – | 0,00250 | 0,00383 |
| 100L | 100 | 140 | 160 | 63 | M10 | | 28 × 60 | 28 × 60 | | 3 | 2,2³⁾ | 1,5 | 0,75³⁾ | 0,00325 | 0,00488 |
| 112M | 112 | 140 | 190 | 70 | M10 | | 28 × 60 | 28 × 60 | | 4 | 4 | 2,2 | 1,5 | 0,0055 | 0,0094 |
| 132S | 132 | 140 | 216 | 89 | M10 | | 38 × 80 | 38 × 80 | | 5,5³⁾ | 5,5 | 3 | 2,2 | 0,0080 | 0,0180 |
| 132M | 132 | 178 | 216 | 89 | M10 | | 38 × 80 | 38 × 80 | | – | 7,5 | 4³⁾ | 3 | – | 0,0318 |
| 160M | 160 | 210 | 254 | 108 | M12 | | 11³⁾ | 11 | | 11³⁾ | 11 | 7,5 | 4³⁾ | 0,0230 | 0,045 |
| 160L | 160 | 254 | 254 | 108 | M12 | | 42 × 110 | 42 × 110 | | 18,5 | 15 | 11 | 7,5 | 0,0615 | 0,101 |
| 180M | 180 | 241 | 279 | 121 | M12 | | 48 × 110 | 48 × 110 | | 22 | 18,5 | – | 11 | 0,0753 | 0,118 |
| 180L | 180 | 279 | 279 | 121 | M12 | | 48 × 110 | 48 × 110 | | – | 22 | 15 | 11 | – | 0,141 |
| 200L | 200 | 305 | 318 | 133 | M16 | | 55 × 110 | 55 × 110 | | 30³⁾ | 30 | 18,5³⁾ | 15 | 0,142 | 0,222 |
| 225S | 225 | 286 | 356 | 149 | M16 | | 55 × 110 | 60 × 140 | | – | 37 | – | 18,5 | – | 0,356 |
| 225M | 225 | 311 | 356 | 149 | M16 | | 55 × 110 | 60 × 140 | | 45 | 45 | 30 | 22 | 0,270 | 0,461 |
| 250M | 250 | 349 | 406 | 168 | M20 | | 60 × 140 | 65 × 140 | | 55 | 55 | 37 | 30 | 0,424 | 0,677 |
| 280S | 280 | 368 | 457 | 190 | M20 | | 65 × 140 | 75 × 140 | | 75 | 75 | 45 | 37 | 0,816 | 1,06 |
| 280M | 280 | 419 | 457 | 190 | M20 | | 65 × 140 | 75 × 140 | | 90 | 90 | 55 | 45 | 0,957 | 1,26 |
| 315S | 315 | 406 | 508 | 216 | M24 | | 65 × 140 | 80 × 170 | | 110 | 110 | 75 | 55 | 1,19 | 2,00 |
| 315M | 315 | 457 | 508 | 216 | M24 | | 65 × 140 | 80 × 170 | | 132 | 132 | 90 | 75 | 1,45 | 2,35 |

# Riemengetriebe

**TB 16-21** (Fortsetzung)

| Baugröße | Kipp- zu Nenndrehmoment $T_{Ki}/T_N$[4)5] bei $n_s$ in min⁻¹ | | zul. Wellenbelastung[6] für $n_s$ = 1500 min⁻¹, wenn Kraftangriff bei | | Schmalkeilriemenscheibe DIN 2211[7] bei $n_s$ = 1500 min⁻¹ | | | Kupplung bei $n_s$ = 1500 min⁻¹ z. B. Bauart Hadeflex XW Größe[7] |
|---|---|---|---|---|---|---|---|---|
| | 3000 | 1500 | $x = 0$ $F_0$ in kN | $x = E$ $F_1$ in kN | Profil | $d_{dk}$ mm | Rillen $z$ | |
| 71M  | 2,0 | 1,9  | 0,45 | 0,53 | –   | –   | – | 24 |
| 71M  | 2,4 | 2,25 | 0,45 | 0,53 | –   | –   | – | 24 |
| 80M  | 2,2 | 2,0  | 0,52 | 0,63 | SPZ | 63  | 1 | 24 |
| 80M  | 2,4 | 2,3  | 0,52 | 0,63 | SPZ | 63  | 1 | 24 |
| 90S  | 2,6 | 2,2  | 0,78 | 0,92 | SPZ | 71  | 1 | 24 |
| 90L  | 3,0 | 2,6  | 0,78 | 0,92 | SPZ | 71  | 2 | 24 |
| 100L | 2,8 | 2,4  | 1,06 | 1,31 | SPZ | 90  | 2 | 28 |
| 112M | 3,3 | 2,5  | 1,04 | 1,27 | SPZ | 112 | 2 | 28 |
| 132S | 3,4 | 3,4  | 1,53 | 1,94 | SPZ | 125 | 2 | 38 |
| 132M | –   | 3,1  | 1,53 | 1,94 | SPZ | 140 | 3 | 38 |
| 160M | 4,0 | 3,6  | 1,59 | 2,04 | SPZ | 140 | 4 | 42 |
| 160L | 2,9 | 2,7  | 1,59 | 2,04 | SPZ | 140 | 5 | 48 |
| 180M | 3,0 | 2,9  | 1,95 | 2,35 | SPZ | 160 | 5 | 48 |
| 180L | –   | 3,0  | 1,95 | 2,35 | SPA | 180 | 4 | 55 |
| 200L | 2,6 | 2,7  | 2,75 | 3,35 | SPA | 180 | 5 | 55 |
| 225S | –   | 2,8  | 2,95 | 3,75 | SPA | 200 | 5 | 60 |
| 225M | 3,0 | 2,8  | 2,95 | 3,75 | SPB | 224 | 4 | 65 |
| 250M | 2,7 | 2,7  | 3,60 | 4,40 | SPB | 224 | 4 | 75 |
| 280S | 3,2 | 2,7  | 7,20 | 8,70 | –   | –   | – | 75 |
| 280M | 3,2 | 2,7  | 7,20 | 8,70 | –   | –   | – | 85 |
| 315S | 3,2 | 2,8  | 8,10 | 9,90 | –   | –   | – | 85 |
| 315M | 3,2 | 2,8  | 8,10 | 9,90 | –   | –   | – | 100 |

[1] Toleranzklassen $d \leq 48$: k6, $d \geq 55$: m6.
[2] Nenndrehzahl bei asynchronen Drehstrommotoren etwa 0,5 … 10% (bei großen…kleinen Leistungen) niedriger.
[3] oder nächsthöhere Leistung (s. DIN EN 50347).
[4] nach Herstellerangaben.
[5] bei direkter Einschaltung.
[6] nach Herstellerangaben. Bei Kraftangriff innerhalb des Wellenendes gilt: $F_{zul} \approx F_0 + (F_1 - F_0) \, x/E$.
[7] für normale Betriebsbedingungen.

# Kettengetriebe 17

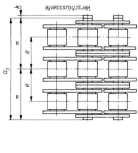
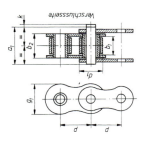

**TB 17-1** Rollenketten nach DIN 8187 (Auszug)
Bezeichnung einer Einfach-Rollenkette nach DIN 8187 mit Ketten-Nr. 16 B mit 92 Gliedern:
Rollenkette DIN 8187 – 16 B – 1 × 92

Maße in mm

| Ketten-Nr. | $p$ | $b_1$ min | $b_2$ max | $d_1'$ max | $e$ | $g_1$ max | $k$ max | $a_1$ max | Einfach-Rollenkette ($-1$) Bruchkraft N min | Einfach-Rollenkette ($-1$) Gelenkfläche cm² | Einfach-Rollenkette ($-1$) Gewicht kg/m |
|---|---|---|---|---|---|---|---|---|---|---|---|
| 03 | 5 | 2,5 | 4,15 | 3,2 | – | 4,1 | 2,5 | 7,4 | 2200 | 0,06 | 0,8 |
| 04 | 6 | 2,8 | 4,1 | 4 | – | 5 | 2,9 | 7,4 | 3000 | 0,08 | 0,12 |
| 05 B | 8 | 3 | 4,77 | 5 | 5,64 | 7,1 | 3,1 | 8,6 | 5000 | 0,11 | 0,18 |
| 06 B | 9,525 | 5,72 | 8,53 | 6,35 | 10,24 | 8,2 | 3,3 | 13,5 | 9000 | 0,28 | 0,41 |
| 081 | 12,7 | 3,3 | 5,8 | 7,75 | – | 9,9 | 1,5 | 10,2 | 8200 | 0,21 | 0,28 |
| 082 | 12,7 | 2,38 | 4,6 | 7,75 | – | 9,9 | – | 8,2 | 10000 | 0,17 | 0,26 |
| 083 | 12,7 | 4,88 | 7,9 | 7,75 | – | 10,3 | 1,5 | 12,9 | 12000 | 0,32 | 0,42 |
| 084 | 12,7 | 4,88 | 8,8 | 7,75 | – | 11,1 | 1,5 | 14,8 | 16000 | 0,36 | 0,59 |
| 085 | 12,7 | 6,38 | 9,07 | 7,77 | – | 9,9 | 2 | 14 | 6800 | 0,32 | 0,38 |
| 08 B | 12,7 | 7,75 | 11,3 | 8,51 | 13,92 | 11,8 | 3,9 | 17 | 18000 | 0,5 | 0,70 |
| 10 B | 15,875 | 9,65 | 13,28 | 10,16 | 16,59 | 14,7 | 4,1 | 19,6 | 22400 | 0,67 | 0,95 |
| 12 B | 19,05 | 11,68 | 15,62 | 12,07 | 19,46 | 16,1 | 4,6 | 22,7 | 29000 | 0,89 | 1,25 |
| 16 B | 25,4 | 17,02 | 25,4 | 15,88 | 31,8 | 21 | 5,4 | 36,1 | 60000 | 2,1 | 2,7 |
| 20 B | 31,75 | 19,56 | 29 | 19,05 | 36,45 | 26,4 | 6,1 | 43,2 | 95000 | 2,96 | 3,6 |
| 24 B | 38,1 | 25,4 | 37,9 | 25,4 | 48,36 | 33,4 | 6,6 | 53,4 | 160000 | 5,54 | 6,7 |
| 28 B | 44,45 | 30,99 | 46,5 | 27,95 | 59,56 | 37,0 | 7,4 | 65,1 | 200000 | 7,39 | 8,3 |
| 32 B | 50,8 | 30,99 | 45,5 | 29,21 | 58,55 | 42,2 | 7,9 | 67,4 | 250000 | 8,1 | 10,5 |
| 40 B | 63,5 | 38,1 | 55,7 | 39,37 | 72,29 | 52,9 | 10 | 82,6 | 355000 | 12,75 | 16 |
| 48 B | 76,2 | 45,72 | 70,5 | 48,26 | 91,21 | 63,8 | 10 | 99,1 | 560000 | 20,61 | 25 |
| 56 B | 88,9 | 53,34 | 81,3 | 53,98 | 106,6 | 77,8 | 11 | 114 | 850000 | 27,9 | 35 |
| 64 B | 101,6 | 60,96 | 92 | 63,5 | 119,89 | 90,1 | 13 | 130 | 1120000 | 36,25 | 60 |
| 72 B | 114,3 | 68,58 | 103,8 | 72,39 | 136,27 | 103,6 | 14 | 147 | 1400000 | 46,19 | 80 |

**TB 17-1** (Fortsetzung)
Bezeichnung einer Zweifach-Rollenkette nach DIN 8187 mit Ketten-Nr. 08 B mit 120 Gliedern:
Rollenkette DIN 8187 – 08 B – 2 × 120
Maße in mm

| Ketten-Nr. | Zweifach-Rollenkette (–2) | | | | Dreifach-Rollenkette (–3) | | | |
|---|---|---|---|---|---|---|---|---|
| | $a_2$ max | Bruch-kraft N min | Gelenk-fläche $cm^2$ | Gewicht kg/m ≈ | $a_3$ max | Bruchkraft N min | Gelenkfläche $cm^2$ | Gewicht kg/m ≈ |
| 03 | – | – | – | – | – | – | – | – |
| 04 | – | – | – | – | – | – | – | – |
| 05 B | 14,3 | 7800 | 0,22 | 0,36 | 19,9 | 11100 | 0,33 | 0,54 |
| 06 B | 23,8 | 16900 | 0,56 | 0,78 | 34 | 24900 | 0,84 | 1,18 |
| 081 | – | – | – | – | – | – | – | – |
| 082 | – | – | – | – | – | – | – | – |
| 083 | – | – | – | – | – | – | – | – |
| 084 | – | – | – | – | – | – | – | – |
| 085 | – | – | – | – | – | – | – | – |
| 08 B | 31 | 32000 | 1,01 | 1,35 | 44,9 | 47500 | 1,51 | 2,0 |
| 10 B | 36,2 | 44500 | 1,34 | 1,8 | 52,8 | 66700 | 2,02 | 2,8 |
| 12 B | 42,2 | 57800 | 1,79 | 2,5 | 61,7 | 86700 | 2,68 | 3,8 |
| 16 B | 68 | 106000 | 4,21 | 5,4 | 99,9 | 160000 | 6,31 | 8 |
| 20 B | 79 | 170000 | 5,91 | 7,2 | 116 | 250000 | 8,87 | 11 |
| 24 B | 101 | 280000 | 11,09 | 13,5 | 150 | 425000 | 16,63 | 21 |
| 28 B | 124 | 360000 | 14,79 | 16,6 | 184 | 530000 | 22,18 | 25 |
| 32 B | 126 | 450000 | 16,21 | 21 | 184 | 670000 | 24,31 | 32 |
| 40 B | 154 | 630000 | 25,5 | 32 | 227 | 950000 | 38,25 | 48 |
| 48 B | 190 | 1000000 | 41,23 | 50 | 281 | 1500000 | 61,84 | 75 |
| 56 B | 221 | 1600000 | 55,8 | 70 | 330 | 2240000 | 83,71 | 105 |
| 64 B | 250 | 2000000 | 72,5 | 120 | 370 | 3000000 | 108,74 | 180 |
| 72 B | 283 | 2500000 | 92,4 | 160 | 420 | 3750000 | 137,57 | 240 |

**TB 17-2** Haupt-Profilabmessungen der Kettenräder nach DIN 8196 (Auszug)

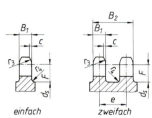
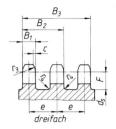

einfach  zweifach  dreifach

Maße in mm

| Ketten-Nr. | $B_1$ (h14) einfach | $B_1$ (h14) mehrfach | $B_2$ | $B_3$ | $e$ | $A$ min | $F^{1)}$ min | $r_4$ max |
|---|---|---|---|---|---|---|---|---|
| 03   | 2,3  | –    | –     | –     | –     | 9  | 3,0 |     |
| 04   | 2,6  | 2,5  | 8,0   | –     | 5,5   | 9  | 3,5 |     |
| 05 B | 2,8  | 2,7  | 8,3   | 14,0  | 5,65  | 10 | 5   | 0,4 |
| 06 B | 5,3  | 5,2  | 15,4  | 25,7  | 10,24 | 15 | 6   |     |
| 08 B | 7,2  | 7,0  | 21,0  | 34,8  | 13,92 | 20 | 8   |     |
| 10 B | 9,1  | 9,0  | 25,6  | 42,2  | 16,59 | 23 | 10  | 0,6 |
| 12 B | 11,1 | 10,8 | 30,3  | 49,7  | 19,46 | 27 | 11  |     |
| 16 B | 16,2 | 15,8 | 47,7  | 79,6  | 31,88 | 42 | 15  |     |
| 20 B | 18,5 | 18,2 | 54,6  | 91,1  | 36,45 | 50 | 18  | 0,8 |
| 24 B | 24,1 | 23,6 | 72,0  | 120,3 | 48,36 | 63 | 23  |     |
| 28 B | 29,4 | 28,8 | 88,4  | 147,9 | 59,56 | 76 | 25  |     |
| 32 B | 29,4 | 28,8 | 87,4  | 145,9 | 58,55 | 79 | 29  | 1   |
| 40 B | 36,2 | 35,4 | 107,7 | 180,0 | 72,19 | 97 | 36  |     |
| 48 B | 43,4 | 42,5 | 133,7 | 224,9 | 91,21 | 116| 43  |     |

[1] nach Herstellerangaben

**TB 17-3** Leistungsdiagramm nach DIN ISO 10823 für die Auswahl von Einfach-Rollenketten Typ B nach DIN 8187-1

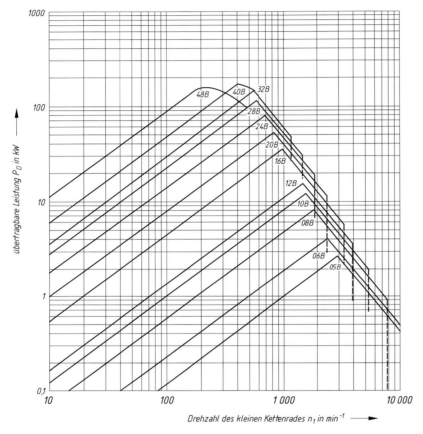

*Anmerkung 1:* Die Nennwerte für die Leistung von Zweifach- bzw. Dreifachketten können errechnet werden, indem der $P_D$-Wert für die Einfachketten mit dem Faktor 1,7 bzw. 2,5 multipliziert wird.
*Anmerkung 2:* Für das Leistungsschaubild gelten folgende Bedingungen: $z_1$ = 19 Zähne, $X$ = 120 Glieder, $i$ = 1 : 3 bis 3 : 1, $L_h$ = 15000 h, optimale Betriebsbedingungen.

**TB 17-4** Spezifischer Stützzug

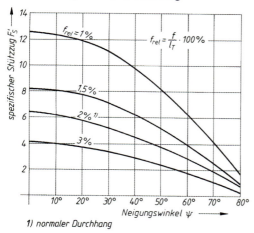

1) normaler Durchhang

**TB 17-5** Faktor $f_1$ zur Berücksichtigung der Zähnezahl des kleinen Rades nach DIN ISO 10823

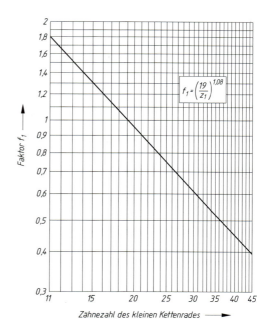

$$f_1 = \left(\frac{19}{z_1}\right)^{1{,}08}$$

**TB 17-6** Achsabstandsfaktor $f_2$

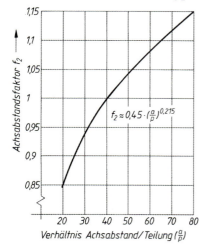

$f_2 \approx 0{,}45 \cdot \left(\frac{a}{p}\right)^{0{,}215}$

**TB 17-7** Umweltfaktor $f_6$ (nach Niemann)

| Umweltbedingungen | $f_6$ |
|---|---|
| Staubfrei und beste Schmierung | 1 |
| Staubfrei und ausreichende Schmierung | 0,9 |
| Nicht staubfrei und ausreichende Schmierung | 0,7 |
| Nicht staubfrei und Mangelschmierung | 0,5 für $v \leq 4$ m/s |
|  | 0,3 für $v = 4\ldots7$ m/s |
| Schmutzig und Mangelschmierung | 0,3 für $v \leq 4$ m/s |
|  | 0,15 für $v = 4\ldots7$ m/s |
| Schmutzig und Trockenlauf | 0,15 für $v \leq 4$ m/s |

**TB 17-8** Schmierbereiche nach DIN ISO 10823

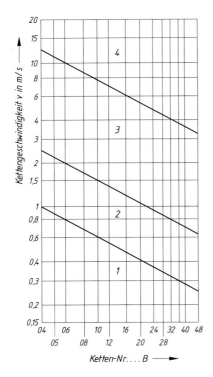

Bereiche:
1. Manuell in regelmäßigen Abständen erfolgende Ölzufuhr durch Sprühdose, Ölkanne oder Pinsel
2. Tropfschmierung
3. Ölbad oder Schleuderscheibe
4. Druckumlaufschmierung mit Filter und gegebenenfalls Ölkühler

# Elemente zur Führung von Fluiden (Rohrleitungen)

## TB 18-1  Rohrarten – Übersicht

| Rohrart Benennung | Technische Lieferbedingungen | Maßnorm | Werkstoffe Beispiele | Anwendung |
|---|---|---|---|---|
| nahtlose Stahlrohre für Druckbeanspruchung (für Gefahrenkategorie I bis III) | DIN EN 10216-1 | DIN EN 10220 | P195TR1 P265TR2 | unlegierte Stähle bei Raumtemperatur $d_a$ = 10,2 bis 711 mm |
| | DIN EN 10216-2 | DIN EN 10220 | 16Mo3 X11CrMo9–1+NT | warmfeste Stähle für höhere Temperaturen, $d_a$ = 10,2 bis 711 mm |
| | DIN EN 10216-3 | DIN EN 10220 | P275NL1 P690QH | legierte Feinkornbaustähle für höhere Beanspruchung, $d_a$ = 10,2 bis 711 mm |
| | DIN EN 10216-4 | DIN EN 10220 | P265NL X10Ni9 | kaltzähe Stähle für tiefe Temperaturen $d_a$ = 10,2 bis 711 mm |
| | DIN EN 10216-5 | DIN EN 10220 | X2CrNi18-9 | nichtrostende Stähle $d_a$ = 10,2 bis 711 mm |
| geschweißte Rohre für Druckbeanspruchung (für Gefahrenkategorie I bis III) | DIN EN 10217-1 | DIN EN 10220 | P195TR1 P265TR2 | unlegierte Stähle bei Raumtemperatur $d_a$ = 10,2 bis 2540 mm, Güte TR1 und TR2 |
| | DIN EN 10217-2 | DIN EN 10220 | P195GH 16Mo3 | warmfeste Stähle für höhere Temperaturen, $d_a$ = 10,2 bis 508 mm |
| | DIN EN 10217-3 | DIN EN 10220 | P275NL1 P460NL2 | legierte Feinkornstähle für höhere Beanspruchung; HWF: $d_a$ = 10,2 bis 508 mm SAW: $d_a$ = 406,4 bis 2540 mm |
| | DIN EN 10217-4 | DIN EN 10220 | P215NL P265NL | kaltzähe Stähle für tiefe Temperaturen, $d_a$ = 10,2 bis 508 mm |
| | DIN EN 10217-5 | DIN EN 10220 | P235GH P265GH 16Mo3 | unterpulvergeschweißte Rohre für höhere Temperaturen (mit Längs- bzw. Spiralnaht) $d_a$ = 406,4 bis 2540 mm |
| | DIN EN 10217-6 | DIN EN 10220 | P215NL P265NL | unterpulvergeschweißte Rohre für tiefe Temperaturen (mit Längs- bzw. Spiralnaht) $d_a$ = 406,4 bis 2540 mm |
| geschweißte Rohre für den Maschinenbau und allgemeine technische Anwendungen | DIN EN 10296-1 | DIN EN 10220 | E235 E335K E420M | unlegierte und legierte Stähle bei Raumtemperatur $d_a$ = 10,2 bis 2540 mm |

**TB 18-1** (Fortsetzung)

| Rohrart Benennung | Technische Lieferbedingungen | Maßnorm | Werkstoffe Beispiele | Anwendung |
|---|---|---|---|---|
| nahtlose Rohre für den Maschinenbau und allgemeine Anwendungen | DIN EN 10297-1 | DIN EN 10220 | E335K2 34CrMo4 16MnCr5 | legierte und unlegierte Stähle bei Raumtemperatur, $d_a$ = 26,9 bis 610 mm (teilweise zur Wärmebehandlung geeignet) |
| Rohre und Fittings für den Transport wässriger Flüssigkeiten und Trinkwasser, verfügbar mit Beschichtung und Auskleidung | DIN EN 10224 | DIN EN 10224 | L235 L275 L355 | nahtlose und geschweißte Rohre aus unlegierten Stählen $d_a$ = 26,9 bis 2743 mm |
| Stahlrohre und Rohrleitungen für brennbare Medien | DIN EN 10208-1 | DIN EN 10220 | L235GA L360GA | unlegierte nahtlose und geschweißte Stahlrohre in der Anforderungsklasse A $d_a$ = 33,7 bis 1626 mm |
| | DIN EN 10208-2 | DIN EN 10220 | L245NB L360QB L555MB | unlegierte und legierte nahtlose und geschweißte Stahlrohre in der Anforderungsklasse B $d_a$ = 33,7 bis 1626 mm |
| nahtlose kaltgezogene Präzisionsstahlrohre | DIN EN 10305-1 | DIN EN 10305-1 | E235 E410 42CrMo4 15S10 | Fahrzeugbau, Möbelindustrie, allgemeiner Maschinenbau, glatte Oberfläche ($Ra \leq 4$ µm), maßgenau, $d_a$ = 4 bis 260 mm |
| geschweißte kaltgezogene Präzisionsstahlrohre | DIN EN 10305-2 | DIN EN 10305-2 | E155 E355 | wie DIN EN 10305-1 $d_a$ = 4 bis 150 mm |
| geschweißte maßgewalzte Präzisionsstahlrohre | DIN EN 10305-3 | DIN EN 10305-3 | E155 E355 | wie DIN EN 10305-1 $d_a$ = 6 bis 193,7 mm |
| Präzisionsstahlrohre für Hydraulik und Pneumatik | DIN EN 10305-4 | DIN EN 10305-4 | E215 E235 E355 | nahtlose kaltgezogene Rohre $d_a$ = 4 bis 80 mm |
| | DIN EN 10305-6 | DIN EN 10305-6 | E155 E195 E235 | geschweißte kaltgezogene Rohre $d_a$ = 4 bis 80 mm |
| geschweißte Rohre aus nichtrostenden Stählen für allgemeine Anforderungen | DIN 17455 | DIN EN ISO 1127 | X6Cr17 X5CrNi8-10 X2CrNiMo17-12-2 | Lebensmittel-, Pharma-, Automobilindustrie, Hausinstallation, Berechnungsspannung 80% ($v$ = 0,8) $d_a$ = 6 bis 1016 mm |
| geschweißte Rohre aus nichtrostendem Stahl | DIN EN 10312 | DIN EN ISO 1127 | X5CrNi18-10 | Transport von Wasser und anderen wässrigen Flüssigkeiten |
| nahtlose Stahlrohre für schwellende Beanspruchung | DIN 2445-1 DIN EN 10216-1 | DIN EN 10220 | P195TR2 P235TR2 | hydraulische Hochdruckanlagen bis 500 bar warmgefertigte Rohre $d_a$ = 21,3 bis 355,6 mm |
| | DIN 2445-2 DIN EN 10305-4 | DIN EN 10305-4 | E235 E355 | hydraulische Hochdruckanlagen bis 500 bar Präzisionsstahlrohre $d_a$ = 4 bis 50 mm |

Elemente zur Führung von Fluiden (Rohrleitungen)

**TB 18-1** (Fortsetzung)

| Rohrart Benennung | Technische Lieferbedingungen | Maßnorm | Werkstoffe Beispiele | Anwendung |
|---|---|---|---|---|
| Stahlrohre für Wasserleitungen | DIN EN 10216-1 DIN EN 10217-1 | DIN 2460 | P195TR1 P235TR1 | Trinkwasserleitungen, meist mit Umhüllung und Auskleidung, bis 120 °C; DN 80 bis DN 2000 (geschweißt); DN 80 bis DN 500 (nahtlos) PN 16 bis PN 125 |
| Gasleitungen aus Stahlrohren | DIN EN 10216-1 DIN EN 10217-1 | DIN 2470-1 | P195TR1 P235TR1 | Öffentliche Gasversorgung DN 25 bis > DN 600 $\leq$ 16 bar, $\leq$ 120 °C |
| Rohre aus unlegiertem Stahl mit Eignung zum Schweißen und Gewindeschneiden | DIN EN 10255 | DIN EN 10255 | S195T | Transport von flüssigen und gasförmigen Medien. Nicht für Trinkwasser. $d_a$ = 10,2 bis 165,1 mm (R1/8 bis R6) |
| Gewinderohre mit Gütevorschrift | DIN EN 10216-1 DIN EN 10217-1 | DIN 2442 | P195TR1 P235TR1 | Flüssigkeiten, Luft und ungefährliche Gase Ausführung: nahtlos und geschweißt $d_a$ = 10,2 bis 165,1 mm PN 1 bis PN 100 |
| Rohre und Formstücke aus duktilem Gusseisen | DIN EN 545 | DIN EN 545 | $R_m \geq 420$ N/mm² | Wasserleitungen, oberirdisch oder erdverlegt, DN 40 bis DN 2000 Muffenrohre bis 64 bar Flanschrohre PN 10 bis PN 40 |
| | DIN EN 969 | DIN EN 969 | | Transport von Luft oder brennbaren Gasen bis zu einem Druck von 16 bar oberirdisch oder erdverlegt DN 40 bis DN 600 |
| nahtlose Rohre aus Kupfer und Kupferlegierungen | DIN EN 12449 | DIN EN 12449 | Cu-DHP, CuFe2P, CuSn6, CuZn37, CuZn38Mn1Al | allgemeine Verwendung $d_a$ = 3 bis 450 mm, $t$ = 0,3 bis 20 mm |
| nahtlose Rohre aus Kupfer | DIN EN 1057 | DIN EN 1057 | CW024A (Cu-DHP) | Kalt- und Warmwasseranlagen, Heizungssysteme, gasförmige und flüssige Hausbrennstoffe, Abwasser $d_a$ = 6 bis 267 mm |
| nahtlose Rohre aus Aluminium, gezogen | DIN EN 754-7 | DIN EN 754-7 | | Rohrleitungen, auch bei tiefen Temperaturen $d_a$ = 3 bis 350 mm |
| nahtlose Rohre aus Aluminium, stranggepresst | DIN EN 755-7 | DIN EN 755-7 | ENAW-1080A-H112 | Rohrleitungen, auch bei tiefen Temperaturen $d_a$ = 8 bis 450 mm −270 °C bis 100 °C |
| Rohre aus Polypropylen | DIN 8078 | DIN 8077 | PP-H100 PP-B80 PP-R80 | Rohrleitungen für Säuren, Laugen, schwache Lösungsmittel, Gas, Wasser, Getränke $d_a$ = 100 bis 1000 mm, PN 2,5 bis PN 20 −10 °C bis 80 °C |

**TB 18-2** Anschlussmaße für runde Flansche PN 6, PN 40 und PN 63 nach DIN EN 1092-2[1] (Auszug DN 20 bis DN 600)

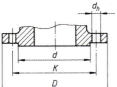

Maße in mm

| Nennweite | PN 6[2] | | | | Schrauben | | PN 40[3] | | | | Schrauben | | PN 63 | | | | Schrauben | |
|---|---|---|---|---|---|---|---|---|---|---|---|---|---|---|---|---|---|---|
| | Außendurchmesser | Dichtleiste | Lochkreisdurchmesser | Lochdurchmesser | Anzahl | Nenngröße | Außendurchmesser | Dichtleiste | Lochkreisdurchmesser | Lochdurchmesser | Anzahl | Nenngröße | Außendurchmesser | Dichtleiste | Lochkreisdurchmesser | Lochdurchmesser | Anzahl | Nenngröße |
| DN | D | d | K | $d_h$ | | | D | d | K | $d_h$ | | | D | d | K | $d_h$ | | |
| 20 | 90 | 48 | 65 | 11 | 4 | M10 | 105 | 56 | 75 | 14 | 4 | M12 | – | – | – | – | – | – |
| 25 | 100 | 58 | 75 | 11 | 4 | M10 | 115 | 65 | 85 | 14 | 4 | M12 | – | – | – | – | – | – |
| 32 | 120 | 69 | 90 | 14 | 4 | M12 | 140 | 76 | 100 | 19 | 4 | M16 | – | – | – | – | – | – |
| 40 | 130 | 78 | 100 | 14 | 4 | M12 | 150 | 84 | 110 | 19 | 4 | M16 | 170 | 84 | 125 | 23 | 4 | M20 |
| 50 | 140 | 88 | 110 | 14 | 4 | M12 | 165 | 99 | 125 | 19 | 4 | M16 | 180 | 99 | 135 | 23 | 4 | M20 |
| 60 | 150 | 98 | 120 | 14 | 4 | M12 | 175 | 108 | 135 | 19 | 8 | M16 | 190 | 108 | 145 | 23 | 8 | M20 |
| 65 | 160 | 108 | 130 | 14 | 4 | M12 | 185 | 118 | 145 | 19 | 8 | M16 | 205 | 118 | 160 | 23 | 8 | M20 |
| 80 | 190 | 124 | 150 | 19 | 4 | M16 | 200 | 132 | 160 | 19 | 8 | M16 | 215 | 132 | 170 | 23 | 8 | M20 |
| 100 | 210 | 144 | 170 | 19 | 4 | M16 | 235 | 156 | 190 | 23 | 8 | M20 | 250 | 156 | 200 | 28 | 8 | M24 |
| 125 | 240 | 174 | 200 | 19 | 8 | M16 | 270 | 184 | 220 | 28 | 8 | M24 | 295 | 184 | 240 | 31 | 8 | M27 |
| 150 | 265 | 199 | 225 | 19 | 8 | M16 | 300 | 211 | 250 | 28 | 8 | M24 | 345 | 211 | 280 | 34 | 8 | M30 |
| 200 | 320 | 254 | 280 | 19 | 8 | M16 | 375 | 284 | 320 | 31 | 12 | M27 | 415 | 284 | 345 | 37 | 12 | M33 |
| 250 | 375 | 309 | 335 | 19 | 12 | M16 | 450 | 345 | 385 | 34 | 12 | M30 | 470 | 345 | 400 | 37 | 12 | M33 |
| 300 | 440 | 363 | 395 | 23 | 12 | M20 | 515 | 409 | 450 | 34 | 16 | M30 | 530 | 409 | 460 | 37 | 16 | M33 |
| 350 | 490 | 413 | 445 | 23 | 12 | M20 | 580 | 465 | 510 | 37 | 16 | M33 | 600 | 465 | 525 | 41 | 16 | M36 |
| 400 | 540 | 463 | 495 | 23 | 16 | M20 | 660 | 535 | 585 | 41 | 16 | M36 | 670 | 535 | 585 | 44 | 16 | M39 |
| 450 | 595 | 518 | 550 | 23 | 16 | M20 | 685 | 560 | 610 | 41 | 20 | M36 | – | – | – | – | – | – |
| 500 | 645 | 568 | 600 | 23 | 20 | M20 | 755 | 615 | 670 | 44 | 20 | M39 | – | – | – | – | – | – |
| 600 | 755 | 676 | 705 | 28 | 20 | M24 | 890 | 735 | 795 | 50 | 20 | M45 | – | – | – | – | – | – |

[1] Teil 1: Stahlflansche, Teil 2: Gusseisenflansche, Teil 3: Flansche für Kupferlegierungen, Teile 4 bis 6: Flansche aus Al-Legierungen, anderen metallischen und nichtmetallischen Werkstoffen.
Die Anschlussmaße der Flansche nach dieser Norm sind mit Flanschen aus anderen Werkstoffen kompatibel.
[2] Die Anschlussmaße gelten bis DN 100 auch für PN 2,5.
[3] Die Anschlussmaße gelten bis DN 100 auch für PN 25.

**TB 18-3** Auswahl von PN nach DIN EN 1333 (bisher „Nenndrucksstufen")

| PN 2,5 | PN 6 | PN 10 | PN 16 |
|---|---|---|---|
| PN 25 | PN 40 | PN 63 | PN 100 |

**PN:** Alphanumerische Kenngröße für Referenzzwecke, bezogen auf eine Kombination von mechanischen und maßlichen Eigenschaften eines Bauteils eines Rohrleitungssystems.
Der zulässige Druck eines Rohrleitungsteiles hängt von der PN-Stufe (ausgedrückt in bar), dem Werkstoff und der Auslegung des Bauteiles, der zulässigen Temperatur usw. ab und ist in den Tabellen der Druck/Temperatur-Zuordnungen in den entsprechenden Normen angegeben.

Elemente zur Führung von Fluiden (Rohrleitungen)   277

**TB 18-4**  Bevorzugte DN-Stufen (Nennweiten) nach DIN EN ISO 6708

| DN 10 | DN 15 | DN 20 | DN 25 | DN 32 | DN 40 | DN 50 | DN 60 | DN 65 | DN 80 | DN 100 |
|---|---|---|---|---|---|---|---|---|---|---|
| DN 125 | DN 150 | DN 200 | DN 250 | DN 300 | DN 350 | DN 400 | DN 450 | DN 500 | DN 600 | DN 700 |
| DN 800 | DN 900 | DN 1000 | DN 1100 | DN 1200 | DN 1400 | DN 1500 | DN 1600 | DN 1800 | DN 2000 | DN 2200 |
| DN 2400 | DN 2600 | DN 2800 | DN 3000 | DN 3200 | DN 3400 | DN 3600 | DN 3800 | DN 4000 | | |

**DN:** Die Bezeichnung umfasst die Buchstaben DN, gefolgt von einer dimensionslosen ganzen Zahl, die indirekt mit der physikalischen Größe der Bohrung oder Außendurchmesser der Anschlüsse, ausgedrückt in mm, in Beziehung steht.

**TB 18-5**  Wirtschaftliche Strömungsgeschwindigkeiten in Rohrleitungen für verschiedene Medien (Richtwerte) bezogen auf den Zustand in der Leitung

| Leitungssystem<br>Fluid | Strömungs-<br>geschwindigkeit<br>$v$ in m/s |
|---|---|
| **Wasserleitungen** | |
|    Allgemein | 1 … 3 |
|    Hauptleitungen | 1 … 2 |
|    Nebenleitungen | 0,5 … 0,7 |
|    Fernleitungen | 1,5 … 3 |
|    Saugleitungen von Pumpen | 0,5 … 1 |
|    Druckleitungen von Pumpen | 1,5 … 3 |
|    Presswasserdruckleitungen | 15 … 20 |
|    Wasserturbinen | 2 … 6 |
| **Luftleistungen** | |
|    Pressluftleitungen | 2 … 10 |
|    Luft (bezogen auf Normzustand) | 10 … 40 |
| **Gasleitungen** | |
|    Hochdrucknetze | 5 … 15 |
|    Niederdrucknetz, Hauptleitungen | 3 … 10 |
|    Hausleitungen | 0,5 … 1 |
| **Dampfleitungen** | |
|    Sattdampf | 15 … 25 |
|    Heißdampf | 30 … 60 |
| **Ölleitungen** | |
|    viskose Flüssigkeiten allgemein | 1 … 2 |
|    Schmierölleitungen in Kraftmaschinen | 0,5 … 1 |
|    Brennstoffleitungen in Kraftmaschinen | 20 |
| **Ölhydraulik** | |
|    Saugleitungen ($v$ groß … klein) | 0,6 … 1,3 |
|    Druckleitungen ($p$ klein … groß) | 3 … 6 |
|    Rückleitungen | 2 … 4 |

**TB 18-6** Mittlere Rauigkeitshöhe $k$ von Rohren (Anhaltswerte)

| Rohrart | Zustand der Rohrinnenwand | $k$ in mm |
|---|---|---|
| neue gezogene und gepresste Rohre aus Kupfer, Cu-Legierungen, Al-Legierungen, Glas, Kunststoff | technisch glatt (auch Rohre mit Metallüberzug) | 0,001 … 0,002 |
| nahtlose Stahlrohre | neu, mit Walzhaut<br>gebeizt<br>gleichmäßige Rostnarben<br>mäßig verrostet und leicht verkrustet<br>starke Verkrustung | 0,02 … 0,06<br>0,03 … 0,04<br>0,15<br>0,15 … 0,4<br>2 … 4 |
| neue Stahlrohre mit Überzug | Metallspritzüberzug<br>verzinkt, handelsüblich<br>bitumiert<br>zementiert | 0,08 … 0,09<br>0,10 … 0,16<br>0,01 … 0,05<br>ca. 0,18 |
| neue geschweißte Stahlrohre | mit Walzhaut | 0,04 … 0,10 |
| gusseiserne Rohre | neu, typische Gusshaut<br>neu, bituminiert<br>gebraucht, angerostet<br>verkrustet | 0,2 … 0,6<br>0,1<br>1 … 1,5<br>1,5 … 4 |
| Stahlrohre nach mehrjährigem Betrieb | Mittelwert für Erdgasleitungen<br>Mittelwert für Ferngasleitungen<br>Mittelwert für Wasserleitungen | 0,2 … 0,4<br>0,5 … 1<br>0,4 … 1,2 |
| Betonrohre, Holzrohre | neu | 0,2 … 1 |
| Rohre aus Asbestzement | neu, glatt | 0,03 … 0,1 |

**TB 18-7**  Widerstandszahl $\zeta$ von Rohrleitungselementen (Richtwerte)

| Element | | Parameter | $\zeta$ |
|---|---|---|---|
| Kreiskrümmer 90° [1] (Rohrbogen), glatt (rau) | | $R/d = 1$ | 0,21 (0,51) |
| | | $R/d = 2$ | 0,14 (0,30) |
| | | $R/d = 4$ | 0,11 (0,23) |
| | | $R/d = 10$ | 0,11 (0,20) |
| Kniestücke, glatt (rau), Abknickwinkel | | 22,5° | 0,07 (0,11) |
| | | 30° | 0,11 (0,17) |
| | | 60° | 0,47 (0,68) |
| | | 90° | 1,13 (1,27) |
| Gusskrümmer 90° | | DN 50 | 1,3 |
| | | DN 200 | 1,8 |
| | | DN 500 | 2,2 |
| Abzweigstücke (T-Stücke), rechtwinklig (strömungsgerecht) | | Strom-Trennung | 1,3 (0,9) |
| | | Strom-Vereinigung | 0,9 (0,4) |
| Rohrerweiterung | | plötzlich von $A_1$ nach $A_2$ | $\zeta_1 = (1-A_1/A_2)^2$ |
| | | stetig, Erweiterungswinkel $\beta$  10° | 0,20 |
| | | 20° | 0,45 |
| | | 30° | 0,60 |
| Ausströmung | | | 1,0 |
| Rohrverengung | | stetig | ca. 0,05 |
| | | plötzlich, scharfkantig | 0,5 |
| | | Kante gebrochen | 0,25 |
| Rohreinläufe | | kantig, scharfkantig (gebrochen) | 0,5 (0,25) |
| | | vorstehendes Rohrstück, scharfkantig | 3 |
| | | Saugkorb mit Fußventil | ca. 2,5 |
| Durchgangsventil | | DIN | 4 … 5 |
| | | Freifluss | 0,6 … 2 |
| Eckventil | | DIN | 2 … 4 |
| | | Bauart Boa | 1,3 … 2 |
| Schieber ohne Leitrohr | | | 0,2 … 0,3 |
| Rückschlagklappen | | DN 50 | 1,4 |
| | | DN 200 | 0,8 |
| Hähne mit vollem Durchgang | | | 0,1 … 0,15 |

[1] $\delta \neq 90°$: $\zeta = k \cdot \zeta_{90°}$, wobei

| $\delta$ | 30° | 60° | 120° | 180° |
|---|---|---|---|---|
| $k$ | 0,4 | 0,7 | 1,25 | 1,7 |

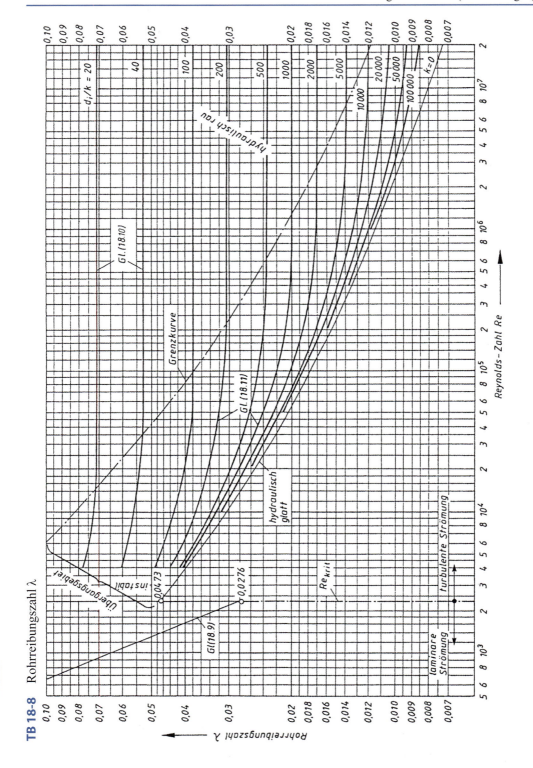

**TB 18-8** Rohrreibungszahl $\lambda$

**TB 18-9** Dichte und Viskosität verschiedener Flüssigkeiten und Gase

a) Flüssigkeiten (bei ca. 1 bar)

| Medium | Temperatur $t$ in °C | Dichte $\rho$ in kg/m³ | kinematische Viskosität $\nu$ in m²/s |
|---|---|---|---|
| Wasser | 0 | 999,8 | $1{,}792 \cdot 10^{-6}$ |
| | 10 | 999,7 | $1{,}307 \cdot 10^{-6}$ |
| | 20 | 998,2 | $1{,}004 \cdot 10^{-6}$ |
| | 40 | 992,2 | $0{,}658 \cdot 10^{-6}$ |
| | 60 | 983,2 | $0{,}475 \cdot 10^{-6}$ |
| | 100 | 958,4 | $0{,}295 \cdot 10^{-6}$ |
| Erdöl roh (Persien) | 10 | 895 | $700 \cdot 10^{-6}$ |
| | 30 | 880 | $25 \cdot 10^{-6}$ |
| | 50 | 868 | $12 \cdot 10^{-6}$ |
| Spindelöl | 20 | 871 | $15 \cdot 10^{-6}$ |
| | 60 | 845 | $4{,}95 \cdot 10^{-6}$ |
| | 100 | 820 | $2{,}44 \cdot 10^{-6}$ |
| Dieselkraftstoff | 20 | 850 | $4{,}14 \cdot 10^{-6}$ |
| Heizöl | 20 | 930 | $51{,}8 \cdot 10^{-6}$ |
| Benzin | 15 | 720 | $0{,}78 \cdot 10^{-6}$ |
| MgCl₂-Sole (20%) | −20 | 1184 | $10{,}94 \cdot 10^{-6}$ |
| | 0 | 1184 | $4{,}64 \cdot 10^{-6}$ |
| | 20 | 1184 | $2{,}41 \cdot 10^{-6}$ |
| Frigen 11 | 0 | 1536 | $0{,}357 \cdot 10^{-6}$ |
| Spiritus (90%) | 15 | 823 | $2{,}19 \cdot 10^{-6}$ |
| Glyzerin | 20 | 1255 | $680 \cdot 10^{-6}$ |
| Bier | 15 | 1030 | $1{,}15 \cdot 10^{-6}$ |
| Milch | 15 | 1030 | $2{,}9 \cdot 10^{-6}$ |
| Wein | 15 | 1000 | $1{,}15 \cdot 10^{-6}$ |

b) Gase (Normzustand)[1]

| Medium | Dichte $\rho_n$[2] in kg/m³ | dynamische Viskosität $\eta_n$[3] in Pa s | Konstante $C$ | Gaskonstante $R$ in J/(kg K) |
|---|---|---|---|---|
| Luft | 1,293 | $17{,}16 \cdot 10^{-6}$ | 110,4 | 287,06 |
| Sauerstoff (O₂) | 1,429 | $19{,}19 \cdot 10^{-6}$ | 138 | 259,8 |
| Stickstoff (N₂) | 1,251 | $16{,}62 \cdot 10^{-6}$ | 103 | 296,8 |
| Kohlenmonoxid (CO) | 1,250 | $16{,}57 \cdot 10^{-6}$ | 101 | 296,8 |
| Kohlendioxid (CO₂) | 1,977 | $13{,}70 \cdot 10^{-6}$ | 274 | 188,9 |
| Wasserstoff (H₂) | 0,0899 | $8{,}41 \cdot 10^{-6}$ | 83 | 4124 |
| Methan (CH₄) | 0,717 | $10{,}01 \cdot 10^{-6}$ | 198 | 518,3 |
| Propan (C₃H₈) | 2,019 | $7{,}50 \cdot 10^{-6}$ | | 188,6 |
| Stadtgas | 0,585 | $12{,}70 \cdot 10^{-6}$ | 120 | |
| Erdgas | 0,78 | $10{,}40 \cdot 10^{-6}$ | 165 | |

[1] Durch Normtemperatur $T_n = 273{,}15$ K bzw. $t_a = 0\,°C$ und Normdruck $p_a = 101325$ Pa $= 1{,}013$ bar festgelegter Zustand eines Stoffes.

[2] Bei der Betriebstemperatur $T$ und dem Betriebsdruck $p$ gilt $\rho = \rho_n \dfrac{p}{p_n} \dfrac{T_n}{T} = \dfrac{p}{RT}$.

[3] Für die dynamische Viskosität bei der Betriebstemperatur gilt näherungsweise $\eta = \eta_n \sqrt{\dfrac{T}{T_n}} \dfrac{1 + C/T_a}{1 + C/T}$.

Statt $T_n$ und $\eta_n$ können auch andere zusammengehörende Werte von $T$ und $\eta$ eingesetzt werden. Es bedeuten: $C$ Konstante; $p$ Druck im Betriebszustand (Absolutdruck); $p_n$ Normdruck (101325 Pa = 1,013 bar); $R$ individuelle Gaskonstante; $T$ absolute Temperatur im Betriebszustand; $T_n$ Normtemperatur (273,15 K); $\eta_n$ dynamische Viskosität im Normzustand; $\rho$ Dichte im Betriebszustand; $\rho_n$ Dichte im Normzustand.

**TB 18-10** Festigkeitskennwerte[1] zur Wanddickenberechnung von Stahlrohren (Auswahl)

| Stahlsorte (Werkstoffnummer) | $R_m$ N/mm² min | Spannungsart | Dehngrenze $R_{eH}$ bzw. $R_{p0,2}$ und Zeitstandfestigkeit[2] $R_{m/t/\vartheta}$ in N/mm² | | | | | | | | | | | | |
|---|---|---|---|---|---|---|---|---|---|---|---|---|---|---|---|
| | | | 20 °C | 100 °C | 150 °C | 200 °C | 250 °C | 300 °C | 350 °C | 400 °C | 450 °C | 500 °C | 550 °C | 600 °C | 650 °C | 700 °C | 750 °C | 800 °C |
| **Nahtlose und geschweißte Rohre aus unlegierten und legierten Stählen bei Raumtemperatur (DIN EN 10216-1 und DIN EN 10217-1)** | | | | | | | | | | | | | | | | | | | |
| P195 (1.0107 und 1.0108) | 320 | $R_{eH}, R_{p0,2/9}$ | 195 | | | | | | | | | | | | | | | |
| P235 (1.0254 und 1.0255) | 360 | $R_{eH}, R_{p0,2/9}$ | 235 | | | | | | | | | | | | | | | |
| P265 (1.0258 und 1.0259) | 410 | $R_{eH}, R_{p0,2/9}$ | 265 | | | | | | | | | | | | | | | |
| **Nahtlose Rohre aus warmfesten Stählen (DIN EN 10216-2)** | | | | | | | | | | | | | | | | | | | |
| P235GH (1.0345) | 360 | $R_{eH}, R_{p0,2/9}$ | 235 | 198 | 187 | 170 | 150 | 132 | 120 | 112 | 108 | | | | | | | |
| | | $R_{m/2} \cdot 10^5/9$ | | | | | | | | | 128 | 66 | 24 | | | | | | |
| 16Mo3 (1.5415) | 450 | $R_{eH}, R_{p0,2/9}$ | 280 | 243 | 237 | 224 | 205 | 173 | 159 | 156 | 150 | 164 | | | | | | | |
| | | $R_{m/2} \cdot 10^5/9$ | | | | | | | | | 218 | 84 | 25 | | | | | | |
| 10CrMo9-10 (1.7380) | 480 | $R_{eH}, R_{p0,2/9}$ | 280 | 249 | 241 | 234 | 224 | 219 | 212 | 207 | 193 | 180 | | | | | | | |
| | | $R_{m/2} \cdot 10^5/9$ | | | | | | | | | 204 | 124 | 57 | 28 | | | | | |
| **Geschweißte Rohre aus warmfesten Stählen (DIN EN 10217-2)** | | | | | | | | | | | | | | | | | | | |
| P195GH (1.0348) | 320 | $R_{eH}, R_{p0,2/9}$ | 195 | 175 | 165 | 150 | 130 | 113 | 102 | 94 | | | | | | | | | |
| P235GH (1.0345) | 360 | $R_{eH}, R_{p0,2/9}$ | 235 | 198 | 187 | 170 | 150 | 132 | 120 | 112 | | | | | | | | | |
| P265GH (1.0425) | 410 | $R_{eH}, R_{p0,2/9}$ | 265 | 226 | 213 | 192 | 171 | 154 | 141 | 134 | | | | | | | | | |
| 16Mo3 (1.5415) | 450 | $R_{eH}, R_{p0,2/9}$ | 280 | 243 | 237 | 224 | 205 | 173 | 159 | 156 | | | | | | | | | |
| **Nahtlose Rohre aus nichtrostenden austenitischen Stählen (DIN EN 10216-5)[3]** | | | | | | | | | | | | | | | | | | | |
| X5CrNi18-10 (1.4301) | 500 | $R_{p0,2/9}$ | 195 | 155 | 140 | 127 | 118 | 110 | 104 | 98 | 95 | 92 | 90 | | | | | | |
| X6CrNiTi18-10 (1.4541) | 460 | $R_{p0,2/9}$ | 180 | 147 | 132 | 118 | 108 | 100 | 94 | 89 | 85 | 81 | 80 | 74 | 45 | 23 | 11 | 5 |
| | | $R_{m/10^5/9}$ | | | | | | | | | | | | 65 | 39 | 22 | 13 | 8 |
| X5CrNiMo17-12-2 (1.4401) | 510 | $R_{p0,2/9}$ | 205 | 175 | 158 | 145 | 135 | 127 | 120 | 115 | 112 | 110 | 108 | | | | | | |
| | | $R_{m/10^5/9}$ | | | | | | | | | | | | 118 | 69 | 34 | 20 | 10 |

[1] $R_e$ für Wanddicke $\leq$ 16 mm.
[2] Die für 20°C angegebenen Festigkeitskennwerte gelten bis 50°C, die für 100°C angegebenen Werte bis 120°C. Sonst ist zwischen den angegebenen Werten linear zu interpolieren, z. B. für 80°C zwischen 20 und 100°C und für 170°C zwischen 150 und 200°C. Aufrundung ist dabei nicht zulässig.
[3] Lösungsgeglüht.

Elemente zur Führung von Fluiden (Rohrleitungen)

**TB 18-11** Rohrleitungen und Rohrverschraubungen für hydraulische Anlagen
Auslegung für schwellend beanspruchte Hochdruckanlagen als nahtlose Präzisionsstahlrohre nach DIN 2445-2, Lastfall A für Schwingbreite 120 bar. Rohraußendurchmesser und Wanddicken nach DIN EN 10305-1. Werkstoff: E235+N

| Volumen-strom $\dot{V}$ l/min | Rohrabmessungen in mm | | | | | | | Einschraubgewinde nach DIN 3852 | |
|---|---|---|---|---|---|---|---|---|---|
| | Außen-durch-messer | Wanddicke bei zulässigem Druck der Anlage bar | | | | | | metrisches Feingewinde | Whitworth-Rohrgewinde |
| | | 100 | 160 | 250 | 315 | 400 | 500 | | |
| 2,5 | 8 | 1,0 | 1,0 | 1,5 | 1,5 | 1,5 | 2,0 | M14 × 1,5 | G 1/4 A |
| 6,3 | 10 | 1,0 | 1,0 | 1,5 | 1,5 | 2,0 | 2,5 | M16 × 1,5 | G 1/4 A |
| 16 | 12 | 1,0 | 1,5 | 2,0 | 2,0 | 2,5 | 2,5 | M18 × 1,5 | G 3/8 A |
| 40 | 16 | 1,5 | 1,5 | 2,0 | 2,5 | 3,0 | 3,5 | M22 × 1,5 | G 1/2 A |
| 63 | 20 | 1,5 | 2,0 | 2,5 | 3,0 | 3,5 | 4,0 | M27 × 2 | G 3/4 A |
| 100 | 25 | 2,0 | 2,5 | 3,0 | 3,5 | 4,5 | 6,0 | M33 × 2 | G 1 A |
| 160 | 30 | 2,0 | 3,0 | 4,0 | 5,0 | 5,0 | 6,0 | M42 × 2 | G 1 1/4 A |
| 250 | 38 | 3,0 | 4,0 | 5,0 | 5,5 | 7,0 | 8,0 | M48 × 2 | G 1 1/2 A |

Bestellbeispiel: 90 m Rohre – 25 × ID20 – EN 10305-1 – E235+N – Genaulänge 1800 mm – Option 19
(90 m nahtlose Präzisionsstahlrohre mit einem Außendurchmesser von 25 mm, einem Innendurchmesser von 20 mm nach EN 10305-1, gefertigt aus der Stahlsorte E235 (1.0308) im normalgeglühten Zustand (+N), geliefert in Genaulängen 1800 + 3 mm mit einem Abnahmeprüfzeugnis 3.1B (Option 19)).

**TB 18-12** Zulässige Stützweiten für Stahlrohre nach AD2000-Merkblatt HP100R (Auszug)
Rohr als Träger auf 2 Stützen mit Streckenlast[1]. Grenzdurchbiegung für DN ≤ 50: $f$ = 3 mm und für DN > 50: $f$ = 5 mm

| Nennweite DN | Außendurchmesser $D$ ($d_a$) mm | Wanddicke $T(t)$ mm | Stützweiten[1] $L$ in m | | |
|---|---|---|---|---|---|
| | | | leeres Rohr | wassergefülltes Rohr | wassergefülltes Rohr mit Dämmung |
| 25 | 33,7 | 2 | 2,9 | 2,7 | 1,8 |
| | | 4 | 2,9 | 2,8 | 2,0 |
| 40 | 48,3 | 2 | 3,5 | 3,1 | 2,3 |
| | | 4 | 3,5 | 3,3 | 2,5 |
| 50 | 60,3 | 2 | 4,5 | 3,9 | 2,9 |
| | | 4,5 | 4,4 | 4,1 | 3,3 |
| 80 | 88,9 | 2,3 | 5,5 | 4,6 | 3,7 |
| | | 5,6 | 5,4 | 5,0 | 4,3 |
| 100 | 114,3 | 2,6 | 6,3 | 5,1 | 4,4 |
| | | 6,3 | 6,2 | 5,6 | 5,0 |
| 150 | 168,3 | 2,6 | 7,6 | 5,8 | 5,2 |
| | | 7,1 | 7,5 | 6,6 | 6,1 |
| 200 | 219,1 | 2,9 | 8,7 | 6,5 | 5,9 |
| | | 7,1 | 8,7 | 7,4 | 6,9 |
| 300 | 323,9 | 2,9 | 10,6 | 7,3 | 6,9 |
| | | 8,0 | 10,6 | 8,7 | 8,3 |

[1] Für die mittleren Felder einer durchlaufenden Rohrleitung (Durchlaufträger) beträgt die Stützweite $L' = 1{,}5\,L$ ($L$ = Tabellenwert).

**TB 18-13** Zeitstandfestigkeit von Rohren aus Polypropylen (PP, Typ1) nach DIN 8078

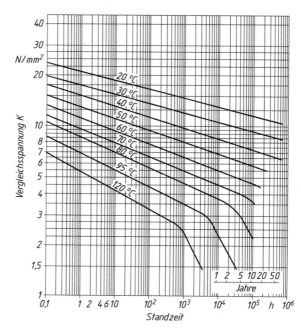

# Dichtungen

**TB 19-1** Dichtungskennwerte für vorgeformte Feststoffdichtungen
a) Dichtungskennwerte nach AD 2000 – Merkblatt B7

| Dichtungs-art | Dichtungsform | Werkstoff | Dichtungskennwerte ||||||
|---|---|---|---|---|---|---|---|---|
| | | | für Flüssigkeiten ||| für Gase und Dämpfe |||
| | | | Vorverformung || Betriebs-zustand | Vorverformung || Betriebs-zustand |
| | | | $k_0$ mm | $k_0 \cdot K_D$ N/mm | $k_1$ mm | $k_0$ mm | $k_0 \cdot K_D$ N/mm | $k_1$ mm |
| Weich-stoffdich-tungen | Flachdichtung | Dichtungspappe getränkt | – | $20\,b_D$ | $b_D$ | – | – | – |
| | | Gummi | – | $b_D$ | $20{,}5\,b_D$ | – | $2\,b_D$ | $0{,}5\,b_D$ |
| | | PTFE | – | $20\,b_D$ | $1{,}1\,b_D$ | – | $25\,b_D$ | $1{,}1\,b_D$ |
| | | Graphit[1] | – | –[7] | –[7] | – | $25\,b_D$ | $1{,}7\,b_D$ |
| | | Graphit[2] | – | –[7] | –[7] | – | $20\,b_D$ | $1{,}3\,b_D$ |
| | | Faserstoff[3] | – | –[7] | –[7] | – | $40\,b_D$ | $2\,b_D$ |
| | | Faserstoff[4] | – | –[7] | –[7] | – | $35\,b_D$ | $2\,b_D$ |
| Metall-weichstoff-dichtungen | Welldichtung | Al | – | $8\,b_D$ | $0{,}6\,b_D$ | – | $30\,b_D$ | $0{,}6\,b_D$ |
| | | Cu, CuZn 40 | – | $9\,b_D$ | $0{,}6\,b_D$ | – | $35\,b_D$ | $0{,}7\,b_D$ |
| | | weicher Stahl | – | $10\,b_D$ | $0{,}6\,b_D$ | – | $45\,b_D$ | $b_D$ |
| | Blechummantelte Dichtung | Al | – | $10\,b_D$ | $b_D$ | – | $50\,b_D$ | $1{,}4\,b_D$ |
| | | Cu, CuZn 40 | – | $20\,b_D$ | $b_D$ | – | $60\,b_D$ | $1{,}6\,b_D$ |
| | | weicher Stahl | – | $40\,b_D$ | $b_D$ | – | $70\,b_D$ | $1{,}8\,b_D$ |
| Metall-dichtungen | Flachdichtung | | – | $0{,}8\,b_D$ | – | $b_D + 5$ | $b_D$ | – | $b_D + 5$ |
| | Spießkantdichtung | | – | $0{,}8$ | – | $5$ | $1$ | – | $5$ |
| | Ovalprofildichtung | | – | $1{,}6$ | – | $6$ | $2$ | – | $6$ |
| | Runddichtung | | – | $1{,}2$ | – | $6$ | $1{,}5$ | – | $6$ |
| | Ring-Joint-Dichtung | | – | $1{,}6$ | – | $6$ | $2$ | – | $6$ |
| | Linsendichtung | | – | $1{,}6$ | – | $6$ | $2$ | – | $6$ |
| | Kammprofildichtung $X$ = Anzahl d. Kämme | | – | $0{,}4\sqrt{X}$ | – | $9 + 0{,}2\,X$ | $0{,}5\sqrt{X}$ | – | $9 + 0{,}2\,X$ |
| Kamm-profilierte Stahldich-tungen[5] | | PTFE-Auflagen auf Weichstahl | – | –[7] | –[7] | – | $15\,b_D$ | $1{,}1\,b_D$ |
| | | Graphit-Auflagen auf Weichstahl | – | –[7] | –[7] | – | $20\,b_D$ | $1{,}1\,b_D$ |
| Spiraldich-tungen mit weichem Füllstoff[6] | | PTFE-Füllstoff | – | –[7] | –[7] | – | $50\,b_D$ | $1{,}4\,b_D$ |
| | | Graphit-Füllstoff | – | –[7] | –[7] | – | $40\,b_D$ | $1{,}4\,b_D$ |

## TB 19-1 (Fortsetzung)
b) Formänderungswiderstand $K_D$ und $K_{D\vartheta}$ metallischer Dichtungswerkstoffe

| Werkstoff | $K_D$ 20°C | $K_{D\vartheta}$ in N/mm² | | |
|---|---|---|---|---|
| | | 100°C | 200°C | 300°C |
| Al, weich | 100 | 40 | 20 | (5) |
| Cu | 200 | 180 | 130 | 100 |
| Weicheisen | 350 | 310 | 260 | 210 |
| unleg. Stahl | 400 | 380 | 330 | 260 |
| legierter Stahl | 450 | 450 | 420 | 390 |
| austenit. Stahl | 500 | 480 | 450 | 420 |

c) Hilfswert $Z$

| Zustand und Gütewert | Werkstoffe mit bekannter Streckgrenze und Sicherheit gegen Streckgrenze bzw. $R_{m/100000}$ | | Werkstoffe ohne bekannte Streckgrenze mit Sicherheit gegen Zugfestigkeit |
|---|---|---|---|
| | bei Dehnschrauben z. B. nach DIN 2510 | bei Schaftschrauben z. B. nach DIN EN ISO 4014 | |
| Für den Betriebszustand | | | |
| bei $\varphi = 0{,}75$ | 1,6 | 1,75 | 2,91 |
| $\varphi = 1{,}0$ | 1,38 | 1,51 | 2,52 |
| Für den Einbau- und Prüfzustand | | | |
| bei $\varphi = 0{,}75$ | 1,34 (1,37) | 1,46 (1,49) | 2,26 |
| $\varphi = 1{,}0$ | 1,16 (1,18) | 1,27 (1,29) | 1,95 |

Werte in Klammer gelten für $R_e/R_m > 0{,}8$
$\varphi = 0{,}75$ für unbearbeitete parallele Auflageflächen der zu verbindenden Teile
$\varphi = 1{,}0$ für spanabhebend bearbeitete parallele Auflageflächen

[1] Expandierter Graphit ohne Metalleinlage.
[2] Expandierter Graphit mit Metalleinlage.
[3] Faserstoff mit Bindemittel ($h_D < 1$ mm).
[4] Faserstoff mit Bindemittel ($h_D \geq 1$ mm).
[5] beidseitig mit weichen Auflagen.
[6] einseitig oder beidseitig mit Ring-Verstärkung.
[7] Solange keine Dichtungskennwerte für Flüssigkeiten vorliegen, können die Dichtungskennwerte für Gas und Dämpfe verwendet werden.

## TB 19-2  O-Ringe nach DIN ISO 3601 (Auswahl) und Ringnutabmessungen
a) O-Ringe nach DIN ISO 3601-1
Maße in mm

| $d_1$ | $d_2$ | $d_1$ | $d_2$ | $d_1$ | $d_2$ | $d_1$ | $d_2$ |
|---|---|---|---|---|---|---|---|
| 1,78 | | 5,94 | | 19,99 | | 113,67 | |
| 2,57 | | 7,52 | | 21,59 | | 116,84 | |
| 2,90 | 1,78 | 9,12 | | 23,16 | | 120,02 | |
| 3,68 | | 10,69 | | 24,77 | | 123,19 | |
| 4,47 | | 12,29 | | 26,34 | | 126,37 | |
| 5,28 | | 13,87 | | 27,94 | | 129,54 | |
| 2,06 | | 15,47 | 3,53 | 29,51 | | 132,72 | |
| 2,84 | | 17,04 | | 31,12 | | 139,07 | |
| 3,63 | | 18,64 | | 32,69 | | 145,42 | |
| 4,42 | | 20,22 | | 37,47 | 5,33 | 151,77 | 6,99 |
| 5,23 | | 21,82 | | 43,82 | | 170,82 | |
| 6,02 | 2,62 | 23,39 | | 53,34 | | 189,87 | |
| 7,59 | | 24,99 | | 62,87 | | 227,97 | |
| 9,19 | | | | 72,39 | | 278,77 | |
| 10,77 | | 12,07 | | 85,09 | | 342,27 | |
| 12,37 | | 13,64 | | 97,79 | | 405,26 | |
| 13,94 | | 15,24 | 5,33 | 110,49 | | 481,46 | |
| 15,54 | | 16,81 | | 123,19 | | 608,08 | |
| | | 18,42 | | | | | |

*Bezeichnung* eines O-Rings mit Innendurchmesser $d_1 = 20{,}22$ mm, Schnurstärke $d_2 = 3{,}53$ mm, zugehörige Größenbezeichnung nach Norm = 211, Toleranzklasse B für allg. Industrieanwendungen, Sortenmerkmal S nach DIN ISO 3601-3: O-Ring-ISO3601-1-211B-20,22x3,53-S

**TB 19-2** (Fortsetzung)
b) Richtwerte für Nutabmessungen
Maße für $d_3$ bis $d_8$ siehe unter Tabelle; Maß g in TB 19-3

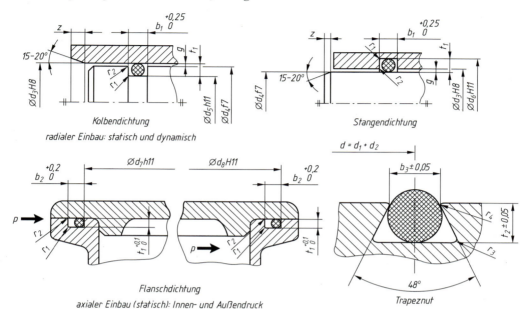

Kolbendichtung
radialer Einbau: statisch und dynamisch

Stangendichtung

Flanschdichtung
axialer Einbau (statisch): Innen- und Außendruck

Trapeznut

| $d_2$ | $b_1$ | $b_2$ | $b_3$ | $t_1$-stat. | $t_2$-dyn. | $t_2$ | $r_1$ | $r_2$ | $r_3$ | $r_4$ | $z^{2)}$ |
|---|---|---|---|---|---|---|---|---|---|---|---|
| 1,78 | 2,53 | 3,20 | – | 1,30 | 1,40 | – | 0,30 | 0,10 | – | – | 2,00 |
| 2,62 | 3,51 | 4,00 | 2,40 | 2,00 | 2,10 | 2,10 | | | 0,40 | 0,25 | 2,50 |
| 3,53 | 4,67 | 5,30 | 3,20 | 2,70 | 2,80 | 2,80 | 0,60 | 0,20 | 0,80 | | 3,00 |
| 5,33 | 6,86 | 7,60 | 4,80 | 4,20 | 4,60 | 4,20 | | | | 0,40 | 3,50 |
| 6,99 | 8,68 | 8,70 | 6,50 | 5,80[1)] | 6,00 | 5,60 | 1,00 | | 1,60 | | 4,00 |

[1)] für Flanschdichtung $t = 5{,}70$ mm   [2)] bei 20°.
Kolbendichtung: Innendurchmesser $d_1$ des O-Rings 1…6% kleiner als Nutgrunddurchmesser $d_5$ wählen
Stangendichtung: Außendurchmesser des O-Rings ($d_1 + 2 \cdot d_2$) 1…3% größer als Außendurchmesser $d_6$ wählen
Nennmaß $d_3 = d_4$ ergibt sich durch die prozentale Verpressung (Verformung) des O-Rings im Schnurdurchmesser $d_2$ in Nuttiefe $t$; üblich: statisch 15…30%, dynamisch 6…20%; ggf. durch Versuche absichern
$d_7 = d_1$; $d_8 = d_1 + 2 \cdot d_2$
Oberflächenrauheit: alle Flächen $Ra = 1{,}6$ μm; außer Dichtfläche dynamisch: $Ra = 0{,}4$ μm

**TB 19-3**  Maximales Spaltmaß g für O-Ringe (Erfahrungswerte)
a) O-Ring-Härte 70 Shore A

| Druck in bar | Schnurstärke $d_2$ | | | |
|---|---|---|---|---|
| | 1,78 | 2,62 | 3,53 | 5,33 6,99 |
| ≤ 35 | 0,08 | 0,09 | 0,10 | 0,13 |
| ≤ 70 | 0,05 | 0,07 | 0,08 | 0,09 |
| ≤ 100 | 0,03 | 0,04 | 0,05 | 0,07 |

Bei größeren Spaltmaßen ist der Einsatz von Stützringen nach DIN ISO 3601-4 erforderlich.

b) O-Ring-Härte 90 Shore A

| Druck in bar | Schnurstärke $d_2$ | | | |
|---|---|---|---|---|
| | 1,78 | 2,62 | 3,53 | 5,33 6,99 |
| ≤ 35 | 0,13 | 0,15 | 0,20 | 0,23 |
| ≤ 70 | 0,10 | 0,13 | 0,15 | 0,18 |
| ≤ 100 | 0,07 | 0,09 | 0,10 | 0,13 |
| ≤ 175 | 0,04 | 0,05 | 0,07 | 0,08 |
| ≤ 350 | 0,02 | 0,03 | 0,03 | 0,04 |

**TB 19-4** Radial-Wellendichtringe nach DIN 3760 (Auszug)
a) Abmessungen der Radial-Wellendichtringe

*Bezeichnung* eines Radial-Wellendichtringes Form A für Wellendurchmesser $d_1$ = 30 mm, Außendurchmesser $d_2$ = 42 mm und Breite $b$ = 7 mm, Elastomerteil aus FKM (Fluor-Kauschuk): RWDR DIN 3760-A30 × 42 × 7-FKM

Maße in mm

| Wellen-∅ $d_1$ | $d_2$ | $b\pm0{,}2$ | $c$ min | Wellen-∅ $d_1$ | $d_2$ | $b\pm0{,}2$ | $c$ min | Wellen-∅ $d_1$ | $d_2$ | $b\pm0{,}2$ | $c$ min |
|---|---|---|---|---|---|---|---|---|---|---|---|
| 6 | 16, 22 | 7 | 0,3 | 32 | 45, 47, 52 | 8 | 0,4 | 95 | 120, 125 | 12 | 0,8 |
| 7 | 22 | 7 | 0,3 | 35 | 47, 50, 52, 55 | 8 | 0,4 | 100 | 120, 125, 130 | 12 | 0,8 |
| 8 | 22, 24 | 7 | 0,3 | 38 | 55, 62 | 8 | 0,4 | 105 | 130 | 12 | 0,8 |
| 9 | 22 | 7 | 0,3 | 40 | 52, 55, 62 | 8 | 0,4 | 110 | 130, 140 | 12 | 0,8 |
| 10 | 22, 25, 26 | 7 | 0,3 | 42 | 55, 62 | 8 | 0,4 | 115 | 140 | 12 | 0,8 |
| 12 | 22, 25, 30 | 7 | 0,3 | 45 | 60, 62, 65 | 8 | 0,4 | 120 | 150 | 12 | 0,8 |
| 14 | 24, 30 | 7 | 0,3 | 48 | 62 | 8 | 0,4 | 125 | 150 | 12 | 0,8 |
| 15 | 26, 30, 35 | 7 | 0,3 | 50 | 65, 68, 72 | 8 | 0,4 | 130 | 160 | 12 | 0,8 |
| 16 | 30, 35 | 7 | 0,3 | 55 | 70, 72, 80 | 8 | 0,4 | 135 | 170 | 12 | 0,8 |
| 18 | 30, 35 | 7 | 0,3 | 60 | 75, 80, 85 | 8 | 0,4 | 140, 145 | 170, 175 | 15 | 1 |
| 20 | 30, 35, 40 | 7 | 0,3 | 65 | 85, 90 | 10 | 0,5 | 150, 160, 170 | 180, 190, 200 | 15 | 1 |
| 22 | 35, 40, 47 | 7 | 0,3 | 70 | 90, 95 | 10 | 0,5 | 180, 190, 200 | 210, 220, 230 | 15 | 1 |
| 25 | 35, 40, 47, 52 | 7 | 0,3 | 75 | 95, 100 | 10 | 0,5 | 210, 220, 230 | 240, 250, 260 | 15 | 1 |
| 28 | 40, 47, 52 | 7 | 0,4 | 80 | 100, 110 | 10 | 0,5 | 240, 250 | 270, 280 | 15 | 1 |
| 30 | 40, 42, 47, 52 | 7 | 0,4 | 85 | 110, 120 | 12 | 0,8 | 260, 280, 300 | 300, 320, 340 | 20 | 1 |
|  |  |  |  | 90 | 110, 120 | 12 | 0,8 | 320, 340, 360 | 360, 380, 400 | 20 | 1 |
|  |  |  |  |  |  |  |  | 380, 400, 420 | 420, 440, 460 | 20 | 1 |
|  |  |  |  |  |  |  |  | 440, 460, 480, 500 | 480, 500, 520, 540 | 20 | 1 |

**TB 19-4** (Fortsetzung)
b) Maximal zulässige Drehzahlen bei drucklosem Betrieb

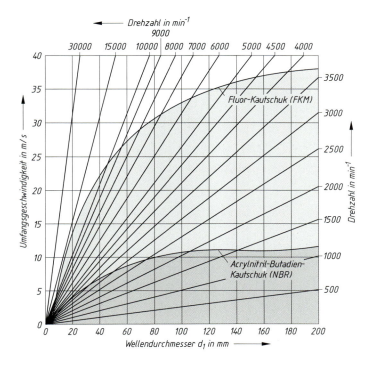

**TB 19-5** Filzringe und Ringnuten nach DIN 5419 (Auszug)

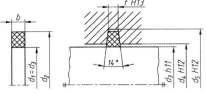

*Bezeichnung* eines Filzringes für Innendurchmesser $d_1 = 35$ mm, Filzhärte M5: Filzring DIN 5419 M5-35

Maße in mm

| Wellen-∅ $d_3$ | Filzring $b$ | $d_2$ | Ringnut $d_4$ | $d_5$ | $f$ | Wellen-∅ $d_3$ | Filzring $b$ | $d_2$ | Ringnut $d_4$ | $d_5$ | $f$ |
|---|---|---|---|---|---|---|---|---|---|---|---|
| 17 | 4 | 27 | 18 | 28 | 3 | 70 | 7,5 | 88 | 71,5 | 89 | 6 |
| 20 |   | 30 | 21 | 31 |   | 72 |   | 90 | 73,5 | 91 |   |
| 25 |   | 37 | 26 | 38 |   | 75 |   | 93 | 76,5 | 94 |   |
| 26 |   | 38 | 27 | 39 |   | 78 |   | 96 | 79,5 | 97 |   |
| 28 |   | 40 | 29 | 41 |   | 80 |   | 98 | 81,5 | 99 |   |
| 30 |   | 42 | 31 | 43 |   | 82 |   | 100 | 83,5 | 101 |   |
| 32 |   | 44 | 33 | 45 |   | 85 |   | 103 | 86,5 | 104 |   |
| 35 | 5 | 47 | 36 | 48 | 4 | 88 | 8,5 | 108 | 89,5 | 109 | 7 |
| 36 |   | 48 | 37 | 49 |   | 90 |   | 110 | 92 | 111 |   |
| 38 |   | 50 | 39 | 51 |   | 95 |   | 115 | 97 | 116 |   |
| 40 |   | 52 | 41 | 53 |   | 100 | 10 | 124 | 102 | 125 | 8 |
| 42 |   | 54 | 43 | 55 |   | 105 |   | 129 | 107 | 130 |   |
| 45 |   | 57 | 46 | 58 |   | 110 |   | 134 | 112 | 135 |   |
| 48 |   | 64 | 49 | 65 |   | 115 |   | 139 | 117 | 140 |   |
| 50 |   | 66 | 51 | 67 |   | 120 |   | 144 | 122 | 145 |   |
| 52 | 6,5 | 68 | 53 | 69 | 5 | 125 | 11 | 153 | 127 | 154 | 9 |
| 55 |   | 71 | 56 | 72 |   | 130 |   | 158 | 132 | 159 |   |
| 58 |   | 74 | 59 | 75 |   | 135 |   | 163 | 137 | 164 |   |
| 60 |   | 76 | 61,5 | 77 |   | 140 | 12 | 172 | 142 | 173 | 10 |
| 65 |   | 81 | 66,5 | 82 |   | 145 |   | 177 | 147 | 178 |   |

**TB 19-6**  V-Ringdichtung (Auszug aus Werksnorm)
Maße in mm

| Wellendurchmesser $d$ | $d_0{}^{1)}$ | $c$ | $d_1$ | V-Ring A $a$ | V-Ring A $b^{2)}$ | V-Ring S $a$ | V-Ring S $b^{2)}$ |
|---|---|---|---|---|---|---|---|
| 19– 21 | 18 | | | | | | |
| 21– 24 | 20 | | | | | | |
| 24– 27 | 22 | | | | | | |
| 27– 29 | 25 | 4 | $d+12$ | 4,7 | 6,0 ± 0,8 | 7,9 | 9,0 ± 0,8 |
| 29– 31 | 27 | | | | | | |
| 31– 33 | 29 | | | | | | |
| 33– 36 | 31 | | | | | | |
| 36– 38 | 34 | | | | | | |
| 38– 43 | 36 | | | | | | |
| 43– 48 | 40 | | | | | | |
| 48– 53 | 45 | 5 | $d+15$ | 5,5 | 7,0 ± 1,0 | 9,5 | 11,0 ± 1,0 |
| 53– 58 | 49 | | | | | | |
| 58– 63 | 54 | | | | | | |
| 63– 68 | 58 | | | | | | |
| 68– 73 | 63 | | | | | | |
| 73– 78 | 67 | | | | | | |
| 78– 83 | 72 | | | | | | |
| 83– 88 | 76 | 6 | $d+18$ | 6,8 | 9,0 ± 1,2 | 11,3 | 13,5 ± 1,2 |
| 88– 93 | 81 | | | | | | |
| 93– 98 | 85 | | | | | | |
| 98–105 | 90 | | | | | | |
| 105–115 | 99 | | | | | | |
| 115–125 | 108 | | | | | | |
| 125–135 | 117 | 7 | $d+21$ | 7,9 | 10,5 ± 1,5 | 13,1 | 15,5 ± 1,5 |
| 135–145 | 126 | | | | | | |
| 145–155 | 135 | | | | | | |
| 155–165 | 144 | | | | | | |
| 165–175 | 153 | | | | | | |
| 175–185 | 162 | 8 | $d+24$ | 9,0 | 12,0 ± 1,8 | 15,0 | 18,0 ± 1,8 |
| 185–195 | 171 | | | | | | |
| 195–210 | 180 | | | | | | |

V-Ring A

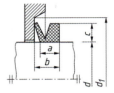

V-Ring S

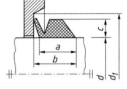

[1] Ringdurchmesser vor Einbau.
[2] Maß in eingebautem Zustand.

## TB 19-7  Nilos-Ringe (Auszug aus Werksnorm)

a) außen dichtend

Lagerreihe 60, 62, 63

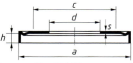
Lagerreihe 320X

| Wellen-durchmesser d | Rillenkugellager Lagerreihe 60 | | | | Rillenkugellager Lagerreihe 62 | | | | Rillenkugellager Lagerreihe 63 | | | | Kegelrollenlager Lagerreihe 320X | | | |
|---|---|---|---|---|---|---|---|---|---|---|---|---|---|---|---|---|
| | a | c | s | h | a | c | s | h | a | c | s | h | a | c | s | h |
| 25 | 43,7 | 34 |     |     | 47    | 36  |     |     | 54,8  | 40  |     |     | 46    | 39  |     | 3,7 |
| 30 | 50   | 40 |     |     | 56,2  | 44  | 2,5 |     | 64,8  | 48  | 2,5 |     | 53,8  | 44  |     |     |
| 35 | 56,2 | 44 | 2,5 |     | 64,8  | 48  |     |     | 70,7  | 54  |     |     | 60    | 53  |     | 4,2 |
| 40 | 62,2 | 51 |     |     | 72,7  | 57  |     |     | 80,5  | 60  |     | 0,3 | 66,5  | 56  |     |     |
| 45 | 69,7 | 56 |     |     | 77,8  | 61  |     | 0,3 | 90,8  | 75  |     |     | 73,5  | 63  | 0,3 | 4,7 |
| 50 | 74,6 | 61 |     | 0,3 | 82,8  | 67  | 0,3 |     | 98,9  | 80  |     | 3   | 78,6  | 68  |     | 5,0 |
| 55 | 83,5 | 67 | 0,3 |     | 90,8  | 75  |     | 3   | 108   | 89  |     |     | 88,4  | 76  |     | 5,7 |
| 60 | 88   | 71 |     |     | 100,8 | 85  |     |     | 117,5 | 95  |     |     | 93,2  | 80  |     |     |
| 65 | 93,5 | 78 |     |     | 110,5 | 90  |     |     | 127,5 | 100 |     |     | 98,4  | 86  |     | 6,0 |
| 70 | 103  | 83 |     | 3   | 115,8 | 95  |     |     | 137   | 110 |     | 3,5 | 107,5 | 92  |     | 6,2 |
| 75 | 108  | 89 |     |     | 120,5 | 100 |     |     | 147   | 110 |     |     | 113   | 98  |     |     |
| 80 | 117,5| 95 |     |     | 129   | 106 |     |     | 157,5 | 130 | 0,5 |     | 122,5 | 105 |     | 7,2 |
| 85 | 123  | 104|     |     | 138,5 | 115 | 3,5 |     | 164   | 135 |     |     | 128   | 110 |     |     |
| 90 | 129  | 106|     |     | 148   | 124 |     | 05  | 174   | 140 |     | 4   | 137   | 116 | 0,5 | 8,5 |
| 95 | 137  | 110| 0,5 | 3,5 | 157,5 | 130 |     |     | 184   | 150 |     |     | 142   | 122 |     |     |
| 100| 142  | 117|     |     | 167   | 135 |     | 4   | 199   | 165 |     |     | 147   | 127 |     | 8,2 |

b) innen dichtend

Lagerreihe 60, 62, 63, 320X

| Bohrungs-durch-messer D | Rillenkugellager Lagerreihe 60 | | | | Rillenkugellager Lagerreihe 62 | | | | Rillenkugellager Lagerreihe 63 | | | | Kegelrollenlager Lagerreihe 320X | | | |
|---|---|---|---|---|---|---|---|---|---|---|---|---|---|---|---|---|
| | i | c | s | h | D | i | c | s | h | D | i | c | s | h | D | i | c | s | h |
| 47 | 29   | 38  |     |     | 52  | 31,5 | 42  |     |     | 62  | 32,2 | 47  |     |     | 47  | 28,1 | 38  |     |     |
| 55 | 35   | 46  |     |     | 62  | 36,3 | 47  | 2,5 |     | 72  | 37,2 | 56  | 2,5 |     | 55  | 32,2 | 47  |     | 2,5 |
| 62 | 40,2 | 52  | 2,5 |     | 72  | 43   | 56  |     |     | 80  | 45   | 65  |     |     | 62  | 37   | 51  |     |     |
| 68 | 46   | 57  |     |     | 80  | 48   | 62  |     |     | 90  | 51   | 70  | 0,3 |     | 68  | 43   | 58  |     |     |
| 75 | 51   | 63  |     |     | 85  | 53   | 68  | 0,3 |     | 100 | 56   | 80  |     |     | 75  | 48   | 64  |     |     |
| 80 | 56   | 67  | 0,3 |     | 90  | 57,5 | 73  |     | 3   | 110 | 62   | 86  |     | 3   | 80  | 53   | 68  | 0,3 | 3   |
| 90 | 61,5 | 74  |     |     | 100 | 64,5 | 80  |     |     | 120 | 67   | 93  |     |     | 90  | 60   | 80  |     |     |
| 95 | 67   | 80  |     |     | 110 | 70   | 85  |     |     | 130 | 73   | 102 |     |     | 95  | 63   | 82  |     |     |
| 100| 74   | 86,5| 3   |     | 120 | 74,5 | 95  |     |     | 140 | 77,5 | 110 |     |     | 100 | 70   | 88  |     |     |
| 110| 77   | 90  |     |     | 125 | 79,5 | 102 |     |     | 150 | 82,6 | 120 | 3,5 |     | 110 | 74,5 | 95  |     |     |
| 115| 82   | 95  |     |     | 130 | 85   | 105 |     |     | 160 | 87,2 | 125 |     |     | 115 | 79,5 | 102 |     |     |
| 125| 86,5 | 105 |     |     | 140 | 92   | 112 |     | 3,5 | 170 | 95   | 138 | 0,5 |     | 125 | 85   | 112 |     | 3,5 |
| 130| 91,5 | 110 |     |     | 150 | 98   | 125 | 0,5 |     | 180 | 100  | 140 |     |     | 130 | 90   | 114 |     |     |
| 140| 98   | 118 | 0,5 | 3,5 | 160 | 103  | 125 |     |     | 190 | 106  | 150 |     | 4   | 140 | 95   | 122 | 0,5 |     |
| 145| 103  | 123 |     |     | 170 | 110  | 137 |     |     | 200 | 115  | 160 |     |     | 145 | 97,8 | 130 |     |     |
| 150| 108  | 128 |     |     | 180 | 115  | 145 |     | 4   | 215 | 118  | 170 |     |     | 150 | 105  | 132 |     | 4   |

**TB 19-8** Stopfbuchsen
a) Empfohlene Abmaße für Packungen nach DIN 3780    Maße in mm

| Innendurchmesser $d$ | 4…4,5 | 5…7 | 8…11 | 12…18 | 20…26 | 28…36 | 38…50 | 53…75 | 80…120 | 125…200 |
|---|---|---|---|---|---|---|---|---|---|---|
| Ringdicke | 2,5 | 3,0 | 4,0 | 5,0 | 6,0 | 8,0 | 10,0 | 12,5 | 16,0 | 20,0 |

b) Empfohlene Packungslängen $L$ in Abhängigkeit von Druck $p$ und Innendurchmesser $d$ bei den üblichen Querschnitten

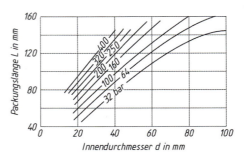

**TB 19-9** Dichtungswerkstoff (Auswahl)

| Werkstoff | Acrylnitril-Butadien-Kautschuk NBR | Hydrierter NBR HNBR | Acrylat-Kautschuk ACN |
|---|---|---|---|
| Betriebstemperatur $t$ in °C[1] | (–40) –30…100 (120) | –40…135 (165) | (–30) –15…125 (150) |
| Relative Kosten | 1,0 | 4,4 | 3,0 |
| Werkstoff | Silikon-Kautschuk MVQ | Fluor-Kautschuk FKM | Polytetrafluorethylen PTFE |
| Betriebstemperatur $t$ in °C | (–60) –50…135 (180) | (–40) –15…150 (200) | –70…200 (260) |
| Relative Kosten | 5,0 | 11,8 | 25,0 |

[1] Klammerwerte gelten im unteren Temperaturbereich bei nur geringer mechanischer Verformung des Elastomer-Werkstoffes, im oberen Temperaturbereich nur bei kurzzeitigen Temperaturspitzen.

# Dichtungen

**TB 19-10** Konstruktionsrichtlinien für Lagerdichtungen (nach Halliger)
a) Berührende Lagerdichtungen

| Art der Dichtung | Einsatzbereich | Anforderungen an die Lauffläche | Abdichtung | Vorteile | Nachteile | Bemerkungen |
|---|---|---|---|---|---|---|
| Filzring | $u \leq 4$ m/s $t \leq 100$ °C größere Drücke möglich | Toleranz h11 Rauheit $Ra \leq 0{,}8$ | Nach innen: Fett  Nach außen: geringe Verunreinigung, wenig Feuchtigkeit | Preiswerte Dichtung, geringe Bearbeitungskosten, einfache Montage | Elastizität des Filzes lässt nach (Spaltbildung), Reibungswärme | Filz muss mit Öl getränkt sein; bei $t \geq 100$ °C Ringe mit PTFE-, Graphit-, Kunststoff- oder Glasfasern |
| Radial-Wellendichtring | $u \leq 12$ m/s $p \leq 0{,}5$ bar Sonderformen bis 100 bar | Toleranz h11 Rundheit IT8 $Ra = 0{,}2 \ldots 0{,}8$[1] Härte $45 \ldots 55$ HRC (größerer Wert bei $u > 4$ m/s) | Nach innen: Öl  Nach außen: mäßige Verunreinigung, Spritzwasser | Gute Abdichtung solange Lippe und Gleitfläche unbeschädigt | Hohe Forderungen an Lauffläche und Montage, Verschleiß der Lauffläche | Viele Bauformen, bei großen Durchmessern auch geteilt, Form mit Staublippe bei erhöhtem Schmutzanfall verwenden, Dichtlippe muss geschmiert sein |
| O-Ring | $u \leq 0{,}5$ m/s größere $p$ möglich | Toleranz f7 Rauheit $Ra \leq 0{,}8$ Härte 60 HRC | Nach innen: Öl  Nach außen: Schlamm | Geringes Einbauvolumen | Starke Schwankung des Reibmomentes, altert | $u$ bis 4 m/s bei Sonderquerschnitten (z.B. Quadring), empfindlich gegen mechanische Beschädigung |
| V-Ring | $u \leq 12$ m/s mit Haltering $u \leq 30$ m/s $p \leq 0{,}3$ bar | Lauffläche: $Ra \leq 2{,}5$ Welle: $Ra = 12{,}5$ Rundheit IT $14 \ldots 15$ Schiefstellung $1 \ldots 4°$ | Nach innen: Fett Öl  Nach außen: geringe Verunreinigung, Spritzwasser | Preiswerte Dichtung, geringe Bearbeitungskosten, einfache Montage, klein bauend | Begrenzte Dichtwirkung, nicht unter Flüssigkeitsspiegel verwenden | Vielfach als Vordichtung und Spritzscheibe eingesetzt, bei Fluchtungsfehlern seitlich abstützen, Dichtlippe hebt bei $u > 15$ m/s ab, bei Öl im Lagerraum V-Ring gegen Innenwand schleifen lassen |

**TB 19-10** (Fortsetzung)
a) Berührende Lagerdichtungen (Fortsetzung)

| Art der Dichtung | Einsatzbereich | Anforderungen an die Lauffläche | Abdichtung | Vorteile | Nachteile | Bemerkungen |
|---|---|---|---|---|---|---|
| Axial-Gleitringdichtung (mit Dichtbalg) | $u \leq 10$ m/s $p \leq 5$ bar | Toleranz h7 Welle: $Ra = 1,0$ [2]) (Gleitfläche liegt in Dichtung und hat sehr hohe Anforderungen) | Nach innen: Öl Fett | Hohe Betriebssicherheit und Lebensdauer, selbst nachstellend | Teuer, größerer Platzbedarf | Leckverluste nehmen ab während Einlaufvorgang, weitere Bauformen auch für höchste Anforderungen an Drehzahl, Druck und Temperatur |
| | | | Nach außen: geringe Verunreinigung, flüssige Medien unter Druck | | | |
| Laufwerkdichtung | $u \leq 10$ m/s bei Ölschmierung $u \leq 3$ m/s bei Fettschmierung $p \leq 3$ bar | Gleitfläche liegt in Dichtung | Nach innen: Öl Fett | Hohe Betriebssicherheit und Lebensdauer | Relativ teuer | Geringe Anforderungen an den Einbauraum (große axiale, radiale und winklige Abweichungen zulässig), selbsttätiger Verschleißausgleich |
| | | | Nach außen: sehr starke Verunreinigung, Spritzwasser | | | |
| Nilos-Ring | $u \leq 5$ m/s $p = 0$ bar | | Nach innen: Fett | Kostengünstig, raumsparend, gleitet an der hochwertigen Lager-Seitenfläche | Schleift während der Einlaufphase bis sich infolge Abnutzung ein Spalt bildet | Sonderbauart für höhere Drehzahlen auch berührungsfrei, bei stärkerem Schmutzanfall und Spritzwasser 2 Nilosringe mit Fettfüllung im Zwischenraum anordnen |
| | | | Nach außen: mäßige Verunreinigung, Spritzwasser | | | |

$u$ zulässige Umfangsgeschwindigkeit (Standardtypen), $p$ zul. Druckdifferenz zwischen Lagerraum und Umgebung, $t$ zul. Temperatur an der Dichtung
[1]) drallfrei, vorzugsweise im Einstich geschliffen.
[2]) Richtwerte für die Wellenoberfläche, die Gleitfläche liegt in der Dichtung und hat sehr hohe Anforderungen.

# Dichtungen

**TB 19-10** (Fortsetzung)
b) Berührungsfreie Lagerdichtungen

| Art der Dichtung | Einsatzbereich | Abdichtung | Vorteile | Nachteile | Bemerkungen |
|---|---|---|---|---|---|
| einfacher Spalt | $p = 0$ bar $u$ unbegrenzt | Nach innen: Fett  Nach außen: geringe Verunreinigung | Kostengünstig | Schmutz und Feuchtigkeit kann in Lagerraum durch Spalt kriechen | Spaltbreite 0,1...0,3 mm, Spalt möglichst lang wählen, Rillen im Gehäuse oder in der Welle sowie Fettfüllung im Spalt erhöhen die Schutzwirkung |
| Spalt mit Spritzring | $p = 0$ bar $u$ unbegrenzt | Nach innen: Öl (Fett)  Nach außen: keine | Größere Spaltbreite als bei einfachem Spalt möglich | | Spritzring schleudert Öl in Auffangraum; Ölrückflussbohrung zum Lagerraum unter Ölniveau legen, da sonst Schaum den Ölrückfluss behindern kann |
| Gewindeförmige Rillen | Kleiner Druck möglich $u$ unbegrenzt | Nach innen: Öl  Nach außen: keine | In radialer Richtung geringer Platzbedarf | Nur eine Drehrichtung zulässig, fördert Staub in Lagerraum, nur im Betrieb wirksam | Rillen, im Gehäuse oder auf der Welle angeordnet, fördern das Öl in Lagerraum zurück |
| Labyrinth | $p = 0$ bar $u$ unbegrenzt $u \leq 5$ m/s bei Fettfüllung | Nach innen: Fett (Öl)  Nach außen: starke Verunreinigung Feuchtigkeit | Sehr gute Abdichtung bei Füllung mit steifem Fett | Im allgemeinen teuer, bei mehreren Stegen platzaufwendig | Spalte klein halten, Nachschmierung der Labyrinthe erhöht die Dichtwirkung, bei größerer Durchbiegung der Welle abgeschrägte Stege verwenden (sonst wird Schutz nach innen gepumpt), radiales Labyrinth wegen Montage geteilt ausführen |
| Labyrinth als Kaufteil | $p = 0$ bar $u$ unbegrenzt | Nach innen: Fett (Öl)  Nach außen: starke Verunreinigung Feuchtigkeit | Kostengünstiger, kleiner bauend | | Neben den abgebildeten Z-Lamellen können die Labyrinthe aus federnden Lamellenringen, Kolbenringen, Kunststoffteilen etc. aufgebaut sein |

# Zahnräder und Zahnradgetriebe (Grundlagen) 20

**TB 20-1** Zahnflankendauerfestigkeit $\sigma_{H\,lim}$ und Zahnfußdauerfestigkeit $\sigma_{F\,lim}$ in N/mm² der üblichen Zahnradwerkstoffe für die Werkstoff-Qualitätsanforderungen *ME* (obere Werte) und *ML* (untere Werte); Einzelheiten siehe DIN 3990-5 und ISO 6336-5.

| Nr. | Art, Norm, Behandlung | Bezeichnung | Flankenhärte[1] | $\sigma_{F\,lim}$[2] (N/mm²) | $\sigma_{H\,lim}$[2] (N/mm²) |
|---|---|---|---|---|---|
| 1 | Gusseisen mit Lamellengraphit DIN EN 1561 | EN-GJL-200 | 190 HB | 55…80 | 330…400 |
| 2 |  | EN-GJL-250 | 220 HB | 70…95 | 360…435 |
| 3 | Schwarzer Temperguss DIN EN 1562 | EN-GJMB-350 | 150 HB | 125…185 | 350…485 |
| 4 |  | EN-GJMB-650 | 235 HB | 180…220 | 470…575 |
| 5 | Gusseisen mit Kugelgraphit DIN EN 1563 | EN-GJS-400 | 180 HB | 140…200 | 360…520 |
| 6 |  | EN-GJS-600 | 240 HB | 205…230 | 560…610 |
| 7 |  | EN-GJS-900 | 300 HB | 225…250 | 640…700 |
| 8 | Stahlguss, unlegiert DIN 16293 | GS 200+N | 160 HB | 115…180 | 280…415 |
| 9 |  | GS 240+N | 180 HB | 125…185 | 315…445 |
| 10 | Allgemeine Baustähle DIN EN 10025 | S235JR | 120 HB | 125…190 | 315…430 |
| 11 |  | E 295 | 160 HB | 140…210 | 350…485 |
| 12 |  | E 335 | 190 HB | 160…225 | 375…540 |
| 13 | Vergütungsstähle DIN EN 10083 (auch als GS, dann $\sigma_{H\,lim}$ um rd. 80 N/mm² $\sigma_{F\,lim}$ um rd. 40 N/mm² niedriger) | C45E N | 190 HB | 160…260 | 470…590 |
| 14 |  | 34CrMo4 + QT | 270 HB | 220…335 | 540…800 |
| 15 |  | 42CrMo4 + QT | 300 HB | 230…335 | 540…800 |
| 16 |  | 34CrNiMo6 + QT | 310 HB | 235…345 | 580…840 |
| 17 |  | 30CrNiMo8 + QT | 320 HB | 240…355 | 610…870 |
| 18 |  | 36CrNiMo16 + QT | 350 HB | 250…365 | 640…915 |

**TB 20-1** (Fortsetzung)

| Nr. | Art, Norm, Behandlung | Bezeichnung | Flankenhärte[1] | $\sigma_{F\,lim}$[2] (N/mm²) | $\sigma_{H\,lim}$[2] (N/mm²) |
|---|---|---|---|---|---|
| 19 | Vergütungsstahl flamm- oder induktionsgehärtet | C45E (Umlaufhärtung, $b < 20$ mm) | 50 HRC 56 HRC | Fuß mitgehärtet 230…380 270…410 Fuß nicht mitgehärtet 150…230 | 980…1275 1060…1330 |
| 20 | | 34CrMo4 (Umlauf- oder Einzelzahnhärtung) | | | |
| 21 | | 42CrMo4 (Umlaufhärtung) | | | |
| 22 | | 34CrNiMo6 (Einzelzahnhärtung) | | | |
| 23 | Vergütungsstahl und Einsatzstahl langzeit-gasnitriert | 42CrMo4 + QT Nitrierhärtetiefe < 0,6 mm, $R_m > 800$ N/mm², $m < 16$ mm | 48…57 HRC | 260…430 | 780…1215 |
| 24 | | 16MnCr5 + QT (Nitrierhärtetiefe < 0,6 mm, $R_m > 700$ N/mm², $m < 10$ mm) | | | |
| 25 | Vergütungs- und Einsatzstähle nitrocarburiert | C45E N für $d < 300$ mm, $m < 6$ mm | 30…45 HRC | 225…290 | 650… 780 |
| 26 | | 16 MnCr5N für $d < 300$ mm, $m < 6$ mm | 45…57 HRC | 225…385 | 650… 950 |
| 27 | | 42CrMo4 + QT $d < 600$ mm, $m < 10$ mm | | | |
| 28 | carbonitriert | 34Cr4 + QT Kernfestigkeit bis 45 HRC, Kfz-Getriebe | 55…60 HRC | 300…450 | 1100…1350 |
| 29 | Einsatzstähle (DIN 17210), DIN EN 10084 einsatzgehärtet | 16MnCr5 Standardstahl, normal bis $m = 20$ mm | 58…62 HRC | 310…525 | 1300…1650 |
| 30 | | 15CrNi6, für große Abmessungen; über $m = 16$ mm | | | |
| 31 | | 18CrNiMo7-6, für große Abmessungen; über $m = 16$ mm bei Stoßbelastung über $m = 5$ mm | | | |

[1] HB Brinell-Härtewert, HRC Rockwell-Härtewert C.
[2] Festigkeitswerte nach ISO 6336-5 gelten für das Standard-Referenz-Prüfrad und Standard-Betriebsbedingungen. Untere Grenzwerte und ohne Streubereich angegebene Werte (*ML*) sind sicher erreichbar, obere Werte (*ME*) nur bei umfassender Kontrolle. Einzelheiten siehe ISO 6336-5.

**TB 20-2** Übersicht zur Dauerfestigkeit für Zahnfußbeanspruchung der Prüfräder nach DIN 3990 (Härtewerte nach Brinell HB, Rockwell HRC und Vickers HV1, HV10) gültig für Prüfradabmessungen: $m = 3...10$ ($Y_x = 1$) mm, $Rz = 10$ μm $Y_{R\,relT} = 1$, $v = 10$ m/s, $b = 10...50$ mm, Geradverzahnung mit Verzahnungsqualität 4 bis 7, $q_s = 2,5$ ($Y_{\delta\,relT} = 1$), ($Y_{ST} = 2$, Schrägungswinkel $\beta = 0°$ ($Y_\beta = 1$), $K_A = K_{F\beta} = K_{F\alpha} = 1$, $\sigma_{FE} = Y_{ST} \cdot \sigma_{F\,lim} = 2 \cdot \sigma_{F\,lim}$

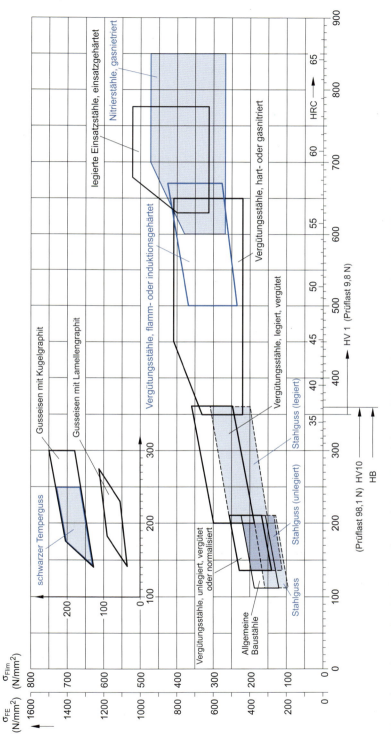

Normalerweise werden Werte aus dem mittleren Bereich gewählt. Für bestimmte Werkstoffe s. TB 20-1.

**TB 20-3**  Werkstoffauswahl für Schneckengetriebe
a) Werkstoffe für Schnecke und Schneckenrad (Auswahl)

| | Schnecke | | | | Schneckenrad | |
|---|---|---|---|---|---|---|
| A | allgemeiner Baustahl DIN EN 10025 | E335 | gehärtet und vergütet | 1 | Gusseisen DIN EN 1561 | GJL-200, GJL-250, GJL-300 |
| | | E360 | | 2 | Gusseisen DIN EN 1563 | GJS-400-15 GJS-600-3 |
| | Vergütungsstahl DIN EN 10083 | C45 | | 3 | Kupfer-Zinn-Legierung (Bronze) | CuSn12-C (Formguss) CuSn12Ni2-C (Formguss) |
| | | C60 | | | | |
| | | 34CrMo4 | | | | |
| | | 42CrMo4 | | | | |
| B | Einsatzstahl DIN 17210 | C15 | einsatzgehärtet | 4 | | CuSn12-C-GZ (Schleuderguss) CuSn12Ni-C-GC (Strangguss) |
| | | 17Cr3 | | 5 | Aluminium-Legierung | AC-ACu4TiK Kokillenguss |
| | | 16MnCr5 | | 6 | Kunststoff | Polyamide |

b) geeignete Werkstoffpaarungen

| Werkstoffkennzeichen nach a) | | Eigenschaften und Verwendungsbeispiele | |
|---|---|---|---|
| Schnecke | Schneckenrad | | |
| A | 1 | geringe Gleitgeschwindigkeit und mäßige Belastung; Hebezeuge, Werkzeugmaschinen, allgemeiner Maschinenbau | |
| | 2 | bei mittleren Belastungen und Drehzahlen | bevorzugte Paarung für Getriebe aller Art |
| | 3 | | |
| | 4 | bei hohen Belastungen und mittleren Drehzahlen | Universalgetriebe, Fahrzeuggetriebe |
| B | 1…4 | wie bei Paarung A mit 1…4, jedoch bei hohen Drehzahlen | |
| | 5 und 6 | korrosionsbeständig, für geringe Belastungen, Leichtbau, Apparatebau | |

**TB 20-4** Festigkeitswerte für Schneckenradwerkstoffe (in Anlehnung an Niemann u. DIN 3996)

| Nr. | Schneckenradwerkstoff | Norm | Flankenhärte | $\sigma_{H\,lim}$[1] N/mm² | E-Modul N/mm² | $Z_E$[2] $\sqrt{N/mm^2}$ |
|---|---|---|---|---|---|---|
| 1 | G-CuSn12 | DIN 1705[4] | 80 HB | 265 | 88300 | 147 |
| 2 | GZ-CuSn12 | | 95 HB | 425 | | |
| 3 | G-CuSn12Ni | | 90 HB | 310 | 98100 | 152 |
| 4 | GZ-CuSn12Ni | | 100 HB | 520 | | |
| 5 | G-CuSn10Zn | | 75 HB | 350 | | |
| 6 | GZ-CuSn10Zn | | 85 HB | 430 | | |
| 7 | G-CuZn25Al5 | DIN 1709[4] | 180 HB | 500 | 107900 | 157 |
| 8 | GZ-CuZn25Al5 | | 190 HB | 550 | | |
| 9 | GZ-CuAl10Ni[3] | DIN 1714[4] | 160 HB | 660 | 122600 | 164 |
| 10 | GJL-250[3] | DIN EN 1561 | 250 HB | 350 | 98100 | 152 |
| 11 | GJS-400[3] | DIN EN 1563 | 260 HB | 490 | 175000 | 182 |

[1] für Schnecken aus St, einsatzgehärtet und geschliffen: $\sigma_{H\,lim}$ (Tabellenwerte)
 für Schnecken aus St, vergütet, ungeschliffen: $0{,}72 \cdot \sigma_{H\,lim}$
 für Schnecken aus GJL: $0{,}5 \cdot \sigma_{H\,lim}$.
[2] für Schnecken aus St: $Z_E$ (Tabellenwerte)
 für Schnecken aus GJL: $Z_E = \sqrt{(E_1 \cdot E_2)/[2{,}86 \cdot (E_1 + E_2)]}$ mit $E_1$ für GJL; $E$ nach Tabelle.
[3] für $v_g \leq 0{,}5$ m/s (Handbetrieb).
[4] Normen zurückgezogen, bisherige Kurzzeichen.

**TB 20-5** Schmierölauswahl für Zahnradgetriebe (nach DIN 51509)

| Viskosität der Schmieröle | | | | Schmieröle ohne verschleißverringernde Wirkstoffe | | | mit verschleißverringernden Wirkstoffen | |
|---|---|---|---|---|---|---|---|---|
| ISO-Viskositätsklassen nach DIN ISO 3448 ($v_{40}$ in mm²/s) | Kennzahl ($v_{50}$ in mm²/s) | SAE-Viskositätsklassen nach DIN 51511 (Motoren) | SAE-Viskositätsklassen nach DIN 51512 (Kfz-Getriebe) | Schmieröle C und CL nach DIN 51517 (alterungsbeständig) | Schmieröle N (ohne bes. Anforderung) | Schmieröle TD-L nach DIN 51515 (Turbinen-, Pumpen- und Generatoren) | Schmieröle CLP nach DIN 51517 | Kraftfahrzeug-Getriebeöle |
| 22 | 16 | | | × | × | × | × | |
| 32 | | 10 W | | | | | | |
| 32 | 25 | | 75 | × | × | × | × | × |
| 46 | | | | | | | | |
| 46 | 36 | 20 W | | × | × | × | × | |
| 68 | | 20 | | | | | | |
| 68 | 49 | | 80 | × | × | × | × | × |
| 100 | 68 | 30 | | × | × | × | × | |
| 150 | 92 | 40 | | × | × | | × | |
| 220 | 114 | | 90 | × | | | × | × |
| 220 | 144 | 50 | | × | × | | × | |
| 320 | 169 | | | × | | | × | |
| 460 | 225 | | 140 | × | | | × | |
| 680 | 324 | | | × | | | | × |

**TB 20-6** Richtwerte für den Einsatz von Schmierstoffarten und Art der Schmierung, abhängig von der Umfangsgeschwindigkeit bei Wälz- und Schraubwälzgetrieben

|  | Umfangsgeschwindigkeit | Schmierstoff | Art der Schmierung |
|---|---|---|---|
| Stirn- und Kegelradgetriebe | bis 1 m/s | Haftschmierstoffe | Sprüh- oder Auftragschmierung |
|  | bis 4 m/s | Schmierfette | Tauchschmierung |
|  |  | Haftschmierstoffe | Sprühschmierung |
|  | bis 15 m/s | Schmieröle | Tauchschmierung |
|  | über 15 m/s | Schmieröle | Druckumlauf- oder Spritzschmierung |
| Schneckengetriebe Schnecke (Schneckenrad) eintauchend | bis 4 m/s (bis 1 m/s) | Schmierfette | Tauchschmierung |
|  | bis 10 m/s (bis 4 m/s) | Schmieröle | Tauchschmierung |
|  | über 10 m/s (über 4 m/s) | Schmieröle | Spritzschmierung in Eingriffsrichtung |

**TB 20-7** Viskositätsauswahl von Getriebeölen (DIN 51509) gültig für eine Umgebungstemperatur von etwa 20 °C
a) für Stirnrad- und Kegelradgetriebe

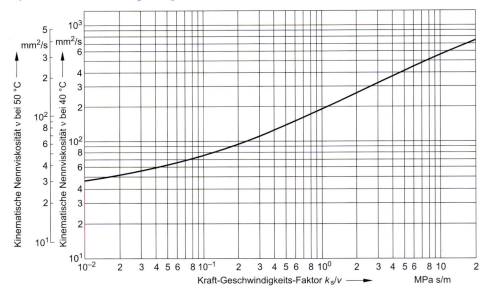

**TB 20-7** (Fortsetzung)
b) für Schneckengetriebe

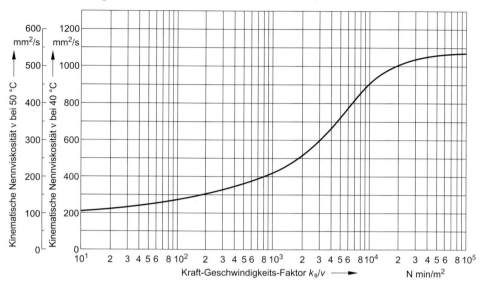

**TB 20-8** Reibungswerte bei Schneckenradsätzen (Schnecke aus St, Radkranz aus Bronze, gefräst)

| Gleitgeschwindigkeit | $v_g$ (m/s) | <0,5 | 1 | 2 | 3 | 6 | >10 |
|---|---|---|---|---|---|---|---|
| Schnecke gedreht oder gefräst, vergütet | $\mu \approx$ | 0,09 | 0,08 | 0,065 | 0,055 | 0,045 | 0,04 |
|  | $\rho \approx$ (°) | 4,5 | 4,3 | 3,7 | 3,1 | 2,6 | 2,3 |
| Schnecke gehärtet, Flanken geschliffen | $\mu \approx$ | 0,05 | 0,04 | 0,035 | 0,025 | 0,02 | 0,015 |
|  | $\rho \approx$ (°) | 3 | 2,3 | 2 | 1,4 | 1,15 | 1 |

**TB 20-9** Wirkungsgrade für Schneckengetriebe, Richtwerte für Überschlagsrechnungen

| Zähnezahl der Schnecke | $z_1$ | 1 | 2 | 3 | 4 |
|---|---|---|---|---|---|
| Gesamtwirkungsgrad | $\eta_{ges} \approx$ | 0,7 | 0,8 | 0,85 | 0,9 |

**TB 20-10** Zeichnungsangaben für Stirnräder nach DIN 3966-1

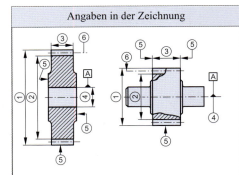

| Angaben in der Zeichnung | zusätzliche Angaben | | |
|---|---|---|---|
| | Stirnrad | | außenverzahnt |
| | Modul | $m_n$ | |
| | Zähnezahl | $z$ | |
| | Bezugsprofil | Verzahnung Werkzeug | |
| | Schrägungswinkel | $\beta$ | |
| | Flankenrichtung | | |
| | Teilkreisdurchmesser | $d$ | |
| | Grundkreisdurchmesser | $d_b$ | |
| | Profilverschiebungsfaktor [2] | $x$ | |
| | Zahnhöhe | $h$ | |
| | Kopfhöhenänderung | $k \cdot m_n$ | |
| | Verzahnungsqualität, Toleranzfeld Prüfgruppe nach DIN 3961 [1] | | |
| | Zahndicke mit Abmaßen | $s_n$ | |
| | Prüfmaße der Zahndicke: Zahndickensehne und Höhe über der Sehne | $\bar{s}$ / $\bar{h}$ | |
| | Zahnweite über $k$ Zähne | $W_k$ / $k=$ | |
| | Radiales bzw. diametrales Prüfmaß | $M_r$ bzw. $M_d$ | |
| | und Messkugel bzw. Messrollendurchmesser | $D_M$ | |
| | Zweiflanken-Wälzabstand | $a''$ | |
| | Zusätzliche Verzahnungstoleranzen und Prüfangaben: | | |
| | Gegenrad | Sachnummer | |
| | | Zähnezahl | $z$ |
| | Achsabstand im Gehäuse mit Abmaßen | $a \pm$ | |
| | Wälzlängen oder Eingriffsstrecke | $L_a, L_f$ / $g_\alpha$ | |
| | Ergänzende Angaben (bei Bedarf): | | |

1 Kopfkreisdurchmesser $d_a$
2 Fußkreisdurchmesser $d_f$ (bei Bedarf), wenn in der Tabelle keine Zahnhöhe angegeben ist oder wenn ein bestimmtes Maß eingehalten werden soll.
3 Zahnbreite $b$
4 Kennzeichen der Bezugselemente. Für Rundlauf- und Planlauftolerierung ist die Radachse Bezugselement.
5 Rundlauf- und Planlauftoleranz (z. B. ↗ 0,01 A bzw. ⊥ 0,01 A ).
Diese Toleranzen sind anzugeben, wenn der Hinweis auf die Allgemeintoleranzen nach DIN ISO 2768-2 nicht genügt.
Rund- und Planlauftoleranzen nach DIN EN ISO 1101
6 Oberflächen-Kennzeichnung für die Zahnflanken nach DIN EN ISO 1302
(z. B. ∇ geschliffen / Rz 6,3 , vgl. Lehrbuch Kapitel 2)

Angaben sind neben den Angaben in der Zeichnung für die Herstellung des Zahnrades unbedingt erforderlich.

[1] Diese Prüfungen sind dem Hersteller freigestellt, wenn keine Angaben erfolgen.
[2] Vorzeichen nach DIN 3960

Zahnräder und Zahnradgetriebe (Grundlagen)

## TB 20-11  Zeichnungsangaben für Kegelräder nach DIN 3966-2

| Angaben in der Zeichnung | zusätzliche Angaben | | |
|---|---|---|---|
| | Geradzahn-Kegelrad | | |
| | Modul | $m_P$ | |
| | Zähnezahl | $z$ | |
| | Teilkegelwinkel | $\delta$ | |
| | Äußerer Teilkreisdurchmesser | $d_e$ | |
| | Äußere Teilkegellänge | $R_e$ | |
| | Planradzähnezahl | $z_P$ | |
| | Zahndicken-Halbwinkel | $\psi_P$ | |
| | Fußwinkel  oder Fußkegelwinkel | $\vartheta_f$  $\delta_f$ | |
| | Profilwinkel | $\alpha_P$ | |
| | Verzahnungsqualität | | |
| | Prüfmaße der Zahndicke | Zahndickensehne im Rückenkegel | $\bar{s}$ |
| | | Höhe über der Sehne | $\bar{h}$ |
| | Zusätzliche Verzahnungstoleranzen und Prüfangaben: | | |
| | Gegenrad | Sachnummer | |
| | | Zähnezahl | $z$ |
| | Achsenwinkel im Gehäuse mit Abmaßen | $\Sigma$ | |
| | Ergänzende Angaben (bei Bedarf): | | |
| | Verzahnungs-Bezugsprofil | | |

1 Kopfkreisdurchmesser $d_{ae}$
2 Zahnbreite $b$
3 Kopfkegelwinkel $\delta_a$
4 Komplementwinkel des Rückenkegelwinkels $\delta$
6 Kennzeichen des Bezugselementes. Für die Rundlauf- und Planlauftolerierung ist das Bezugselement die Radachse
7 Rundlauftoleranz (z. B. ⌐ 0,02 A ) und Planlauftoleranz (z. B. ⊥ 0,01 A ) nach DIN EN ISO 1101. Angaben sind erforderlich, wenn Hinweis auf Allgemeintoleranzen nach DIN ISO 2768 nicht genügt.
8.1 Einbaumaß (wird allgemein am fertigen Werkstück festgestellt und auf dem Werkstück angegeben)
8.2 Äußerer Kopfkreisabstand
8.3 Innerer Kopfkreisabstand
8.4 Hilfsebenenabstand
9 Oberflächenkennzeichen für die Zahnflanken nach DIN EN ISO 1302 (vgl. Lehrbuch Kapitel 2)

Angaben sind neben den Angaben in der Zeichnung für die Herstellung des Kegelrades erforderlich.

**TB 20-12** Zeichnungsangaben für Schnecken nach DIN 3966-3

| Angaben in der Zeichnung | zusätzliche Angaben | | |
|---|---|---|---|
| (Zeichnung mit Positionen 1–6, A, B) | Schnecke | | |
| | Zähnezahl | $z_1$ | |
| | Mittenkreisdurchmesser | $d_{m1}$ | |
| | Modul (Axialmodul) | $m_P$ | |
| | Zahnhöhe | $h_1$ | |
| | Flankenrichtung | | rechtssteigend linkssteigend |
| | Steigungshöhe | $p_{z1}$ | |
| | Mittensteigungswinkel | $\gamma_m$ | |
| | Flankenform nach DIN 3975 | | A, N, I, K |
| | Axialteilung | $p_x$ | |
| | Sachnummer des Schneckenrades | | |
| | Verzahnungsqualität | | |
| | Zahndicke mit Abmaßen | $s_{mn}$ | |
| | Prüfmaße der Zahndicke[1]: Zahndickensehne bei Meßhöhe | | |
| | Prüfmaß | $M$ | |
| | bei Messrollendurchmesser | $D_M$ | |
| | Erzeugungswinkel | $\alpha_0$ | |
| | Flankenform I: Grundkreisdurchmesser | $d_{b1}$ | |
| | Grundsteigungswinkel | $\gamma_b$ | |
| | Zusätzliche Verzahnungstoleranzen und Prüfangaben: | | |
| | Ergänzende Angaben (bei Bedarf): | | |

1 Kopfkreisdurchmesser $d_{a1}$
2 Fußkreisdurchmesser $d_{f1}$ (bei Bedarf)
3 Zahnbreite $b_1$
4 Kennzeichen der Bezugselemente.
Für die Rundlauftolerierung sind die Lagerflächen der Schnecke Bezugselemente.
5 Rundlauftoleranz des Schneckenkörpers
(z. B. ⌮ 0,05 AB ) nach DIN EN ISO 1101.
Angaben sind erforderlich, wenn Hinweis auf Allgemeintoleranzen nach DIN ISO 2768 nicht genügt
6 Oberflächenkennzeichen für die Zahnflanken nach DIN EN ISO 1302
(vgl. Lehrbuch Kapitel 2).

Angaben sind neben den Angaben in der Zeichnung zur Herstellung unbedingt erforderlich.

[1] Diese Prüfungen sind dem Hersteller freigestellt, wenn keine Angaben erfolgen.

Zahnräder und Zahnradgetriebe (Grundlagen)

**TB 20-13**  Zeichnungsangaben für Schneckenräder nach DIN 3966-3

| Angaben in der Zeichnung | zusätzliche Angaben | | |
|---|---|---|---|
| (Zeichnung) | Schneckenrad | | |
| | Zähnezahl | $z_2$ | |
| | Modul (Stirnmodul) | $m$ | |
| | Teilkreisdurchmesser | $d_2$ | |
| | Profilverschiebungsfaktor | $x_2$ | |
| | Zahnhöhe | $h_2$ | |
| | Flankenrichtung | | rechtssteigend linkssteigend |
| | Verzahnungsqualität | | |
| | Flankenspiel (bei Bedarf) | | |
| | Zusätzliche Verzahnungstoleranzen und Prüfangaben: | | |
| 1 Außendurchmesser $d_{e2}$ | Schnecke | Sachnummer | |
| 2 Kopfkreisdurchmesser $d_{a2}$ | | Zähnezahl | $z_1$ |
| 3 Kopfkehlhalbmesser $r_k = a - \dfrac{d_{a2}}{2}$ | Achsabstand im Gehäuse mit Abmaßen | $a \pm$ | |
| 4 Kehlkreis-Mittenabstand gleich Achsabstand $a$ | Ergänzende Angaben (bei Bedarf): | | |
| 5 Fußkreisdurchmesser $d_f$ (bei Bedarf) | | | |
| 6 Zahnbreite $b_2$ | | | |
| 7 Kennzeichen der Bezugselemente Bezugselement für die Rundlauf- und Planlauftoleranz ist die Radachse | | | |
| 8 Rundlauftoleranz und Planlauftoleranz des Radkörpers | Angaben sind neben den Angaben in der Zeichnung für die Herstellung des Schneckenrades unbedingt erforderlich. | | |
| 9 Oberflächenkennzeichen nach DIN EN ISO 1302 (vgl. Lehrbuch Kapitel 2) | | | |

# Außenverzahnte Stirnräder 21

**TB 21-1** Modulreihe für Zahnräder nach DIN 780 (Auszug)
Moduln $m$ für *Stirn-* und *Kegelräder* in mm

| | | | | | | | | | | |
|---|---|---|---|---|---|---|---|---|---|---|
| Reihe 1 | 0,1 | 0,12 | 0,16 | 0,20 | 0,25 | 0,3 | 0,4 | 0,5 | 0,6 | 0,7 | 0,8 |
| | 0,9 | 1 | 1,25 | 1,5 | 2 | 2,5 | 3 | 4 | 5 | 6 | 8 |
| | 10 | 12 | 16 | 20 | 25 | 32 | 40 | 50 | 60 | | |
| Reihe 2 | 0,11 | 0,14 | 0,18 | 0,22 | 0,28 | 0,35 | 0,45 | 0,55 | 0,65 | 0,75 | 0,85 |
| | 0,95 | 1,125 | 1,375 | 1,75 | 2,25 | 2,75 | 3,5 | 4,5 | 5,5 | 7 | 9 |
| | 11 | 14 | 18 | 22 | 28 | 36 | 45 | 55 | 70 | | |

Die Moduln gelten im Normalschnitt; Reihe 1 ist gegenüber Reihe 2 zu bevorzugen.

**TB 21-2a** Profilüberdeckung $\varepsilon_\alpha$ bei Null- und $V$-Null-Getrieben (überschlägige Ermittlung)

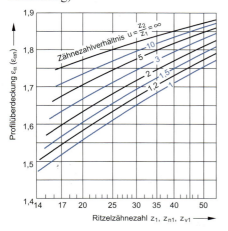

**TB 21-2b** Profilüberdeckung $\varepsilon_\alpha$ bei $V$-Getrieben (überschlägige Ermittlung)

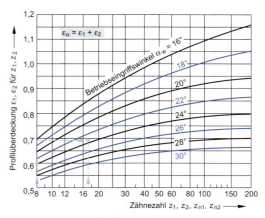

Das eingezeichnete Ablesebeispiel *Geradstirnrad-Getriebe* bei $\alpha_w = 23{,}7°$ für $z_1 = 8$ wird $\varepsilon_1 \approx 0{,}6$; für $z_2 = 17$ wird $\varepsilon_2 \approx 0{,}69$; somit $\varepsilon_\alpha = \varepsilon_1 + \varepsilon_2 \approx 1{,}3$

**TB 21-3** Bereich der ausführbaren Evolventenverzahnungen mit Bezugsprofil nach DIN 867 für Außen- und Innenräder nach DIN 3960

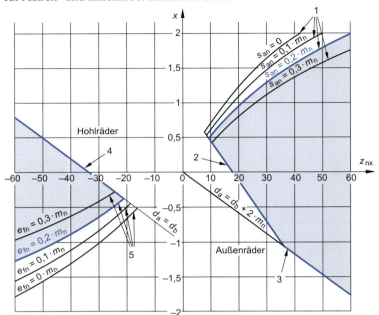

Kurven 1    Grenzwerte für Außenräder durch Zahnkopfdicke $s_{an}$
Gerade 2    Grenzwerte für Außenräder durch Unterschnitt an den Fußflanken
Gerade 3    Grenzwerte für Außenräder durch Mindest-Kopfkreisdurchmesser
Gerade 4    Grenzwerte für Hohlräder für $d_a = d_b$
Kurven 5    Grenzwerte für Hohlräder durch Zahnfußlückenweite $e$

**TB 21-4** Wahl der Summe der Profilverschiebungsfaktoren $\Sigma x = (x_1 + x_2)$

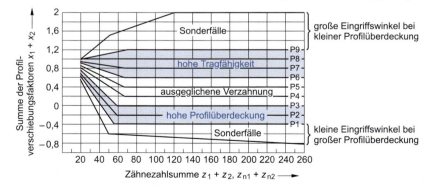

# Außenverzahnte Stirnräder

**TB 21-5** Betriebseingriffswinkel $\alpha_w$ (überschlägige Ermittlung)

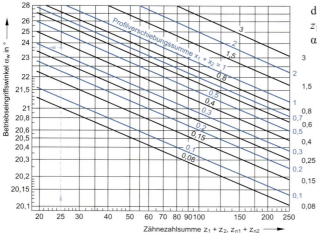

das eingezeichnete Ablesebeispiel mit
$z_1 + z_2 = 8 + 17 = 25$; $x_1 + x_2 = 0{,}36$ ergibt
$\alpha_w \approx 23{,}7°$; s. TB 21-2b

**TB 21-6** Aufteilung von $\Sigma x = (x_1 + x_2)$ mit Ablesebeispiel

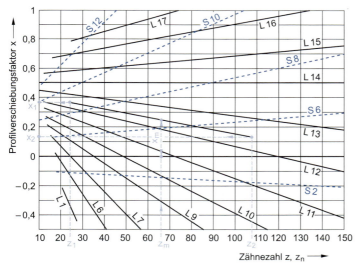

*Ablesebeispiel:* Gegeben seien $z_1 = 24$, $z_2 = 108$, damit $i = 4{,}5$, Summe der Profilverschiebungsfaktoren $x_1 + x_2 = +0{,}5$ (ausgeglichene Verzahnung mit höherer Tragfähigkeit nach TB 21-4). Man trage über der mittleren Zähnezahl $z_m = (z_1 + z_2)/2 = (24 + 108)/2 = 66$ den Mittelwert der Summe der Profilverschiebungsfaktoren $x_m = (x_1 + x_2)/2 = 0{,}25$ von der 0-Linie auf. Durch diesen Punkt ziehe man eine den benachbarten L-Linien ($i > 1$!) angepasste Gerade. Diese gibt dann über $z_1$ und $z_2$ die zugehörigen Werte $x_1 = +0{,}36$ und $x_2 = +0{,}14$ an. Dabei ist zu beachten, dass die Summe der gefundenen Werte $x_1$ und $x_2$ mit der vorgegebenen Summe der Profilverschiebungsfaktoren genau übereinstimmt. Bei Übersetzung $i < 1$ S-Linien verwenden.

**TB 21-7** Verzahnungsqualität (Anhaltswerte)
a) nach Verwendungsgebieten
b) nach Umfangsgeschwindigkeiten am Teilkreis
c) nach Herstellungsverfahren

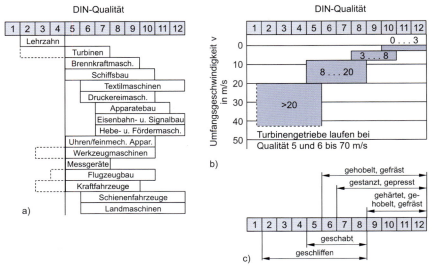

Bei gehärteten Schräg- oder Doppelschrägverzahnungen
Qualität 8 oder feiner, sonst Zahnbruchgefahr.

**TB 21-8** Zahndickenabmaße, Zahndickentoleranzen
a) oberes Zahndickenabmaß $A_{sne}$ in µm nach DIN 3967 (Auszug)

| Teilkreisdurch- messer (mm) | | Abmaßreihe | | | | | | | | | |
|---|---|---|---|---|---|---|---|---|---|---|---|
| über | bis | a | ab | b | bc | c | cd | d | e | f | g | h |
| – | 10 | −100 | −85 | −70 | −58 | −48 | −40 | −33 | −22 | −10 | −5 | 0 |
| 10 | 50 | −135 | −110 | −95 | −75 | −65 | −54 | −44 | −30 | −14 | −7 | 0 |
| 50 | 125 | −180 | −150 | −125 | −105 | −85 | −70 | −60 | −40 | −19 | −9 | 0 |
| 125 | 280 | −250 | −200 | −170 | −140 | −115 | −95 | −80 | −56 | −26 | −12 | 0 |
| 280 | 560 | −330 | −280 | −230 | −190 | −155 | −130 | −110 | −75 | −35 | −17 | 0 |
| 560 | 1000 | −450 | −370 | −310 | −260 | −210 | −175 | −145 | −100 | −48 | −22 | 0 |

# Außenverzahnte Stirnräder

**TB 21-8** (Fortsetzung)

b) Zahndickentoleranzen $T_{sn}$ in µm nach DIN 3967 (Auszug)

| Teilkreisdurchmesser (mm) | | Toleranzreihe | | | | | | | | |
|---|---|---|---|---|---|---|---|---|---|---|
| über | bis | 21 | 22 | 23 | 24 | 25 | 26 | 27 | 28 | 29 | 30 |
| – | 10 | 3 | 5 | 8 | 12 | 20 | 30 | 50 | 80 | 130 | 200 |
| 10 | 50 | 5 | 8 | 12 | 20 | 30 | 50 | 80 | 130 | 200 | 300 |
| 50 | 125 | 6 | 10 | 16 | 25 | 40 | 60 | 100 | 160 | 250 | 400 |
| 125 | 280 | 8 | 12 | 20 | 30 | 50 | 80 | 130 | 200 | 300 | 500 |
| 280 | 560 | 10 | 16 | 25 | 40 | 60 | 100 | 160 | 250 | 400 | 600 |
| 560 | 1000 | 12 | 20 | 30 | 50 | 80 | 130 | 200 | 300 | 500 | 800 |

c) zulässige Zahndickenschwankung $R_s$ in µm nach DIN 3962 T1 (Auszug)

| Verzahnungsqualität | | $m\,(m_n)$ von 1 bis 2 mm $R_s$ | | | | | | $m\,(m_n)$ von 2 bis 3,55 mm $R_s$ | | | | | | $m\,(m_n)$ von 3,55 bis 6 mm $R_s$ | | | | | |
|---|---|---|---|---|---|---|---|---|---|---|---|---|---|---|---|---|---|---|---|
| | | 6 | 7 | 8 | 9 | 10 | 11 | 12 | 6 | 7 | 8 | 9 | 10 | 11 | 12 | 6 | 7 | 8 | 9 | 10 | 11 | 12 |
| über 10 bis 50 | | 8 | 12 | 16 | 22 | 32 | 45 | 63 | 10 | 14 | 20 | 28 | 36 | 56 | 71 | 11 | 16 | 22 | 32 | 45 | 63 | 90 |
| über 50 bis 125 | | 10 | 14 | 20 | 28 | 40 | 56 | 80 | 12 | 16 | 22 | 32 | 45 | 63 | 90 | 14 | 20 | 28 | 36 | 50 | 71 | 100 |
| über 125 bis 280 | | 12 | 16 | 22 | 32 | 45 | 63 | 90 | 14 | 20 | 28 | 36 | 50 | 71 | 100 | 16 | 22 | 32 | 45 | 63 | 80 | 110 |
| über 280 bis 560 | | 14 | 18 | 25 | 36 | 50 | 71 | 100 | 16 | 22 | 32 | 40 | 56 | 80 | 110 | 18 | 25 | 36 | 50 | 71 | 90 | 125 |
| über 560 bis 1000 | | 14 | 20 | 28 | 40 | 56 | 80 | 110 | 18 | 25 | 36 | 45 | 63 | 90 | 125 | 20 | 28 | 36 | 56 | 80 | 100 | 140 |

| Verzahnungsqualität | | $m\,(m_n)$ von 6 bis 10 mm $R_s$ | | | | | | | $m\,(m_n)$ von 10 bis 16 mm $R_s$ | | | | | | | $m\,(m_n)$ von 16 bis 25 mm $R_s$ | | | | | | |
|---|---|---|---|---|---|---|---|---|---|---|---|---|---|---|---|---|---|---|---|---|---|---|
| | | 6 | 7 | 8 | 9 | 10 | 11 | 12 | 6 | 7 | 8 | 9 | 10 | 11 | 12 | 6 | 7 | 8 | 9 | 10 | 11 | 12 |
| über 10 bis 50 | | 14 | 18 | 25 | 36 | 50 | 71 | 100 | – | – | – | – | – | – | – | – | – | – | – | – | – | – |
| über 50 bis 125 | | 16 | 22 | 32 | 45 | 63 | 80 | 110 | 18 | 25 | 36 | 50 | 71 | 100 | 140 | – | – | – | – | – | – | – |
| über 125 bis 280 | | 18 | 25 | 36 | 50 | 71 | 90 | 125 | 20 | 28 | 40 | 56 | 80 | 110 | 160 | 22 | 32 | 45 | 63 | 90 | 125 | 160 |
| über 280 bis 560 | | 20 | 28 | 40 | 56 | 80 | 110 | 140 | 22 | 32 | 45 | 63 | 90 | 125 | 160 | 25 | 36 | 50 | 71 | 100 | 140 | 180 |
| über 560 bis 1000 | | 22 | 32 | 45 | 63 | 80 | 125 | 160 | 25 | 36 | 50 | 71 | 100 | 140 | 180 | 28 | 40 | 56 | 80 | 110 | 140 | 200 |

d) Empfehlungen zu TB 21-8 und TB 21-9

| Anwendungsbereich | $A_{sne}$-Reihe | $T_{sn}$-Reihe | Achsabstand/Achsabmaße |
|---|---|---|---|
| Allgemeiner Maschinenbau | b | 26 | js7 |
| dsgl. reversierend, Scheren, Fahrwerke | c | 25 | js6 |
| Werkzeugmaschinen | f | 24/25 | js6 |
| Landmaschinen | e | 27/28 | js8 |
| Kraftfahrzeuge | d | 26 | js7 |
| Kunststoffmaschinen, Lok-Antriebe | c, cd | 25 | js7 |

**TB 21-9** Achsabstandsabmaße $A_{ae}$, $A_{ai}$ in µm von Gehäusen für Stirnradgetriebe nach DIN 3964 (Auszug)

| | Achsabstand $a$ (Nennmaß) in mm | | Achslage-Genauigkeitsklasse 1 bis 3 | | | | | | |
|---|---|---|---|---|---|---|---|---|---|
| | | | | Achslage-Genauigkeitsklasse 4 bis 6 | | | | | |
| | | | | | Achslage-Genauigkeitsklasse 7 bis 9 | | | | |
| | | | | | | Achslage-Genauigkeitsklasse 10 bis 12 | | | |
| | | | ISO-Toleranzfeld js | | | | | | |
| | | | 5 | 6 | 7 | 8 | 9 | 10 | 11 |
| | über | 10 | + 4 | + 5,5 | + 9 | +13,5 | + 21,5 | + 35 | + 55 |
| | bis | 18 | − 4 | − 5,5 | − 9 | −13,5 | − 21,5 | − 35 | − 55 |
| | über | 18 | + 4,5 | + 6,5 | +10,5 | +16,5 | + 26 | + 42 | + 65 |
| | bis | 30 | − 4,5 | − 6,5 | −10,5 | −16,5 | − 26 | − 42 | − 65 |
| | über | 30 | + 5,5 | + 8 | +12,5 | +19,5 | + 31 | + 50 | + 80 |
| | bis | 50 | − 5,5 | − 8 | −12,5 | −19,5 | − 31 | − 50 | − 80 |
| | über | 50 | + 6,5 | + 9,5 | +15 | +23 | + 37 | + 60 | + 95 |
| | bis | 80 | − 6,5 | − 9,5 | −15 | −23 | − 37 | − 60 | − 95 |
| | über | 80 | + 7,5 | +11 | +17,5 | +27 | + 43,5 | + 70 | +110 |
| | bis | 120 | − 7,5 | −11 | −17,5 | −27 | − 43,5 | − 70 | −110 |
| | über | 120 | + 9 | +12,5 | +20 | +31,5 | + 50 | + 80 | +125 |
| | bis | 180 | − 9 | −12,5 | −20 | −31,5 | − 50 | − 80 | −125 |
| | über | 180 | +10 | +14,5 | +23 | +36 | + 57,5 | + 92,5 | +145 |
| | bis | 250 | −10 | −14,5 | −23 | −36 | − 57,5 | − 92,5 | −145 |
| | über | 250 | +11,5 | +16 | +26 | +40,5 | + 65 | +105 | +160 |
| | bis | 315 | −11,5 | −16 | −26 | −40,5 | − 65 | −105 | −160 |
| | über | 315 | +12,5 | +18 | +28,5 | +44,5 | + 70 | +115 | +180 |
| | bis | 400 | −12,5 | −18 | −28,5 | −44,5 | − 70 | −115 | −180 |
| | über | 400 | +13,5 | +20 | +31,5 | +48,5 | + 77,5 | +125 | +200 |
| | bis | 500 | −13,5 | −20 | −31,5 | −48,5 | − 77,5 | −125 | −200 |
| | über | 500 | +14 | +22 | +35 | +55 | + 87 | +140 | +220 |
| | bis | 630 | −14 | −22 | −35 | −55 | − 87 | −140 | −220 |
| | über | 630 | +16 | +25 | +40 | +62 | +100 | +160 | +250 |
| | bis | 800 | −16 | −25 | −40 | −62 | −100 | −160 | −250 |
| | über | 800 | +18 | +28 | +45 | +70 | +115 | +180 | +280 |
| | bis | 1000 | −18 | −28 | −45 | −70 | −115 | −180 | −280 |

# Außenverzahnte Stirnräder

**TB 21-10**  Messzähnezahl $k$ für Stirnräder

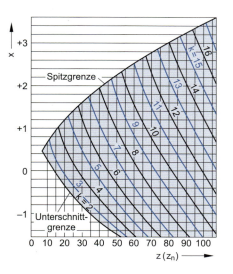

**TB 21-11**  Empfehlungen zur Aufteilung von $i$ für zwei- und dreistufige Stirnradgetriebe

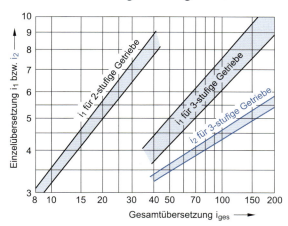

**TB 21-12**  Ritzelzähnezahl $z_1$ (Richtwerte)[1]
a) abhängig von den Anforderungen an das Getriebe

| Anforderungen an das Getriebe | Anwendungsbeispiele | Günstige Ritzelzähnezahl $z_1$ |
|---|---|---|
| Zahnfußtragfähigkeit und Grübchentragfähigkeit ausgeglichen | Getriebe für den allgemeinen Maschinenbau (kleine bis mittlere Drehzahl) | $z_1 \approx 20\ldots30$ |
| Zahnfußtragfähigkeit wichtiger als die Grübchentragfähigkeit | Hubwerkgetriebe, teilweise Fahrzeuggetriebe | $z_1 \approx 14\ldots20$ |
| Grübchentragfähigkeit wichtiger als die Zahnfußtragfähigkeit | hochbelastete schnelllaufende Getriebe im Dauerbetrieb | $z_1 > 35$ |
| Hohe Laufruhe | schnelllaufende Getriebe | |

b) abhängig von der Wärmebehandlung und der Übersetzung

| Wärmebehandlung der Zahnräder bzw. deren Werkstoff | | Zähnezahl $z_1$ bei einem Zähnezahlverhältnis $u$ | | | |
|---|---|---|---|---|---|
| | | 1 | 2 | 3 | 4 |
| vergütet oder oberflächengehärtet | <230 HB | 32…60 | 29…55 | 25…50 | 22…45 |
| | ≥230 HB | 30…50 | 27…45 | 23…40 | 20…35 |
| nitriert | | 24…40 | 21…35 | 19…31 | 16…26 |
| einsatzgehärtet | | 21…32 | 19…29 | 16…25 | 14…22 |
| Gusseisen (GJS) | | 26…45 | 23…40 | 21…35 | 18…30 |

$z = 12$ praktisch kleinste Zähnezahl für Leistungsgetriebe (Gegenzähnezahl ≥ 23)
[1] unterer Bereich für $n < 1000$ min$^{-1}$
  oberer Bereich für $n > 3000$ min$^{-1}$.

**TB 21-13** Ritzelbreite, Verhältniszahlen (Richtwerte)
a) Durchmesser-Breitenverhältnis $\psi_d = b_1/d_1$

| Art der Lagerung | | Wärmebehandlung | | | |
|---|---|---|---|---|---|
| | | normal-geglüht HB < 180 | vergütet HB > 200 | einsatz-, flamm- oder induktions-gehärtet | nitriert |
| | | $\psi_d$ | | | |
| symmetrisch | | ≤1,6 | ≤1,4 | ≤1,1 | ≤0,8 |
| unsymmetrisch | | ≤1,3 | ≤1,1 | ≤0,9 | ≤0,6 |
| fliegend | | ≤0,8 | ≤0,7 | ≤0,6 | ≤0,4 |

b) Modulbreitenverhältnis $\psi_m = b_1/m$

| Lagerung | Verzahnungs-qualität | $\psi_m$ |
|---|---|---|
| Stahlkonstruktion, leichtes Gehäuse | 11…12 | 10…15 |
| Stahlkonstruktion oder fliegendes Ritzel | 8… 9 | 15…25 |
| gute Lagerung im Gehäuse | 6… 7 | 20…30 |
| genau parallele, starre Lagerung | 6… 7 | 25…35 |
| $b/d_1 \leq 1$, genau parallele, starre Lagerung | 5… 6 | 40…60 |

**TB 21-14** Berechnungsfaktoren

| | | Verzahnungsqualität | | | | | | |
|---|---|---|---|---|---|---|---|---|
| | | 6 | 7 | 8 | 9 | 10 | 11 | 12 |
| Geradverzahnung | $q_H$ | 1,32 | 1,85 | 2,59 | 4,01 | 6,22 | 9,63 | 14,9 |
| | $K_1$ | 9,6 | 15,3 | 24,5 | 34,5 | 53,6 | 76,6 | 122,5 |
| | $K_2$ | 0,0193 | | | | | | |
| Schrägverzahnung | $K_1$ | 8,5 | 13,6 | 21,8 | 30,7 | 47,7 | 68,2 | 109,1 |
| | $K_2$ | 0,0087 | | | | | | |

**TB 21-15**  Breitenfaktor $K_{H\beta}$, $K_{F\beta}$, Anhaltswerte (nach DIN 3990)
Gültig für $F_m/b = K_A \cdot F_t/b \geq 100$ N/mm, d. h. blau hinterlegter Bereich nicht zugelassen

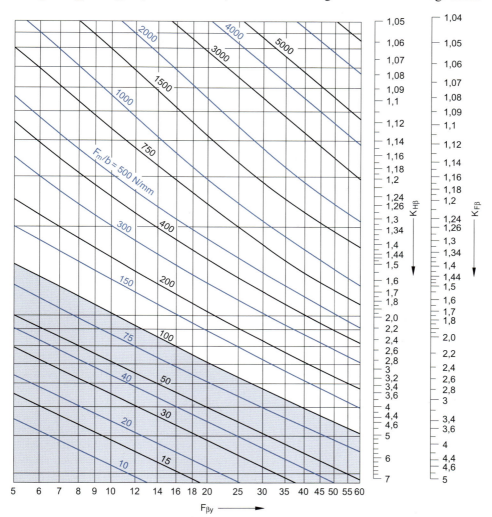

Bei $K_{H\beta} > 2$ ($K_{F\beta} > 1{,}8$) liegen die Werte erheblich über den tatsächlichen Verhältnissen, d. h. auf der sicheren Seite; bei $K_{H\beta} > 1{,}5$ ($K_{F\beta} > 1{,}4$), wenn möglich, Konstruktion steifer ausführen.

**TB 21-16** Flankenlinienabweichung
a) durch Verformung $f_{sh}$ in µm, abhängig von $b$ je Radpaar; Erfahrungswerte

| Zahnbreite $b$ [1] in mm | bis 20 | über 20 bis 40 | über 40 bis 100 | über 100 bis 200 | über 200 bis 315 | über 315 bis 560 | über 560 |
|---|---|---|---|---|---|---|---|
| sehr steife Getriebe und/oder $F_t/b < 200$ N/mm z. B. stationäre Turbogetriebe | 5 | 6,5 | 7 | 8 | 10 | 12 | 16 |
| mittlere Steifigkeit und/oder $F_t/b \approx 200\ldots1000$ N/mm (meist Industriegetriebe) | 6 | 7 | 8 | 11 | 14 | 18 | 24 |
| nachgiebige Getriebe und/oder $F_t/b > 1000$ N/mm | 10 | 13 | 18 | 25 | 30 | 38 | 50 |

[1] Bei ungleichen $b$ ist die kleinere Breite einzusetzen.

b) Faktor $K'$ zur Berücksichtigung der Ritzellage zu den Lagern (nach DIN 3990)

| Anordnung | $s/l$ | $K'$ [1] mit Stützwirkung | $K'$ [1] ohne Stützwirkung |
|---|---|---|---|
| (1) | <0,3 | 0,48 | 0,8 |
| (2) | <0,3 | −0,48 | −0,8 |
| (3) | <0,5 | 1,33 | 1,33 |
| (4) | <0,3 | −0,36 | −0,6 |
| (5) | <0,3 | −0,6 | −1,0 |

$T$ Einleitung oder Abnahme des Drehmoments
$d_{sh}$ Durchmesser der Ritzelwelle
$d_1$ Teilkreisdurchmesser des Ritzels

[1] mit Stützwirkung des Ritzelkörpers, wenn Ritzel mit Welle aus einem Stück, wobei $d_1/d_{sh} \geq 1{,}15$,
ohne Stützwirkung bei $d_1/d_{sh} < 1{,}15$, ferner bei aufgestecktem Ritzel mit Passfederverbindung o. ä. sowie bei üblichen Pressverbänden.

Für andere Anordnungen und $s/l$-Grenzen sowie bei zusätzlichen Wellenbelastungen durch Riemen, Ketten u. ä. wird eine eingehende Analyse empfohlen.

Außenverzahnte Stirnräder

**TB 21-16** (Fortsetzung)
c) zulässige Flankenlinien-Winkel-Abweichungen $f_{H\beta}$ in µm (nach DIN 3962)

| DIN-Qualität | Zahnbreite $b$ in mm | | | |
|---|---|---|---|---|
| | bis 20 | >20 bis 40 | >40 bis 100 | >100[1] |
| 6 | 8 | 9 | 10 | 11 |
| 7 | 11 | 13 | 14 | 16 |
| 8 | 16 | 18 | 20 | 22 |
| 9 | 25 | 28 | 28 | 32 |
| 10 | 36 | 40 | 45 | 50 |
| 11 | 56 | 63 | 71 | 80 |
| 12 | 90 | 100 | 110 | 125 |

[1] statt der angegebenen Werte können für $b > 160$ mm auch andere Sondertoleranzen vereinbart werden.

**TB 21-17** Einlaufbeträge für Flankenlinien $y_\beta$ in µm (nach DIN 3990)
(bei unterschiedlichen Werkstoffen für Ritzel 1 und Rad 2 gilt $y_\beta = (y_{\beta 1} + y_{\beta 2})/2$)

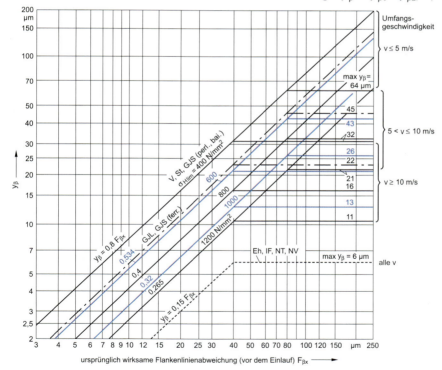

Vergütungsstahl, Baustahl (V: $R_m \geq 800$ N/mm², St: $R_m < 800$ N/mm²) sowie GJS (perl, bai)
  $y_\beta = (320\ \text{N/mm}^2/\sigma_{H\,\text{lim}}) \cdot F_{\beta x} \leq \max y_\beta$
Gusseisen (GJL) und GJS (ferr)
  $y_\beta = 0{,}55 \cdot F_{\beta x} \leq \max y_\beta$
Einsatzgeh. oder nitrierter Stahl
  $y_\beta = 0{,}15 \cdot F_{\beta x} \leq 6$ µm

GJS (perl), (bai) Gusseisen mit Kugelgraphit, mit perlitischem, ferritischem, bainitischem Gefüge
Eh   Einsatzstahl, einsatzgehärtet
IF   Stahl und GJS, induktions- oder flammgehärtet
NT   Nitrierstahl, langzeit-gasnitriert
NV   Vergütungs- und Einsatzstahl, langzeit-gasnitriert

**TB 21-18** Stirnfaktoren $K_{F\alpha}$, $K_{H\alpha}$
a) vereinfachte Festlegung (nach DIN 3990)
Bei Paarung eines gehärteten Rades mit einem nicht gehärteten Gegenrad ist der Mittelwert einzusetzen. Bei unterschiedliche Verzahnungsqualität ist von der gröberen auszugehen.

| | Verzahnungsqualität DIN 3961 (ISO 1328) | | Linienbelastung $K_A \cdot F_t/b$ $\geq 100$ N/mm | | | | | | <100 N/mm |
|---|---|---|---|---|---|---|---|---|---|
| | | | 6 (5) | 7 | 8 | 9 | 10 | 11 | 12 | 6 (5) und gröber |
| gehärtet [1] | Geradverzahnung $\beta = 0°$ | $K_{F\alpha}$ $K_{H\alpha}$ | 1,0 | 1,1 | 1,2 | $1/Y_\varepsilon \geq 1,2$ $1/Z_\varepsilon^2 \geq 1,2$ | | | [2] [3] |
| | Schrägverzahnung $\beta > 0°$ | $K_{F\alpha}$ $K_{H\alpha}$ | 1,0 | 1,1 | 1,2 | 1,4 | $\varepsilon_{\alpha n} = \varepsilon_\alpha/\cos^2\beta_b \geq 1,4$ | | [4] |
| nicht gehärtet | Geradverzahnung $\beta = 0°$ | $K_{F\alpha}$ $K_{H\alpha}$ | | 1,0 | 1,1 | 1,2 | $1/Y_\varepsilon \geq 1,2$ $1/Z_\varepsilon^2 \geq 1,2$ | | [2] [3] |
| | Schrägverzahnung $\beta > 0°$ | $K_{F\alpha}$ $K_{H\alpha}$ | | 1,0 | 1,1 | 1,2 | 1,4 | $\varepsilon_{\alpha n} = \varepsilon_\alpha/\cos^2\beta_b \geq 1,4$ | [4] |

[1] Einsatz- oder randschichtgehärtet, nitriert oder nitrokarboriert.
[2] s. zu Gl. (21.82)
[3] s. zu Gl. (21.88)
[4] s. zu Gl. (21.36)

b) Faktor $q'_H$ zur Ermittlung der Eingriffsteilungsabweichung $f_{pe}$

| | Verzahnungsqualität nach DIN 3962 T1 … T3 | | | | | | | |
|---|---|---|---|---|---|---|---|---|
| | 5 | 6 | 7 | 8 | 9 | 10 | 11 | 12 |
| $q'_H$ | 1 | 1,4 | 1,96 | 2,75 | 3,85 | 6,15 | 9,83 | 15,75 |

**TB 21-18** (Fortsetzung)
c) Einlaufbetrag $y_\alpha$ in µm (nach DIN 3990); bei unterschiedlichen Werkstoffen für Ritzel (1) und Rad (2) gilt $y_\alpha = (y_{\alpha 1} + y_{\alpha 2})/2$

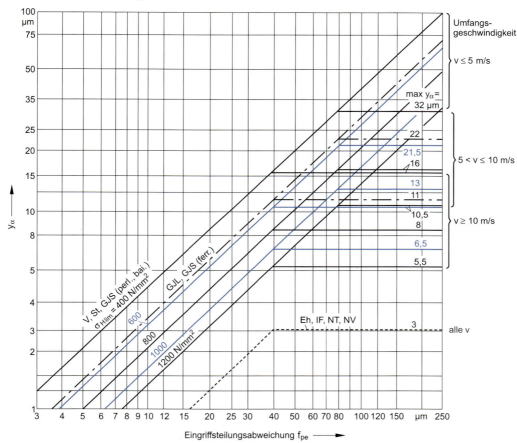

Vergütungsstahl, Baustahl (V: $R_m \geq 800$ N/mm², St: $R_m < 800$ N/mm²) sowie GJS (perl, bai)
$y_\alpha = (160 \text{ N/mm}^2/\sigma_{H\,min}) \cdot f_{pe} \leq \max y_\alpha$

Gusseisen (GJL) und GJS (ferr)
$y_\alpha = 0{,}275 \cdot f_{pe} \leq \max y_\alpha$

Einsatzgeh. oder nitrierter Stahl
$y_\alpha = 0{,}075 \cdot f_{pe} \leq 3$ µm

GJS (perl), (bai) Gusseisen mit Kugelgraphit, mit perlitischem, ferritischem, bainitischem Gefüge
Eh  Einsatzstahl, einsatzgehärtet
IF  Stahl und GJS, induktions- oder flammgehärtet
NT  Nitrierstahl, langzeit-gasnitriert
NV  Vergütungs- und Einsatzstahl, langzeit-gasnitriert

**TB 21-19** Korrekturfaktoren zur Ermittlung der Zahnfußspannung für Außenverzahnung (nach DIN 3990)
a) Formfaktor $Y_{Fa}$
Bezugsprofil $\alpha = 20°$, $h_a = m$, $h_f = 1{,}25 \cdot m$, $\rho_f = 0{,}25 \cdot m$

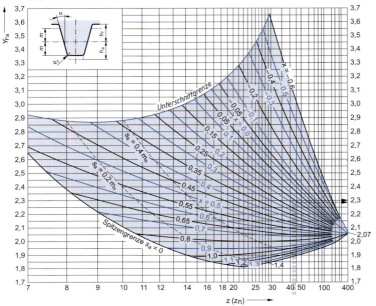

b) Spannungskorrekturfaktor $Y_{Sa}$
Bezugsprofil $\alpha = 20°$, $h_a = m$, $h_f = 1{,}25 \cdot m$, $\rho_f = 0{,}25 \cdot m$

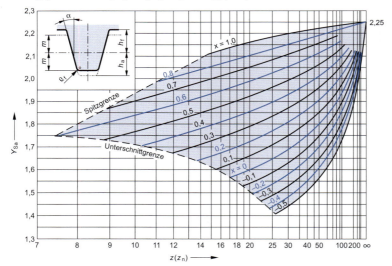

Außenverzahnte Stirnräder

**TB 21-19** (Fortsetzung)
c) Schrägenfaktor $Y_\beta$

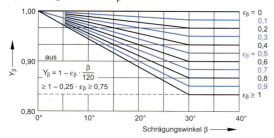

**TB 21-20** Korrekturfaktoren zur Ermittlung der zulässigen Zahnfußspannung für Außenverzahnung (nach DIN 3990)
a) Lebensdauerfaktor $Y_{NT}$

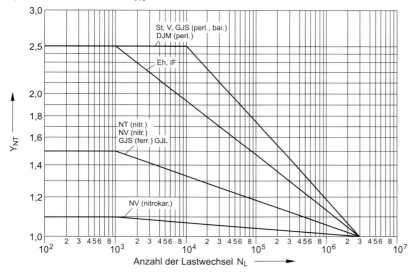

b) relative Stützziffer $Y_{\delta\,relT}$  c) relativer Oberflächenfaktor $Y_{R\,relT}$

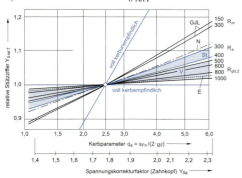
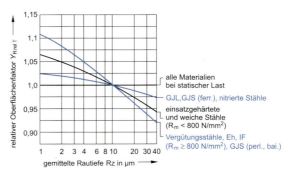

Bei $Rz < 1$ für Vergütungsstähle: $Y_{R\,relT} = 1{,}12$; einsatzgehärtete und weiche Stähle: $Y_{R\,relT} = 1{,}07$; GJL, GJS (ferr) und nitrierte Stähle: $Y_{R\,relT} = 1{,}025$.
Bei $1\,\mu m \leq Rz \leq 40\,\mu m$ für V-Stähle: $1{,}674 - 0{,}529\,(Rz+1)^{0,1}$; Eh und weiche Stähle: $5{,}306 - 4{,}203\,(Rz+1)^{0,01}$; GJL, GJS (ferr) und nitr. Stähle: $4{,}299 - 3{,}259\,(Rz+1)^{0,005}$

**TB 21-20** (Fortsetzung)
d) Größenfaktor $Y_X$ (Zahnfußspannung): $Z_X$ (Flankenpressung)

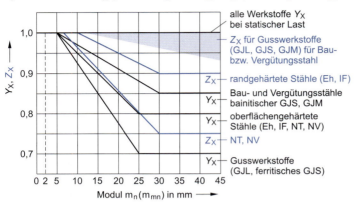

**TB 21-21** Korrekturfaktoren zur Ermittlung der Flankenpressung für Außenverzahnung (nach DIN 3990)
a) Zonenfaktor $Z_H$

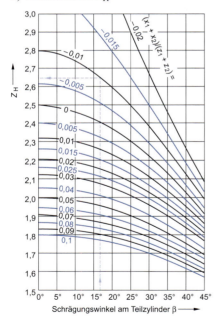

**TB 21-21** (Fortsetzung)
b) Elastizitätsfaktor $Z_E$ (wenn nicht ausdrücklich angegeben Poisson-Zahl $\nu = 0{,}3$)

| Rad 1 | | Rad 2 | | $\dfrac{Z_E}{\sqrt{\text{N/mm}^2}}$ |
|---|---|---|---|---|
| Werkstoff | Elastizitätsmodul N/mm² | Werkstoff | Elastizitätsmodul N/mm² | |
| Stahl (St) | 206000 | Stahl (St) | 206000 | 189,8 |
| | | Stahlguss (GS) | 202000 | 188,9 |
| | | Gusseisen (GJS) mit Kugelgraphit | 173000 | 181,4 |
| | | Guss-Zinnbronze | 103000 | 155,0 |
| | | Zinnbronze | 113000 | 159,8 |
| | | Gusseisen (GJL) mit Lamellengraphit | 126000 bis 118000 | 165,4 bis 162,0 |
| Stahlguss (GS) | 202000 | Stahlguss (GS) | 202000 | 188,0 |
| | | Gusseisen (GJS) mit Kugelgraphit | 173000 | 180,5 |
| | | Gusseisen (GJL) mit Lamellengraphit | 118000 | 161,4 |
| Gusseisen (GJS) mit Kugelgraphit | 173000 | Gusseisen (GJS) mit Kugelgraphit | 173000 | 173,9 |
| | | Gusseisen (GJL) mit Lamellengraphit | 118000 | 156,6 |
| Gusseisen (GJL) mit Lamellengraphit (Grauguss) | 126000 bis 118000 | Gusseisen (GJL) mit Lamellengraphit | 118000 | 146,0 bis 143,7 |
| Stahl | 206000 | Hartgewebe $\nu = 0{,}5$ | 7850 i. M. | 56,4 |

c) Überdeckungsfaktor $Z_\varepsilon$

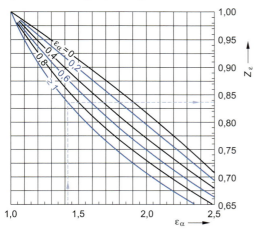

**TB 21-22** Korrekturfaktoren zur Ermittlung der zulässigen Flankenpressung für Außenverzahnung (nach DIN 3990); gerasterter Bereich = Streubereich

a) Schmierstofffaktor $Z_L$

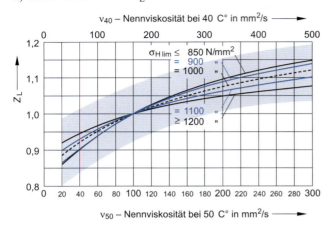

$$Z_L = C_{ZL} + \frac{4 \cdot (1 - C_{ZL})}{\left(1{,}2 + \dfrac{134}{v_{40}}\right)^2}$$

mit $C_{ZL} = \dfrac{\sigma_{H\,lim}}{4375} + 0{,}6357$

für $850 \dfrac{\text{N}}{\text{mm}^2} \leq \sigma_{H\,lim} \leq 1200 \dfrac{\text{N}}{\text{mm}^2}$

$C_{ZL} = 0{,}83$ für $\sigma_{H\,lim} < 850 \dfrac{\text{N}}{\text{mm}^2}$

$C_{ZL} = 0{,}91$ für $\sigma_{H\,lim} > 1200 \dfrac{\text{N}}{\text{mm}^2}$

$\sigma_{H\,lim}$ für weicheren Werkstoff der Radpaarung

b) Geschwindigkeitsfaktor $Z_v$

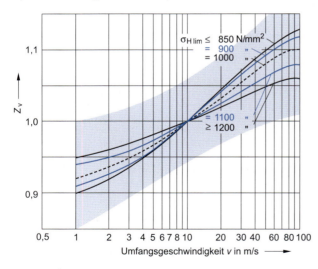

$$Z_v = C_{Zv} + \frac{2 \cdot (1 - C_{Zv})}{\sqrt{0{,}8 + \dfrac{32}{v}}}$$

mit $C_{Zv} = C_{ZL} + 0{,}02$

Außenverzahnte Stirnräder

**TB 21-22** (Fortsetzung)
c) Rauigkeitsfaktor $Z_R$

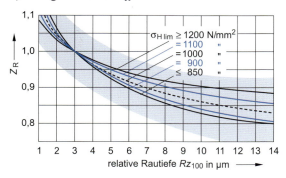

$$Z_R = \left(\frac{3}{Rz_{100}}\right)^{C_{ZR}}$$

mit $C_{ZR} = 0,32 - 0,0002 \cdot \sigma_{H\,lim}$

für $850\,\frac{N}{mm^2} \leq \sigma_{H\,lim} \leq 1200\,\frac{N}{mm^2}$

$C_{ZR} = 0,15$ für $\sigma_{H\,lim} < 850\,\frac{N}{mm^2}$

$C_{ZR} = 0,08$ für $\sigma_{H\,lim} > 1200\,\frac{N}{mm^2}$

$Rz_{100} = 0,5 \cdot (Rz_1 + Rz_2) \cdot \sqrt[3]{100/a}$

$a$: Achsenabstand bzw. $a_v$ der Ersatz-Stirnverzahnung

d) Lebensdauerfaktor $Z_{NT}$

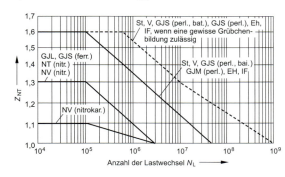

e) Werkstoffpaarungsfaktor $Z_W$

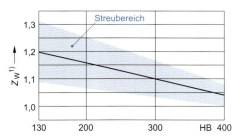

1) bei gleicher Härte ist $Z_W = 1$

Vergütungsstahl, Baustahl (V: $R_m \geq 800\,N/mm^2$, St: $R_m < 800\,N/mm^2$) sowie GJS (perl, bai)
$y_\alpha = (160\,N/mm^2/\sigma_{H\,lim}) \cdot f_{pe} \leq \max y_\alpha$
Gusseisen (GJL) und GJS (ferr)
$y_\alpha = 0,275 \cdot f_{pe} \leq \max y_\alpha$
Einsatzgeh. oder nitrierter Stahl
$y_\alpha = 0,075 \cdot f_{pe} \leq 3\,\mu m$

GJS (perl), (bai) Gusseisen mit Kugelgraphit, mit perlitischem, ferritischem, bainitischem Gefüge
Eh   Einsatzstahl, einsatzgehärtet
IF   Stahl und GJS, induktions- oder flammgehärtet
NT   Nitrierstahl, langzeit-gasnitriert
NV   Vergütungs- und Einsatzstahl, langzeit-gasnitriert

# Kegelräder und Kegelradgetriebe  22

**TB 22-1** Richtwerte zur Vorwahl der Abmessungen (Kegelräder)

| Übersetzung $i$<br>Zähnezahlverhältnis $u$ | 1 | 1,25 | 1,6 | 2 | 2,5 | 3,2 | 4 | 5 | 6 |
|---|---|---|---|---|---|---|---|---|---|
| Zähnezahl des Ritzels $z_1$ | 40…18 | 36…17 | 34…16 | 30…15 | 26…13 | 23…12 | 18…10 | 14…8 | 11…7 |
| Breitenverhältnis $\psi_d = \dfrac{b}{d_{m1}}$ | 0,21 | 0,24 | 0,28 | 0,34 | 0,4 | 0,5 | 0,6 | 0,76 | 0,9 |

**TB 22-2** Werte zur Ermittlung des Dynamikfaktors $K_v$ für Kegelräder (nach DIN 3991-1)
a) für Geradverzahnung;   b) für Schrägverzahnung

| Qualität | | 6 | 7 | 8 | 9 | 10 | 11 | 12 |
|---|---|---|---|---|---|---|---|---|
| $K_1$ | | 9,5 | 15,34 | 27,02 | 58,43 | 106,64 | 146,08 | 219,12 |
| $K_2$ | a)<br>b) | | | | 1,0645<br>1,0000 | | | |
| $K_3$ | a)<br>b) | | | | 0,0193<br>0,0100 | | | |

**TB 22-3** Überdeckungsfaktor (Zahnfuß) $Y_\varepsilon$ für $\alpha_n = 20°$ (nach DIN 3991-3)

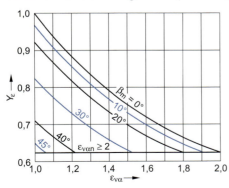

# Schraubrad- und Schneckengetriebe

**TB 23-1** Richtwerte zur Bemessung von Schraubradgetrieben

| Übersetzung $i$ | 1…2 | 2…3 | 3…4 | 4…5 |
|---|---|---|---|---|
| Zähnezahl $z_1$ | 20…16 | 15…12 | 12…10 | 10…8 |
| Verhältnis $y = d_1/a$ | 1…0,7 | 0,7…0,55 | 0,55…0,5 | 0,55…0,5 |

**TB 23-2** Belastungskennwerte für Schraubradgetriebe

| Werkstoffpaarung: treibendes Rad / getriebenes Rad | St gehärtet / St gehärtet | St gehärtet / Cu-Sn-Leg. | St / Cu-Sn-Leg. | St, GJL / GJL |
|---|---|---|---|---|
| Belastungskennwert $c$ in N/mm² | 6 | 5 | 4 | 3 |

**TB 23-3** Richtwerte für die Zähnezahl der Schnecke

| Übersetzung $i$ | <5 | 5…10 | >10…15 | >15…30 | >30 |
|---|---|---|---|---|---|
| Zähnezahl der Schnecke $z_1$ | 6 | 4 | 3 | 2 | 1 |

**TB 23-4** Moduln für Zylinderschneckengetriebe nach DIN 780 T2 (Auszug)

| $m$ ($m_x$) in mm | 1 | 1,25 | 1,6 | 2 | 2,5 | 3,15 | 4 | 5 | 6,3 | 8 | 10 | 12,5 | 16 | 20 |
|---|---|---|---|---|---|---|---|---|---|---|---|---|---|---|

**TB 23-5** Festigkeitskennwerte der Schneckenradwerkstoffe nach DIN 3996: 2005

| Schneckenradwerkstoff nach DIN EN 1982, 1563 und 1561 | Ersatz-E-Modul $E_{red}$ in N/mm² | Grübchenfestigkeit $\sigma_{H\,lim\,T}$ in N/mm² | Schub-Dauerfestigkeit $\tau_{F\,lim\,T}$ in N/mm² |
|---|---|---|---|
| CuSn12-C-GZ | 140144 | 425 | 92 |
| CuSn12Ni2-C-GZ | 150622 | 520 | 100 |
| CuSn12Ni2-C-GC | 150622 | 520 | 100 |
| CuAl10Fe5Ni5-C-GC | 174053 | 660 | 128 |
| EN-GJS-400-15 | 209790 | 490 | 115 |
| EN-GJL-250 | 146955 | 350 | 70 |

**TB 23-6** Schmierstofffaktor $Z_{oil}$, Druckviskositätskoeffizient $c_\alpha$ und max. Ölsumpftemperatur $\vartheta_{S\,lim}$

| Schmierstoff | Mineralöl | Polyalphaolefin | Polyglykol |
|---|---|---|---|
| Schmierstofffaktor $Z_{oil}$ | 0,89 | 0,94 | 1,0 |
| Druckviskositätskoeffizient $c_\alpha$ | $1{,}7 \cdot 10^{-8}$ m²/N | $1{,}4 \cdot 10^{-8}$ m²/N | $1{,}3 \cdot 10^{-8}$ m²/N |
| Schmierstoffkonstante $k_\rho$ | $7{,}0 \cdot 10^{-4}$ | $7{,}6 \cdot 10^{-4}$ | $7{,}7 \cdot 10^{-4}$ |
| max. Ölsumpftemperatur $\vartheta_{S\,lim}$ | ≈ 90 °C | ≈ 100 °C | ≈ 100 °C…120 °C |

**TB 23-7** Lebensdauerfaktor $Y_{NL}$
a) für Räder aus EN-GJS-400-15, EN-GJL-250 und CuAl10Fe5Ni5-C
b) für Räder aus CuSn12-C und CuSn12Ni2-C

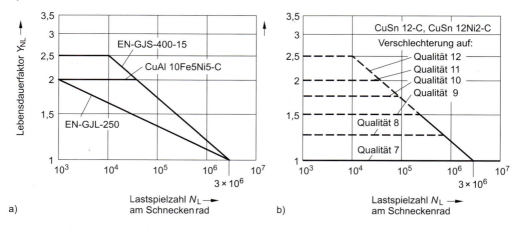

a) Lastspielzahl $N_L$ am Schneckenrad

b) Lastspielzahl $N_L$ am Schneckenrad

**TB 23-8** Beiwerte $c_0, c_1, c_2$ zur Bestimmung der Ölsumpftemperatur

| | |
|---|---|
| Gehäuse mit Lüfter | $c_0 = \dfrac{8,1}{100} \cdot \left(\dfrac{n_1}{60} - 0,23\right)^{0,7} \cdot \left(\dfrac{v_{40}}{100}\right)^{0,41} \cdot (a + 32)^{0,63}$ |
| | $c_1 = \dfrac{3,9}{100} \cdot \left(\dfrac{n_1}{60} + 2\right)^{0,34} \cdot \left(\dfrac{v_{40}}{100}\right)^{-0,17} \cdot u^{-0,22} \cdot (a - 48)^{0,34}$ |
| Gehäuse ohne Lüfter | $c_0 = \dfrac{5,23}{100} \cdot \left(\dfrac{n_1}{60} + 0,28\right)^{0,68} \cdot \left(\left|\dfrac{v_{40}}{100} - 2,203\right|\right)^{0,0237} \cdot (a + 22,36)^{0,915}$ |
| | $c_1 = \dfrac{3,4}{100} \cdot \left(\dfrac{n_1}{60} + 0,22\right)^{0,43} \cdot \left(10,8 - \dfrac{v_{40}}{100}\right)^{-0,0636} \cdot u^{-0,18} \cdot (a - 20,4)^{0,26}$ |
| Mineralöl | $c_2 = 1 + \dfrac{9}{(0,012 \cdot u + 0,092) \cdot n_1^{0,5} - 0,745 \cdot u + 82,877}$ |
| Polyalphaolefin | $c_2 = 1 + \dfrac{5}{(0,012 \cdot u + 0,092) \cdot n_1^{0,5} - 0,745 \cdot u + 82,877}$ |
| Polyglykol | $c_2 = 1$ |

Drehzahl der Schneckenwelle $n_1$ in min$^{-1}$; kinematische Viskosität $v_{40}$ in mm²/s

**TB 23-9** Grenzwerte des Flankenabtrags im Normalschnitt $\delta_{w\,\lim n}$

| Zahnflankenabtrag infolge der | Grenzwerte des Flankenabtrags im Normalschnitt $\delta_{w\,\lim n}$ in mm |
|---|---|
| a) Abnahme der Zahnkopfdicke am Schneckenradzahn | $\delta_{w\,\lim n} = m_x \cdot \cos y_m \cdot \left(\dfrac{\pi}{2} - 2 \cdot \tan a_0\right)$ |
| b) Abnahme der Zahnfußdicke am Schneckenradzahn | $\delta_{w\,\lim n} = \Delta s \cdot \cos y_m$ |
| c) Verschmutzung des Öls infolge Massenabtrag | $\delta_{w\,\lim n} = \dfrac{\Delta m_{\lim}}{A_{fl} \cdot \rho_{Rad}}$ |
| d) Vergrößerung des Flankenspiels | $\delta_{w\,\lim n} = 0,3 \cdot m_x \cdot \cos y_m$ |

**TB 23-10**  Bezugsverschleißintensität $J_{0T}$

a) Bronze, Einspritzschmierung mit Mineralöl

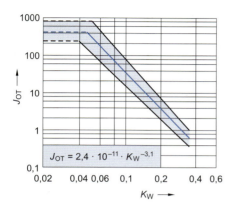

b) Bronze, Einspritzschmierung mit Polyalphaolefin

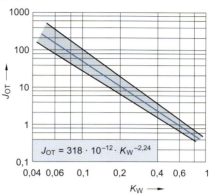

c) Bronze, Einspritzschmierung mit Polyglykol

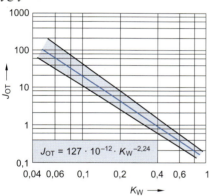

d) Bronze, Tauchschmierung mit Mineralöl

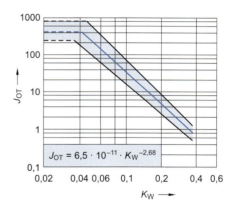

e) Bronze, Tauchschmierung mit Polyalphaolefin

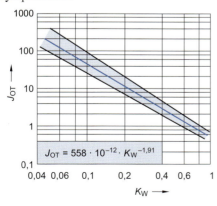

f) Bronze, Tauchschmierung mit Polyglykol

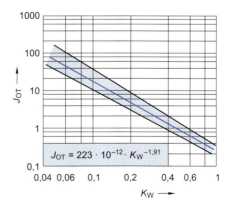

**TB 23-10** (Fortsetzung)

g) Aluminiumbronze, Schmierung mit Mineralöl

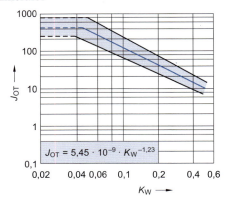

$J_{OT} = 5{,}45 \cdot 10^{-9} \cdot K_W^{-1{,}23}$

h) Aluminiumbronze, Schmierung mit Polyalphaolefin

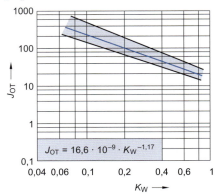

$J_{OT} = 16{,}6 \cdot 10^{-9} \cdot K_W^{-1{,}17}$

i) Aluminiumbronze, Schmierung mit Polyglykol

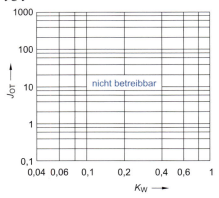

nicht betreibbar

j) Gusseisenwerkstoffe, Schmierung mit Mineralöl

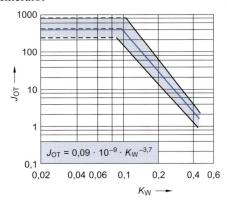

$J_{OT} = 0{,}09 \cdot 10^{-9} \cdot K_W^{-3{,}7}$

k) Gusseisenwerkstoffe, Schmierung mit Polyalphaolefin

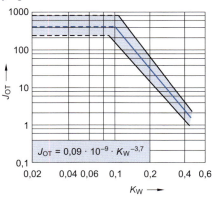

$J_{OT} = 0{,}09 \cdot 10^{-9} \cdot K_W^{-3{,}7}$

l) Gusseisenwerkstoffe, Schmierung mit Polyglykol

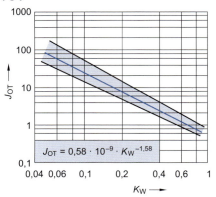

$J_{OT} = 0{,}58 \cdot 10^{-9} \cdot K_W^{-1{,}58}$

**TB 23-11** Grenzwerte des Flankenabtrags im Normalschnitt $\delta_{w\,\lim\,n}$

| Schnecke aus 16MnCr5 nach DIN EN 10084 | | Werkstoff-Schmierstofffaktor $W_{ML}$ | | |
|---|---|---|---|---|
| Schneckenradwerkstoff | nach | Mineralöl | Polyalphaolefin | Polyglykol |
| CuSn12-CGZ | DIN EN 1982 | 1,6[1] | 1,6[1] | 2,25[2] |
| CuSn12Ni2-CGZ | | 1,0[1] | 1,0[1] | 1,75[2] |
| CuSn12Ni2-C-GC | | 4,1[2] | 4,1[2] | 4,1[2] |
| CuAl10Fe5Ni5-C-GZ | | 1 | 1 | -[3] |
| EN-GJS-400-15 | DIN EN 1563 | 1[1] | 1[1] | 1[1] |
| EN-GJL-250 | DIN EN 1561 | 1[1] | 1[1] | 1[1] |

1) Streubereich ±25 %
2) Streubereich ±20 %
3) nicht betreibbar

**TB 23-12** Schmierstoff-Strukturfaktor $W_S$

| Schnecke aus 16MnCr5 nach DIN EN 10084 | | Schmierstoff-Strukturfaktor $W_S$ | | |
|---|---|---|---|---|
| Schneckenradwerkstoff | nach | Mineralöl | Polyalphaolefin | Polyglykol |
| CuSn12-CGZ | DIN EN 1982 | 1 | $\dfrac{1}{\eta_{0M}^{0,35}}$ | $\dfrac{1}{\eta_{0M}^{0,35}}$ |
| CuSn12Ni2-CGZ | | | | |
| CuSn12Ni2-C-GC | | | | |
| CuAl10Fe5Ni5-C-GZ | | | | |
| EN-GJS-400-15 | DIN EN 1563 | | 1 | |
| EN-GJL-250 | DIN EN 1561 | | | |

**TB 23-13** Pressungsfaktor $W_H$

| Werkstoff | Bronzewerstoffe | | Gusseisenwerkstoff |
|---|---|---|---|
| | $\sigma_{Hm} < 450\ N/mm^2$ | $\sigma_{Hm} \geq 450\ N/mm^2$ | |
| $W_H$ | 1,0 | $\left(\dfrac{450}{\sigma_{Hm}}\right)^{4,5}$ | $\left(\dfrac{300}{\sigma_{Hm}}\right)^{1,4}$ |

# Umlaufgetriebe    24

**TB 24-1** Gegenseitige Zuordnung der Übersetzungen $i_{xy}$ als Funktion $f_{(...)}$ der möglichen anderen Übersetzungen bei Zweiwellengetrieben

| $i_{xy}=$ | $f(i_{12})$ | $f(i_{21})$ | $f(i_{1s})$ | $f(i_{s1})$ | $f(i_{2s})$ | $f(i_{s2})$ |
|---|---|---|---|---|---|---|
| $i_{12}=$ | $i_{12}$ | $\dfrac{1}{i_{21}}$ | $1-i_{1s}$ | $1-\dfrac{1}{i_{s1}}$ | $\dfrac{1}{1-i_{2s}}$ | $\dfrac{i_{s2}}{i_{s2}-1}$ |
| $i_{21}=$ | $\dfrac{1}{i_{12}}$ | $i_{21}$ | $\dfrac{1}{1-i_{1s}}$ | $\dfrac{i_{s1}}{i_{s1}-1}$ | $1-i_{2s}$ | $1-\dfrac{1}{i_{s2}}$ |
| $i_{1s}=$ | $1-i_{12}$ | $1-\dfrac{1}{i_{21}}$ | $i_{1s}$ | $\dfrac{1}{i_{s1}}$ | $\dfrac{i_{2s}}{i_{2s}-1}$ | $\dfrac{1}{1-i_{s2}}$ |
| $i_{s1}=$ | $\dfrac{1}{1-i_{12}}$ | $\dfrac{i_{21}}{i_{21}-1}$ | $\dfrac{1}{i_{1s}}$ | $i_{s1}$ | $1-\dfrac{1}{i_{2s}}$ | $1-i_{s2}$ |
| $i_{2s}=$ | $1-\dfrac{1}{i_{12}}$ | $1-i_{21}$ | $\dfrac{i_{1s}}{i_{1s}-1}$ | $\dfrac{1}{1-i_{s1}}$ | $i_{2s}$ | $\dfrac{1}{i_{s2}}$ |
| $i_{s2}=$ | $\dfrac{i_{12}}{i_{12}-1}$ | $\dfrac{1}{1-i_{21}}$ | $1-\dfrac{1}{i_{1s}}$ | $1-i_{s1}$ | $\dfrac{1}{i_{2s}}$ | $i_{s2}$ |

© Springer-Verlag GmbH Deutschland, ein Teil von Springer Nature 2019
H. Wittel, C. Spura, D. Jannasch, J. Voßiek, *Roloff/Matek Maschinenelemente*,
https://doi.org/10.1007/978-3-658-26280-8_48

**TB 24-2** Umlaufwirkungsgrade für Zweiwellengetriebe in Abhängigkeit der Standübersetzung $i_{12}$ und des Leistungsflusses

| $i_{12}$ | Leistungsfluss | w | $\eta_u$ |
|---|---|---|---|
| < 0 | 1 – s | +1 | $\eta_{1-s} = \dfrac{i_{12} \cdot \eta_{12} - 1}{i_{12} - 1}$ |
| < 0 | s – 1 | –1 | $\eta_{s-1} = \dfrac{i_{12} - 1}{\dfrac{i_{12}}{\eta_{21}} - 1}$ |
| < 0 | 2 – s | –1 | $\eta_{2-s} = \dfrac{i_{12} - \eta_{21}}{i_{12} - 1}$ |
| < 0 | s – 2 | +1 | $\eta_{s-2} = \dfrac{i_{12} - 1}{i_{12} - \dfrac{1}{\eta_{21}}}$ |
| 0…1 | 1 – s | –1 | $\eta_{1-s} = \dfrac{\dfrac{i_{12}}{\eta_{21}} - 1}{i_{12} - 1}$ |
| 0…1 | s – 1 | +1 | $\eta_{s-1} = \dfrac{i_{12} - 1}{i_{12} \cdot \eta_{12} - 1}$ |
| 0…1 | 2 – s | –1 | $\eta_{2-s} = \dfrac{i_{12} - \eta_{21}}{i_{12} - 1}$ |
| 0…1 | s – 2 | +1 | $\eta_{s-2} = \dfrac{i_{12} - 1}{i_{12} - \dfrac{1}{\eta_{12}}}$ |
| > 1 | 1 – s | +1 | $\eta_{1-s} = \dfrac{i_{12} \cdot \eta_{12} - 1}{i_{12} - 1}$ |
| > 1 | s – 1 | –1 | $\eta_{s-1} = \dfrac{i_{12} - 1}{\dfrac{i_{12}}{\eta_{21}} - 1}$ |
| > 1 | 2 – s | +1 | $\eta_{2-s} = \dfrac{i_{12} - \dfrac{1}{\eta_{12}}}{i_{12} - 1}$ |
| > 1 | s – 2 | –1 | $\eta_{s-2} = \dfrac{i_{12} - 1}{i_{12} - \eta_{21}}$ |

# Umlaufgetriebe

**TB 24-3** Zusammenstellung der Berechnungsgleichungen für Zweiwellengetriebe

| Umlaufgetriebe und Darstellung nach WOLF | Stillgesetzter Steg | Stillgesetzte Welle 2 | Stillgesetzte Welle 1 |
|---|---|---|---|
| $i_{12}$ | $i_{12} = \dfrac{n_1}{n_2} = -\dfrac{z_2}{z_1}$ | $i_{12} = \dfrac{n_1}{n_2} = -\dfrac{z_2}{z_1}$ | $i_{12} = \dfrac{n_1}{n_2} = -\dfrac{z_2}{z_1}$ |
| $i_{xy}$ | $i_{12} = \dfrac{n_1}{n_2}$ | $i_{1s} = \dfrac{n_1}{n_s}$ | $i_{2s} = \dfrac{n_1}{n_s}$ |
| $n$ | $n_2 = \dfrac{n_1}{i_{12}}$ | $n_s = \dfrac{n_1}{1 - i_{12}}$ | $n_s = \dfrac{n_2 \cdot i_{12}}{i_{12} - 1}$ |
| $T$ | wenn $P: 1 \to 2$<br>$T_2 = -T_1 \cdot i_{12} \cdot \eta_0$<br><br>wenn $P: 2 \to 1$<br>$T_2 = -T_1 \cdot \dfrac{i_{12}}{\eta_0}$ | wenn $P: 1 \to 2$<br>$T_s = T_1 \cdot (i_{12} \cdot \eta_0 - 1)$<br><br>wenn $P: 2 \to 1$<br>$T_s = T_1 \cdot \left(\dfrac{i_{12}}{\eta_0} - 1\right)$ | wenn $P: 1 \to 2$<br>$T_s = T_2 \cdot \left(\dfrac{1}{i_{12} \cdot \eta_0} - 1\right)$<br><br>wenn $P: 2 \to 1$<br>$T_s = T_2 \cdot \left(\dfrac{\eta_0}{i_{12}} - 1\right)$ |
| $\eta_{x-y}$ | wenn $P: 1 \to 2$<br>$\eta_{1-2} = \eta_0$<br><br>wenn $P: 2 \to 1$<br>$\eta_{2-1} = \dfrac{1}{\eta_0}$ | wenn $P: 1 \to 2$<br>$\eta_{1-s} = \dfrac{i_{12} \cdot \eta_{12} - 1}{i_{12} - 1}$<br><br>wenn $P: 2 \to 1$<br>$\eta_{s-1} = \dfrac{i_{12} - 1}{i_{12} \cdot \eta_{12} - 1}$ | wenn $P: 1 \to 2$<br>$\eta_{2-s} = \dfrac{i_{12} - \dfrac{1}{\eta_{12}}}{i_{12} - 1}$<br><br>wenn $P: 2 \to 1$<br>$\eta_{s-2} = \dfrac{i_{12} - 1}{i_{12} - \dfrac{1}{\eta_{12}}}$ |
| $P_{GW}$ | $P_{GW1} = T_1 \cdot \omega_1$<br>$P_{GW2} = T_2 \cdot \omega_2$ | $P_{GW1} = T_1 \cdot (\omega_1 - \omega_s)$<br>$P_{GW2} = -T_2 \cdot \omega_s$ | $P_{GW1} = -T_1 \cdot \omega_s$<br>$P_{GW2} = T_2 \cdot (\omega_2 - \omega_s)$ |
| $P_K$ | $P_{K1} = T_1 \cdot \omega_s$<br>$P_{K2} = T_2 \cdot \omega_s$<br>$P_{Ks} = T_s \cdot \omega_s$ | $P_{K1} = T_1 \cdot \omega_s$<br>$P_{K2} = T_2 \cdot \omega_s$<br>$P_{Ks} = T_s \cdot \omega_s$ | $P_{K1} = T_1 \cdot \omega_s$<br>$P_{K2} = T_2 \cdot \omega_s$<br>$P_{Ks} = T_s \cdot \omega_s$ |

# Erratum zu: Festigkeitsberechnung

Erratum zu:
Kapitel 3 in:

Herbert Wittel et al., *Roloff/Matek Maschinenelemente*
https://doi.org/10.1007/978-3-658-26280-8_27

Während der Korrekturphase wurde in Tabelle TB 3-1 a) Dauerfestigkeitsschaubilder in Teilbild a) eine korrigierte Teilabbildung eingesetzt, was eigentlich in TB 3-1 c) hätte erfolgen müssen. Es wurde deshalb jeweils Teilbild a) in TB 3-1 a) und c) durch die korrekte Version ersetzt.

TB 3-1 Dauerfestigkeitsschaubilder
a) Dauerfestigkeitsschaubilder der Baustähle nach DIN EN 10025; Werte gerechnet, s. TB 1-1

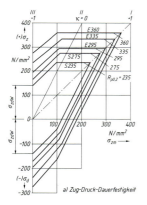

TB 3-1 (Fortsetzung)
c) Dauerfestigkeitsschaubilder der Einsatzstähle nach DIN EN 10084;
(im blindgehärteten Zustand; Werte gerechnet, s. TB 1-1)

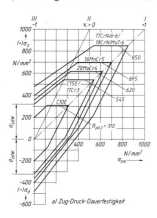

Die aktualisierte Version des Kapitels kann hier abgerufen werden:
https://doi.org/10.1007/978-3-658-26280-8_27

© Springer-Verlag GmbH Deutschland, ein Teil von Springer Nature 2019
H. Wittel, C. Spura, D. Jannasch, J. Voßiek, *Roloff/Matek Maschinenelemente*,
https://doi.org/10.1007/978-3-658-26280-8_49

# Sachwortverzeichnis

## A

Abmessungen für lose Schmierringe 231
Abscherkräfte für Stifte 157
Achsabstand 314
Achsabstand, Abmaße 314
Achshalter 158
Allgemeintoleranzen
–, für Schweißkonstruktionen 110
–, Grenzabmaße für Längenmaße 63
–, Grenzabmaße für Form und Lage 216
Aluminiumlegierungen 23
Anschlussmaße für runde Flansche 276
Anwendungsfaktor 75
Augenlager 226
Axialfaktoren, Walzlager 214
Axiallager 205

## B

Bauformenkatalog für Schweißverbindungen 115ff.
Baustahl 1
Belastungskennwerte für Schraubradgetriebe 331
Berechnungsbeiwerte für ebene Platten und Böden 127
Berechnungstemperatur für Druckbehälter 126
Betriebseingriffswinkel 311
Betriebsfaktor 75
Betriebsviskosität 220
Bewegungsschrauben, zulässige Flächenpressung 154
Bewertungsgruppen für Unregelmäßigkeiten für Schweißverbindungen 108f.
Bezugsviskosität 222
Bleche 34
Blindniete mit Sollbruchdorn 130
Bolzen 156
Bolzenverbindungen, mittlere Flächenpressung 155
Breitenfaktor für Stirnräder 317
Buchsen für Gleitlager 228f.

## C

Clinchverbindungen 134

## D

Dauerfestigkeit, Zahnfußbeanspruchung der Prüfräder 299
Dauerfestigkeitsschaubild
–, Baustahl 69
–, Drehstabfedern 166
–, Einsatzstahl 71
–, Schraubendruckfedern 172
–, Tellerfedern 170
–, Vergütungsstahl 70
Deckellager 226
Dichte und Viskosität verschiedener Flüssigkeiten und Gase 281
Dichtungskennwerte für Feststoffdichtungen 285
Dickenbeiwert für geschweißte Bauteile 121
Drehfedern, Dauerfestigkeitsschaubild
–, Spannungsbeiwert 166
Drehstabfeder, Dauerfestigkeitsschaubild 171
–, Ersatzlänge 171
Drehstrommotoren 264
Drehzahlfaktor für Wälzlager 216
Druckfeder, Dauerfestigkeitsschaubild 172
–, Spannungsbeiwert 171
–, theoretische Knickgrenze 174
Druckstabquerschnitte 114
Druckstufen, Nenndrücke 276
Durchbiegungen, Achsen, Wellen 180
Durchmesser-Breitenverhältnis 316

## E

E-Modul, Federn 161
Einflussfaktor der Oberflächenrauheit 83
Einflussfaktor der Oberflächenverfestigung 85
Eingriffsteilungsabweichung 320
Einheitsbohrung, Passungsauswahl 59f.
Einheitswelle, Passungsauswahl 61f.
Einlaufbetrag 321
Einlaufbeträge Flankenlinien 319
Einsatzstahl 4
Elastizitätsfaktor 325

Elastizitätsmodul 1ff.
Extremultus-Mehrschichtflachriemen
–, Ausführungen, Eigenschaften 248
–, Ermittlung des Riementyps 249f.
–, Fliehkraft-Dehnung 251
–, kleinster Scheibendurchmesser 249

## F

Federn 161
Federringe 141
Federscheiben 141
Federstahldraht, Durchmesserauswahl 162
Federstahldraht, Wahl der Drahtsorten 162
Federwerkstoffe, Festigkeitsrichtwerte 161
Feinkornbaustahl 3
Festigkeitsberechnung 69ff.
Festigkeitskennwerte
–, Gusswerkstoffe 10ff.
–, Kunststoffe 29ff.
–, Nichteisenmetalle 17ff.
–, Stahl 2ff.
Festigkeitskennwerte im Druckbehälterbau 122ff.
Festigkeitsklassen von Schrauben 138
Festigkeitsrichtwerte
–, Federwerkstoffe 159
–, Zahnradwerkstoffe 295f.
Filzringe 289
Flächen- u. Widerstandsmomente 51f.
Flächenmomente 2. Grades für Wellenquerschnitte 177
Flächenmomente 2. Grades und Widerstandsmomente 51f., 177
Flachriemen-Werkstoffe, Kennwerte 246
Flachriemenscheiben, Hauptmaße 250
Flachriemengetriebe, Faktor Wellenbelastung 247
Flachstäbe 33
Flankenlinien, Einlaufbeträge 319
Flankenlinien-Winkel-Abweichungen 319f.
Flankenlinienabweichung 318
Flansche, Anschlussmaße 276
Flanschlager 225
Fliehkraft-Dehnung bei Riemen 251
Flussmittel 101f.
Formtoleranzen 64
Freistiche 178

## G

G-Modul 9
Ganzmetallkupplung, biegenachgiebige 194
gemittelte Rautiefe nach Herstellverfahren 68

Geschwindigkeitsfaktor 326
Getriebeöl 302f.
–, Kegelradgetriebe 302
–, Schneckengetriebe 303
–, Stirnradgetriebe 302
–, Viskositätsauswahl 302
Gewinde
–, metrisches ISO-Feingewinde 136
–, Regelgewinde 135
–, Trapezgewinde 137
Gleitlager
–, Buchsen 228
–, Grenzrichtwerte für Lagertemperatur 242
–, Lagerwerkstoffe 233f.
–, Passungen 237
–, relatives Lagerspiel 236
–, Schmiernuten 231f.
–, Schmierstoffdurchsatz 242f.
–, Sommerfeld-Zahl 239
–, Toleranzklassen 238
–, zulässige spezifische Belastung 235
Gleitreibungszahlen 87f.
Grenzabmaße für Winkelmaße 63
Größeneinflussfaktor, Gusswerkstoffe
–, formzahlabhängiger 84
–, geometrischer 84
–, technologischer 84
Grundabmaße, Außenflächen 56
Grundabmaße, Innenpassflächen 57
Grundsymbole für Nahtarten 105f.
Grundtoleranzen 55
Gusswerkstoffe, Festigkeitskennwerte 10ff., 112

## H

Haftreibungszahlen 87f., 150, 189
Härteeinflussfaktor 216
Hartlote 98f.
Hartlötverbindungen, Zug- und Scherfestigkeit 103
höchstzulässige spezifische Lagerbelastung 235
Hohlprofile 45ff.

## I

Innenpassflächen, Grundabmaße 57
I-Träger 42

## K

Kegel 190
Kegel-Spannsysteme 191
kegelige Wellenenden 176

# Sachwortverzeichnis

Kegelräder 329
–, Überdeckungsfaktor 329
–, Vorwahl der Abmessungen 329
–, Zeichnungsangaben 305
Kegelrollenlager 204
Kehlnähte
–, Bewertungsgruppen 107
–, Korrelationsbeiwert 112
Keile, Maße 182
Keilriemen, Eigenschaften und Anwendungsbeispiele 246
Keilriemenabmessungen 253
Keilriemenscheiben 254
Keilrippenriemen 255
Keilwellen-Verbindungen, Abmessungen 186
Kerbformzahlen 77ff.
Kerbwirkungszahlen 81f.
Kettengetriebe 267
Kettenräder, Haupt-Profilabmessungen 269
Klauenkupplung, elastische 195f.
Klebstoffe 96f.
Klebverbindungen 95
Knicklinie 114f.
Konstruktionsrichtlinien für Lagerdichtungen 293ff.
Korrekturfaktoren Keil- und Keilrippenriemen 260
Korrelationsbeiwert für Kehlnähte 112
Kunststoffe, Festigkeitskennwerte, Eigenschaften, Verwendung 29ff.
Kupferlegierungen 17ff.
Kupplungen
–, Anlauffaktor 200
–, Frequenzfaktor 200
–, Temperaturfaktor 200

## L

Lagerdichtungen, Konstruktionsrichtlinien 293
Lagerschalen 230
Lagerwerkstoffe 233f.
Lagetoleranzen 65
Lamellenkupplung 198f.
Längenausdehnungskoeffizient 189, 233f.
Längenfaktor Riementrieb 260f.
Langzeitwarmfestigkeitswerte 123
Lebensdauer, nominelle; Richtwerte 217
Lebensdauerbeiwert 224
Lebensdauerfaktor, Walzlager 216
Lebensdauerfaktor 327
Leistungs-Übersetzungszuschlag 259
Leistungsdiagramm Rollenketten 270
Lochleibungstragfähigkeit, Beiwerte 154

## M

Maßpläne für Wälzlager 203ff.
Magnesiumlegierungen 27f.
maximales $c/t$-Verhältnis 113
Mehrschichtflachriemen, Ausführungen, Eigenschaften 248
Messzähnezahl für Stirnräder 315
Mindestwerte der 0,2%-Dehngrenze 132
Mittelspannungsempfindlichkeit, Faktoren 85
Mittenrauwert 68
mittlere Rauigkeitshöhe von Rohren 278
Modulreihe für Zahnräder 309
Muttern
–, Abmaße 140
–, genormte 140

## N

Nahtarten, Grundsymbole 105
Nenndruckstufen 276
Nennleistung
– für Keilrippenriemen 258
– für Normalkeilriemen 256
– für Schmalkeilriemen 257
Nennweiten für Rohrleitungen 277
Nietverbindungen im Stahlbau mit Halbrundnieten 131
Nilos-Ringe 291
Nitrierstahl 5
Normzahlen 54

## O

O-Ringe 286f.
Oberflächen, Zuordnung 67
Oberflächenbehandlungsverfahren, Klebverbindungen 95

## P

Passfedern, Maße 184
Passfederverbindungen 184
Passscheiben, Abmessungen 155
Passungen
–, Anwendungsbeispiele 66
–, Einheitsbohrung 59f.
–, Einheitswelle 61f.
–, Gleitlager 237
Passungssystem
–, Einheitsbohrung Passungsauswahl 59f.
–, Einheitswelle Passungsauswahl 61f.
Polygonprofile, Abmessungen 188
Positionierbremse 201

Pressverband
–, Haftbeiwert   189
–, maximale Fügetemperatur   189
Profile
–, Hohlprofile   45ff.
–, I-Profile   42f.
–, T-Profile   44
–, U-Profile   40f.
–, Winkelprofile   36ff.
Profilüberdeckung bei Zahnrädern   309
Profilverschiebung
–, Aufteilung   311
–, Wahl   310

## Q

Querdehnzahl   189

## R

Radial-Wellendichtringe   280
Radialfaktoren, Wälzlager   214
Radiallager   203ff.
Rand- und Lochabstände für Schrauben und Nieten   130
Rauigkeitsfaktor   327
Rauigkeitshöhe von Rohren   278
Rautiefe
–, Empfehlung   67
–, gemittelte, nach Herstellverfahren   68
–, Mittenrauwert, nach Herstellverfahren   68
–, Zuordnung von $Ra$ und $Rz$   67
Reibungskennzahl   240
Reibungswerte, Schneckenradsätze   303
Reibungszahl   87
Reibungszahlen, Schraubenverbindungen   148
relative Stützziffer   323
relativer Oberflächenfaktor   323
relativer Schmierstoffdurchsatz   242
Richtwerte
–, nominelle Lebensdauer, Wälzlagerungen   216
–, Ritzelzähnezahl   315
–, Schneckenzähnezahl   331
–, Schraubradgetriebe   331
–, Vorwahl der Abmessungen (Kegelräder)   329
–, zulässige Verformungen von Wellen   179f.
Riementyp, Ermittlung   249f.
Ritzelbreite Stirnräder   316
Rohre, Übersicht   273ff.
Rohrleitungen und Rohrverschraubungen für hydraulische Anlagen   283

Rohrreibungszahl   280
Rollenketten   267
–, Abmessungen, Bruchkräfte   267
–, Leistungsdiagramm   270
Rollenkettengetriebe
–, Faktor für Zähnezahl   271
–, Schmierbereiche   272
–, spezifischer Stützzug   271
–, Umweltfaktor   271
–, Wellenabstandsfaktor   271
Rundstäbe   33

## S

Scheiben   141
Scheibenkupplungen   193
Schmierfette   92ff.
Schmierlöcher   231
Schmiernuten   231
Schmieröle   89f.
–, Betriebsviskosität   222
–, dynamische Viskosität   88
–, spezifische Wärmekapazität   89
Schmierstofffaktor   326
Schmiertaschen   231
Schnecken, Wirkungsgrade   303
Schnecken, Zeichnungsangaben   306
Schneckengetriebe   331
Schneckenradwerkstoff   300, 331
Schneckenzähnezahl   331
Schrägenfaktor   323
Schrauben
–, Festigkeitsklassen   138
–, genormte   138
Schraubensicherungen   141, 153
Schraubenverbindungen
–, Anziehfaktor   147
–, Anziehverfahren   147
–, Einschraublängen   152
–, Grenzflächenpressung   146
–, Konstruktionsmaße   142ff.
–, Reibungszahlen   148ff.
–, Spannkräfte und Spannmomente   151f.
–, Vorwahl der Schrauben   150
Schraubradgetriebe   331
Schrumpfscheibe   192
Schweißnähte, zeichnerische Darstellung   105f.
Schweißpunkte, zulässige Abstände   110
Sechskantschrauben, Maße   142f.
Senkschrauben, Maße   144f.
Sicherheitsbeiwerte für Druckbehälter   126
Sicherheitswerte Maschinenbau   86

## Sachwortverzeichnis

Sicherungsringe  158
Sommerfeld-Zahl  239
Spannungsgefälle, bezogenes  80
Spannungskorrekturfaktor  322
Stahl, Festigkeitskennwerte, Eigenschaften, Verwendung  2ff., 69ff.
Steh-Gleitlager  227
Stirnfaktoren  320
Stirnräder
–, Breitenfaktor  317
–, Eingriffsteilungsabweichung  318
–, Einlaufbetrag  321
–, Einlaufbeträge Flankenlinien  319
–, Elastizitätsfaktor  325
–, Flankenlinienabweichung  318
–, Formfaktor  322
–, Geschwindigkeitsfaktor  326
–, Größenfaktor  324
–, Lebensdauerfaktor  323, 327
–, Messzähnezahl  315
–, Rauigkeitsfaktor  327
–, relative Stützziffer  323
–, relativer Oberflächenfaktor  323
–, Richtwerte für Ritzelbreite  316
–, Schmierstofffaktor  326
–, Schrägenfaktor  323
–, Spannungskorrekturfaktor  322
–, Stirnfaktor  320
–, Überdeckungsfaktor  325
–, Wahl der Ritzelzähnezahl  315
–, Werkstoffpaarungsfaktor  327
–, Zeichnungsangaben  304
–, Zonenfaktor  324
Stirnradgetriebe
–, Achsabstandsabmaße  314
–, Aufteilung der Übersetzung  315
Stopfbuchsen  292
Stumpfnähte, Bewertungsgruppen  108f.
Stützkräfte; Achsen, Wellen  180f.
Stützscheiben, Abmessungen  157
Stützzahl, Walzstähle  79
Symbole für Niete und Schrauben  127
Synchroflex-Zahnriemen  262
Synchronriemen, Eigenschaften und Anwendung  247

## T

Tellerfeder  166f.
–, bezogener Kennlinienverlauf  169
–, Dauerfestigkeitsschaubild  170
–, Kennwerte und Bezugsgrößen  169
Toleranzen  55ff.

Toleranzklassen
–, Gleitlager  237
–, Wälzlager  218
Trumkraftverhältnis, Riemen  247
T-Stahl  44

## U

Überdeckungsfaktor, Kegelräder  329
Überdeckungsfaktor, Stirnräder  325
Übersetzung, Stirnräder  315
Umlaufgetriebe
–, Berechnungsgleichungen  339
–, Übersetzungen  337
–, Wirkungsgrade  338
Umweltfaktor, Ketten  271
U-Profilstahl  40f.

## V

V-Ringdichtung  290
Vereinfachte Darstellung von Verbindungselementen  129
Verformungen, zulässige, Wellen  179
Vergütungsstahl  3f.
Verlagerungsbereiche für 360°-Lager  240
Verlagerungswinkel für Radiallager  241
Verunreinigungsbeiwert  223
Verzahnungsqualität, Wahl  312
Viskositätsverhältnis  222

## W

Wahl des Profils der Keil- und Keilrippenriemen  252
–, Normalkeilriemen  252
–, Schmalkeilriemen  252
–, Synchronriemen  261
Wälzlager  203
–, Anschlussmaße  220
–, Axial- u. Radialfaktoren  214
–, Maßpläne  203f.
–, nominelle Lebensdauer, Richtwerte  217
–, Tragzahlen  207ff.
Wälzlagerungen, Toleranzklassen für Wellen und Gehäuse  218f.
Weichlote  100
Welle-Nabe-Verbindungen
–, Nabenabmessungen  183
–, zulässige Fugenpressungen  183
Wellenbelastung, Riementrieb  247
Wellendichtring  288

Wellenenden
–, kegelige 176
–, zylindrische 175
Werkstoffauswahl, Schneckengetriebe 300
Werkstoffe von Schrauben 138
Werkstoffpaarungsfaktor Stirnräder 327
Widerstandsmomente für Wellenquerschnitte 175
Widerstandszahl von Rohrleitungselementen 279
Winkel
–, gleichschenklig 36f.
–, ungleichschenklig 38f.
Winkelfaktor, Riementrieb 260
Wirkungsgrade für Schneckengetriebe 303
wirtschaftliche Strömungsgeschwindigkeiten, Rohrleitungen 277
Wulstkupplung, hochelastische 197

## Z

Zahndicke, zulässige Dickenschwankung 313
Zahndickenabmaß 312
Zahndickentoleranzen 313
Zähnezahl, Schnecke 331
Zahnräder
–, Modul 309
–, Profilüberdeckung 309
Zahnradwerkstoffe, Festigkeitsrichtwerte 297f.
Zahnwellenverbindungen, Abmessungen 187
Zeichnungsangaben
– für Kegelräder 305
– für Schnecken 306
– für Schneckenräder 307
– für Stirnräder 304
Zonenfaktor 324
Zugfedern
–, Korrekturfaktoren 174
–, zulässige Schubspannung 174
Zugfestigkeit für Aluminium-Vollniete 132
zulässige Abstände von Schweißpunkten 110
zulässige Flachenpressung, Schrauben 146, 154
zulässige kleinste Spalthöhe 242
zulässige Spannungen für Nietverbindungen aus thermoplastischen Kunststoffen 132
zulässige Spannungen für Schweißverbindungen im Maschinenbau 120
zulässige Stützweiten für Stahlrohre 283
zulässige Wechselspannungen für gelochte Bauteile 130
zusammengesetzte Symbole, Schweißverbindungen 105f.
Zusatzsymbole, Schweißnähte 106
Zylinderschneckengetriebe 331
Zylinderschrauben, Abmaße 144f.
Zylinderstifte 157